核电厂技术岗位必读丛书

仪控工程师岗位必读

主　编　雷夏生
副主编　张　烨　欧明秋　吴会新　刘阳

哈尔滨工程大学出版社
Harbin Engineering University Press

内容简介

本书主要结合核电厂仪控设备工程师岗位职责，介绍了核电厂仪控设备工程师应该掌握的仪控类设备的标准规范及相关专业知识，内容包括核电厂仪控设备概述、设备工程师岗位职责、法规标准、仪表及控制系统专业知识，包括热工仪表、核测仪表、分析仪表、数字化控制系统、核电厂控制保护系统等相关系统设备的原理及组成等。

本书可作为核电厂设备管理人员的培训教材，也可作为核电厂仪控设备调试、运行、维修专业人员的培训教材。

图书在版编目(CIP)数据

仪控工程师岗位必读 / 雷夏生主编. —哈尔滨：哈尔滨工程大学出版社，2023.1
ISBN 978-7-5661-3761-6

Ⅰ.①仪… Ⅱ.①雷… Ⅲ.①核电厂-自动化仪表-控制系统-岗位培训-教材 Ⅳ.①TM623

中国版本图书馆 CIP 数据核字(2022)第 209725 号

仪控工程师岗位必读
YIKONG GONGCHENGSHI GANGWEI BIDU

选题策划 石 岭
责任编辑 唐欢欢 石 岭
封面设计 李海波

出版发行 哈尔滨工程大学出版社
社 址 哈尔滨市南岗区南通大街 145 号
邮政编码 150001
发行电话 0451-82519328
传 真 0451-82519699
经 销 新华书店
印 刷 黑龙江天宇印务有限公司
开 本 787 mm×1 092 mm 1/16
印 张 27.5
字 数 716 千字
版 次 2023 年 1 月第 1 版
印 次 2023 年 1 月第 1 次印刷
定 价 118.00 元
http://www.hrbeupress.com
E-mail:heupress@hrbeu.edu.cn

核电厂技术岗位必读丛书
编　委　会

本书编委会

主　编　雷夏生

副主编　张　烨　欧明秋　吴会新　刘阳

参　编　许　徵　李智维　樊美宁　潘卫华　俞　骁
王　伟　张　键　徐清华　贺常娥　何　理
韩　非　杜泽荣　田　野　胡昌森　诸海川
朱　静　沈　屹　夏德莉　陈长山　钱　敏
虞晓斌　苏保川

序

秦山核电是中国大陆核电的发源地,9 台机组总装机容量 666 万千瓦,年发电量约 520 亿千瓦时,是我国目前核电机组数量最多、堆型最丰富的核电基地。秦山核电并网发电三十多年来披荆斩棘、攻坚克难、追求卓越,实现了原型堆到百万级商用堆的跨越,完成了商业进口到机组自主化的突破,做到了在“一带一路”上的输出引领。三十多年的建设发展,全面反映了我国核电发展的历程,也充分展现了我国核电自主发展的成果。三十多年来的积累,形成了具有深厚底蕴的核安全文化,练就了一支能驾驭多堆型运行和管理的专业人才队伍,形成了一套成熟完整的安全生产运行管理体系和支持保障体系。

秦山核电“十四五”规划高质量推进“四个基地”建设,打造清洁能源示范基地、同位素生产基地、核工业大数据基地及核电人才培养基地,拓展秦山核电新的发展空间。技术领域深入学习贯彻公司“十四五”规划要求,充分挖掘各专业技术人才积淀,组织编写了“核电厂技术岗位必读丛书”。该丛书以“规范化”“系统化”“实践化”为目标,以“人才培养”为核心,构建“隐性知识显性化,显性知识系统化”的体系框架,旨在将三十多年的宝贵经验固化传承,使人员达到运行技术支持所需的知识技能水平,同时培养人员的软实力,让员工能更快更好地适应“四个基地”建设的新要求,用集体的智慧,为实现中核集团“三位一体”奋斗目标、中国核电“两个十五年”发展目标、秦山核电“一体两翼”发展战略和“1 +1 +2 +4”发展思路贡献力量,勇做新时代核电领跑者,奋力谱写“国之光荣”崭新篇章。

秦山核电 副总经理:

前 言

核电厂技术岗位必读丛书由秦山核电副总经理尚宪和总体策划，技术领域管理组组织落实。

本册《仪控工程师岗位必读》主要由张烨、欧明秋、吴会新、刘阳和雷夏生组织编写。其中第1至3章由张烨编写，刘阳校核；第4.1节由许徵编写，刘阳校核；第4.2节由李智维编写，刘阳校核；第4.3节由樊美宁编写，刘阳校核；第4.4节由潘卫华编写，刘阳校核；第4.5节由俞骁编写，刘阳校核；第4.6节由俞骁编写，吴会新校核；第4.7节由王伟编写，刘阳校核；第4.8节由许徵编写，雷夏生校核；第5.1节由张键编写，欧明秋校核；第5.2、5.3节由徐清华编写，欧明秋校核；第5.4节由贺常娥编写，雷夏生校核；第5.5节由何理编写，刘阳校核；第5.6节由韩非编写，吴会新校核；第5.7节由杜泽荣编写，欧明秋校核；第5.8节由田野编写，欧明秋校核；第6.1节由杜泽荣编写，雷夏生校核；第6.2、6.3、6.4、6.7、6.8节由胡昌森编写，雷夏生校核；第6.5节由诸海川编写，雷夏生校核；第6.6节由诸海川编写，吴会新校核；第7.1节由朱静编写，吴会新校核；第7.2节由欧明秋编写，吴会新校核；第7.3节由沈屹编写，吴会新校核；第7.4、8.4节由夏德莉编写，吴会新校核；第8.1节由田野编写，吴会新校核；第8.2节由陈长山编写，吴会新校核；第8.3节由钱敏编写，吴会新校核；第8.5、8.6节由虞晓斌编写，吴会新校核；第8.7节由苏保川编写，欧明秋校核。在此感谢他们的辛勤付出，因为他们，本书才会如此出彩。

由于编者经验和水平所限，本书尚有许多不足之处。如在使用过程中有任何建议或意见，请直接反馈给编写组，以便进一步改进与提高。

编 者

2022年7月

目　录

第1章　概　　述

核电厂仪表控制系统(简称仪控系统),须实现三个程度不同的基本功能,即要实现对核电厂的监测、控制和保护。监测是核电厂控制保护的前提,只有对核电厂各工艺系统和过程进行有效监测,才能为控制与保护提供反映核电厂运行状态及其变化的感知。控制功能则是通过监测信息,利用既定的控制逻辑,对核电厂的生产过程进行控制,以保证其按既定的目标完成生产任务,不会出现异常或意外而失去对生产过程的有效控制。保护功能则是通过感知核电厂运行状态不安全变化,利用既定的控制逻辑,触发相应的保护动作,避免核电厂出现不安全瞬态,避免发生事故,或者减轻、缓解事故发生的后果。而核电厂工艺系统繁多,各工艺系统功能、结构差别很大,对仪表控制系统的要求差别也很大,因此仪表控制系统也很多。

1.1　核电厂仪控系统的特点及分类

核电厂仪控系统的监测与控制特点是由工艺过程决定的,其基本特点归纳如下。

1. 核电厂仪表高安全性要求

核电厂生产过程具有以下特点:

(1)用以发电的热能来自核裂变产生的核能,其能值远高于常规火电厂的化学能,所以核反应堆的能量密度很大,其结构因冷却要求高和高放射性物质存在等而复杂。

(2)特有的强中子场、γ场等辐射场的存在,对设备、人员和环境都有影响,一旦辐射场强度高于一定程度,会对设备、人员和环境造成伤害。

(3)高温高压介质条件,伴随LOCA事故产生的高温高湿、强放射性和化学腐蚀环境。

由此可见,核电厂一旦发生事故,其后果通常远比常规火电厂严重,对这些后果的防御是核电厂在设计建造时就必须考虑的。为了确保核电厂安全而又高效地发电,核电厂设计时一般都要考虑安全性和可用性两个方面的要求,并在满足国家相关核安全法规标准的安全性要求的前提下,尽可能地以较低成本达到安全性要求,以提高核电厂的经济效益。核电生产对其控制仪表系统的高可靠性和可用性的要求,构成了核电厂监控仪表的特点。

2. 分类

核电厂监控仪表根据所测量物理量,一般分为三大类:核测量仪表、辐射监测仪表和过程检测仪表。

(1)核测量仪表:用于核反应堆中子注量率的测量。单位时间、单位面积注核测量仪表探头里的中子总数,在核测量领域称为中子注量率。

由于核反应堆热功率与核功率有一定的线性比例关系,而核功率的大小与核反应堆内核裂变率成比例,在给定的核反应堆里,可认为核反应堆内裂变率与其堆内中子注量率成正比,而堆内中子注量率的大小基本上与核测量仪表的的注量率成正比,所以通过给定的核测量仪表,可以测量某一个特定核反应堆的注量率信号,并通过一定的函数关系给出核反应堆功率大小。

由于核反应堆功率范围为0～100%，对应的中子注量率范围通常为0～10^{15} $cm^{-2}\cdot s^{-1}$，有些研究堆甚至高达10^{16} $cm^{-2}\cdot s^{-1}$，而现代压水堆通常为10^{11} $cm^{-2}\cdot s^{-1}$。由此可见，核测量仪表所要求测量的范围很大，其核功率的动态变化达10个数量级以上，而一种探测器及其电子学测量处理通道要完成动态范围如此大的测量和监视，无疑是很困难而不可取的。因此，通常采用三种具有重叠性的不同量程来分段测量，即源量程、中间量程以及功率量程。它们各自配备性能各异和测量范围不同的探测器，每个量程还根据设计需要再细分各挡，而各个量程必须有一定的重叠，以满足量程平稳切换的要求。

(2)辐射监测仪表：核电生产过程中，除了发电，还有相比常规发电厂特有的强中子、β射线和γ射线等产生。这些射线具有无色无味、不为人们感觉器官直接感知的特性，但这些射线长期或过量的照射则会对设备、人体和环境造成伤害。所以，为了避免这些射线对设备、人体和环境造成伤害，必须有相应的监测仪表来探明这些射线的存在和辐射场的情况，以便于人们采取相应措施。这些仪表称为辐射监测仪表，一般分为辐射工艺监测仪表和辐射防护监测仪表，前者用以工艺控制保护所需要的监测仪表，后者则主要用于对工作人员和环境的保护。

(3)过程检测仪表：核电厂也如常规火电厂一样通过热能转换成电能来完成发电功能，这个过程同样也需要大量的过程检测仪表，这些仪表主要包括以下几类：

①电气检测仪表，主要用来检测发电机、核电厂全厂供配电系统和主要用电用户（主要是各种动机设备的电动机）的电参数，如电压、电流、电功率、电频率等。

②压力检测仪表，属于热工检测仪表。压力是工质热力状态的主要参数之一，在核电厂运行期间，必须监视和控制压力，如稳压器压力、蒸汽压力、泵出口压力等，以防止压力边界受损坏。

③流量检测仪表，属于热工检测仪表。在核电厂中，流体（如给水、蒸汽及冷却剂等）的流量直接反映了设备的效率、负荷高低等运行工况。核电厂主要流量参数具体有一回路冷却剂流量、给水流量、蒸汽流量及各种工艺系统回路流体流量等。

④液位检测仪表，属于热工检测仪表。液位高低直接反映了核电厂所检测液体量是否足够，或各种工况下的液位水平，由此直接反映反应堆的运行工况。核电厂主要液位参数有稳压器水位、蒸汽发生器水位、安注箱水位等。

⑤温度检测仪表，属于热工检测仪表，其对提高产品质量、确保安全生产以及实现自动控制等都具有重要意义。核电厂主要温度参数有堆芯进出口温度、给水温度、蒸汽温度等。

⑥转速检测仪表，转速表征旋转设备单位时间旋转的角度（或弧度），工业上常用每分钟几转，即r/min来表示。核电厂有许多动机设备用来输送流体或吊运设备等，这些动机设备往往需要检测转速，以确保设备的安全并提供足够的流体流量，转速可以作为流量的辅助测量参数。核电厂主要转速参数有一回路主冷却剂泵转速、给水泵转速、汽轮机转速等。

⑦其他检测仪表，以上主要检测仪表并不能检测核电厂所有检测参数，还有些其他参数需要检测，如动机设备为防止振动破坏而需要检测的振动参数，以及冷却剂、溶液等化学组分参数、浓度参数等，因此需要其他检测仪表。

1.2 核电厂仪表与控制系统的安全分级

核电厂仪表与控制系统设备按其所在系统功能对电厂安全的重要性分为两类:安全级设备和非安全级设备。不同安全级别的仪控系统和设备,在设计、加工、安装及运行过程中的要求是不一样的,所遵循的设计准则也不同。这些要求主要包括可靠性、耐环境能力保证、质量保证和质量控制等方面。

1. 安全级设备

安全级(简称 1E 级)的仪表及其供电设备,是完成反应堆安全停堆、安全壳隔离、堆芯冷却以及从安全壳和反应堆排出热量所必需的,或者是防止放射性物质向环境过量排放所必需的。安全级仪表及其供电设备的功能是预防假定始发事件或缓解假定始发事件的后果。

对安全级设备,必须制订清晰、完整、明确的技术规格书。在设计、制造、安装和运行的全过程中都根据此规格书检查仪表及其供电设备。设计必须符合国家相关法规、导则及标准的要求,应尽量采用有可靠运行经历的系统和设备。下面重点介绍对 1E 级设备的基本要求。

(1)功能保证要求

须制订符合技术要求的技术规格书,在设计、制造、安装和运行的全过程中都根据此规格书检查仪控系统设备及其供电设备,它也是在役更改时必要的参考文件。

设计须符合国家相关法规、导则及标准的要求,并应采用成熟的技术,力求简单可靠,以实现高度的可用性。但为了提高可靠性,增加一些功能是必要的,如冗余功能、故障诊断功能等。

(2)可靠性保证要求

安全级仪表在设计时必须规定其可靠性要求,除另有规定之外,安全级系统必须满足单一故障准则和故障安全原则,因此必须采用冗余、实体分隔和电气隔离,并应能定期试验。

应根据相关标准对安全级仪表及其供电设备进行可靠性分析。必须考虑共因故障,当分析表明冗余系统和设备的可靠性不能满足要求时,就应考虑多样性。

(3)性能保证要求

对安全级仪控系统及其供电设备性能保证主要考虑对部件、系统和设备的制造与安装的技术要求,质量控制程序,预运行和在役定期试验等几个方面,其基本要求如下:

①必须规定性能要求;

②必须按 HAF003 的要求制订质量保证(QA)大纲;

③必须按 QA 计划进行部件、组件、子系统和系统试验;

④必须考虑在运行期间的定期检验。

(4)耐环境能力保证要求

耐环境能力按设备质量鉴定大纲鉴定。设备质量鉴定大纲应保证设备在老化影响和必须运行时所处的环境条件下,该设备的可靠性不低于设计要求。

(5)质量保证(QA)和质量控制(QC)

从核电厂概念设计开始,在设计、制造、试验、安装、试运行和交付运行的每个阶段,都必须考虑对仪表及其供电设备的功能、可靠性和耐环境能力的保证要求,这是通过在适用的 QA 和 QC 大纲管理下完成每个阶段的工作来保证的。

2. 非安全级设备

不属于 1E 级的设备定义为非安全级设备(简称 NC),在实现或保持核电厂安全方面无明显作用。它可以选用符合要求的工业产品,按常规的工业标准进行质量鉴定。

1.3 核电厂仪表与控制系统的抗震分类

设备的抗震分类确定了设备的设计和承受地震的能力。

抗震设计依据的主要原则参照 RCC－P 1.2.2.1 节。

与安全有关的所有机械设备都属于抗震 1 类。这些设备包括安全 1,2,3 级和 LS 级机械设备。

1E 级的所有电气仪控设备都属于抗震 1 类。

其他部件和设备可以按照其重要性确定抗震要求。

抗震 1 类的含义是指设计的设备能承受极限安全地震动(SL－2)引起的荷载。抗震 1 类机械设备和部件按其不同要求,又可分为以下 3 类:

(1)在极限安全地震动(SL－2)引起的荷载作用下必须保持其完整性和密封性的设备属于 1I 类;

(2)专用安全设施及其支持系统中的非能动设备,当受到 SL－2 荷载作用时须保持其功能的设备属于 1F 类;

(3)在 SL－2 荷载作用下,其事故后安全功能仍要求能运转的设备属于 1A 类。

说明:由于抗震分类不影响止回阀的设计,所以事故后使用的止回抗震分类既可以是 1I,也可以是 1A。

第2章 岗位职责

2.1 设备工程师职责

设备管理指承担电厂设备管理归口的职责，具体承担设备管理职责，主要内容是设备技术管理和使用维护管理。设备技术管理包括设备基础信息管理、设备分级管理、备品备件管理、设备性能监测、设备专项管理、预防性维修管理、在役检查和金属监督、设备防腐、老化和寿期管理、重大设备问题和经验反馈等。设备使用维护管理包括缺陷管理、定期试验、质量控制、质量缺陷报告管理、维修后试验、变更、材料替代等。

设备管理的目标是建立国际先进的设备可靠性管理体系和设备安全文化，开展设备可靠性管理工作，主要是通过设备分级、设备性能监测和预防性维修管理，使设备的可靠性、可用率和性能处于最优状态，保障电厂长期安全稳定运行。

设备工程师作为设备管理的主体，是直接承担设备管理工作的基本单元，是设备的技术负责人。设备工程师通过对设备状态进行管理，及时采取合适的措施维持或提高设备的可靠性，其具体职责如下：

(1)设备预防性维修大纲制订、优化及应用评价、设备日常及大修预防性维修项目确定、模板工单备件需求确定、预防性维修等效分析、预防性维修执行偏差风险评估；

(2)设备 NCR 技术方案、QDR 及 SPV 设备维修质量控制；

(3)重要设备故障的根本原因分析和制定纠正措施；

(4)设备维修后试验管理；

(5)设备维修效果分析；

(6)设备历史数据收集与维护；

(7)设备监督及性能趋势分析；

(8)设备信息库建立和维护；

(9)设备备件技术管理，包括定额制定、采购申请、采购技术规范编制、专项保养要求制定、监造、验收、修复件技术鉴定、替代及国产化等工作；

(10)设备固定资产技术鉴定；

(11)设备变更设计，系统变更审查参与。

2.2 核安全报检

核电作为清洁能源，现被广泛采用，但又因为其特殊性，所以安全性是重中之重。设备工程师作为设备的直接采购人，必须对设备的安全性负责，为了规范进口民用核安全设备安全检验工作，确保设备符合国家行业标准，设备工程师必须熟悉进口民用核安全设备安全检验工作管理程序，了解哪些设备属于进口民用核安全设备且熟悉检验的内容，包括活动过程中形成的相关文件记录检查、开箱检查，以及安装和调试阶段涉及安全性能的试验检查。必要时，可以采取独立检验或验证的方式。

根据《民用核安全设备监督管理条例》规定，相关部门对 2007 年 12 月 29 日公布的《民用核安全设备目录（第一批）》进行了修订，将《民用核安全设备目录（2016 年修订）》及《关于〈民用核安全设备目录（2016 年修订）〉的解释和说明》予以公布，该条例详细规定了核动力厂及研究堆等核设施通用核安全设备需要进行核安全报告制度。

第3章　法规标准

3.1　法律法规

为了保障核安全，预防应对核事故，安全利用核能，保护公众和从业人员的安全与健康，保护生态环境，促进经济社会可持续发展，我国共颁布了2部法律、7个行政法规、29个部门规章、86个导则，如图3－1所示。

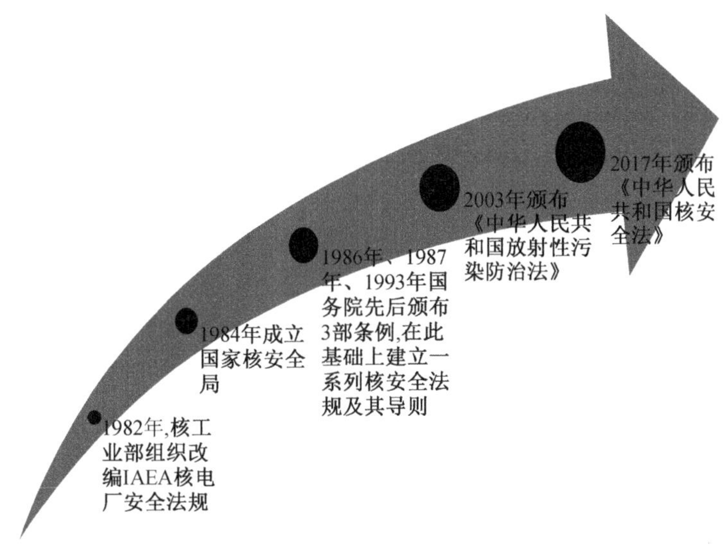

图3－1　2部法律、7个行政法规、29个部门规章、86个导则

2017年8月28日至9月1日，第十二届全国人民代表大会常务委员会召开第29次会议，审议通过了《中华人民共和国核安全法》（以下简称《核安全法》）。

《核安全法》的发布，规定了确保核安全的方针、原则、责任体系和科技文化保障；规定了核设施营运单位的资质、责任和义务；规定了核材料许可制度，明确了核安全与放射性废物安全制度；明确了核事故应急协调委员会制度，建立了应急预案制度、核事故信息发布制度；建立了核安全信息公开和公众参与制度，明确了核安全信息公开和公众参与的主体、范围；对核安全监督检查的具体做法做出明确规定；对违反本法的行为给出惩罚性条款，并对因核事故造成的损害赔偿做出制度性规定。

《核安全法》作为核安全领域的顶层法律，是国家安全法律体系的重要组成部分，更加明确了核事业“安全第一”的根本原则，对有效保障核安全具有重要作用。核电标准体系的建立，是国家立法、行政、标准化组织和行业等制定和颁布的用以指导和规范核电建设营运活动，包括选址、设计、建造、运行和退役等活动的法律性和规范性文件。

3.2 核电标准体系

从20世纪五六十年代核电运行开始,经历了几十年的发展,国际上已经建立了比较完善的核电标准体系。20世纪80年代,我国开始发展核电事业,经过30余年的努力及结合国际核电标准,基本建立了一套与国际接轨的监督管理体制和相关标准体系。

1. ASME规范体系

ASME规范在20世纪70年代成为美国国家标准(ANSI),美国和加拿大各州的法律皆认可并采用该标准,西方许多国家都将ASME作为广泛认可的标准。ASME核动力装置均在世界上有较高的权威,得到了国际上的广泛认可。

我国采用该体系标准的有秦山一厂、三门核电、海阳核电,秦山三厂所采用的标准体系也是ASME+加拿大标准CSA体系。

2. RCC-M规范体系

RCC-M是AFCEN或法国核电最重要、最完整的压水堆核岛机械设备设计建造规范。RCC-M设计规则源于ASME BPVC Ⅲ,并得到ASME许可,其框架结构与ASME类似。但RCC-M不是ASME的复制,其编制时充分考虑了欧洲相关材料、制造、检验的相关差异,以及法规的要求。

我国采用该体系标准的有秦山二期、三门核电、海阳核电、大亚湾核电、岭澳核电、红沿河核电、方家山核电、福清核电、宁德核电和阳江核电。

3.3 仪控相关标准

核电厂主要由核反应堆、一回路系统、二回路系统和其他辅助系统组成,反应堆中的核燃料通过核裂变反应产生大量的热能。这些热能通过流经反应堆的冷却剂被带出反应堆传到蒸汽发生器,并通过蒸汽发生器的管壁把热能传递给二回路的水,使其变为蒸汽推动汽轮机做功,带动发电机发电。从裂变产生的热能到最终转换为电能,经历大小几百个系统,为保障核电厂的安全性,就需要仪表和控制系统对反应堆和整个电厂进行有效的自动检测、监视、控制和保护。

为确保核电厂安全运行,在《核动力厂设计安全规定》(HAF102—2016)中规定必须识别所有安全重要物项,保障设备及控制系统的有效性,根据其功能和安全重要性对其进行分级。我国颁布了现行设备分级相关的法规标准,具体如下:

- 《质量保证分级手册》(HAF · J0045);
- 《压水堆核电厂物项分级的技术见解》(HAF · J0066);
- 《核动力厂设计安全规定》(HAF 102—2016);
- 《用于沸水堆、压水堆和压力管式反应堆的安全功能和部件分级》(HAD102/03—1986);
- 《压水堆核电厂物项分级》(GB/T 17569—2021);
- 《核电厂安全重要仪表和控制功能分类》(GB/T 15474—2010)。

核电厂仪表设备分级中的安全分级是抗震类别、质量保证等级以及规范等级确定的前提。核电厂仪表设备安全分级又分为安全级和非安全级两大类:凡承担或支持反应性控制、余热排出、放射性物质包容、其他的防止或缓解事故功能的物项为安全级物项,其余的物项为非安全级物项。

核电厂仪表质量保证有安全级物项分级,即:质量保证 1 级(QA1)、质量保证 2 级(QA2)、质量保证 3 级(QA3)、非安全级物项分级质量保证 1 级(Q1)、质量保证 2 级(Q2)和非质量级(QNC)。《QA - QS - 101 物项和服务的质量保证分级 - B 版》对核电厂物项及质量保证分级做了明确的规定。

1E 级设备为质量保证 1 级。1E 级涉及所有形式的仪表,如传感器(包括探测器和变送器)、电缆、机柜(包括机箱和机架)、控制台屏、显示仪表、应急柴油发电机组、蓄电池组、电动机、阀门驱动装置、电气贯穿件等。凡执行反应堆紧急停堆、安全壳隔离、应急堆芯冷却、反应堆余热排出、反应堆厂房热量排出、防止放射性物质向环境大量释放等核安全功能及在事故工况后参与公众保护的电气仪表设备和部件的安全等级定为 1E 级。

第4章 热工仪表

4.1 电气测量

4.1.1 概述

1. 电气测量的内容

电气测量是指将被测的电量或磁量直接或间接地与测量单位的同类物理量(或者可以推算出被测量的异类物理量)进行比较的过程,也称电工测量。

电气测量的内容十分广泛,主要包括以下内容:

(1)电能量

电能量的测量包括电流、电压、功率、电场强度、电磁干扰和噪声等。

(2)电路元器件参数

电路元器件参数的测量包括电阻、电容、电感、阻抗、介质损耗、介电常数和磁导率等。

(3)电信号特性

电信号特性的测量包括频率、周期、时间、相位、波形参数、脉冲参数、调制参数、频谱、失真度、信噪比和数字信号的逻辑状态等。

(4)电路性能的测量

电路性能的测量包括增益、衰减、频率特性、灵敏度、分辨率、噪声系数和反射系数等。

2. 电气测量的方法

(1)以测量方式分类

①直接测量:仪表读出的值就是被测的电磁量。例如用电流表测量电流,用电压表测量电压。

②间接测量:指要利用某种中间量与被测量之间的函数关系,先测出中间量,再通过计算求出被测量。例如用伏安法测电阻。

③组合测量:指被测量与中间量的函数式中还有其他未知数,须通过改变测量条件,得出不同条件下的关系方程组,然后解联立方程组求出被测量的数值。

(2)以测量方法分类

①直接测量法:利用测量仪表直接获得测量结果。例如用温度计测量温度,用电流表测量电流。

②比较测量法:将被测量与标准量进行比较而获得测量结果的方法。

常见的比较测量法有以下几种:

a. 零值法:又称指零法或平衡法。它是利用被测量对仪器的作用与已知量对仪器的作用二者相抵消的方法,由指零仪表做出判断。也就是说当指零仪表指零时,表明被测量与已知量相等。可见零值法测量的准确度取决于度量器的准确度和指零仪表的灵敏度。电桥和电位差计都采用零值法原理。

b. 较差法：利用被测量与已知量的差值，作用于测量仪器而实现测量目的的一种测量方法。

c. 替代法：利用已知量代替被测量，而不改变测量仪器原来的读数状态，这时被测量与已知量相等，从而获取测量结果。这种方法的准确度主要取决于标准量的准确度和测量装置的灵敏度。

通过上述介绍可以知道比较测量法具有测量准确、灵敏度高的优点，适合精密测量；其缺点是测量过程烦琐，所用仪器设备价格较高。

3. 电气测量的误差

在科学实验和工程实践中，无论我们用什么方法测量，无论计算得多么缜密，由于仪器无法做到百分百的准确，测量值与被测量的实际数值总是存在差异。测量值与真实值之间的差异称为测量误差，测量误差的存在是绝对的。

(1)测量误差的分类

①系统误差

若在同种条件下多次测量同一量时，误差的绝对值和符号保持不变；或在测量条件改变时，误差按某一确定的规律变化，则这样的误差称为系统误差。系统误差按其误差来源可分为以下几种：

a. 基本误差

由于测量仪表本身结构或制造上的不完善而导致的误差。

b. 附加误差

由于仪器使用时未能满足其所规定的使用条件而导致的误差。

c. 方法误差

方法误差也称理论误差，是由于测量方法不完善或测量所依据的理论不完善等导致的误差。

d. 人身误差

人身误差也称个人误差，是由于测量人员的感觉导致的误差，这类误差因人而异，与个人当时的心理和生理状态密切相关。

②随机误差

随机误差也称偶然误差，它是一种在同一条件下对同一量进行多次测量所导致的误差，是以不可预知的方式变化的误差。

随机误差主要是由周围环境的偶发原因引起的，它的大小和符号没有确定的变化规律，不可预知也无法控制。但当测量的次数增多时，绝对值相等、符号相反的误差出现的次数会趋于相等，即在总体上遵循一定的统计规律。

在多数情况下，随机误差服从正态分布规律，具有以下特性：

a. 有界性

在一定的测量条件下，随机误差的绝对值不会超过一定的界限。

b. 单峰性

绝对值小的误差出现的概率大，而绝对值大的误差出现的概率小。

c. 对称性

当测量次数足够多时，绝对值相等的正误差和负误差出现的概率基本相同。

d. 抵抗性

将全部的误差相加时，几乎可互相抵消。

③疏忽误差

疏忽误差也称过失误差、粗大误差，是一种明显超过规定条件下预期数值的误差，是测量人员在测量过程中粗心和疏忽造成的。这种测量数据是不可靠的，应予以舍弃。

(2)测量误差的表示方法

测量误差通常用以下三种方法表示。

①绝对误差Δ

仪表指示值(即测量值)与被测量的真实值之间的差值称为绝对误差。绝对误差Δ反映的是测量值 A_x 在大小和方向上与真实值 A_0 的差值，其单位与被测量的单位相同，即

$$\Delta = A_x - A_0$$

因为被测量的真实值往往很难确定，所以在实际测量中，通常用标准的指示值或多次测量的平均值作为被测量的真实值。测量同一个量时，绝对误差值越小，测量越精确。

②相对误差 γ

绝对误差与被测量的真实值之比的百分数，称为相对误差 γ，即

$$\gamma = \frac{\Delta}{A_0} \times 100\% \text{ 或 } \gamma = \frac{\Delta}{A_x} \times 100\%$$

相对误差是有大小和正负但无单位的量，它能确切地反映测量的准确程度，所以在实际测量中一般用相对误差来评价测量结果的准确程度。

③引用误差 γ_m

绝对误差与仪表量程上限 A_m 之比的百分数，叫作引用误差，也称基准误差，即

$$\gamma_m = \frac{\Delta}{A_m} \times 100\%$$

它用于表征仪表性能的好坏，是仪表的基本误差，仪表的准确度等级及基本误差见表4－1。

表4－1 仪表的准确度等级及基本误差

仪表的准确度等级	0.1	0.2	0.5	1.0	1.5	2.5	5.0
基本误差(不大于)/%	±0.1	±0.2	±0.5	±1.0	±1.5	±2.5	±5.0

(3)测量误差的消除方法

①系统误差的消除

在测量过程中，产生系统误差的原因是多种多样的。对于基本误差和附加误差等引起的系统误差，可以采取一些措施加以消除。通常当系统误差减小到可以忽略的程度时，就认为它已经被消除了。

a. 引入修正值

引入修正值的主要目的是消除由仪器仪表的不完善而导致的基本误差。在测量之前，对测量中所使用的度量器、仪器仪表要用更高准确度的度量器、仪器仪表进行校准，做出它们的校正曲线或表格。在测量时，根据曲线或表格对测试所得的数据引入校正值，这样由仪表基本误差引起的系统误差就能减小到可以忽略的程度。

由测量方法、测量环境和测量人员等因素所导致的系统误差,也可以采用引入修正值的方法加以消除和削弱。

b. 消除产生附加误差的根源

在测量过程中应尽量满足仪器仪表能正常工作的条件,以减小或消除由外界环境因素所导致的附加误差。仪表的正常工作条件通常指:仪表指针调整到零点;仪表按规定的工作位置安放;环境温度符合标准;除地磁外,没有外来电磁场;对交流仪表,电流波形为正弦波,频率在指定范围内等。

c. 采用特殊测量方法

Ⅰ. 正负误差补偿法:对同一个量,在不同的试验条件下进行两次测量,使其中一次所包含的误差为正,而另一次所包含的误差为负,取这两次测量数据的平均值作为测量结果,就可以减小这种系统误差。

例如,用电流表测量电流,第一次测量后,将电流表转动 180°再测量一次,取两次测量数据的平均值作为测量结果,这样就可消除外磁场对仪表读数的影响。这是因为如果外磁场恒定不变,其中一次的读数偏大,另一次的读数就会偏小。这样取两次测量结果的平均值时就会正负抵消,从而达到消除系统误差的目的。

Ⅱ. 替代法:用等值的已知量去替代被测量。这样测得的结果与测量仪表本身的误差及外界因素影响无关。

②随机误差的消除

随机误差的特点,决定了它是不可能在一次测量结果中消除的,所以在实际测量中可以采用多次测量后取算术平均值的方法消除随机误差。测量的次数越多,其平均值就越接近实际值。

③疏忽误差的消除

疏忽误差是由人为因素导致的,因此测量人员必须具备工作责任心和一定的测试技能。

4. 电气测量的仪表

电气测量的仪表又称电工仪表。电工仪表的种类繁多,按其结构、原理和用途大致可分以下几种。

(1)指示仪表:直接模拟指示电气测量的仪表,通常采用指针或光标显示方式,包括用指针或光标显示的电子仪表在内,如图 4-1 所示。

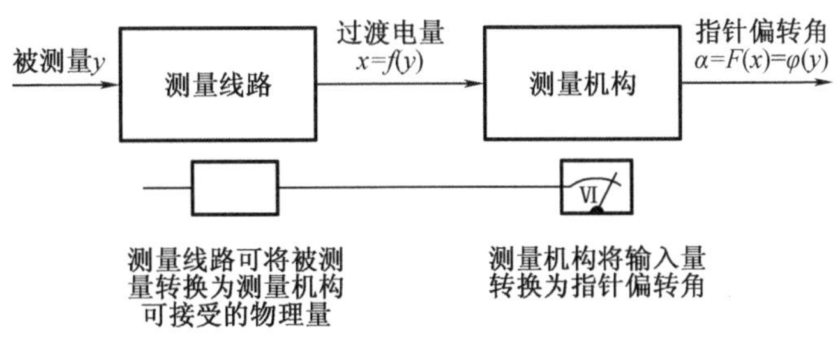

图 4-1 测量电路(指示仪表)

①按仪表工作原理分类

a. 磁电式:利用可动线圈中电流产生的磁场与固定的永久磁铁磁场相互作用而工作的

仪表。

b. 电磁式:由一个可动软磁片与固定线圈中电流产生的磁场相互吸引而工作的仪表,或者由一个或多个固定软磁片与可动软磁片(两者均被固定线圈中的电流磁化)之间相互作用而工作的仪表。

c. 电动式:利用可动线圈中电流所产生的磁场与一个或几个固定线圈中电流所产生的磁场相互作用而工作的仪表。

d. 感应式:由一个或几个固定的交流电磁铁磁场与其在可动导电元件中感应电流所产生的磁场相互作用而工作的仪表。

e. 静电式:利用基于固定的和可动的电极之间静电力的效应而工作的仪表。

f. 整流式:由直流测量仪表和整流装置组成,用于测量交流电流或电压的仪表。

此外,还有热电式、双金属式、光电式、热线式、谐振式、电子式等仪表。

②按测量对象分类

按测量对象,仪表可分为电压表、电流表、功率表、频率表等。

③按工作电流分类

按工作电流,仪表可分为直流仪表、交流仪表和交直流两用仪表。

④按仪表外形尺寸分类

按仪表外形尺寸,仪表可分为微型、小型、中型和大型四类。

⑤按仪表准确度等级分类

按准确度等级,仪表可分为七级,即 0.1、0.2、0.5、1.0、1.5、2.5、5.0 级,我国旧标准中最后一级原为 4.0 级。

⑥按工作位置分类

按工作位置,仪表可分为水平、垂直、规定倾斜角度等类型。如不按规定位置使用,会产生不应有的误差。

⑦按使用方式分类

a. 安装式:指固定安装在仪器或设备的面板或开关板上的仪表。

b. 可携式:指可以移动和携带的仪表。

⑧按使用条件分类

按使用条件,仪表可分为 A、A1、B、B1、C 五组,其中 C 组环境条件最差。

⑨按仪表外壳防护性能分类

a. 普通式:指能防机械损伤和污垢的仪表。

b. 防尘式:指能防灰尘进入外壳的仪表。

c. 防溅式:指能防雨水溅入外壳的仪表。

d. 防水式:指能在一定水压下防止水流浸入外壳的仪表。

e. 水密式:指在仪表完全沉入水中后能够防止水浸入外壳的仪表。

f. 气密式:指能防止外壳内部介质与外部空气对流的仪表。

g. 隔爆式:指具有隔爆外壳或其他防爆措施的仪表。

(2)数字仪表:将被测电磁量转换为电压或脉冲个数,再转换为数字量,并以数字方式直接显示的仪表,如数字电压表、数字万用表等,如图 4-2 所示。

(3)积算仪表:用于测量与时间有关的量,即在某段测量时间内,仪表对被测量进行累计,如电能表。

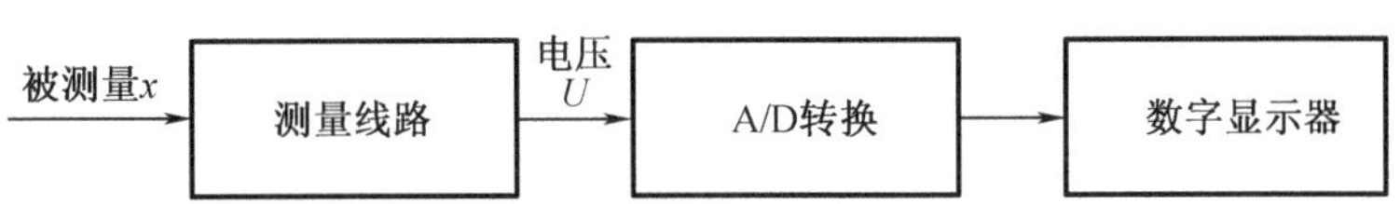

图4-2 测量电路(数字仪表)

(4)比较仪器:用比较法进行测量的仪器,将标准度量器与被测量置于比较仪器中进行比较,从而求得被测量。它又分为直流仪器和交流仪器两种类型,如电桥和电位差计。

(5)图示仪器:用来记录或观察被测量与另一变量函数变化关系的仪表,如示波器。

(6)测磁仪器:用于测量基本磁量及磁性材料特性的仪器。

(7)扩大量限装置:用来扩大电工仪表测量范围的装置,如分流器、附加电阻、测量用互感器等。

(8)校验装置:按一定的测量方法和电路,将一些测量仪器、度量器和附加设备组合而成的整体装置,如指示仪表校验装置、电能表校验装置、互感器校验装置等。

5. 电气仪表的选择

(1)仪表类型的选择

根据被测量是直流还是交流选用直流仪表或交流仪表。

测量直流电量时,广泛采用磁电式仪表,因为磁电式仪表的准确度和灵敏度都较高。

测量交流电量时,应区分是正弦波还是非正弦波。如果是正弦波电流(或电压),只需测出其有效值,即可换算出其他数值,采用任何一种交流电流表(或电压表)均可进行测量。如果是非正弦电流(或电压),则应区分是测量有效值、平均值、瞬时值还是最大值。其中有效值用电磁式或电动式电流表(或电压表)测量;平均值用整流式仪表测量;瞬时值用示波器观察,然后求出各点的瞬时值及最大值。

测量交流电量时,还应考虑被测量的频率。一般电磁式、电动式和感应式仪表,应用频率范围较窄,特殊设计的电动式仪表可用于中频(5 000 ~ 8 000 Hz)。整流式万用表应用频率一般在 45 ~ 1 000 Hz 范围内,有的可达 5 000 Hz。

(2)仪表准确度的选择

仪表准确度等级越高,其基本误差就越小,测量误差也越小。

通常准确度等级为 0.1、0.2 级的仪表可作为标准仪表(校用表)或精密测量用;0.5、1.0 级的仪表作为电气工作试验用;1.5、2.5 级的仪表作为一般测量用。安装式仪表,其交流仪表应不低于 2.5 级,直流仪表应不低于 1.5 级。

与仪表配合使用的附加装置,如分流器、附加电阻器、电流互感器、电压互感器等的准确度应不低于 0.5 级。但仅作电压或电流测量用的 1.5 级或 2.5 级仪表,允许使用 1.0 级互感器,对非重要回路的 2.5 级电流表,允许使用 3.0 级电流互感器,但电能计量用的电流互感器应不低于 0.5 级。

(3)仪表量限的选择

合理选择仪表的量限,可以得到准确度相对较高的测量结果。一些指示仪表标度尺上用一个黑色圆点来区别刻度尺的工作部分和非有效部分。

在选用仪表时,应当根据测量值来选择仪表的量限,尽量使测量的指示范围在仪表量限的 2/3 以上部分。如测量 380 V 线电压时应选用 450 V 电压表;测量 220 V 相电压时则应选用 250 V 电压表。

在选用电流表时，不能单纯考虑负荷电流的大小，还应考虑起动电流的大小，否则会损坏仪表。

选用仪表的量限时，测量值越接近量限，则其相对误差越小。

(4)仪表内阻的选择

选择仪表时，应根据被测阻抗的大小来选择仪表的内阻，否则测量结果会产生较大的误差。内阻的大小反映了仪表本身功率的消耗，为了使仪表接入测量电路后，不至于改变原来电路的工作状态，并能减少表耗功率，要求电压表或功率表的并联线圈电阻尽量大些，而且量限越大，电压表的内阻也应越大。

对于电流表或功率表的串联线圈的电阻，则应尽量小，而且量限越大，内阻应越小。

(5)仪表工作条件的选择

选择仪表时，应根据仪表的使用场所和工作条件（如环境温度、湿度，外界电场、磁场影响等因素），选择相应使用条件组别的仪表。

(6)仪表绝缘强度的选择

测量时，应根据被测量和被测电路中电压的高低，选择相应绝缘强度的仪表及附加装置，这样才能有效地保证人身安全，防止仪表损坏。

总之，在选择电气仪表的过程中，必须全面考虑，不可盲目追求仪表的某一项指标。要根据测量的具体要求进行选择，特别是要着重考虑是否存在引起测量误差较大的因素，还应考虑仪表的使用环境和工作条件。

另外，在选择电气仪表时，还应从测量的实际需要出发，既要考虑实用性，又要考虑经济性。凡是一般仪表能达到测量要求的，就不要用精密仪表来测量。

4.1.2 结构与原理

4.1.2.1 基本电量的测量

电流与电压是电气测量中的基本电量，电流、电压的测量方法很多，可采用直接测量法，如使用电流表、电压表测量，还可以使用电位差计测量；也可采用间接法测量电流与电压。

1. 电流表与电压表

(1)电流表

①直流电流表

测量直流电路中电流的仪表称为直流电流表。直流电流表的标度盘上标有“—”符号。直流电流表按其测量范围可分为四类，即微安表（μA）、毫安表（mA）、安培表（A）、千安表（kA）。按其量限数也可分为单量限直流电流表和多量限直流电流表。

②分流器

由磁电式测量机构制成的电流表表头，一般只能承受几十微安到几十毫安的电流，如果要测量较大的电流，则必须进行分流，即将分流电阻与测量机构并联。分流器电路如图4－3所示，多量程分流器电路如图4－4所示，分流器电路加温度补偿电阻如图4－5所示。

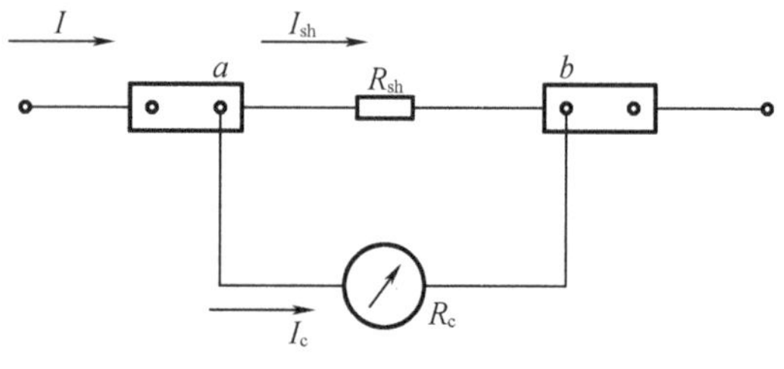

图4－3 分流器电路

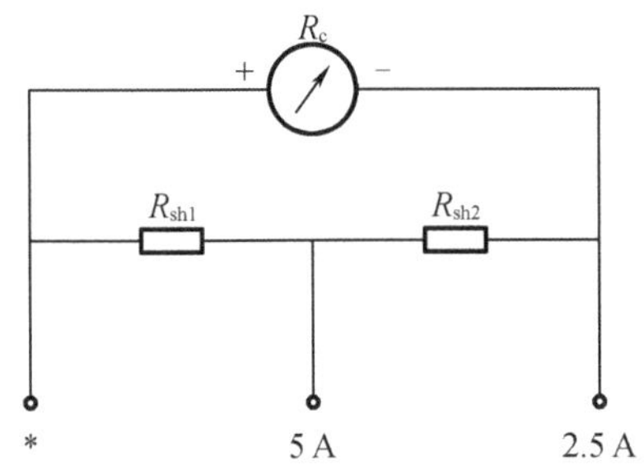

图 4－4　多量程分流器电路

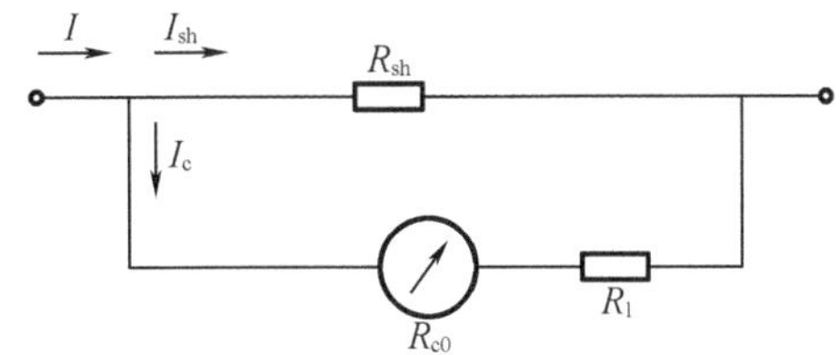

图 4－5　分流器电路加温度补偿电阻

按分流器的电路结构，绝大部分电流通过分流电阻 R_{sh} 流走，而通过表头的电流 I_c 只是被测电流 I 的很小一部分。可以证明通过电流表线圈的电流与被测电流的关系为

$$I_c = I\frac{R_{sh}R_c}{R_{sh}+R_c}$$

只要将电流表标尺刻度放大 $n = I/I_c$ 倍就可以通过测量机构的偏转角直接反映被测电流 I 的大小。将上式移项，可按量程扩大倍数 n 求得分流器电阻阻值的关系式，即

$$R_{sh} = \frac{R_c}{nR_c - 1}$$

③交流电流表

测量交流电路中电流的仪表称为交流电流表，其表面上标有“～”符号。低压交流电流表按其接线方式，可分为直接接入和经电流互感器接入两种。直接接入电流表一般最大满偏电流不超过 200 A，而经电流互感器接入的电流表，测量电流可高达 10 kA，这种电流表应标明电流互感器的变流比。

④钳形电流表(图 4－6)

通常在测量电流时需要将被测电路断开，才能将电流表或电流互感器的一次线圈接到被测电路中，而利用钳形电流表则无须断开被测电路就可以测量被测电流。

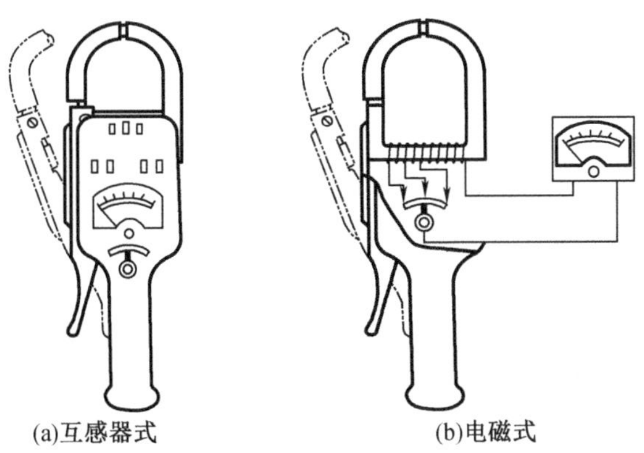

(a)互感器式　　(b)电磁式

图 4－6　钳形电流表

钳形电流表按其结构形式的不同，分为互感器式钳形电流表和电磁式钳形电流表。

a. 互感器式钳形电流表

互感器式钳形电流表是由穿心式电流互感器和电流表组成的。当捏紧扳手时，钳形铁芯张口,这样被测电流流过的导线就可以直接穿过铁芯缺口;然后放开扳手使钳形铁芯闭合,此时通过电流的导线相当于电流互感器的一次绕组,于是二次绕组中就有电流流过,这个电流通过转换开关,按不同的分流比,经整流装置整流后变成直流流入磁电式电流表表头。由于表头分度尺是按一次电流分度的,因此可直接从指针的偏转位置读出被测电流的数值。这种互感器式钳形电流表只能用于交流电路的测量。

b. 电磁式钳形电流表

电磁式钳形电流表外形与互感器式钳形电流表基本相同,但结构和工作原理不同。电磁式钳形电流表没有互感器式的二次绕组,而是将电磁式测量机构的活动部分放在钳形铁芯的缺口中间,工作时由缺口中的磁场作用于可动部分产生转动力矩,工作原理与电磁式仪表相似。由于电磁式仪表可动部分的偏转方向与电流方向无关,因此这类钳形电流表可以交、直流两用。

(2)电压表

①直流电压表

测量直流电路中电压的仪表称为直流电压表。直流电压表的标度盘上标有“—”符号。直流电压表按其测量范围一般分为毫伏表(mV)、伏特表(V)和千伏表(kV)。为了扩大电压表的使用量限,一般磁电式便携式直流电压表都制成多量限,只需按照所需量限的要求选择不同的附加电阻即可,如图4-7所示。

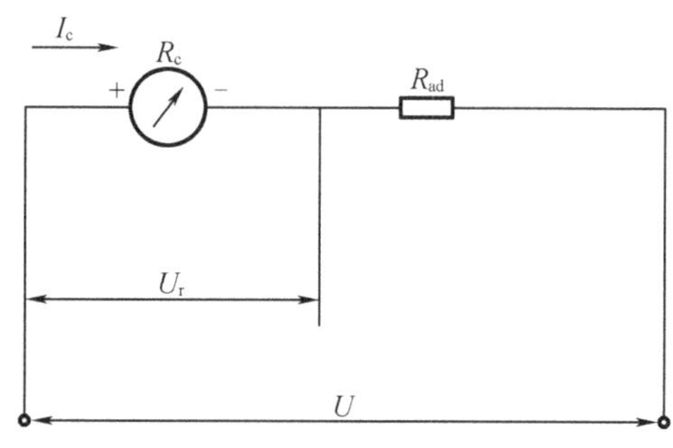

图4-7 附加电阻

设直接测量的量程为 U_c,测量机构内阻为 R_c,串联附加电阻 R_{ad}后,可见电压量程扩大为 U,可得关系式:

$$\frac{U}{R_c + R_{ad}} = \frac{U_c}{R_c} = I_c$$

电压表的内阻要求尽可能大,使仪表消耗的功率最小,在测量电压时对电路的影响也最小。磁电式电压表内阻与对应的量程电压之比为常数,这两者的比值称为 Ω/V 常数,常用来表示电压表内阻的大小。在相同电压量程下,该常数越大,电压表内阻越大。

②交流电压表

测量交流电路中电压的仪表称为交流电压表,其表面上标有“~”符号。交流电压表按照供电系统电压等级和接线方式,可分为低压直接接入式和高压经电压互感器接入式两种。电力系统中,低电压主要指三相四线制中的线电压(380 V)和相电压(220 V),通常用于测量线电压的电压表量限为0~450 V,测量相电压的电压表量限为0~250 V。测量高压的交流电压表,其表面上标示的变压比(即 U_1/U_2)应与所配用的电压互感器的变比相同。

4.1.2.2 电流的测量

1. 直接测量法

测量时使用电流表,根据仪表的读数直接获取被测电流的方法,称为电流的直接测量法。

(1)直流电流的测量

直流电流的测量分直接测量(图4－8)和经分流器测量(图4－9)两种。

测量电流表与负载串联,负载电流全部流入电流表,PA的读数即为测量结果I。这种方法可用于测量电流量限范围内的直流电流,一般只有十几微安到几十毫安。

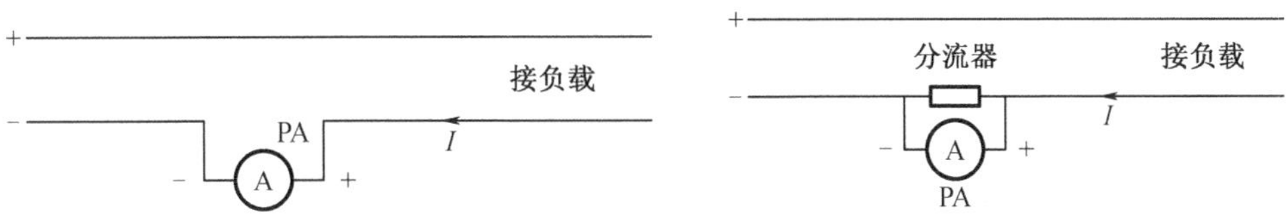

图4－8 直接测量直流电流　　图4－9 经分流器测量直流电流

测量时应将分流器的电流端钮接入电路中,由表头引出的导线应接在分流器的电位端钮上,此时负载电流只有少部分通过电流表,电流表PA的读数应乘倍率才为测量结果I。对于同一块电流表,并联不同的分流器可得到不同的量限,当电流表的电压量限与分流器上的额定电压相同时即可配用,这时电流表的量限取决于分流器上的额定电流。

电流表应接在被测电路的低电位端,以免电流表的通电线圈与外壳间形成高电位。

(2)交流电流的测量

①单相交流电流的测量

交流电流的测量分为直接测量(图4－10)和经电流互感器测量(图4－11)两种。

直接测量时电流表直接串入电路,这时电流表PA的读数即为测量结果I。直接测量的电流不能太大,因为大电流位于仪表附近,产生的强磁场将使仪表读数产生误差,直接测量的最大电流一般为200 A。

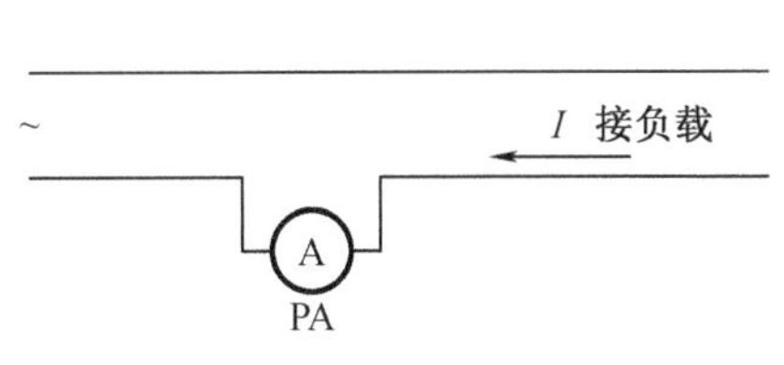

图4－10 直接测量交流电流

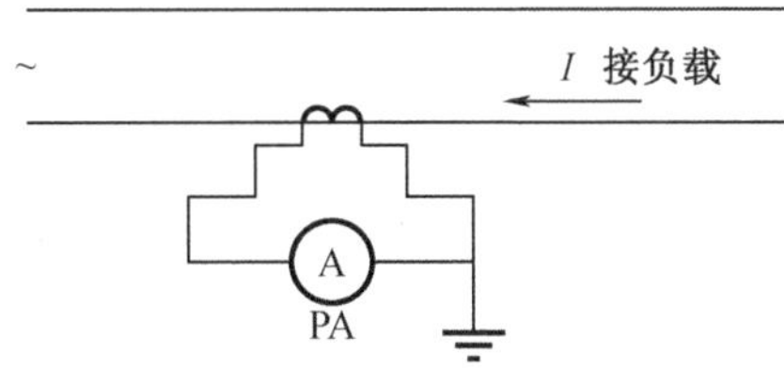

图4－11 经电流互感器测量交流电流

在大电流或高电压系统中,可用电流互感器来扩大电流表的量限和隔离高电压。此时交流电流表的额定电流为5 A。电流表PA的读数要乘电流互感器的变比才为测量结果。一般情况下,我们选用的电流表为专门配用互感器的电流表,这时电流表读数PA直接为测量结果。

②三相交流电流的测量

单相接线法(图4－12)适用于三相负载基本平衡的三相电路中电流的测量。因为三相电流大致相同,所以只需测一相电流即可。

星形接线法(图4－13)适用于三相负载不平衡度较大的三相电路,以及三相四线制电路中电流的测量。

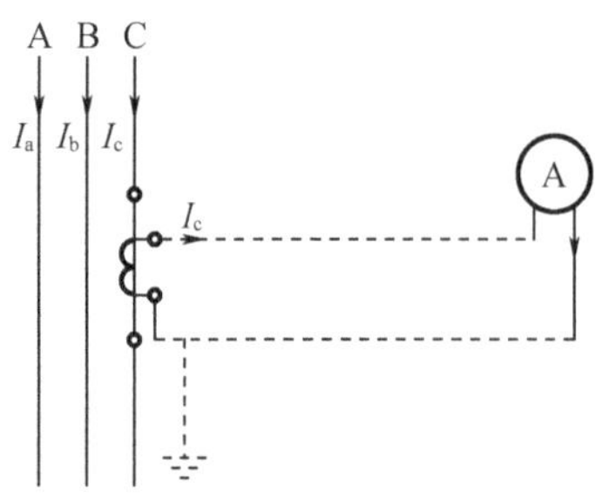

图 4－12　单相接线法

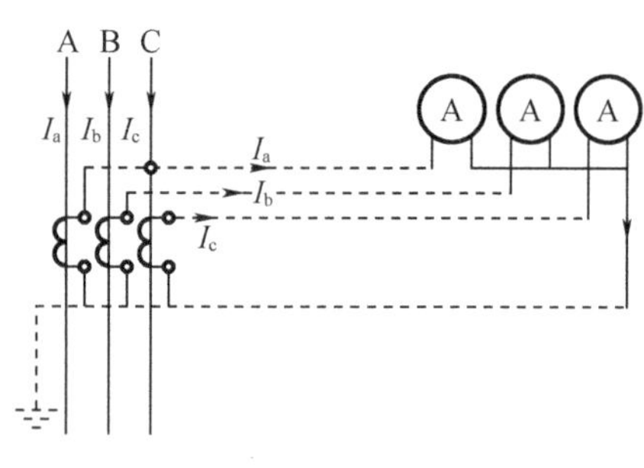

图 4－13　星形接线法

不完全星形接线法(图 4－14)可用于平衡负载,也可用于不平衡负载的三相电路中电流的测量。

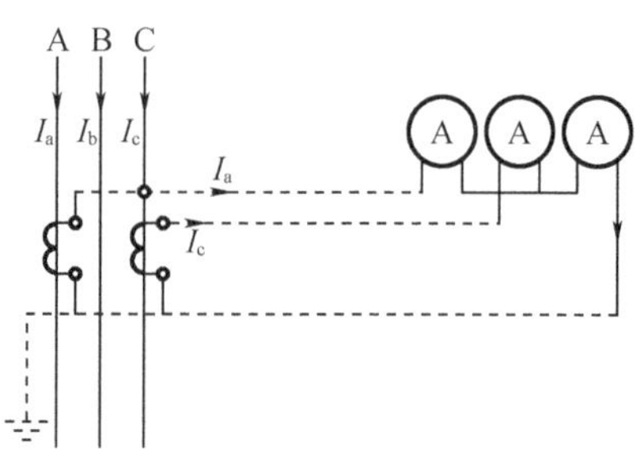

图 4－14　不完全星形接线法

2. 间接测量法

间接测量法是通过测量与被测电流有关的量,然后经过计算,求得被测电流或电压值的一种测量方法。间接测量法可以达到不拆断电路而测得电路电流的目的。例如,在电路中我们知道某一电阻的大小,通过电压表测得其两端的电压,用欧姆定律就可以算出通过电阻电流的大小。

4.1.2.3　电压的测量

1. 直接测量法

(1)直流电压的测量

直流电压的测量分直接测量(图 4－15)和经倍压器测量(图 4－16)两种。

电压表直接并入被测电路中,这时电压表 PV 的读数即为被测电路两点间的电压 U。

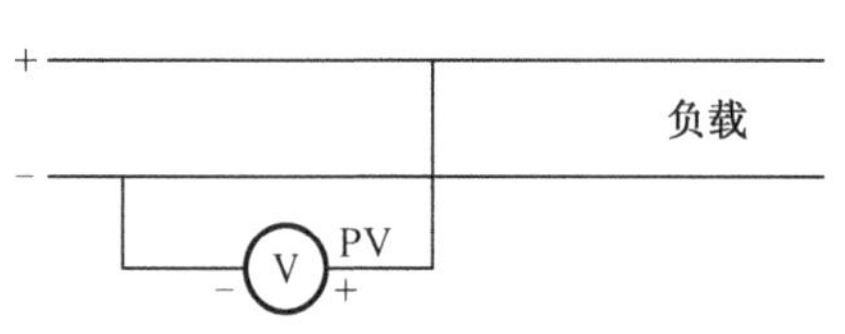

图 4－15　直流电压表直接测量

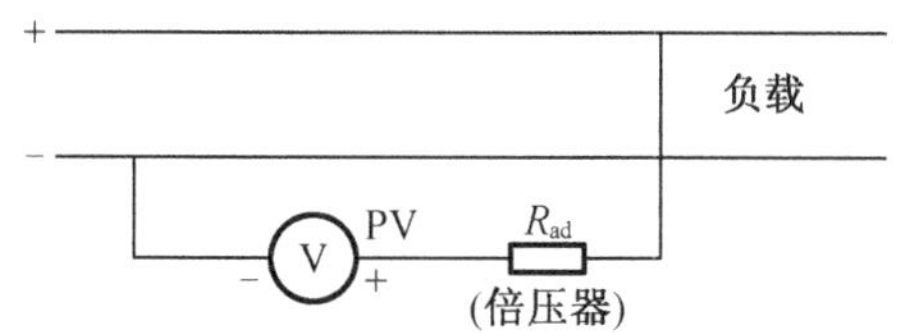

图 4－16　直流电压表经倍压器测量

若测量较大电压,可采用电压表与附加电阻串联后再并在被测负载上进行测量。如果电源有接地的话,应将电压表接在靠近接地的低电位端,以免使仪表的线圈与外壳间形成高电位。电压表 PV 的读数应乘以倍率才为测量结果 U。对于同一块电压表,串联不同的附加电阻可得到不同的量限。

(2)交流电压的测量

①单相交流电压的测量

测量 500 V 以下的电压,可将电压表直接并入电路。这时电压表 PV 的读数即为该电路两点间的电压有效值 U,如图 4－17 所示。

交流电压表经互感器接入电路,适用于更高等级电压的测量。电压互感器用来扩大电压表量限和隔离高电压。此时交流电压表的定额电压为 100 V。电压表 PV 的读数要乘以电压互感器的变比才为测量结果。一般情况下，我们选用的电压表为专门配用互感器的电压表，这时电压表读数 PV 直接为测量结果。

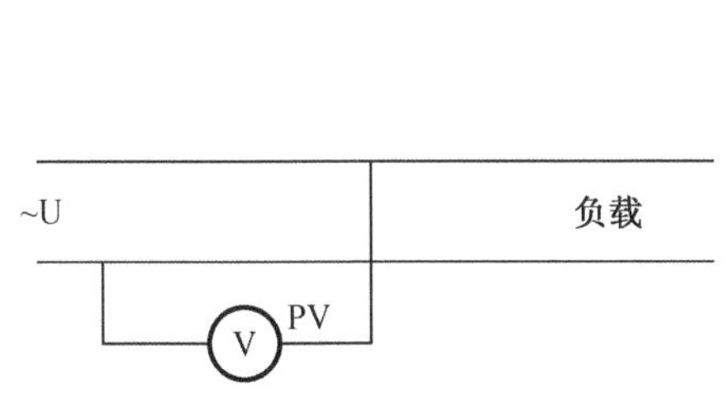

图 4－17 交流电压表直接接入法

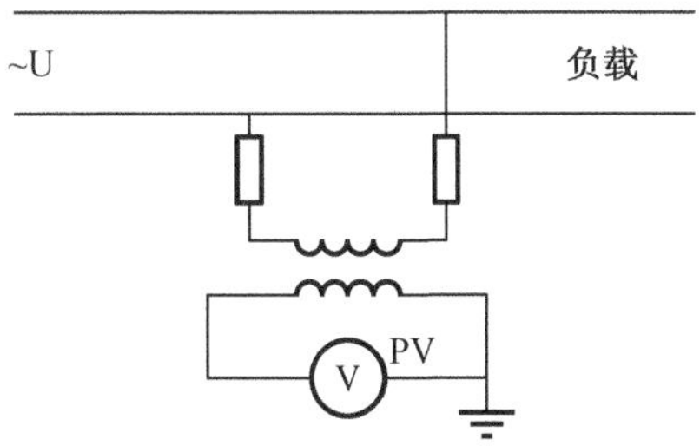

图 4－18 交流电压表经互感器接入

②三相交流电压的测量

电压的间接测量法测量三相交流电压，若为高压系统，电压表需经过电压互感器测量。

在三相高压系统中，可采用一台三相三柱式互感器或三台单相电压互感器组成 Y/Y_0 接线法（图 4－19），实现对三相线电压的测量。也可采用两台单相电压互感器组成不完全星形（V－V）接线法（图 4－20）实现对三相线电压的测量，这一电路广泛用于三相中性点不接地系统或经消弧线圈接地系统中。

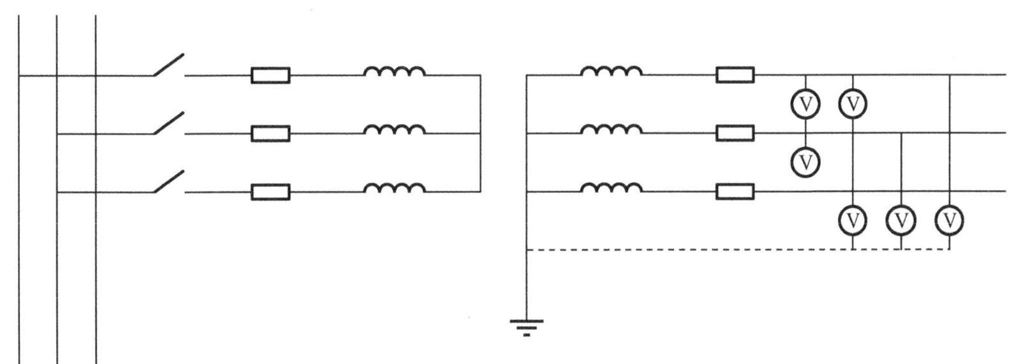

图 4－19 配三相三柱式互感器 Y/Y_0 接线法

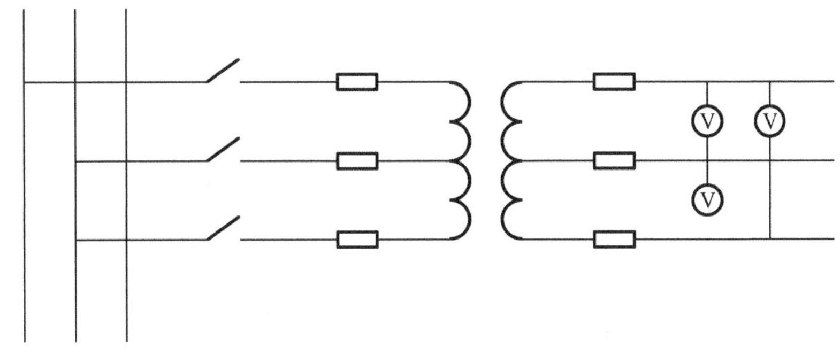

图 4－20 配两台单相互感器 V－V 接线法

在三相不接地系统中还可采用三相五柱式电压互感器 Y_0/Y_0 接线法(图 4 - 21),即一次、二次绕组接成星形并接地,再接电压表以监测三相线电压和相电压,也可以接其他仪表或继电器等。这种方法既可以测量线电压,又可以测量相电压。

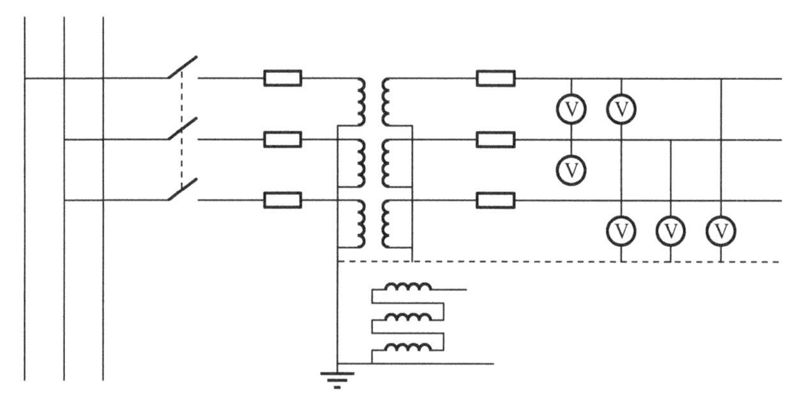

图 4 - 21　配三相五柱式互感器 Y_0/Y_0 接线法

2. 间接测量法

电压的间接测量法与电流的间接测量法类似。例如,在电路中我们知道某一电阻的大小,通过电流表测得通过该电阻的电流,用欧姆定律就可以算出电阻两端电压的大小。

4.1.2.4　直流电位差计

1. 直流电位差计工作原理

直流电位差计由三个回路组成。其中回路Ⅰ称为校准回路,回路Ⅱ称为测量回路,回路Ⅲ称为工作电流回路。

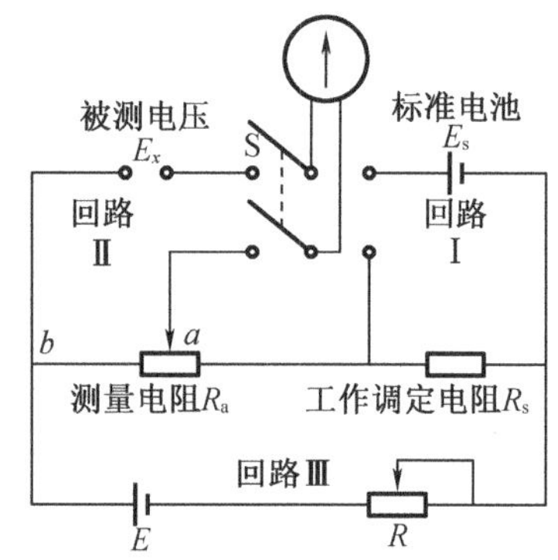

图 4 - 22　直流电位差计工作原理

校准回路:利用回路中的标准电池来校准工作电流,当开关 S 合向回路Ⅰ时,调节 R 改变工作电流,若检流计指零,则说明标准电池的电动势与工作电流在电阻 R_s 上的压降 IR_s 相互补偿,使

$$E_s = IR_s$$

测量回路:当开关 S 合向回路Ⅱ时,调节测量电阻,以改变左端 ab 两点间的压降(注意:此时不能再调节 R,否则工作电流将发生变化),若检流计指零,则表明:

$$E_x = IR_{ab} = \frac{E_s}{R_s}R_{ab}$$

式中,E_s、R_s 为已知,从 R_{ab} 可求出被测电压值。

工作电流回路:包括辅助电源,调节工作电流用的可变电阻、测量电阻和工作调定电阻。工作回路的主要任务是提供一个稳定的工作电流,使电阻 R_a 和 R_s 能得到一个稳定的压降。

2. 直流电位差计的特点

(1)利用补偿原理:电位差计的平衡是利用电动势互相补偿的原理,因此平衡时不从测量回路的被测电源取用电流,从而消除被测电源的内阻、导线电阻、接触电阻对测量的影响。校准回路也一样,不从标准电池取用电流,保持了标准电池电动势的稳定。

(2)采用高准确度的元件:在式 $E_x=\dfrac{E_s}{R_s}R_{ab}$ 中,由于标准电池的电动势比较稳定,调定电阻和测量电阻的左端 ab 部分选用高准确度和高稳定度的电阻,所以测量准确度高。

3. 用直流电位差计测量电压(图4-23)

用直流电位差计还可以鉴定高准确度(0.5级及以上)的电压表。当被检电压表的量程大于电位差计的量程上限时,也要用精密分压器(R_1、R_2)将电压表两端的电压 U 分压,经分压后电压减小到电位差计的量程范围之内,再进行测量。

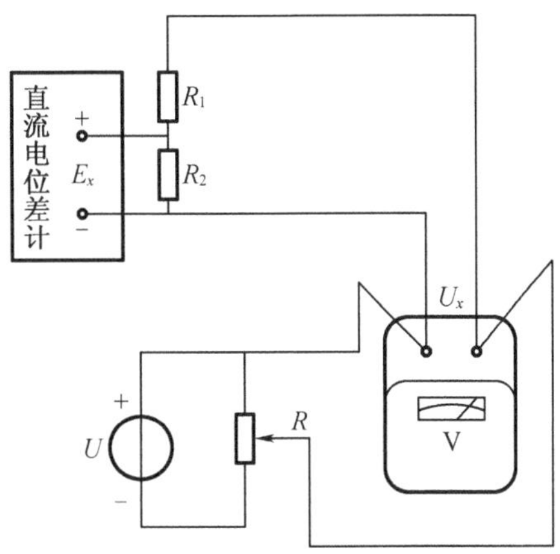

图4-23 用直流电位差计测量电压

4. 用直流电位差计测量电流(图4-24)

测量电流的方法是通过测量已知电阻 R_n 上的电压降,再间接计算出被测电流,即

$$I_x=\frac{U_x}{R_n}$$

选用标准电阻 R_n 时要注意:

(1)标准电阻的额定电流应大于被测电流;

(2)标准电阻上的压降要保证第一测量盘能读数;

(3)标准电阻上的压降不能超过电位差计的测量上限。

5. 用直流电位差计测量电阻(图4-25)

电阻 R_x 和标准电阻 R_n 串联。当开关S倒向 R_n 一边时,测得 R_n 上的电压为 U_n,保持电流 I 不变;当开关S倒向 R_x 一边时,用电位差计测量出 R_x 上的电压为 U_x,则被测电阻为

$$R_x=\frac{U_x}{I_x}=\frac{U_x}{\dfrac{U_n}{R_n}}=\frac{U_x}{U_n}R_n$$

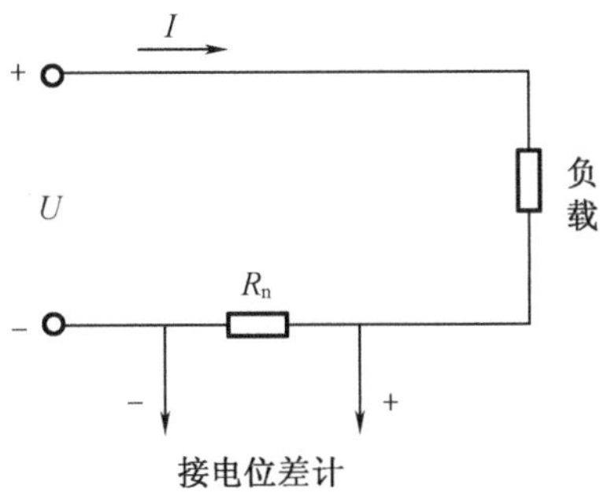

图4-24 用直流电位差计测量电流

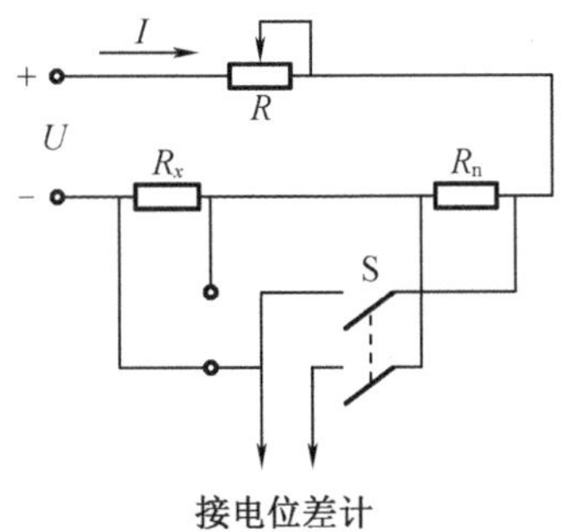

图4-25 用直流电位差计测量电阻

测量时，尽量使标准电阻 R_n 接近被测电阻 R_x，这样能使调试容易些，并且使测量更准确。

4.1.2.5　电路参数的测量

1. 电阻的测量

(1)电桥

电桥是一种测量电参数的比较仪器，在电气测量中应用广泛，其主要特点是灵敏度高、测量准确度高。电桥分为直流电桥和交流电桥两大类。

①直流电桥

直流电桥主要用于测量电阻。它主要由比例臂、比较臂、被测臂等构成桥式线路。在测量时，被测量与已知量进行比较得到测量结果。直流电桥除了用来测量电阻，高精度电桥的比例臂还可作为标准电阻使用，比较臂可以作为精密电阻箱使用。国产直流电桥的型号用 QJ 表示，Q 代表电桥，J 代表直流。

a. 直流电桥分类

按线路原理，直流电桥分为单臂电桥、双臂电桥和单双臂电桥等其他特殊电桥。

按电桥结构，直流电桥分为两元件电桥和三元件电桥。前者测电阻由电桥的两个参数测量，如携带式电桥；后者测电阻由电桥的三个参数测量，如 QJ36 型电桥。

按使用条件，直流电桥分为实验室型电桥和携带型电桥。

按准确度等级，直流电桥分为 0.01、0.02、0.05、0.1、0.2、0.5、1、2 等 8 个等级。

b. 直流电桥工作原理

Ⅰ. 单臂电桥

直流单臂电桥又称惠思登电桥，适合测量中值电阻($1\sim10^6\ \Omega$)，如图 4－26 所示，图中连成四边形的四条支路 ac、cb、bd、da，称为电桥的四个臂，其中 ac 接被测电阻 R_x，其余三个臂为标准电阻或可变的标准电阻，在 c、d 之间连接检流计。

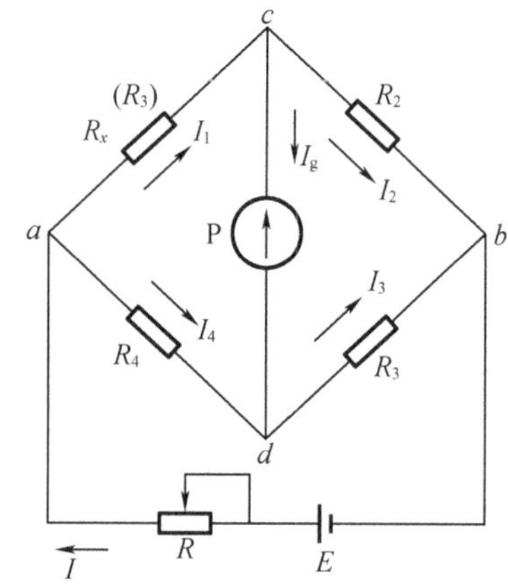

图 4－26　惠思登电桥

调节桥臂电阻 R_2、R_3 和 R_4，使检流计指零，称为电桥平衡。平衡时有

$$I_1R_x=I_2R_4,\quad I_1R_2=I_2R_3$$

以上是电桥平衡的条件，电桥平衡与所加电压无关，仅取决于四个电阻的相互关系，即相邻桥臂电阻必须成比例，或相对桥臂电阻的乘积必须相等，即

$$R_x=\frac{R_2}{R_3}R_4$$

电桥 R_2、R_3 称为电桥的比例臂，电阻 R_4 称为比较臂，R_2/R_3 称为比例臂的倍率。倍率可调十进倍数，如 0.01、0.1、1、10、100 等，R_x 就是已知电阻 R_4 的十进倍数。

直流单臂电桥具有很高的准确度，因为标准电阻的准确度可达 10^{-3} 以上，检流计的灵敏度很高，可以保证电桥处于精确的平衡状态。电桥的平衡条件虽不受电源电压的影响，但是为了保证电桥足够灵敏，电源电压不能过低或不稳，应用电池或直流稳压电源。

Ⅱ.双臂电桥

直流双臂电桥又称凯尔文电桥,如图4－27所示,其适用于测量低值电阻(1 Ω以下),如用于测定分流电阻,电机、变压器绕组的电阻以及断路器的接触电阻等。

双臂电桥可以消除单臂电桥测量时无法消除的由接线电阻和接触电阻造成的测量误差,因此双臂电桥测量准确度高,是测量小电阻的常用仪器。

直流双电桥也是由检流计、比例臂和比较臂组成的。比例臂为两对可同步调节的可调电阻,电流接头 C_1 和 C_{s2} 之间用一条粗母线连接。

R_s 为标准电阻,是电桥的比较臂,R_x 为被测电阻。粗母线电阻 R_0、R_1、R_2、R_1'、R_2' 为桥臂电阻,阻值都很小,一般不超过10 Ω。当电桥达到平衡时,被测电阻为

$$R_x = \frac{R_2}{R_1} R_s$$

②交流电桥

交流电桥是一种以交流电作为电源,测量电阻、电容和电感元件参数的比较式仪器(图4－28)。

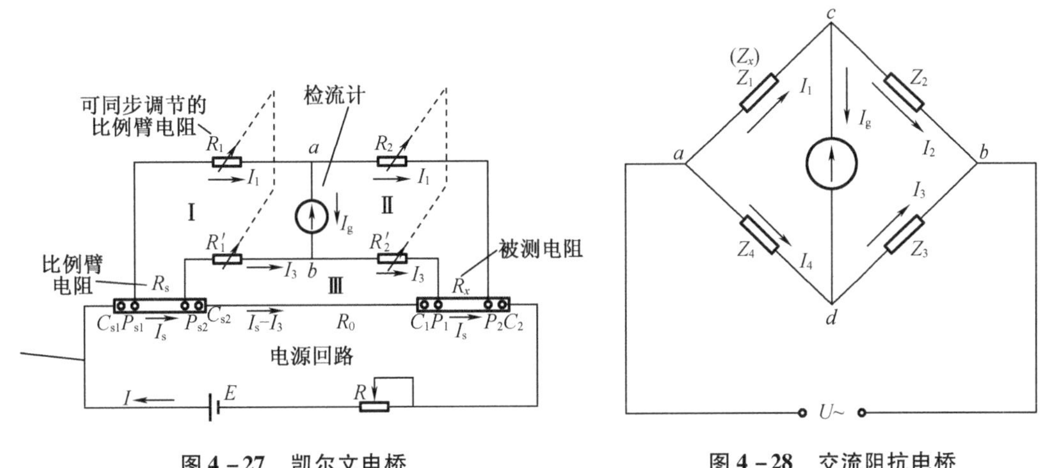

图4－27 凯尔文电桥　　图4－28 交流阻抗电桥

单、双臂直流电桥只能测量电阻,测量交流参数要用交流阻抗电桥。交流阻抗电桥的四个桥臂由交流阻抗元件组成,适当配置各桥臂阻抗性质,调节各桥臂参数使电桥平衡,可求得

$$I_1 Z_1 = I_4 Z_4, \quad I_2 Z_2 = I_3 Z_3$$

当电桥平衡时,$I_1 = I_2$,$I_3 = I_4$,联立得

$$Z_1 Z_3 = Z_2 Z_4$$

$$\varphi_1 + \varphi_3 = \varphi_2 + \varphi_4$$

式中 Z——各桥臂阻抗的幅值;

φ——相位角(阻抗角)。

可见交流电桥平衡的条件是:相对桥臂上阻抗的幅模乘积要相等;阻抗的幅角之和也要相等。

在一般情况下,为使电桥结构简单,常把 Z_2 和 Z_3 桥臂设计为纯电阻,比较臂 Z_4 的阻抗性质视被测量 Z_1 的阻抗性质而定,这样调节起来就很方便。常见交流阻抗电桥原理电路、平衡方程及特点见表4－2。

表 4－2　常见交流阻抗电桥原理电路、平衡方程及特点

桥型	原理电路	平衡方程	特点
C/C	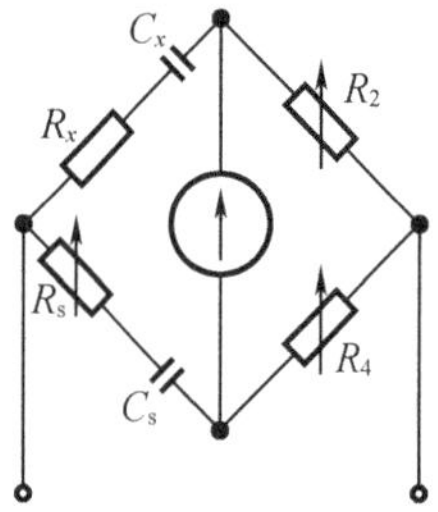	$\left(R_x+\frac{1}{j\omega C_x}\right)R_4=\left(R_s+\frac{1}{j\omega C_s}\right)R_2$ $C_x=C_s\frac{R_4}{R_2}$ $R_x=R_s\frac{R_2}{R_4}$ $\tan\delta=\omega C_s R_s$	又称串联电容电桥或维恩电桥，适用于测量损耗小的电容器，如被测电容 R_x 大，R_s 也大，电桥灵敏度低
C/C	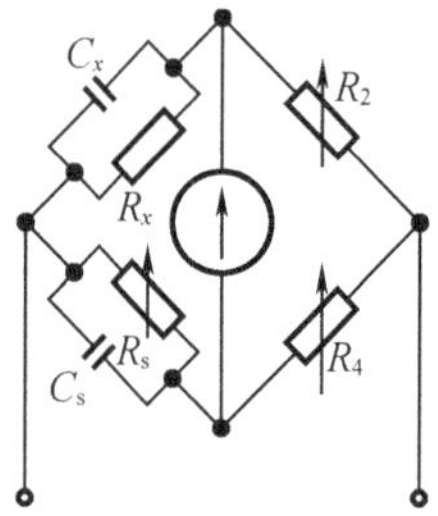	$C_x=C_s\frac{R_4}{R_2}$ $R_x=R_s\frac{R_2}{R_4}$ $\tan\delta=\frac{1}{\omega C_s R}$	又称并联电容电桥，适用于测量损耗大的电容器
C/C	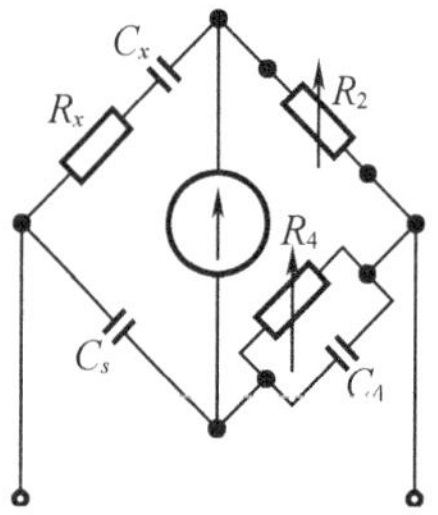	$C_x=C_s\frac{R_4}{R_2}$ $R_x=R_2\frac{C_4}{C_2}$ $\tan\delta=\frac{1}{\omega C_s R}$	又称四林电桥或高压电桥，R_2、R_4 连接点接地，适用于在高压条件下测量电容器 $\tan\delta$
L/C	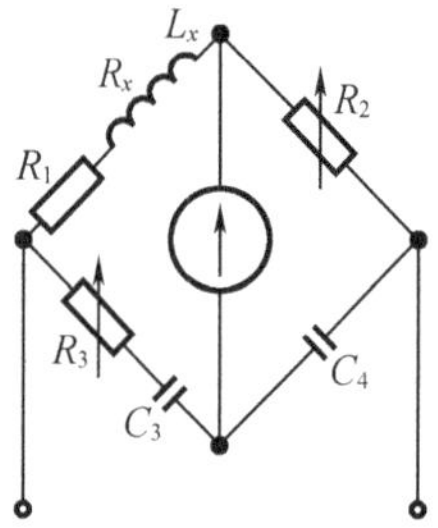	$L_x=R_2R_3C_4$ $R_x=R_2\frac{C_4}{C_2}-R_1$	又称串联欧文电桥，适用于测量小值的电感
L/C	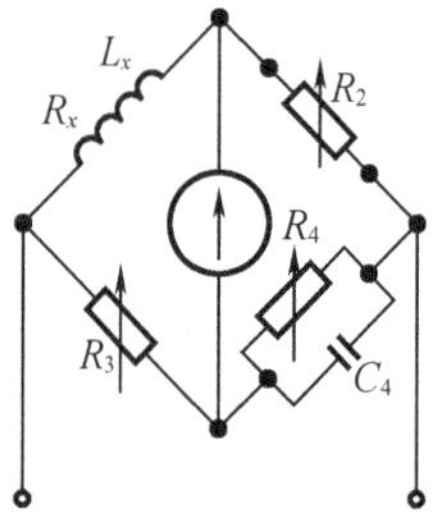	$L_x=R_2R_3C_4$ $R_x=\frac{R_2}{R_4}R_3$	又称马克斯威尔－维恩电桥，适用于测量值较小的电感

表 4－2(续)

桥型	原理电路	平衡方程	特点
L/C		$L_x=\dfrac{R_2R_{34}}{1+(\omega C_4R_4)^2}$ $R_x=\dfrac{R_2R_3R_4(\omega C_4)^2}{1+(\omega C_4R_4)^2}$	又称海氏电桥,适用于测量 Q 值较大的电感,但平衡条件与 ω 有关。

(2)绝缘电阻表

绝缘电阻表可用于测量电机、变压器及电缆等的绝缘电阻,以便检验其绝缘程度的好坏。由于其标尺分度以“MΩ”为单位,因此又称“兆欧表”。因为绝大部分绝缘电阻表都带有一个手摇发电机,所以也称“摇表”。

①绝缘电阻表的工作原理

常见的绝缘电阻表是由一台手摇发电机和磁电式比率计组成的。图 4－29、图 4－30、图 4－31 分别为绝缘电阻表的外形图、结构图和工作原理图。被测电阻 R_x 与动圈 1 串联,流过动圈 1 的电流 I_1 与 R_x 的大小有关。由 I_1 产生的力矩 M_1 将随 R_x 的变化而变化,流过动圈 2 的电流 I_2 与手摇发电机电压 U 及附加电阻 R_u 有关。根据比率计的原理,仪表的偏转角 α 与两动圈的电流比值(I_1/I_2)有关,而 I_1/I_2 随被测电阻 R_x 的变化而变化,因而指针能指示不同的 R_x 值。

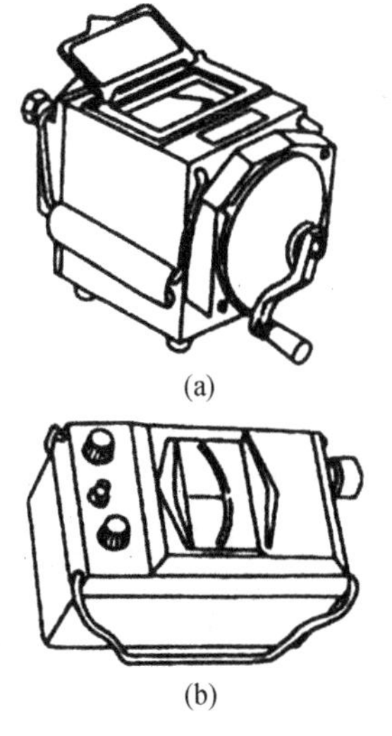

图 4－29 绝缘电阻表外形图

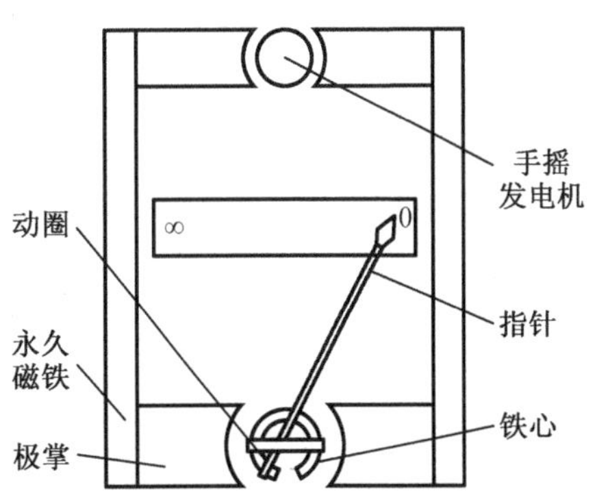

图 4－30 绝缘电阻表结构图

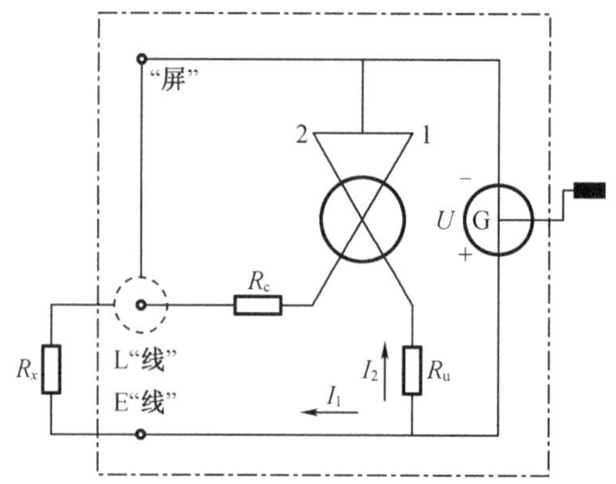

1,2—动圈;G—发电机;R_c、R_u—附加电阻;R_x—被测绝缘电阻。

图 4-31 绝缘电阻表工作原理图

②绝缘电阻表的选择和使用

a. 绝缘电阻表的选择(表 4-3)

绝缘电阻表的选择,主要是选择其电压及测量范围。高压电气设备绝缘电阻要求高,须选用电压高的绝缘电阻表进行测试;低压电气设备内部绝缘材料所能承受的电压不高,应选择电压低的绝缘电阻表。

表 4-3 绝缘电阻表的选择

测量对象	被测绝缘额定电压/V	绝缘电阻表的额定电压/V
线圈绝缘电阻	500 以下 500 以上	500 1 000
电力变压器、电极线圈绝缘电阻	500 以上	1 000 ~ 2 500
发电机线圈绝缘电阻	380 以下	1 000
电气设备绝缘	500 以下 500 以上	500 ~ 1 000 2 500
瓷瓶		2 500 ~ 5 000

选择绝缘电阻表测量范围的原则是不使用测量范围过多地超出被测绝缘电阻的数值,以免因刻度较粗而产生较大的读数误差。另外,还要注意有些绝缘电阻表的起始刻度不是零,而是 1 MΩ 或 2 MΩ。这种电阻表不宜用来测量处于潮湿环境中的低压电气设备的绝缘电阻,有可能读不到读数,容易误认为绝缘电阻为 1 MΩ 或零值。

b. 绝缘电阻表的正确使用与维护

Ⅰ. 测量前要先切断被测设备的电源,并将设备的导电部分与大地接通,进行充分放电,以确保安全。用绝缘电阻表测量过的电气设备,必须及时接地放电,方可进行再次测量。

Ⅱ. 测量前要先检查绝缘电阻表是否完好,即在绝缘电阻表未接被测物之前,摇动手柄使发电机达到额定转速(120 r/min),观察指针是否指在标尺的"∞"位置。将接线柱"线"(L)和"地"(E)短接,缓慢摇动手柄,观察指针是否迅速指在标尺的"0"位。若指针不能指到应指的位置，表明绝缘电阻表有故障，应检修后再用。

Ⅲ.根据测量项目正确接线。绝缘电阻表上有3个接线柱，分别标有L(线路)、E(接地)和G(屏蔽)。其中，L接在被测物和大地绝缘的导体部分，E接在被测物的外壳或大地，G接在被测物的屏蔽环上或不需要测量的部分。

一般测量时将被测的绝缘电阻接到"L"和"E"两个接线端钮上。

接线柱G是用来屏蔽表面电流的。如测量电缆的绝缘电阻时，由于绝缘材料表面存在漏电流，将使测量结果不准，尤其是在湿度很大的场合及电缆绝缘表面又不干净的情况下，会使测量误差增大。为避免表面电流的影响，在被测物的表面加一个金属屏蔽环，与绝缘电阻表的"屏蔽"接线柱相连。

Ⅳ.接线柱与被测设备间连接的导线不能用双股绝缘线或绞线，应该用单股线分开单独连接，避免绞线绝缘不良而引起误差。为了获得正确的测量结果，被测设备的表面要用干净的布或棉纱擦拭干净。

Ⅴ.摇动手柄应由慢到快，若发现指针为零，则说明被测绝缘物可能发生了短路，这时就不能继续摇动手柄，以防表内线圈发热损坏。手摇发电机要保持匀速，保持指针稳定。通常最适宜的速度为120 r/min。若指示正常，应在发电机转速达到120 r/min(误差±20%)，并稳定摇动1 min后读数。

Ⅵ.测量具有大电容设备的绝缘电阻，读数后不能立即停止摇动绝缘电阻表，否则已被充电的电容器将对绝缘电阻表放电，可能烧坏绝缘电阻表。应在读数后一面降低手柄转速，一面拆去"L"端线头，在绝缘电阻表停止转动和被测物充分放电以前，不能用手触及被测设备的导电部分。

Ⅶ.测量设备的绝缘电阻时，还应记下测量时的温度、湿度、被测物的有关状况等，以便对测量结果进行分析。

(3)接地电阻测量仪

接地电阻测量仪主要用于电气设备以及避雷装置等接地电阻的测量，又被称为接地摇表或接地绝缘电阻表。

①接地电阻测量仪的工作原理(图4-32)

接地电阻测量仪由一台电压为500 V或1 000 V的交流发电机、电流互感器、可调的补偿电阻及交流检流计组成。

测量时需要用两条金属棒插针作为辅助电极，分别插在距离待测接地极10 m左右位置。然后用粗导线将待测接地极接E，将辅助电极接P、C，按要求转速摇动发电机，调节补偿电阻至检流计指零。

②接地电阻测量仪的补偿原理

接地电阻测量仪是利用补偿原理工作的，发电机经互感器接在E、C间，若被测接地极电阻为R_x，则产生的电压为IR_x。

二次绕组在标准电阻R上产生的电压为KIR，其中K为互感器变比。

调节R，使检流计指零，表示两电压相互补偿：

$$IR_x = KIR$$

$$R_x = KR$$

可见从标准电阻R的刻度示值和互感器变比可读出被测接地电阻值。

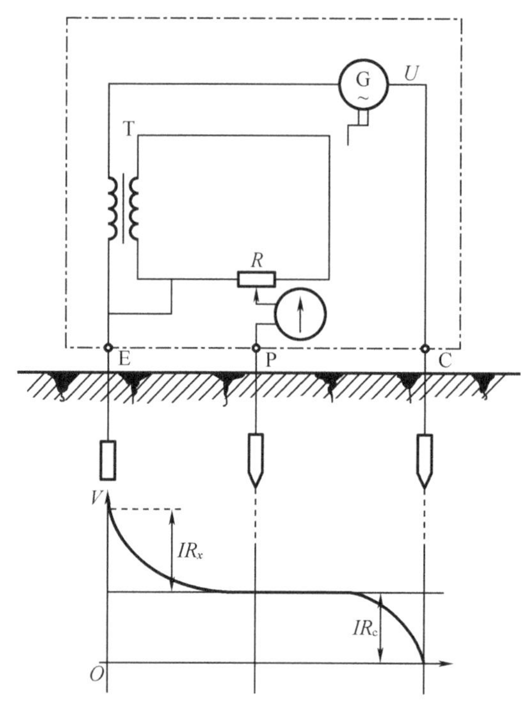

图 4－32 接地电阻测量仪工作原理图

③接地电阻测量仪的使用

a. 测量接地电阻时，应将接地线与被保护设备的连线断开，再进行测量。

b. 测量前将仪表水平放稳，校准检流计指针是否在红线位置，如果不在，用零位调整器将其调到中心红线上。

c. 将测量标度盘放在最大倍数上，慢慢摇动发电机手柄，同时旋转测量标度盘，当检流计指针在中心红线上时，增大发电机转速至 120 r/min，调整测量标度盘，使指针稳定地指在红线位置上，这时测量标度盘的读数与倍率的乘积，就是所测接地电阻的值。

d. 如果测量标度盘数小于 1，应将倍率标度放在较小的一挡，再重新测量。

(4)万用表

万用表也称多用表，是一种多量限、多功能、便于携带的电工仪表。一般的万用表可以用来测量直流电流、直流电压、交流电流、交流电压、电阻和音频电平等。有的万用表还可以用来测量电容、电感以及晶体管的某些参数等。

除指针式(模拟式)万用表外，还有晶体管万用表和数字式万用表。数字式万用表发展迅速，具有测量精度高、消耗功率低、过载能力强、读数迅速直观等优点。

①数字式万用表的使用注意事项

a. 使用完万用表应将量程开关切换至电压最高挡，并将电源关闭。

b. 测量时如果在最高数字显示位上出现“1”，其他位均消隐，表明量程不够，应选择更大的量程。

c. “HOLD”功能键可使测量的读数保持下来，便于记录和读数，此时进行其他测量时显示不会改变，松开后可继续测量其他数据。

d. 测量时会出现数字跳跃的现象，应在显示值稳定后再进行读数。

e. 测量电流时要把万用表串联接入测量电路，不必考虑极性，万用表可以显示测量极性。测量时应选择合适的量程和表笔插孔。在"mA"插孔下具有自动切换量程的功能，可以保护万用表电路。在大量程测量时由于没有设置保护电路，被测量绝对不能超过量程，测量时间也要尽可能短，否则会烧毁万用表。

f. 测量电阻时，切换开关应旋至"Ω"挡。测量表笔开路时，显示"1"或其他溢出符号。测量电阻前，应确认短接表笔的显示值。测量 200 Ω 以下低值电阻时，要考虑引线电阻的影响。

测量晶体管和电解电容时要注意极性要求，红表笔的电位高于黑表笔。

②数字式万用表的维护

a. 应在清洁、干燥、环境温度适宜、无外界强电磁场干扰、没有震动和冲击的条件下使用仪表。

b. 长期不使用的仪表，应取出电池，以免电池电解液腐蚀印刷电路版。

c. 不得随意拆卸仪表，以免影响调试好的技术指标。

d. 数字式万用表常用的熔丝管有 5 种规格：0.2 A、0.3 A、0.5 A、1 A、2 A。10 A（或 20 A）的插孔不带保险，更换熔丝管时必须与原来的规格一致。

（5）电阻测量方法

电阻的测量在电气测量中占重要的地位，测量范围一般是 $10^{-6} \sim 10^{12}$ Ω。通常按其阻值大小分为小电阻（1 Ω 以下）、中值电阻（1 Ω ~ 0.1 MΩ）和大电阻（0.1 MΩ 以上）。测量电阻的常用方法如下。

①按获取测量结果分类

a. 直接测阻法。采用直读式仪表测量电阻，例如用万用表的电阻挡或兆欧表等测量电阻。

b. 比较测阻法。采用比较仪器将被测电阻与标准电阻器进行比较，得出被测电阻值，在比较仪器中接有指零仪（检流计），例如直流单臂电桥、直流双臂电桥等。

c. 间接测阻法。通过测量与电阻有关的电量，求出被测电阻值，例如用电流表测电流、用电压表测电压，根据欧姆定律计算出被测电阻的阻值。

②按被测电阻阻值分类

a. 小电阻的测量。一般选用毫伏表，可测得工作状态下的电阻值，但测量误差较大。如果要求测量精度高时，可采用双臂电桥测量小电阻。

b. 中值电阻的测量。可采用直接测阻法和间接测阻法测得电阻值，但是测量误差较大。如果要求测量精度高时，可采用单臂电桥测量中值电阻。

c. 大电阻的测量。一般选用兆欧表，但测量的误差较大。如果要求测量精度高时，可采用检流计法，它可以分别测出绝缘体的体积电阻和表面电阻。

2. 电容的测量

电容按其大小通常分为小电容（$10^{-6} \sim 100$ pF）、中值电容（100 pF ~ 1 000 μF）和大电容（1 000 μF）。

（1）电压表－电流表法测量电容（图 4－33）

电压表－电流表法常用于测量中值电容，准确度较低，适用于没有专用仪器或测量要求较低的场合。

电路中串联的电感为可调电感。测量时，调节电感 L，在电路接近谐振时对其进行测量以使电流表获得足够的读数。被测电容的容量 C_x 可由下式计算得出：

$$C_x = \frac{I}{2\pi fU}$$

式中　U、I——电压表、电流表的读数；

f——交流电源频率。

(2)替代法测量电容(图 4－34)

替代法测电容适用于中值、小电容。

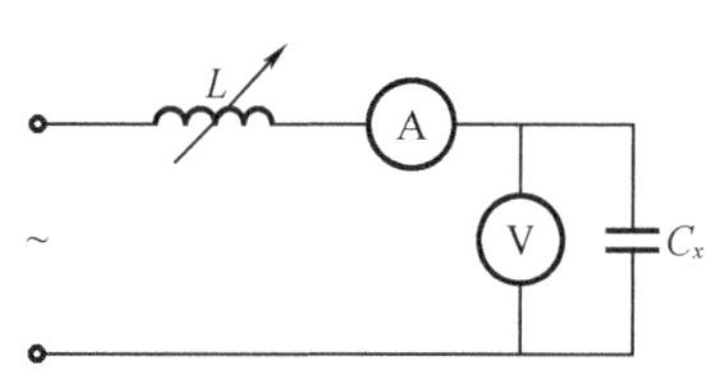

L—可变电感；C_x—被测电容

图 4－33　电压表－电流表法测量电容

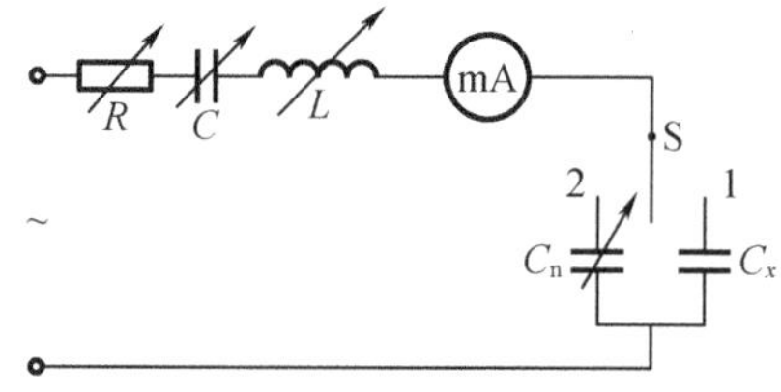

C_x—被测电容；C_n—可调标准电容。

图 4－34　替代法测量电容的一种电路

图 4－34 中 L、C 接入的目的是使电路能进入谐振状态，以使毫安表有较大的读数。测量步骤如下：

首先，将转换开关 S 置于位置“1”，调节 R、L、C 使电路接近谐振，记下毫安表读数。

然后，将转换开关 S 置于位置“2”，保持 R、L、C 不变，调节标准可变电容 C_n，使毫安表读数与上次读数相等。此时 $C_x = C_n$。

如果测量时手边没有毫安表，也可用电压表测量 C_x 和 C_n 的电压，使两次测量的数值相等，同样也可得出 $C_x = C_n$。

用替代法测电容也可在电桥线路上实现。

(3)谐振法测量电容(图 4－35)

谐振法测量适用于小电容。信号发生器是频率可调的振荡器。测量时，调节信号发生器的频率，使电压表的读数最大，此时电路达到谐振，则

$$C_x = \frac{1}{\omega_0^2 L_n} = \frac{1}{4\omega^2 f_0^2 L_n}$$

式中　L_n——标准电感的电感量，H；

f_0——谐振时信号发生器的频率，Hz。

(4)电解电容的测量

电解电容容量范围较宽，电容电桥法适用于测量容量不大的电解电容，容量较大的电容则可采用电压表法进行测量。

①电容电桥法(图 4－36)

在普通电容电桥的电源支路中串联一个直流电源，对被测电解电容施加正向的直流偏置电压，图 4－36 中 R 是保护电阻，C 是交流旁路电容。当电桥平衡时，被测电容 C_x 的值为

$$C_x = \frac{R_2}{R_1} C_n$$

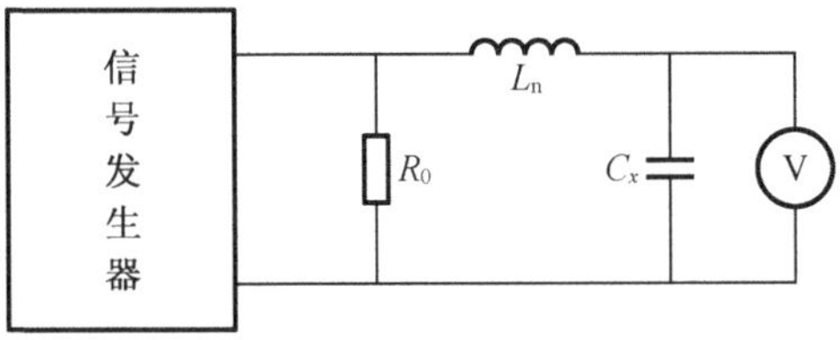

L_n—标准电感；C_x—被测电容；R_0—信号源等效电阻。

图 4-35 谐振法测量电容

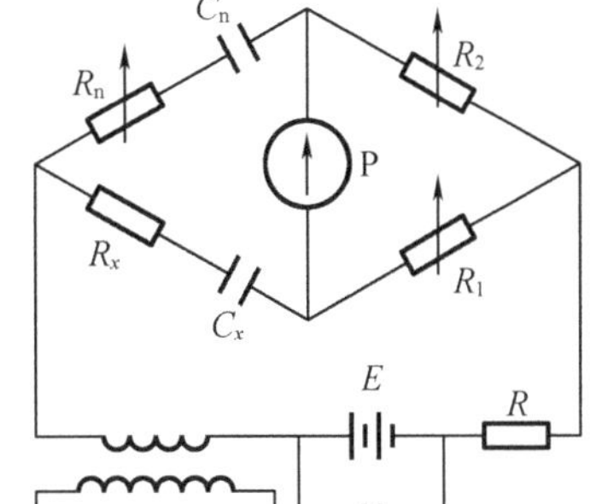

图 4-36 电容电桥法测量电解电容

②电压表法（图 4-37）

图 4-37 中降压变压器 T 和调节电位器 RP 用于调节测量交流电压，电源 E 给被测电解电容 C_x 和标准电容 C_n 直流偏压，R 防止电解电容击穿时直流电源被短路，C_T 用于隔离直流，可使电压表的读数中不含直流分量。测出两只电压表的读数 U_x 和 U_n，可以得出

$$C_x = \frac{U_x}{U_n} C_n$$

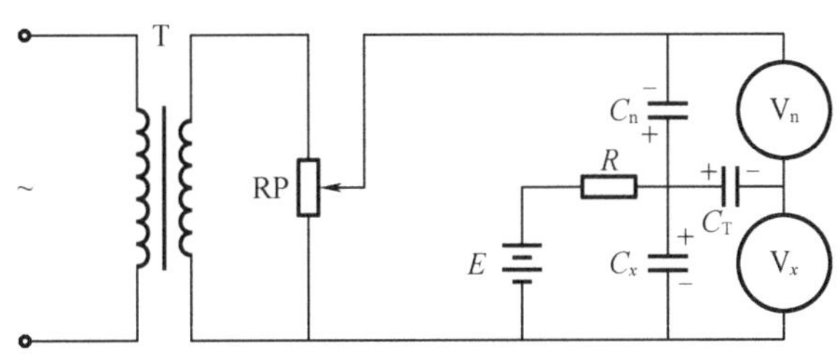

T—降压变压器；RP—调节电位器；R—保护电阻；C_n—标准电容；C_T—隔离电容；C_x—被测电解电容。

图 4-37 电压表法测量电解电容

3. 电感的测量

电感可分为空心电感和有铁芯电感两种类型。空心电感线圈的电感是常数，与工作电流的大小无关；有铁芯电感线圈的电感只有当工作在铁磁材料磁滞回线的线型区域时，才是常数，其他一般情况下，电感与电流的大小有关，所以在测量有铁芯电感线圈的电感时，通过电感线圈的测量电流应与工作时的电流相等。

（1）空心电感的测量

空心电感的主要测量方式是用交流电桥测量，也可使用以下方法。

①电压表－电流表法测量电感（图 4-38）

给线圈一个适当的电流，用电流表测出电流 I，用高内阻电压表测出电感线圈两端电压 U，则线圈的阻抗为

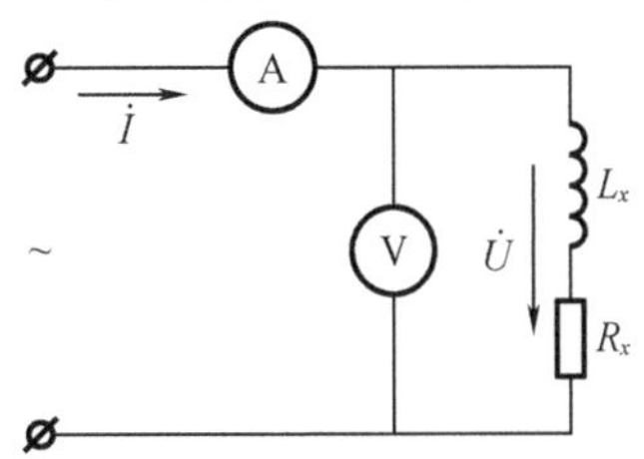

R_x—线圈电阻；L_x—被测电感。

图 4-38 电压表－电流表法测量电感

$$Z_x = \frac{U}{I}$$

可得线圈的电感为

$$L_x = \frac{\sqrt{Z^2 x - R^2 x}}{2\pi f}$$

由上两式可得

$$L_x = \frac{\sqrt{\left(\frac{U}{I}\right)^2 - R^2 x}}{2\pi f}$$

式中　R_x——线圈交流电阻，单位为 Ω；

　　f——电源频率，单位为 Hz。

在低频情况下，线圈的交流电阻与直流电阻基本相同，所以交流电阻 R_x 可由测量直流电阻值的方法测得。

②利用电压表、电流表和功率表测量电感（三表法）

测量线路分为电压表前接（图 4－39）和电压表后接（图 4－40）两种，测量时分别读出电压表读数 U、电流表读数 I 和功率表读数 P，可得

$$R_x = \frac{P}{I^2}$$

$$L_x = \frac{\sqrt{Z^2 x - R^2 x}}{2\pi f} = \frac{\sqrt{\left(\frac{U}{I}\right)^2 - \left(\frac{P}{I^2}\right)^2}}{2\pi f} = \frac{\sqrt{U^2 - \left(\frac{P}{I}\right)^2}}{2\pi f}$$

在电源频率已知的情况下，即可算出电感值。由于仪表测量时的功耗不可避免，因此三表法测量电感准确度不高。

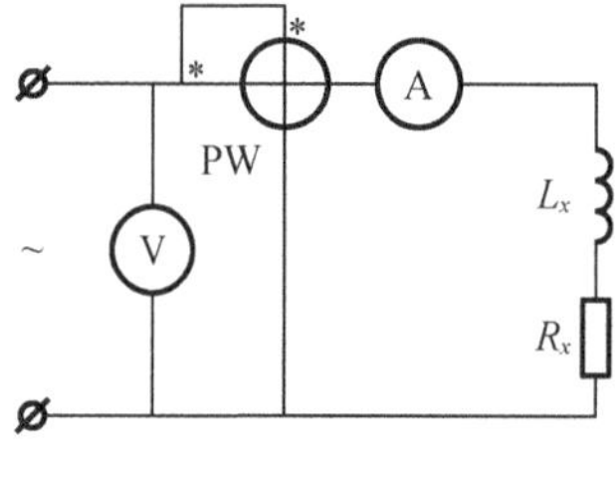

图 4－39　电压表前接

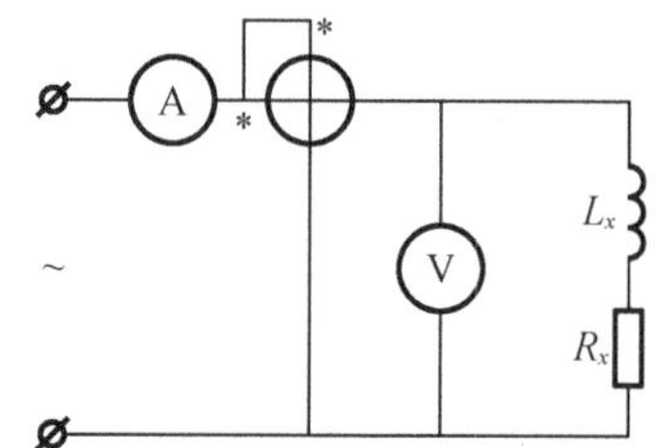

图 4－40　电压表后接

③利用谐振法测量电感（图 4－41）

测量时调节信号发生器的频率 f 和可调标准电容 C_n，使与 C_n 并联的电压表读数最大，此时电路谐振：

$$L_x = \frac{1}{4\pi f_0^2 C_n^2}$$

式中，f_0 为谐振时信号发生器的频率。

谐振法测量电感，也可采用桥式电路（图 4－42）。当调节各臂电阻及电容 C_n（或电源频

率f)，使电桥平衡时，被测电感所在的桥臂电路必然发生谐振。若此时电源频率为f_0，则有：

$$R_x=\frac{R_2R_3}{R_1}$$

$$L_x=\frac{1}{4\pi f_0^2C_n^2}$$

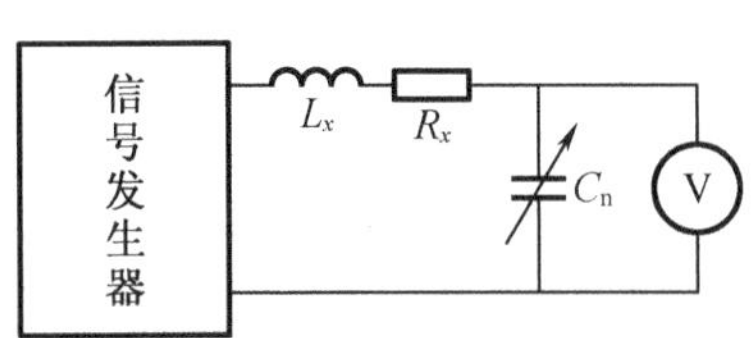

图4-41 谐振法测量电感原理图

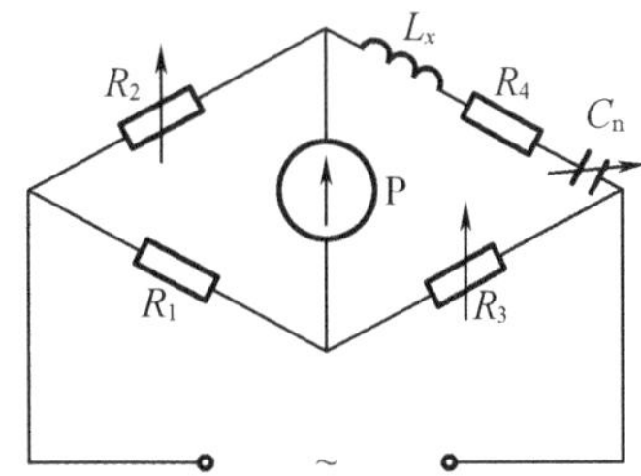

图4-42 谐振法测量电感的桥式电路

(2)有铁芯电感的测量

有铁芯电感的测量根据其在电路中工作的状况，可以分为以下三种情形：

①当有铁芯电感线圈工作时无直流分量，且动态范围不宽时，可以不考虑电感值和工作电流的非线性，采用测量空心电感的方法直接测量。

②当有铁芯电感线圈工作时无直流分量，但工作电流较大，需要考虑电感值和工作电流的非线性时，可采用电压表-电流表法或三表法测量，不能用电桥测量。

③当有铁芯电感线圈中有直流分量通过时，测量时须引入等值的直流偏置电流，如图4-43所示。

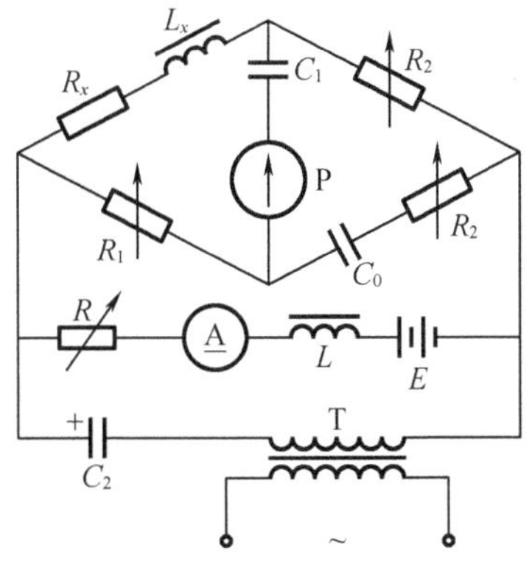

T—电流变压器；C_1—隔直电容；E—直流偏置电源；L—阻流圈；A—直流电流表；R_1、R_2、R_n—桥臂电阻；

C_0—标准电容；P—交流指零仪；L_x、R_x—被测有铁芯电感参数。

图4-43 用交流电桥测量有铁芯电感时引入直流偏置电流的方法

4.1.2.6 电气参数的测量

1. 电功率的测量

(1)单相电功率的测量

①直流电功率的测量

a. 用电压表、电流表测量功率

电压表和电流表结合,间接地测量功率,就是所谓的伏安表法。

b. 电流表、电压表测直流功率

“高值法”电压表的读数包括了电流表的内阻压降,如图 4-44 所示;“低值法”电流表的读数包括了电压表内阻上的分流,如图 4-45 所示。两种方法所测的功率表达式分别为

$$P' = (R_A + R)I^2 = P_A + P$$

$$P'' = U^2\left(\frac{1}{R_V} + \frac{1}{R}\right) = P_V + P$$

式中,R_A 和 R_V 以及 P_A 和 P_V 分别是电流表内阻和电压表内阻以及它们相应消耗的功率。前者的功率误差是电流表内阻引起的,后者的功率误差是由电压表内阻引起的。对于前者,当负载电阻 $R \gg R_A$ 时,其误差可以忽略;后者则是 $R \ll R_V$ 时,其误差可以忽略。

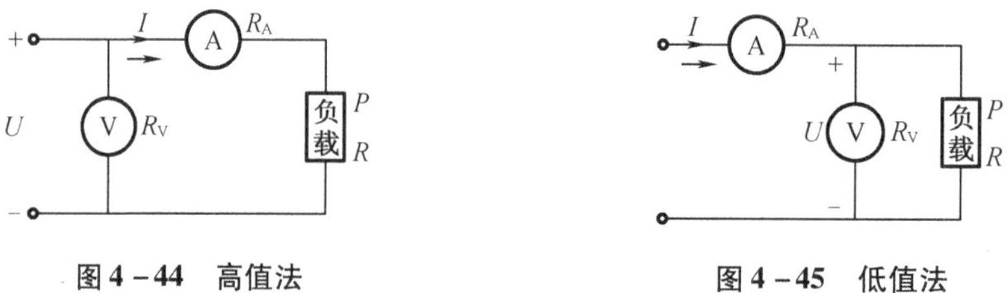

图 4-44 高值法　　图 4-45 低值法

根据“高值法”和“低值法”电路的相对误差相等关系,可导出负载电阻对电流表和电压表内阻的表达式为

$$R > \sqrt{R_A R_V}$$

$$R = \sqrt{R_A R_V}$$

$$R < \sqrt{R_A R_V}$$

当 $R > \sqrt{R_A R_V}$ 时,采用“高值法”;当 $R < \sqrt{R_A R_V}$ 时,采用“低值法”;当 $R = \sqrt{R_A R_V}$ 时,采用任一种方法,其误差相同。

如果实际测量中被测功率很大,根本不需要考虑功率表消耗的功率,或者被测功率很小,需要对功率表消耗的功率在测量结果中进行校正,则可任意选择一种接线方式。在一般情况下,应根据负载大小和功率表的参数,按上述原则选择“高值法”和“低值法”。

c. 用功率表测量功率

电动系功率表可应用于测量直流功率,其接线方式有两种,如图 4-46 所示,分别对应“高值法”和“低值法”。由于功率表的偏转指示取决于电压和电流两个量的乘积,任何一个量的过载并不意味着偏转指示值过载,因此容易造成电压或电流线圈单方面的过载。为了防止这种过载,应在测功率的同时用电压表和电流表监视电压和电流。电压和电流线圈的“ * ”端应正确连接。

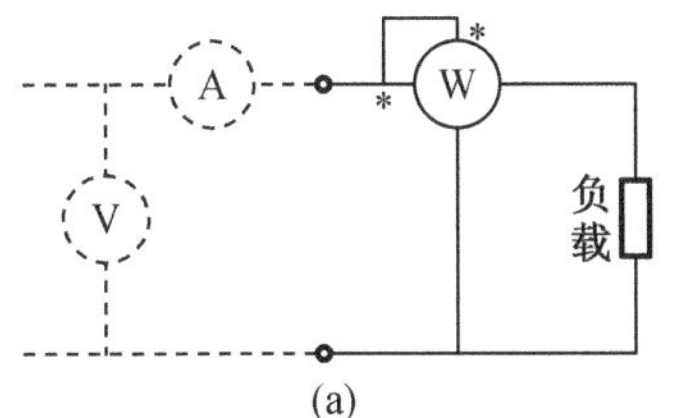

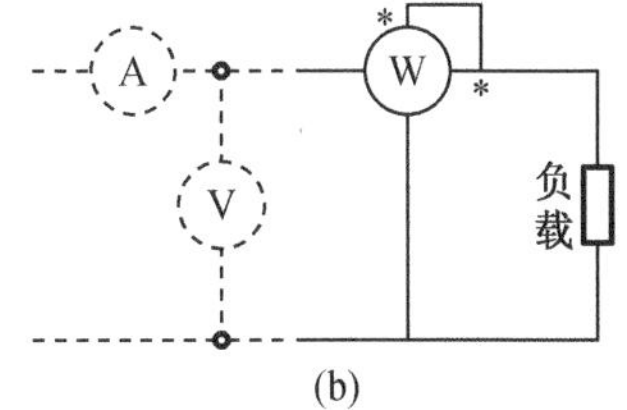

图 4－46　功率表测量直流功率

②单相交流电功率的测量

交流功率分为：有功功率（或平均功率）P（单位：W）、无功功率 Q（单位：var）、视在功率（或表观功率）S（单位：V · A）表达式分别为

$$P = UI\cos\varphi$$

$$PQ = UI\sin\varphi$$

$$S = UI = \sqrt{P^2 + Q^2}$$

式中，U 和 I 分别为电压和电流的有效值；φ 为电压和电流的相位差角。

通常所指的电路功率是有功功率。用电压和电流的乘积可间接得到视在功率和阻性电路的有功功率。

a. 单相有功功率的测量

单相交流有功功率的测量与直流功率测量法相同，除了正确地连接“ * ”端外，还必须用电压表和电流表来监测量程。

为了扩大功率表的量程和使用安全，在测量大电流和高电压情况下的功率可以经过仪用互感器 C. T 和 P. T 来连接，如图 4－47 所示。如电压和电流两者之一需要扩大量程，也可单用一个互感器而另一个直接接入电路。

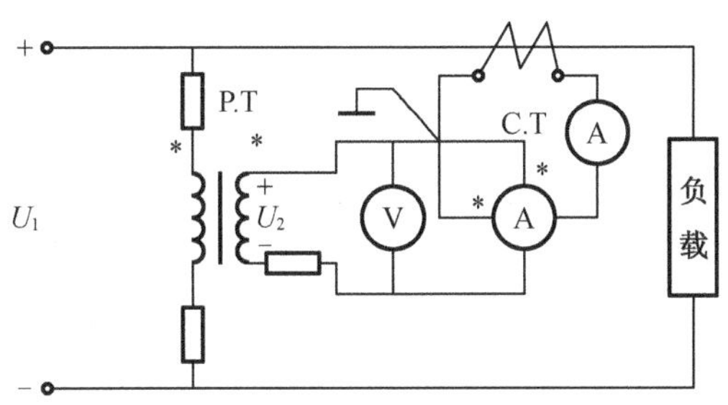

图 4－47　功率表经互感器接入电路

用功率表测交流功率时，电压线圈或电流线圈接入时除了有方法误差之外，还存在频率误差或角误差。测交流功率时的角误差不仅与频率有关，而且与负载功率因素有关，负载功率因数越低则角误差越大。

b. 单相无功功率的测量

用电压表、电流表和有功功率表三种仪表按照测量有功功率的方法，可以间接得到无功功率为

$$Q = \sqrt{S^2 - P^2} = \sqrt{(UI)^2 - P^2}$$

式中，S 为视在功率，由 U 和 I 的乘积得到。

另外,也可直接用单相无功功率表测量无功功率,其基本结构和外部接线与有功功率表相同,只是内部接线不同。

(2)三相电功率的测量

①三相有功功率的测量

a. 用一只单相功率表测三相对称负载功率(图 4-48)

在对称三相系统中,可以用一只单相功率表测量一相负载功率的方法,称为“一表法”。三相总功率就等于功率表读数乘以 3,即

$$P = 3P_1$$

式中 P——三相总功率;

P_1——功率表读数。

功率表的电流线圈串联接入三相电路中的任一相,通过电流线圈的电流为相电流;功率表电压线圈的带“ * ”端接到电流线圈的任一端,加在功率表电压支路两端的电压是相电压。这样,功率表两个线圈中电流的相位差也就是负载的相电流和相电压之间的相位差,所以功率表的读数就是对称负载一相的功率。

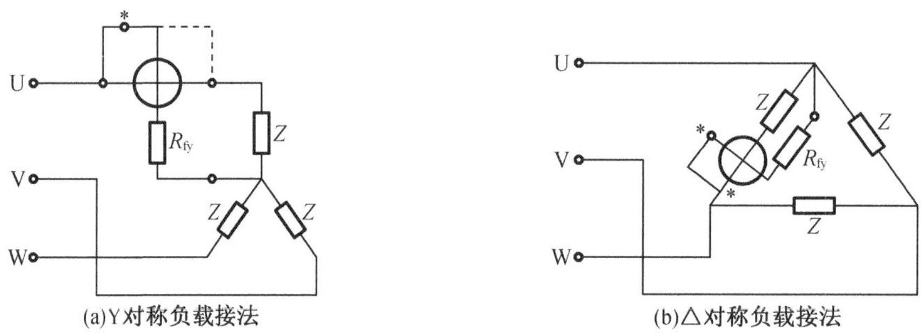

图 4-48　一表法测三相功率

b. 用两只单相功率表测三相三线制的功率

“两表法”是测量三相三线制电路功率最常用的方法。图 4-49 中,功率表 PW1、PW2 的电流线圈串联接入任意两相相线中,使其流过线电流;两个功率表电压线圈支路的“ * ”端必须接至电流线圈所接的相线上,而另一端必须接到未接功率表电流线圈的第三条线上,使电压线圈支路承受的是线电压。

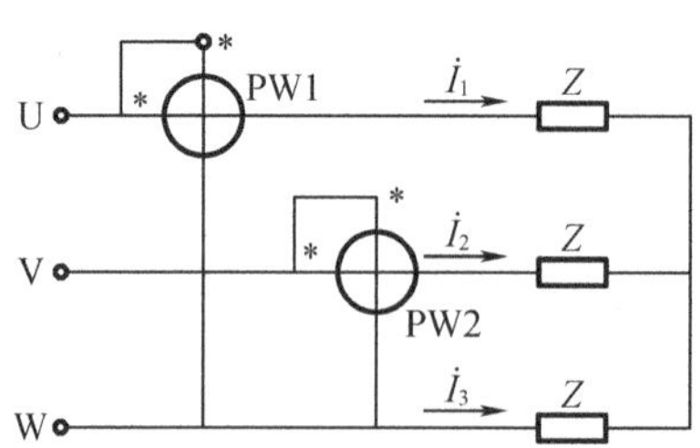

图 4-49　两表法测三相三线制功率

在三相三线制电路中,由于三相电流的矢量和等于零,因此两只功率表测得的瞬时功率之和等于三相瞬时总功率。也就是说,两表所测得的瞬时功率之和在一个周期内的平均

值等于三相瞬时功率在一个周期内的平均值。所以三相负载的有功功率就是两只功率表读数之和,即

$$P = P_1 + P_2$$

c. 用三只单相功率表测量不对称三相四线电路的功率(图4-50)

三相四线制负载多数是不对称的,所以需要使用三个单相功率表进行测量,此法又称"三表法"。三相总功率等于三只功率表读数之和,即

$$P = P_1 + P_2 + P_3$$

②三相无功功率的测量

a. 一表跨相法(图4-51)

当功率表的电流线圈串联接在U相时,其电压线圈支路的两个端钮分别跨接在V、W两相,且标"*"端接在电流线圈所接相的正相序的下一相,即V相上。

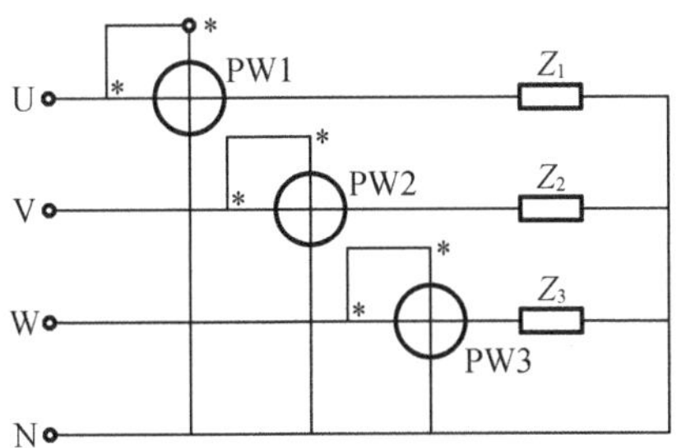

图4-50 三表法测量三相四线不对称负载功率

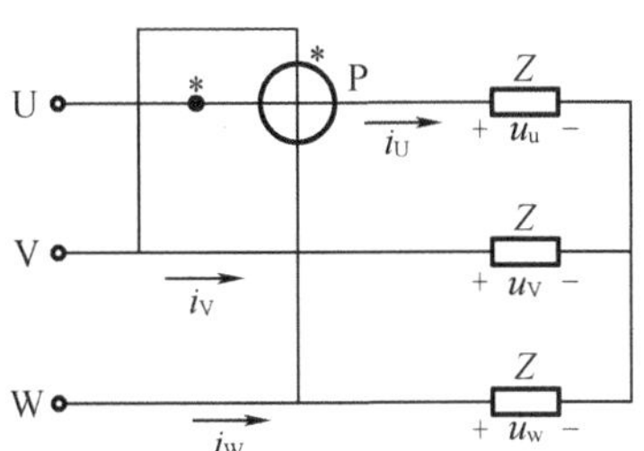

图4-51 一表跨相法测量三相无功功率

由于电路似乎是对称的,所以功率表的读数 P 为

$$P = U_{VW} I_U \cos(90° - \varphi) = \sqrt{3} U_U I_U \sin\varphi$$

式中,U_{VW} 为V与W之间的相电压;U_U、I_U 为U的相电压、相电流;φ 为 U_U 与 I_U 的夹角。

而三相负载无功功率为 $Q = 3U_U I_U \sin\varphi$,只要将 P 乘以 $\sqrt{3}$ 即为三相负载的无功功率。

b. 二表跨相法(图4-52)

二表跨相法接线原则与一表跨相法相同,电流线圈分别接在U、W两相。当电路完全对称时,两只表的读数相同,即

$$P_1 + P_2 = 2U_1 I_1 \sin\varphi$$

或

$$\frac{\sqrt{3}}{2}(P_1 + P_2) = \sqrt{3} U_1 I_1 \sin\varphi = Q$$

将两个功率表的读数相加后,再乘以 $\sqrt{3}/2$ 即可得三相无功功率。

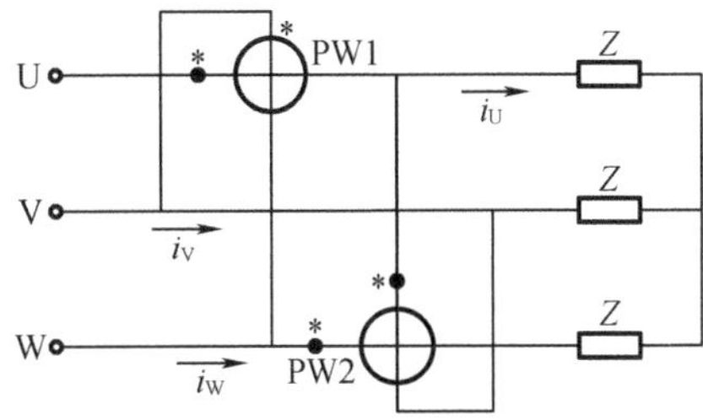

图4-52 二表跨相法测量三相无功功率

c. 三表跨相法(图4-53)

三表跨相法接线原则与一表跨相法相同,电流线圈分别接在U、V、W三相。当电源电压对称时,无论负载是否对称,都有

$$P_1 + P_2 + P_3 = 3U_1 I_1 \sin\varphi$$

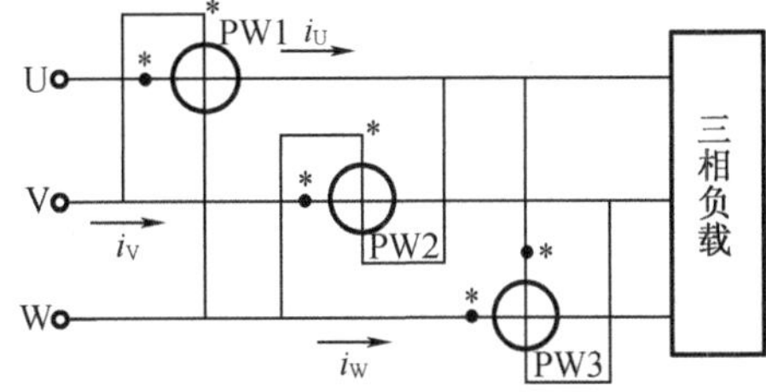

图4-53 三表跨相法测量三相无功功率

或

$$\frac{\sqrt{3}}{3}(P_1+P_2+P_3)=\sqrt{3}U_1I_1\sin\varphi=Q$$

将三个功率表的读数相加后，再乘以$\sqrt{3}$即可得三相无功功率。

(3)电能的测量

用来测量某一段时间内发出电能或消耗电能的仪表，称为电能表，也称电度表。电能表与功率表不同的地方是，电能表不仅能间接反映出功率的大小，而且能够反映出电能随时间增长积累的综合。

根据其用途可分为测量用电能表、标准电能表。

根据其结构和工作原理可分为感应式(机械式)电能表、静止式(电子式)电能表和机电一体式电能表(混合式)。

根据接入电源性质可分为直流电能表、交流电能表。

根据其准确度可分为3级、2级、1级、0.5级电能表等。

根据计量对象可分为有功电能表、无功电能表、分时计量表、多功能电能表等。

2. 功率因数和相位的测量

相位是指电路中电压与电流之间的相位差角，用φ表示。功率因数表示被测电路中有功功率和视在功率的比，其大小等于被测电路电压电流的相位差φ的余弦，即$\cos\varphi$。因此只须测出一个，即可求得另一个量。

(1)功率因数的测量

①功率因数的直接测量

a. 使用功率因数表进行测量

Ⅰ. 单相电路中功率因数的测量

单相电路可以使用单相功率因数表测量(图4-54)。与功率表类似，也有四个线端子，其中两个电流端子、两个电压端子。功率因数表测量的实际是被测回路电压、电流的相位差，因此接线时存在极性问题，在电流和电压端子中，都有一个端子标有“＊”，具体接线要求与功率表完全相同。接线也分为电压线圈前接法和电压线圈后接法。两种方法都有误差，需要根据功率因数表本身的参数与被测负载参数的比较而定。

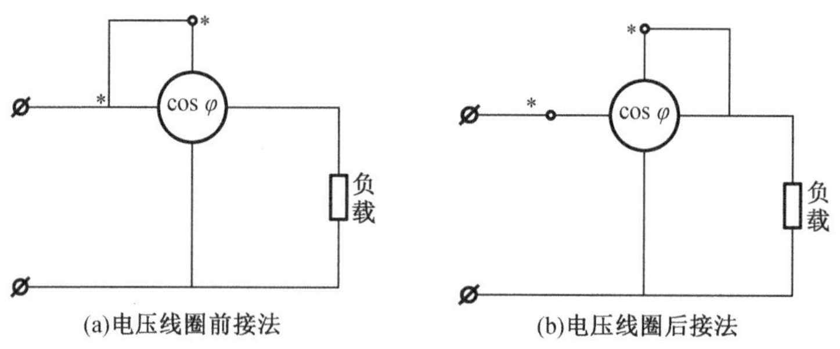

(a)电压线圈前接法　(b)电压线圈后接法

图4-54　单相功率因数表的接线图

Ⅱ. 三相电路中功率因数的测量

三相对称电路可使用三相功率因数表测量。如图4-55所示为电动式三相功率因数表的接线图。电动式三相功率因数有三个电压端子，分别接三相电压。有两个电流端子，接某一项电流具体视电压端子所接相序而定。

电压端子顺序为 A—B—C,则电流端子接 A 相;电压端子顺序为 B—C—A,则电流端子接 B 相;电压端子顺序为 C—A—B,则电流端子接 C 相。电流端子的“ * ”端要接靠近电源这一侧。

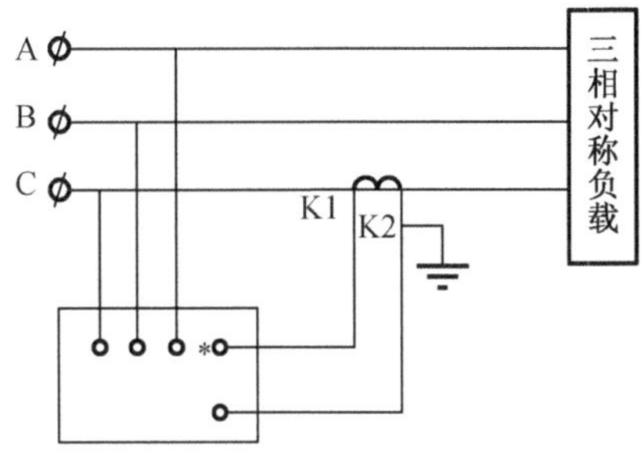

图 4 - 55　电动式三相功率因数表接线图

b. 用示波器测量功率因数

测量相位和功率因数,也可以用示波器观察图形,或用双踪示波器观测待测相位差的两个信号的波形。

②功率因素的间接测量

a. 单相和三相对称电路中功率因数的间接测量

Ⅰ. 在单相和三相对称电路中测量

在单相和三相对称电路中,电流和电压向量间的相位差,可以用电流表、电压表和功率表间接测量。若电流表的读数为 I,电压表的读数为 U,功率表的读数(有功功率)为 P,功率因数则可以通过下式求出:

单相:
$$\cos\varphi = \frac{P}{UI}$$

三相:
$$\cos\varphi = \frac{P}{\sqrt{3}UI}$$

式中,U、I 分别为线电压和线电流。

Ⅱ. 在对称三相电路中测量

在对称三相电路中,也可采用二功率表法测量功率因数,如图 4 - 56 所示。

根据两个功率表的读数 P_1 和 P_2 可以求出功率因数:

$$\cos\varphi = \frac{1}{\sqrt{1 + 3\left(\frac{P_2 - P_1}{P_2 + P_1}\right)^2}}$$

或

$$\cos\varphi = \frac{1}{\sqrt{1 + 3\left(\frac{1 - K}{1 + K}\right)^2}}$$

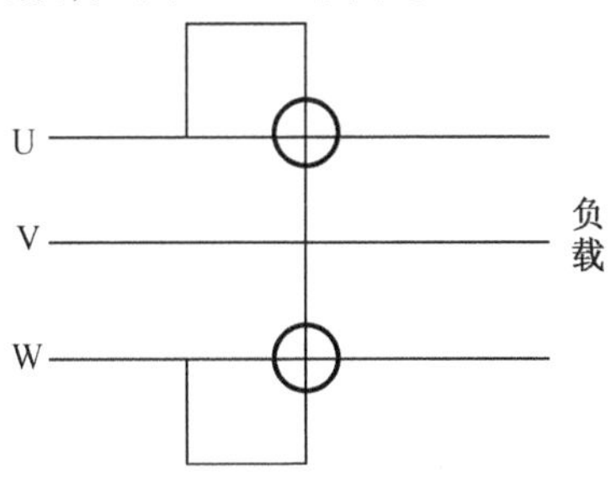

图 4 - 56　用二功率表法测量功率因数

式中,$K = \frac{P_1}{P_2}$(感性)或 $K = \frac{P_2}{P_1}$(容性)。

b. 三相不对称电路中功率因数的间接测量

Ⅰ. 三相不对称电路中功率因数的测量

在三相不对称电路中,$\tan\varphi$ 由下式决定:

$$\tan\varphi = \frac{Q}{P}$$

式中　Q——无功功率;

　　P——有功功率。

则由三角函数关系式可得

$$\cos\varphi=\frac{1}{\sqrt{1+\tan^2\varphi}}=\frac{1}{\sqrt{1+\left(\frac{Q}{P}\right)^2}}$$

Ⅱ. 平均功率因数的测量

平均功率因数可由有功电能表和无功电能表的读数求出：

$$\tan\varphi=\frac{W_Q}{W_P}$$

$$\cos\varphi=\frac{W_P}{\sqrt{W_P^2+W_Q^2}}=\frac{1}{\sqrt{1+\left(\frac{W_Q}{W_P}\right)^2}}$$

式中，W_Q、W_P 分别为所选时间间隔内，无功电能表和有功电能表的读数。

3. 频率、周期的测量

频率 f 和周期 T 互为倒数，即 $f=\frac{1}{T}$。通常测量频率居多，为了减少误差，只有在测低频信号时，采用测量周期的方法。本节内容以测量频率为主。

(1) 频率和周期的测量

频率的范围很宽，在不同的频率范围，测量方法也有所不同。

①用频率表测量

频率表是直接用来测量电路频率的仪表，频率表的接线与电压表相同，即并在被测电路两端。这里不再详细介绍。

②用电桥法测量

理论上讲，平衡条件与频率相关的各类交流电桥，均可测量频率。如图 4－57 所示文氏电桥，可测量待测的频率 f_x。

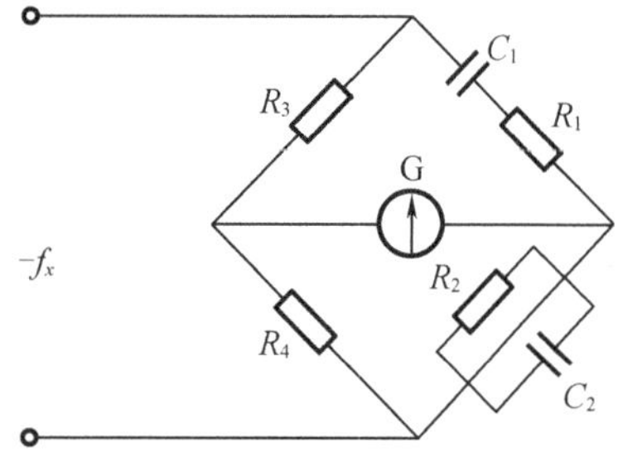

图 4－57　电桥法测频率

调节电阻、电容参数，使电桥平衡，检流计指示为零，则有

$$R_3\left(\frac{1}{\frac{1}{R_2}+j\omega_x C_2}\right)=R_4\left(R_3+\frac{1}{j\omega_x C_1}\right)$$

取 $R_1=R_2=R, C_1=C_2=C$，根据复数相等条件，可得

$$\frac{R_3}{R_4}=\frac{R_1}{R_2}+\frac{C_2}{C_1}=2$$

$$f_x=\frac{1}{2\pi RC}$$

按上式取 R_3、R_4，则可根据电桥平衡时的 R、C 值，求得被测频率。

③用谐振法测量（图 4－58）

被测信号通过互感线圈与一个 LC 谐振电路耦合，调节电路的电容 C，则电路中的电流表、电压表读数会随之改变，电路的谐振频率 f_0 也随之改变。当谐振频率 f_0 与被测频率 f_x 相等时，电流表、电压表的读

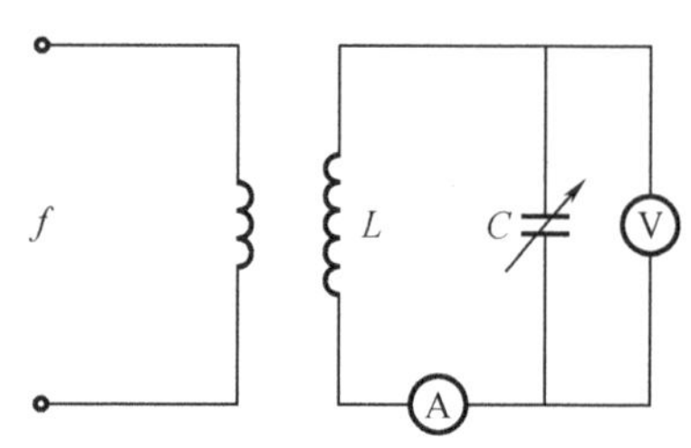

图 4－58　谐振法测频率电路

数最大,因此可根据此时的 L、C 值,求得被测频率:

$$f_x = f_0 = \frac{1}{2\pi\sqrt{LC}}$$

4. 示波器

(1)示波器的分类

电子示波器是一种测量电压波形的电子仪器。它把被测电压信号随时间变化的规律用图形显示出来。示波器不仅可以直观而形象地表示被测物理量的变化过程,而且可以通过显示波形、测量电压和电流,进行频率和相位的比较以及描绘特性曲线,还能用来估计信号的非线性失真、测量调制信号参数等。

按用途和特点,示波器可分为以下几类:

①通用示波器

通用示波器是指基于示波器基本显示原理,可对电信号进行定性定量观测的示波器。

②多踪示波器

多踪示波器是指能同时观测与比较两种以上信号的示波器。

③取样示波器

取样示波器是利用取样技术,将高频信号模拟转换成低频信号,然后再用类似于通用示波器原理进行显示的示波器。

④记忆、存储示波器

记忆、存储示波器是具有信息存储功能的示波器。

(2)示波器的特点

电子示波器作为通用电子测量仪器具有以下特点:

①良好的直观性,可直接显示信号波形,也可测量信号的瞬时值;

②灵敏度高、工作频带宽、速度快,非常适用于观测瞬变信号;

③输入阻抗高,对被测电路影响小;

④是优良的信号比较器,可显示和分析任意两个量之间的函数关系。

4.1.2.7 磁测量

电磁测量包括电测量和磁测量,磁场测量多在设计和研究领域中使用。在生产磁性材料的工厂,如硅钢片厂和磁钢厂,使用的多是专用装置来测量磁性材料。所以本章只介绍磁场测量的基本内容和方法。

1. 磁测量概述

磁测量包括如下两个方面。

(1)磁场测量

磁场测量测量某个空间或某个位置的磁场强度或磁感应强度。例如建造一个磁隔离室,就需要测量室内磁场是否完全被屏蔽。又例如对磁铁进行充磁或退磁,就需要测量充磁或退磁的磁场强度是否足够。

(2)磁性材料的磁性能测量

磁性材料的磁性能表现在它的磁化曲线和磁滞回线上,所以测量磁性材料的磁性能,实际上就是测定磁化曲线和磁滞回线。由于材料在直流状态下和在交流状态下的表现各异,所以要根据需要,按实际工作条件,测量其直流磁特性或交流磁特性。

2. 磁场测量的方法

(1)磁电式检流计

磁电式检流计是具有特殊结构的磁电式测量机构,其灵敏度较高,通常用来检查电路中有无电流及测量微小电流,如用在直流电桥及直流电位差计中作指零仪。

(2)冲击检流计

冲击检流计实质上是灵敏度较高的磁电式检流计,其特点是活动部分的惯性较大。冲击检流计常用来测量脉冲电流的电量,进而反映被测磁通。

(3)磁通计

磁通计是一种指示仪表,其标尺用磁通和匝数的乘积分度。其结构与磁电式检流计基本相同,与冲击检流计相比,磁通计灵敏度较低,但在磁通变化不快的情况下,磁通计的测量结果比冲击检流计更准确。因此在恒定磁场中大多用冲击检流计,在缓变磁场中大多用磁通计。

(4)霍尔效应高斯计

高斯计是利用半导体的霍尔效应来测量磁感应强度的仪器。将霍尔元件置于磁场中,若磁场方向与霍尔片垂直,从一个对边通入电流,则另一个对边将出现电压,所产生的电压与所处磁场的磁感应强度成正比。

4.1.2.8 干扰与抑制

1. 电磁干扰

自然界中各种各样的放电现象和人类的各种用电活动,都会使空间电场和磁场产生有序或无序的变化。电磁环境及其变化过程对处于该环境中的各种电气设备产生各种形式的电磁干扰。

一般形成电磁干扰的要素有三个:一是向外发送干扰的源——噪声源;二是传播电磁干扰的途径——噪声的耦合和辐射;三是承受电磁干扰的受体——受扰设备。

为保证设备在特定电磁环境中免受内外电磁场干扰,必须从三个方面采取抑制措施:抑制噪声源以直接消除干扰因素;消除源与受体之间的噪声耦合和辐射;加强受扰设备的抗电磁干扰能力。

(1)干扰与噪声的来源

①内部噪声干扰

内部噪声干扰是指在电子装置或设备内部电路或元器件产生的噪声干扰,如元器件的热噪声、晶体管的低频噪声等。

②外部噪声干扰

外部噪声干扰是指从外部侵入电子装置或设备的噪声干扰,如自然界的雷电干扰、大功率机器设备产生的强电磁干扰等。

(2)干扰和噪声的耦合方式

①静电耦合(电容性耦合)

静电耦合是由电路间经杂散电容耦合到电路中的一种干扰和噪声耦合方式,减小受扰电路的等效输入阻抗和电路间的寄生电容可以降低静电耦合。

②互感器耦合(电感性耦合)

互感器耦合是由电路间寄生互感耦合到电路中的一种干扰和噪声耦合方式,减小受扰电路的寄生互感可降低互感耦合。

③公共阻抗耦合

公共阻抗耦合是由电路间的公共阻抗耦合到电路中的一种干扰与噪声耦合方式，减少干扰电路和受扰电路间的公共阻抗可以降低公共阻抗耦合。

④漏电流耦合

漏电流耦合是由电路间的漏电流耦合到电路中的一种干扰和噪声耦合方式，增大干扰电路和受扰电路间的漏电阻抗，减少受扰电路的等效输入阻抗，都可降低漏电流耦合。

(3)干扰的表示方法

根据进入仪器的测量电路方式不同，干扰可分为串模干扰和共模干扰。

①串模干扰

串模干扰是由外界条件引起的、叠加在被测信号的干扰信号，并通过测量的输入通道仪器进入测量系统的干扰。

②共模干扰

共模干扰是相对公共地电位为基准点，在仪器的两输入端同时出现的干扰。

a. 由被测信号源的特点产生：例如具有双端输出的差分放大器和不平衡电桥等不具有对地电位的电路形式而产生的共模干扰。

b. 电磁场干扰：当高压设备产生的电场同时通过分布电容耦合到无屏蔽的输入线而使之具有对地电位时，或者交流大电流设备的磁场通过双输入线的互感感应到双输入线上时，都可能产生共模干扰。

c. 由不同地电位引起：当被测信号源与测量仪器相隔较远，而不能实现共同的大地接地时，或者接地导体中流有强电设备的大电流而使各点电位不同时，产生两接地点的电位差，即产生共模干扰。

2. 干扰的抑制

(1)接地

接地的目的是消除各电路电流流经一个公共地线阻抗产生的噪声电压以及避免形成回路。

浮地系统存在通过电路输入端杂散电容耦合而形成干扰的可能性，同时当附近有高压设备时，外壳容易感应较高电压，因此外壳必须接地线。

电路的单地原则：通常在中低频仪器电子线路中，特别是前置信号放大电路中若有两个接地点，则很难获得等电位，其对地电位差会耦合至放大器中。

电缆屏蔽层不仅应遵循一点接地，而且不同接地点效果不同。一个不接地信号源和一个接地的电路相连时，屏蔽端接地应该来自电路的地端；一个接地信号源和一个不接地的电路相连时，屏蔽端接地应该来自信号源的地端；若信号源和电路均接地，则屏蔽线两端也须接地，靠屏蔽体分流干扰。注意，若一方接地断开，则对应端也要断开，形成单点接地，避免形成干扰回路。

(2)屏蔽

屏蔽的抗干扰功能基于屏蔽容器壳体对干扰信号的反射与吸收作用。屏蔽的结构形式主要有屏蔽罩、屏蔽栅网、屏蔽铜箔、隔离仓和导电涂料等。屏蔽罩一般由无空隙的金属薄板制成；屏蔽栅网一般由金属编制网或有孔金属薄板制成；屏蔽铜箔一般利用多层印刷电路板的一个铜箔面作为屏蔽板；隔离仓是用金属板将整体分隔成多个独立的仓；导电涂料是在非金属的表面涂一层金属涂层。

屏蔽的材料有电场屏蔽材料和磁场屏蔽材料两类。电场屏蔽材料一般采用电导率较高的铜或铝。当干扰和噪声频率较高时,也可采用银。磁场屏蔽材料一般采用磁导率较高的磁材料。

(3)隔离

为切断可能形成的环路,常采用隔离技术,以提高电路抗干扰性能。如光电耦合器中,将两个电路的电气连接隔开,两边电路用不同的电源供电,有各自的基准,互相独立而不会形成干扰。

(4)其他抗干扰措施

在电路中还采取一些特殊措施抑制干扰,如采用滤波器、选择高抗扰度逻辑器件或对信号进行预处理等。

(5)灭弧

当接通或断开电感性负载时,由于磁场能量的突然释放会在电路中产生瞬时的高电压或电流,并在切断处产生电弧或火花放电,直接对电路器件造成损害,同时,向外辐射宽频谱、高幅度的电磁波,对周围电路造成严重干扰。通常在电感性负载上并联的各种吸收浪涌电压或电流并抑制电弧或火花放电的元器件,称为灭弧元件。常见的灭弧元件有泄流二极管、硅堆整流器、充气放电管等。

4.2 压力测量

4.2.1 概述

压力是核电站运行过程中的重要参数之一,许多联锁逻辑电路都通过压力信号来参与控制,为了保证核电站的安全稳定运行,就需要准确地测量或控制压力。

工程技术上,压力对应于物理概念中的压强,即指均匀而垂直作用于单位面积上的力,用符号 p 表示。在国际单位制中,压力的单位为帕斯卡(Pascal),简称帕,用符号 Pa 表示,1 Pa 的物理意义是 1 牛顿力垂直均匀地作用于 1 平方米面积上所产生的压力,即 1 Pa = 1 N/m^2。

在测量中,压力分为绝对压力、表压力、真空度或负压,此外,还有压力差(差压)。

绝对压力是指被测介质作用在物体单位面积上的全部压力,是物体所受的实际压力。

表压力是指绝对压力与大气压力的差值。当差值为正时,称为表压力,简称压力;当差值为负时,称为负压或真空,该负压的绝对值称为真空度。

差压是指两个压力的差值。习惯上把较高一侧的压力称为正压力,较低一侧的压力称为负压力。但应注意的是正压力不一定高于大气压力,负压力也不一定低于大气压力。

各种工艺设备和测量仪表通常处于大气之中,也承受着大气压力,只能测出绝对压力与大气压力之差,所以工程上经常采用表压和真空度来表示压力的大小。一般的压力测量仪表所指示的压力也是表压或真空度。因此,之后所提的压力,若无特殊说明,均指表压力。

4.2.2 结构与原理

按测量原理的不同,可以将压力仪表分为以下四类。

（1）液柱式压力计：根据流体静力学原理，将被测压力转换成液柱高度进行测量。液柱式压力机有 U 形管压力计、单管压力计和斜管压力计三种。这类压力计结构简单，使用方便，测量范围较窄，一般用来测量较低压力、真空度或压力差。

（2）弹性式压力计：利用弹性元件受到压力作用时产生的弹性变形的大小，简要测量被测压力。弹性元件有多种类型，覆盖了很宽的压力范围，所以此类压力计在压力测量中应用非常普遍。

（3）活塞式压力计：根据流体静力学原理，将被测压力转换成活塞上所加平衡砝码的质量进行测量。活塞式压力计测量精度很高，可以达到 0.05 ~ 0.02 级，但其结构复杂，价格较高，一般作为标准仪表校验其他压力计。

（4）电测式压力计：通过机械和电气元件将被测压力转换成电压、电流、频率等电量进行测量，实现压力信号的远传。电测式压力计一般由压力敏感元件、转换元件、测量电路等组成。压力敏感元件一般是弹性元件，被测压力通过压力敏感元件转换成一个与压力有确定关系的非电量（如弹性变形、应变力或机械位移等），通过转换元件的某种物理效应将非电量转换成电阻、电感、电容、电势等电量。测量电路则将转换元件输出的电量进行放大与转换，变成易于传送的电压、电流或频率信号输出。

下面分别介绍直接测量仪表和间接测量仪表的压力测量原理。

（1）直接测量仪表

直接测量仪表是用液柱、砝码或弹簧等来平衡被测压力，并由此测出压力值，这种方法应用了流体静力学原理，即 $P=\frac{F}{S}$ 和 $P=\rho gH$。直接测量仪表主要有 U 形管压力计、带容器 U 形管压力计、带倾斜管的压力计、带汞柱 U 形管的绝对压力计和活塞式压力计或平衡式压力计等。

这些直接测量仪表可用于静止液体、稳态液体或状态变化非常慢的流体的压力测量，例如带液柱式测量管，它是专门用来测量低压的，测量的精度受液位差的测量精度和温度的影响。液位差会因温度引起管内流体密度改变而变化，所以须考虑温度修正。另一方面，若使用者知道所有的注意事项，则这些仪表可保持 10^{-4}（对于双液体压力计）到 10^{-3}（对于基本型号）的精度。

（2）间接测量仪表

间接测量仪表基于被测体的弹性变形、敏感机构的变形或其他有规律的变形。如图 4－59 所示，用专门的装置将压力转换成一个正比于被测压力的标准信号并传送到指示仪表，这个装置称为压力变送器。

图 4－59 压力变送器框图

①测试体：测试体将压力转化为一个中间物理量，常用测试体主要有以下几个。

a. 膜盒式微压计：用两片或两片以上的金属波纹膜组合起来，做成空心膜盒或膜盒组，其在外力作用下的变形非常敏感，位移量也较大。因此，用空心膜盒测压元件组成的压力计常用来测量 10 kPa 以下无腐蚀性气体的微压，如炉膛压力、烟道压力等。膜盒式微压计的结构原理如图4－60所示。

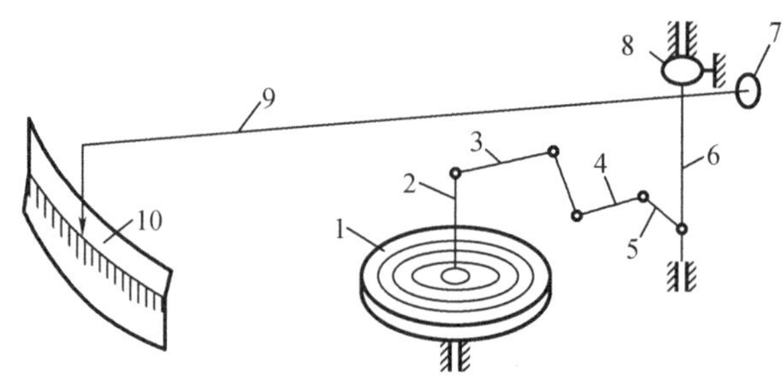

1—膜盒；2—连杆；3—铰链块；4—拉杆；5—曲柄；6—转轴；7—金属平衡片；8—游丝；9—指针；10—面板。

图4－60　膜盒式微压计的结构原理图

被测压力P引入膜盒内后，膜盒产生弹性变形位移，带动空间四连杆机构和曲柄动作，最后带动指针转动，在面板标尺上指示出被测压力的数值。游丝的作用是传动机构间隙的影响。指针移动大小与膜盒受压的位移和传动机构传动比有关，而传动机构的传动比是铰链、拉杆、曲柄的长度和它们在空间位置的函数，调整这些数值即可调整传动比，进而调整仪表的量程和线性。

b. 波纹管压力计：波纹管是一种形状类似于手风琴风箱，表面有许多同心环状波形皱纹的薄壁圆管。在外部压力作用下，波纹管将产生伸长或缩短的形变。由于金属波纹管的轴向容易变形，所以测压的灵敏度很高，常用于低压或负压的测量中。用波纹管组成压力计时，波纹管本身既可以作为弹性测压元件，又可以作为与被测介质隔离的隔离元件。为改变量程，在波纹管内部还可以采用一些辅助弹簧，构成组合式测压装置。

波纹管压力计的结构原理如图4－61所示。被测压力P引入压力室施压于波纹管底部，波纹管受力产生轴向变形与内部弹簧压缩变形平衡，弹簧受压变形产生的位移带动推杆轴向移动，经四连杆机构传动和放大，带动记录笔在记录纸上移动，从而记录被测压力的数值。在波纹管变形量允许的情况下，波纹管既不因外施压力过大而产生波纹接触，也不因拉力过大使其波纹变形。波纹管的伸缩量与外施压力是成正比的，所以记录笔在纸上的移动距离直接反映被测压力的大小。

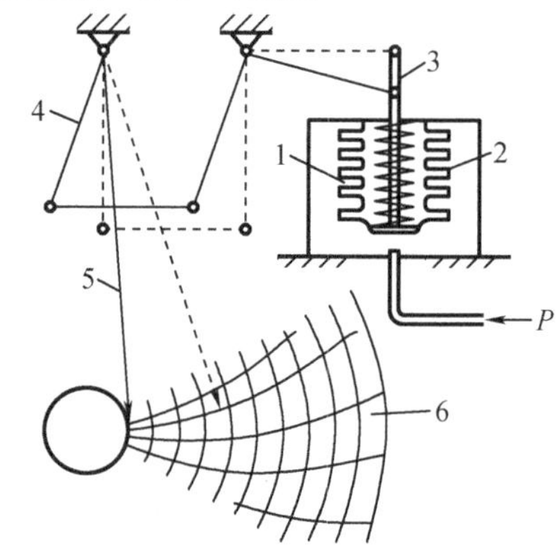

1—波纹管；2—弹簧；3—推杆；4—连杆机构；5—记录笔；6—记录纸。

图4－61　波纹管压力计的结构原理图

c. 弹簧管压力计：弹簧管压力计由于结构简单、安装方便、可直接测压，在实际生产中应用广泛。按结构，弹簧管压力计分为单圈弹簧管压力计和多圈弹簧管压力计两种。

单圈弹簧管压力计的结构如图4－62所示，它用断面为扁圆形或椭圆形的空心管子弯成圆弧形，空心管的扁形界面长轴$2a$与弹簧管几何中心轴平行，管的一端A为固定端，与被测压力相连，另一端B密封为弹簧管自由端。当A端引入压力后，管的扁圆截面有变为圆截面的趋势。由于弹簧管长度一定，将迫使管的弧形角改变而使其自由端B随之向外扩张,即由 B 移至 B',弹簧管中心角的变化量为 $\Delta\gamma$,如图中虚线所示。根据弹性变形原理,对于薄壁管弹簧($h/b<0.7\sim0.8$),中心角相对变化量 $\Delta\gamma/\gamma$ 与被测压力 P 的关系为

$$\frac{\Delta\gamma}{\gamma}=P\frac{1-\mu^2}{E}\frac{R^2}{bh}\left(1-\frac{b^2}{a^2}\right)\frac{\alpha}{\beta+k^2}$$

式中 μ、E——弹簧管材料的泊松系数和弹性模数;

h——弹簧管的壁厚;

a、b——扁形或椭圆形弹簧管截面的长半轴、短半轴;

k——弹簧管的几何参数,$k=Rh/a^2$;

α、β——与 a/b 比值有关的系数。

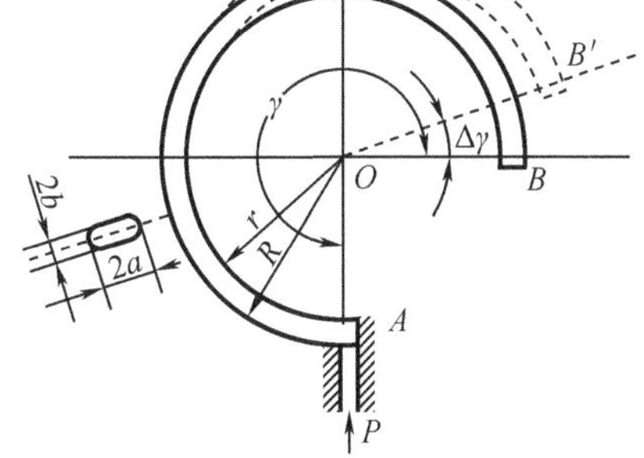

图 4-62 单圈弹簧管

d. 膜片式压力计:膜片式压力计的感测元件是一个周边固定于传感器内的弹性膜片,其在承受压力时产生变形。

②敏感元件:安装于测试体上,敏感元件将测试体的变化转化为一个电信号;其输出的电信号由转换单元转换成标准信号,传送给显示仪表以给出读数。常用的敏感元件包括霍尔片式远传压力计和电感式远传压力计。

a. 霍尔片式远传压力计:实质是利用霍尔片压力传感器实现压力-位移-霍尔电动势的转换。

霍尔片是一块半导体(例如锗)材料所制成的薄片,在物理学中我们知道,霍尔片沿 z 轴方向加一磁感应强度为 B 的恒定磁场,如果在 y 轴方向加上直流恒压电源,使恒定电流 I 在霍尔片中沿 y 轴通过,则霍尔片内电子将逆 y 轴方向运动,在外部电磁场的作用下,片内电子在运动过程中必然产生偏移,这样造成霍尔片 x 轴两个端面上一面有电子积累,而另一面正电荷过剩,从而在霍尔片 x 轴方向出现电位差,这一电位差称为霍尔电动势 V_H,这一物理现象称为霍尔效应。霍尔电动势的大小为

$$V_H=k_H\frac{IB}{d}f(l/b)$$

式中 K_H——霍尔系数;

d——霍尔片厚度;

l——霍尔片电动势导出端长度;

b——霍尔片外部直流通入端宽度;

$f(l/b)$——霍尔片形状系数。

可见,霍尔电动势 V_H 的大小与通过电流 I、磁感应强度 B 成正比,且与霍尔片材料、形状有关。当霍尔片材料和几何尺寸一定后,霍尔电动势 V_H 可表示为

$$V_H=R_HIB$$

式中 R_H——霍尔常数,$R_H=\frac{K_H}{d}f(l/b)$。

这样,当通入霍尔片 y 轴方向的电流一定时,霍尔电动势的大小与施于霍尔片上的磁场强度大小 B 成正比。

应用霍尔效应原理，使用弹簧管压力形变结构，组成霍尔片式远传压力计，如图 4－63 所示。霍尔片与弹簧管自由端相连接，在霍尔片的上、下方垂直安放两对磁极，一对磁极所产生的磁场方向向上，另一对磁极所产生的磁场方向向下，这样使霍尔片处于两对磁极所形成的差动磁场中。霍尔片与磁钢相平行的两端面引出导线与直流稳压电源相连接，而另外两端面引出导线输出霍尔电动势。在无压力引入情况下，霍尔片处于上下两磁钢中心（即差动磁场）的平衡位置，霍尔片两端通过的磁通大小相等，方向相反，所产生的霍尔电动势代数和为零。当被测压力 P 引入弹簧管固定端后，与弹簧管自由端相连接的霍尔片由于管自由端的伸展而在非均匀磁场中运动，从而改变霍尔片在非均匀磁场中的平衡位置，使霍尔片输出电动势不再为零。由于沿霍尔片偏移方向磁场强度的分布呈线性增长状态，所以霍尔片的输出电动势与弹簧管的变形伸展也为线性关系，即与被测压力 P 成线性关系。随外部输入压力 P 的变化而线性变化的霍尔电动势大小为 0～20 mV，可直接送入动因式仪表或自动平衡记录仪进行压力显示，也可以放大转换为 4～20 mA 直流标准电流信号进行远传。

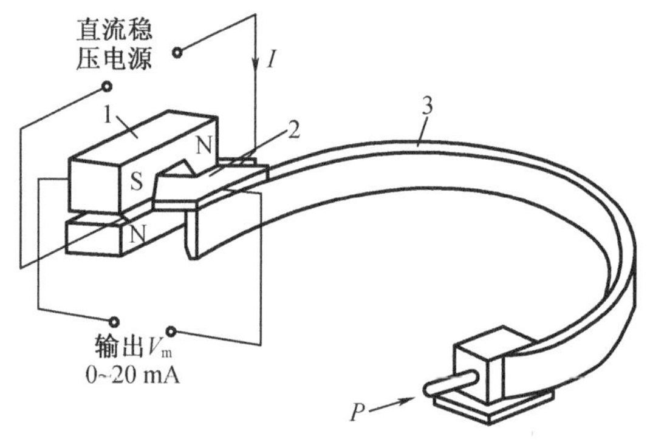

1—磁钢；2—霍尔片；3—弹簧管。

图 4－63　霍尔片式远传压力计

b. 电感式远传压力计

将压力位移转换为电感量的变化，从而实现压力到电量的变换，是电感式远传压力计的基本设计思想。在电工学中我们知道，电感变换器可以分为自感式和互感式两类。对自感式变换器来说，可以通过改变磁路的磁阻来使电感发生变化；对互感式变换器来说，可以通过改变原二次侧的耦合度使电感量发生改变。由于互感式变换器利用的是变压器的原理，而且为了提高灵敏度和改善非线性，通常将互感式变换器的二次侧做成差动式的，所以习惯上又将这类互感器称为差动变压器。

在理想情况下（忽略线圈寄生电容和铁芯损耗），差动变压器的等效电路如图 4－64(b) 所示，其初级线圈作为差动变压器的激励，相当于变压器的一次侧，而次级线圈由两个参数完全相同的线圈反相串接而成，形成变压器的二次侧。一次侧到二次侧的互感系数随线圈中间的衔铁移动而变化，而且是差动的，当二次侧开路时，其输出电压的瞬时值为 $\dot{u}=\dot{e}_1-\dot{e}_2$。根据变压原理，二次侧的感应电动势 $\dot{e}_1$、$\dot{e}_2$ 分别为 $\dot{e}_1=\mathrm{j}\omega M_1\dot{i}$；$\dot{e}_2=-\mathrm{j}\omega M_2\dot{i}$，即有 $\dot{u}=0-\mathrm{j}\omega(M_1-M_2)\dot{i}$，式中 M_1、M_2 分别为一次与二次绕组间的互感；$\dot{i}$ 为一次侧激励电流。

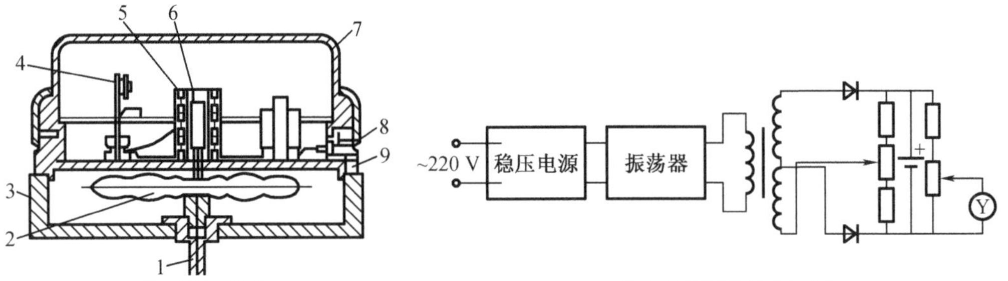

(a)微压力计结构

(b)差动变压器等效电路图

1—接头;2—膜盒;3—底座;4—线路板;5—差动变压器;6—衔铁;7—罩壳;8—插头;9—通孔。

图4-64 电感式微压力计结构及差动变压器等效电路图

膜盒弹性元件与差动变压器结合,组成的电感式远传微压力计结构如图4-64(a)所示。外部检测压力 P 由接头送入膜盒,在无压力时,膜盒处于初始状态,而连接于膜盒中心处的衔铁位于差动变压器线圈的中部,因而输出电压为零。当被测压力加入时,膜盒产生位移变形,带动衔铁在差动变压器线圈中移动,从而使差动变压器产生正比于被测压力的电压输出。差动变压器输出信号较大,所以线路中可不用放大器。这种微压力计的测量范围为 $(-4.0 \sim 6.0) \times 10^4$ Pa,输出电压为 0~50 mV。

4.2.3 标准规范

《智能压力仪表 通用技术条件》(GB/T 36411—2018)

《弹性元件式一般压力表、压力真空表和真空表》(JJG 52—2013)

《液体活塞式压力计》(GB/T 30432—2013)

《压力控制器》(GB/T 27505—2011)

4.2.4 运维项目

目前,核电厂对于压力测量仪表的维护主要有预防性维修与缺陷型维修。预防性维修主要针对压力表、压力变送器的功能检查,验收标准通常为:仪表响应正常,校验结果在仪表精度范围内。

以秦一厂为例,典型的预防性维修项目见表4-4、表4-5、表4-6(举例)。

表4-4

PM 标题	维修内容	维修周期
设冷泵 A 出口压力 P0601 指示报警联锁通道校验	1. 校验变送器、检查就地接线端子。 2. 指示仪校验。 3. 检查控制室接线端子。 4. 检查送算机信号。 5. 报警功能检查。 6. 连锁功能检查	3年

表 4-4(续)

PM 标题	维修内容	维修周期
海水过滤器 A 进出口压力表校验	海水过滤器 A 进出口压力表校验,更换腐蚀严重的压力表及仪表阀:海水过滤器 A 进口压力表 PI0601;海水过滤器 A 出口压力表 PI0602	32 个月

表 4-5　故障模式(压力表、压力开关)

设备子类名称	故障模式代码	故障模式	故障现象	故障原因
压力表	HL	输出低或高	压力高或低	卡涩,堵塞
	FF	功能丧失	无显示	指针脱落,堵塞
	CO	输出不随输入改变	压力不改变	卡涩,堵塞
	PG	堵塞	压力表管道堵塞	泥沙、污物
	LK	泄漏	介质外漏	不正确组装;密封失效;老化,制造质量差
压力开关	FC	不能关(不能关闭、闭合、合闸,拒绝关闭,超出标准的关闭压力等)	触电不能闭合	操作的频率;电流负荷,驱动装置松动,触电失效,微控开关故障,误调,校准过失,紧固件松动,卡住;触点烧坏,触点磨损或点蚀,传感器故障,隔膜和弹性体故障,微控开关故障,触点校正;电弧抑制失效;点蚀/污染
	FO	不能开(包括不能重开)——不能打开、开启,拒绝打开等	触电不能打开	操作的频率;电流负荷,驱动装置松动,触电失效,微控开关故障,误调,校准过失,紧固件松动、卡住
	PG	堵塞	开关管道堵塞	小孔堵塞
	LK	泄漏	介质外漏	不正确组装;O 型圈错误;小孔部件磨损

表 4-6　预防性维修模板

关键度			关键(C)				重要(N)				大纲任务
工作频度			高(H)	低(L)	高(H)	低(L)	高(H)	低(L)	高(H)	低(L)	
工作环境			严酷(S)		良好(M)		严酷(S)		良好(M)		
综合分级			CHS	CLS	CHM	CLM	NHS	NLS	NHM	NLM	
分类	序号	任务标题	推荐执行周期								
状态监测	1	运行巡检	1M	NA	3M	NA	AR	NA	AR	NA	□是
定期维修	2	定期校验	3Y	NA	3Y	NA	3-5Y	NA	4-6Y	NA	☒是
	3	整体更换	AR	NA	AR	NA	AR	NA	AR	NA	□是

注:任务周期单位有年(Y)、月(M)、周(W)、日(D)、不适用(N/A)、根据需要(AR)、不需要(NR)。

4.2.5 典型案例分析

1. 事件名称

执行定期试验，发电机燃油进机压力表被冲出，导致燃油泄漏。

2. 事件描述

2019 年 7 月，某核电厂执行定期试验（柴油发电机低负荷运行性能试验）过程中，柴油机启动后，发电机燃油进机压力表发生脱落，导致柴油机油回路出现破口喷油，随后主控人员停运柴油机，停止试验，现场人员关闭仪表根阀，并召集维修人员进行紧急处理。

3. 事件直接后果

柴油机油回路出现破口喷油，进而导致柴油机低负荷运行性能试验中断。

4. 事件潜在后果

破口喷油会影响应急柴油发电机的可用性，同时管道燃油泄漏存在火灾风险。

5. 事件分析

柴油机启动失败后，须观察燃油机进机压力，分析失败原因，而原系统未设计相应测点，故在大修期间通过变更增加了燃油机进机压力表，用于现场监视燃油的进机油压。压力表安装于燃油进入柴油机管道入口处，仪表接头与仪表管的连接方式为螺纹连接，螺纹大小为 M20×1.5。螺纹用聚四氟乙烯垫片密封，6 kV 柴油发电机为核级设备，原设备出厂前整体做过抗震鉴定，但技改增加的压力表设计方案中未考虑抗震要求。

班组人员对五台柴油机本体附件的仪表进行检查，未发现仪表接头松动，且本体附近仪表均有抗震加固措施，仅新变更的未做加固措施，未进行抗震分析。

事件的根本原因在于 6 kV 应急柴油机为核级设备，原设备出厂前整体做过抗震鉴定，但技改增加的压力表未做抗震分析，技改方案未考虑仪表安装位置有强烈震动的特殊性，导致技改增加压力表未做抗震加固措施，柴油机在运行期间产生强烈的振动下长期运行，仪表出现松脱。

4.2.6 课后思考

1. 波纹管式压力计的原理是什么？
2. 表压力的定义是什么？
3. 霍尔片式远传压力计的实质是什么？
4. 核电厂主要用于测量压力的设备是什么？

4.3 液位测量

4.3.1 概述

物位是指存放在容器或工业设备中物料的位置和高度，包括液位、界位和料位。液体介质的液面（包括气液分界面）高度称为液位，两种密度不同且互不相溶的液体的分界面称为界位，固体粉末或颗粒状物质的堆积高度称为料位。液位、界位及料位的测量统称为物位测量。

液位测量在核电厂中具有重要的地位,检测的目的主要有两个:一是通过液位测量可以确定容器、设备中液体介质的体积或质量,以保证连续供应生产中各个环节所需的液体;二是监视或控制容器内的介质液位,使它保持在工艺要求的高度上,以调节容器中流入与流出介质的平衡,保证生产安全和运行效率。例如反应堆容器内主冷却剂的液位、稳压器的液位和蒸汽发生器的液位直接反映了核电厂反应堆的运行工况,当液位测量作为核电厂反应堆保护系统的一部分时,其可靠性要求极高。液位测量仪表分类如下。

1. 按照浮力方式分类的液位计类型

(1)磁翻板液位计:由磁性浮子、圆柱形容器、标尺和变送器组成,浮子移动在标尺上显示为红、白珠的翻转指示液位。

(2)浮力式液位仪表:利用浮力原理测量液位,有恒浮力式和变浮力式两种。

2. 按照压力方式分类的液位计类型

(1)差压式液位仪表:利用流体静力学原理测量液位,把液位高度的变化转换成差压的变化,因此其测量仪表就是差压计(差压变送器)。差压式液位计准确测量液位的关键是液位与差压之间的准确转换。在压水堆核电厂中,稳压器的水位测量、压力容器的水位测量、蒸汽发生器的水位测量等基本上都采用差压式液位计。

(2)缆式压力液位计:其传感器由电缆制成,可以弯曲,方便搬运和装卸。

(3)杆式压力液位计:杆式压力液位计的传感器是金属杆。

3. 按照反射方式测量的液位计类型

(1)超声波液位计:利用超声波在液面反射信号或不同相界面之间的反射行程间接测量液位。

(2)雷达式液位计:利用微波在液面反射信号或不同相界面之间的反射行程间接测量液位。

(3)激光式液位测量仪表:利用激光射到流体表面会发生折射和反射的原理来测量液位。

4. 按照电气方式测量的液位计类型

(1)电感式液位计:利用液体高度对电感的影响,通过测量电感量的变化来测量液位的仪表。

(2)电容式液位计:利用液体高度对电容的影响,通过测量电容量的变化来测量液位的仪表。

(3)电阻式液位计:利用液位高度对电阻的影响,通过测量电阻量的变化来测量液位的仪表。

5. 按照射线方式测量的液位计类型

核辐射式液位测量仪表:利用放射源发射出的射线穿过液体时,其强度随着液体的液位而衰减的特性来测量液位。

6. 按照传感器与被测介质是否接触分类

(1)接触式液位仪表:如直读式、浮力式、静压式、电容式等。

(2)非接触式液位仪表:如雷达式、超声波式、射线式等。

4.3.2 结构与原理

4.3.2.1 差压式液位计

1. 差压式液位计原理

差压式液位计是基于阿基米德原理转化而成的液位测量工具,其工作原理是把液位高度的变化转换成差压的变化，因此可以理解为它是差压变送器的一种。差压式液位计准确测量液位的关键是液位与差压之间的准确转换。一般采用平衡容器来实现液位压差的转换。采用平衡容器的差压式液位仪表的工作原理是：用被测液柱高度与保持液位不变的平衡容器中液柱高度所造成的压差来进行液位测量，平衡容器与差压计的连接管线充满了被测液体。和差压式变送器一样，差压式液位计同样具有统一的输出（4～20 mA 的电流信号）。

我们用由流体静力学原理来了解其测量方式：一定高度的液体介质自身的重力作用于底面积上，所产生的静压力与液体层高度有关。静压式液位检测方法是通过测量液位高度所产生的静压力来实现液位测量的。如图 4－65 所示，用压力 P 或压差（ΔP）传感器测量液柱的高度，只要预先知道液体密度，即可由以下公式导出液位：

$$h=\frac{P}{\rho g}\text{或 }h=\frac{\Delta P}{\rho g}$$

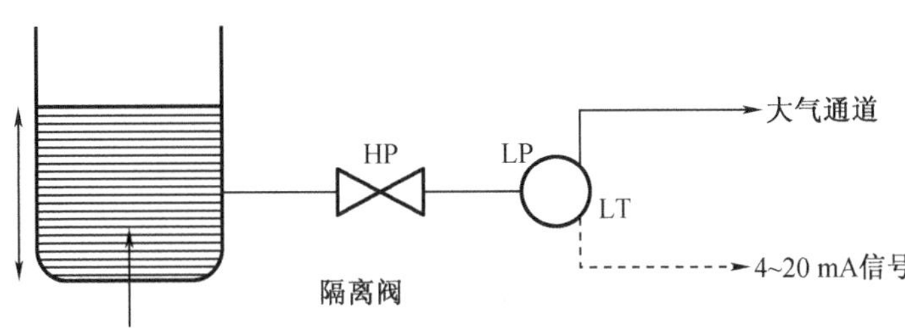

图 4－65

2. 敞口容器液位测量

由于容器敞口，其液体表面直接与大气相通，因此差压液位计 LT 高压端的压力

$$P_{\mathrm{H}}=P_{\mathrm{atm}}+A\cdot h$$

低压端直接与大气相通，低压端的压力 $P=P_{\mathrm{m}}$，所以压差

$$\Delta P=P_{\mathrm{H}}+P_{\mathrm{L}}=\rho\cdot h$$

式中 P_{atm}——大气压，101.325 kPa。

于是液位的高度 h 为

$$h=\frac{\Delta P}{\rho} \tag{4-1}$$

式中 h——敞口容器液位高度；

P_{H}——液位计高压侧压力，Pa；

P_{L}——液位计低压侧压力，Pa；

ρ——液体密度，kg/m^3。

由式（4－1）可得出，液位高度 h 正比于差压式液位计所测得的压差 ΔP，在明确液体密度 ρ 的情况下，通过压差 ΔP 来测量液体高度 H。

3. 密封容器内液位测量原理

密封容器内液位测量装置的原理如图 4－66 所示。密封容器中，气相的压力必须补偿掉。气相压力补偿可以通过把气体压力与变送器的高、低压端同时连通来实现（使 $P_{\mathrm{L}}=P_{\mathrm{gas}}$）。

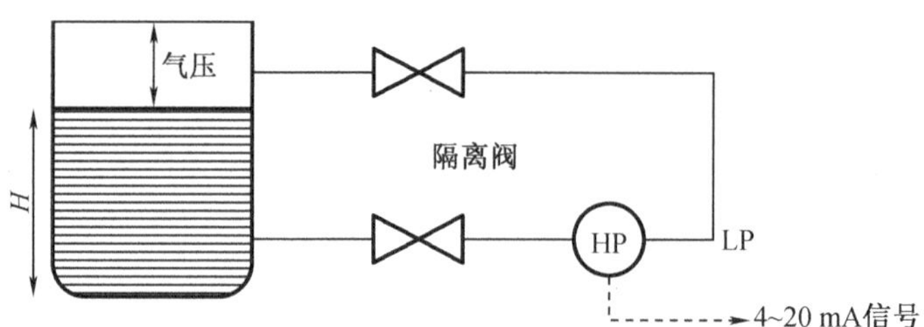

图4－66　密封容器内液位测量装置原理图

同敞口式液位测量，有

$$H=\frac{\Delta P}{\rho}$$

此时

$$P_{L}=P_{gas}$$

$$P_{H}=P_{gas}+\rho H$$

$$\Delta P=P_{H}-P_{L}=\rho H$$

$$H=\frac{\Delta P}{\rho}$$

式中　P_{gas}——气压，Pa。

4.“干脚”与“湿脚”系统

“干脚”与“湿脚”系统是以差压变送器低压端有无隔离液作为区分，其中的“脚”即变送器低压端的拟称。

(1)“干脚”系统

“干脚”系统是差压变送器低压端无隔离液的液位测量系统，其结构原理如图4－67所示。

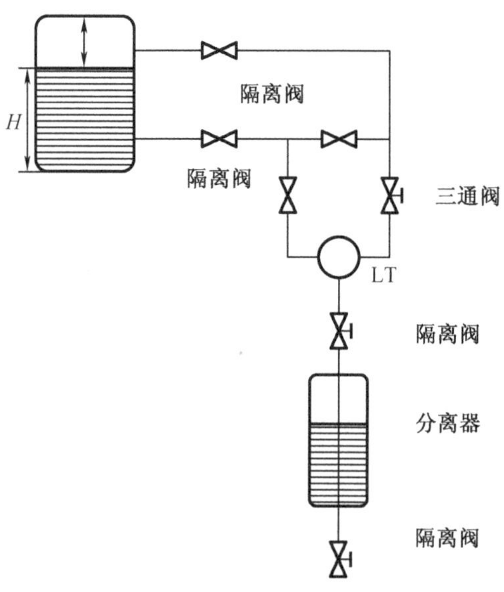

图4－67　“干脚”系统的结构原理图

(2)“湿脚”系统

实际情况下核电厂大多数密封容器的液位检测装置都用“湿脚系统”。“湿脚”系统是差压变送器低压端无隔离液的液位测量系统,如图 4－68 所示为“湿脚系统的结构原理图。

由图中参数所示,压差 ΔP 为

$$\Delta P = P_H - P_L = \rho H - \rho' X$$

式中 ρ——液体密度,kg/m^3;

ρ'——隔离液体密度,kg/m^3;

H——敞口容器液位高度,m;

X——隔离液液位高度,m;

ΔP——压差,Pa;

P_H——液位计高压侧压力,Pa;

P_L——液位计低压侧压力,Pa。

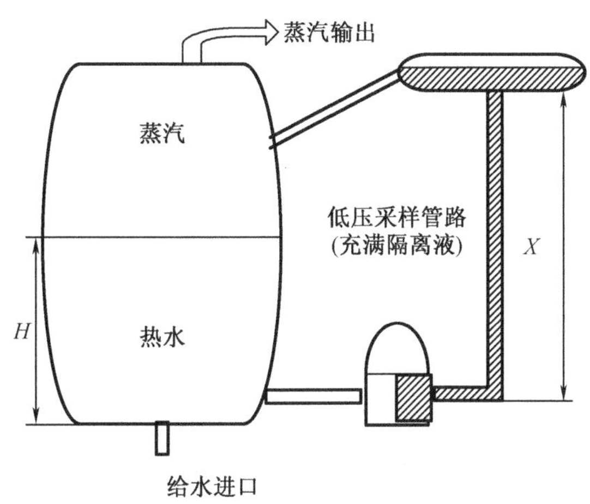

图 4－68 “湿脚”系统的结构原理图

3. 零点迁移

所谓零点迁移,即为克服在安装过程中,变送器取压口与容器取压口不在同一水平线或者采取隔离措施后产生的零点迁移,采取的技术措施。

在实际液位测量中,出于对设备安装位置和便于维护等方面的考虑,测量仪表不一定都能与取压点在同一水平面上;又如被测介质是强腐蚀性或重黏度的液体,不能直接把介质引入测压仪表,必须安装隔离液罐,用隔离液来传递压力信号,以防被测仪表被腐蚀,这时就要考虑介质和隔离液的液柱对测压仪表读数的影响。为了消除安装位置或隔离液对测压仪表读数的影响,要进行零点迁移。

根据实际使用条件,零点迁移分为以下三种情况:无迁移、负迁移和正迁移。如图 4－69 所示为三种迁移情况及相应的变送器输出的特征曲线。

(1)无迁移

如图 4－69(a)所示,变送器取压口与容器取压口在同一位置,则变送器正负压差 $\Delta P = 0$ MPa 时,$I = 0$ mA;$\Delta P = 1\ 600$ MPa 时,$I = 20$ mA。

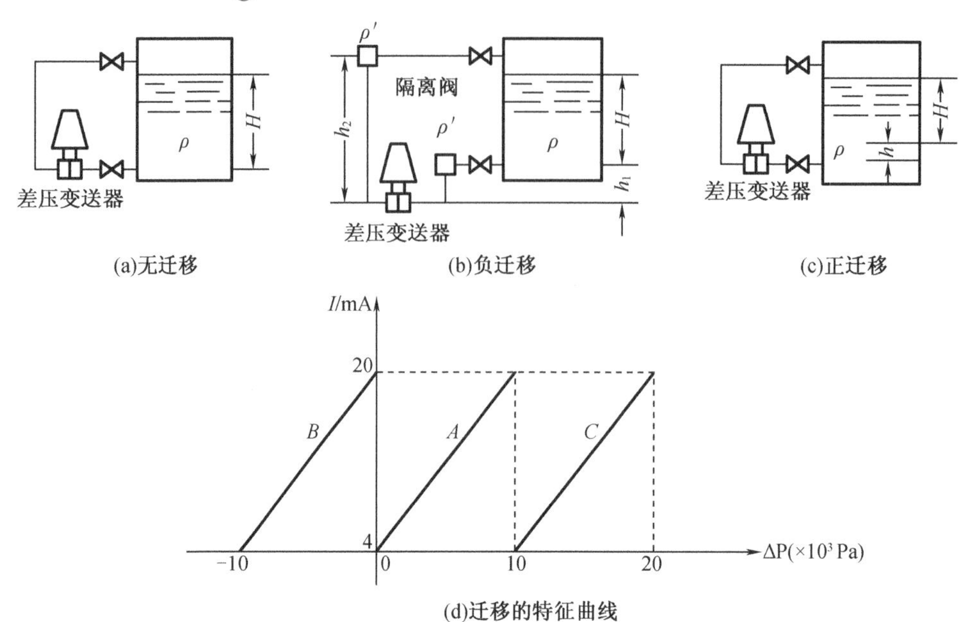

图 4 - 69　三种迁移情况及相应的变送器输出的特征曲线

(2)负迁移

如图 4 - 69(b)所示,为防止被测液体堵塞或腐蚀取压管及差压变送器,在变送器的高压侧(正压室)、低压侧(负压室)与相应的取压点之间分别装隔离罐,此时

$$\Delta P = P_{\mathrm{H}} - P_{\mathrm{L}} = \rho gH - \rho' g(h_2 - h_1)$$

为了克服零点漂移,此时负迁移值 $B = \rho' g(h_2 - h_1)$。

设 $g = 9.8\ \mathrm{m/s}$,$\rho = 1.0 \times 10^3\ \mathrm{kg/m^3}$,$\rho' = 1.5 \times 10^3\ \mathrm{kg/m^3}$,$H = 0.8\ \mathrm{m}$,$h_1 = 0.3\ \mathrm{m}$,$h_2 = 0.98\ \mathrm{m}$。则

$$\Delta P = \rho gH = 10^3 \times 9.8 \times 0.8 = 7.84 \times 10^3\ \mathrm{Pa}$$

负迁移值

$$B = \rho' g(h_2 - h_1) = 1.5 \times 10^3 \times 9.8 \times (0.98 - 0.3) \approx 1.0 \times 10^4\ \mathrm{Pa}$$

$$\Delta P_{\min} = 0 - B = -10 \times 10^3\ \mathrm{Pa}$$

$$\Delta P_{\max} = \Delta P + \Delta P_{\min} = 0\ \mathrm{Pa}$$

举一反三,如图 4 - 68 所示的"湿脚"系统中,由于"湿脚"高度总是大于或等于容器中的液位高度,变送器低压侧受隔离液压力影响,其压力总是高于高压侧。为了使差压变送器能适应此种情况,需要移动变送器的输出以保证 $H = 0$ 时,ΔP 为一负值,变送器的输出为最小(4 mA),即在变送器测量量程不变的情况下,移动变送器的零点,以适应现场 ΔP 的变化范围。此即零点迁移。

(3)正迁移

如图 4 - 69(c)所示,变送器位于液面基准的下方时,我们须运用正迁移值来做零位的校正。

变送器正负压差为

$$\Delta P = P_{\mathrm{H}} + P_{\mathrm{L}} = \rho g(H + h)$$

迁移值为

$$A=\rho gh$$

设 $g=9.8\ \text{m/s}$，$\rho=1.0\times10^3\ \text{kg/m}^3$，$H=1\ \text{m}$，$h=1\ \text{m}$，则

$$\Delta P=\rho gH=1.0\times10^3\times9.8\times1=9.8\times10^3\ \text{Pa}$$

正迁移值

$$A=\rho gH=1.0\times10^3\times9.8\times1=9.8\times10^3\ \text{Pa}$$

$$\Delta P_{\min}=0+A=9.8\times10^3\ \text{Pa}$$

$$\Delta P_{\max}=\Delta P+\Delta P_{\min}=1.96\times10^4\ \text{Pa}$$

4.3.2.2 雷达液位计的工作原理

雷达液位计的工作方式类似于雷达，即向被测目标发射微波，对目标反射的回波与发射波进行比较，确定目标存在并计算出发射器到目标的距离。雷达液位计按工作方式可以分为非接触式和接触式两种。

1. 非接触式雷达液位计

非接触式雷达液位计常用喇叭或杆式天线来发射与接收微波，仪表安装在料仓顶部，不与被测介质接触，微波在料仓上部空间传播与返回。其安装简单、维护量少，并且不受料仓内气体成分、粉尘、温度变化等的影响。

2. 接触式雷达液位计

接触式雷达液位计一般采用金属波导体（杆或钢缆）来传导微波，仪表从仓顶安装，导波杆直达仓底，发射的微波沿波导体外部向下传播，在到达物料面时被反射，沿波导体返回发射器被接收。

4.3.2.3 导波雷达液位计的工作原理

核电站常用的导波雷达液位计（全浸没导波杆界面）的测量原理如图4－70所示。电路板输出的脉冲信号会通过同轴电缆，再通过同轴电缆导波杆进行传播。同轴电缆和导波杆的连接处首先会发生断路，进而一部分信号会产生一个顶部回波信号，剩下一部分信号会继续沿导波杆传播。当信号与被测液体表面接触时，其阻抗特性会发生变化，其中一部分会被反射，再产生一个真正的液位回波信号。而部分信号继续向下传播，直至损耗。液位计可以判断出液位回波和顶部回波之间的时间差，根据这个时间差计算出液位高度。

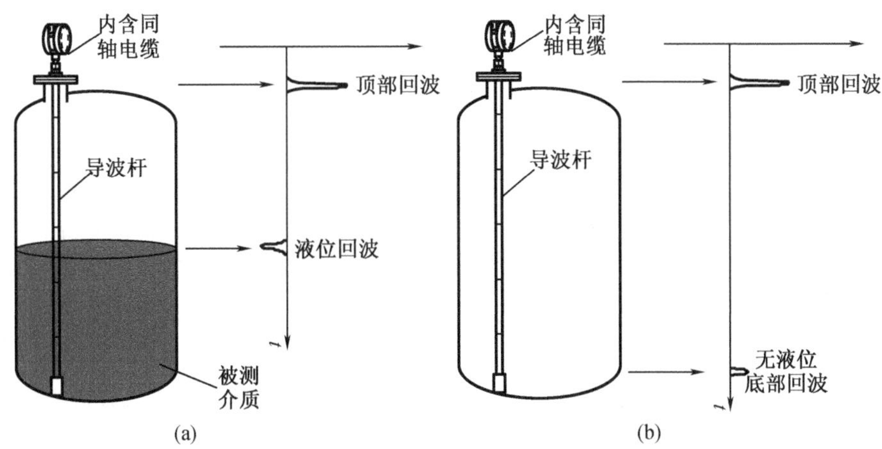

图4－70 导波雷达信号传播示意图

导波雷达液位计由于信号能量非常小,能耗极低;信号在传输过程中不受介质波动和罐内障碍物影响,防干扰能力强;和普通雷达液位计不同的是,介质的介电常数、密度对测量性能影响不大,只需考虑电磁波传输时间变化,无须考虑信号的处理和辨别;由于测量信号为电磁波,雾气和泡沫不影响测量。

4.3.2.4 浮力式液位计的工作原理

利用液位对浮子的浮力来测量液位是最简单、最常用的方法。它分为以下两种类型。

1. 浮子式液位计

浮子式液位计即浮子漂浮在液面上,浮力是一定的,它根据浮力随液面上下而改变的位置来检测液位。在敞口容器中,可通过浮子上下移动,在浮子移动轨道上设置触点开关,通过浮子压动触点开关来测量高低液位限值。在压力容器中,可使浮子带动磁铁在非导磁材料制成的测量筒内上下移动,顺序吸动翻转沿测量筒高度悬挂的小铁片,小铁片两边颜色不同,从铁片颜色可判断出液位高度,这种液位计称为磁翻板式液位计。亦可使浮子带动铁芯上下移动,改变铁芯和置于测量筒外差动线圈的相对位置,使差动线圈电压输出发生变化,经放大器和伺服电动机等构成自动平衡系统,使线圈跟踪铁芯上下移动,并指示液位。

2. 浮筒式液位计

浮筒式液位计中浮筒的位置一定,浮筒的浸没深度随液位高度而变,因此作用在浮筒上的浮力亦随液位而变化,可以将浮筒转换成扭力筒芯轴的转角来测量液位。浮筒式液位计可用于敞口容器,亦可用于密闭容器,但不适用于高黏度液体。另外,当被测液位密度变化时将产生误差。浮式液位计的工作原理是利用液位计测量装置的敏感元件(浮子)浸入液体产生的浮力,利用力的平衡来测量液位。浮子式液位计的信号变换,可使浮子带动铁芯上下移动,改变铁芯和置于测量筒外差动线圈的相对位置,从而使差动线圈电压输出发生变化,此变化的电信号输出给放大器和可逆电机等构成自动平衡系统,从而指示液位。

4.3.2.5 电气式液位计工作原理

电气式液位计包括电阻式液位计、电容式液位计、电感式液位计三种,下面分别介绍它们的工作原理。

1. 电阻式液位计

电阻式液位计的工作原理是把容器内液位的变化转变为测量电路上电阻的变化。由于电阻式液位计的特点,它更适合于单点液位测量。

2. 电容式液位计

电容式液位的测量原理如图 4-71 所示:任何两个导电材料做成的平行平板、平行圆柱面甚至不规则面,中间隔以不导电介质,就组成了电容器。如图 4-71(a)所示,当把一根金属棒插入装有非导电介质的金属容器中,或如图 4-71(b)所示,把一根涂有绝缘层的金属棒插入装有导电介质的金属容器中时,在金属棒和容器壁间形成电容。在平行板电容器之间,电容的大小随介质高度的变化而变化。因此可以通过测量电容量的变化来求得液位的变化。

电容式液位计由电容传感器和测量电路组成。被测介质的液位通过电容传感器转换成相应的电容量,利用测量电路测得电容变化量,即可间接求得被测介质液位的变化。电容式液位计适用于测量各种导电或非导电液体的液位及粉末状物料的料位,也可用于测量界面。

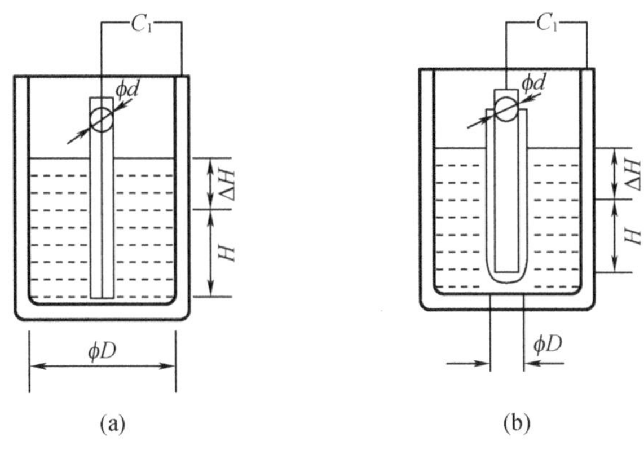

图 4-71 电容式液位计原理图

3. 互感式液位计

互感式液位传感器应用原边绕组与副边绕组的互感原理，以不锈钢为包壳材料，氧化镁为绝缘材料，镍双芯铠装电缆中的两根芯线分别作为原、副边电感线圈，盘绕在一根铁芯上。探头长度取决于被测对象。原边绕组输入为一定频率（如 1 kHz）的恒定交流电流，那么在副边绕组中感应出来的电压 U_2 随着导电性液体淹没高度的增大而呈线性下降趋势。这是由于随着原边绕组被电性液体淹没，在电性液体中产生感应电流，这种感应电流所产生的磁场力图，如图 4-72 所示。

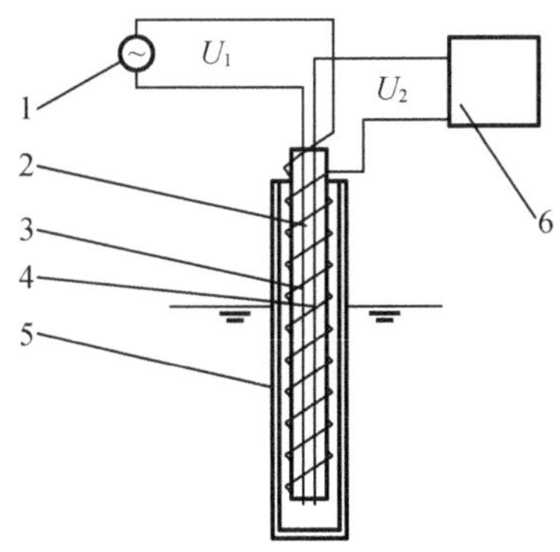

1—交流恒流源；2—铁芯；3—原边绕组；4—副边绕组；5—不锈钢管；6—显示仪表。

图 4-72 互感式液位计原理图（减弱原边电流的磁场）

这种互感式液位传感器的优点是结构和测量系统简单，而且是装在一根不锈钢管内，不破坏液体设备的密封性。它的测量准确度为 2% 量程。

4.3.3 标准规范

《浮筒式液位仪表》（GB/T 13969—2008）

《磁浮子液位计》（JB/T 12957—2016）

《核级液位测量用管嘴的设计、制造和安装的总体要求》（Q/CNNC JE35—2018）

4.3.4 运维项目

目前,核电厂对于温度测量仪表的维护主要分为预防性维修与缺陷型维修。预防性维修主要针对导波雷达液位计、差压式液位计、电容式液位计、液位报警开关等带远传功能的元件;缺陷型维修则针对就地指示用磁翻板液位计、浮筒式液位计等。验收标准通常为:仪表响应正常,校验结果在仪表精度范围内即可。

以秦一厂为例,预维项目及故障模式分别见表4-7、表4-8、表4-9。

表4-7 预防性维修项目

PM 标题	预定义范围	监测周期
S-07/1 料液接收槽液位通道校准	S-07/1 料液接收槽液位 LT-07/1 通道校准:雷达液位计外观检查,性能测试,通道检查,接线端子紧固	Y4
1#柴油机冷却水箱液位 L6807 指示报警通道校准	1#柴油机冷却水箱液位 L6807 指示报警通道校准:报警定值确认;报警功能确认;磁性开关功能;磁浮球清洗;磁翻板液位计浮球检查;端子检查紧固	Y4
硼回除氧水箱内液位 LT0312 指示报警联锁通道校验	除氧水箱内液位 LT0312 通道校验;变送器校准;卡件校准;指示仪校准;报警定值确认;报警功能确认;联锁功能检查;端子检查紧固	Y4
汽机润滑油箱泡沫罐液位计上根阀定期更换	LT0907 显示报警通道校准;变送器校准;阀组性能检查;指示仪校准;送 PC 信号检查,端子检查紧固	R1
定子水箱磁翻板液位计检查	1. 磁翻板液位计检查; 2. 磁浮球清洗	R2
1#低加、1#~3#高加水位磁翻板液位计定期维护	1. LI46;2. LI46;3. LI46;4. LI4607;5. 磁翻板液位计检查;6. 浮球清洗 OK	R2
1#2#MSR 再热疏水箱水位导波雷达液位计设定值检查	1. 导波雷达液位计设定值检查:LT-4612A/B-2,LT-4612A/B-3,LT-4612A/B-3;LT-4613A/B-4,LT-4613A/B-5,LT-4613A/B-3;LT-4614A/B-6,LT-4614A/B-7,LT-4614A/B-3	R1

表4-8 故障模式(导波雷达液位计)

序号	故障部位	故障模式	故障现象	故障时机代码	故障原因
1	导波杆	传感元件故障	表头显示屏显示错误代码,变送器输出信号不正常	R	
2	导波杆	传感元件连接松动	表头显示屏显示错误代码,变送器输出信号不正常	R	
3	表头组件	故障	表头显示屏无显示,变送器输出信号不正常	UW8_12	老化

表 4 -8(续)

序号	故障部位	故障模式	故障现象	故障时机代码	故障原因
4	表头组件	漂移	变送器输出信号超差	R	
5	显示屏	故障	表头显示屏无显示,变送器输出信号正常	R	
6	接线端子	松动	供电不稳定,导致变送器工作异常	R	振动环境
7	测量筒周边连接部位密封	密封失效	介质泄漏	R	

表 4 -9 预防性维修模板(导波雷达液位计)

PMT 文件编码	QS -4ZBO -TGEQPT -0001	PMT 文件名称	罗斯蒙特 5300 系列导波雷达液位变送器预防性维修模板					版本	0	发布日期	
标准设备类型代码	ZBO000	标准设备类型描述	其他液位计					电厂	QS	机组	所有机组
关键度		关键(C)				重要(N)				适用范围	
工作频度		高(H)	低(L)	高(H)	低(L)	高(H)	低(L)	高(H)	低(L)	QS	
工作环境		严酷(S)		良好(M)		严酷(S)		良好(M)			
综合分级		CHS	CLS	CHM	CLM	NHS	NLS	NHM	NLM		
预防性维修任务			执行频度							参考依据	大纲任务
分类	任务号	任务标题									
定期维修	1	校验	1C	NA	1C	NA	2C	NA	2C	NA	厂家建议/维修经验	☒是
	2	定期更换	8Y	NA	10Y	NA	10Y	NA	12Y	NA	厂家建议/维修经验	☒是

综合分级:CHS、CLS、CHM、CLM、NHS、NLS、NHM、NLM,其中:C—关键设备,N—重要设备,H—工作频度高,L—工作频度低,S—工作环境条件严酷,M—工作环境条件良好。

执行频度:C—燃料循环(按 18 个月计算),Y—年,M—月,D—天,S—运行班值,AR—根据需要,NA—不适用

备注	任务执行频度可根据电厂设备实际运行工况进行适应性调整							
PMT 文件编码	QS -4ZBO -TGEQPT -0001	PMT 文件名称	罗斯蒙特 5300 系列导波雷达液位变送器预防性维修模板	版本	0	发布日期	
标准设备类型代码	ZBO000	标准设备类型描述	其他液位计	电厂	QS	机组	所有机组

表 4-9(续)

<table>
<tr><td colspan="3">关键度</td><td colspan="4">关键(C)</td><td colspan="4">重要(N)</td><td colspan="2">适用范围</td></tr>
<tr><td colspan="3">工作频度</td><td>高(H)</td><td>低(L)</td><td>高(H)</td><td>低(L)</td><td>高(H)</td><td>低(L)</td><td>高(H)</td><td>低(L)</td><td colspan="2" rowspan="3">QS</td></tr>
<tr><td colspan="3">工作环境</td><td colspan="2">严酷(S)</td><td colspan="2">良好(M)</td><td colspan="2">严酷(S)</td><td colspan="2">良好(M)</td></tr>
<tr><td colspan="3">综合分级</td><td>CHS</td><td>CLS</td><td>CHM</td><td>CLM</td><td>NHS</td><td>NLS</td><td>NHM</td><td>NLM</td></tr>
<tr><td colspan="3">预防性维修任务</td><td colspan="8" rowspan="2">执行频度</td><td rowspan="2">参考依据</td><td rowspan="2">大纲任务</td></tr>
<tr><td>分类</td><td>任务号</td><td>任务标题</td></tr>
<tr><td rowspan="2">定期维修</td><td>1</td><td>校验</td><td>1C</td><td>NA</td><td>1C</td><td>NA</td><td>2C</td><td>NA</td><td>2C</td><td>NA</td><td>厂家建议/维修经验</td><td>☒是</td></tr>
<tr><td>2</td><td>定期更换</td><td>8Y</td><td>NA</td><td>10Y</td><td>NA</td><td>10Y</td><td>NA</td><td>12Y</td><td>NA</td><td>厂家建议/维修经验</td><td>☒是</td></tr>
<tr><td colspan="13">综合分级:CHS、CLS、CHM、CLM、NHS、NLS、NHM、NLM,其中:C—关键设备,N—重要设备,H—工作频度高,L—工作频度低,S—工作环境条件严酷,M—工作环境条件良好。
执行频度:C—燃料循环(按 18 个月计算),Y—年,M—月,D—天,S—运行班值,AR—根据需要,NA—不适用</td></tr>
<tr><td>备注</td><td colspan="12">任务执行频度可根据电厂设备实际运行工况进行适应性调整</td></tr>
</table>

4.3.5 典型案例分析

1. 状态描述

2018 年 11 月 13 日,主控室 CB-529 盘 MSR 操作员站上 2 号 MSR 一级再热水箱紧急疏水调节阀 2CV-2L MSR 控制界面显示“IO BAD”,通过工单检查发现 2 号 MSR 一级再热水箱 1 号雷达液位计显示满量程,后通过断电复位雷达液位计故障消除。通过故障树分析确认事件直接原因为雷达液位计输出超量程上限,根本原因为雷达液位计老化,性能下降。因此须对性能下降的雷达液位计进行更换。

2. 原因分析

雷达液位计测量基于时域反射测量原理。雷达通过发射脉冲波,并经导波杆引导,抵达测量介质表面,然后部分脉冲波被反射回雷达,对发射和接收到脉冲波的时间差进行计算,换算成距离来测量液位。

现场使用的雷达液位计为罗斯蒙特 3300 系列,该系列雷达液位计为智能型,因此可对雷达液位计进行质量位设置。根据 MSR 疏水箱的工艺要求,将雷达液位计设置为故障后自动保持高位输出,可防止出现疏水箱高液位的现象,因此雷达液位计的质量位设置合理。同时因为质量位的设置,雷达液位计出现故障后即会满量程输出。

根据历史缺陷并结合本次缺陷处理分析,导致雷达液位计输出满量程的原因有雷达电子头程序出错、导波杆故障、雷达头和导波杆连接处接触不良、雷达头和导波杆连接处有冷凝水、雷达液位计测量筒引压管堵塞。同时,通过对此类型的雷达液位计测量方式进行分析以及咨询厂家,按故障树的分析方式罗列出的可能原因如下。

(1)雷达液位计故障

①雷达电子头故障

a. 雷达电子头出错

此类型故障在同类型雷达液位计上共出现过5次,此类故障一般是程序运行出错、雷达回波丢失等原因引起的,通常表现为雷达无响应、无法操作测量,一般可通过断电复位的方式排除故障。

b. 雷达电子头损坏

此类故障一般是由电子元器件的损坏引起的,通常为不可逆的,因此无法通过断电复位的方式排除故障,因此初步排除此原因。

②导波杆故障

此类型故障在同类型雷达液位计上共出现过4次,一般是由导波杆损坏引起的,通常表现为雷达液位计无法测量,并进行报错。此故障无法通过断电复位的方式排除,因此初步排除此原因。

③雷达头和导波杆连接故障

a. 雷达头和导波杆连接处接触不良

此类型故障在同类型雷达液位计上共出现过2次,一般是由连接处接触不实、虚接引起的,通常表现为雷达液位计无法测量,并进行报错。此故障无法通过断电复位的方式排除,因此初步排除此原因。

b. 雷达头和导波杆连接处有冷凝水

此类型故障在同类型雷达液位计上共出现过9次,一般是由连接处因温度变化导致冷凝水产生并影响雷达头和导波杆之间信号传递出错引起的,通常表现为雷达液位计无法测量,并进行报错。此故障无法通过断电复位的方式排除,且此故障因在2014—2015年连续出现,后对连接处进行了一定的防水处理,现在出现的概率较低,因此初步排除此原因。

(2)雷达液位计设置错误

此类故障一般是由雷达液位计储存设置信息的单元故障或意外失电引起的,通常表现为雷达液位计因参数设置错误导致测量不准。雷达液位计设置每次大修都有预维工单检查,且此故障无法通过断电复位的方式排除,因此初步排除此原因。

(3)雷达液位计测量受到干扰

①雷达液位计测量筒引压管堵塞

此类型故障在同类型雷达液位计上共出现过5次,一般是由测量介质杂质较多,引压管堵塞,测量筒内液位变化不真实引起的,通常表现为雷达液位计测量不准确。此故障无法通过断电复位的方式排除,因此初步排除此原因。

②测量介质有杂质干扰

此类故障一般是由测量介质杂质较多或介质黏度较高附着在导波杆上引起的,通常表现为雷达液位计测量到一个恒定的高值液位。此故障需要清理导波杆上的附着物,无法通过断电复位的方式排除,因此初步排除此原因。

③外界电磁干扰

此类故障一般是由雷达液位计受到外界电磁干扰导致输出信号异常引起的,通常表现为雷达液位计输出波动。通过咨询厂家技术人员,此雷达液位计具备一定的抗干扰能力,也无须连接接地线。通过调查,故障发生前后周边无焊接作业,且相邻雷达无异常,因此初步排除此原因。

④安装位置不合理

此类故障一般是由雷达液位计安装不符合设计要求,影响测量引起的,一般表现为雷达液位计测量不准确或无法测量。通常在安装调试阶段就会发现此类问题,因此初步排除此原因。

综上,通过梳理排查,此次故障的原因初步判断如下:

性能下降引起程序出错死机。

3. 直接原因

2 号 MSR 一级再热水箱 1 号雷达液位计超量程上限。

4. 根本原因

2 号 MSR 一级再热水箱 1 号雷达液位计性能下降引起出错死机。

5. 促成原因

无。

6. 经验教训

对相同或相似设备,在故障处理上须考虑其存在的共性问题,统一排查。

4.4 流量测量

4.4.1 概述

在核电厂中,液体(例如给水、蒸汽及冷却剂等)的流量直接反映了设备的效率、负荷高低等运行工况。反应堆导热、热交换、热平衡等过程的优化,在很大程度上是由冷却剂流量决定的。而一回路冷却剂流量直接反映了从反应堆导出热量的情况,要求较高的测量精度。因此连续监视液体的流量对于核电厂安全而经济地运行有着重要意义。

流量的基本分类:

(1)流量(瞬时流量):单段时间内流过管道某一截面的流体的数量。

(2)累积流量(总流量):某一时段内流过流体流量的总和,瞬时流量在某一时段的累积量。

(3)质量流量(m):单段时间内流过某截面的流体的质量,单位:kg/s。

(4)体积流量(Q):单段时间内流过某截面的流体的体积,单位:m^3/s。

核电厂中一回路流量测量的主要有主冷却剂流量、主蒸汽流量;二回路流量测量的主要有主给水流量、凝结水流量等。

4.4.2 结构与原理

4.4.2.1 流量计分类

流量测量仪表种类较多,核电厂常用的流量测量仪表按照其工作原理主要有三种:差压式流量计、速度式流量计和体积式流量计。

压水堆核电厂关键的流量测量信号如反应堆冷却剂流量、蒸发器给水及蒸汽流量等的测量主要采用差压式流量计。重要流量测量信号如硼酸供应管线流量和一回路海水流量的测量采用速度式流量计;反应堆冷却剂泵3#密封泄漏流量的测量采用体积式流量计。

1. 差压式流量计

差压式流量计是根据伯努力定律，通过测量流体流动过程中产生的差压信号来测量流量的。这类流量计有节流装置、皮托管、均速管、转子流量计、靶式流量计等。

2. 速度式流量计

速度式流量计以直接测量管道内流体流速作为流量测量的依据。若测得的是管道截面上的平均流速 v，则流体的体积流量 $Q=Av$，A 为管道截面积。这类流量计有涡轮流量计、漩涡流量计、电磁流量计、超声波流量计等。

3. 体积式流量计

体积式流量计在进行流量测量时相当于一个标准容器，在测量的过程中，它连续不断地对流体进行度量，流量的大小与仪表度量的次数成正比，这类流量仪表有椭圆齿轮流量计、腰轮（罗茨）流量计、刮板式流量计等。

4.4.2.2 核电厂常用流量计测量原理

1. 差压式流量计

差压式（也称节流式）流量计是基于流体流动的节流原理，利用流体流经节流装置时产生的压力差而实现流量测量的。差压式流量计的测量方法是目前生产中测量流量最成熟、最常用的方法之一。测量过程通常是由节流装置产生压差信号，通过差压流量变送器转换成相应的标准电信号，以供显示、记录或控制用。差压式流量计在流通管道内安装流动阻力元件，流体通过阻力元件时，流束将在节流件处形成局部收缩，使流速增大，静压力降低，于是在阻力件前后产生压差。该压差通过差压计检出，流体的体积流量或质量流量与差压计所测得的差压值有确定的数值关系。

通过测量差压值便可求得流体流量，并转换成电信号输出。把流体流过阻力元件使流束收缩造成压力变化的过程称为节流过程，其中的阻力元件称为节流元件。节流元件结构及原理介绍如下。

（1）弯管流量计（图4－73）

反应堆冷却剂流量测量利用工艺管道的现有90°弯头，即弯管流量计，当冷却剂流经弯头时，流体产生离心力，在弯管内外两侧产生压差，该压差与流量有关，通过测量该压差，可以得到相应的相对流量。据此，在蒸汽发生器出口侧的主管道弯头，沿其内外侧对角线22.5°引出取压点，在其内侧引出三根脉冲管（低压侧），外侧引出一根脉冲管（高压侧），四根管作为共用管，分别与四台差压变送器相连。

弯管流量计的近似流量方程为

$$Q=SND^2F_aF_m\sqrt{\Delta P/\rho}$$

式中 Q——流量，m^3/h；

S——与 R/D 有关，对秦山厂所用的弯管流量计，取 $S=0.799$；

N——转换常数，4.367×10^{-4}；

D——管道内径，m；

F_a——管道截面修正系数，取1.01；

F_m——测量仪表修正系数，取1.0；

ΔP——弯管内外侧差压，Pa；

ρ——冷却剂密度，kg/m^3。

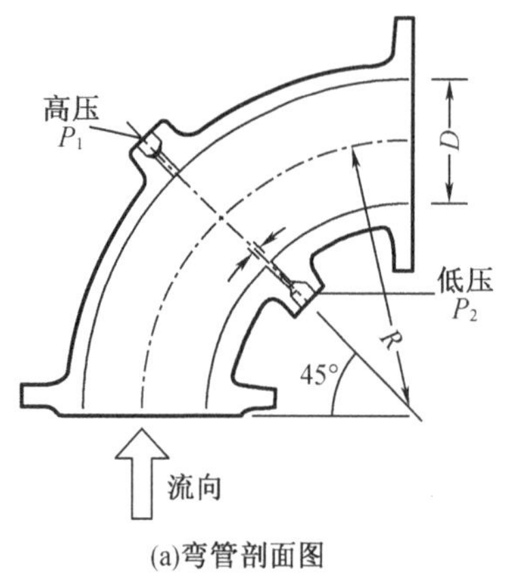

(a)弯管剖面图

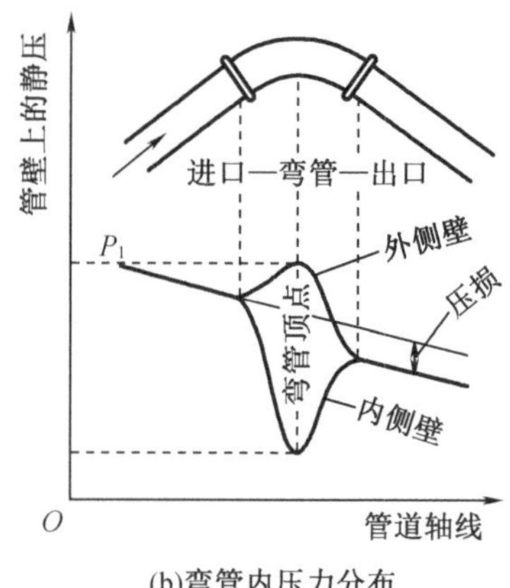

(b)弯管内压力分布

图 4－73　弯管流量计

(2)孔板(图 4－74)

孔板是一种安装在流体管道中的节流装置,流体经过孔板在其两侧产生的差压 ΔP 的平方根与流量成正比。标准孔板是一块具有与管道同心的圆形开孔的圆板,迎流一侧是有锐利直角入口边缘的圆筒形孔,顺流的出口呈扩散的锥形。其结构简单,加工方便,价格低,因而应用最广泛。反应堆冷却剂泵高压冷却器的冷水流量采用孔板测量方式。

孔板取压压力损失较大,测量精度较低,只适用于洁净流体介质,测量大管径高温高压介质时,孔板易变形。

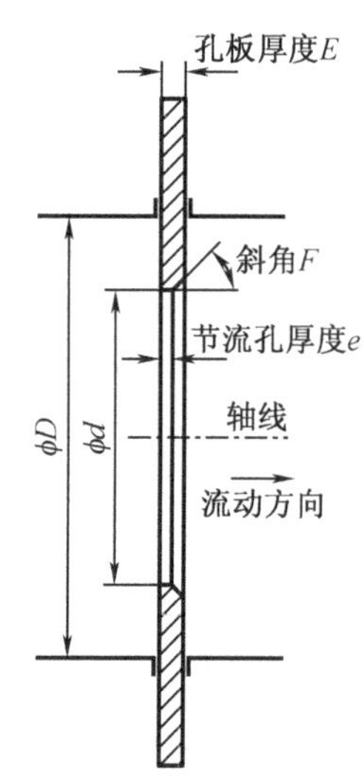

图 4－74　标准孔板

(3)喷嘴(图 4－75)

标准喷嘴是一种以管道轴线为中心线的旋转对称体,主要由入口圆弧收缩部分与出口圆筒形喉部组成,有 ISA1932 喷嘴和长径喷嘴两种形式。流量喷嘴可提供比孔板好的压力恢复特性(即压力损失较小)。

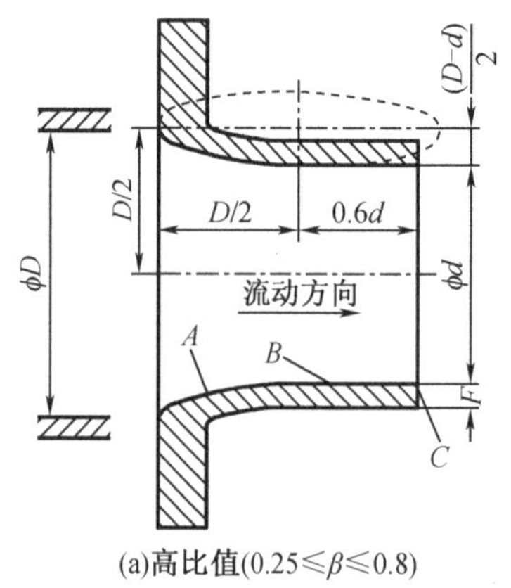

(a)高比值($0.25\leq\beta\leq0.8$)

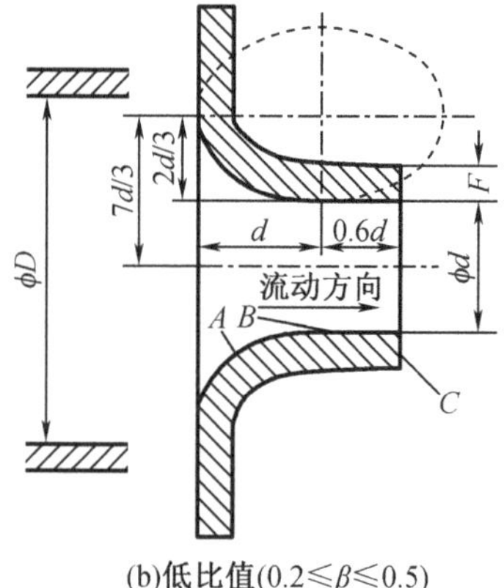

(b)低比值($0.2\leq\beta\leq0.5$)

图 4－75　ISA1932 喷嘴

主蒸汽流量测量(图4－76):在每台蒸汽发生器出口管线上设置了一个流量限制器(阻力件),目的是在流量限制器下游的蒸汽管线破损期间,限制最大蒸汽流量,因而限制了反应堆冷却剂系统的降温速率。蒸汽流量的测量主要是利用限制器(阻力件)两端的蒸汽压差,再加上蒸汽上升段及管路弯头压降进行的。

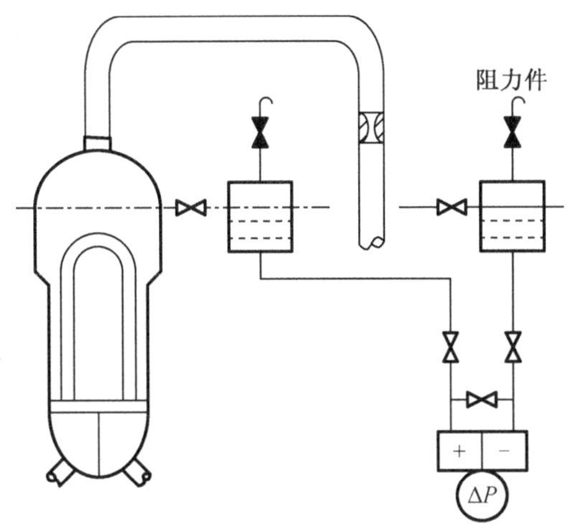

图4－76 主蒸汽流量测量

在实际运行中,用主给水流量,在不同的功率水平上标定主蒸汽流量。标定的原理是:当无系统排污,蒸发器液位保持恒定时,主蒸汽流量等于主给水流量。主给水流量应用安装在主给水管道上的文丘里管精确测量。

(4)文丘里管(图4－77、4－78)

文丘里管压力损失最低,有较高的测量精度,对流体中的悬浮物不敏感,可用于污脏流体介质的流量测量,在大管径流量测量方面应用得较多。但其尺寸大、笨重,加工困难,成本高,一般用在有特殊要求的场合。文丘里管这种一次节流元件具有最好的压力恢复特性,其产生的 ΔP 较小,用于那些不希望通过一次检测元件有很大压降的系统。蒸发器给水流量采用文丘里管测量方式。

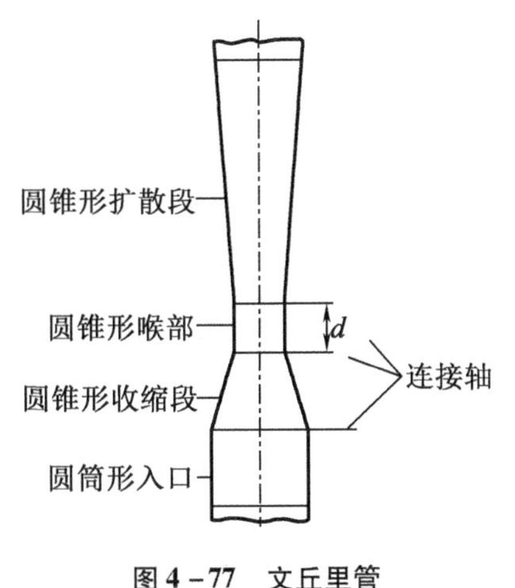

图4－77 文丘里管

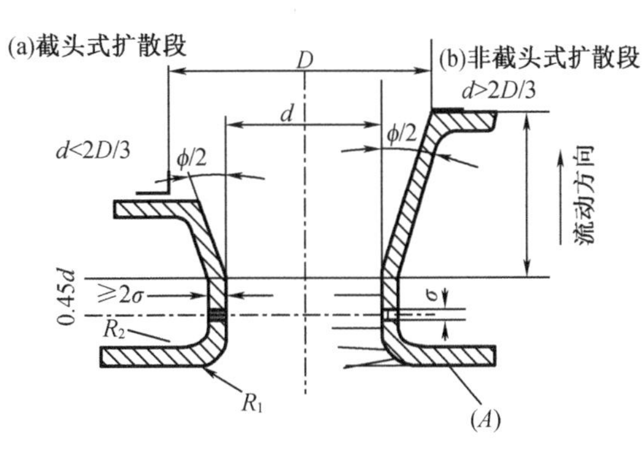

图4－78 文丘里管喷嘴

(5)皮托管流量计

皮托管(图4-79)是一根弯成直角的双层空心复合管,带有多个取压孔,能同时测量流体总压和静压。皮托管头部迎流方向开有一个小孔 A,在距头部一定距离处开有若干垂直于流体流向的静压孔 B,各孔所测静压在均压室均压后输出。皮托管主要应用于洁净空间和空气处理领域,可以测量温度较高的气体和有颗粒的气体,还可测量较高风速,静压可达6 bar[①],温度可到650~800 ℃。

(6)转子流量计(图4-80)

转子流量计具有结构简单、工作可靠、压力损失小,而且恒定、界限雷诺数低、可测较小流量以及刻度线性等优点,已广泛应用于气体、液体的流量测量和自动控制系统中。

转子流量计是以浮子在垂直锥形管中随着流量变化而升降,改变它们之间的流通面积来进行测量的,测量又称浮子流量计。化容系统除盐水供应管线流量采用此种测量方式测量。

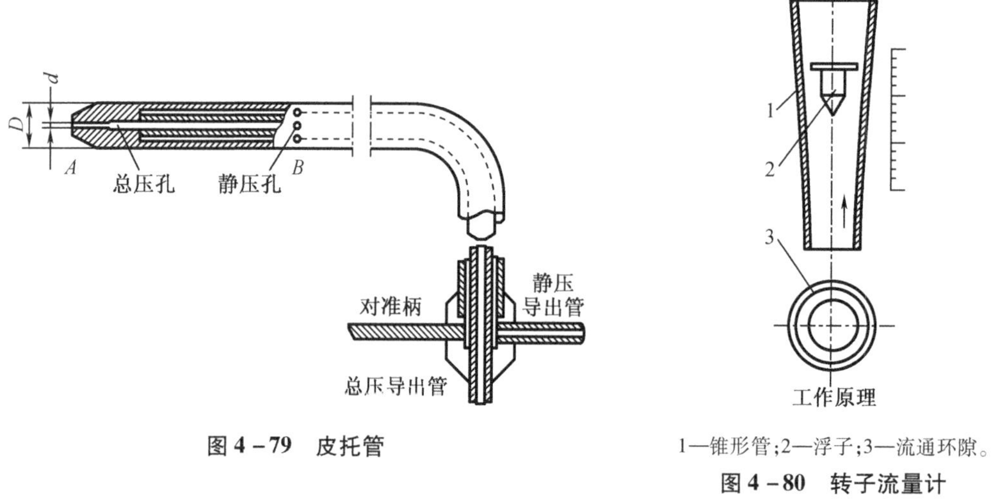

图4-79 皮托管

1—锥形管;2—浮子;3—流通环隙。

图4-80 转子流量计

被测流体从下向上经过锥形管1和浮子2形成的环隙3时,浮子上下端产生压差形成使浮子上升的力,当浮子所受上升力大于浸在流体中浮子重力时,浮子便上升,环隙面积随之增大,环隙处流体流速立即下降,浮子上下端压差降低,作用于浮子的上升力亦随之减小,直到上升力等于浸在流体中浮子重力时,浮子便稳定在某一高度。浮子在锥管中的高度和通过的流量有对应关系。

2. 速度式流量计

速度式流量测量方法是以直接测量管道内流体流速作为流量测量的依据。若测得的是管道截面上的平均流速 v,则流体的体积流量 $q_v = vA$,A 为管道截面积。若测得的是管道截面上的某一点流速 v_r,则流体体积流量 $q_v = Kgv_rA$,K 为截面上的平均流速与被测点流速的比值,它与管道内流速分布有关。

① 1 bar = 100 kPa。

(1)涡轮流量计(图4-81)

涡轮流量计实质上为一零功率输出的涡轮机,当被测流体通过时,冲击涡轮叶片,使涡轮旋转,在一定的流量范围内、一定的流体速度下,涡轮的转速与流体的平均流速成正比,通过磁电转换装置将涡轮转速变成电脉冲信号,以推导出被测流体的瞬时流量和累积流量。

(2)电磁流量计(图4-82)

电磁流量计是基于法拉第电磁感应原理制成的一种流量计。其原理是:当导体与磁场之间存在相对运动时,就产生电势。励磁线圈由双向脉冲励磁时,将在与导管轴线垂直的方向上产生一磁通密度为 B 的均匀磁场,此时如果导电液体流经导管,将切割磁力线感应出电动势 E,电动势 E 正比于磁通密度 B 与流速 v 的乘积,并由电极测出。检测线圈中产生的基准信号电压 e 可用来补偿电源波动的影响,e 亦正比于磁通密度 B,因而可以通过 E/e 来测量流速 v。

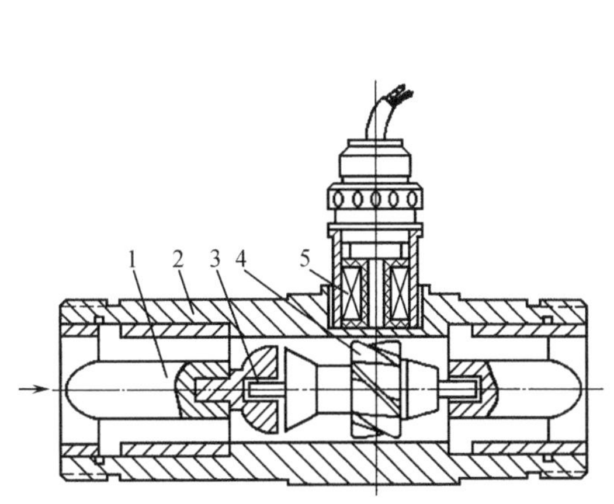

1—导流器;2—外壳;3—轴承;4—涡轮;5—磁电转换器。

图4-81 涡轮流量计

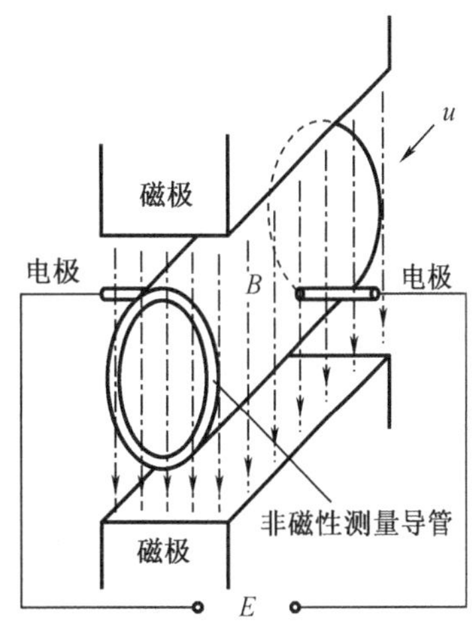

图4-82 电磁流量计

流体流量方程:

$$q_v = \frac{1}{4}\pi D^2 u = \frac{\pi D}{4B}E = \frac{E}{k}$$

式中 B——磁感应强度;

D——管道内径;

u——流体平均流速;

E——感应电动势;

k——电磁流量计的仪表常数。

(3)超声波流量计(图4-83)

超声波测流量的方法有传播速度时差法、多普勒法、波束偏移法、噪声法、相关法、流速-液面法等多种,下面介绍传播速度时差法。

传播速度时差法就是测量超声波脉冲顺流和逆流时传播的时间差。

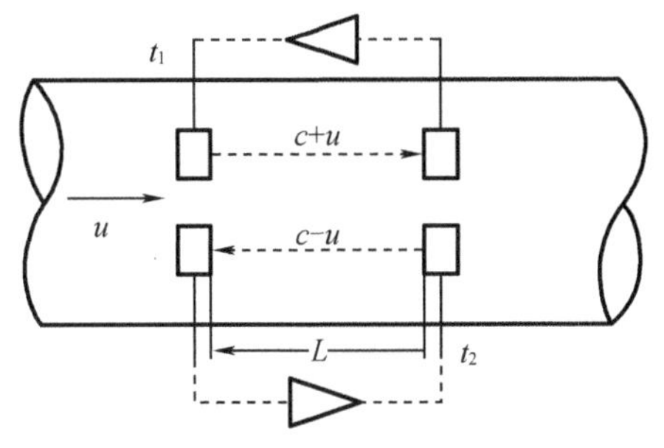

图4-83 超声流量计

传播速度流体流速:

$$u=\frac{c^2}{2L}\Delta t$$

$$\Delta t=t_2-t_1=\frac{2Lu}{c^2}$$

式中　t_1——按顺流方向，超声波到达接收器的时间；

t_2——按逆流方向，超声波到达接收器的时间。

3. 体积式流量计(图 4 - 84)

体积式流量计的工作原理是当泄漏流进入测量小室时，小室内液位随之上升。当液位升到最高点 L_{max} 时，测量杆将测得的 L_{max} 信号送到计算机。计算机送出 24 V 直流电压给电磁阀 M，电磁阀得电打开，小室内液体自行排出。当液位下降到最小液位 L_{min} 时，计算机自动切除电磁阀电源，电磁阀关闭。随着泄漏流不断进入或排出，计算机计算出其泄流量。

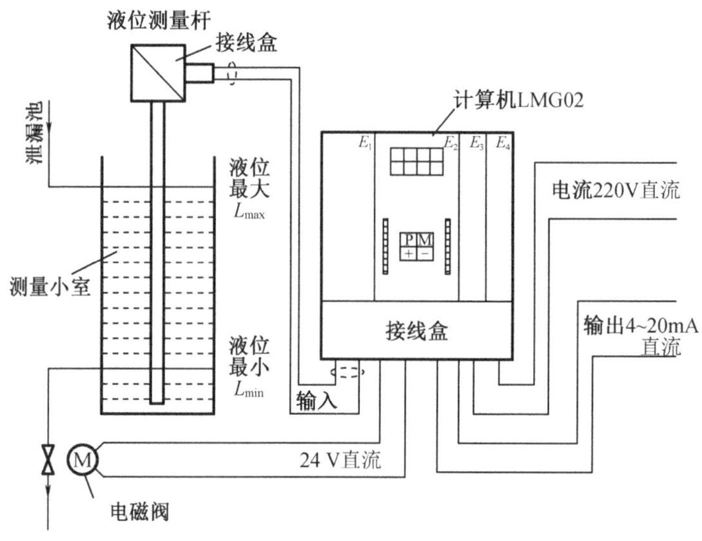

图 4 - 84　体积式流量计示意

4.4.3　标准规范

《电磁流量计》(JB/T 9248—2015)标准规定了电磁流量计的产品结构和分类、基本参数、技术要求、试验方法、校验规则等。

《液体容积式流量计　通用技术条件》(JB/T 9242—2015)标准规定了液体容积式流量计的正常工作条件、技术要求、试验方法、校验规则。

《金属管浮子流量计》(JB/T 6844—2015)标准规定了金属管浮子流量计的正常工作条件、技术要求、试验方法、校验规则。

《用安装在圆形截面管道中的差压装置测量满管流体流量》(GB/T 2624—2006)标准规定了节流装置中的孔板、喷嘴和文丘里管的结果形式、技术要求以及节流装置的试验方法、安装和工作条件、校验规则和校验方法。同时还给出了计算流量及其有关不确定度等方面的必需资料。

《核安全级 CEC 系列电容式变送器》(EJ/T 1046—1997)标准规定核安全级 CEC 系列

电容式变送器的分类、技术要求、试验方法、校验规则。

《压力变送器检定规程》(JJG 882—2004)差压变送器的定型标定(或样机试验)、首次检定、后续检定和使用中校验。

秦山核电厂最终安全分析报告要求,表4-10所述32个流量变送器须在规定时间内定期校准。

表4-10 32个流量变送器

设备编码	设备名称	设备关键度分级	周期	定期试验或技术规格书规定
1-YAFW-F2004	电动泵辅给管流量A指示记录通道	NC	1C	TS要求18个月
1-YAFW-F2005	电动泵辅给管流量B指示记录通道	NC	1C	TS要求18个月
1-YAFW-F2009	柴油机辅助给水管流量(A管)调节通道	CC2	1C	TS要求18个月
1-YAFW-F2010	柴油机辅助给水管流量(B管)调节通道	CC2	1C	TS要求18个月
1-YHRS-F1101	消氢回路风量A流量指示报警联锁通道	CC2	16M	TS要求18个月校准
1-YHRS-F1102	消氢回路风量B流量指示报警联锁通道	CC2	16M	TS要求18个月校准
1-YHRS-F1103	消氢空气洗涤器A洗涤水流量指示通道	CC2	16M	TS要求18个月校准
1-YHRS-F1104	消氢空气洗涤器B洗涤水流量指示通道	CC2	16M	TS要求18个月校准
1-YRCS-FT0101-1-IPP	环路Ⅰ主管道冷却剂流量差压变送器	CC1	1C	TS要求18个月校准
1-YRCS-FT0101-2-IPP	环路Ⅰ主管道冷却剂流量差压变送器	CC1	1C	TS要求18个月校准
1-YRCS-FT0101-3-IPP	环路Ⅰ主管道冷却剂流量差压变送器	CC1	1C	TS要求18个月校准
1-YRCS-FT0101-4-IPP	环路Ⅰ主管道冷却剂流量差压变送器	CC1	1C	TS要求18个月校准
1-YRCS-FT0102-1-IPP	环路Ⅱ主管道冷却剂流量差压变送器	CC1	1C	TS要求18个月校准
1-YRCS-FT0102-2-IPP	环路Ⅱ主管道冷却剂流量差压变送器	CC1	1C	TS要求18个月校准
1-YRCS-FT0102-3-IPP	环路Ⅱ主管道冷却剂流量差压变送器	CC1	1C	TS要求18个月校准

表 4-10(续)

设备编码	设备名称	设备关键度分级	周期	定期试验或技术规格书规定
1-YRCS-FT0102-4-IPP	环路Ⅱ主管道冷却剂流量差压变送器	CC1	1C	TS 要求 18 个月校准
1-YRCS-FT0107-1-IPP	环路Ⅰ主蒸汽管蒸汽流量差压变送器	CC1	1C	TS 要求 18 个月校准
1-YRCS-FT0107-2-IPP	环路Ⅰ主蒸汽管蒸汽流量差压变送器	CC1	1C	TS 要求 18 个月校准
1-YRCS-FT0107-3-IPP	环路Ⅰ主蒸汽管蒸汽流量差压变送器	CC1	1C	TS 要求 18 个月校准
1-YRCS-FT0107-4-IPP	环路Ⅰ主蒸汽管蒸汽流量差压变送器	CC1	1C	TS 要求 18 个月校准
1-YRCS-FT0108-1-IPP	环路Ⅱ主蒸汽管蒸汽流量差压变送器	CC1	1C	TS 要求 18 个月校准
1-YRCS-FT0108-2-IPP	环路Ⅱ主蒸汽管蒸汽流量差压变送器	CC1	1C	TS 要求 18 个月校准
1-YRCS-FT0108-3-IPP	环路Ⅱ主蒸汽管蒸汽流量差压变送器	CC1	1C	TS 要求 18 个月校准
1-YRCS-FT0108-4-IPP	环路Ⅱ主蒸汽管蒸汽流量差压变送器	CC1	1C	TS 要求 18 个月校准
1-YZGS-FT4505A-IPP	主给水流量 A 差压变送器	CC1	1C	TS 要求 18 个月校准
1-YZGS-FT4505B-IPP	主给水流量 B 差压变送器	CC1	1C	TS 要求 18 个月校准
1-YZGS-FT4506A-IPP	主给水流量 A 差压变送器	CC1	1C	TS 要求 18 个月校准
1-YZGS-FT4506B-IPP	主给水流量 B 差压变送器	CC1	1C	TS 要求 18 个月校准
1-YZGS-FT4507A-IPP	主给水流量 A 差压变送器	CC1	1C	TS 要求 18 个月校准
1-YZGS-FT4507B-IPP	主给水流量 B 差压变送器	CC1	1C	TS 要求 18 个月校准
1-YZGS-FT4508A-IPP	主给水流量 A 差压变送器	CC2	1C	TS 要求 18 个月校准
1-YZGS-FT4508B-IPP	主给水流量 B 差压变送器	CC2	1C	TS 要求 18 个月校准

4.4.4 运维项目

流量测量仪表种类多,其运维项目也各不相同,维修项目主要参照预防性维修模板。节流装置和电磁感应传感器只能在生产厂家或者实验室才能进行精确标定,核电厂运维中只是标定或检查后端的变送器或转换器。

1. 差压变送器

差压变送器的主要故障模式见表 4-11。

表 4-11 差压变送器的主要故障模式

序号	故障部位	故障模式	故障时间代码	故障原因	失效率	备注
1	取压腔密封件	泄漏	UW10_20	老化		测量介质外漏
2	取压口管线密封垫片	泄漏	UW6_10	老化(无拆卸操作)		测量介质外漏
3	取压口管线密封垫片	泄漏	R	变形失效（有拆卸操作）		测量介质外漏
4	仪表管	堵塞	R	堵塞（泥沙、结晶、油泥等）		变送器输出不变
5	仪表管接头	泄漏	R	振动导致的松动		测量介质外漏
6	测量器件及转换电路	漂移	R	老化	1.1×10^{-6}	输出精度超差
7	压力单元	失效	R	故障	1.1×10^{-6}	变送器无输出
8	微处理器及其辅助电路	失效	R	故障	1.1×10^{-6}	变送器输出错误
9	接线/航空插头	失效	R	振动、潮湿等原因导致的接触不良		输出信号不稳定或无输出

注：故障时间代码基于 EPRI 和电厂运行经验；R 表示随机产生。

2. 工作频度与工作环境判断准则（表 4-12）

表 4-12 工作频度与工作环境判断准则

代码		判断准则
工作频度	高(H)	持续处于带电运行状态
	低(L)	工作频度不满足高(H)，均为低(L)
工作环境	严酷(S)	(1)内部介质或外部环境温度≥50 ℃(120 ℉)
		(2)内部介质压力超过额定压力
		(3)高振动环境
		(4)高湿度环境(相对湿度≥65%)
		(5)高辐照环境(连续剂量率≥10 mGy/h)
		(6)腐蚀环境(包括内外部)
		(7)喷淋、蒸汽和水冲刷、冲蚀、灰尘环境
	良好(M)	工作环境不满足严酷(S)，均为良好(M)

3. 预防性维修任务列表(表 4 - 13)

表 4 - 13　预防性维修任务列表

关键度			关键(C)				重要(N)				大纲任务
工作频度			高(H)	低(L)	高(H)	低(L)	高(H)	低(L)	高(H)	低(L)	
工作环境			严酷(S)		良好(M)		严酷(S)		良好(M)		
综合分级			CHS	CLS	CHM	CLM	NHS	NLS	NHM	NLM	
分类	序号	任务标题	推荐执行周期								
状态监测	1	运行巡检	1M	NA	3M	NA	AR	NA	AR	NA	是
定期维修	2	定期校验	3Y	NA	3Y	NA	3 ~ 5Y	NA	4 ~ 6Y	NA	是
	3	整体更换	AR	NA	AR	NA	AR	NA	AR	NA	是

注:任务周期单位有年(Y)、月(M)、周(W)、日(D)、不适用(N/A)、根据需要(AR)、不需要(NR)。

4. 运行巡检

通过非侵入的方式,定性检查压力变送器的工作状态。

5. 任务详细内容

(1)目视检查变送器外观:确认有无污物、腐蚀或破损。

(2)目视检查变送器取压腔与压力元件安装结合部位:确认有无泄漏。

(3)目视检查变送器取压口接头部位:确认有无泄漏。

(4)检查压力变送器输出信号:确认有无异常波动、是否与现场工况一致。

6. 针对故障模式

本任务针对如下故障模式:

(1)取压腔密封件因老化导致的测量介质外漏。

(2)取压口管线密封垫片因老化或变形导致的测量介质外漏。

(3)仪表管接头因松动导致的测量介质外漏。

(4)压力单元、微处理器及其辅助电路因故障导致的失效。

(5)接线/航空插头因接触不良导致的输出信号失效。

7. 针对故障模式的有效性

(1)外观整洁性和完整性是设备良好状态的判评要素之一,外表的污物、腐蚀或破损会加速变送器的损坏和老化。通过目视检查,可有效确认变送器的外观状态。

(2)测量介质外漏表征为可见的液体滴漏/渗漏、呲汽或可听到的气体泄漏声,通过视/听可发现明显的外漏。

(3)接线/航空插头、压力单元、微处理器及其辅助电路失效,会表征为变送器输出信号异常,通过检查,可判断相关部位/部件可能存在异常。

说明:对于输出信号检查,可采用读取就地指示表(若有)、回路中指示仪表、PI 系统、主控显示或其他间接方法。

8. 定期校验

确保在下一预维周期内,压力变送器的性能满足测量、控制等设计要求。

9. 任务详细内容

(1)检查压力变送器外观:确认无污染物和破损。

(2)检查压力变送器压力元件安装结合部位:确认无泄漏。

(3)检查压力变送器取压口:确认通畅,无泥沙、结晶、油泥等异物。

(4)检查航空插头:确认插针、插口金属表面无氧化,插针无弯曲,插头安装紧固。

(5)检查接线端子:确认无锈蚀且接触良好、安装紧固。

(6)校验压力变送器:确认输出精度满足设计要求。

(7)更换取压口处的密封垫片。

特别说明:对于海水、河水等介质的仪表管线,易发生沉淀、堵塞等问题,对此可另行安排取压管线吹扫、清洗工作。

10. 针对故障模式

(1)取压腔密封件因老化导致的测量介质外漏。

(2)取压口管线密封垫片因老化或变形导致的测量介质外漏。

(3)仪表管接头因松动导致的测量介质外漏。

(4)仪表管堵塞。

(5)压力单元、微处理器及其辅助电路因故障导致的失效。

(6)接线/航空插头因接触不良导致的输出信号失效。

11. 针对故障模式的有效性

(1)外观整洁性和完整性是设备良好状态的判评要素之一,外表的污物、腐蚀或破损会加速变送器的损坏、老化。通过检查,可有效确认变送器的外观状态。

(2)若取压腔密封件因老化、取压口管线密封垫片因老化或变形、仪表管接头因松动导致密封不严问题,在校验过程中会表征为校验压力无法保持恒定,校验无法正常开展。

(3)接线/航空插头、压力单元、微处理器及其辅助电路失效,会表征为变送器输出信号异常,如精度超差、不稳定,通过校验,可判断相关部位/部件存在异常。

说明:变送器采用5点标定方式,输入的压力信号与输出的电流信号呈对应关系,根据不同生产厂家和规格型号,其精度一般为0.2%和0.25%,若通过调整无法满足测量精度要求,则采取更换电路板或整体更换变送器的方式。

12. 电磁流量计

电磁流量计的主要故障模式见表4-14。

表4-14 电磁流量计的主要故障模式

序号	故障部位	故障模式	故障时间代码	故障原因	失效率	备注
1	输出接线	松动	R	振动	N/A	
2	输出接线	接地	R	振动,电缆老化	N/A	
3	保险丝/空开	熔断/断开	R	异常的电流	N/A	
4	转换器	指示不准确	R	流量计漂移、超差	N/A	
5	转换器	显示不准确	R	接触不好,振动	N/A	
6	传感器	测量不准确或失效	R	探头沾污导致电极性能下降	N/A	
7	安装法兰	泄漏	R	振动造成紧固件松动或垫片失效	N/A	

电磁流量计任务列表见表4－15。

表4－15

关键度			关键(C)				重要(N)				大纲任务
工作频度			高(H)	低(L)	高(H)	低(L)	高(H)	低(L)	高(H)	低(L)	
工作环境			严酷(S)		良好(M)		严酷(S)		良好(M)		
综合分级			CHS	CLS	CHM	CLM	NHS	NLS	NHM	NLM	
分类	序号	任务标题	推荐执行周期								
状态监测	1	运行巡检	N/A	N/A	N/A	N/A	1W	N/A	1W	N/A	是
定期维修	2	定期校验	N/A	N/A	N/A	N/A	4－6Y	N/A	AR	N/A	是

注:任务周期单位有:年(Y)、月(M)、周(W)、日(D)、不适用(N/A)、根据需要(AR)、不需要(NR)。

运行巡检,流量计泄漏和漂移的发生是一个缓慢的过程,推荐巡检周期为1周,可以及时发现相关问题。

(1)检查流量计法兰连接处,确认有无泄漏现象;

(2)目视检查流量计显示是否在合理范围;

本任务针对如下故障模式;

①电磁流量计与管道连接处泄漏;

②电磁流量计指示不准确。

针对故障模式的有效性:

(1)流量计外漏会直接导致介质泄漏,通过巡检目视以及泄漏检查即可发现;

(2)通过目视检查,可判断当前指示流量和运行工况是否相符,从而可以粗略判断指示是否准确。

定期校验,确保在下一预防性性维修周期内电磁流量计工作正常。

(1)检查流量计安装接口,确认无泄漏现象;

(2)校验电磁流量计,确认其精度满足要求。

有条件的情况下,在测量管道上增加标准仪表(建议使用便携式超声波流量计)进行对比检查及调整。

4.4.5 典型案例分析

反应堆冷却剂B泵高压冷却器设冷水流量采用节流孔板取压配套差压变送器的测量方式。

反应堆冷却剂泵B HP设冷水流量自2018年11月5日以来,已发生过数十次波动,有上升,有下降,整体呈下降趋势,电站计算机查看趋势曲线有毛刺,从11月初的17 t/h下降至14.9 t/h左右。12月21～23日期间发现F0410两次微小的波动,在0.23 m^3左右,F0410流量总体呈下降趋势。经查看反应堆冷却剂泵设冷水总流量及HP B流量,总流量与HP B冷却水流量同时波动,且趋势一致。

当反应堆冷却剂泵 B HP 冷却水流量≥20 m^3/h 时,延时 9 s 关电动阀 V04 -02B/V04 -03B,高流量关闭阀门的目的是避免高压冷却器传热管破损引起一回路水进入设冷水系统。高压冷却器冷却水供应正常,轴封注入水丧失,没有自动停反应堆冷却剂泵的联锁信号,在这种情况下,允许反应堆冷却剂泵继续运行,但是密切监视控制泄流温度,反应堆冷却剂泵轴承温度和电机绕组温度中任一温度超过限值时,应立即手动停反应堆冷却剂泵。

采取的措施

更换 V04 -06B 阀门,目前阀门型号和反应堆冷却剂泵 A 相同;确认阀芯连接方式为 T 型槽连接,不存在阀芯掉落的可能。可以排除 V04 -06B 阀位变化的影响,如图 4 -86,4 -87 所示。

高压冷却器 B 冷却水出口阀 V04 -07B 解体检查,阀门情况正常。

V04 -06B 阀门开度不大,1 圈半 4 ~5 mm 左右,阀门前后压差较大,阀前 0.7 MPa,阀后 0.12 MPa。

进行了高压冷却器 B 内部视频检查,检查结果正常,没有发现异物;可以排除管线和冷却器内部存在异物的影响。

高压冷却器 B 设冷水流量仪控测量通道更换节流元件、变送器、电缆、处理装置(仪控测量通道均更换),流量仍波动,排除仪控测量通道的影响。

安排运行确认高压冷却器本体积气情况,没有观察到积气,可以排除管线和冷却器内部大量积气的影响。

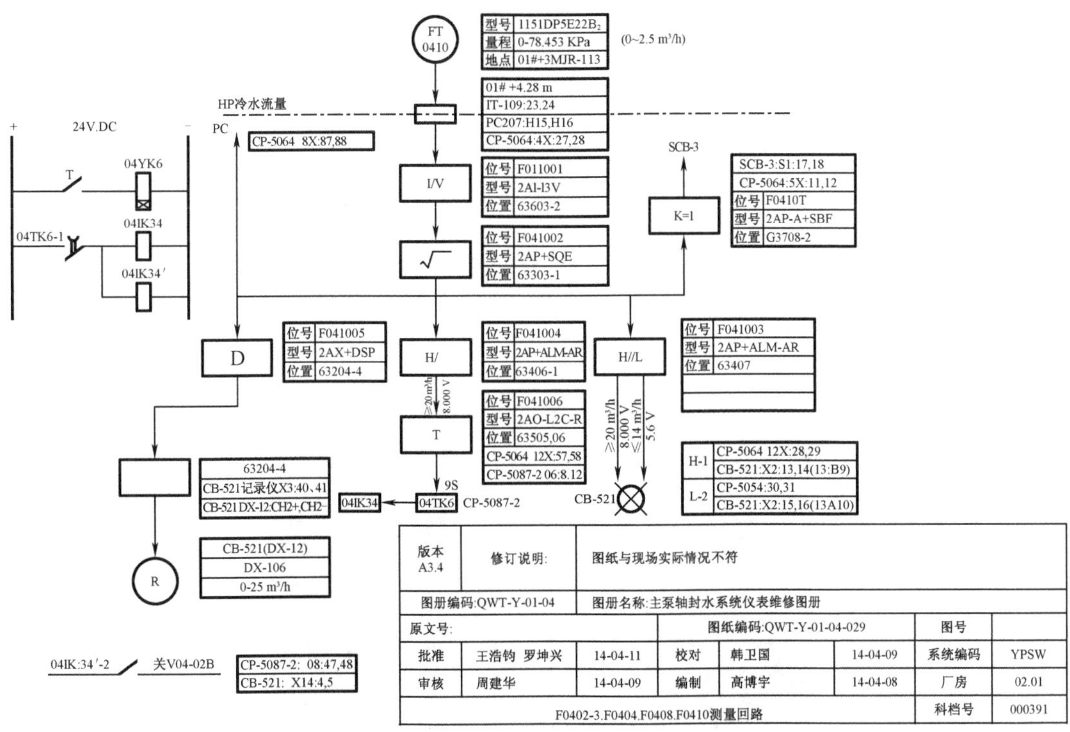

图 4 -85 主泵轴封水系统仪表维修图

两次调整设冷水流量,调整后的处室流量为 17.5 m^3/h 左右,换算管内流速约 2.5 m/s。

现场观察反应堆冷却剂泵 B 高压冷却器设冷水侧管线布置存在高点,有存气可能。

瞬时流量波动时长短(2 ~4 s),V04 -06B 阀后压降明显,气体可能析出,管线高点存留部分气体,或介质中混有一定气体,流经流量孔板时流量测量瞬时波动。

V04 -06B 前后压差较大,阀门节流较大,阀后存在紊流区,管线阻力变化较剧烈;现场流体噪声明显,远大于反应堆冷却剂泵 A。

判断不存在流量大幅变化(超过 2 ~3 m^3/h)或断流的机理。

反应堆冷却剂泵 B 高压冷却器设冷水流量持续降低到低于 14 m^3/h 时会产生低报警,该报警没有联锁,不会自动停止反应堆冷却剂泵,真实流量降低会导致反应堆冷却剂泵 B 高压冷却器一次侧出口温度一定程度地升高。

反应堆冷却剂泵 B 高压冷却器设冷水流量持续升高,当流量大于 20 m^3/h 并持续 9 s 后会自动联锁关闭 V04 -02B、V04 -03B 阀门。

图 4 -86　反应堆冷却剂泵 B 高压冷却器

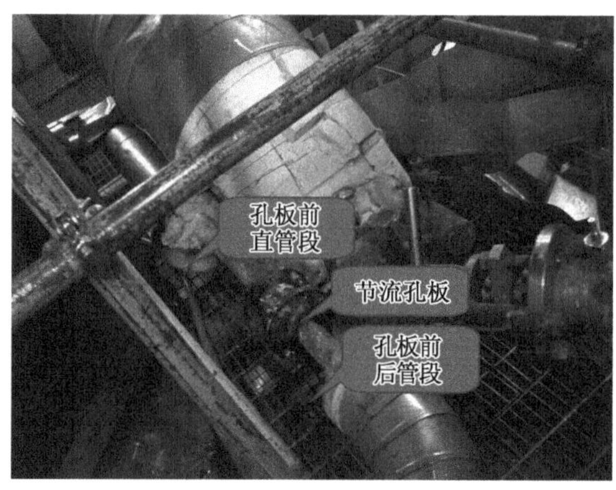

图 4 -87　反应堆冷却剂泵 B HP 冷却水流量节流装置安装图

反应堆冷却剂泵 B 高压冷却器设冷水流量快速降低、控制泄流温度快速升高（大于 95 ℃），会导致反应堆冷却剂泵自动停运。

孔板管道相关测量参数见表 4－16。

表 4－16

测量参数	测量值
孔板前直管段长度	1.6 m
孔板后直管段长度	0.4 m
管线外径	57 mm

反应堆冷却剂泵 BHP 冷却水波动（阶跃波动）情况统计和分析：

对反应堆冷却剂泵 B HP 冷却水波动情况进行了统计，统计自 2018 年 8 月 PI 系统上线以来至今 20 个月的运行情况，所有阶跃流量变化超过 0.1 m^3/h 的情况，以及所有设冷泵试验的情况，其中设冷泵试验工况 33 次，正常运行期间发生的流量阶跃波动 25 次，共 58 个统计样本，统计结果如下：

（1）发生阶跃 9 次，没发生阶跃 24 次；

（2）9 次中向下波动 7 次，向上波动 2 次，其中水泵组合 A 启 B 停 5 次，B 启 A 停 4 次（表 4－17）。

表 4－17

日期	A 泵	B 泵	C 泵	波动	幅度	瞬时	C 母管扰动
20181226	启	停	未	下	－0.2	N	
20190123	停	启	启后停	下	－0.4	Y	
20190220	启	停	未	下	－0.2	Y	
20190417	启	停	未	下	－0.2	N	
20190613	启	启后停	未	下	－0.2	N	
20190614	停	启	未	上	0.2	N	
20191225	停	启	未	下	－0.4	Y	
20200110	启后停	启	未	下	－0.8	Y	
20200318	启	停	未	上	0.2	N	

9 次发生波动情况中，设冷泵运行组合没有可循规律；其他 24 次没有发生波动的设冷泵切换，也没有发现可循规律（表 4－18）。

表 4－18

日期	A 泵	B 泵	C 泵	波动	幅度	瞬时	C 母管扰动
20180905	启	停	未	N		N	

表 4-18(续)

日期	A 泵	B 泵	C 泵	波动	幅度	瞬时	C 母管扰动
20181003	启	停	启后停	N		N	
20181031	启	停	启后停	N		Y	
20181101	停	启	未	N		N	
20181128	启	停	未	N		N	
20181202	启	停	启后停	N		N	
20181207	停	启	未	N		Y	
20181216	启后停	启	启后停	N		Y	
20190123	停	启	未	N		N	
20190320	停	启	未	N		N	
20190515	停	启	未	N		N	
20190517	启	停	启后停	N		N	
20190613	启	启后停	未	N		N	
20190710	启	停	未	N		N	
20190807	停	启	未	N		N	
20190830	启后停	启	启后停	N		N	
20190904	启	停	未	N		N	
20190911	启	启	未	N		N	
20191030	停	启	未	N		N	
20191127	启	停	未	N		N	
20191225	停	启	启后停	N		Y	
20200110	停	启	启后停	N		N	
20200122	启	停	未	N		N	
20200219	停	启	未	N		N	

其他运行时间 25 次发生阶跃的情况：

5 次震荡型波动后，较短时间恢复见表 4-19。判断和 C 母管流量变化同步有 1 次，其他 4 次无关。

表 4-19

日期	A 泵	B 泵	C 泵	波动	幅度	瞬时	C 母管扰动
20181105				下-上	0	0.6	N
20181118				下-上	0	0.2	N
20191130				下-上	0	0.3	N
20191121				下-上	0	0.2	Y
20191204				下-上	0	0.4	N

19 次阶跃型波动，向下波动 7 次，向上波动 9 次，幅度均有大有小。其中判断和 C 母管扰动相关 4 次，无关 15 次，总体无迹可寻（表 4－20）。

表 4－20

日期	A 泵	B 泵	C 泵	波动	幅度	瞬时	C 母管扰动
20181206				下	－0.35		N
20181209				下	－0.9		N
20181218				下	－0.2		Y
20181221				下	－0.1		Y
20181222				下	－0.1		N
20190112				上	1.2		N
20190113				上	0.2		N
20190114				上	0.3		N
20190116				上	0.3		Y
20190214				上	0.2		N
20190322				下	－0.2		N
20190409				上	0.2		N
20190411				上	0.2		N
20190418				上	0.2		N
20190718				上	0.4		Y
20191229				上	0.4		N
20200109				下	－0.4		N
20200117				上	0.5		N
20200321				上	0.6		N

所有波动 34 次（9＋25），发生在夏季的只有 3 次（5～10 月），冬季 24 次（11～次年 2 月），春季 7 次（3～4 月），似乎设冷水温度越低越容易波动。

可能的推论

（1）系统设备没问题，阀门不存在缺陷，也不会在运行中改变阀位；冷却器内部没有影响流量的异物。

（2）系统管线布置在冷却器出口，有一段管道处于高点，有存气的可能性，但是冷却器内部不会大量存气；A、B 泵的管线、设备布置基本相同。

（3）系统管内流速约 2.5 m/s，流速不低，管内大量积气可能性不大。阀门节流较严重，流体噪音较 A 泵大。

（4）设冷泵运行、系统流量扰动对流量波动起作用，小则瞬时波动会加大，大则会发生流量阶跃，影响比较随机，不是必然。

（5）瞬时波动发生时间很短，一个脉冲 1～3 s，几分钟一次或者更长的时间间隔。应该不是线路干扰，而是真实测量输出，但是怀疑介质中含气对测量的影响，真实流量变化可能没有如此剧烈。

可能的方案

(1)反应堆冷却剂泵 B HP 设冷水流量调整,可以采用进出口阀联合调整,分散单个阀门的压差,减少阀后紊流的影响。

(2)反应堆冷却剂泵 B 设冷水管线增加孔板等节流元件,分散进口阀后压降,减少阀后紊流的影响。

2021 年 2 月 7 日 C21 循环时巡检发现反应堆冷却剂泵 B 高压冷却器设冷水流量由 16.8 m^3/h 突降至 16.3 m^3/h,查看发现反应堆冷却剂泵 A 高压冷却器冷水流量、反应堆冷却剂泵进口冷水流量稳定,未见明显波动,保持关注。

4.4.6 课后思考

(1)一回路冷却剂的流量采用什么方法测量,其一次仪表位于主管道的什么部位?简述其工作原理。

(2)电容式差压(或流量)变送器的工作原理是什么。

(3)孔板测量的原理是什么,有什么优缺点。

(4)文丘里管测量的原理是什么,有什么优缺点?简述核电厂典型测点。

(5)电磁流量计测量的原理是什么,有什么优缺点?简述核电厂典型测点。

4.5 温度测量

4.5.1 概述

温度是表征物体冷热程度的物理参数,也是核电站监测系统设备运行性能的重要参数。根据工作原理,常见的温度测量仪表主要有以下几种:

(1)压力式:如温包式温度计。

(2)膨胀式:如水银温度计、双金属温度计。

(3)电阻式:如热电阻温度计。

(4)热电效应式:两种不同材料的导体接触时,由于温差形成电动势实现测温,如热电偶温度计。

温度测量仪表的种类很多,按测量方式分有接触式和非接触式两类:

(1)接触式:准确性较高,应用广泛,但因感温部件与被测物体之间的热传递,会存在一定的测量滞后,如双金属温度计温度计、热电阻温度计、热电偶温度计等。

(2)非接触式:感温元件不与被测物体相接触,而通过被测物体与感温元件之间的热辐射作用实现测温,如光学高温计、辐射高温计等。

温度测量仪表的分类如表 4-21 所示。

表 4-21 温度测量仪表的分类

测量方式	仪表名称	测量原理	精度范围	特点	测温范围/℃
接触式测量仪表	双金属温度计	固体热膨胀的变形与温度成正比	1~2.5	结构简单，指示清楚，成本低，精度不高	-80~600
	压力式温度计	气体或液体在体积一定的容器中压力的变化与温度成正比	1~2.5	结构简单，可远传，精度低，受环境温度影响大	0~300
	玻璃管液体温度计	液体热膨胀的体积与温度成正比	0.5~2.5	结构简单，精度高，不能远传	-100~600
接触式测量仪表	热电阻温度计	金属和半导体电阻的变化与温度成正比	0.5~3.0	精度高，可远传，结构复杂，需外加电压	-200~650
	热电偶温度计	热电效应	0.5~1.0	测量范围大，精度高，可远传，低温时测量效果差	-200~1 800
非接触式测量仪表	光学高温计	物体单色辐射强度及亮度随温度变化	1.0~1.5	结构简单，携带方便，不破坏被测对象温度场，外界辐射反射影响精度	300~3 200
	辐射高温计	物体全辐射能随温度变化	1.5	结构简单，稳定性好，光路上的环境介质影响测量精度	700~2 000

4.5.2 结构与原理

1. 热电阻温度计

热电阻温度计是基于金属导体或半导体电阻值与温度呈一定函数关系的原理实现温度测量的。大多数金属导体当温度上升 1 ℃时，其电阻值均增大 0.4%~0.6%。电阻值与温度 t(℃)之间的关系可表示为

$$R_t = R_0(1 + At + Bt^2 + Ct^3)$$

式中 R_t——t ℃时的电阻值；

R_0——0 ℃时的电阻值；

A、B 和 C——与探头所用金属材料特性有关的常数。

而半导体当温度上升 1 ℃时，其电阻值下降 3%~6%，电阻值与温度 T(K)之间的关系可表示为

$$R_T = A\mathrm{e}^{B/T}$$

式中 R_T——温度为 T(K)时半导体材料的电阻值；

A、B——与探头所用半导体相关的特性常数，取决于材料的成分和结构，A 具有电阻量纲，B 具有温度量纲。

根据以上两个公式，热电阻的温度电阻率特性曲线如图 4-88 所示。

目前，核电站主要应用的是铠装铂电阻温度计，是将热电阻感温元件封焊在由金属套管、绝缘材料和金属导线三者组合加工而成的铠装电缆内的热电阻。如图 4－89 所示，1 为铂热电阻感温元件；2 为金属引线；3 为绝缘材料；4 为保护套管；5 为接线盒；6 为固定螺栓。

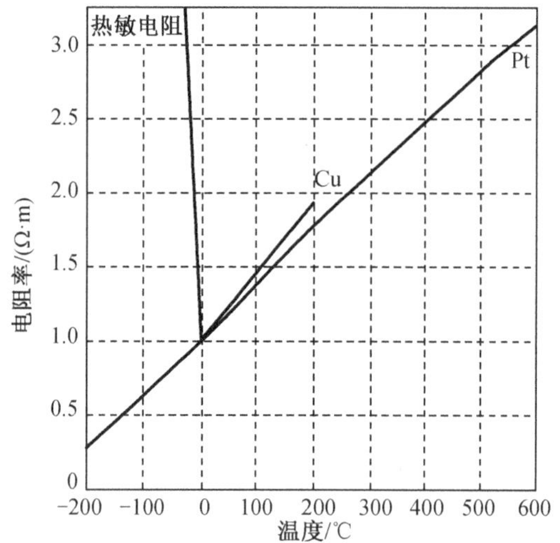

图 4－88　热电阻的温度电阻率特性曲线

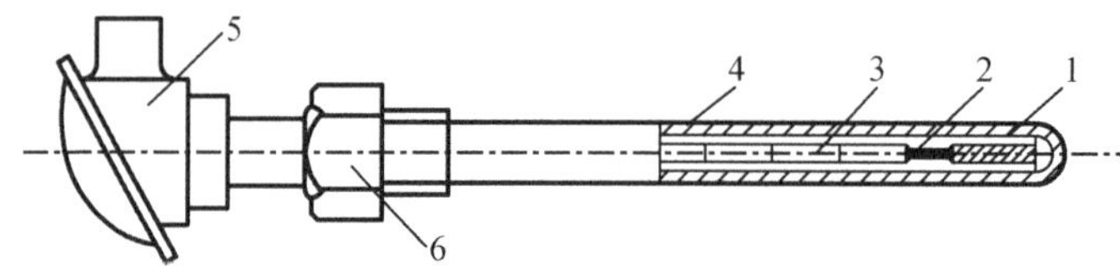

图 4－89　铠装铂电阻温度计结构图

铠装热电阻温度计用的套管材料通常是不锈钢，引线材料一般为铜或者银，对于三线制也可以采用镍导线，绝缘材料通常是电熔氧化镁。

2. 热电偶温度计

热电偶温度计是以热电效应为基础的测温仪表。如图 4－90 所示，当两种不同材料的导体 A、B 两端连接成通路时，由于两端温度不同，就会在线路内产生电动势 E，该电动势称为热电势，这一现象称为热电效应。

图 4－90　热电偶原理图

根据研究结果，热电效应实际上是由温差效应与接触效应两个可逆效应引起的。热电偶的热电势数值取决于两端的温差 $T(=t-t_0)$，且存在一定的函数关系。根据这种热电势和温差的函数关系及冷端温度值 t_0，就可以测得被测温度值 t。

核电厂最常用的(已标准化)热电偶主要有以下几种:

(1)镍铬－镍硅热电偶(分度号为K)

镍铬为正极,镍硅为负极,测温上限长期使用为1 000 ℃,短期使用可达1 200 ℃。此热电偶由于正、负极材料中都含镍,故抗氧化、抗腐蚀性好。热电势与温度近似为线性,热电势比铂铑－铂热电偶高3～4倍,价格低,应用广泛。

(2)镍铬－康铜热电偶(分度号为E)

镍铬为正极,康铜(含镍40%的铜镍合金)为负极,测温范围为－200～870 ℃,但在750 ℃以上只宜短期使用。该热电偶稳定性好,使用条件同K型热电偶,但热电势比K型热电偶高一倍,价格低,并可用于低温测量。

(3)铂铑30－铂铑6热电偶(分度号为B)

以铂铑30(铂70%,铑30%)为正极、铂铑(铂94%,铑6%)为负极,测温上限长期可达1 600 ℃,短期可达1 800 ℃。其热电特性在高温下更为稳定,适于在氧化性或中性介质中使用,但它产生的热电势小、价格高。

热电偶的分度表是在冷端温度为0 ℃的条件下表征热电势与温度(t)之间的关系,因此在热电偶测温时,冷端必须保持在0 ℃,否则将产生误差。但在工业上使用时,要使冷端保持在0 ℃是比较困难的,因此要根据不同的使用条件和要求的测量精度,对热电偶冷端采用不同的处理方法。

(1)补偿导线延伸法

采用一种专用导线将热电偶的冷端延伸出来,这种导线也是由两种材料制成的,在一定温度范围内(100 ℃以下)与所连接的热电偶具有相同或十分相近的热电特性,其材料又是廉价金属,称为补偿导线。

(2)冰点法

将冷端置于能保持温度为0 ℃的冰点槽内,则测得的热电势就代表被测的实际温度。

(3)仪表零点校正法

若冷端温度t_0已知,可将显示仪表的机械零点直接调至t_0处,这相当于在插入热电偶热电势之前给显示仪表输入了一个电势$E(t_0,0)$,因为与热电偶配套的显示仪表是根据分度表刻度的,这样在接入热电偶之后,输入显示仪表的电势相当于$E(t, t_0)+E(t_0,0)=E(t,0)$,因此显示仪表可显示热端的温度$t$。

(4)补偿电桥法

采用不平衡电桥产生的电势来补偿热电偶因冷端温度变化而引起的热电势变化,又称为冷端补偿器。

3. 双金属温度计

利用两种膨胀系数不同的金属元件来测量温度的温度计称为双金属温度计。它是一种固体膨胀式温度计,其结构简单、牢固,在电站现场主要用来做温度就地指示用。

双金属温度计是由两种膨胀系数不同的金属薄片叠焊在一起制成的。双金属片受热后由于两种金属片的膨胀系数不同而产生弯曲变形,弯曲的程度与温度高低成比例。为了提高仪表的灵敏度,工业上应用的双金属温度计是将双金属片制成螺旋形,如图4－89所示,一端固定在测量管的下部,另一端为自由端,与插入螺旋形双金属片的中心轴焊接在一起。当被测温度发生变化时,双金属片自由端发生位移,使中心轴转动,经传动放大机构,由指针指示出被测温度值。它是一种轴向结构,其实际结构如图4－91所示。除此之外还有一种径向结构,即刻度盘平面与保护管轴线平行。可按生产操作中的安装条件和观察的便利性来选择轴向与径向结构。

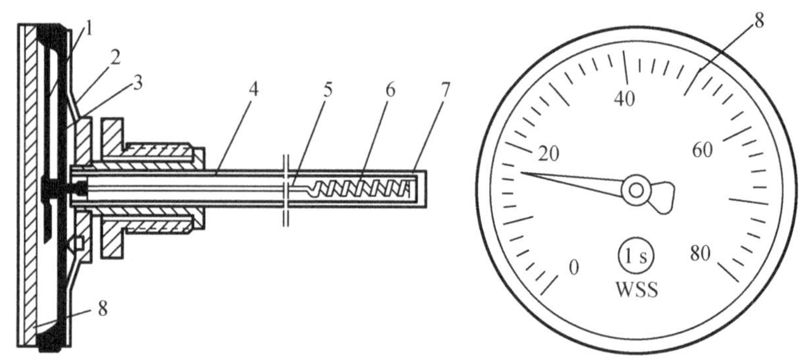

1—指针;2—表壳;3—仪表盘;4—金属保护套管;5—指针轴;6—双金属片;7—固定端;8—温度表。

图 4 –91　双金属温度计结构图

4. 压力式温度计

压力式温度计是根据封闭容器中的液体、气体或低沸点液体的饱和蒸气压,受热后体积膨胀或压力变化这一原理而制作的,并用压力表来测量此变化,从而测得温度。对一定质量的气体或液体,如果它的体积一定,则它的压力与温度之间的关系可用下式表示:

$$P_t - P_{t'} = k(t - t')$$

式中　P_t——气体、液体在一定体积的容器内温度为 t 时的压力;

$P_{t'}$——气体、液体在一定体积的容器内温度为 t'时的压力。

由上式可以看出,当密封系统的容积不变时,气体或液体的压力与温度呈线性关系,由此原理制成的压力式温度计的标尺应为均匀刻度。蒸气的压力与温度之间也呈一定的函数关系。这就是压力温度计测温原理。

压力式温度计的基本结构是由充有感温介质的温包、传压元件(毛细管)及压力敏感元件(弹簧管)构成的合金组件,如图 4 –92 所示。温包内充填的感温介质有气体、液体及蒸发液体等。测温时将温包置于被测介质中,温包内的工作物质温度升高、体积膨胀,从而导致压力增大。该压力变化经毛细管传给弹簧管并使其产生一定的形变,然后借助齿轮或杠杆等传动机构,带动指针转动,指示出相应的温度。由此可见,温包、毛细管及弹簧管是压力式温度计的三个主要部分,其性能对该温度计的精度影响极大。

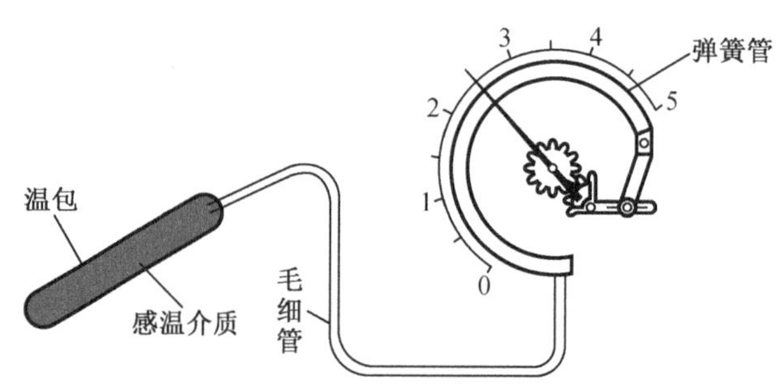

图 4 –92　压力式温度计的基本结构

5. 玻璃管温度计

基于物体受热体积膨胀的性质而制成的温度计叫作膨胀式温度计,玻璃管温度计就是利用这一原理制成的。玻璃温包插入被测介质中,被测介质的温度变化使感温液体膨胀或收缩而沿毛细管上升或下降,由刻度标尺显示出温度的数值。

玻璃管温度计按其结构可分为三种:棒状温度计、内标尺式温度计和外标尺式温度计。棒状温度计的标尺直接刻在玻璃管的外表面上。内标尺式温度计有乳白色的玻璃片温度标尺,该标尺放置在连通玻璃温包的毛细管后面,将毛细管和标尺一起放在玻璃管内,此温度计热惰性较大,但观测比较方便。外标尺式温度计是将连通玻璃温包的毛细管固定在标尺板上,这种温度计多用来测量室温。

4.5.3 标准规范

《工业铂热电阻及铂感温元件》(GB/T 30121—2013)

《工业热电偶》(GB/T 30429—2013)

《铠装连续热电偶电缆及铠装连续热电偶》(GB/T 36016—2018)

4.5.4 运维项目

目前,核电厂对于温度测量仪表的维护主要分为预防性维修与缺陷型维修两种,预防性维修主要针对热电阻、热电偶等带远传变送功能的温度元件;缺陷型维修则针对就地指示用温度表。验收标准通常为仪表响应正常,校验结果在仪表精度范围内。

以秦山核电一期(简称秦一厂)机组为例,预防性维修项目如表4－22所示。

表4－22 预防性维修项目

维修项目	校验周期
辅助给水系统辅助给水管A温度指示T2004通道校验	M32
启停给水系统就地温度表校验	M32
硼回冷却器B出口料液温度TE0324指示调节通道校验	M64
环路Ⅰ热段窄量程温度THE0105指示记录通道校验	R1
1#柴油机机油箱温度TE－6842控制指示报警通道校准	R1
1#主给水温度TE－4509A记录通道校准	R2
4#5#8#轴承金属温度指示通道校准	R2
1#2#MSRI级再热疏水箱温度校准	R2
辅助给水系统柴油机排气温度表定期更换	R3
汽机推力轴承温度指示通道校准	R4
主泵A控制泄漏流温度测量通道热电阻定期更换	R8
AAC厂房消防间空气温度联锁通道	Y2
设冷泵A进口设冷水温度T0604指示报警通道校验	Y4

参考的是预防性维修模板:热电阻温度计预防性维修。故障模式如表4－23所示。

表 4-23 故障模式

序号	故障模式	故障部位	故障现象	故障时机代码	故障原因
1	降级(电阻)	热电阻温度计感温电阻	温度值显示逐渐偏移	R	辐射环境,高温环境
2	降级(绝缘)	热电阻温度计感温电阻、导线	温度计显示逐渐偏移	R	振动环境,高温环境
3	降级(连续性)	热电阻温度计导线、航空插头连接件	温度值显示逐渐偏移	R	振动环境,氧化
4	故障(电阻)	热电阻温度计感温电阻	温度值显示短时较大漂移	R	长期恶劣环境导致感温电阻金属抗震性能下降,在振动等环境中损坏率上升

预防性维修任务表如表 4-24 所示。

表 4-24 预防性维修任务表

<table>
<tr><td colspan="2">PMT
文件编码</td><td>QS-4WEM-TGEQPT-0001</td><td colspan="2">PMT
文件名称</td><td colspan="6">热电阻温度计预防性维修模板</td><td>版本</td><td>0</td><td>发布
日期</td><td></td></tr>
<tr><td colspan="2">标准设备
类型代码</td><td>WEM000</td><td colspan="2">标准设备
类型描述</td><td colspan="6">温度-温度测量--一般</td><td>电厂</td><td>QS</td><td>机组</td><td>所有</td></tr>
<tr><td colspan="3">关键度</td><td colspan="4">关键(C)</td><td colspan="4">重要(N)</td><td colspan="2">适用范围</td></tr>
<tr><td colspan="3">工作频度</td><td>高(H)</td><td>低(L)</td><td>高(H)</td><td>低(L)</td><td>高(H)</td><td>低(L)</td><td>高(H)</td><td>低(L)</td><td colspan="2" rowspan="3">QS</td></tr>
<tr><td colspan="3">工作环境</td><td colspan="2">严酷(S)</td><td colspan="2">良好(M)</td><td colspan="2">严酷(S)</td><td colspan="2">良好(M)</td></tr>
<tr><td colspan="3">综合分级</td><td>CHS</td><td>CLS</td><td>CHM</td><td>CLM</td><td>NHS</td><td>NLS</td><td>NHM</td><td>NLM</td></tr>
<tr><td colspan="3">预防性维修任务</td><td colspan="8" rowspan="2">执行频度</td><td rowspan="2">参考依据</td><td rowspan="2">大纲
任务</td></tr>
<tr><td>分类</td><td>任务号</td><td>任务标题</td></tr>
<tr><td>状态
监测</td><td>1</td><td>交叉比较</td><td>1C</td><td>NA</td><td>1C</td><td>NA</td><td>NA</td><td>NA</td><td>NA</td><td>NA</td><td>厂家建议/
维修经验/EPRI</td><td>☒
是</td></tr>
<tr><td rowspan="3">定期
维修</td><td>2</td><td>绝缘连续
性检查</td><td>1C</td><td>NA</td><td>2C</td><td>NA</td><td>6Y</td><td>NA</td><td>AR</td><td>NA</td><td>厂家建议/
维修经验/EPRI</td><td>☒
是</td></tr>
<tr><td>3</td><td>标定</td><td>AR</td><td>NA</td><td>AR</td><td>NA</td><td>AR</td><td>NA</td><td>AR</td><td>NA</td><td>厂家建议/
维修经验/EPRI</td><td>☒
是</td></tr>
<tr><td>4</td><td>更换</td><td>AR</td><td>NA</td><td>AR</td><td>NA</td><td>NA</td><td>NA</td><td>NA</td><td>NA</td><td>厂家建议/
维修经验/EPRI</td><td>☒
是</td></tr>
<tr><td colspan="13">综合分级:CHS、CLS、CHM、CLM、NHS、NLS、NHM、NLM,其中,C—关键设备,N—重要设备,H—工作频度高,L—工作频度低,S—工作环境条件严酷,M—工作环境条件良好。
执行频度:C—燃料循环,Y—年,M—月,D—天,S—运行班值,AR—根据需要,NA—不适用。</td></tr>
<tr><td>备注</td><td colspan="12"></td></tr>
</table>

4.5.5 典型案例分析

案例一 CR201419313 主控 CB－527 发径向轴承金属温度高、温度高高报警

状态描述：2014－07－12 凌晨，CB－527 发径向轴承金属温度高、径向轴承金属温度高高报警，经查看 CB－526 盘 1#汽轮机参数装置，3#轴承温度呈发散趋势。就地检查汽轮机各瓦回油温度无异常。填报缺陷 81831（CB－527 发径向轴承金属温度高、温度高高报警）。检修仪控报从 3#瓦测温热电偶出来的两路信号，一路送 DEH，一路送 1#TSI 参数记录仪，经检修检查，前者正常，后者线路异常，故障位置在汽轮机内部。检修后将送 CB525“径向金属温度高”“径向金属温度高高”的报警信号切除，报警消除。2014－07－14 日主控 CB－505 DEH 上 3#轴承金属温度（上）异常波动，填报缺陷 81862 主控 CB－505 DEH 上 3#轴承金属温度异常波动；7 月 15 日 7:00 主控 CB－526 3#轴承金属温度（右）波动，引起径向轴承金属温度高、温度高高报警。

事件评价：检修人员通过现场检查，发现从缸体出来的热电偶温度元件电压值剧烈跳动，检查线间电阻，从十几兆欧跳动至无穷大。由此情形判断温度元件内部断线，此后 3#轴承金属温度再无任何指示。根据维修人员的四次检查结果，对比大修期间对 3#金属温度的检查，维修人员排除了在现场端子箱后面回路出现问题的可能，分析认为热电偶在缸体引出前段失效。该事件是机组大修过后，短期内就出现的重大缺陷，该缺陷使得机组汽轮机失去了轴承与瓦块的状态监测，无疑给机组的运行埋下了隐患，如果发生了磨瓦的情况，造成的后果是无法估计的。

原因分析 直接原因——设备长时间处于高温和浸油的环境中，线缆外皮老化，绑扎在油管路上的热电偶引线被缸内飞溅的润滑油脂带动，与高速运转的大轴摩擦，导致引线被磨断，信号输出逐一中断。

根本原因——原设计不足，温度探头引线绑扎方式不当，绑扎在油管路上的热电偶引线因摩擦导致引线断裂，信号输出逐一中断。

促成原因——温度探头引线绑扎方式不当，将套有黄蜡管的温度元件引线固定在大轴下方的横向油管上，在振动较大且油温较高的环境中，线缆缺少相对有效的保护措施；维修规程对温度线缆绑扎方式没有规定。

案例二 CR202109277 RRA002PO 泵密封冷却水温度 4RRA027MT 在泵启动后大幅波动

状态描述：RRA002PO 泵密封冷却水温度 4RRA027MT 在泵启动后大幅波动。

事件评价：4RRA027MT 启泵后读数大幅波动，经现场检查发现 4RRA027MT 送至就地接线箱的端子接线异常导致温度异常波动，重新紧固接线后温度指示恢复正常。

原因分析 直接原因——4RRA027MT 对应就地接线箱上端子接线异常。

根本原因——就地端子接线箱无预防性维护工作。

促成原因——配合拆装温度探头的工作不涉及端子接线箱接线的检查。

4.5.6 课后思考

（1）电厂常见的温度仪表按原理分为哪几种类型？

（2）热电阻与热电偶测量的优缺点分别是什么？

（3）热电偶的补偿方式有哪些？

4.6 转速振动测量(包括地震监测)

4.6.1 概述

1. 转速测量

转速是反映旋转机械运行状态的一个重要参数,旋转是机械动力力矩、惯性力矩和负载力矩共同作用的结果,通过对转速瞬时值的测量,可以定量了解转动机械内部动力发生装置的瞬时工作状态,了解负载的施加过程,为保障设备正常运转、分析机械瞬态性能、进行机械故障诊断提供依据。

2. 振动测量

(1)振动基本参数的测量:即测量振动物体上某点的位移、速度、加速度、频率和相位。

(2)机构或部件动态特征的测量:即以某种激振力作用在被测体上,使它产生受迫振动测量输入(激振力)和输出(被测件振动响应),从而确定被测件的固有频率、阻尼、刚度和振型等参数。

4.6.2 结构与原理

4.6.2.1 转速测量方法

测量转速一般采用频率计数法测转速、模拟法测转速和比较法测转速。

1. 频率计数法测转速

频率计数法是目前转速测量中应用较多的一种,它是将待测转速通过转速传感器转化成与转速成正比的电脉冲信号,再用电子计数器测出该电脉冲信号的频率或周期,从而求得待测转速。频率计数法测量转速所用的传感器一般为磁电转速传感器和光电转速传感器。磁电转速传感器是将被测轴的转速信号通过磁电感应的方法转换成电脉冲信号。光电转速传感器是将被测转速通过光电转换的原理,转化成电脉冲信号。

2. 模拟法测转速

模拟法测转速是利用被测轴旋转时引起的某些物理量的变化来测量转速。它的精度一般要比频率计数法测转速的低,且容易受温度影响,但它使用方便,价格低,一般用于精度要求不高的转速测量仪表。

3. 比较法测转速

比较法测转速是用已知频率的光去照射被测转轴,利用频率比较的方法来测量转速。

4.6.2.2 转速传感器

测转速的传感器(简称转速器)有很多种,例如电容式转速器、离心式转速器、霍尔式转速器、电涡流式转速器、磁性转速器等。我们以电容式转速器和电涡流式转速器为例来研究它们测转速的原理。

1. 电容式转速器

电容式转速器的结构原理如图 4 -93 所示,当电容极板与齿轮相对时电容大,而电容极板与齿隙相对时电容最小。当齿轮旋转时,电容发生周期性变化,由于电容的变化,在测量电路中会产生一系列的脉冲，此脉冲的频率正比于齿轮的转数。

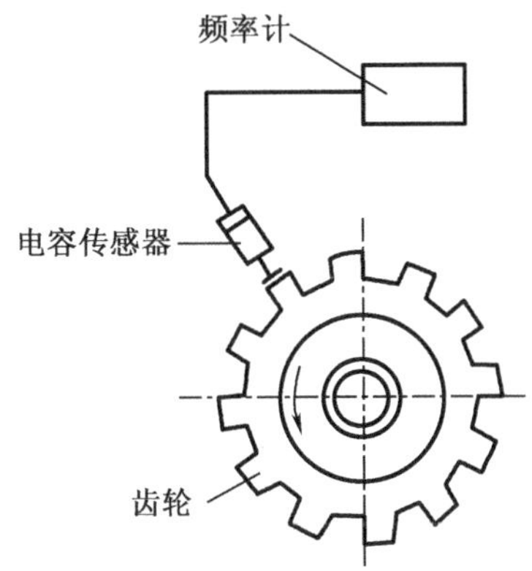

图 4-93 电容式转速器的结构原理图

2. 电涡流式转速器

电涡流式转速器的工作原理如图 4-94 所示。电涡流式转速器的工作原理是：在转动轴上开一键槽，靠近轴表面安装电涡流传感器，轴转动时便能检测出传感器与轴表面的间隙变化，从而得到与转速成正比的脉冲频率信号。来自传感器的脉冲信号经放大器和整形后，即可由频率计指示频率值，把此频率值转换为转速。这种传感器对油污等介质不敏感，能进行非接触测量，可安装在轴附近长期监测转速，测量范围可达 6.0 × 10 r/min。

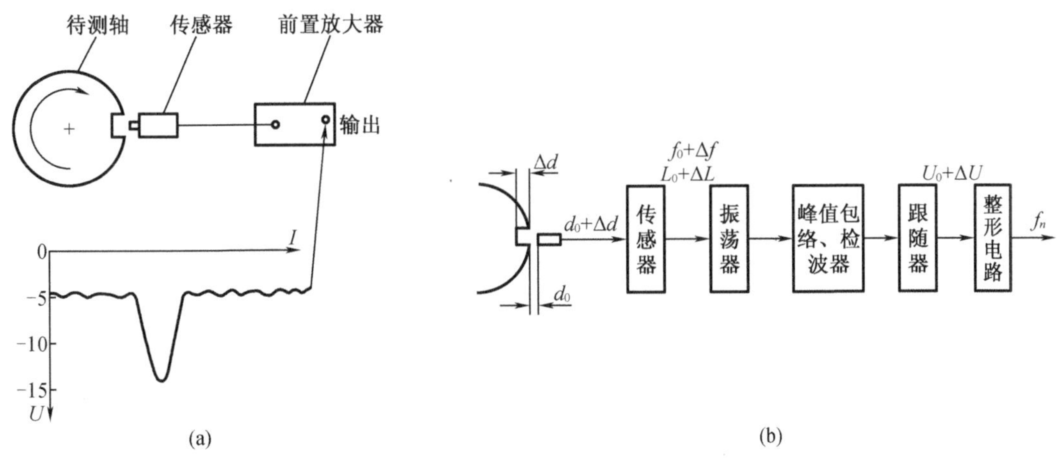

图 4-94 电涡流式转速器原理图

4.6.2.3 测振传感器

测振传感器（也称拾振器）是把振动信号转换成电信号的一种敏感元件。传感器的种类很多，按其工作原理可分为无源式和有源式两大类。无源式传感器是将由振动而引起的测量器件电气参数（如电阻、电容、电感等）的变化转换成电信号的一种传感器。由于它本身不能直接产生电信号，因此它必须接入电源才能正常工作。常用的无源式测振传感器有电感式、电容式、涡流式、变压器式及变阻式等。有源式测振传感器是将被测振动部件的参量直接变成电信号的一种传感器，由于它本身能产生电信号，因此无须外接电源。常用的有源式测振传感器有感应式（又称电动式或电磁式）、压电式、热电式、光电式等，这里仅介绍几种常用的测振传感器。

1. 压电式测振传感器

压电式测振传感器是利用晶体的压电效应将振动参数转变为电信号的一种传感器，用来测量振动物体的加速度，压电式测振传感器原理如图 4－95 所示。传感器主要由压电晶体、惯性质量块、底座和外壳等部分组成。将传感器固定在被测物体上，随被测物体一起振动，质量块的惯性力与振动加速度成正比，而惯性力作用在晶体片上，由于压电晶体的压电效应，在晶体表面便产生电信号输出。显然，此电信号的大小与受力大小成正比，而所受力的大小又与加速度成正比，因此电信号与被测物体的振动加速度成正比，从而达到测量加速度的目的。

2. 电磁式测振传感器

电磁式测振传感器是一种利用电磁感应原理测量振动信号的传感器。它的基本工作原理是固定在被测物体上的传感器随着被测物体一起振动，传感器内的可动部分相对于外壳产生相对运动，使线圈在工作气隙中切割磁力线产生感应电动势，此电动势的大小即正比于被测物体的振动速度。图 4－96 表示一种电磁式测振传感器的基本工作原理，触销 A 和线圈 B 组成一个整体，它被置于弹簧 R 上，磁铁 M 固定在外壳 P 上。把此传感器装在被测物体上，被测物体振动时，线圈中就产生感生电动势，通过测量此电动势的大小来测量被测物体的振动速度。核电厂汽轮机主轴或轴承振动的测量经常使用此种类型传感器。

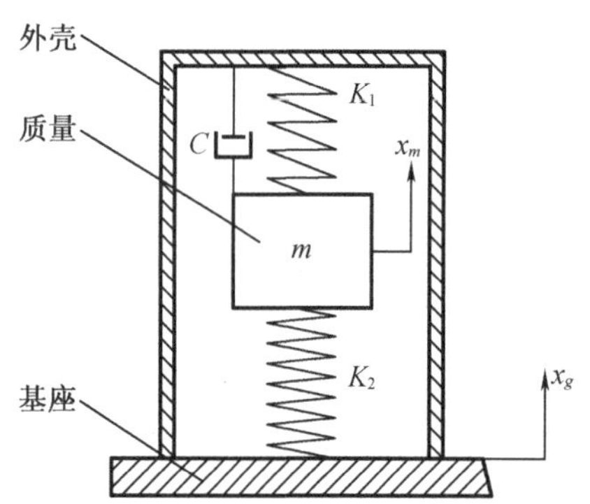

图 4－95　压电式测振传感器原理图

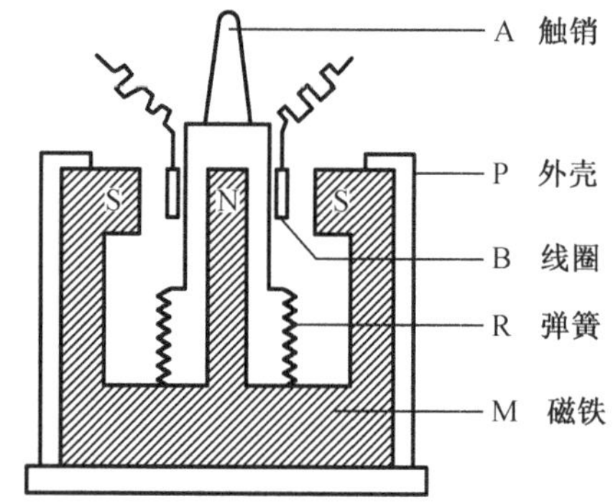

图 4－96　电磁式测振传感器的基本工作原理图

3. 涡流式测振传感器

涡流式测振传感器是利用电涡流感应原理将被测物体的振动位移转换成电信号，其工作原理如图 4－97 所示。传感器是由一个电感线圈 L 与电容器 C 并联，构成 LC 谐振回路。当把被测物体置于无穷远时，将此振荡回路调谐于 1 MHz 的频率上。当传感器移近被测物体时，由于 1 MHz 高频电流在线圈中产生的磁场 Φ_1 的感应，被测导体上产生涡流，此涡流又产生磁场 Φ_2，其方向与 Φ_1 的方向相反，抵抗 Φ_1 的变化。两磁场叠加，使电感线圈中的磁通总值发生变化。由于电感 $L = \mathrm{d}\Phi/\mathrm{d}i$，$\Phi_1$ 与 Φ_2 叠加使电感值 L 发生变化。因此 LC 谐振回路失谐，其阻抗发生变化，从而使输出电压 E_0 发生变化。E_0 的变化量与被测物体的材料性质（导磁性及导电性）、形状、尺寸以及与传感器的距离 δ 等有关。当被测对象确定后，

E_0 的变化就只与传感器和被测物体之间的距离 δ 的变化有关。因此 E_0 便可表示为 δ 的单值函数 $E_0=f(\delta)$，通过测量 E_0 即可知 δ 的大小。δ 的大小反映了被测物体的振幅。

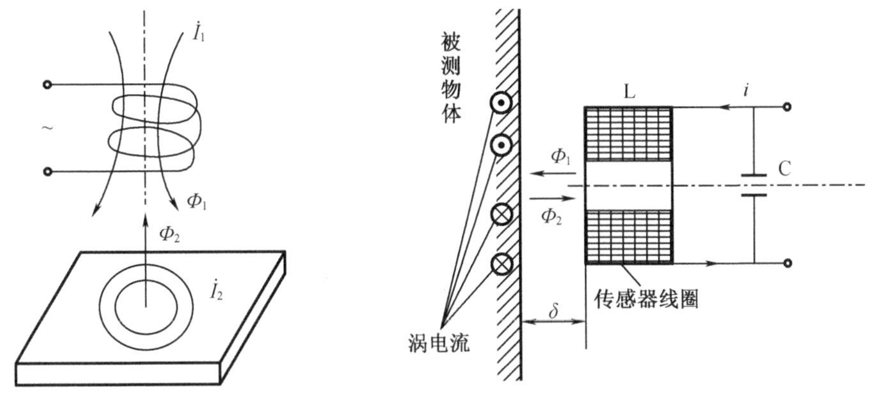

图4-97 涡流式测振传感器原理图

综上所述，测振传感器测出被测物体的振动信号（振幅、速度、加速度等），经放大器放大后送往测量系统的信息处理及显示记录单元，完成对振动信号的分析、显示、记录或报警。

4.6.3 标准规范

《压电式振动测量仪》（JB/T 6826—201X）
《机器状态监测与诊断 振动状态监测》（GB/T 19873—2005）
《振动计量器具》（JJG 2054—2015）
《电子测量仪器 振动试验》（GB/T 6587.4—86）
《磁电式转速传感器校准规范》（JJF 1871—2020）

4.6.4 运维项目

以秦一厂为例，主要预测性维修项目如表4-24所示。

表4-24 主要预测性维修项目

PM 标题	预定义范围	监测周期
主泵 A 振动报警记录通道校准 VE0401-1/2，VE0403-1/2	1. 探头校验；2. 振荡器校验；3. 处理组件检查；4. 卡件校验；5. 报警定值检查；6. 报警功能检查；7. 记录仪校验；8. 端子检查紧固	R1
主泵 B 振动报警记录通道校准 VE0402-1/2，VE0404-1/2	1. 探头校验；2. 振荡器校验；3. 处理组件检查；4. 卡件校验；5. 报警定值检查；6. 报警功能检查；7. 记录仪校验；8. 端子检查紧固	R1
汽轮机监测系统指示通道校准	TSI 监测系统通道校准：探头校准、模块测试、报警定值确认、报警功能确认、显示确认，更换防油塞	R1

表 4－24(续)

PM 标题	预定义范围	监测周期
主泵 A 转速指示记录报警通道校准	1. 探头校验;2. 转换器校验、记录仪检查;3. 联锁功能检查;4. 送 PC 信号检查;5. 报警定值确认;6. 报警功能确认;7. 端子检查紧固;	R1
主泵 B 转速指示记录报警通道校准	1. 探头校验;2. 转换器校验、记录仪检查;3. 联锁功能检查;4. 送 PC 信号检查;5. 报警定值确认;6. 报警功能确认;7. 端子检查紧固;	R1
ETS 系统转速探头检查维护	ETS 系统转速探头检查维护:外观检查、电阻测量、精度校验、端子检查紧固	R1
ETS 系统转速探头定期更换	ETS 系统转速探头定期更换	R4

振动探头的故障模式如表 4－25 所示。

表 4－25　振动探头的故障模式

序号	故障部位	降级机理	降级原因	故障时机代码	故障发现	维修工时/h
1	传感器探头	测量值漂移或失效	探头磨损或碰撞	W5	标定、目视检查、系统报警、更换	8
2	传感器探头	测量值漂移或失效	材料老化导致探头性能下降	UW10 20	标定、系统报警、更换	8
3	传感器探头	测量值漂移或失效	传感器受到流体冲击	W5	标定、系统报警、更换	8
4	传感器探头	测量值漂移	探头安装刚度不足,或测量系统共振引起倍频信号	W5	系统报警	8
5	传感器探头	测量值漂移	探头工作环境温度异常偏高	W5	系统报警	8
6	传感器探头	测量值漂移	环境中存在电磁干扰	W5	系统报警	8
7	延伸电缆	测量值漂移	电缆损伤后导致线路屏蔽接地	W5	系统报警、更换	8
8	延伸电缆	测量值漂移或失效	电缆接线有松动	W5	系统报警、更换	8
9	前置器	测量值漂移	端子接线有松动	W5	系统报警、更换	4

表 4－25(续)

序号	故障部位	降级机理	降级原因	故障时机代码	故障发现	维修工时/h
10	前置器	测量值漂移或失效	前置器供电异常	W5	系统报警、更换	4
11	前置器	测量值漂移或失效	前置器性能异常	UW12_15	标定、系统报警、更换	4

转速探头的故障模式如表 4－26 所示。

表 4－26 转速探头的故障模式

序号	故障部位	降级机理	降级原因	故障时机代码	故障发现	维修工时
1	传感器探头	测量值漂移或失效	探头磨损或碰撞	W5	标定、目视检查、系统报警、更换	8
2	传感器探头	测量值漂移或失效	材料老化导致探头性能下降	UW10_20	标定、系统报警、更换	8
3	传感器探头	测量值漂移或失效	传感器受到流体冲击	W5	标定、系统报警、更换	8
4	传感器探头	测量值漂移	探头安装刚度不足	W5	系统报警	8
5	传感器探头	测量值漂移	探头工作环境温度异常偏高	W5	系统报警	8
6	传感器探头	测量值漂移	环境中存在电磁干扰	W5	系统报警	4
7	传感器探头	测量值漂移	端子接线有松动	W5	系统报警、更换	4

4.6.5 典型案例分析

1. 2KIC 报 2RRM516KA 003ZV 电动机轴承非轴伸端振动高报警

状态描述 2KIC 报 2RRM516KA 003ZV 电动机轴承非轴伸端振动高报警，2RRM003MO 的振动探头 2RRM506MV 由 3.67 mm/s 上升至 7.06 mm/s，2RRM505MV 由 2.05 mm/s 上升至 6.06 mm/s，各自相对应的轴承温度探头 2RRM506MT 与 2RRM505MT 温度没有变化，将 2RRM003ZV 切换至 2RRM001ZV 运行。

原因分析及评价 2021 年 3 月 2 日，2RRM003MO 电机触发振动高报警，中班时间带功率进岛检查，经现场实测电机振动最大值为 2.7 mm/s，电机状态良好，电机未做任何调整。探头重新调整后回装，KIC 画面显示振动值与现场就地实测值几乎一致。

机械设备科经过频谱分析得出结论，2RRM003ZV 电机两端振动同时出现这样大的阶跃，在机械上一般不易发生（除非叶片断或脱落、风阀或风道故障、基础损坏）。现场检查，电机运行状况良好，并未出现叶片断或脱落、风阀或风道故障、基础损坏等情况。所以，电机、机械、基础等因素不是引起此次振动高报警的原因。

2021 年 2 月 24 日，2RRM003MO 电机解体更换新轴承，空载、带载试车最大振动值 2.9 mm/s，试车合格。在电机更换新轴承仅仅一周左右的时间，就在 KIC 画面出现振动高报警，电机轴承在这么短的时间内损坏的可能性非常低。试车时频谱分析的结果，轴承虽然存在早期故障，但是电机实际振动值也仅有 2.7 mm/s，所以轴承早期故障并不是引起振动高报警的根本原因。

2020 年 7 月 15 日，2RRM003ZV 电机轴承非轴伸端振动 2RRM506MV 异常升高（L750），已有状态报告进行跟踪：CR202041305 主控室 KIC 发“2RRM513KA 002ZV 电机轴承轴伸端振动高”报警。要求在 105/205 大修期间对电机进行测振频谱分析以及对现有仪控探头进行换型。RRM 风机电机整机备件已经送至上海昂电电机厂做端盖改造，其间仪控探头型号一直无法确定，导致电机端盖仪表扩孔尺寸无法确定，205 大修无法完成电机端盖改进试验，需延期至 206 大修执行。

2#机组小修期间，对 2RRM003MO 及 2RRM004MO 进行了频谱分析。两台电机驱动端与非驱动轴承均未见故障频率，现场实地测量振动在 2 mm/s 左右，但此期间主控振动显示还是在剧烈波动。而后在 2RRM003MO 非驱端端盖探头安装位置进行了测量，发现振动值偏高，与主控显示值接近。分析是因为此台电机探头安装位置的凸台处产生谐振，无法正确反映电机本体真实振动情况。

RRM 系统电机振动高报警从 2016 年至今总共出现 31 张缺陷工单。104/204/105/205 大修针对出现的振动高报警电机进行就地振动实测，振动值均在合格范围内。除大、小修外，还有两次带功率进岛就地实测电机振动，实测振动值在合格范围内。205 大修期间，2RRM004ZV 在停运状态时，其电机非驱动端振动 2RRM508MV 频繁大范围波动并触发高报警。以上可以看出现有探头测得的振动值存在间断性失真，此时不能准确反映电机真实的运行状态。针对现有探头较频繁触发振动高报警的情况，已申请十大技术问题，研发一套网络化、集约化在线状态监测和故障诊断装置，采用强磁吸力探头，监测点置于电机两端盖本体上，实时监测电机真实运行状态，通过采集到的轴承温度、振动频谱分析图及各种趋势图来辅助判断电机运行情况。

增加一行动项，申请研发一套电机状态在线监测装置的科研项目。

2. 2KIC 画面 2RCP002PO 零转速 2RCP260MC 波动，最高漂至 1 765.1 r/min，最低漂至 0RPM

状态描述 巡盘发现 13:22:28，2RCP260MC 波动，2KIC 画面 2RCP002PO 零转速 2RCP260MC 波动，最高漂至 1765.1 r/min，最低漂至 0 r/min。

原因分析 2RCP260MC 测量信号由就地转速探头、前置器送往 2RCP800AR 机柜内的 VC6000 处理后，送往 DCS 进行控制、显示。

维修仪控人员通过对信号通道 DCS 侧和 2RCP800AR 内主泵转速信号机箱进行检查，同时在 2RCP800AR 柜内临时加装 8861 记录仪对 2RCP260MC 通道输入信号进行持续跟踪观察，最终定位故障点为岛内就地测量部分。经分析，岛内设备故障存在如下三种情况：

（1）转速探头、前置器受辐照影响性能下降，造成输出信号波动；

（2）转速探头安装松动，造成输出信号不稳；

（3）2RCP260MC 测量通道岛内接线松动，接触不良，造成信号波动。

预维安排情况 已安排了 2RCP260MC 的预维项目，具体如下：

PMID:00027529-01

PM标题:2RCP260MC RCP002PO零转速通道校准。

预定义范围:2RCP260MC转速传感器、前置器校准,接线端子紧固,DCS上信号准确性确认。

周期:R1。

PMID:00027529-02

PM标题:2RCP260MC RCP002PO零转速传感器、前置器定期更换。

预定义范围:2RCP260MC RCP002PO零转速传感器、前置器定期更换,更换后确认其性能。

周期:R4。

定期更换的PM项目为2018年新增,该工作之前尚未执行,207大修首次触发。

纠正行动 根据前述原因分析,需在205大修主泵停运前进岛进行进一步检查处理,定位具体故障点,并据此制订相应的纠正行动:

(1)申请工单在205大修主泵停运前进岛对2RCP260MC转速传感器及前置器进行检查处理,明确具体故障设备;

(2)根据预维项目要求,将现场的探头及前置器送检标定;

(3)根据205期间检查情况,评估是否需要调整主泵非核级转速传感器及前置器的预维内容和周期。

4.6.6 课后思考

(1)简述转速测量的种类及原理。

(2)简述涡流传感器的工作原理。

4.7 火灾报警探测

4.7.1 系统概述

核电站运行管理必须贯彻安全第一的方针;必须有足够的措施保证质量,保证安全运行,预防核事故,限制可能产生的有害影响;必须保障工作人员、公众和环境不致遭到超过国家规定限值的辐射照射和污染,并将辐射照射和污染减至可以合理达到的尽量低的水平;在大型变压器周围应设置火灾自动报警系统和灭火系统。

消防安全是核电厂保障核安全的重要内容,核电发展的历史表明,核电厂火灾与核事故在一定条件下,特别是在严重事故条件下,可能相互派生或转化,因而火灾被当作重要的外部和内部共模事故来考虑。美国有关部门的火灾概率安全分析(PSA分析)表明:火灾对核电厂总的堆芯损坏频率的作用可能高达55%,而总火灾频率(平均)达0.28次/堆年,比核事故的设计基准事故频率高得多。财产损失方面,国际核电保险集团的统计数据表明:若按保险索赔计算,火灾造成的财产损失占核电厂总财产损失的80%~90%。

消防安全中最核心的部分是自动报警系统。该系统可探测火灾初期的信号并在消防中心显示其发生的具体部位,然后传送至消防联动控制系统,值班人员可通过“自动”或“手动”方式实施预定灭火方案。

核电站是集厂房、仓库、行政办公楼、保安楼、多条电缆隧道等的大型工业建筑群。火灾自动报警系统及消防联动控制系统一般包括以下几部分系统设备：

(1)火灾探测系统；

(2)火灾报警控制系统；

(3)联动控制系统；

(4)CRT 火警图形显示系统；

(5)火灾报警现场显示系统；

(6)极早期报警系统。

4.7.1.1　系统功能及特点

火灾自动探测和报警功能：能定位到报警点。

故障自动检测和报警功能：火灾报警优先、故障报警。

自动打印功能，能顺序储存和打印火灾或故障报警类型、地点及时间；键盘编程功能，可以任意使某只探测器投入或退出运行，可以实施对系统的联动关系编程组态；能手动设置或自动设置探测器地址；系统具有分级管理和分级操作功能；控制器具有彩色液晶屏；中央站基于图形接口的对话窗口，具有良好的用户界面；手动控制或自动联动控制功能，给出控制节点信号（消防设备联动用）；选用的探测器都能满足核电厂特殊环境条件的要求。

火灾报警控制器能对探测器等设备自动进行各种检测，对包括短路、断路、探测器故障在内的各类事件进行故障报警；火灾探测器采用并联接线，可以支持环路连接，起到短路保护、隔离并旁通，断路时环路仍连通等作用；就地模拟盘能在其建筑模拟图上重复显示失火区域（指示灯亮）；就地声光报警器能在失火区域附近发出声光报警信号；能提供安全、可靠的供电电源。

1. 可靠性

(1)系统采用分层分布式控制结构，各种监控和管理等功能分别由各个主控制设备完成，它们分别具有独立完成所辖范围监测和控制任务的能力。

(2)系统中任何设备的单个元件故障不会造成系统关键性故障或控制设备的误动作，可以防止设备的多个元件或串联元件同时发生故障。

2. 实时性

(1)火灾自动报警系统火灾信息及控制信息的采集周期≤10 s。

(2)实时数据库刷新周期≤15 s。

(3)控制响应：火灾报警控制器发出命令到现场联动控制设备接受并执行命令的时间≤5 s；操作员通过计算机屏幕（CRT）发出控制命令到现场联动控制设备执行后，回答显示的时间≤5 s；紧急情况下，操作员通过操作按钮发出控制命令到现场联动控制设备执行后，回答显示的时间≤2 s；报警或事件发生到画面刷新和发出音响的时间≤2 s。

3. 安全性

(1)火灾自动报警系统保证控制信息中的一个错误不会导致系统出现破坏性故障，提供事件的顺序记录，并可提供相关的操作指导。在人机对话中，系统设置不同级别的操作口令，分别设置系统维护口令、系统操作控制权口令。

(2)系统具有电源故障保护，并能预置初态和重新预置。系统设备具有自检和诊断能力。

4. 可维修性

火灾自动报警系统的结构应考虑到维修方便,以便缩短平均修复时间(MTTR)。当不考虑管理辅助时间和备品、备件运输时间时,MTTR 小于 1 h。同时采取下列措施增强系统的可维修性:

(1)系统设备采用同型号、同结构的商用化的标准产品以及标准、成熟的软件和操作平台,以保证系统的长期可用性。

(2)系统具有自诊断和故障点查找、定位、记录程序。系统出现故障时,能立即找出故障点和故障原因,可尽快排除故障,恢复系统正常工作。

(3)有便于试验和隔离故障的断开点。

(4)配备合适的专用安装、拆卸工具,以保证预防性维护不会引起磨损性故障。

(5)系统可由经过培训的专业人员通过软件编程进行修改和维护。

5. 先进性

在满足火灾报警控制系统运行要求前提下,系统应采用成熟的先进技术;系统的设备配置与选型符合火灾报警和计算机技术的发展趋势;系统设备应具有灵活、简便的特点,以保证在今后相当长的一段时间内不需要更新换代。

6. 开放性

火灾报警控制系统具有良好的开放性,硬件、软件平台、系统互联接口及数据库结构采用计算机国际开放系统的标准,保证系统选用不同计算机和控制设备时的互连性、系统扩展和设备更新时的软件可移植性。

7. 可扩性

系统的硬件配置留有裕度,具体参数如下:

(1)计算机 CPU 的平均负载率≤25%。

(2)在任何情况下,内存的使用率≤40%。

(3)根据系统实时响应要求,通信通道利用率≤25%。

(4)报警等输入点和控制输出点的配置有 20% 的余量。

8. 抗干扰性

系统采取可靠的抗干扰措施,防止大气过电压、电磁波、无线电和静电等干扰侵入系统内部,造成系统设备的损坏和误动作。

4.7.1.2 严格的生产工艺

(1)探头主要检测生产项目:重复性、方位性、一致性、电压波动、气流、高温、湿热、腐蚀、冲击、碰撞、电阻绝缘、耐压、低温、静电放电、电磁场辐射、电瞬变、火灾灵敏度、温度响应时间、动作温度等检测。

(2)探测器主要检测项目:基本功能测试、恒温恒湿试验、抗静电试验等。

(3)为保证火灾报警产品的高度可靠性,在火灾报警探测器的生产过程中严把各项工艺要求:线路板的贴片焊、波峰焊工艺,超声波清洗工艺,三防材料选用与涂覆工艺,以及净化厂防静电要求等。

1. 焊接工艺

焊接工艺设备:采用 OEE - DW - 300 双波峰锡焊机、KE - 760 高速通用贴片机及 SEHO - 4036 热风回流焊机全机械化焊接工艺,保证控制器类产品和探测器类产品全部采用机械化流水线焊接工艺,减少了人工操作误差,提高了生产效率。

(1)波峰焊接工艺指标要求,锡炉温度 250 ℃ ±5 ℃,预热温度 100 ~ 180 ℃,采用有机活性免清洗助焊剂 N9310,密度 0.84 ~ 0.87 g/cm^3,焊料 2HLSnPb63AP,与稀料按工艺规定指标严格配比。

(2)SMT 加工工艺指标要求,采用 SN62Pb36Ag2 焊膏,回流焊保温段 120 ~ 160 ℃,回流段焊接温度 210 ~ 230 ℃保持 8 ~ 12 s。

2. 超声波清洗工艺

(1)清洗设备,采用 1PTO - 3102R 型三槽式超声波气相清洗机、2PTAP - 1012 型投入式超声震板装置及不锈钢清洗槽。

(2)清洗工艺要求,严格按工艺配方分别配比线路板、注塑件、冲压件清洗剂溶液,装载、清洗后采用 CY - 64 型电热鼓风干燥箱进行烘干处理。

3. 三防工艺

(1)三防试剂涂敷:DBSF - 6102 三防保护剂;PLASTICOTE 线路板保护剂;新型的三防处理材料 JT - 1。

(2)浸蜡工艺:自控加热炉;经配比的三防蜡。

以上两种材料都具有良好的附着性、耐湿热性、耐水性、可防盐雾、耐酸、耐碱、耐污染、抗静电、阻燃等卓越的防护性能。由于火灾报警产品受潮湿、烟雾、静电、霉变等因素的影响,易引起其电子线路板及电子元器件性能的变化而误报警,所以在生产工艺中采用以上三防工艺。另外浸蜡工艺不仅经济实用,还对人体无大的伤害。

4. 防静电工艺

(1)电子元器件在生产、使用、运输过程中易受到静电放电的损害,在生产过程中应采用 ESD 保护材料,建立防静电操作系统。

(2)ESD 保护材料:在研制生产过程中,贮存、周转 SSD 的容器(元器件袋、转运箱、印制板架、元器件盒等)具备静电防护性能,必要时存放部件用的周转箱应接地。

(3)防静电操作环境:净化间安装风淋门和消静电离子风幕机;关键元器件组装、焊接室采用防静电屏蔽网;元器件测试台采用防静电橡胶,测试台架测试设备均良好接地。

(4)防静电工装,使用防静电元件盒、防静电周转箱及防静电手环、大褂、拖鞋等防静电器材,其中防静电工作服在湿度大于 50% 的环境中可采用纯棉制品。

以上仅以离子探测器为例,此工艺已应用于其他探测器和模块的生产工序中。此工艺的应用大大提高了产品的质量和性能。

4.7.1.3 出厂检验

质量检测站配备了经过培训、符合要求的操作人员、检验人员,为保证出厂产品的质量,为顾客提供优质、可靠的产品,检验严格依据国家标准和产品的检验规程进行,所有产品必须先经外观检验合格后,依次进行以下工序检验。

1. 高温老化

具有 30 m^2 的高温老化室,数显温度控制仪表 XCT—102,加热炉。

温度控制:45 ℃ ±5 ℃。

运行时间:48 h。

2. 恒温恒湿

4 台低温交变恒温恒湿箱 WS308—05。

温度、湿度:42 ℃ ±2 ℃;100%。

运行时间：8 h。

3. 绝缘电阻

ZC—7 型绝缘电阻表

绝缘电阻值要求不小于 100 MΩ。

计时：60 ±5 s。

4. 耐压

耐压测试仪 CJ2671C 型，50 Hz，0～1 500 V 连续可调电源，100～500 V/s 的升压速率。

计时：60 ±5 s。

5. 响应阈值、响应时间的测试

标准烟箱、工作烟箱。

响应阈值的比值 $Y_{max}:Y_{min}$ 或 $M_{max}:M_{min}$ 不应大于 1.6。

标准温箱、工作温箱。

响应时间参见《点型感温火灾探测器》（GB 4716—2021）中定温、差定温探测器的响应时间及差温探测器的响应时间两个表。

除以上检验，还包括重复性、方位性、一致性 、电压波动、气流、腐蚀、冲击、碰撞、低温、静电放电、辐射电磁场、电瞬变、动作温度等。

4.7.2 火灾探测系统

火灾探测器是一种监视火灾产生的某些物理、化学现象并自动给出火灾信号的传感器件。火灾探测器是系统的"感觉器官"，它的作用是监视环境中有没有火灾的发生。一旦有了火情，就将火灾的特征物理量，如温度、烟雾、气体和辐射光强等转换成电信号，并立即动作，向火灾报警控制器发送报警信号。对于易燃易爆场合，火灾探测器主要探测其周围空间的气体浓度，在浓度达到爆炸下限以前报警。在个别场合下，火灾探测器也可探测压力和声波。

火灾探测器的分类比较复杂。实用的分类方法有结构造型分类法、探测火灾参数分类法和使用环境分类法等。

4.7.2.1 结构造型分类法

按结构造型分类，火灾探测器可以分成线型和点型两大类。

（1）线型火灾探测器：这是一种响应某一连续线路周围的火灾参数的火灾探测器，其连续线路可以是"硬"的，也可以是"软"的。如空气管线型差温火灾探测器，是由一条细长的铜管或不锈钢管构成"硬"的连续线路。又如红外光束线型感烟火灾探测器，是由发射器和接收器二者中间的红外光束构成"软"的连续线路。

（2）点型探测器：这是一种响应某一点周围的火灾参数的火灾探测器。大多数火灾探测器属于点型火灾探测器。

4.7.2.2 探测火灾参数分类法

根据火灾探测器探测火灾参数的不同，可以将火灾探测器分为感温、感烟、感光、气体和复合式等几大类。

（1）感烟火灾探测器：这是一种响应燃烧或热解产生的固体或液体微粒的火灾探测器。

由于它能探测物质燃烧初期所产生的气溶胶或烟雾粒子浓度,因此有的国家称感烟火灾探测器为“早期发现”探测器。气溶胶或烟雾粒子可以改变光强,减小电离室的离子电流以及改变空气电容器的介电常数半导体的某些性质。由此,感烟火灾探测器又可分为离子型、光电型、电容式和半导体型等几种。其中光电感烟火灾探测器,按其动作原理的不同,还可以分为减光型(应用烟雾粒子对光路遮挡原理)和散光型(应用烟雾粒子对光散射原理)两种。

(2)感温火灾探测器:这是一种响应异常温度、温升速率和温差的火灾探测器。其可分为定温火灾探测器——温度达到或超过预定值时响应的火灾探测器;差温火灾探测器——升温速率超过预定值时响应的感温火灾探测器;差定温火灾探测器——兼有差温、定温两种功能的感温火灾探测器。感温火灾探测器由于采用不同的敏感元件,如热敏电阻、热电偶、双金属片、易熔金属、膜盒和半导体等,又可派生出各种感温火灾探测器。

(3)感光火灾探测器:感光火灾探测器又称为火焰探测器。这是一种响应火焰辐射出的红外光、紫外光、可见光的火灾探测器,主要有红外火焰型和紫外火焰型两种。

(4)气体火灾探测器:这是一种响应燃烧或热解产生的气体的火灾探测器。在易燃易爆场合中主要探测气体(粉尘)的浓度,一般在爆炸下限浓度的1/6~1/5时动作报警。用作气体火灾探测器探测气体(粉尘)浓度的传感元件主要有铂丝、铂钯(黑白元件)和金属氧化物半导体(如金属氧化物、钙钛晶体和尖晶石)等。

(5)复合式火灾探测器:这是一种响应两种以上火灾参数的火灾探测器,主要有感温感烟火灾探测器、感光感烟火灾探测器、感光感温火灾探测器等。

(6)其他火灾探测器:有探测泄漏电流大小的漏电流感应型火灾探测器;有探测静电电位高低的静电感应型火灾探测器;还有在一些特殊场合使用的,要求探测极其灵敏、动作极为迅速,以至要求探测爆炸声产生的某些参数的变化(如压力的变化)信号,来抑制消灭爆炸事故发生的微差压型火灾探测器;以及利用超声原理探测火灾的超声波火灾探测器,等等。

4.7.2.3 使用环境分类法

(1)陆用型:一般用于内陆、无腐蚀性气体的环境,其使用温度范围为-10~+15 ℃,相对温度在85%以下。在现有产品中,凡没有注明使用环境的都为陆用型。

(2)船用型:船用型火灾探测器主要用于舰船上,也可用于其他高温、高湿的场所,其特点是耐高温、高湿,在50 ℃以上的高温和90%~100%的高湿环境中可以长期正常工作。

(3)耐寒型:这种火灾探测器的特点是耐低温。它能在-40 ℃以下的高寒环境中长期正常工作。它适用于北方无采暖的仓库和冬季平均温度低于-10 ℃的地区。

(4)耐酸型:该火灾探测器不受酸性气体的腐蚀 ,适用于经常停滞较重含酸性气体的工厂区。

(5)耐碱型:该火灾探测器不受碱性气体的腐蚀,适用于经常停滞较重碱性气体的场合。

(6)防爆型:该火灾探测器适用于易燃易爆的场合,其结构符合国家关于防爆的有关规定。

4.7.2.4 其他分类法

火灾探测器按探测到火灾后的动作,可划分为延时型和非延时型两种。目前国产的火灾探测器大多为延时型探测器,其延时时间为 3 ~ 10 s。

火灾探测器按安装方式可分为外露型和埋入型两种。一般场所采用外露型,在内部装饰讲究的场所采用埋入型。

4.7.2.5 选择火灾探测器需遵循的原则

(1)火灾初期阴燃阶段,产生大量的烟和少量热,很少或没有火焰辐射,应选用感烟探测器。

(2)火灾发展迅速,产生大量热、烟和火焰辐射,可选用感温探测器、感烟探测器、火焰探测器或其组合。

(3)火灾发展迅速,有强烈的火焰辐射和少量烟、热,应选用火焰探测器。

(4)火灾形成特点不可预料,可进行模拟试验,根据试验结果选择探测器。

4.7.2.6 不宜选用离子感烟探测的场所

(1)相对湿度长期大于95%。

(2)气流速度大于5 m/s。

(3)有大量粉尘、水雾滞留。

(4)可能产生腐蚀性气体。

(5)在正常情况下有烟滞留。

(6)产生醚类、酮类等有机物质。

4.7.2.7 宜选用感温探测器的场所

(1)相对湿度经常高于95%以上。

(2)可能发生无烟火灾。

(3)有大量粉尘。

(4)在正常情况下有烟和蒸汽滞留。

(5)厨房、锅炉房、发电机房、烘干车间等。

(6)汽车库等。

(7)吸烟室、小会议室等。

(8)其他不宜安装感烟探测器的厅堂和公共场所。

4.7.3 JTY - LM - 9123 离子感烟探测器

离子型感烟探测器是在一个离子室中装有电极和 α 射线放射源,由 α 射线引起空气电离,使电极之间导通,当烟气进入离子室后,由于烟气吸收了 α 射线,改变了空气电离程序,使电流发生变化,通过电子线路检测出此变化后报警。其外形图如图 4 - 98 所示。

离子式感烟探测器由一个放射源(如^{241}Am)、外置的采样室和内置的离子参考样本室组成,当放射源照射空气中的物质时,一部分物质变成带正电的离子,另一部分物质变成带负电的离子。带正电的离子和带负电的离子在电场的作用下形成了一个电场。当烟雾进入采样室后与带电的离子结合,带电离子数量的减少使电场电压产生了变化,烟雾越多越浓电压变化就越大。

图 4-98　离子感烟探测器外形图

1. JTY-LM-9123 离子感烟探测器技术性能

(1)两总线制,无拨码开关,由软件编码。

(2)无极性,可避免由安装或使用不当引起的系统损坏。

(3)具有多级灵敏度,可人工或由控制器按预先设置的时间自动转换。

(4)具有自动跟踪工作点并进行补偿的功能，能有效地防止漏报与减少误报。

(5)传送运行情况等信息,具有完善的自诊断功能,可对自身的运行状态进行检测,适时给报警主机发送清洗和维护提示信号,确保探测器可靠工作。

(6)接受火灾报警控制器的故障自动检测,包括短路、断路等各类故障。

(7)火灾探测器采取并联接线方式,同时支持环路连接。

(8)可提供模拟量数据曲线,更直观地看到探测器状态变化信息。

(9)硬件和多级软件滤波与单片机看门狗电路相结合,能够有效抑制干扰信号带来的影响。

(10)多种判别模式的结合,提高了报警的可靠性。

(11)超薄外形设计,美观大方。

(12)对称设置两只火警确认灯,便于安装和火警确认。

(13)发光二极管报警显示,本身既做报警显示又可做探测器测试状态显示。

(14)环境温度: -10 ~ +70 ℃。

(15)相对湿度:100%。

(16)工作电压:直流 24 V。工作电流:0.38 ±0.02 mA。

(17)使用寿命大于 30 年。

(18)采用专有数字总线技术进行数据传输,实时了解现场数据。

(19)离子感烟探测器能满足核电厂的多种特殊环境条件的要求,例如,辐射、腐蚀、高温、强气流、高湿等。

2. JTY-LM-9123 离子感烟探测器离子方法测量响应阈值

离子感烟探测器的响应阈值,即用 y 值(无量纲)表示的探测器动作时刻的烟浓度,用离子烟浓度计测量。离子烟浓度计利用抽气方法连续采样并连续测量烟浓度。离子烟浓度计由电离室、电流放大器及抽气泵组成,通过抽气泵使含有烟粒子的空气扩散到电离室内的“测量体积”中,“测量体积”中的空气被 α 射线电离。因此,当两电极间加上电压时,便产生电离电流,电离电流受烟粒子作用发生变化,电离电流的相对变化是衡量烟浓度的一个尺度。

离子烟浓度计的电离室测得的 y 值符合下列关系式:

$$d \cdot z = \eta \cdot y$$

$$y = (I_0/I) - (I/I_0)$$

式中 d——烟粒子的平均粒径,m;

z——烟粒子数浓度,$1/m^3$;

η——电离室常数,$1/m^2$;

I_0——空气中无烟粒子时的电离电流;

I——空气中含烟粒子时的电离电流。

在所有试验(表 4-27)后,y 值最大值与最小值之比应不大于 1.6。

表 4-27 离子感烟探测器试验项目

序号	试验项目
1	重复性试验
2	方位试验
3	一致性试验
4	电压波动试验
5	气流试验
6	环境光线试验(适用于光电感烟探测器)
7	高温试验
8	低温(运行)试验
9	恒定湿热(运行)试验
10	恒定湿热(耐久)试验
11	腐蚀试验
12	绝缘电阻试验
13	耐压试验
14	冲击试验
15	碰撞试验
16	振动(正弦)(运行)试验
17	振动(正弦)(耐久)试验
18	射频电磁场辐射抗扰度试验
19	射频场感应的传导骚扰抗扰度试验
20	静电放电抗扰度试验
21	电快速瞬变脉冲群抗扰度试验
22	浪涌(冲击)抗扰度试验
23	火灾灵敏度试验

3. JTY－LM－9123 离子感烟探测器试验火条件下的响应性能

(1)燃烧试验室

燃烧试验室尺寸应为长 10 m、宽 7 m、高 4 m。顶棚为水平平面,用耐热隔热材料制成。试验室应具有通风设备,并满足火灾试验所要求的环境条件。试验点火前试验室内不允许有气流流动。

(2)试验布置

火源设在地面中心处,探测器和测量仪器应安装在以顶棚中心为圆心、半径为 3 m、圆心角为 60°的圆弧上,见图 4－99。

(3)测量仪器

a. 光学密度计。

b. 离子烟浓度计。

c. 温度传感器。

d. 电子秤:测量误差为 ±(2 +0.01G_0)g,其中 G_0 为燃料初始质量。

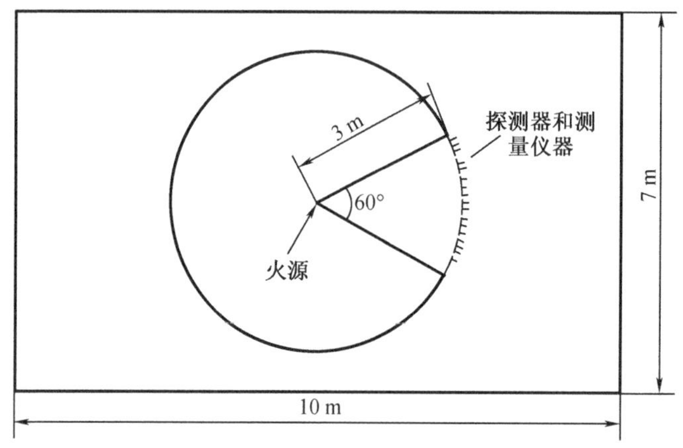

图 4－99　试验布置图

在给出的试验火条件(表 4－28)下,探测器在每种试验火结束前均应发出火灾报警信号。

表 4－28　试验火条件

试验火名称	试验火条件
木材热解阴燃火	燃料:1 cm×2 cm×3.5 cm 山毛榉木棍(含水量小于 3%) 质量:150 g 加热功率:2 kW 温度:500 +25 ℃ 试验火结束时的火灾参数(容差 +25%):$m = 2$ 且 $m/y = 1.30$ dB/m

表 4-28(续)

试验火名称	试验火条件
棉绳阴燃火	燃料:90 根直径 3 mm、长度 80 cm 的干燥棉绳 点火部位:棉绳下端 质量:270 g+27 g 试验火结束时的火灾参数(容差+25%):$m=2$ 且 $m/y=0.50$ dB/m
聚氨酯塑料火	燃料:密度约 40 kg/m^3 的无阻燃剂软聚氨酯泡沫塑料 数量:3 块 50 cm×50 cm×50 cm 点火部位:最下面垫块的一角 点火燃料:甲基化酒精 试验火结束时的火灾参数(容差+15%):$y=6$ 且 $m/y=0.25$ dB/m
正庚烷火	燃料:正庚烷(分析纯)加 3%(体积百分数)的甲苯,质量:650 g 点火方式:火焰或电火花 试验火结束时的火灾参数(容差+15%):$y=6$ 且 $m/y=0.18$ dB/m

4.7.4 JTW-BM-9124 差定温感温探测器

感温探测器是目前国内广泛使用的火灾探测器之一。作为现代火灾探测和报警技术中的重要部件,它的响应灵敏,具有高的可靠性、稳定性和系统兼容性,安装及维修方便。9124 型感温探测器是以 PN 热敏器件辅以变阈甄别电路,保证了探测器的灵敏度和稳定性;使用了自诊断和火警确认电路,配以相应的控制器支持软件,给探测器的可靠性提供了有力的保证;全封闭不锈钢屏蔽内壳,使其大大加强抗空间电磁干扰的能力;超薄形设计,使其外观美、体积小。

JTW-BM-9124 差定温感温探测器(图 4-100)采用电子式测温元件,当外界温度变化时引起 PN 热敏器件的电压变化,放大电路将该信号放大后输入单片机的 A/D 测量端,经计算后确定是否发出火灾报警。

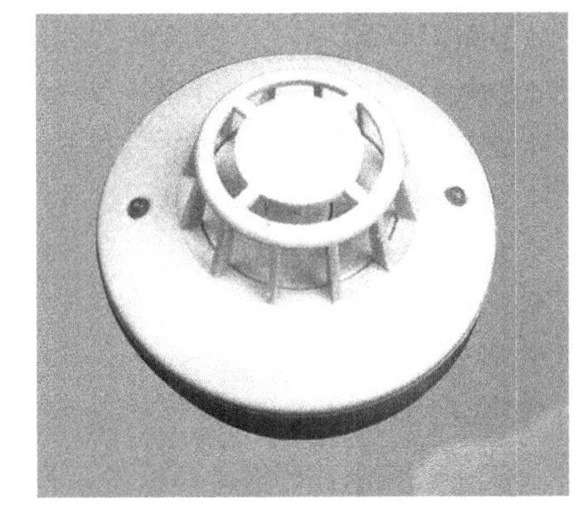

图 4-100 JTW-BM-9124 差定温感温探测器外形图

1. JTW-BM-9124 差定温感温探测器的技术性能

这类探测器按照整定值对 5~20 ℃/min 范围内的温升速率做出反应,反应时间决定于温升速率的设置。这类探测器布置于热惯性高的房间内。

(1)采用环保型材料外壳,超薄型设计,双灯指示。

(2)能根据温度变化速率快速做出反应。

(3)具有环境温度阈值补偿功能,能自动报告探头的工作情况。

(4)对现场器件采用软件编址,具有独立地址,不用人工手动拨码,便于调试和维修。

(5)具有专门的电隔离功能,便于检修和维护。

(6)差定温感温火灾探测器能满足核电厂的多种特殊环境条件要求,例如,辐射、腐蚀、高温、强气流、高湿、电磁干扰等。

(7)两总线,无极性,安装简便,避免由安装与使用不当引起的系统损坏。

(8)感温探测器具有火灾预报警和火灾报警两种功能。

(9)接受火灾报警控制器的故障自动检测,火灾探测器可并联接线,并可以支持环路连接,起到短路保护、隔离并旁通,断路时环路接通的作用。

(10)工作电压为直流 24 V。

(11)静态电流≤300 μA。

(12)最大报警电流 <20 mA。

(13)适应环境温度为 -10 ~70 ℃。

(14)适应相对湿度为 100%。

2. JTW - BM - 9124 差定温感温探测器的动作温度

定温、差定温探测器在升温速率不大于 1 ℃/min 时,其动作温度应不小于 54 ℃,且各级灵敏度探测器的动作温度应分别不大于下列数值:

- 一级灵敏度 62 ℃;
- 二级灵敏度 70 ℃;
- 三级灵敏度 78 ℃。

4.7.5 H8810A 火灾报警控制器

近年来随着计算机技术和通信技术的发展火灾报警控制器有很大的进步。核电站情况复杂,探测器类型多,干扰严重,火灾报警控制器的稳定工作对保障核电消防安全有着重大意义,其外形如图 4 - 101 所示。

1. 工作原理

H8810A 是总线制、多功能、大容量、智能化的工业控制机,它由 PC/104 总线工控机、显示部分、键盘、I2C 通信、RS - 485 通信接口、RS - 232 通信接口、继电器输出、声响部分、汉字打印机及电源等组成。

2. 控制柜特点

(1)智能系统

①采用 PC/104 总线工控机和单片机技术,以及先进的神经网络和相关判断等软件功能,可实现多种模式的报警判断。

②一台控制器可连接模拟量系列产品,也可连接分布智能系列产品。

③同一总线回路上可同时连接探测器、输入/输出模块以及手动报警按钮。

图 4 - 101 H8810A 火灾报警控制器外形图

④具有预报警功能、阈值补偿功能和探测器状态监测功能。

⑤具有自诊断功能,任何探测器及联动控制模块故障(断线、短路)、主备电源故障、备用电源与负载之间断线或短路,均能在控制器上显示故障部位及报警,声故障信号能手动消除,

光故障信号在故障排除前保持。故障期间有报警信号输入，控制器均能发出报警信号。

⑥具有自动检测火灾信息功能。根据采集的数据分析准确判断是否发生火灾。当发生火灾时，能进行声、光报警，能对火灾地点进行中文显示及打印。

⑦每个回路具有短路隔离装置，当某一隔离器动作时，控制器能指示出被隔离的探测器、手报等设备的位置。

⑧能根据不同的级别操作密码进入不同级别的操作。

(2)总线制大容量

①采用无极性两总线连接方式。

②分 8 路总线输出。

③每路 254 个地址点(包括报警点和联动点)。

(3)多台联机组网

①通过 RS－485 通信接口，可最多与 8 台 H8810 联机组网。

②组网后可根据需要设置主、从机关系。

③组网后主、从机之间，从、从机之间可建立灵活的联动逻辑控制关系。

(4)大屏幕多信息显示

①采用高清晰、大屏幕、LED 彩色液晶汉字显示器(分辨率 640×480)。

②同一画面可分为五个窗口同时显示探测器、输入模块、输出模块、其他报警器和联动设备的状态与实时信息。

③可描绘探测器输出模拟状态曲线。

④无任何屏幕信息时，屏幕可在 3 min 内自动保护性关闭。

(5)灵敏度的调整

①根据有人/无人、白天/黑夜、空调机开/关等环境变化自动变更探测器灵敏度。

②根据要求设置探测器灵敏度。

(6)查询与测试

①可随时查询系统近期 600 条状态信息，断电不丢失，方便事故原因的分析。

②系统可自动测试所带器件的运行状态，尤其适用于对人工难以检查的地方设置的报警器件。

③可方便地对火灾报警器件进行加烟、加温测试，检测报警器件的运行状态，而不启动声光报警信号以及与火警相关的各种组态操作。

(7)编程与通信

①可用本机键盘现场编程、输入和修改各种数据，设置逻辑组态关系，组成相应的联动控制系统。

②可用 PC 机离线编程，输入和修改各种参数后通过 MODEM 远程通信发送至现场，实现工厂化编程。

③6 组可编程输出接点可更及时、更准确地控制 6 个现场消防设备。

④两个 RS－232 通信接口用于火灾报警模拟图形显示和系统数据通信以及远程通信。

(8)抗干扰与自诊断

①采用编程、译码和多级软件滤波技术，能有效地抑制外界多种信号的干扰。

②自诊断技术对探测器 90% 以上的元器件状态进行分析，以判断其是否处于正常状

态,有效地防止漏报和减少误报。

(9)其他

①可按现场要求隔离任意一只有故障的报警器或探测器。

②当总线回路电阻减小或短路时,可自动隔离该故障区域。

③采用二级密码操作方式,关键参数和数据只有专职人员可调出或修改。

④配有微型汉字打印机,记录实时信息。

⑤电源:AC 220 V(+10% , -15%),50 Hz(+5% , -5%),80 VA。

⑥备电:DC 24 V/15 A·h。

控制器操作级别划分如表 4-29 所示。

表 4-29　控制器操作级别

序号	操作项目	Ⅰ	Ⅱ	Ⅲ	Ⅳ
1	复位	P	M	M	M
2	消除和手动启动外部设备声、光信号	P	M	M	M
3	消除控制器的声信号	O	M	M	M
4	查询火灾报警、故障、隔离和异常状态信息	M	M	M	M
5	进入自检状态	P	M	M	M
6	隔离和解除隔离	P	M	M	M
7	调整计时装置	P	M	M	M
8	输入或更改数据	P	P	M	M
9	修改或改变软、硬件	P	P	P	M
10	开、关控制器电源	P	P	M	M
11	延时功能设置	P	P	M	M
12	分区编程	P	P	M	M

注:1. P—禁止;O—可选择;M—本级人员可操作。

2. 进入Ⅱ、Ⅲ级操作功能状态应采用钥匙、操作密码,用于进入Ⅲ级操作功能状态的钥匙或操作密码可用于进入Ⅱ级操作功能状态,但用于进入Ⅱ级操作功能状态的钥匙或操作密码不能用于进入Ⅲ级操作功能状态。

3. Ⅳ级操作功能不能通过控制器本身进行。

3. H8810A 火灾报警控制器试验方法

- 外观检查
- 主要部件检查
- 火灾报警功能试验
- 火灾报警控制功能试验
- 故障报警功能试验
- 隔离功能试验
- 异常状态监视功能试验

- 自检功能试验
- 电源性能试验
- 软件控制功能试验
- 绝缘电阻试验
- 泄漏电流试验
- 射频电磁场辐射抗扰度试验
- 射频场感应的传导骚扰抗扰度试验
- 静电放电抗扰度试验
- 电快速瞬变脉冲群抗扰度试验
- 浪涌(冲击)抗扰度试验
- 电源瞬变试验
- 电压暂降、短时中断和电压变化的抗扰度试验
- 低温(运行)试验
- 恒定湿热(运行)试验
- 恒定湿热(耐久)试验
- 振动(正弦)(运行)试验
- 振动(正弦)(耐久)试验
- 碰撞试验

(1)控制器电源试验

控制器的电源应具有主电源和备用电源转换装置。当主电源断电时,能自动转换到备用电源;当主电源恢复时,能自动转换到主电源;主、备电源的工作应有状态指示,主电源应有过流保护措施。主、备电源的转换应不使控制器发出火灾报警信号。

(2)主电源试验

①按最大工作电流要求,将输出电压为直流电压的控制器与负载、试验装置连接。接通试验装置电源,调节试验装置,使控制器的输入电压为 220 V(50 Hz),测量并记录控制器输出直流电压值 U_0。

②调节试验装置,使控制器的输入电压为 187 V(50 Hz),在控制器输出直流电压达到稳定后,测量并记录该电压值 U_{01}。

③调节试验装置,使控制器的输入电压为 242 V(50 Hz),在控制器输出直流电压达到稳定后,测量并记录该电压值 U_{01}。

计算控制器输出直流电压的相对变化量,取其最大值,即

$$S_U = |\Delta U_0 / U_0|$$

式中,$\Delta U_0 = U_0 - U_{01}$。

④在控制器的负载为最大工作条件下的数值时,调节试验装置,使控制器的输入电压为 242 V(50 Hz),在控制器输出直流电压达到稳定后,测量并记录该电压值 U_{01}。然后使控制器的等效负载阶跃变化到监视状态下的数值,在控制器输出直流电压达到稳定后,测量并记录该电压值 U_{01}。调节试验装置,使控制器的输入电压为 187 V(50 Hz),重复上述试验。

计算电压的相对变化量,取其最大值:

$$S_1 = |\Delta U_0 / U_0|$$

式中，$\Delta U_0 = U_0 - U_{01}$。

⑤将输出电压为脉冲式电压的控制器一个回路通过长度为1 000 m，截面积为1.0 mm^2的导线接满火灾探测器，其他回路接等效负载，调节试验装置，使控制器的输入电压分别为220 V(50 Hz)、187 V(50 Hz)、242 V(50 Hz)，使10只火灾探测器(容量少于10只按实际数量)处于报警状态，观察并记录火灾探测器确认灯的状态及控制器接收和发出火灾报警信号的情况。

⑥以主电源供电，使控制器在最大工作电流条件下连续工作4 h，观察并记录控制器工作情况，然后使控制器恢复到监视状态。

(3)备用电源试验

以备用电源供电，使控制器先在正常监视状态工作8 h，然后容量不超过10个报警点的控制器，在最大负载条件下工作30 min；容量超过10个报警点的控制器，其十五分之一回路(不少于10个报警点，但不超过30个报警点)处于火灾报警状态下工作30 min。然后，切除声报警信号，其正常监视状态的任一回路处于火警状态，观察并记录控制器的声、光报警信号情况。

(4)电快速瞬变脉冲群抗扰度试验

①目的

检验控制器抗电快速瞬变脉冲群干扰的能力。

②要求

控制器的电快速瞬变脉冲群抗扰度应满足5.1.13条要求。

③方法

a.按正常监视状态的要求，将控制器与等效负载连接，接通电源，使其处于正常监视状态20 min。

b.对控制器的AC电源线施加2×(1±0.1) kV、频率2.5×(1±0.2) kHz的正负极性瞬变脉冲电压，每300 ms施加瞬变脉冲电压15 ms，每次施加瞬变脉冲电压时间为60+100 s，试验期间，观察并记录控制器的工作状态。

c.对控制器的其他外接连线施加1×(1±0.1)kV，频率5×(1±0.2)kHz的正负极性瞬变脉冲电压，每300 ms施加瞬变脉冲电压15 ms，每次施加瞬变脉冲电压时间为60+100 s，试验期间，观察并记录控制器的工作状态。

4.7.6 报警系统中各器件的性能特点和安装接线

4.7.6.1 外部挂接各个器件

1.安装底座H8003

安装时首先将底座H8003固定在屋顶，再从其中孔中引出接线，固定于2、4接线端子上，最后将探测器顺时针旋转固定在底座上，如图4-102所示。

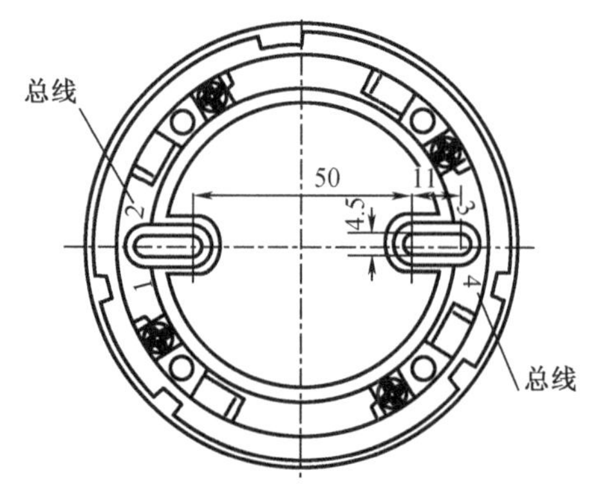

图4-102 底座

2.分布智能离子感烟探测器9123

(1)两总线制，无拨码开关，由软件编码。

(2)无极性，可避免由安装或使用不当

引起的系统损坏。

(3)具有多级灵敏度,可人工或由控制器按预先设置的时间自动转换。

(4)具有自动跟踪工作点并进行补偿的功能,能有效地防止漏报与减少误报。

(5)传送运行情况等信息,具有完善的自诊断功能,可对自身的运行状态进行检测,适时给报警主机发送清洗和维护提示信号,确保探测器可靠工作。

(6)可提供模拟量数据曲线,更直观地看到探测器状态变化信息。

(7)硬件和多级软件滤波与单片机看门狗电路相结合,能够有效抑制干扰信号带来的影响。

(8)对称设置两只火警确认灯,便于安装和火警确认。

(9)发光二极管报警显示,本身既做报警显示又可做探测器测试状态显示。

(10)环境温度:-10~+50 ℃。

(11)相对湿度:≤95%RH(不结露)。

(12)工作电压:直流27 V。工作电流:0.38±0.02 mA。

3.分布智能感温探测器9124

(1)能根据环境温度变化速率快速做出反应。

(2)具有环境温度阈值补偿功能,能自动报告探头的工作情况。

(3)对现场器件采用软件编址,具有独立地址,便于调试和维修。

(4)工作电压:直流27 V。

(5)静态电流:≤200 μA。

(6)最大报警电流:<20 mA。

(7)适应环境温度:-10~50 ℃。

(8)适应相对湿度:92%±3%(不结露)。

4.分布智能手动报警按钮9130(图4-103)

(1)本按钮采用盒式防护,两体扦插结构。

(2)性能可靠、安装方便、报警自锁、不用打碎、可重复使用。

(3)红色发光管指示美观醒目,检查维护简易。

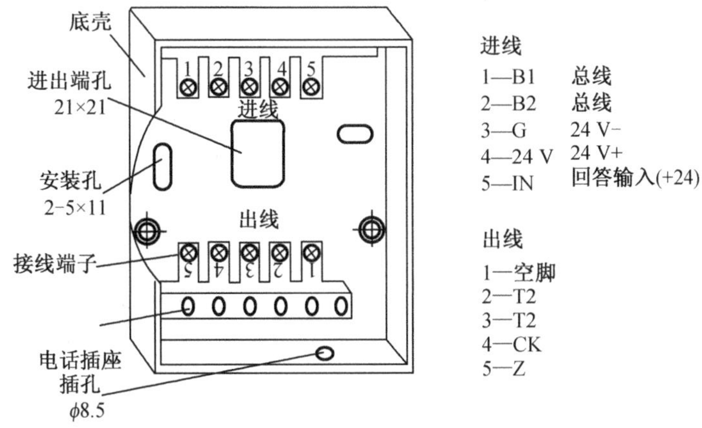

图4-103 端子接线图

(4)无极性两总线连接方式,无拨码开关,由系统软件编址。

(5)具有自诊断功能:对90%元器件的工作状态进行诊断。

(6)良好的抗腐蚀性能,抗干扰能力强。

(7)工作电压:直流27 V。

(8)工作电流:250 ±20 μA。

(9)输出方式:常开无源触点一对。

(10)环境温度:-20 ~70 ℃。相对湿度:≤95% RH(不结露)。

(11)电话插座:ϕ3.5,两芯,插柄外径≤8 mm。

按钮上一对常开无源触点所控制的相关设备的回答信号指示电路如图4-104、图4-105所示。当外设为有源回答信号时其接线方式和指示电路如图4-104所示。如果是无源信号,其接线方式和指示电路如图4-105所示。

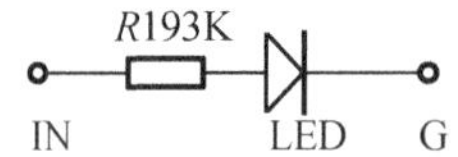

图4-104　有源信号的连接

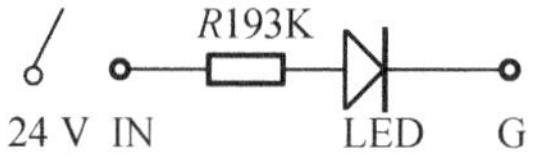

图4-105　无源信号的连接

当按钮安装点附近的人员发现并确认火情后,只需将按钮的透明窗片往里推(不用打碎),使窗片压住按钮即为报警状态,指示发光二极管每秒闪烁一次,若相关设备能回送一个回答信息,可利用点亮回答指示灯来指示。

5.分布智能输入模块9141/RC

(1)无极性两总线连接方式,无拨码开关,由系统软件编址。

(2)可连接给出无源或有源接点信号的任何报警器件,如消防栓按钮、压力开关、水流指示器、防盗探测器、可燃气体探测器等。

(3)无自锁结合软件滤波:硬件和多级软件滤波与单片机看门狗电路相结合,抑制瞬时干扰效果明显。

(4)具有自诊断功能:对90%元器件的工作状态进行诊断。

(5)良好的抗腐蚀性能,抗干扰能力强。

(6)工作电压:DC27 V(程序电压)、DC24 V(直流电压)。

(7)工作电流:静态电流0.3 mA、火警电流25 mA。

(8)环境温度:-20 ~ +50 ℃。

(9)相对湿度92% ±3%(40 ±2 ℃)。

地址设定:模块首先需进行地址设定,可使用专用的编码器或控制器来实现。

外设的连接:ZMRC-9141可连接一对24 V有源回答信号或一对无源回答信号,具体连接方法如图4-106所示。

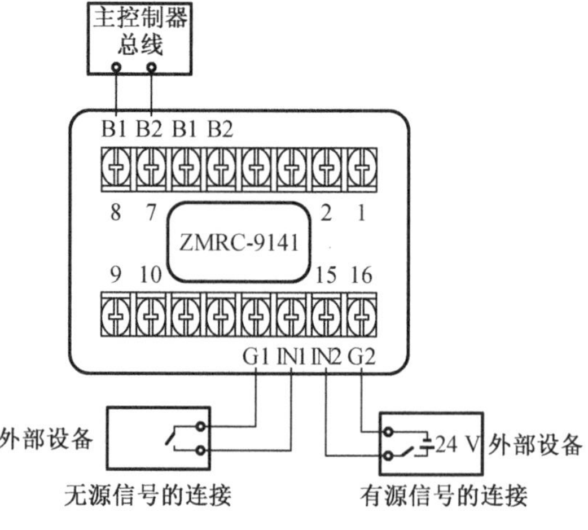

图4-106　分布智能输入模块

6. 分布智能输入输出模块 9142/RC

(1)无极性两总线连接方式,无拨码开关,由系统软件编址。

(2)可用于启动(或停止)消防联动设备(控制消防设备动作)和接收消防设备的回答信号。输出形式可选(可为脉冲方式、持续方式)。

(3)每个功能模块有独立地址码及智能功能,可直接接入探测回路或控制回路中。

(4)信号传送到报警控制器时,此系统能分辨监控对象的地点和类型。

(5)控制输出方式:一组转换触点。继电器 Z1、CK1 为常开触点;Z1、CB1 为常闭触点。

(6)输出触点容量:DC 30 V/7 A。

(7)监测输入方式:

a. 常开无源触点;

b. 常开有源触点;

c. 自身动作的回答信号(通过插针 S1 实现转换)。

(8)工作模式:可由控制器设定为持续动作、脉动动作两种模式。

a. 持续动作模式下外设的回答信号一直存在。

b. 脉动动作模式下外设的回答信号为自动关闭启动信号。

(9)ZMRC-9142 可操作部件说明:

系统类端子 B1,B2——为一组总线(无极性);24 V、G——外供电源;IN——动作回答信号输入端。

控制类端子 CK1、Z1——动作常开触点;CB1、Z1——动作常闭触点。

转换插针 S1——插 1、2 取自身回答信号;S1——插 2、3 以外设回答信号。

(10)使用方法:模块首先需进行地址设定,可使用专用的编码器或控制器来实现,具体方法详见控制器使用说明书。

当外部设备无法给出回答信号时,可将短接插针 S1 插在 1、2 端,由控制模块自身给出回答信号;若外部设备有回答信号,则需将插针 S1 插到 2、3 端。

(11)系统连线示意图见图 4-107。

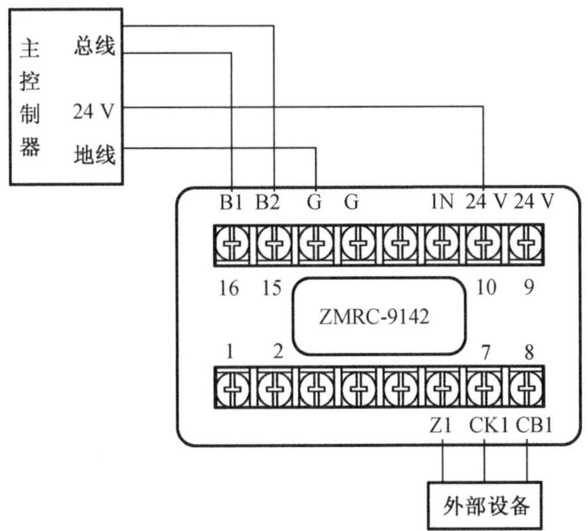

图 4-107 系统连线示意图

(12)系统类端子接法。将总线接入 B1、B2 两位端子即可。

(13)几种外部设备回答信号的标准接法:

①外设无 24 V 电源,回答信号为无源常开触点信号时,其接法如图 4－108 所示。

②外设为有源常开触点,其接法如图 4－109 所示。

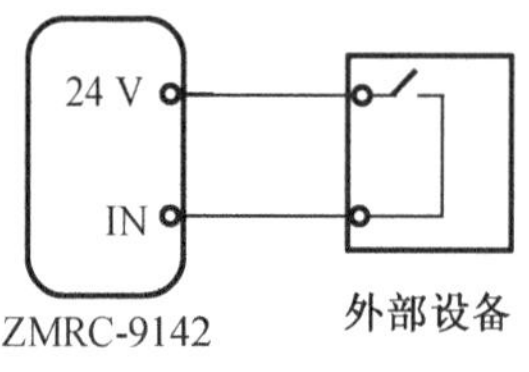

图 4－108　外设无电源

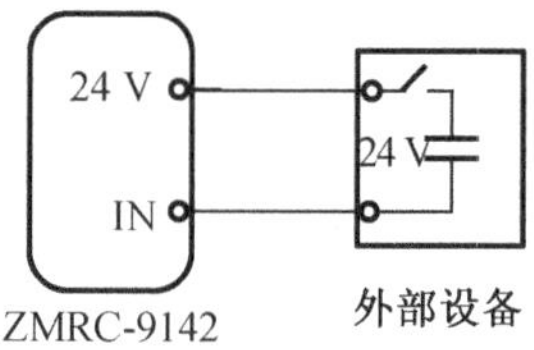

图 4－109　外设有电源

(14)控制类端子:CK1、Z1、CB1 是一组转换触点的常开、常闭触点,示意图如图 4－110 所示。启动后,CK1－Z1 闭合、CB1－Z1 断开;关闭后恢复常态。输出触点容量 DC30 V/7 A,若需要控制更大电流或更高电压的设备需增加切换接口箱(中间继电器),以提高控制电压、电流容量。

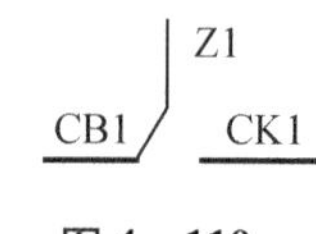

图 4－110

7. 总线隔离器 H8877

H8877 总线隔离器是具有自动开关功能的短路保护装置,可以串联在总线的任意合理位置,一般在总线分支处或者每一个防火分区配置一个。当串入点之后的探测器或总线出现短路故障时,隔离器自动断开将该分支或防火分区与系统隔离,工作指示灯熄灭,未短路部分仍能正常工作。当短路故障排除后,隔离器自动接通,工作指示灯点亮,控制器恢复工作。

H8877 为双向隔离器,接线图如图 4－111 所示。

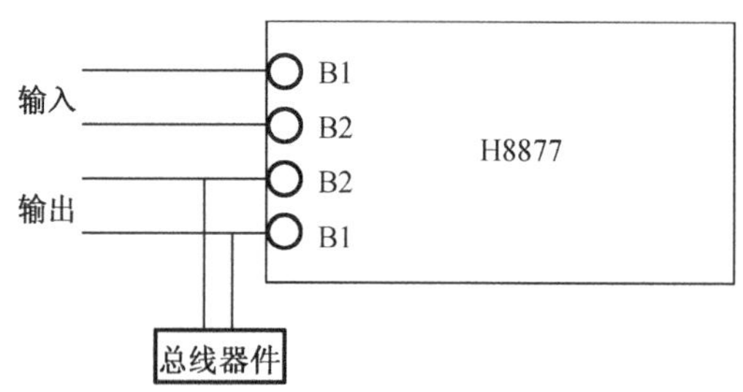

B1—信号总线正端;B2—信号总线负端。

图 4－111　H8877 总线隔离器接线图

(1)工作电压:≤30 V(直流)。

(2)在线压降:≤0.1 V。

(3)自身功耗:≤30 mW。

(4)动作速度:微秒级。

(5)上电开启阻抗(负载):≥150 Ω。

(6)工作环境:温度 －10 ~ ＋50 ℃,湿度≤95% RH。

8. 分布智能型缆式感温探测器及其接口 H8869

分布智能型缆式感温探测器接口内置微处理器，用于连接缆式感温探测器，能精确测出报火警的具体位置，具有很高的精度和抗干扰性能。H8869 接口与缆式感温探测器的连接如图 4－112 所示。

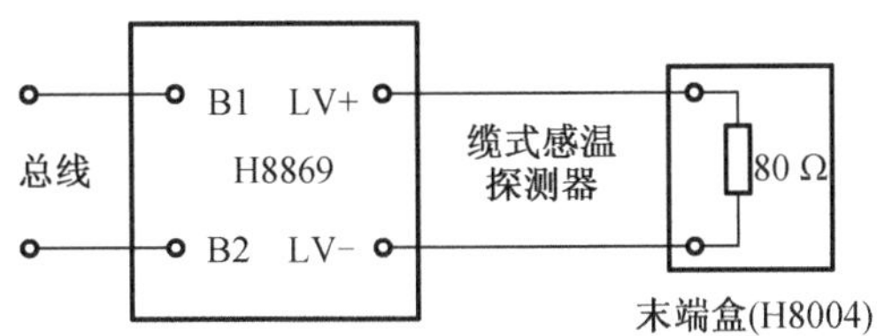

图 4－112 H8869 接口与缆式感温探测器接线

软件设定地址：采用单点转换设定方式。

初次使用时需确定其原始工作点，否则可能会报故障或火警。未确定工作点时如果报火警，只须使 LV＋与 LV－间开路，确定工作点，然后接入缆式感温探测器及末端盒，再确定一次工作点即可。

线型感温电缆是 JTWLDSX1001 系列线型定温火灾探测器的温度检测元件，它由两根负温度系数热敏绝缘材料制成的铜芯导线绞合而成，能够对沿着其安装长度范围内任意一点的温度变化进行探测。负温度系数热敏绝缘材料是一种特殊材料，温度上升时，感温电缆线芯之间的电阻减小。当温度上升至响应值时，感温电缆线芯的热敏绝缘材料熔化，导体相互接触短路就会产生报警信号。根据安装场所的不同，用不同的塑料外护套将感温电缆封装，为提高产品的电磁兼容性和爆炸场所的安全需要，在感温电缆的外面可以编织金属护套。其特点如下：

(1) 可在粉尘、水蒸气、油烟、腐蚀性气体等较恶劣的环境中使用。

(2) 能有效抗击电磁场、震动等不良条件的影响。

(3) 采用正弦波式敷设，保护半径不小于 3.8 m。

(4) 缆式连接采用始端盒、抗干扰元件、终端盒连接方式。

(5) 工作电压：24 V(直流)。

(6) 静态电流：不大于 5 mA。报警电流：不大于 20 mA。

(7) 额定动作温度：70 ± 10 ℃。

(8) 响应时间：不大于 35 s。

(9) 使用环境温度：－35 ~ ＋55 ℃。

9. 分布智能型紫、红外火焰探测器及其接口 H8865

(1) H8865 分布智能接口

H8865 是分布智能型的中间接口，用于 H8810A 火灾报警控制器与紫、红外探测器的连接，无拨码开关，由软件设定地址，可连接一只紫、红外探测器，该部件的供电应在同一火灾报警控制器中。

(2) 端子分布及接线如图 4－113 所示。

(3) 紫、红外火焰探测器性能：

a. 通常布置在储存油及燃油的场所;

b. 具有灵敏度高及响应时间现场调试功能;

c. 具有较高的抗干扰能力,可不受日光、灯光等自然光线及人工光源的影响,能抵御电弧焊、X 射线、γ 射线的干扰,并对电磁波干扰和热辐射有高度抵受能力;

d. 能布置在室内、室外,能用于火灾爆炸区域。

图 4－113　H8865 端子分布及接线图

10. 接线端子箱 H8900

(1) 与控制器和探测器配合使用。

(2) 可使控制器与探测器之间的布线整齐,易于安装和维修。

11. 声光报警器 9140/88

9140/88 声光报警器为两总线型声光报警器,内置解码器,具有编址功能,选用高压气体发光管,光电转换效率高,亮度大,频闪寿命长,可连续工作 48 h 以上,无拨码开关,需软件编址。

(1) 工作环境:温度 －10 ~ ＋50 ℃;湿度≤95% RH。

(2) 额定工作电压:24 V(直流)。

(3) 额定工作电流:≤120 mA。

(4) 闪光周期:≤3.0 s。

(5) 报警音量:≥95 dB。

(6) 闪光灯寿命:≥100 000 次。

使用方法

(1) 控制总线输入端子 S1 和 S2:S1、S2 和火灾报警控制器总线无极性接入。

(2) 选择短路子:短路子位于 0 处,如图 4－114 所示。

(3) 接线如图 4－115 所示。

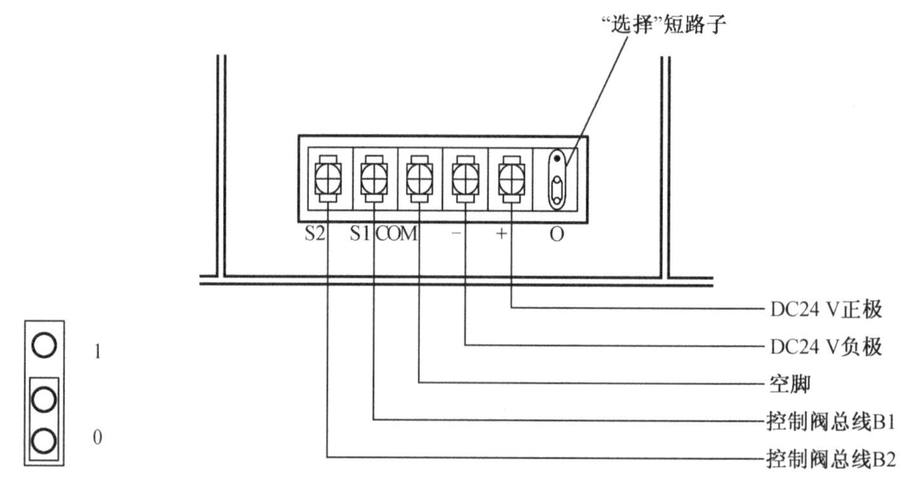

图4－114　选择短路子

图 4－115　声光报警器 9140/88 接线图

12. 区域报警显示盘(模拟盘)

根据设定的范围显示所在厂房区域的本层建筑平面图,有醒目的房间号,并用颜色表示剂量分区;当有火灾报警时,区域报警盘上的对应房间红色指示灯亮,并发出变声调报警音响,报警声可以手动消除,但不影响下次报警。在失去交流电源时,由蓄电池供电,保证安全照明灯持续使用8 h。可显示撤离路线、消防器材位置、自动喷洒系统就地启动箱位置等;具有房间号与房间名称对照表(中、英文)。

通信接口:采用无极性两总线通信方式,可直接挂接在探测器的总线上。

最大显示容量:253 点。

13. 区域报警显示盘 H8842(图 4-116)

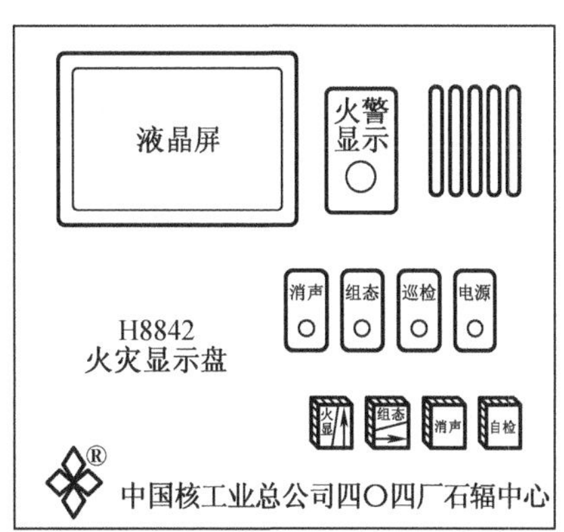

图 4-116 区域报警显示盘 H8842 外观

(1)概述

H8842 壁挂式火灾显示盘采用液晶显示,与H8800 火灾报警控制器相匹配,挂接在火灾报警探测器总线回路中,使用无极性两总线方式与控制器通信,它不断从两总线上接收信号,通过计算机对信号进行判断、分析和处理,显示回路中报警的探测器编码,同将自身被选中的回答信号送回。

(2)技术性能

①通信接口:采用无极性两总线通信方式,可直接挂接在探测器总线上。

②最大显示容量:253 点。

③显示:128×64 液晶显示火灾信息;5 只发光管指示显示盘工作状态。

④键盘:4 个按键对显示盘进行操作或数据输入。

⑤电源:直流(24±2 V)。

⑥使用环境:温度 0~50 ℃;相对湿度≤95% RH。

⑦体积:245 mm×170 mm×50 mm。

(3)基本部件的说明

①液晶显示火警地址。

②5 个发光二极管指示显示盘的工作状态。

a. 火警显示:指示火警报警状态(红色)。

b. 消声:进行过消声操作(绿色)。

c. 组态:H8842 处于数据输入状态(绿色)。

d. 巡检:与火灾报控制器进行数据通信状态(绿色)。

e. 电源:电源工作正常(绿色)。

③4 个按键对显示盘进行操作或输入数据。

a. "火显(↑)"键:该键为双功能键。第一功能为循环显示火警地址。当发生火警时,显示窗内显示首次火警地址,依次按下该键后显示窗内显示下一个火警地址。30 s 内不对该键操作时,显示窗内自动恢复为首次火警地址。第二功能为加 1 键,与组态键配合使用,当显示盘进行数据输入操作时,操作该键可使显示窗内闪烁位加 1。

b. "组态(→)"键:该键为双功能键。第一功能为按下该键后进入组态操作状态,第二功能为使显示窗闪烁位右移一位,同时也用作确认键。

c."消声"键:按下该键时,可消除警报声响,并点亮消声指示灯,但不影响新报警时的报警声响。

d."自检"键:在系统正常工作时,按下该键后可对面板上所有指示灯、数码管及报警声响信号进行检查。

(4)接线及供电(图4-117)

a.供电:使用外部提供的直流24 V电源供电。

b.总线:将由控制器来的总线接在外接线端子的"B1""B2"端。

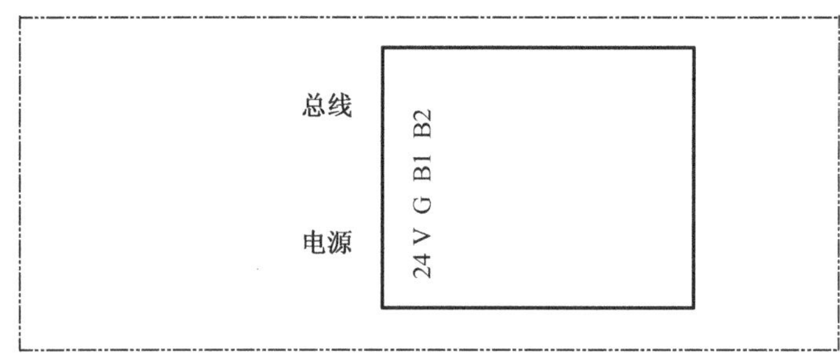

图4-117 H8842接线端子示意图

(5)显示盘数据设置

①输入密码

在显示盘正常工作时,按下"组态(→)"键,显示窗内显示"0000"。该状态为密码输入状态,提示输入厂商提供的密码。

按动"组态(→)"键改变显示数码管的闪动位,按动"火显(↑)"键改变显示数码管的闪动位数字,用此方法依次输入正确密码。

②火警显示的起始、终止地址设定

H8842的火警显示范围需要设定显示的起始地址和终止地址,它只显示设定范围内的火警地址(包含起始、终止地址)。

a.火警显示地址的起始地址设定:输入正确密码后,显示"首地址001",此时可输入需要设定的火警显示的起始地址。

b.火警显示地址的终止地址设定:起始地址设定完成后,按下"组态(→)"键,系统进入火警显示地址的终止地址设定,显示"末地址254"。此时可输入需要设定的火警显示地址的终止地址。

③自身地址的设定

终止地址设定完成以后,按"组态(→)"键,系统进入自身地址设定状态,显示"自身地址000",该地址为显示盘在控制器中所占机器地址。

④火灾报警点显示方式的设定

自身地址设定完成后,按"组态(→)"键,显示窗显示1个三位数字,该数据为探测器机器地址。探测器机器地址设定后按"组态(→)"键,显示窗内显示1个四位数,该数据为本探测器报火警时的现场编码,可根据探测器所在的房间号输入。当现场编码设定为"0000"时,该探测器报火警时只显示探测器的机器地址号,不显示现场编码。

设置完成后可根据机内预制词条选择安装地址。将机器地址作为显示内容,对调试及维修比较方便;若以现场编码作为显示内容,则现场报警信息较为直观。探测器的机器地址可在1~254之间按用户要求任意输入,这样可更快速、更方便、更准确地修改探测器机器地址或现场编码。

⑤应用系统的设定

当第254个显示编号设定完成后,按"组态(→)"键,显示窗内显示为255,此时再按下"组态(→)"键,系统进入设定分布智能与开关量回路的状态。当显示盘挂接在开关量回路中时,该数字设定为"0000";当显示盘挂接在分布智能的回路中时,该数字设定为"0001"。

14. 编码器 H8873

该编码器操作简单,携带方便,不需要220 V交流电源,只需4节五号电池即可,可以对任何分布智能产品进行地址编码。

(1)内部结构

①主要组成为:主机板(CPU)部分、电源板部分、显示板部分、键操作区、液晶屏显示部分、电池、电源开关、总线接线端子等。

②面板上有液晶屏和键操作区。

(2)键操作区说明

本键操作区共有以下4个键:

①写码键　输入编号后按此键,可向编号的器件发码。

②读码键　编号编完后按此键,可查看所编的编号。

③左移键　使液晶屏上显示的数字左移,按一下移一位。

④循环键　让液晶屏上显示的个位数字由0到9循环。

(3)举例及操作过程(以探测器为例)

①接好要编号的器件后,必须等待10 s左右的上电时间,否则编码器显示为英文"ERR"(错误)字样。

②用导线把探测器底座端子和编码器接线端子接好(各类器件总线接法和工程上接线一样,B+、B-无极性)

③开电源开关(在编码器的右侧部,往上一推),屏幕显示A000,上电等待10 s左右。

④写入要编的地址号,如168号地址。先按循环键,使屏幕上个位显示为1,此时按一下左移键,屏幕上十位显示为1,个位显示为0,再按循环键,使屏幕上个位显示为6,此时再按一下左移键,屏幕上百位显示为1,十位显示为6,个位显示为0,再按循环键,使屏幕上个位显示为8,这时按写码键,如屏幕显示GOOD,接着显示A169,则写码成功;如显示ERR,则输入不成功,需再按一次写码键。

⑤写入完成后,按读码键应显示A168 ,这时确认此探测器地址号为168号,编号完毕,进行下一器件编号。

15. CRT彩色平面显示系统

(1)具有实时事件管理、查询、存储、显示和历史记录功能,能存储不少于80幅画面,监视和处理4 000点以上I/O点能力。

(2)当故障或火灾报警信号从主控制器输入时能自动显示相应的平面图,发出信号的报警设备模拟信号应该变颜色并闪烁,同时发出音响信号,故障和报警信号的声音有区别。

(3)全中文显示,显示系统设备模拟平面布置图,显示任一探测器及联动控制设备的参数、运行情况和动作。

(4)选用 PENTIUM 型工业控制机,主频 350 kHz 或以上,内存 64 M 或以上;CRT 为彩色显示屏,打印机为 EPSON LR - 1900K。

(5)联动的消防设备动作返回信号能在相应平面图上显示出来,操作环境为 WINDOWS。

(6)能通过鼠标和键盘操作完成全部消防联动功能;能对模拟平面布置图进行增加、减少和修改。

(7)供电方式:交流 220 V,配 UPS 不间断电源。

(8)设手动/自动方式,有火警时能自动打开主机,迅速进入火警画面。

4.7.6.2 H8810A 报警控制器

1. 工作原理

H8810 是总线制、多功能、大容量、智能化的工业控制机,它由 PC/104 总线工控机、显示部分、键盘、I/C 通信、RS - 485 通信接口、RS - 232 通信接口、继电器输出、声响部分、汉字打印机及电源等组成。

2. 控制柜特点

(1)多功能智能系统

①采用 PC/104 工控机、单片机技术,以及先进的神经网络和相关判断等软件功能,可实现多种模式的报警判断。

②一台控制器可连接模拟量系列产品,也可连接分布智能系列产品。

③同一总线回路上可同时连接探测器、输入/ 输出模块以及手动报警按钮。

④具有预报警功能、阈值补偿功能和探测器状态监测功能。

⑤具有自诊断功能,任何探测器及联动控制模块故障(断线、短路)、主备电源故障、备用电源与负载之间断线或短路,均能在控制器上显示部位及报警,声故障信号能手动消除,光故障信号在故障排除前保持。故障期间有报警信号输入,控制器也能再次发出报警信号。

⑥具有自动检测火灾信息功能。根据采集的数据分析并准确判断是否发生火灾。当发生火灾时,能进行声、光报警,能对火灾地点进行中文显示及打印。

⑦每个回路具有短路隔离装置,当某一隔离器动作时,控制器能指示出被隔离的探测器、手报等设备的位置。

⑧能根据不同的级别操作密码进入不同级别的操作。

(2)总线制大容量

①采用无极性两总线连接方式。

②分 8 路总线输出。

③每路 254 个地址点(包括报警点和联动点)。

(3)多台联机组网

①通过 RS - 485 通信接口,可最多与 8 台 H8810 联机组网。

②组网后可根据需要设置主、从机关系。

③组网后主、从机之间,从、从机之间可建立灵活的联动逻辑控制关系。

(4)大屏幕多信息显示

①采用高清晰、大屏幕、LED 彩色液晶汉字显示器(分辨率 640×480)。

②同一画面分为五个窗口,可同时显示探测器、输入/输出模块、其他报警器和联动设备的状态和实时信息。

③可描绘探测器输出模拟状态曲线。

④无任何屏幕信息时,屏幕可在 3 min 内自动保护性关闭。

(5)灵敏度的调整

①可根据有人/无人、白天/黑夜、空调机开/关等环境变化自动变更探测器灵敏度。

②也可根据要求设置探测器灵敏度。

(6)查询与测试

①可随时查询系统近期所发生的 600 条状态信息,断电不丢失,方便了事故原因的分析。

②系统可自动测试所带器件的运行状态,尤其适用于人工难以检查的地方设置的报警器件。

③可方便地对火灾报警器件进行加烟、加温测试,检测报警器件的运行状态,而不启动声光报警信号以及进行与火警相关的各种组态操作。

(7)编程与通信

①可用本机键盘现场编程、输入和修改各种数据,设置逻辑组态关系,组成相应的联动控制系统。

②可用 PC 机离线编程,输入和修改各种参数后通过 MODEM 远程通信发送至现场,实现工厂化编程。

③6 组可编程输出接点可及时、准确地控制 6 个现场消防设备。

④采用两个 RS-232 接口用于火灾报警模拟图形显示和系统数据通信以及远程通信。

(8)抗干扰与自诊断

①采用编程、译码和多级软件滤波技术,有效地抑制外界多种信号的干扰。

②自诊断技术对探测器 90% 以上的元器件状态进行分析,以判断其是否处于正常状态,有效地防止漏报和减少误报。

(9)其他

①可按现场要求隔离任意一只有故障的报警器或探测器。

②当总线回路电阻减小或短路时,可自动隔离该故障区域。

③采用密码操作方式,关键参数和数据只有专职人员调出或修改。

④配有微型汉字打印机,实时记录信息。

⑤电源:交流 220 V(+10%,-15%),50 Hz(+5%,-5%),80 VA。

⑥备用电源:直流 24 V/15 Ah。

⑦工作环境:温度 -10 ℃ ~50 ℃;相对湿度 92% ±3%(40 ±2 ℃)。

3. 基本部件说明(图 4-118)

(1)底板:连接 104 工控机、相关外部驱动电路等。

(2)104 工控机板:CPU 板(内含电子盘),可接打印机、键盘、液晶、串行设备等。

(3)接口板:连接回路板、出线端子。

(4)显示板:驱动指示灯及数码管,提供液晶背光。

(5)回路板:对器件进行地址选通及数据通信。

(6)继电器板:6 组手动继电器。

(7)按键板:控制 6 组直接输出接点。

(8)面膜按键板:提供按键输入接口。

(9)显示器:彩色液晶显示器用于信息数据显示;LED 数码管用于首次火警信息显示;LED 发光二极管用于状态指示。

(10)电源:提供主机运行电源及巡检工作电压。

(11)电池:当主电路停电时,给电源供电。

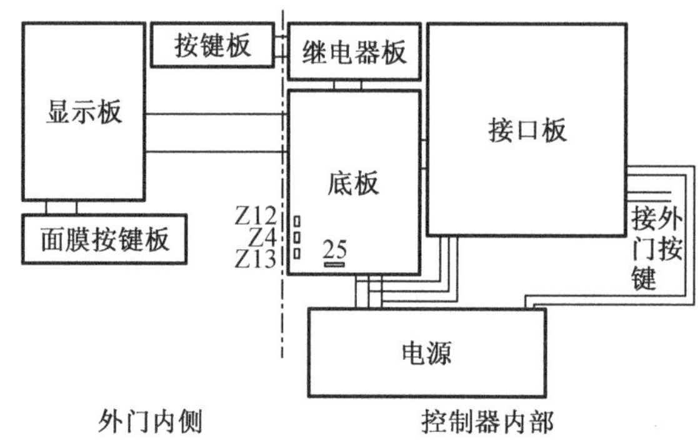

图 4-118　H8810A 报警控制器

4. 外接端子说明

(1)外接端子标识及说明

①1B1,1B2~8B1,8B2:8 路总线。

② +24 V,GND:H8810A 模块所需的 24 V 电源。

③24 V,G:H8810 模块所需的 24 V 电源。

④S+,S-:RS-485 通信接口,用于多台 H8810 联机组网。

⑤CK,Z:火警继电器输出,无源常开,触点容量 27 V/1 A。

⑥CB,Z:火警继电器输出,无源常闭,触点容量 27 V/1 A。

⑦D1:RS-232 通信接口,可用于火灾报警图形显示和系统数据通信。

⑧D2:RS-232 通信接口,可用于远程通信。

⑨K1,K1~K6,K6:手动启动联动设备输出接口,6 对无源常开触点,触点容量 27 V/1 A。

(2)将 H8810A 的内门打开后,在机箱内上方可以看到在继电器板上有一排接线端子,如图 4-119 所示。

接口板上方有一排接口和接线端子,如图 4-120 所示。

5. 面板指示灯和键操作说明

(1)面板示意图如图 4-121 所示。

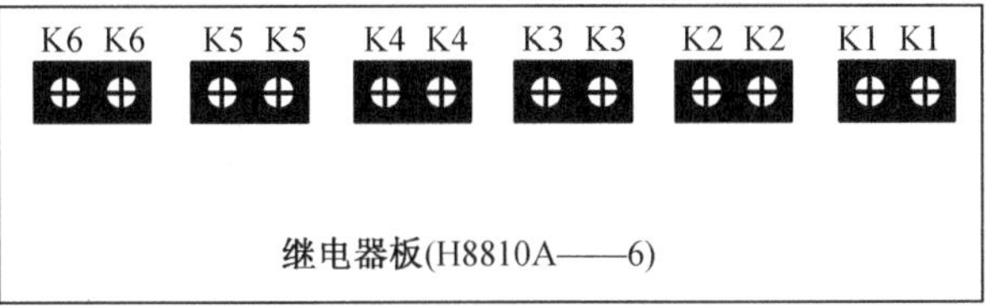

图 4－119 继电器板接线端子

K1K1～K6K6 分别对应面板上 1～6 六组直接输出接点按键。

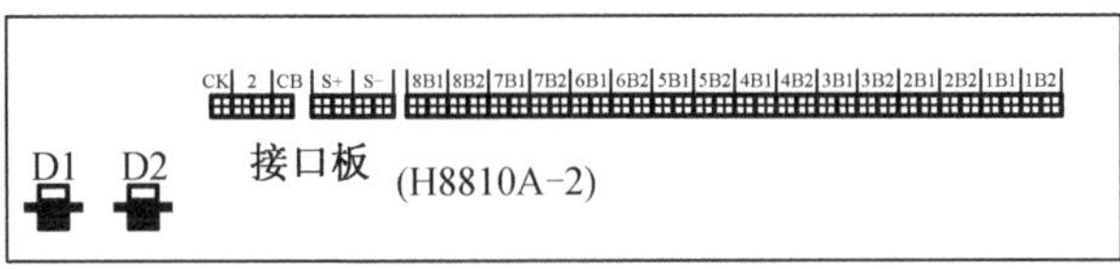

图 4－120 接口板接线端子

注意:1. H8810－2 除 8B1,8B2～5B1,5B2 这些端子外,其他均与 H8810A－2 相同;2. D1,D2 为 RS－232 口,其中 D1 用作 CRT 口;D2 用作通用串口;3. CK 和 Z 组成常开触点,CB 和 Z 组成常闭触点;4. S＋,S－为网络连接接点;5. 1B1,1B2～8B1,8B2 为 8 路总线接点。

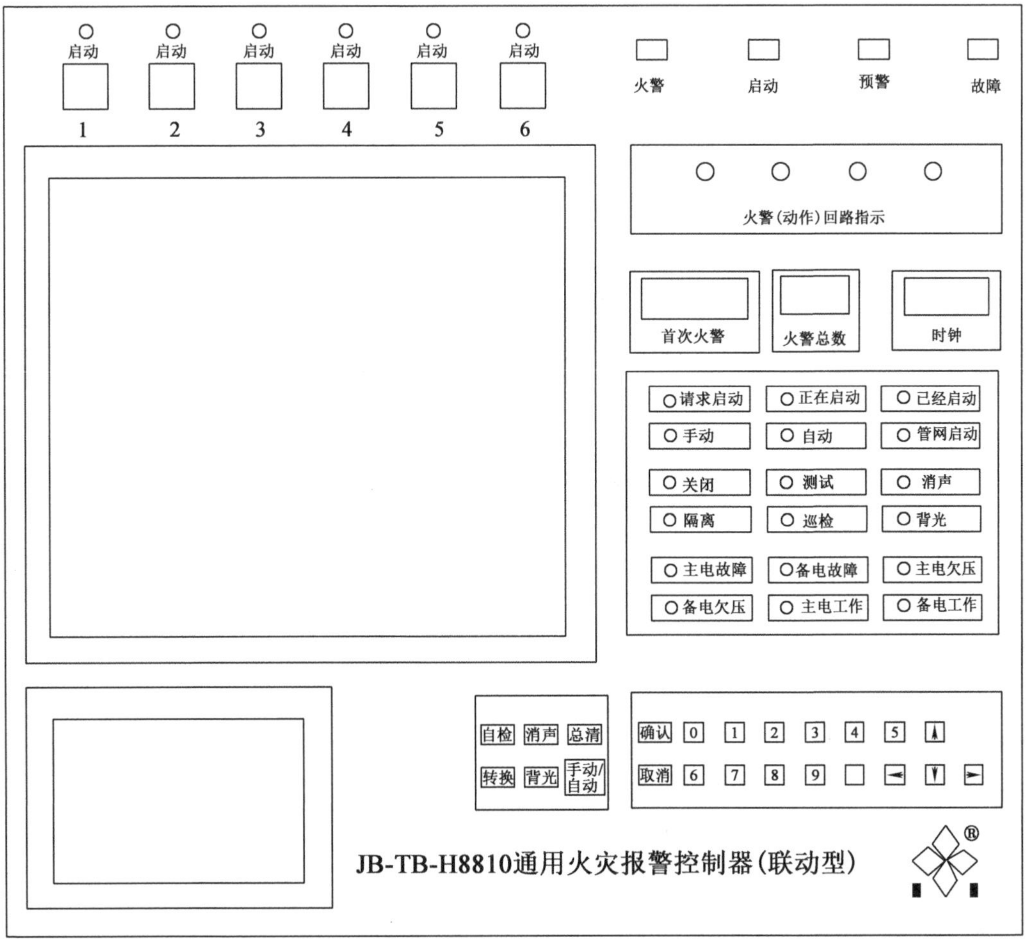

图 4－121 H8810 面板示意图

6. 面板指示灯说明

(1)键控设备状态指示灯

键控设备状态指示灯在液晶屏的上面,标有“启动”字样的红色指示灯共6个,分别指示6组输出接点的输出信号状态,与6个键控设备按键(每个指示灯下面一个按键)配合组成直接输出接点的控制部分。

正常开机时,指示灯处于熄灭状态,当按下某键控设备按键时指示灯点亮,表示该组输出接点闭合,如果对该组键控设备编程(键控设备编程详见后面有关说明),那么液晶屏上显示本输出点所控制设备“正在启动”,同时“正在启动”指示灯点亮,打印机打印:

正在启动　　　　1998/5/23　　　　12:13

0号机第一号键控设备。

(2)火警、启动、预警、故障状态指示灯

①火警指示灯

在面板的右上部,下面标有“火警”的红色矩形指示灯,当控制器接收到探测器件传送的火灾报警信号时,此指示灯点亮,显示火警总数,同时启动火警声响,液晶屏显示火警信号信息。如为首次火警信号,还要在面板“首次火警”数码显示区显示首次火警的地址编码,同时“时钟”数码区显示首次报警信号发生时间(详见后面),打印机打印:

火警　　　　1998/12/13　　　　20:13

×　×　　　　×××　　　　(安装地点……)

其中　×　×　×××　(即为火警的地址编码。)

机号　路号　地址号

②启动指示灯

标有“启动”的红色矩形指示灯位于面板的右上部,当系统中有处于请求启动状态、正在启动状态、动作状态或关闭状态的模块时,点亮此指示灯,同时“启动”声响报警,液晶屏显示相应信号信息,打印机打印相应信号信息。

③预警指示灯

标有“预警”的红色矩形指示灯位于面板的右上部。当控制器接收到探测器传来的预警信号时,点亮此指示灯,在没有火警信号输入时,启动“预警”声响报警,液晶屏显示预警信号信息,打印机打印:

预警　　　　1998/5/25　　　　13:15

××××　　　　(安装地点……)

④故障指示灯

标有“故障”的黄色矩形指示灯位于面板的右上部。当控制器接收到系统故障或各类器件故障的时候,点亮此指示灯,“故障”声响报警。当发生系统故障、模块故障或在没有火警或预警信号输入情况下的探测器类故障时,在液晶屏上显示相应故障信号信息,打印机打印:

故障　　　　1998/5/29　　　　13:15

×××××　　　　故障类型

(安装地点……)

(3)火警(动作)回路指示

标有“火警(动作)回路指示”的4或8个红色指示灯在面板的右上部。当回路板接收到器件火警信号、相关的火警信号或模块动作信号时，点亮相应回路的回路指示灯，表明此回路有火警信号或动作信号输入。

(4)首次火警数码显示区

标有“首次火警”的数码显示区在面板右面，由5位LED数码管组成。通常当火警信号输入时，首次火警数码显示区显示首次火警的地址编码。它由5位十进制数组成，首位表示控制器的机器编码，即机号，次位表示回路板编码即路号，末三位表示探测器的地址编码，即地址号。

如显示01001就表示首次火警为0号机第1回路第001号器件的火警信号。

(5)火警总数数码显示

标有“火警总数”的数码显示区在面板右面，由3位LED数码管组成，显示该控制器接收到的火警信号总数。它由3位十进制数组成，如显示001表示系统只接收到一个火警信号。

(6)时钟数码显示区

标有“时钟”的数码显示区在面板的右面，由4位LED数码管组成。在无火警信号输入时，此区显示实时时间，前两位表示小时，后两位表示分钟；中间以两个光点分隔开，光点每秒钟闪烁一次。在火警状态下，此显示区显示首次火警的报警时间，光点也不再闪烁。

(7)状态指示灯

在面板的右部，有6排状态指示灯，这些灯分为三部分，分别由3个框分开，最上面的部分是联动状态指示灯，中间为系统状态指示灯，最下面为电源状态指示灯。

①联动状态指示灯

a. 请求启动灯

当系统处于手动状态时，符合逻辑组态关系的设备处于请求启动状态，此时点亮“请求启动”灯，表明系统有处于请求启动状态的设备，液晶屏上请求启动区显示请求启动设备信息，打印机打印：

请求启动　　1998/12/23　　12:15

×××××(n)(n=1或2,表示模块两动作中的其中一个,一动作模块为1)

(安装地点……)

b. 正在启动灯

所谓正在启动状态是指系统向输出模块发出启动命令但受控设备尚未动作，此时模块处于正在启动状态，可由两种方式产生。系统处于自动状态时，满足逻辑组态关系的设备处于正在启动状态，或者手动启动某一设备或按下某一键控设备按键后，设备处于正在启动状态，此时点亮“正在启动”灯，液晶屏“正在启动”区显示正在启动设备信息，打印机打印：

正在启动　　1998/12/13　　12:15

×××××(n)

(安装地点……)

c. 已经启动灯，管网启动灯

控制器接收到设备动作信号后，点亮此灯，表明有设备处于动作状态，液晶屏动作区显示动作设备信息，并修改动作点总数，当此模块为非管网灭火设备时，启动“启动”声响报

警,否则发出“管网启动”声响报警,并点亮管网启动灯,打印机打印:

动作　　　　　　　　××××/××/××　　××:××

×××××(n)

(安装地点……)

d. 手动,自动灯

手动、自动灯分别指示控制系统处于手动或自动操作方式的工作状态,同一时刻,二者必须且只能有一只灯处于点亮状态,系统上电和总清后,默认为手动操作方式。

e. 关闭操作

当通过键操关闭某一控制模块或控制器接收到模块半闭的回答信号后,模块处于关闭状态,此时点亮此指示灯,液晶屏上动作区清除此模块,液晶屏显示模块关闭信息,打印机打印:

关闭　　　　　　　　××××/××/××　　××:××

×××××(n)

(安装地点……)

②系统状态指示灯

a. 测试灯

当系统中某一回路或整个系统处于烟温测试状态或模块测试状态时,此指示灯点亮,表明系统处于测试状态。

b. 消声灯

当系统中有报警信号输入时,会发出相应的报警声响,当声响启动后,按动消声键即可消除本机报警声响,点亮消声指示灯,同时打印机打印:

内消声　　　　　　　××××/××/××　　××:××

c. 隔离灯

系统中如有器件被隔离,则点亮本指示灯,表明系统中存在隔离器件。

d. 巡检灯

巡检灯闪烁,表明系统处于正常巡检状态,巡检灯不闪烁,表明系统处于键盘操作状态。

e. 背光灯

当按下背光键或系统在 3 min 内没有接到器件警类或按键操作信息时,关闭液晶屏,点亮背光灯,表明系统处于背光状态,即屏幕保护状态,系统仍正常运行。当有非背光按键操作或警类信号输入时,则自动打开液晶屏,关灭背光灯。

③电源状态指示灯

a. 主电故障、备电故障灯

所谓主电,即交流 220 V 50 Hz 电源信号;所谓备电,就是备用电源,本系统所用备电由两节 12 V/15 A 充电电池串联而成。

主电故障灯和备电故障灯,分别指示主电和备电与系统间连线和信号的有无。发现相应故障时,发出相应声光报警,液晶屏显示相应的故障信息。

b. 主电欠压灯

当交流 220 V 电压降至交流 187 V 以下时,无法维持系统正常工作,此时点亮主电欠压指示灯,启动声响报警,自动转为备电工作。

c. 备电欠压灯

在备电提供系统供电，其输出电压过低而不能保证消防设备的正常工作时，点亮备电欠压指示灯，同时启动声响报警。

d. 主电工作灯、备电工作灯

主电工作灯、备电工作灯分别指示当前系统是由主电供电还是由备电供电。

7. 面板各功能键的说明

(1)键控设备按键，见前面键控设备指示灯说明。

(2)自检

按动自检键，系统自动逐项检查面板上的所有指示灯、显示器和报警音响信号，检查结束后，打印机打印：

自检　　××××/××/××　　××:××

(3)消声

在有警类信号传入控制器时，报警声响打开，按动"消声"键即可消除报警声响，同时点亮"消声"灯，打印机打印：

内消声　　××××/××/××　　××:××

(4)背光

详见前面背光指示灯说明部分。

(5)手/自动

当面板上"手动"灯亮时，也就是系统处于"手动"状态时，按动本键，则关灭"手动"指示灯，点亮自动指示灯，所有处于请求启动状态的输出模块自动启动，打印机打印：

自动　　××××/××/××　　××:××

当面板上"自动"灯亮时，也就是系统处于"自动"状态时，按动本键，则关灭"自动"灯，点亮"手动"指示灯，打印机打印：

手动　　××××/××/××　　××:××

所有处于请求启动状态的输出模块不再自动启动，只能手动启动。

(6)总清

系统运行中，按动本键，则系统重新运行，同初开机上电一样。

(7)转换

系统正常巡检中，按动本键，活动窗口可在各指示窗口间转换，使某一非空窗口激活成为活动窗口，通常用于对器件状态的查看。

(8)确认

用于数据输入和系统操作过程中确认操作有效，相当于通常意义上的"Y"键。

(9)取消

用于数据输入过程中取消本次输入，使本次输入无效或从前级菜单中返回到上级菜单，相当于通常意义上的"Esc"键。

(10)0 ~9 数字键

用于数据输入中数字的操作。

(11)↑↓→←方向键

用于系统巡检中，对活动窗口信息的上下翻屏以及菜单操作和数据输入过程中移动光标。

(12)回车键

用于在正常巡检中,对启动窗口、延时窗口(有处于延时状态的模块存在的时候,实时窗口转换为延时窗口,显示延时模块信息)和菜单窗口中行为的确认和菜单操作中菜单选项的确认。

①液晶屏活动窗口指示在菜单条上时,也就是屏上显示区无高亮指示时,按动回车键,菜单条上第一项高亮显示,表明进入菜单操作状态。

②当活动窗口指示在请求启动窗口时,按动回车键,弹出一窗口,询问是启动还是关闭所显请求,启动设备。

③当活动窗口指示在“正在启动”或“动作”窗口时,按动回车键,弹出一窗口,询问是否关闭所显模块。

④当活动窗口指示在“关闭”窗口时,按动回车键,弹出一窗口,询问是否启动所显关闭模块。

⑤当活动窗口指示在“延时”窗口时,按动回车键,弹出一窗口,询问是紧急启动,还是紧急关闭所显延时模块。

8. 菜单各项功能说明

当进入菜单操作状态后,可以用方向键选择各子菜单,以执行各项子功能,在各项操作中,提示行会给出相应提示,以方便下一步操作。

(1)非火警状态下的菜单功能

①事件查询

用于查询系统运行过程中所发生的最新600条事件记录,以供参考。

(2)状态显示

①系统配置

显示系统所挂从机数及本机机号和所挂回路板的设置。

②隔离器件

显示系统所有隔离器件,包括报警类和联动类器件两种。

③延时器件

显示本机所挂延时模块信息。

(3)系统测试

①烟温测试

在正常状态下(无火警、无启动设备),对火灾报警器件进行人工加烟、加温测试,观察报警器件的运行状态,分为回路测试和整体测试,测试时点亮测试灯,同时打印机打印:

烟温测试　　　　××××/××/××　　××:××

测试期间,火灾报警器件报火警后,系统并不启动声光报警信号及与火警相关的各种组态操作,如屏幕上存在实时信息窗口,则在其上显示“×××××烟温测试正常”,打印机打印:

×××××　　　　烟温测试正常

如在烟温测试期间再次执行本操作,则为取消测试操作,关灭测试灯,打印机打印:

取消测试　　　　××××/××/××　　××/××

执行烟温测试后，如果没有人为地取消测试，则在3～4 h后自动取消烟温测试，打印机打印同上。

警告：此操作应当慎重，须在操作员的监控下进行，并及时取消该项操作，以使该回路或系统进入正常监视状态。

②器件确认

对所选输入类地编器件进行确认，也就是执行本操作后所选器件巡检指示灯变色或变频显示，以便人们对器件的查找，如继续对另一器件进行确认，则本器件巡检指示灯复原显示，否则5 min后自动复原显示。

（4）数据显示

①器件数据

显示本机各回路所挂器件的具体数据，包括器件类型、隔离与否及安装地点等。

②逻辑关系

显示本机各逻辑关系组态的内部关系和每组包含的设备。

③灵敏度变换

显示本机各回路所挂探测器灵敏度等级变换时刻表。

④键控设备

显示已编程的键控设备的安装地点及名称。

⑤数据曲线

显示本机所选探测器的前3 min数据，并以曲线形式显示在数据曲线窗口，在没有火警输入情况下，每隔10 s更新数据，也就是更新曲线，形成所选探测器的实时数据曲线。在有新的警类输入或背光关闭后，自动取消数据曲线。

（5）设置系统

本菜单中涉及的主要是数据库数据输入、密码修改等。调时、启停设备等系统操作和数据库数据打印等功能，需专门人员操作，当进入本菜单时要求输入系统密码，输入正确密码后，进入下一级菜单。

①系统操作

a. 调时

对系统时钟进行调整，以符合当地标准时间。

b. 启动设备

对所选系统消防联动设备进行启动操作，可连续对多个设备进行此操作。

c. 关闭设备

对所选系统消防联动设备进行关闭操作，也可连续对多个设备进行此操作。

d. 始点确认

对本机各回路所挂探测器进行原始静态工作点确认，以适应不同的外部环境，更好地监测火灾的发生与否，该操作分为单点确认和回路确认两种操作。通常在系统调试完毕初开通时，对感烟型探测器进行一次原始静态工作点确认，因维修调换等原因可对调换的新探测器进行单点确定。执行本操作应格外小心，一般每个探测器只进行一次原始静态工作点确认。

②编号转化

对本机各分布智能型回路所挂器件进行物理编号和实际应用地址编号对应转换,有自动转换、列表转换和单点转换三种方法,可按照实际情况选择相应的方法进行转换。

a. 自动转换

自动转换是指对所选回路所挂器件给出的物理编号按从小到大的顺序编成实际应用地址编号,从 1 开始逐个递增的转换方法。

b. 列表转换

列表转换是指对所选回路所挂器件按照事先在器件数据编程中输入的物理地址和地址编号的对应关系进行转换的方法。

c. 单点转换

对所选回路只带一个器件,对该器件按照指定的地址编号进行物理地址编号和实际应用地址编号转换的方式一个一个地转换,可连续进行,直到把本回路所挂器件转换完毕。

③数据打印

包含对系统配置、器件数据、逻辑关系、键控设备 4 个选项,分别对所选项输入的有效数据进行打印,以便保存、查证。对器件数据、逻辑关系,可选择打印范围,当打印其中任一项时,在屏幕的提示行上显示"库打印"标志,表明正在进行数据打印操作。同一时刻只能打印其中一种选项,否则系统对所选项不加理睬。打印期间如有警类输入,则停止打印库数据。

④数据输入

本部分涉及系统数据编程的各部分,是系统运行的基本所在。要求仔细、认真完成数据输入工作,确保数据准确无误,以保证系统的正常运行。

a. 系统配置

本机机号,本机回路数量,以及每回路挂接的器件数量等。其中系统分机总数是系统中从机的数量和,不包括主机。如系统由两台控制器组成,则其中一台为主机,另一台为从机,则从机总数为 1。

每回路所挂器件数应根据器件数据编程中的实际数据来决定,最多不能超过本回路实际输入的总数,初开机时所挂器件数为 0,超过总数部分的器件不被巡检。

b. 器件数据

对本机各回路所带器件按照现场实际情况输入相应数据,每个器件的数据根据自身情况也各不相同,其中不要求输入的数据为暗形显示。

ⅰ. 物理编号:可以人为输入,再通过列表转换完成,也可以通过单点转换或自动转换完成。只有分布智能型器件才有此项。

ⅱ. 固有类型:输入本项时,图中弹出一表,可以从表中选择类型号,以确保与实际情况相同。

ⅲ. 使用类型:一般为器件的固有类型,在特殊情况下也可不相同。

ⅳ. 隔离:对此器件设定隔离状态,设定隔离状态后本器件将不参与系统工作。

ⅴ. 延时:对输出模块可进行延时操作,延时时间为 0 ~ 600 s。

ⅵ. 灵敏度:对探测器类器件确认其灵敏度等级,灵敏度等级依次递减。

ⅶ. 变换组号:可以调整探测器灵敏度随时间的变化,每回路可以有 4 个变换组。每组含探测器数据不限,此项为 0,则表明此探测器属整体变换。整体变换和分组变换都有各自的变换时刻表。关于时刻表编程见下面“灵敏度变换”子菜单。

ⅷ. 输出组号:无论任何器件报警或动作都可参与组态。所谓组态是指报警器件或动作设备与消防联动设备之间的动作关系(该关系由消防系统设计单位给出),此项给出本器件报警或动作后所能驱动外设的逻辑关系组号,范围为0~612,0表明本器件不参与组态关系。

ⅸ. 相关组号:探测器报警(火警、预警)后,可以根据其周围探测器的状态来判断此次报警的可信度。这样就增强了报警的准确性,减少了误报率,对有效报警也争取了时间,减少了不必要的损失。一个探测器周围的其他处于相同环境的探测器就构成了此探测器的相关探测器。一个探测器最多有8个探测器与之相邻,因此可最多有8个相关探测器,相关组号范围0~400,其中0表明本探测器没有相关探测器。如相关组号不等于0,则在屏上弹出一表,可输入本探测器的相关探测器。

ⅹ. 地点名称:输入本器件的安装地点和名称,最多可输入12个汉字(每个汉字等于2个字符位)。

c. 逻辑关系

逻辑关系包括逻辑输出组间的联动关系和每输出组所包含的外设。由于每个逻辑组对应多个报警器件,因此这里引进动作常数的概念。根据设计要求,当1个或多个器件同时报警或动作后,才启动本逻辑组,报警器件的数量就是动作常数。例如1#,2#,3#,4#,5#器件对应一个输出组,当本组的动作常数为1时,那么其中有1个器件以上报警或动作后,启动本组外设;动作常数为2时,则其中2个以上器件同时报警或动作后启动本组外设;动作常数为3或4时,依此类推。

一个逻辑组还可有0~3个对应组,所谓对应组就是指当某输出组满足动作常数启动时,其相当于接到一个本组的器件报警或动作,来判断是否满足它本身的逻辑关系。例如,1#,2#,3#为第一输出组,动作常数为1,第一输出组的对应组为第二输出组,动作常数也为1,那么当1#,2#,3#中任一报警时,则启动第一输出组所包含的外部设备,同时第二输出组也满足了条件,第二输出组的外部设备也跟着启动。

一个输出组中最多包含20个外设,当然也可不包含任何外设。

d. 灵敏度变换

探测器灵敏等级变换时刻表,按照星期日到星期六的顺序依次编程,每天有两个时刻对灵敏度等级进行变换,其中“正常”表示在本段时间内的灵敏度就是在“器件数据”编程中输入的灵敏度;“减一”表示在本段时间内的灵敏度比正常时减一级,如正常为2级灵敏度则改为3级灵敏度(如正常为3级则仍为3级);“加一”表示在本段时间内的灵敏度比正常时加一级,如正常为2级灵敏度则改为1级灵敏度(如正常为1级则仍为1级)。

通过探测器灵敏度的调整变换,提高了系统适应复杂环境的能力,减少了误报。

e. 键控设备

本操作是对6组直接输出节点的编程。当用到某组输出节点时,就要对其编程,输入其安装地点及名称,最多可输入12个汉字。同样,当不用这组输出节点时,必须把本组键控设备的安装地点及名称等信息清除,方法是对其编程输入安装地点时,直接按回车键。

⑤高级配置

a. 密码设定

设定、修改系统密码。修改密码时首先要求输入原密码,输入密码正确后,进行修改操作,输入两次新密码相同则密码修改完成,不同则继续输入,连续三次都不相同则退出本操作。

b. 机型设置

设定外接器件系统的类型。根据外接器件的类型可以在 H85、H88 或 H84 系统中任选其一,选择后重新复位设置才生效。

9. 火警状态下菜单功能说明

火警状态下,为保证系统的正常、稳定运行和系统操作的简便,更好地发挥消防联动控制器的功能,菜单功能设有“启动设备”“关闭设备”“开外音响”“关外音响”“火警曲线”“隔离显示”五种功能。

(1)启动设备　同非火警状态下“启动设备”。

(2)关闭设备　同非火警状态下“关闭设备”。

(3)开外音响　所谓“外音响”是指挂接在总线上的带有地编号的音响设备,包括显示盘和声光报警器等。当上述设备启动发出声响时,用“关外音响”菜单把声响关闭后,可以用“开外音响”菜单把关闭后的外部音响器件重新打开。

(4)关外音响　见“开外音响”。

(5)火警曲线　探测器报警后,可以调用此菜单,显示火警探测器报警前 3 min 的数据曲线。火警曲线调出后, 3 min 后自动返回原画面。

(6)隔离显示　同非火警状态下“隔离显示”。

10. 数据录入流程

由上面的“数据录入”子菜单的叙述可得出数据录入流程。

(1)H8810/A 通用火灾报警控制器组态示范(以 H8810/A 为例)

①主楼第一层(主机)

1#H8810A -1(第 1 路)

感烟探测器　9123 地址编号:1

感烟探测器　9123 地址编号:2

感烟探测器　9123 地址编号:3

感温探测器　9124 地址编号:4

感温探测器　9124 地址编号:5

感温探测器　9124 地址编号:6

报警按钮　9130 地址编号:7

水流指示器　9141 地址编号:8

消防泵　9142 地址编号:9

防火卷帘门　9142 地址编号:10(中位)　9142 地址编号:11(下位)

排烟风机　9142 地址编号:12

排烟阀　9142 地址编号:13

配电切换　9142 地址编号:14

声光报警器　9142 地址编号:15

②主楼第二层(主机)

1#H8810A -2(第 2 路)

感烟探测器　9123 地址编号:1

感烟探测器 9123 地址编号:2
感烟探测器 9123 地址编号:3
感温探测器 9124 地址编号:4
感温探测器 9124 地址编号:5
感温探测器 9124 地址编号:6
报警按钮 9130 地址编号:7
水流指示器 9141 地址编号:8
防火卷帘门 9142 地址编号:9（中位） 9142 地址编号:10（下位）
排烟风机 9142 地址编号:11
排烟阀 9142 地址编号:12
配电切换 9142 地址编号:13
声光报警器 9142 地址编号:14

③主楼第三层(主机)

1#H8810A－3(第3路)

感烟探测器 9123 地址编号:1
感烟探测器 9123 地址编号:2
感烟探测器 9123 地址编号:3
感温探测器 9124 地址编号:4
感温探测器 9124 地址编号:5
感温探测器 9124 地址编号:6
报警按钮 9130 地址编号:7
水流指示器 9141 地址编号:8
压力开关 9141 地址编号:9
消防泵 9142 地址编号:10
防火卷帘门 9142 地址编号:11(中位) 9142 地址编号:12(下位)
排烟风机 9142 地址编号:13
排烟阀 9142 地址编号:14
配电切换 9142 地址编号:15
声光报警器 9142 地址编号:16
电梯迫降 9142 地址编号:17

④副楼(从机)

2#H8810A－1(第1路)

感烟探测器 9123 地址编号:1
感烟探测器 9123 地址编号:2
感烟探测器 9123 地址编号:3
感温探测器 9124 地址编号:4
感温探测器 9124 地址编号:5
感温探测器 9124 地址编号:6
报警按钮 9130 地址编号:7

水流指示器　　　　　9141 地址编号:8
压力开关　　　　　　9141 地址编号:9
防火卷帘门　　　　　9142 地址编号:10(中位)　9142 地址编号:11(下位)
排烟风机　　　　　　9142 地址编号:12
排烟阀　　　　　　　9142 地址编号:13
配电切换　　　　　　9142 地址编号:14
声光报警器　　　　　9142 地址编号:15

(2)灭火要求

①1#H8810A－1：1、2、3、4、5、6 号任意两个及以上报警时,启动排烟风机和配电切换、电梯迫降。

7 号报警时,启动排烟风机和配电切换、电梯迫降。

1 号探测器报警时,启动防火卷帘门(中位)。

4 号探测器报警时,启动防火卷帘门(下位)。

1、2、3、4、5、6、7 号报警时,启动声光报警器和排烟阀。

1、2、3、4、5、6、7 号报警时,启动 1#H8810A－2 声光报警器。

②1#H8810A－2：1、2、3、4、5、6 号任意两个及以上报警时,启动排烟风机和配电切换、电梯迫降。

7 号报警时,启动排烟风机和配电切换、电梯迫降。

1 号探测器报警时,启动防火卷帘门(中位)。

4 号探测器报警时,启动防火卷帘门(下位)。

1、2、3、4、5、6、7 号报警时,启动声光报警器和排烟阀。

1、2、3、4、5、6、7 号报警时,启动 1#H8810A－1、1#H8810A－3 声光报警器。

③1# H8810A－3：1、2、3、4、5、6 号任意两个及以上报警时,启动排烟风机和配电切换、电梯迫降。

7 号报警时,启动排烟风机和配电切换、电梯迫降。

1 号探测器报警时,启动防火卷帘门(中位)。

4 号探测器报警时,启动防火卷帘门(下位)。

1、2、3、4、5、6、7 号报警时,启动声光报警器和排烟阀。

1、2、3、4、5、6、7 号报警时,启动 1#H8810A－2 声光报警器。

④2#H8810A－1：1、2、3、4、5、6 号任意两个及以上报警时,启动排烟风机和配电切换
7 号报警时,启动排烟风机和配电切换。

1 号探测器报警时,启动防火卷帘门(中位)。

4 号探测器报警时,启动防火卷帘门(下位)。

1、2、3、4、5、6、7 号报警时,启动声光报警器和排烟阀。

1、2、3、4、5、6、7 号报警时,启动 1#H8810A－1 声光报警器。

当第一层水流指示器,第二层水流指示器,第三层水流指示器中任何一个报警,同时第三层压力开关报警时,启动第一层水泵。副楼水流指示器报警,同时副楼压力开关报警时,启动主楼第一层水泵。

(3)H8810系统组态(表4-30,表4-31)

表4-30 主机组态

输入器件 编号	输出组	动作常数	对应组	包含器件
01001	1	1	8、9、11	
01002	2	1	8、11	
01003	3	1	8、11	
01004	4	1	8、10、11	
01005	5	1	8、11	
01006	6	1	8、11	
01007	7	1	11	01012、01014、03017
	8	2		01012、01014、03017
	9	1		01010
	10	1		01011
	11	1		01015、01013、02014
01008	12	1	21	
02001	13	1	20	02014、02012、01015、03016、02009
02002	14	1	20	02014、02012、01015、03016
02003	15	1	20	02014、02012、01015、03016
02004	16	1	20	02014、02012、01015、03016、02010
02005	17	1	20	02014、02012、01015、03016
02006	18	1	20	02014、02012、01015、03016
02007	19	1		02014、02012、01015、03016、02011、02013、03017
	20	20		02011、02013、03017
02008	21	1		
03001	22	1	29,30	03011
03002	23	1	29,30	
03003	24	1	29,30	
03004	25	1	29,30	03012
03005	26	1	29,30	
03006	27	1	29,30	
03007	28	1	30	03013、03015、03017
03008	12	1	21	
	29	2		03013、03015、03017
	30	1		03016、03014、02014
03009	21	2		01009

表 4-31　一号从机组态

输入器件 编号	输出组	动作常数	对应组	包含器件
11001	1	1	9、10	11010
11002	2	1	9、10	
11003	3	1	9、10	
11004	4	1	9、10	11011
11005	5	1	9、10	
11006	6	1	9、10	
11007	7	1	10	11012、11014
11008	8	2		01009
11009	8	2		01009
	9	2		11012、11014
	10	1		11015、11013、01015

注:输出器件编程和输入器件编程相同

4.7.7　CMS6000 图像火灾报警系统

4.7.7.1　图像火灾报警监控平台使用简介

图像火灾报警监控平台是与用户交互的主要界面,用户可以通过界面浏览所有权限内的探测器镜头、地图、预置方案、分组和语音信息等。

主界面主要分为镜头/地图/预置方案/分组/语音终端列表区、视频轮询控制区、云镜控制区、系统信息区、数/模切换区、辅助功能区、分屏控制区、用户登录区、视频/地图/大屏显示区、日志报警区和报警事件时间轴等区域,其分布如图 4-122 所示:

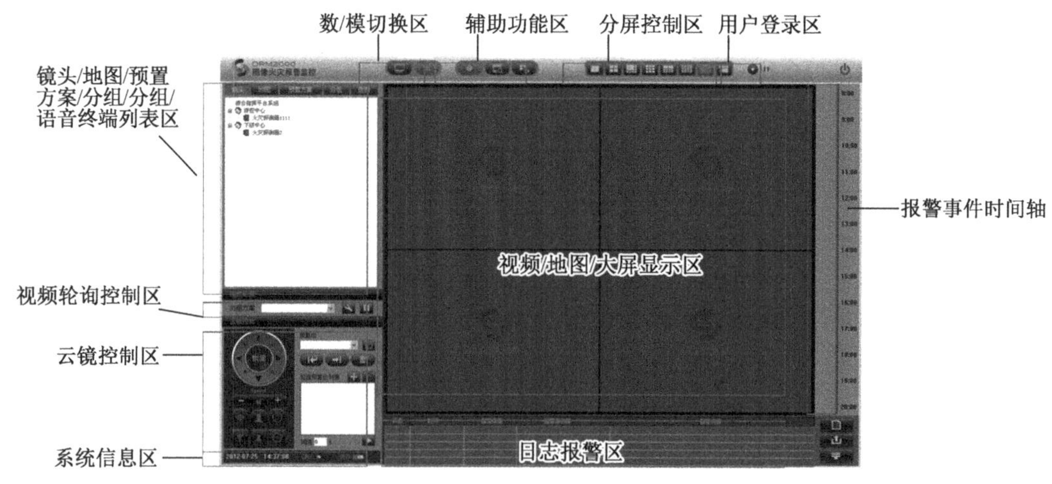

图 4-122　主界面

1. 开启客户端

打开综合客户终端的方式有以下两种：

第一种，双击桌面上生成的系统图标，打开综合客户终端。

第二种，点击“开始菜单”，在“所有程序”中找到“图像火灾监控系统”下的“客户端”。

2. 用户登录

首次登陆时，弹出登录框，如图 4 - 123 所示，默认 D：\IV\IClient\IClient. ini 的配置文件中的用户名、密码、IP 地址和端口号。

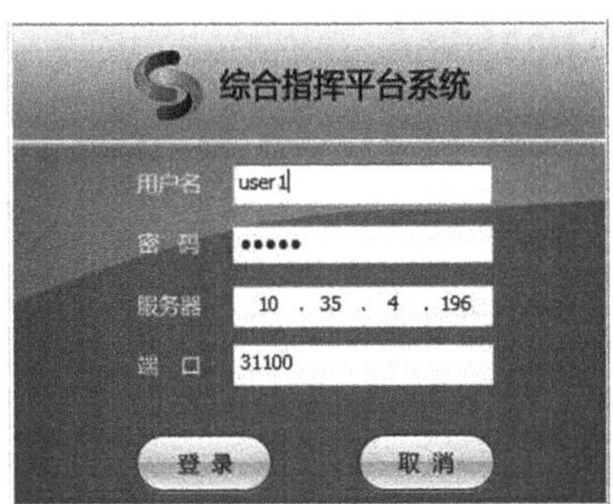

图 4 - 123 用户登录界面

如果系统验证信息无误，则进入如图 4 - 124 所示的系统主界面。

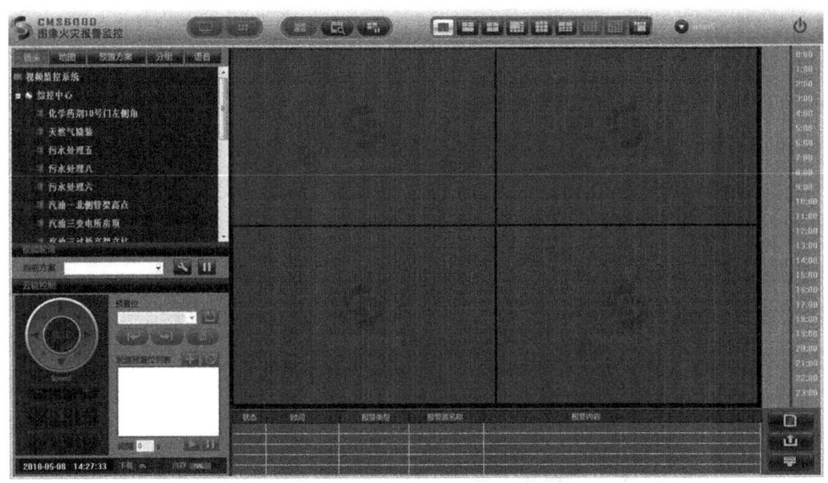

图 4 - 124 系统主界面

同一个用户不能同时登录两次，系统会默认为是重复登录并在日志显示区给出提示信息。

3. 列表显示

用户登录成功后将会在镜头/地图/预置方案/分组/音视频设备终端列表区自动显示该用户权限范围内的基本设备和方案的信息列表，如图 4 - 125 所示。

图 4－125　列表显示界面

（1）镜头列表的显示

在用户已经登录的情况下，用户点击系统主页面左上方镜头/地图/预置方案/分组/语音终端列表区的“镜头”选项卡，显示树状镜头列表（图 4－126）。

图 4－126　镜头列表界面

若镜头在不同的中心下，则双击某个中心名称则展开或隐藏该中心下镜头列表。

（2）预置方案的显示

这些预置方案是系统高级管理员预先设定的用于日常监控或应对紧急突发情况的一组操作流程。

在用户已经登录的情况下，用户点击系统主页面左上方的“预置方案”选项卡，显示出预置方案列表。

（3）分组的显示

在用户已经登录的情况下，用户点击系统主页面左上方的“分组”选项卡，显示出视频设备分组信息列表，如图 4－127 所示双击某个分组名称则展开或隐藏该分组。

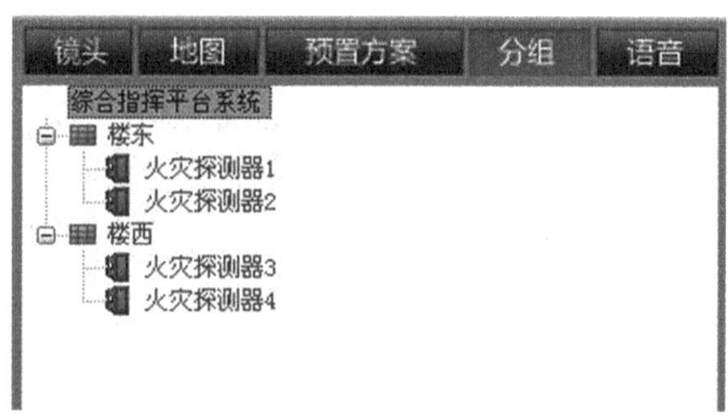

图 4－127　分组列表界面

4. 视频的播放

(1)视频显示区的选择

将鼠标移至镜头/地图/预置方案/分组/语音终端设备列表区内,在想要选择的一块分屏上点击鼠标左键,分屏框变蓝则为选中,如图 4 - 128 所示。

图 4 - 128 视频显示区的选择界面

(2)实时视频的调取

用户登录成功后,双击列表中的镜头或者按住鼠标左键将镜头拖拽到播放区域即可打开镜头视频,不管是实时视频的播放还是录像的回放。想要全屏播放视频,可以在播放视频的窗口上单击右键,选择"全屏",则视频全屏播放(图 4 - 129)。关闭全屏播放,则在全屏播放时,在播放区域单击右键,选择"退出全屏",则播放全屏退出(图 4 - 130)。或者在视频播放窗口上双击,则视频全屏播放,在全屏播放时双击,则退出全屏播放。

图 4 - 129 全屏播放界面

图 4－130 退出全屏播放界面

(3)视频回放

在主界面镜头列表中,找到该智能报警设备的镜头,在镜头名称上点击右键,选择"回放",弹出回放界面,选择时间进行回放(图 4－131)。

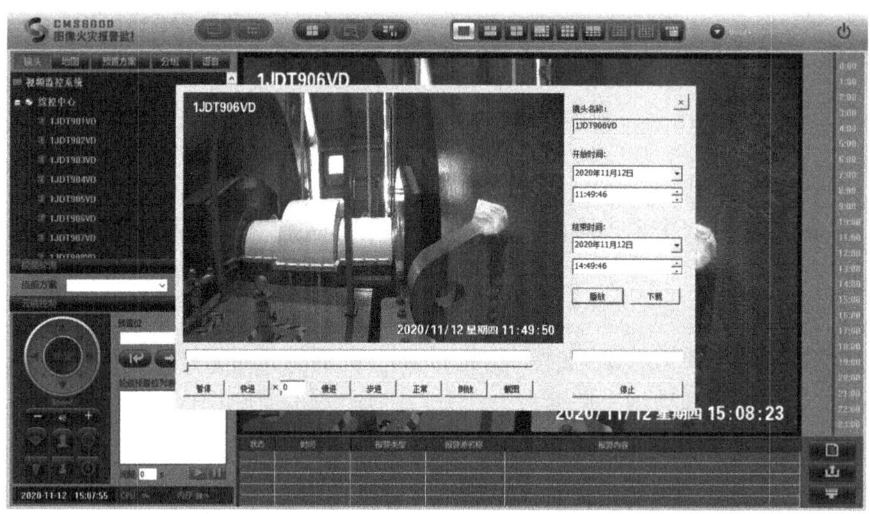

图 4－131 视频回放界面

5. 视频/地图/大屏显示区的分屏控制

点击系统主界面的分屏控制区的各个按钮(图 4－132),将会实现对应的分屏切换。分屏按钮依次表示的是:全屏、四分屏、八分屏、九分屏、十分屏、十六分屏、五分屏。点击分屏按钮,将会显示对应分屏数量的分屏。

图 4－132　分屏控制区按钮界面

4.7.7.2　智能报警

1. 智能报警显示

如果发生报警，日志报警区用红色字体标出，报警信息如图 4－133 所示，并且在报警时间轴对应时间上标出发生报警的数量。

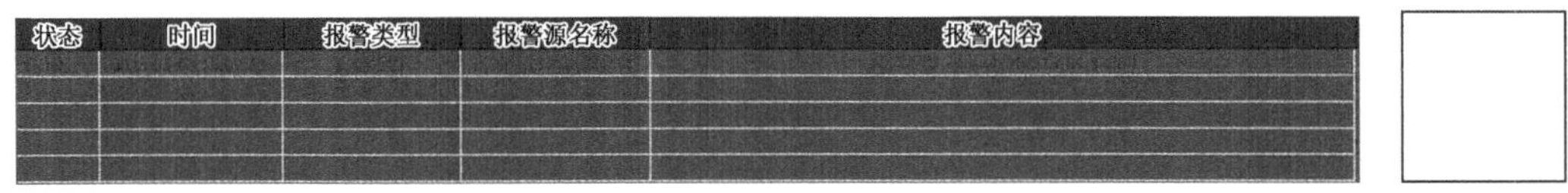

状态	时间	报警类型	报警源名称	报警内容

图 4－133　日志报警区显示界面

2. 报警信息的查看

查看报警信息有如下两种方式：

方式一，点击日志报警区的详细按钮，则打开报警时间轴信息查看界面（图 4－134）。

本地日志检索/报警时间轴信息查看

开始时间：2012-12-29　14:03:24 — 14:03:24　中心　镜头　火灾探测器-1　导 出　检 索

状态	时间	消息类型	消息源名称	消息内容
未读	2012-12-29 13:45:01	AE火焰报警	火灾探测器-6-AE	火焰报警取消
未读	2012-12-29 13:41:28	AE火焰报警	火灾探测器-10-AE	火焰报警取消
未读	2012-12-29 13:40:49	AE火焰报警	火灾探测器-3-AE	火焰报警取消
未读	2012-12-29 13:40:42	AE火焰报警	火灾探测器-12-AE	火焰报警取消
未读	2012-12-29 13:39:27	AE火焰报警	火灾探测器-3-AE	发生火焰报警
未读	2012-12-29 13:39:19	AE火焰报警	火灾探测器-6-AE	发生火焰报警
未读	2012-12-29 13:39:10	AE火焰报警	火灾探测器-12-AE	发生火焰报警
未读	2012-12-29 13:38:54	AE火焰报警	火灾探测器-12-AE	火焰报警取消
未读	2012-12-29 13:38:11	AE火焰报警	火灾探测器-12-AE	发生火焰报警
未读	2012-12-29 13:37:59	AE火焰报警	火灾探测器-12-AE	火焰报警取消
未读	2012-12-29 13:37:11	AE火焰报警	火灾探测器-12-AE	发生火焰报警

图 4－134　日志报警时间轴信息查看界面

方式二，单击报警时间轴上的箭头，打开日志报警时间轴信息查看界面。

要查看某条报警的详细信息，也有两种方式：

方式一，双击日志报警区的某条报警信息，则打开报警确认对话框。

方式二，在报警时间轴信息查看界面，双击某一报警信息，则打开报警确认对话框，如图 4－135 所示。

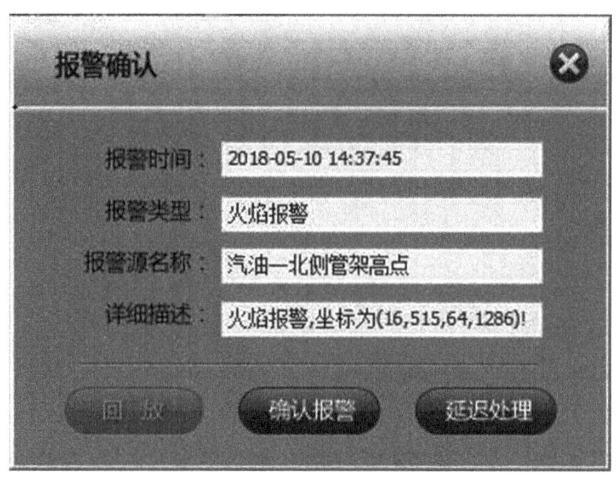

图 4－135　报警确认对话框

如果该报警有报警录像，则可点击回放按钮，回放该段报警事件的报警录像，如果没有对应报警录像，则回放按钮是不可点击的。

3. 智能报警警情处理

当出现报警事件时，值班员需要对每一个报警事件进行处理，处理分为确认报警和延迟处理两种。确认报警，就是确认此次报警，确认之后可以填写报警日志；延迟处理就是暂时不对本次报警进行处理。

在打开的报警确认对话框中，点击确认报警或者延迟处理按钮。

报警确认后，日志报警栏的显示将变为白色，状态标记为已读，并且报警时间轴信息查看的那条报警记录状态也会变为已读，如图 4－136 所示。

状态	时间	报警类型	报警源名称	报警内容
已读	2018-05-10 14:37:45	火焰报警	汽油—北侧管架高点	火焰报警,坐标为(16,515,64,1286)!

图 4－136　查看报警记录界面

当报警确认之后，双击状态变为已读的报警信息，将会弹出警情报告处理对话框，如图 4－137 所示。填写完成相应的报告内容之后，点击“提交”按钮，则完成了此次报警的处理工作。

4. 智能报警联动控制（图 4－138）

当报警发生时，系统会自动执行由高级管理员设定的报警联动操作。联动操作可能会是：切换分屏、调阅数字视频、显示地图、使地图节点闪烁、调阅地图节点视频、显示日志、显示文本框、播放音频文件、进行录像、设置 DO 输出、坐标定位等。

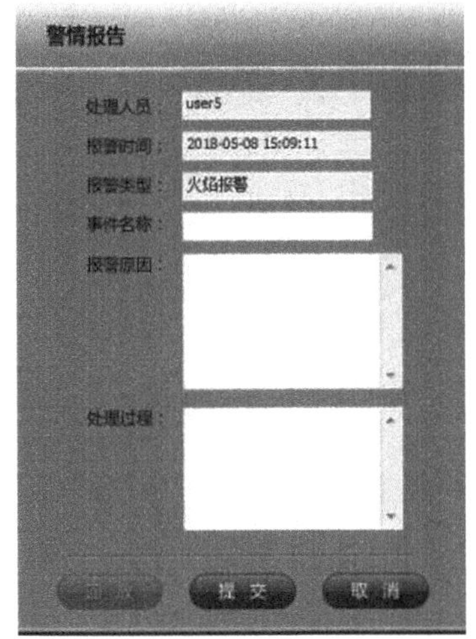

图 4－137 警情报告处理对话框

图 4－138 智能报警联动控制界面

5. 智能报警设备的复位

当报警处理完成之后，有时智能报警设备还处于报警状态，会影响到设备的正常监控工作。这时可以手动将智能报警设备恢复到监控状态。在主界面镜头列表中，找到该智能报警设备的镜头，在镜头名称上单击右键，选择“复位”，若设备复位成功，则会在日志显示区显示一条复位成功的日志，如图 4－139 所示。

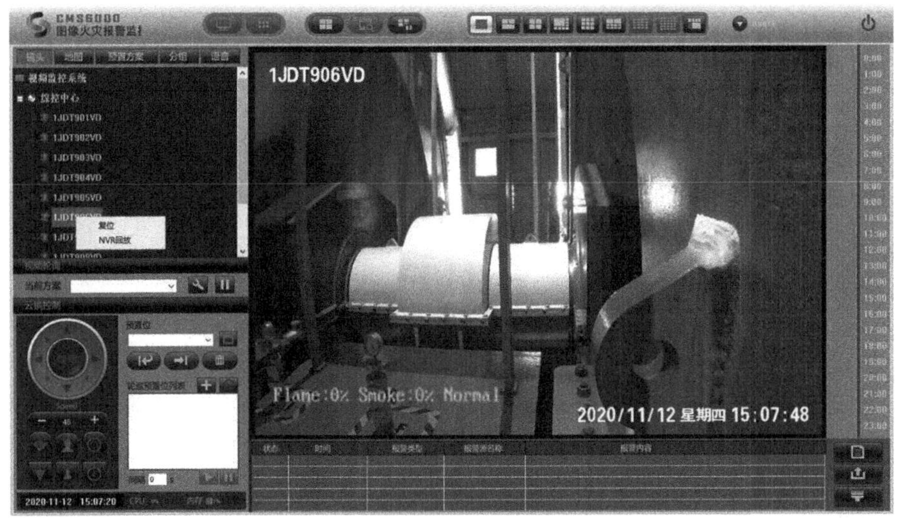

图 4－139 智能报警设备的复位

6. 系统性能查看

在系统主界面的右下角，显示的是本软件所在的电脑资源使用情况，系统性能查看界面如图 4－140 所示。

图 4-140 系统性能查看界面

4.7.7.3 故障处理

1. 安装问题

安装过程中,不要将流媒体存储服务安装在有空格和中文的路径下,否则会有一些异常产生。

2. 登录问题

如果登录失败,请根据提示信息排查错误。当提示客户端连接服务器端失败时,请确定 IP 地址和端口是否正确;当提示用户名验证错误时,请确认用户名和密码是否正确。

3. 视频无法调取

视频无法调取时首先检查网络是否连接,前端设备是否损坏,如若其他探测器也无法调取视频则需重新开启流媒体服务。

4. 疑难解答(FAQ)

系统常见问题及解答

Q:客户端显示"服务器登录失败。

引起原因:

(1)网络(包括交换机、无线传输设备、路由等)故障;

(2)服务器故障。

解决办法:

(1)通常伴随视频显示中断,首先 Ping 路由通断,或通过 IE 浏览器监视某些模块,确认网络问题,则进行相应的故障排查和维修;

(2)网络无问题,则定位在服务器软硬件故障,如果确认硬件正常运行的情况下,则需要重启各种服务进程;

(3)检查服务器运行的状态,确认是否是硬件故障。

Q:网络视频异常中断。

引起原因:

(1)前端网络故障;

(2)探测器故障。

解决办法:

(1)网络排查 ping 前端设备;

(2)网络无问题情况下,排查设备内网络模块,确定故障后返厂维修或备品替换。

Q:日志查询、报警录像查询故障。

引起原因:

(1)数据库服务是否停止;

(2)检查服务器是否处于关机或未连接。

解决办法:启动服务器,重启相关服务。

4.7.7.4 防控室和一般维护人员必须掌握的内容

事件查询、系统配置、隔离等的查看，调时、手/自动如何启动、关闭外部设备，在多个故障或火警情况下上下翻看等。

手/自动、主备电转换。

H8810A 主机液晶显示屏亮暗的调节。

系统配置图即整个消防系统的构成。

外部设备目前处于何种状态，是动作还是关闭？

微型打印机的开、关及走纸的操作，色带、打印纸的更换。

备用电池的维护保养。

探测器等外部器件地址的软件写址方法。

H8810A 报警主机所挂接外部器件的接线。

地址码如“0 1 0 2 3”的识别。

4.7.7.5 设计准则和要求

1. 设计准则和要求

(1)《消防法》

国务院在 1984 年 5 月 13 日公布了《中华人民共和国消防管理条例》，是由第六届全国人民代表大会于 1984 年 5 月 11 日批准，当年 10 月 1 日实施的。1998 年 4 月 29 日第九届全国人民代表大会第二次会议通过了《中华人民共和国消防法》，于 1998 年 9 月 1 日施行。主要内容包括：总则、火灾预防、消防组织、灭火救援、法律责任等，共六章五十四条。

(2)《HAD102/11　核安全导则：核电厂防火》

该法规由国家核安全局 1996 年修订，于 1996 年 5 月 13 日实施。本导则是对 HAF102《核电厂设计安全规定》的有关条款的说明和补充。主要包括总的防火要求、火灾的预防、火灾探测和灭火、火灾后果的缓解、质量保证、人工消防组织问题等。

(3)厂房防火设计

厂房防火设计中强调火灾的预防，尽可能不用和少用可燃物、易燃物，使厂房内可燃物，特别是可燃物的使用和存放达到最低限度。

(4)防火方案

既采用被动的防火方法，也采用主动的防火方法，并优先考虑被动的防火方法。

(5)防火系统的设计准则

系统能探测到发生的火灾，能扑灭任何可能发生的火灾，应用防火墙、防火门及贯穿防火墙的防火节点组成的防火屏障，隔离与安全有关的系统和与有关系统多重平列布置，防火大纲确保做到即使由于偶然火灾事故使得与安全有关系统多重布置的一列失效，但另一列由于防火屏障的隔离与安全有关的系统功能不受影响。在一旦失去厂外电源时防火系统同样具备足够的能力提供火灾的探测和灭火，达到维持安全停堆，并使得在火灾发生初期放射性物质向外界的释放减到最少的程度。

2. 抗震评定和核级鉴定

根据 SPR 的 CMEB9.5 - 1《核电厂防火导则》的要求“在安全停堆地震时，在有安全停堆需要的设备的地方应采取措施至少能向该区域人工灭火的立管和水龙带接口供水。为这些水龙带站服务的管系应按安全停堆地震荷载进行分析和应备有支座以保证系统眼里边界完整”。

消防水池、消防泵房及消防泵房内的消防主泵、消防供水主管、阀门、膨胀节等设备部件作为消防供水系统核心部分，满足抗震Ⅰ类要求。

柴油机、消防泵、补水箱、稳压水池、稳压泵及其管道系统等无抗震要求。

3. 引用标准

《火灾报警控制器》(GB 4717—2005)

《在电话线路上数据传输的功率电平》(GB/T 7617—1987)

《在电话自动交换网上使用的标准化600/1200波特调制解调器》(GB/T 7622—1987)

4.7.7.6 火灾报警设备专业术语

1. 范围

本标准对我国常见的火灾自动报警系统中设备的基本术语进行了定义。

本标准所列术语适用于消防领域火灾报警设备的生产、设计、施工、维护、管理、科研、教学、出版等方面。

2. 一般术语

(1)火灾自动报警系统(fire detection and alarm system)

火灾自动报警系统是实现火灾早期探测、发出火灾报警信号，并向各类消防设备发出控制信号完成各项消防功能的系统，一般由火灾触发器件、火灾警报装置、火灾报警控制器、消防联动控制系统等组成。

(2)火灾触发器件(fire trigger part)

火灾触发器件是通过探测周围使用环境与火灾相关的物理或化学现象的变化，向火灾报警控制器传送火灾报警信号的器件，包括火灾探测器、手动火灾报警按钮、水流指示器等。

(3)火灾报警控制器(fire alarm control unit/fire control and indicating equipment)

作为火灾自动报警系统的控制中心，火灾报警控制器是能够接收并发出火灾报警信号和故障信号，同时完成相应的显示和控制功能的设备。

(4)火灾警报装置(fire alarm signalling device)

火灾警报装置是与火灾报警控制器分开设置，火灾情况下能够发出声和/或光火灾警报信号的装置，又称声和/或光警报器。

(5)消防联动控制系统(automatic control system for fire protection)

消防联动控制系统是火灾自动报警系统中接收火灾报警控制器发出的火灾报警信号，完成各项消防功能的控制系统，通常由消防联动控制器、模块、气体灭火控制器、消防电气控制装置、消防设备应急电源、消防应急广播设备、消防电话、传输设备、消防控制中心图形显示装置、消防电动装置、消防泵控制器、消火栓按钮等组成。

(6)消防联动控制器(automatic control equipment for fire protection)

消防联动控制器是接收火灾报警控制器或其他火灾触发器件发出的火灾报警信号，根据设定的控制逻辑发出控制信号，控制各类消防设备实现相应功能的控制设备。

(7)正常监视状态(quiescent condition)

正常监视状态是指火灾触发器件、火灾警报装置、模块、火灾报警控制器在电路正常供电条件下,无火灾报警、故障报警、监管报警、屏蔽、自检等发生时所处的工作状态。

(8)火灾报警信号(fire alarm signal)

火灾报警信号是指火灾自动报警系统或系统内各组成部分发出或接收到的反映火灾信息的声、光、电信号。

(9)火灾报警状态(fire alarm condition)

火灾报警状态是指火灾触发器件、火灾警报装置、火灾报警控制器发出火灾报警信号时的状态。

(10)故障(fault)

故障是指火灾自动报警系统或系统内各组成部分不能正常工作的情况。

(11)故障信号(fault signal)

故障信号是指火灾自动报警系统或系统内各组成部分发出或接收到的反映故障信息的声、光、电信号。

(12)故障状态(fault condition)

故障状态是指火灾自动报警系统或系统内各组成部分发生故障时所处的状态。

(13)故障率(fault rate)

故障率是指火灾自动报警系统或系统内各组成部分在规定的使用条件和期限内发生故障的次数。通常以百万小时的故障次数表示,故障率=故障次数/百万小时。

(14)误报(false alarm)

误报是指实际上没有发生火灾,而火灾自动报警系统或系统内各组成部分发出了火灾报警信号。

(15)误报率(rate of false alarm)

误报率是指火灾自动报警系统或系统内各组成部分在规定的使用条件和期限内发生误报的次数。通常以百万小时的误报次数表示,误报率=误报次数/百万小时。

(16)报警电流(alarm current)

报警电流指火灾报警设备处于火灾报警状态时的工作电流。

(17)监视电流(standby current)

监视电流指火灾报警设备处于正常监视状态时的工作电流。

(18)探测信号(detection signal)

探测信号指来自火灾探测器的反映被监视区域火灾信息的信号。

(19)警报信号(warning signal)

警报信号指由火灾警报装置发出的声和/或光信号。

(20)可靠工作时间(reliable work time)

可靠工作时间指火灾自动报警系统或系统内各组成部分在规定的使用条件下正常工作的时间。

(21)复位(reset)

复位是为使火灾自动报警系统或系统内各组成部分恢复到正常监视状态进行的操作。

(22)屏蔽(disable)

屏蔽是通过火灾报警控制器、消防联动控制器等控制器使某些部件或功能失效的操作。

(23)屏蔽状态(disabled condition)

屏蔽状态是指火灾报警控制器、消防联动控制器等控制器在屏蔽功能启动后所处的工作状态。

(24)预警信号(pre-alarm signal)

预警信号是火灾报警控制器接收到探测信号后发出的提示可能发生火灾的一种警示信号。

(25)预警状态(pre-alarm condition)

预警状态是指火灾报警控制器发出预警信号时所处的状态。

(26)火灾参数(fire parameter)

火灾参数是指反映火灾发生时物理和化学现象发生变化的参数,一般指烟参数、温参数、一氧化碳及可探测气体参数等。

4.7.7.7 火灾探测术语

1. 探测区(detection zone)

探测区是设定的火灾探测器保护区域,是将报警区域按探测火灾的部位划分的单元。

2. 感温火灾探测器响应时间(response time of a heat detector)

响应时间是指感温火灾探测器在响应时间试验中从规定的温度开始升温至动作时的时间间隔。

(1)感温火灾探测器响应时间上限值(upper limit of the response time of a heat detector)

划分感温火灾探测器灵敏度级别时,同一级别中允许的最大响应时间值。

(2)感温火灾探测器响应时间下限值(lower limit of the response time of a heat detector)

划分感温火灾探测器灵敏度级别时,同一级别中允许的最小响应时间值。

3. 响应阈值(response threshold value)

响应阈值指火灾探测器在规定试验条件下可靠响应时对应的火灾参数值。

4. 灵敏度(sensitivity)

灵敏度是指火灾探测器响应火灾参数的敏感程度。

5. 灵敏度级别(sensitivity rating)

灵敏度级别是按灵敏度划分的等级。

6. 最有利方位(most sensitive orientation)

最有利方位是指火灾探测器在方位试验中最小响应阈值(或响应时间值)对应的方位。

7. 最不利方位(least sensitive orientation)

最不利方位是指火灾探测器在方位试验中最大响应阈值(或响应时间值)对应的方位。

8. y 值(y value)

y 值是表示烟粒子对电离室中电离电流作用的一个参数。对一定尺寸的电离室来说,y 值与烟粒子的粒径和烟粒子浓度成正比。

9. 减光系数(absorbance index)

减光系数是表示烟雾或气溶胶对光吸收和散射能力的一个参数。

10. 报警确认灯(alarm indicator)

报警确认灯是火灾触发器件上用以表示发出火灾报警信号的指示灯。

4.7.7.8 火灾报警术语

1. 容量(capacity)

容量是控制器能够连接并可靠工作的部件总量。

2. 部位(location)

部位是控制器显示的独立的最小单元。

3. 部位号(code of monitored location)

部位号是控制器监视部位的编号。

4. 巡检(polling)

巡检是控制器以设定的周期循环检测各部件工作状态的过程。

5. 巡检周期(polling period)

巡检周期是控制器完成一次巡检所用的时间。

6. 回路(loop)

回路是控制器的外连接线路,包括该线路上连接的火灾触发器件、模块、火灾显示盘等部件。

7. 报警区域(alarm zone)

报警区域是将火灾自动报警系统的警戒范围按防火分区或楼层划分的单元。

8. 监管信号(supervisory signal)

监管信号是指火灾报警控制器监视的除火灾报警信号和故障报警信号之外其他输入信号。

9. 监管报警状态(supervisory condition)

监管报警状态是指火灾报警控制器发出监管报警信号时所处的状态。

10. 手动火灾报警按钮(manual call point)

手动火灾报警按钮是指手动启动器件发出火灾报警信号的装置。

4.7.7.9 火灾探测器术语

1. 火灾探测器(fire detector)

作为火灾自动报警系统的一个组成部分,火灾探测器使用至少一种传感器持续或间断监视与火灾相关的至少一种物理和/或化学现象,并向控制器提供至少一种火灾探测信号。

2. 点型探测器(point detector)

点型探测器是指响应一个小型传感器附近监视现象的探测器。

3. 多点型探测器(multipoint detector)

多点型探测器是指响应多个小型传感器(例如热电偶)附近监视现象的探测器。

4. 线型探测器(line detector)

线型探测器是指响应某一连续路线附近监视现象的探测器。

5. 感烟火灾探测器(smoke detector)

感烟火灾探测器是指对悬浮在大气中的燃烧和/或热解产生的固体或液体微粒敏感的火灾探测器。

(1)点型离子感烟火灾探测器(point-type ionization smoke detector)

点型离子感烟火灾探测器是指根据电离原理进行火灾探测的点型火灾探测器。

(2)点型光电感烟火灾探测器(point-type photoelectric smoke detector)

点型光电感烟火灾探测器是指根据散射光、透射光原理进行火灾探测的点型火灾探测器。

(3)线型光束感烟火灾探测器(line-type smoke detector using an optical light beam)

线型光束感烟火灾探测器是指应用光束被烟雾粒子吸收而减弱的原理的线型感烟火灾探测器。

(4)独立式感烟火灾探测报警器(self-contained smoke alarm)

独立式感烟火灾探测报警器是一个包括感烟探测、电源和报警器件的报警器,主要用于家庭住宅的火灾探测和报警。

(5)吸气式感烟火灾探测器(aspirating smoke detector)

吸气式感烟火灾探测器是采用吸气工作方式获取探测区域火灾烟参数的感烟火灾探测器。

①管型吸气式感烟火灾探测器(aspirating smoke detector with sampling pipe)

通过采样管道获取探测区域火灾烟参数的感烟探测器。

②点型服气式感烟火灾探测器(point-type aspirating smoke detector)

采用吸气工作方式获取探测区域火灾烟参数的点型感烟火灾探测器。

6. 感温火灾探测器(heat detector)

感温火灾探测器是对温度和/或升温速率和/或温度变化响应的火灾探测器。

(1)定温火灾探测器(static temperature detector)

定温火灾探测器是温度达到或超过预定温度时响应的感温火灾探测器。

(2)差温火灾探测器(rate-of-rise detector)

差温火灾探测器是升温速率符合预定条件时响应的感温火灾探测器。

(3)差定温火灾探测器(rate-of-rise and static temperature detector)

差定温火灾探测器是兼有差温、定温两种功能的感温火灾探测器。

(4)点型感温火灾探测器(point-type heat detector)

点型感温火灾探测器是响应一个小型传感器附近监视现象的感温火灾探测器。

①点型定温火灾探测器(S 型)(point-type static temperature detector)

具有定温功能的点型感温火灾探测器。

②点型差定温火灾探测器(R 型)(point-type static temperature detector with rate-of-rise character)

具有差定温功能的点型感温火灾探测器。

(5)线型感温火灾探测器(line-type heat detector)

线型感温火灾探测器是对警戒范围内某一路线周围的温度参数响应的火灾探测器。

①线型定温火灾探测器(line-type static temperature detector)

具有定温功能的线型感温火灾探测器。

②线型差温火灾探测器(line-type rate-of-rise detector)

具有差温功能的线型感温火灾探测器。

③线型差定温火灾探测器(line-type rate-of-rise and static temperature detector)

具有差定温功能的线型感温火灾探测器。

④缆式结型感温火灾探测器(cable line-type heat detector)

采用缆式线结构的线型感温火灾探测器。

⑤空气管式线型感温火灾探测器(pneumatic line-type heat detector)

采用空气管结构的线型感温火灾探测器。

7. 火焰探测器(flame detector)

火焰探测器是对火焰光辐射响应的探测器。

(1)紫外火焰探测器(ultra-violet flame detector)

对火焰中波长小于300nm 的紫外光辐射响应的火焰探测器。

(2)红外火焰探测器(infra-red flame detector)

对火焰中波长大于850 nm 的红外光辐射响应的火焰探测器。

8. 图像型火灾探测器(image type fire detector)

图像型火灾探测器是指使用摄像机、红外热成像器件等视频设备或它们的组合方式获取监控现场视频信息,进行火灾探测的探测器。

9. 一氧化碳火灾探测器(carbon monoxide fire detector)

一氧化碳火灾探测器是指对一氧化碳响应的火灾探测器。

10. 多传感器火灾探测器(multi-sensor fire detector)

多传感器火灾探测器是指在同一个探测器中采用多个传感器对多种火灾参数响应的火灾探测器。

11. 复合探测器(combination detector)

复合探测器是指将多种探测原理应用在同一个探测器中,并将探测结果进行复合,给出一个输出信号的探测器。

12. 可复位探测器(reducible detector)

可复位探测器是指在响应后和在引起响应的条件终止时,不更换任何组件即可从报警状态恢复到正常监视状态的探测器。

13. 不可复位探测器(non-reducible detector)

不可复位探测器是在响应后不能恢复到正常监视状态的探测器。

14. 可拆卸探测器(detachable detector)

可拆卸探测器是设计上易于从正常安装位置上拆卸的探测器。

15. 不可拆卸探测器(non-detachable detector)

不可拆卸探测器是指设计上不易于从正常安装位置上拆卸的探测器。

16. 防爆火灾探测器(explosion-proof fire detector)

防爆火灾探测器是指具有探测火灾功能和防爆功能的火灾探测器。

17. 探测器底座(detector base)

探测器底座是指探测器探头的固定安装座。

18. 探测器编码底座(addressable detector base)

探测器编码底座是指具有编码地址的探测器底座。

4.7.7.10 火灾报警控制器术语

(1)区域型火灾报警控制器(local fire alarm control unit)

区域型火灾报警控制器是指能直接接收火灾触发器件或模块发出的信息,并能向集中型火灾报警控制器传递信息功能的火灾报警控制器。

(2)集中型火灾报警控制器(central fire alarm control unit)

集中型火灾报警控制器是指能接收区域型火灾报警控制器(含相当于区域型火灾报警控制器的其他装置)、火灾触发器件或模块发出的信息,并能发出某些控制信号使区域型火灾报警控制器工作的火灾报警控制器。

(3)集中区域兼容型火灾报警控制器(combined central and local fire alarm control unit)

集中区域兼容型火灾报警控制器是指既可作集中型火灾报警控制器又可作区域型火灾报警控制器用的火灾报警控制器。

(4)独立型火灾报警控制器(independence type fire alarm control unit)

独立型火灾报警控制器是指不具有向其他火灾报警控制器传递信息功能的火灾报警控制器。

(5)火灾显示盘(fire display panel)

火灾显示盘是火灾报警指示设备的一部分。它是接收火灾报警控制器发出的信号,显示发出火警部位或区域,并能发出声光火灾信号的装置。

(6)总结短路隔离器(isolator)

总结短路隔离器是用在传输总线上,在总线短路时通过使短路部分两端成高阻态或开路状态,从而使该短路故障的影响仅限于被隔离部分,且不影响控制器和总线上其他部分正常工作的器件。

4.7.7.11 电源术语

(1)主电电源(main power supply)

主电电源是指火灾探测报警系统使用的市电电源。

(2)备用电源(secondary power supply)

备用电源是指当主电电源不能正常工作时,供火灾自动报警系统继续工作的备用电池组。

(3)电源欠压(voltage shortage of power supply)

电源欠压是指供电电源电压低于额定电压下限值。

4.7.7.12 消防联动控制系统术语

1. 模块(module)

模块是控制器和其所连接的受控设备,或受控部件之间信号传输的设备。

(1)输入模块(input module)

输入模块是把各类信号输入控制器的模块。

(2)输出模块(output module)

输出模块是将控制器的控制信号传输给连接的受控设备或受控部件的模块。

2. 气体灭火控制器(control unit for gas fire extinguishing)

气体灭火控制器是用于控制气体灭火设备的控制器。

3. 消防电气控制装置(fire electric control equipment)

消防电气控制装置是用于控制各类电动消防设施的控制装置。

4. 消防设备应急电源(emergency power supply for fire equipment)

消防设备应急电源是主电电源断电时,能够为各类消防设备供电的电源设备。

5. 消防应急广播设备(sounder equipment for fire emergency purposes)

消防应急广播设备是用于火灾情况下的专门的广播设备。

6. 消防电话(fire telephone)

消防电话是用于消防控制中心(室)与建筑物中各部位之间通话的电话系统,由消防电话总机、消防电话分机和传输介质构成。

(1)消防电话总机(fire telephone exchange)

消防电话总机是消防电话系统的组成部分,设置于消防控制中心(室),能够与消防电话分机进行全双工语音通信,具有综合控制功能、状态显示和故障监视功能。

(2)消防电话分机(fire telephone extension)

消防电话分机是消防电话系统的组成部分,设置于建筑物中各关键部位,能够与消防电话总机进行全双工语音通信。

(3)消防电话插孔(fire telephone jack)

消防电话插孔安装于建筑物各处,是插上电话手柄可以和消防电话总机通信的插孔。

7. 传输设备(routing equipment)

传输设备是将火灾报警控制器发出的火灾报警信号传输给火警调度台的设备。

8. 消防电动装置(electronic drive device for fire protection equipment)

消防电动装置是电动消防设施的电气驱动释放装置。

9. 消防控制中心图形显示装置(graph indicator in fire control center)

消防控制中心图形显示装置是消防控制中心安装的用来模拟现场火灾探测器等部件的建筑平面布局,能如实反映现场火灾、故障等状况的显示装置。

10. 消火栓按钮(hydrant startup point)

消火栓按钮是用于手动启动消火栓的按钮。

4.7.7.13 电气火灾监控系统术语

(1)电气火灾监控系统(alarm and control system for electric fire protection)

电气火灾监控系统是指当被保护电气线路中的被探测参数超过报警设定值时,能发出报警信号、控制信号并能指示报警部位的系统,它由电气火灾监控设备、电气火灾监控探测器组成。

(2)电气火灾监控设备(alarm and control unit for electric fire protection)

电气火灾监控设备是指能接收来自电气火灾监控探测器的报警信号,发出声、光报警信号和控制信号,指示报警部位,记录并保存报警信息的装置。

(3)电气火灾监控探测器(detector for electric fire protection)

电气火灾监控探测器是指探测被保护线路中的剩余电流、温度等电气火灾危险参数变化的探测器。

4.7.7.14 运维项目

1. 检修项目及内容

火灾报警系统的预防性维修项目共计16条,预维项目的PMID、预维内容和检测周期统计如表 4－32 所示。

表 4－32　火灾报警系统的预防性维修项目及内容

序号	PMID	PMRQ	PM 标题	预定义范围	监测周期
1	00063457	16	01#厂房红外光束感烟探测器更换	1. 红外光束感烟探测器更换 2. 位置调整 3. 探测器状态检查 4. 报警功能检查	R4
2	00063457	15	05#、06#、07#厂房火灾探测器性能测试	感温探测器、手动报警按钮、声光报警器功能测试	R3
3	00063457	04	生产厂房火灾报警系统感温电缆检查(83 根)	感温电缆及模块电压检查	R1
4	00063457	10	火灾报警系统联动控制柜、火灾显示盘、区域显示屏检查	1. 火灾报警联动控制柜检查：~220 V 电源检查(包括电源自动切换功能性能测试)、24 V 电源检查、报警功能测试(包括火警报警、火警优先、故障报警)、时钟控制功能、自动打印功能测试、系统自检功能测试、键盘操作功能测试、联动控制功能测试 2. 火灾显示盘（27 台）检查：显示盘盘面显示灯测试，显示盘报警、复位功能测试 3. CRT 工作站(3 台)检查：CRT 工作状况检查（包括轨迹球、鼠标）、CRT 报警功能检查、CRT 信息查询功能检查、CRT 时钟校准 4. 电缆贯穿件（PC120－H/J）检查 5. 主控报警功能检查 6. 接地检查 7. 端子紧固 8. 机柜清洁	R1
5	00063457	13	红外光束感烟探测器及红外火焰探测器性能测试(13 只)	红外光束感烟探测器(8 只)和红外火焰探测器(5 只)性能测试：定位检查、电压测量、电压调整、功能测试	R1
6	00063457	03	01、02、03#厂房感烟探测器清洗（371 只）	离子感烟探测器清洗及功能测试(外委)	R2

表 4 -32(续 1)

序号	PMID	PMRQ	PM 标题	预定义范围	监测周期
7	00063457	09	04、05、06、07、17、49 -3#厂房感烟探测器清洗(323)	离子感烟探测器清洗及功能测试(外委)	R2
8	00063457	12	02#、03#厂房火灾探测器性能测试	感温探测器、手动报警按钮、声光报警器功能测试	R3
9	00063457	11	火灾报警系统备件维护	1. 火灾报警系统储备备件定期维护:对以下系统备件进行外观检查,上机架测试卡件性能,测试完成后恢复包装并回库。火灾报警联动控制柜 24 V 盘装电源 ESD030 2. 火灾报警联动控制柜工控机板(包括 386 工控机主板一块,主程序一块) IMCA15 3. 火灾报警联动控制柜回路板 IMCA15 4. 红外光束探测器 IFT010 5. 红外火焰探测器 IFT010 6. 盛赛尔红外光束探测器 IFT010 7. 火灾报警联动控制柜液晶屏 DVI01021	Y8
10	00063457	01	32#厂房火灾报警系统控制器检修	1. 32#厂房火灾报警系统控制器检修: 2. ~220 V 电源检查 3. +24 V 电源检查 4. 备电电池检查 5. 报警功能测试(包括火灾报警、火警优先、故障报警) 6. 时钟控制功能 7. 自动打印功能测试 8. 系统自检功能测试 9. 键盘操作功能测试 9 接地检查 10 端子紧固,机柜清洁	M16
11	00063457	08	检修热车间火灾报警系统性能测试	检修热车间火灾报警探测器性能测试:火灾报警机柜功能检查、离子感烟探测器、手动报警按钮、红外光束感烟探测器、声光报警器、警铃功能测试,如不符合要求及时更换	R1

表 4－32(续 2)

序号	PMID	PMRQ	PM 标题	预定义范围	监测周期
12	00063457	14	01#、04#、17#、49－3#火灾探测器性能测试	感温探测器、手动报警按钮、声光报警器、输入模块、输出模块功能测试	R3
13	00063457	07	01#厂房主泵间感烟探测器更换	01#厂房主泵间 4 个感烟探测器更换	R1
14	00063457	02	32#厂房火灾报警系统探测器清洗	32#厂房火灾报警系统探测器清洗(采用备件替换方式)	M32
15	00063457	06	12#厂房火灾报警系统探测器清洗	12#厂房火灾报警系统探测器清洗(采用备件替换方式)	M32
16	00063457	05	12#厂房火灾报警系统控制器检修	1. 12#厂房火灾报警系统控制器检修 2. ～220 V 电源检查 3. ＋24 V 电源检查 4. 备电电池检查 5. 报警功能测试(包括火灾报警、火警优先、故障报警) 6. 时钟控制功能 7. 自动打印功能测试 8. 系统自检功能测试 9. 键盘操作功能测试 10. 联动控制功能测试 11. 接地检查 12. 端子紧固,机柜清洁 13. 控制模块检查 14. 短路隔离器检查	M16

2. 试验项目及内容

(1)《05#、06#、07#厂房火灾探测器性能测试》,文件编码:Q11－YFBJ－TPMAPI－0018。试验检查内容包括:火灾报警系统火灾显示盘的电源检查、报警功能检查、消声功能检查、H8810A 火灾报警及联动控制器检查、H8875 中央站及火灾显示屏 CRT 检查、火灾报警整体试验、红外光束线型感烟探测器接口模块继电器检查、红外光束线型感烟探测器接口模块继电器检查、ZD－4A 分布式光纤线型感温火灾探测器检查。

(2)《红外光束感烟探测器及红外火焰探测器性能测试》,文件编码:Q11－YFBJ－TPMAPI－0001。试验检查内容包括:红外光束感烟探测器检查、红外火焰感烟探测器检查。

(3)《02#、03#厂房火灾探测器性能测试》,文件编码:Q11－YFBJ－TPMAPI－0007。试验检查内容包括:02#、03#厂房火灾探测器(离子感烟探测器、感温探测器)检查、手动报警按钮检查、声光报警器检查。

(4)《05#、06#、07#厂房火灾探测器性能测试》,文件编码:Q11 - YFBJ - TPMAPI - 0008。试验检查内容包括:05#、06#、07#厂房火灾探测器(离子感烟探测器、感温探测器)检查、手动报警按钮检查、声光报警器检查。

(5)《01#、04#、17#、49 - 3#火灾探测器性能测试》,文件编码:Q11 - YFBJ - TPMAPI - 0012。试验检查内容包括:01#、04#、17#、49 - 3#厂房火灾探测器(离子感烟探测器、感温探测器)检查、手动报警按钮检查、声光报警器检查。

4.7.7.15 典型案例分析(经验反馈、状态报告)

CR 编号:CR201654530。

CR 主题:C17 循环中,转小修缺陷:00317933—01【04#0M 生产厂房感温探测器 15064FD01IFC - 15064 频发故障报警,更换感温探测器】。

发生/发现日期:2016 - 11 - 21。

原因分析与评价:该区域正常运行期间不可达(低压厂用变压器房间),只能在大修或小修期间处理。该通道有正常预防性维修项目,正常的预防性维修也是安排在大修期间。

直接原因:探测器故障。

根本原因:探测器内部电子元器件老化。

行动项:(1)根据国家相关标准,对关键重要不可达区域的探测器做更换的预防性维修大纲升版。按照标准,目前在役的感温探测器整批次已接近寿期末,应安排计划更换。

——完成情况:已提出变更申请,变更申请号:7739。

(2)提出重要不可达区域冗余探测器的变更申请。

——完成情况:已完成变更,变更号:7381。

4.7.7.16 火灾报警系统常见故障现象及分析处理方法(练习和答案)

1. H8810A 报警控制器液晶屏、数码管、指示灯均无任何显示,即主机开机后无任何反应,原因如下:

(1)电源开关坏。

(2)保险管坏。

(3)220V 交流电断电。

(4)主机电源 H8606F 坏。

2. 8810A 主机开机后液晶屏进不到正常工作时的画面,原因如下:

(1)工控机坏。

(2)工控机上的 3 V 纽扣电池坏。

(3)主程序坏。

3. 回路板传送故障(主机可以报出是第几路传送故障)

(1)如果是某一路报传送故障,原因如下:

①此板上 80C552 坏。

②此板插槽不好。

③回路板程序坏。

(2)所有回路板全报传送故障,原因如下:

①主板上的集成块 8584 坏。

②底板与接口板之间的排线有问题。

③底板上的 3 kΩ 电阻坏。

4. 总线高、低电压故障。这种故障往往是由外线引起的，主机回路板会产生 27 V、2 V、0 V 三种电压，带负载后的平均电压为 25.8 V 左右，如果电压不跳变或出现 17 V 左右的低电压等，即会报出高、低电压故障，原因如下：

(1)外部线路有问题。

(2)回路板上的电路被烧坏导致无巡检电压输出。

(3)接口板上电路出问题。

5. 外供电源(24V 电源)与总线短路，原因如下：

(1)外部线路有问题，需查找线路。

(2)接口板上检测电路出问题。

6. 探测器报故障

(1)探测器连号报故障或从图纸上看线路是连在一起的，如 1001 ~ 1018，原因如下：

①线路断线，导致这些探测器无巡检电压。

②这部分线路短路，致使隔离器将这些探测器隔离。

(2)个别探测器或不相关的探测器报故障，原因如下：

①探测器无电压(线路断路)。

②地址码错。

③探测器丢失。

④探测器没有拧到位。

⑤探测器坏。

(3)某一路的探测器报故障，时而报时而不报，原因如下：

①线路对地绝缘不好，阻值低于 20 MΩ。

②有强电等外部干扰。

(4)某一路探测器全报故障，原因如下：

①总线隔离器坏。

②回路板坏，无巡检电压输出。

③外部线路问题(如断线)。

7. 探测器报火警

(1)个别探测器报火警，原因如下：

①探测器坏。

②进水潮湿。

③风速超过 5 m/s。

④有人抽烟。

⑤探测室脏，需清洗。

(2)某一路大量探测器报火警，原因如下：

①线路对地绝缘电阻不好，阻值低于 20 MΩ。

②外部有干扰。

③总线电压偏低，为 23 ~ 24 V。

④总线隔离器有问题。

8. 外部设备一直报动作,原因如下:

①外部设备一直动作或一直处于开启状态无复位(如阀)。

②设备没有动作,但设备给出了闭合信号。

③控制模块自身存在问题。

9. 要启动某一设备而设备没有动作,原因如下:

①主机操作有误。

②主机自身原因。

③外部模块有问题。

④24 V 直流电源无法提供。

⑤外部设备驱动柜有问题。

10. 区域报警显示盘报故障,原因如下:

①24 V 电源没有提供。

②自身号码丢失。

③设置类型错误。

11. 液晶显示屏暗(在调节电位器无效的情况下),原因如下:

①10 kΩ 电位器坏。

②逆变器有问题。

4.7.7.17 参考资料

《H8810A 火灾自动报警器控制器原理图图册,PCB 布线图图册》

《H8810A 通用火灾报警器控制器(联动型)安装使用说明书》

《H8844 火警显示盘原理图图册,PCB 布线图图册》中文

《H8844 火警显示盘安装使用说明书》

《JTY－GM－9123 智能离子感烟探测器原理图,PCB 布线图》

《JTY－GM－9123 智能离子感烟探测器安装使用说明书》

《JTW－BM－9124 智能感温探测器原理图,PCB 布线图》

《JTW－BM－9124 智能感温探测安装使用说明书》

《J－SAP－M－9130 手动报警按钮原理图,PCB 布线图》

《J－SAP－M－9130 手动报警按钮安装使用说明书》

《A715UVIR2 红外紫外复合火焰探测器规格书》

《宁波振东光电有限公司 ZD－4A 分布式光纤线型感温火灾探测器使用说明书》

《生产厂房火灾报警维修图册》(Q11－YFBJ－DWMAI－0014、QWT－Y－04－12－048)

4.8 电气执行部件

4.8.1 概述

电气执行部件的电信号易于传送和变换，电能易于控制，在中小功率的机械电子系统中，电源往往也比油源和气源方便，电气执行部件不需任何流体作为工作介质，免除了介质的可压缩和泄漏等弊端。由于这些原因，电气执行部件是用途最广泛的一类执行部件，特别是各种执行电动机。

对任何电动机，都可定义“功率密度”和“比功率”两项指标。

功率密度定义为

$$P_W = \frac{P}{W} \quad (\mathrm{W/N})$$

对于起停较少的场合，如用于数控机械的进给、机器人驱动的电动机，往往要求低速平稳、高速振动小、转矩脉动小，并且调速全范围内稳定运行。这种场合下功率密度是主要指标。

比功率定义为

$$\frac{\mathrm{d}P}{\mathrm{d}t} = \frac{\mathrm{d}(T\omega)}{\mathrm{d}t}\bigg|_{T=T_\mathrm{N}} = T_\mathrm{N}\frac{\mathrm{d}\omega}{\mathrm{d}t} \quad (\mathrm{W/s})$$

式中 ω——角速度；

T_N——额定转矩。

由动力学方程

$$T_\mathrm{N} = J\frac{\mathrm{d}\omega}{\mathrm{d}t}$$

有

$$\frac{\mathrm{d}P}{\mathrm{d}t} = \frac{T_\mathrm{N}^2}{J}$$

式中 J——转子和负载转动惯量的折算值。

对于起停较多的场合，如用于高速打印机、绘图仪、集成电路焊接的电动机，往往不特别要求低速平稳性，比功率高是主要要求。比功率高低依次是：直流无刷电动机、步进电机、直流伺服电动机、交流伺服电动机。

除上述两项指标外，对执行电动机有一些特殊的要求，如自身转动惯量小，调速范围大，过载能力强。

4.8.2 结构与原理

4.8.2.1 直流电动机

长期以来，需要调速的场合多数用直流电动机驱动，并且调速技术在工业中也得到了广泛应用。直流电动机能提供启动所需的高启动转矩，也易于实现宽范围的转速调节，并且具有调节平滑、动态响应快、效率高、控制方法灵活，比交流电动机过载能力强等特点。适当的激磁方式，可使电磁转矩与负载转矩特征配合，容易在较宽转速范围内得到恒定转矩特性。尽管它在超高速和危险环境里的应用受到限制，但在电气传动控制领域中仍发挥着重要作用。

伺服系统中要对位移或速度进行控制，必须控制电动机输出的力或力矩。宽调速直流伺服电动机的特点是输出力矩大，过载能力强，动态响应性能好，低速运转平稳，易于调速。

直流执行电动机的控制方式有激磁控制和电枢控制两种。激磁控制方式需要控制功率小，电枢电流保持恒定，但电枢电路中有反电势，因而实现电枢电流恒定很困难。另外激磁绕组的电感较大，所以时间常数较大，激磁控制方式的效率也较低。电枢控制方式应用则广泛得多，要求激磁电压恒定，且磁路不饱和。电枢控制方式可利用反电势作为阻尼，并把功率放大器的时间常数考虑在内。永磁式电动机则只能采用电枢控制方式，低速时输出转矩大，它不需要激磁，因而温升小，效率高。随着永磁材料性能的不断提高，永磁伺服电动机日益得到广泛使用。电枢控制的直流电动机如图 4－141 所示。

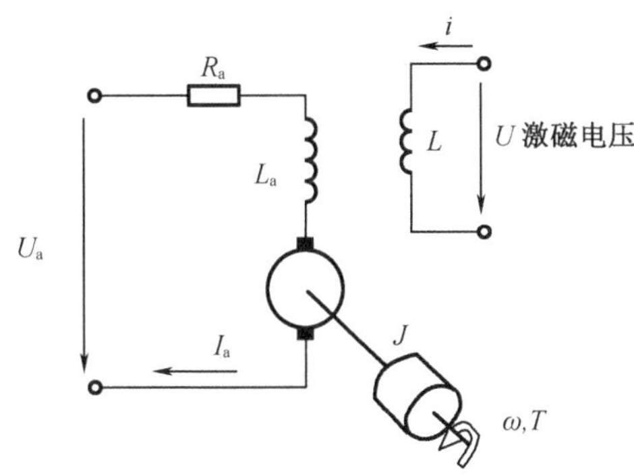

图 4－141 直流电动机的电枢控制

在低速大转矩场合，如防空警戒雷达的天线转速为 15 r/min，需用齿轮系减速，但齿轮间隙造成的滞环会引起电路小幅振荡、降低刚度，对系统性能很不利；又如绞缆机、带状物收卷机等，需要调节转矩和张力，则要引入转矩反馈。直流力矩电动机能够在低速下输出大转矩，可以省去减速齿轮。为了克服执行电动机本身的转动惯量，对电枢做了改进，出现了杯形、盘形和无槽电枢的低惯量电动机。

1. 稳态特性

(1)机械特性

直流电动机的机械特性是指在一定控制电压下转矩与转速之间的关系，可由图 4－142(a)直流电动机机械特性的曲线簇表示。电枢电流 I_a 通到电枢绕组后，在磁场的作用下产生电磁转矩，即

$$T = K_T I_a$$

$$T = \frac{K}{R} U_a - \frac{K_T K_e}{R}\omega$$

式中 K_T——直流电动机力矩常数；

T——电磁转矩；

K_e——直流电动机反电势常数。

稳态时，转速的变化率为零，$\omega = \mathrm{d}\Omega/\mathrm{d}t$ 是定值，是转子轴的角位移。

(2)调节特性

调节特性是指一定负载转矩下稳态转速随控制电压变化的关系，由上式稍加整理就可得到。不同负载转矩下有一组曲线，见图 4－142(b)直流电动机调节特性。

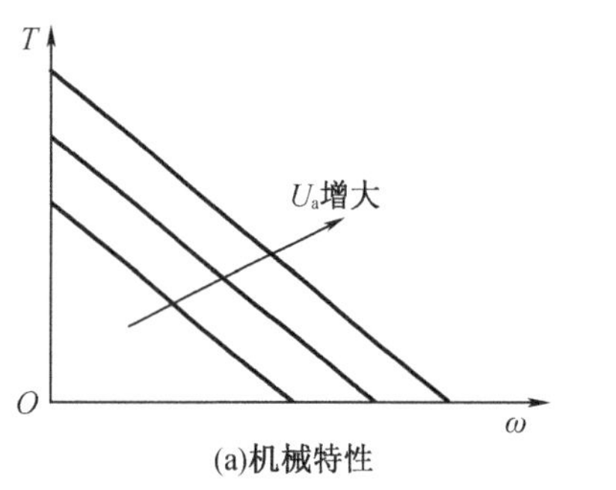

(a)机械特性

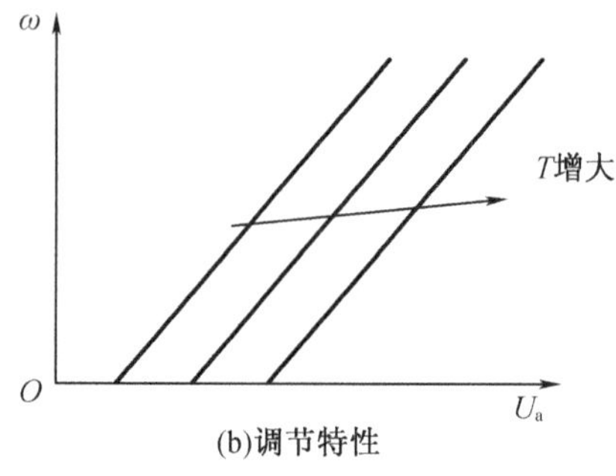

(b)调节特性

图 4－142　直流电动机稳态特性

2. 动态特性

电枢回路动态电压方程为

$$E_a = K_e \frac{\mathrm{d}\Omega}{\mathrm{d}t}$$

式中　Ω——电动机轴的角位移；

E_a——电枢反电势。

动态转矩方程为

$$L_a \frac{\mathrm{d}I_a}{\mathrm{d}t} + R_a I_a + E_a = U_a$$

$$J \frac{\mathrm{d}^2\Omega}{\mathrm{d}t^2} + k \frac{\mathrm{d}\Omega}{\mathrm{d}t} = T = K_T I_a$$

式中　J——转子和负载折合到电动机轴上的转动惯量；

k——转子和负载折合到电动机轴上的黏性摩擦系数。

用于随动系统的电动机，必须以角位移 Ω 为被控量；如果电动机用于调速系统，以 $\omega = \mathrm{d}\Omega/\mathrm{d}t$ 为被控量。

3. 直流电动机调速装置

根据机械要求选定直流电动机，要考虑电动机的转矩、功率、过载时间和过载倍数、调速范围，有时还要考虑弱磁升速，据此选择调速装置。调速的主要手段是用变流器调节电枢电压。

(1)交流－直流变流器

工业中大量应用的交流－直流变流器是晶闸管相位控制变流器，由整流变压器或进线电抗器、晶闸管、控制器组成。控制器的核心是模拟电路或微处理器。晶闸管变流装置产生的高次谐波可进入工业电网，造成对其他设备的干扰。

(2)直流－直流变流器

直流－直流变流器有逆变－整流方式和直流斩波方式,目前较先进的是晶体管脉宽调制(PWM)方式。与晶闸管变流器相比,PWM 装置具有以下优点:系统主电源采用整流滤波,几乎不产生污染工业电源的高次谐波。晶体管开关工作频率可高达 2 kHz,因此系统的响应速度和稳速精度较好。电动机的电枢电流脉动小,不需滤波电抗器也能平稳工作,系统的调速范围很宽。

4.8.2.2 交流异步电动机

与直流执行电动机相比,交流执行电动机的体积和质量较大,效率较低。但随着电力电子技术的发展,大功率交流电动机正迅速取代直流电动机。

1. 稳态特性

(1)转速

当定子绕组通三相正弦交流电时,产生一个旋转磁场。图 4－143 仅示出了一相磁场,实际上三相磁场成 120°空间角。旋转磁场的转速也称为同步转速 n_0,单位是 r/min,有

$$n_0 = 60\frac{f_1}{p}$$

式中 f_1——定子电源频率;

p——磁极对数。

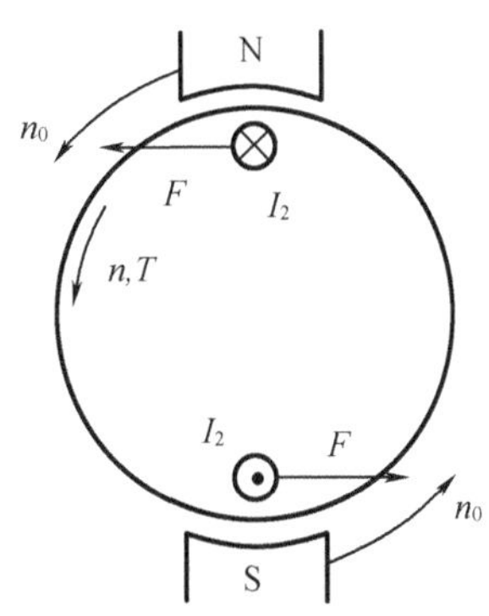

图 4－143 交流异步电动机原理

交流电动机的转速是

$$n = \frac{60f_1}{p}(1-s)$$

式中,s 为转差率,有 $0 \leqslant s < 1$,启动瞬间,$s=0$,因为有空气阻力形成的“风阻”,s 不会等于 1。通常 s 值在 0.2～0.8 之间,有

$$s = \frac{n_0 - n}{n_0} = 1 - \frac{n}{n_0}$$

根据以上几个式子可得如下几种调速方法:

①改变转差率 s。可在转子绕组中串接电阻来改变转差率 s,这种方法调速机械特性很软,低速运行时电阻损耗很大。改变定子电压 U_1 也可改变转差率 s,这种方法损耗也很大。损耗使电动机的效率降低,特性变差。

②改变极对数 p 来改变转速。这种方法调速是有级的,而且调速范围窄。电动机设计制造时就已决定了 p 的可取值,往往是 2 或 3。

③改变定子供电频率 f_1。可以无级地改变电动机的同步转速 n_0,这种方法称为变频调速。如果定子电压 U_1 与定子供电频率 f_1 协调,性能会更好。随着电力电子技术的发展,变频调速应用日益广泛。

(2)电磁转矩

交流异步电动机转矩是

$$T = K_T \Phi I_2 \cos\varphi_2$$

式中 K_T——由电动机结构决定的常数;

Φ——每一极的磁通；

I_2——转子电流，难以直接测量；

$\cos\varphi_2$——转子电路的功率因数。

$$\Phi = \frac{U_1}{4.44K_1 f_1 N_1}$$

式中　U_1——定子电源电压；

K_1——定子绕组系数；

f_1——定子电源频率；

N_1——定子每相绕组匝数。

Φ 可随 U_1 或 f_1 变化，且 $\Phi \propto U_1$。

$$I_2 = \frac{sE_{20}}{\sqrt{R_2^2 + (sX_{20})^2}}$$

式中　E_{20}——启动瞬间转子静止时的感应电动势。

$$\cos\varphi_2 = \frac{R_2}{\sqrt{R_2^2 + (sX_{20})^2}}$$

式中　R_2——转子每相电阻；

s——转差率；

X_{20}——启动瞬间转子静止时的每相漏感抗。

启动瞬间，$s=1$，$\cos\varphi_2$ 最小，随后 s 下降，$\cos\varphi_2$ 上升

启动瞬间，因 $s=1$，I_2 最大，称为启动电流，可达额定电流的 5～7 倍。随后 s 下降，I_2 减小。将以上关于 I_2 和 $\cos\varphi_2$ 的三个公式代入电磁转矩公式，得到

$$T = K_T \frac{sR_2U_1^2}{R_2^2 + (sX_{20})^2}$$

由上式可知，电磁转矩 T 与 U_1 平方成正比，同时是 s 的函数。以 s 为自变量，函数 $T(s)$ 在第一象限的曲线就是交流异步电动机的稳态机械特性。

(3)机械特性

稳态时，异步电动机的机械特性指 U_1 恒定时，转矩 T 与转差率 s 或转速 n 的函数关系，如图 4－144 所示。

曲线上的重要点有：n_N 为额定转速；T_N 为额定转矩；T_{st}为启动转矩。

将 $s=1$ 代入上式，可得

$$T_{st} = \frac{KR_2U_1^2}{R_2^2 + X_{20}^2}$$

式中，K 称为电动机常数。

由方程 $dT/ds=0$，解得 $s=R_2/X_{20}$时转矩达到最大，即

$$T_m = \frac{KU_1^2}{2X_{20}}$$

式中　T_m——最大转矩

图 4－145 显示定子电压 U_1 改变对 T_m 的影响，n_m 为临界转速。

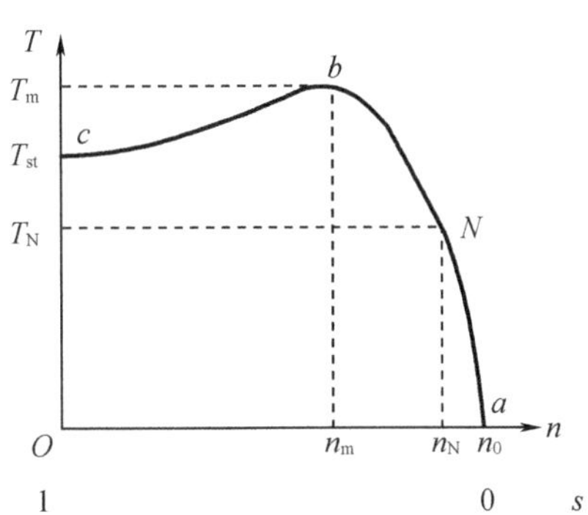

图 4-144 异步电动机的机械特性

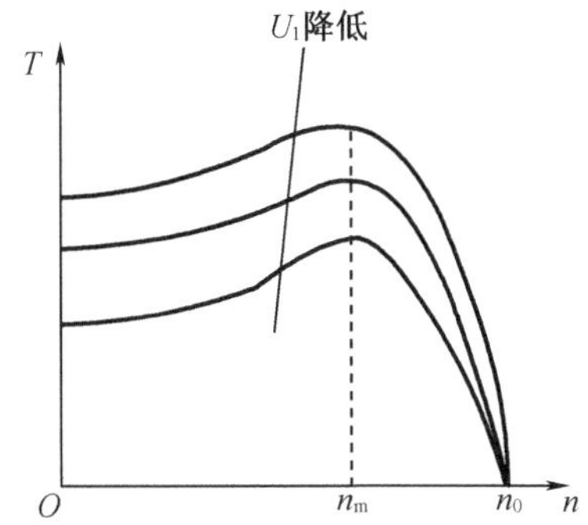

图 4-145 U_1 对异步电动机机械特性的影响

机械特性曲线上，ab 段可以稳定工作，进入 bc 段将会“闷车”，停转时转子中没有感应电动势，可能烧毁电动机。作为执行部件的交流异步电动机，转速变化频繁且变化范围大，异步电动机的机械特性这种特性是不适宜的。图 4-146 显示了转子电阻 R_2 对 n_m 的影响。如果 R_2 大到使机械特性曲线单调下降，这种交流异步电动机就适宜作执行电动机。

(4) 调节特性

调节特性是指一定负载转矩下稳态转速与控制电压变化的关系。一般作动力的交流异步电动机，通常工作在额定电压和转速下，并不采用通过定子电压 U_1 调节转速的办法。

2. 交流变频调速

改变定子电源的频率，可以实现异步电动机的大范围连续调速。变频调速原理可以用图 4-147 表示。变频技术是先从电网输入 50 Hz 的交流电，经可控或不可控的整流器转变成直流电压，再由逆变器变换成所需的电压和频率，驱动交流异步电动机。逆变器是实现直流-交流变换的变流装置。各种交流-直流-交流变频调速方案都要用到逆变器，当前有四类逆变器：电压源逆变器、电流源逆变器、脉宽调制逆变器、磁场定位矢量控制逆变器。

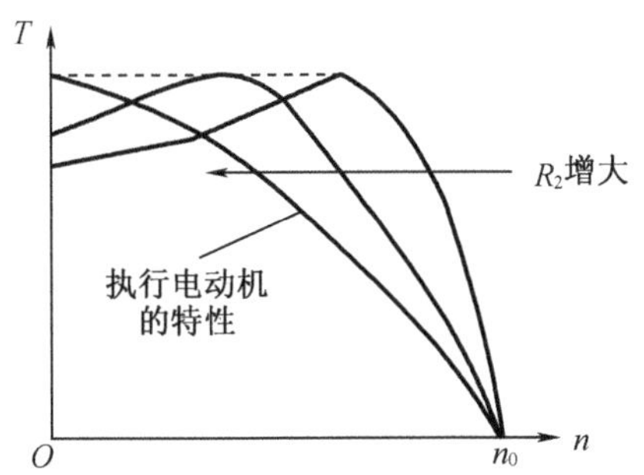

图 4-146 R_2 对异步电动机机械特性的影响

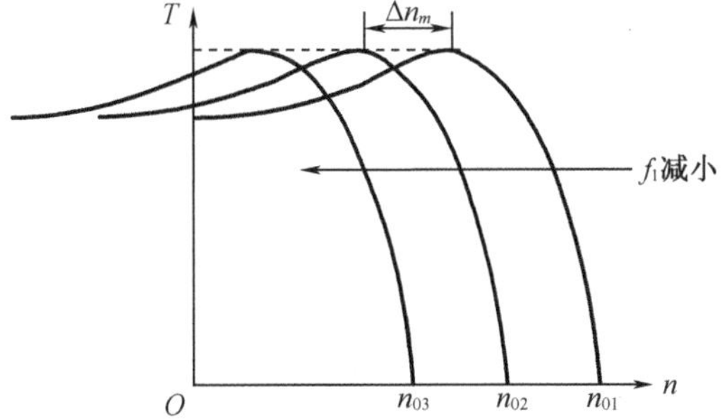

图 4-147 变频调速原理

(1) 可控整流调压-逆变调频调速

可控整流器与逆变调频器之间由控制电路协调，如图 4-148 所示。其优点是方便，缺点是电网功率因数低，且输出高次谐波成分大。

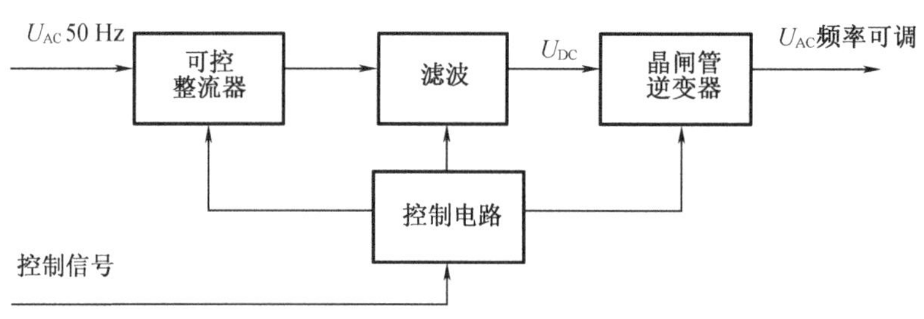

图 4 - 148　可控整流调压 - 逆变调频

(2)不可控整流 - 斩波调压 - 逆变调频调速

不可控整流 - 斩波调压 - 逆变调频调速如图 4 - 149 所示,其电网功率因数高,调速范围宽,但输出高次谐波成分仍很大。

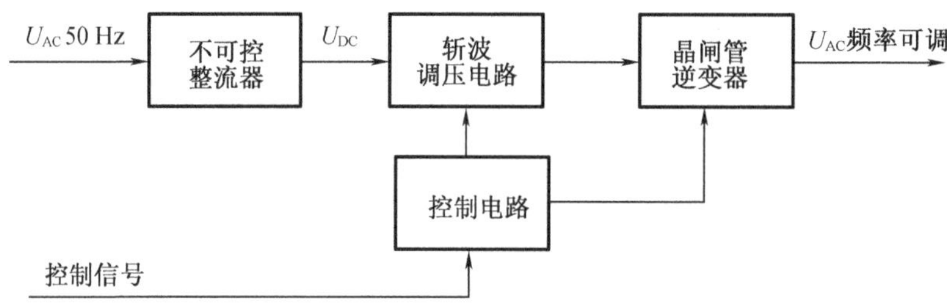

图 4 - 149　不可控整流 - 斩波调压 - 逆变调频

(3)交流 - 交流直接变频调速

交流 - 交流直接变频调速一次完成换能,因而效率较高,但其调频范围窄,适用于大容量低速传动,如轧钢机、矿井提升机、水泥回转窑、球磨机等。

(4)脉宽调制(PWM)变频调速

脉宽调制变频调速中调压和调频同时完成,电网功率因数高,调速范围宽,输出谐波小。随着新型电力电子器件的发展,开关频率已达几千赫兹,输出电流几百安培、电压上千伏。100 W 以下的变频装置,体积和质量小到可壁挂。正弦脉宽调制(SPWM)是近几年来出现的一种更优越的交流调速技术,可代替大部分整流调速系统,节能 20% ~30% 。

(5)通用变频器

600 kV · A 以下的中小容量一般用途变频器已经实现了通用化。通用变频器可以用于驱动普通异步电动机,还提供多种控制和保护功能。图 4 - 150 中主电路是可控的电力电子器件,包括整流、滤波和逆变,除完成变流的功能外,还附有保护电路。控制器由微处理器(CPU)和信号处理专用芯片组成,完成信号采样/保持、信号处理、故障保护,还可设定控制规律,并产生控制信号给主电路。信号输入电路从外部接收控制信号,或接收来自主电路的反馈信号;信号输出电路将主电路的状态和故障信号送往外部。作为一件产品,还有自备电源和 LED 显示,附加的漏电保护、过压保护电路可保护人身安全。

3. 两相异步执行电动机的电压控制

在随动系统中多用两相异步电动机作执行部件。这种电动机多采用笼式转子,结构简单,寿命长。

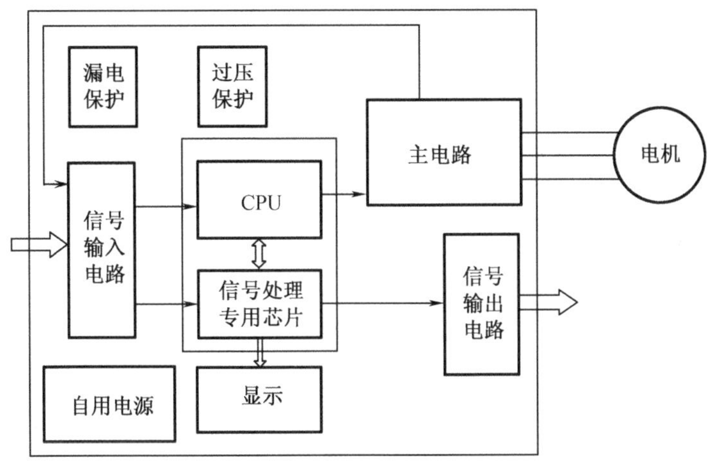

图 4－150　通用变频器框图

（1）动态机械特性

作执行电动机的交流异步电动机，转子电阻 R_2 很大，机械特性曲线单调下降。两相式交流异步执行电动机的原理见图 4－151，机械特性见图 4－152。

同一负载转矩下，控制电压 U_1 越高，转速越快；同一转速下，控制电压越高，输出转矩越大。在控制电压 U_1 的变化范围内，各转矩－速度曲线并不是等距的，同一条转矩－速度曲线也不是直线，但是往往仍在一定的电压和转速范围内将交流执行电动机理想化为线性元件。

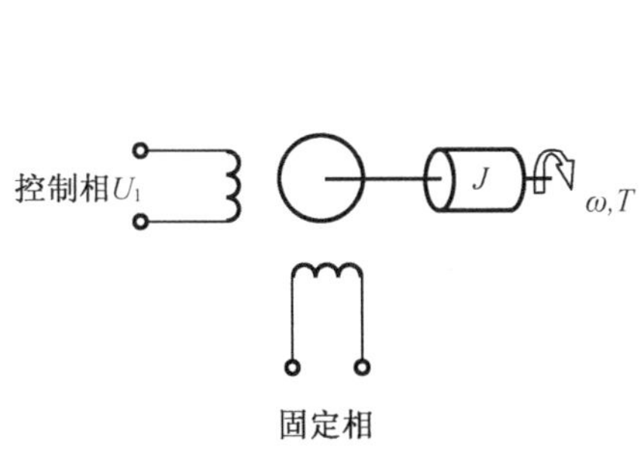

图 4－151　两相异步执行电动机原理

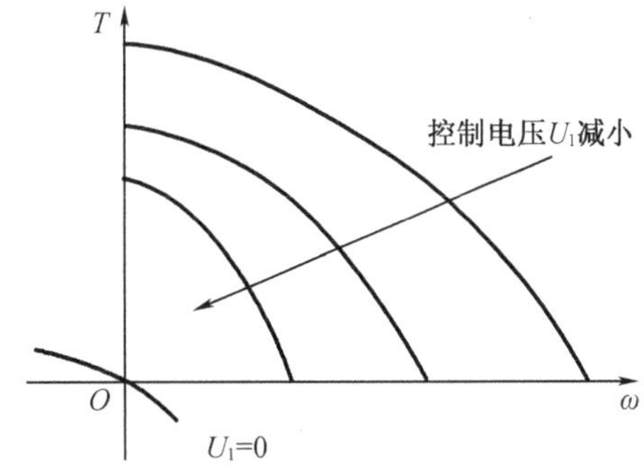

图 4－152　两相异步执行电动机机械特性

稳态时，用直线方程表示转矩－转速关系：

$$T = -K_n\omega + K_c U_1$$

式中，K_n 和 K_c 是正的常数；$\omega = \mathrm{d}\Omega/\mathrm{d}t$ 是角速度。

转子的力矩平衡方程：

$$T = J\frac{\mathrm{d}^2\Omega}{\mathrm{d}t^2} + k\frac{\mathrm{d}\Omega}{\mathrm{d}t}$$

式中　J——电动机本身转动惯量和负载折合到电动机轴上的转动惯量之和；

k——电动机本身黏性摩擦系数和负载折合到电动机轴上的黏性摩擦系数之和。

由此可得以控制电压 U_1 为激励，电动机轴的角位移 Ω 为响应的微分方程：

$$J\frac{d^2\Omega}{dt^2}+(k+K_n)\frac{d\Omega}{dt}=K_cU_1$$

（2）调节特性

两相异步执行电动机电压控制的调节特性曲线如图4－153所示。

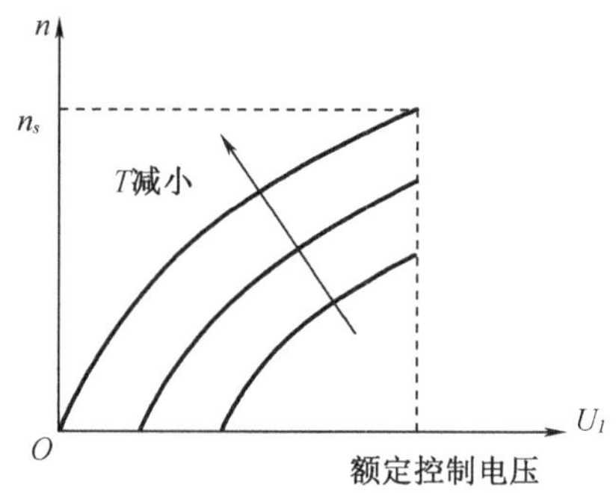

图4－153　两相异步执行电动机电压控制的调节特性曲线

4.8.2.3　步进电机

步进电机是一种将电脉冲信号转换成相应的角位移的电磁机械装置。当步进电机的控制系统每输出一个经功率驱动线路放大的电脉冲信号加于步进电机绕组时，电动机轴就转过相应角度。由于这种电动机受控于电脉冲信号，又称为脉冲电动机。直线步进电机可将电脉冲信号转换成相应的线位移。步进电机在轧钢机、数控机床、绘图机、自动记录仪中应用很多。

步进电机的应用与其驱动电源供电方式关系密切，驱动电源通常由大功率晶体管或晶闸管等电力电子元件组成。

微型计算机进入步进电机的控制领域以来，以软件取代了复杂逻辑控制电路，使得步进电机的控制更灵活多样，在机电系统中的定位、对中、纠偏、测距、进给等控制方面都得到了广泛的应用。

步进电机的特点如下：

（1）运行转速与控制脉冲的频率成正比，且在负载能力范围内不受电压波动、电流波形及环境温度变化的影响。

（2）位移量取决于输入脉冲数，步距误差不会长期积累，在不失步的情况下，每转一周积累误差等于零。

（3）在脉冲数字信号控制下，具有灵活的控制性能，能方便地实现启动、加速、减速、停止、反转、定位等运行方式。

步进电机种类很多，主要有反应式、永磁式、永磁感应子式、机械谐波式、电感谐波式，以及混合式等。由于反应式步进电机结构简单、步距角小、工作可靠、运行频率高，应用最为广泛。下面以反应式步进电机为例，介绍其基本结构、工作原理、主要参数与性能指标。

1. 反应式步进电机工作原理

反应式步进电机又称磁阻式步进电机，工作原理与同步电动机相同。电动机的定、转子磁路均由软磁材料制成。定子上多相激磁绕组按一定顺序通电后产生转矩。绕组每接收一个脉冲，转子就转过一定角度。正常运转时，在负载能力范围内，步进电机的角位移量与输入脉冲的个数严格成正比，角速度与输入脉冲频率成正比，发生差错称为失步现象。角位移与输入脉冲时间上同步，因此只要控制脉冲的频率和电动机绕组的相序就获得需要的转角、转速和转动方向，适合于开环系统的数字控制。

如果电动机有 ABC 三相绕组，每次换相通电转子所转过的角度称为步进电机的步距角，以 β_b 表示，有

$$\beta_b=\frac{360^\circ}{m_pZ_c}$$

式中　m_p——一周内循环通断电节拍数，称为循环拍数；

Z_c——转子齿数。

循环拍数 m_p 取决于步进电机的相数 m 及脉冲分配方式，由下式决定：

$$m_p = Km$$

式中 K——与脉冲分配方式有关的系数，例如三相三拍通电方式下 $K=1$，三相六拍通电方式下 $K=2$。

脉冲分配方式常有三相三拍通电方式和三相六拍通电方式两种。$A—B—C—A$ 通电方式是三相三拍通电方式之一。还可按 $AB—BC—CA—AB$ 的方式通电，其结果与 $A—B—C—A$ 通电方式相似，这两种三相三拍通电方式下 $K=1$。另一种通电方式为 $A—AB—B—BC—C—CA—A$，一个通电循环周期成了六拍，这种通电方式称为三相六拍通电方式。从上两式可看出，由于循环拍数增加了一倍，$K=2$，步距角 β_b 相应减小。

如果通电次序为 $A—B—C—A$，称为正相序，转子沿逆时针方向转动，实现了步进电机的正转；如果通电次序为 $A—C—B—A$，称为逆相序，则转子将沿顺时针方向转动，实现步进电机的反转。

2. 步进电机的启动和运行

步进电机的可启动频率随负载转矩增大而下降，随转动惯量增大而下降。步进电机有以下几种运行状态：

(1)极低频率下运行，相当于一系列的单步运行。电动机处于欠阻尼状态，易出现转子角位移的振荡。

(2)低频运行。控制脉冲频率接近或等于步进电机的振荡频率时，会出现强烈振荡，甚至出现失步现象。低频运行状态的振荡见图 4－154，可以用阻尼器或干摩擦负载克服振荡。

(3)连续稳定运行。这种运行能达到的最高频率称为连续运行频率或跟踪频率，这一指标受定子时间常数、转子惯量、阻尼等因素限制，可达 10 kHz。

(4)高于连续运行频率运行，可出现高频失步如图 4－155 所示。

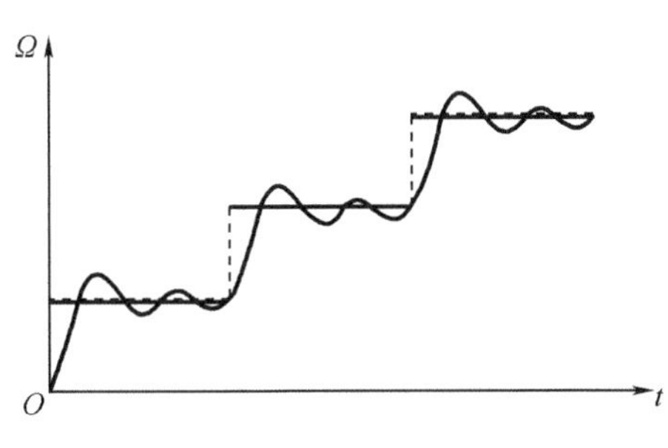

图 4－154 步进电动机低频运行

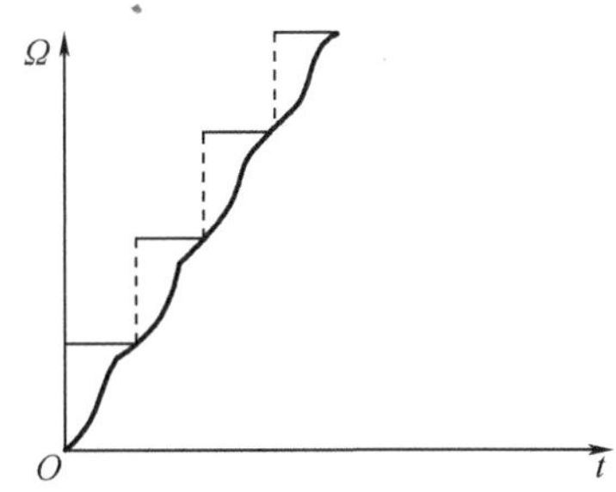

图 4－155 步进电动机高频运行

3. 步进电机的主要参数与性能指标

(1)矩角特性

矩角特性指步进电机的静转矩 T_j 与失调角的关系特性。静转矩是指在步进电机转子静止时，给电动机绕组通以直流电，由于失调角的存在而产生的电磁转矩。失调角是指步进电机未加直流电前，转子静止时转子中心线与偏离定子中心线的夹角，静转矩随该夹角的大小变化。失调角为 ±π/2 处静转矩最大，当电动机空载而某一相绕组通以直流电时，转子的齿中心线与该相定子中心线对齐，失调角为0或±π，静转矩为零。

若电动机承受一定的负载而某一相绕组通以直流电时，会有一个静态失调角 θ。若忽略磁路的非线性，矩角特性是正弦曲线。静转矩的最大值与绕组电流的平方成正比。如图4－156所示为步进电机的矩角特性。矩角特性是衡量步进电机性能指标的最本质的特性曲线。一台性能优良的步进电机不仅静转矩要大，而且矩角特性波形前后沿要陡，这样的步进电机带负载能力强，运行时稳定性好。

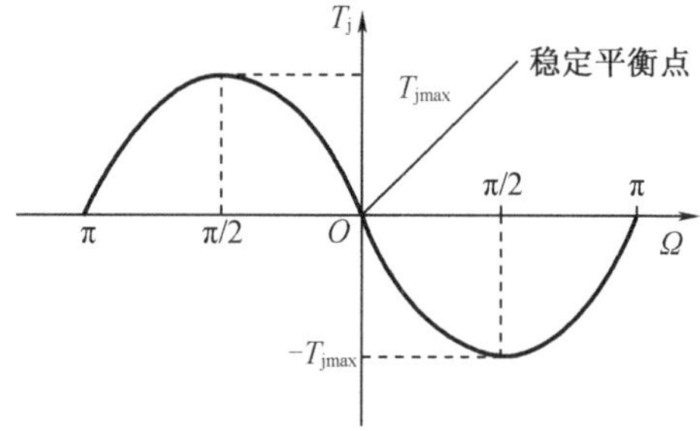

图4－156　步进电动机矩角特性

（2）最大静转矩

每相绕组通以额定相电流时，矩角特性曲线上转矩所能达到的最大值，称为最大静转矩，用 T_{min} 表示。它是衡量步进电机负载能力的一项重要指标。最大静转矩与步进电机的相电流有关，同一台步进电机配以不同的驱动电源，输出转矩也会有很大差异。因此，步进电机制造厂商在所给的技术数据中一般没有电动机额定功率这一指标，而用最大静转矩来衡量步进电机的容量。最大静转矩的数据是每相绕组通以额定相电流时得到的。

（3）启动频率

步进电机在静止状态下不失步启动的最高脉冲频率称为启动频率，以 f_q 表示。它是反映步进电机启动速度响应性能的一项重要指标。启动频率有空载启动频率和负载启动频率两项指标，制造厂商一般都给出空载启动频率这一技术数据。负载启动频率主要取决于负载大小，并与转动惯量有关。

（4）运行频率

步进电机启动后，随着控制脉冲频率不断上升，能不失步运行的最高频率称为运行频率，以 f_v 表示。运行频率这一指标对用户按控制对象的速度要求合理选择步进电机十分有用。制造厂商一般都给出空载运行频率这一技术数据。运行频率往往比启动频率高许多倍，所以在实际应用中，通常采用自动升降频控制方式，充分挖掘步进电机的运行速度。

（5）矩频特性

步进电机运转中动态转矩随控制脉冲频率而变化的特性称为矩频特性。图4－157中，频率升高时转矩下降的原因是定子电感的感抗、反电势产生的阻尼、铁芯涡流损耗等。

4.步进电机控制系统及功率驱动电源

对步进电机的运行控制，如启动、停止、升速、降速、正转、反转、定位等，要由步进电机控制系统来实现。控制部分通常由可编程逻辑电路或处理器组成。脉冲发生器、脉冲分配器等单元也归入控制部分。

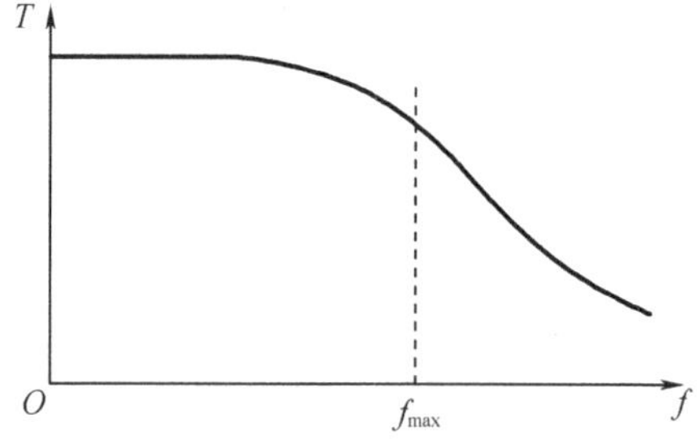

图4－157　步进电动机矩频特性

步进电机的运行还要靠功率驱动电源，功率驱动电源可按使用的电力电子元件类型，或按驱动控制方式分类。功率驱动电源由前置放大器、功率放大器等组成，主要根据步进电机的功率大小、相数多少、频率高低等技术指标设计驱动电源。步进电机控制及功率驱动系统框图如图4－158所示。

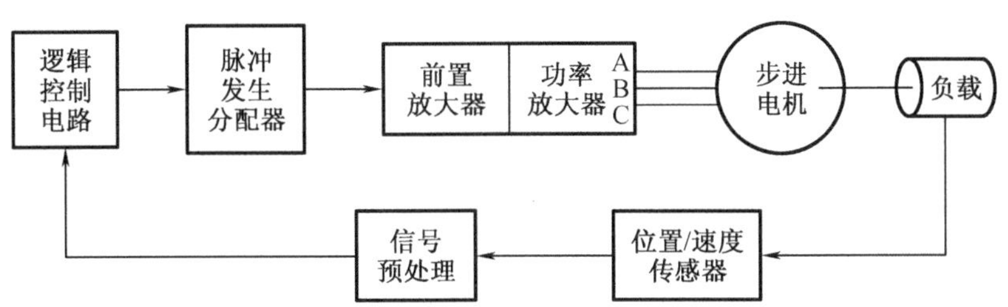

图 4-158 步进电动机控制及功率驱动系统框图

无论哪种步进电机驱动电源,都要尽可能提高步进电机的输出转矩,并希望步进电机起步响应快,运行频率高,充分提高步进电机的工作效率。步进电机的输出转矩与在通电周期内供给电动机绕组的电流矩形波有效面积成正比,所以要提高步进电机的输出转矩,其实质问题是要在通电周期内尽可能提供足够大的矩形波电流。

步进电机对供电电源来讲是一种感性负载,因此供电电流无论上升或下降都有一定的时间过程,步进电机绕组电流是按指数规律变化的。电路时间常数是步进电机绕组电感与绕组电阻及驱动电源主回路串联限流电阻之和的比。适当增加步进电机绕组串联的限流电阻可以减小时间常数,缩短电流上升时间,改善电流波形。这是在单电压驱动线路中经常采用的方法,一般用于直径在 110 mm 以下或者非连续运转的小功率步进电机。另一种方法是采用高低压驱动电源线路。在开通时用高压供电,强迫电流快速上升,提高电流上升的前沿陡度,随后改用低压供电,维持步进电机所需的稳态电流。这种高低压驱动电源静态功耗小,适用于容量较大、性能要求高的步进电机。当然,线路要比单电压驱动线路复杂。由于高压电源的存在,对功率开关元件的耐压等级要求提高,成本也相应提高。因此,在步进电机容量不大或运行性能指标要求不高的情况下,可优先考虑采用单电压驱动线路。

5. 步进电机的选用原则

步进电机与交流、直流电动机不同,它的性能指标与所配备的驱动电源有很大关系,所以在选用步进电机时应与选配驱动电源综合考虑。

对步进电机的选择主要包括以下几个方面:根据负载性质与大小、运行方式以及系统控制要求,综合选择步进电机的类型、基本技术指标、外径安装尺寸以及价格等。

(1)输出转矩的选择

选择步进电机首先是根据负载情况选定步进电机的输出转矩。步进电机的输出转矩与所配备的驱动电源、负载情况有很大关系,所以对输出转矩的选择不能简单地由一个指标或一个公式而定。应根据步进电机技术数据中所给出的最大静转矩 T_{jmax}、矩角特性和矩频特性等数据,结合起来综合分析,合理选择。一般情况下,步进电机制造厂商在所给的技术数据中没有输出转矩这一指标。

最大静转矩这一指标对选择步进电机的输出转矩来说是最基本的参数。一般可根据最大静转矩和实际所需电动机工作频率范围大致估算电动机的输出转矩。在步进电机的矩角特性曲线和矩频特性曲线上可看出,电动机在不同的运行频率下,输出转矩是不同的。通常在低频运行时,最大输出转矩可达(70% ~80%)T_{jmax},随着运行频率提高,输出转矩下降到(10% ~70%)T_{jmax}。所以,在选择输出转矩时,根据以上技术数据及实际所需电动机工作频率范围,再留有一定的裕度,大致可选择电动机输出转矩为最大静转矩的 20% ~30%。

另外，不同外形尺寸的步进电机对输出转矩的选择也有一定的影响。因为外形尺寸大的步进电机静转矩较大，在低速运行时可以产生较大的转矩，适合带动低频工作的负载。而尺寸小的步进电机，相对运行频率较高，在较高运行速度时也能产生较大的转矩。所以要根据负载转动惯量及运行频率范围选择步进电机的外形尺寸。

(2)步距角的选择

不同的步进电机其步距角可能相差甚远。现在市场上提供给用户的步进电机品种很多，步距角大致有0.36°、0.75°、0.9°、1.5°、2.25°、3.0°、7.5°等，不同的步进电机步距角相差可达数十倍。选择时应根据系统的控制精度要求、运行速度要求来选择合适的步距角。对于定位精度或运行频率要求不高的控制系统，可以选择步距角较大、运行频率较低的步进电机。这样，控制系统的成本也可降低。而对于定位精度较高、运行速度范围较广的控制系统，则应选择步距角较小、运行频率高的步进电机。有时所选择的步距角不一定完全符合系统控制要求，则可在电动机与负载之间加装齿轮变速系统，以获得符合要求的步距角。在定位精度要求特别高的情况下，还可以采用细分电路等特殊电路对步距角进一步细分，以满足控制系统的精度要求。

(3)启动频率与运行频率的选择

机电控制系统中，对步进电机启动频率与运行频率的要求是根据负载对象的工作速度而提出的。制造厂商给出的步进电机技术数据中，只有空载情况下电动机的最高启动频率与最高运行频率。当步进电机带负载以后，启动频率与运行频率比空载时都要下降许多。所以，在选择步进电机时，应事先估算出带上负载后的步进电机的启动频率与运行频率。带负载后的启动频率，主要与负载的转动惯量有关。根据厂商给出的空载启动频率和对电动机的矩频特性，能大致估算出带负载后的启动频率。

下式可近似计算带负载后的启动频率。对于既带有惯性又带有摩擦的负载，有

$$f_q = f_{kq}\sqrt{\frac{1-\dfrac{M_{mz}}{M_{dz}}}{1+\dfrac{J_{fg}}{J_{zg}}}}$$

式中　f_q——步进电机带负载后的启动频率，Hz；

f_{kq}——步进电机空载启动频率，Hz；

J_{fg}——负载惯量，kgm^2；

J_{zg}——步进电机转子惯量，kgm^2；

M_{mz}——负载摩擦转矩，N·m；

M_{dz}——步进电机输出转矩，N·m，可根据空载启动频率在运行矩频特性中查找。如果摩擦很小，可视负载摩擦转矩 M_{mz} 为零。

步进电机的运行频率反映了电动机的工作速度，也就是快速性能。一台步进电机的最高运行频率往往比启动频率要高几倍，甚至十几倍。为了充分发挥步进电机的快速性能，电动机启动后，在不失步的前提下，总是希望电动机工作在所能达到的最高运行频率。为此，通常在控制系统中采用自动升降频电路，以提高步进电机的工作效率。

4.8.2.4　直线电动机

很多机电系统需要实现直线运动，但大多数动力装置是旋转运动的。以往多用蜗轮－蜗杆、齿轮－尺条或丝杠－螺母等运动转换机构，用偏心轮和曲轴连杆、滑块等零件，有时

还需要飞轮,得到直线运动,而电 - 液装置采用活塞和缸结构实现直线运动。如果采用直线电动机,不需要从转动到平动的运动转换,可以简化机构,提高效率,使直线运动更容易控制,得到很高的线速度或很大的直线推力。

直线电动机的应用很广泛。譬如,用于制造设备,可制成电磁冲压机、电磁锤、$x-y$ 工作台、机床间传送线、自动浇铸机的电磁泵、电磁搅拌、型材轧制牵引机、电磁梭、绕线机;用于矿业设备,可制成矿井提升机、矿用推车、磁铁矿的选矿、磁分离装置;用于物流设备,可制成物料输送线、分拣机、流水线、立体仓库、行车;还可用于其他机电产品,如绘图机、笔式记录仪、磁盘驱动器、扫描仪、打印机、照相机快门、自动安全门窗。

1. 直线电动机基本原理

直线电动机的基本原理可以从旋转电动机直接演变而来。如图 4 - 159 所示,设想把旋转电动机自转子轴至定子外圆周沿径向 A—A' 剖开,转子和定子都展成直条状,就成了直线电动机。原来的定子仍是定子(也称初级),原来的转子改称动子(也称次级)。选用直线电动机时,定子或动子至少应有一个的长度等于工作行程。

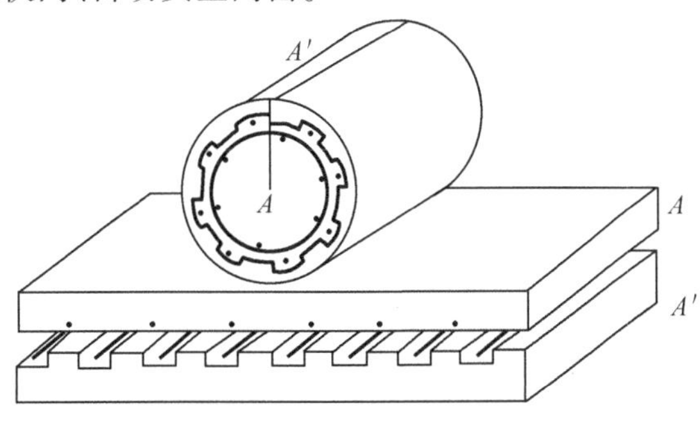

图 4 - 159 直线电机基本原理

虽然直流电动机、同步电动机和异步电动机原理上都可以做成直线电动机,但由于异步电动机不需要向转子通电流,所以大多数直线电动机是异步电动机,动子可免去通电导线。又由于定子上有绕组,制造成本比较高,所以多数异步直线电动机是定子短而动子长。在仪器仪表和信息设备行程很短的场合,也采用直流机或同步机。

与旋转异步电动机类似,定子绕组通电后,在气隙中产生一个平动磁场,磁场的移动方向由绕组的相序决定,磁场移动的线速度也称为同步速度 v_1,v_1 与电源频率 f 和极距 τ 有如下关系:

$$v_1 = 2f\tau$$

$$s = \frac{v_1 - v}{v_1}$$

v 为动子运动速度。与同步速度 v_1 的相对差异 s 称为滑差率。滑差率的概念相当于旋转异步电动机的转差率。异步直线电动机运行时,移动磁场切割动子导体,在动子导体中产生电流,从而得到推力,单边型电动机每一对磁极产生的推力为

$$F = -\frac{\tau}{2} l B_\sigma I_2 \cos\psi_2$$

式中 τ——磁极间距离;

l——平面型电动机定子的宽度;

B_σ——气隙磁密,定子电压恒定时是不变的;

I_2——动子导体表面线电流密度的幅值,与滑差率有关;

ψ_2——动子电流 I_2 的相角,也与滑差率有关。

由上式可见,推力 F 与滑差率 s 有关,这与旋转异步电动机物理本质上相同。p 对磁极产生的推力是上式的 p 倍。

2. 直线电动机的分类

直线电动机按机械特性可分为以下三类。

(1)推力型电动机

推力型电动机也称力电动机。低速、短时、短行程运行,输出推力大,可用于阀门、闸门、门窗、拉伸机、压力机、机床的进给、机械手等。这类做往复运动的直线电动机要求启动推力很大。

(2)冲量型电动机

冲量型电动机也称能电动机,可由静止状态突然启动,使负载在短距离、极短时间内得到巨大的动能,加速到极高的线速度,可用于导弹、鱼雷发射、电磁炮、飞机起飞之类的弹射装置,冲击试验机、冲压机、电磁锤等。这类电动机的瞬时功率很大。

(3)功率型电动机

功率型电动机也称功电动机。长距离或长时间连续运行,要求功率因数高,主要用于以一定的速度拖动负载的场合,如磁悬浮列车、高速物料输送线、梭织机。

直线电动机的结构有平面型和管型两类,平面型又分为单边和双边型两种,管型有圆管型和方型两种。管型直线电动机的定子结构简单,绕组铜损耗小。平面型直线电动机的动子散热条件好,而管型直线电动机的动子损耗产生的热不易散去,在低速动作时可能过热。

3. 直线电动机的特点

直线电动机的优点如下:

(1)可直接产生直线运动,不需要运动转换,使机构简化,便于控制,系统可靠性高。

(2)瞬时线速度很高时,零部件不受离心力作用。

(3)定子和动子之间的电磁推力可消除运行中的机械接触,因而机械功率损耗和磨损可减到很小。

(4)无机械接触,噪声较小。

(5)平面型直线电动机容易散热,容量大的直线电动机常不需要附加冷却装置。

(6)定子或动子适当密封后可运行在高温、水下或有腐蚀性的环境中。

直线电动机的缺点如下:

(1)有所谓边端效应,因为磁路开断,铜损和漏抗压降大。定子两端的磁路与中部的磁路不同,两端的磁场畸变,含有较复杂的谐波或脉动磁场分量,甚至负序的磁场分量,平面型直线电动机尤为严重。直线电动机的定子绕组,只有嵌在定子槽内的部分是产生电磁力的有效部分,两边和两端的部分不仅不能有效产生电磁力,还造成了铜损耗和漏抗压降。

(2)气隙大,功率因数比同样容量的旋转电动机低。旋转电动机的转子依赖轴承支承,可使气隙很小,而直线电动机在很长的行程上要保证定子和动子不发生摩擦,气隙势必要大。大的气隙还要求大的激磁电流,电动机的效率降低。

(3)启动推力受电源电压的影响,特别是感应式直线电动机。

(4)管型直线电动机不易散热。

4.8.2.5 电力电子器件

机电系统中,各种电气执行部件都需要一定的功率器件来驱动或供电,这些器件统称为电力电子器件。变流器是实现电能的交—直、直—直、交—交、交—直—交变换的装置,各种变流器的核心是电力电子器件。在交流传动、直流转动、电源无功补偿、交流输电、直流输电、高频电源、开关电源、UPS 等领域,电力电子器件得到广泛使用。

电力电子器件主要在高电压、大电流下实现开关功能，可以按不同的方式分类。电力电子器件按开关方式，可分为以下三类。

(1)不可控型

不可控型器件本身没有通断控制功能，只是简单地正向导通、反向截止，状态只能靠电流换向来改变，如整流二极管。

(2)可控导通型

可控导通型能通过控制信号使器件在希望的时刻从关断状态变成导通状态，但相反的转换，即从导通状态到关断状态的转换，只能等待电流换向。这一类器件如晶闸管。

(3)可控导通关断型

可控导通关断型也称自关断型、可关断型。通过控制信号既能使器件在任一时刻导通，又能使器件在任何另一时刻关断，这无疑更加灵活。这一类器件有巨型晶体管(giant transistor，GTR)、门极可关断晶闸管(gate turn-off thyristor，GTOT)、绝缘栅双极型晶体管(isolation gate bi-transistor，IGBT)等。

电力电子器件按控制信号可分为电流控制型和电压控制型两类。巨型晶体管、普通晶闸管和门极可关断晶闸管是电流控制的，近年来与MOS器件复合，发展出场效应晶体管、静电感应晶体管(static inductive transistor，SIT)和绝缘栅双极型晶体管等电压控制型器件。

电力电子器件的控制方式有模拟控制和数字控制两类。数字控制基于PLC、微处理器或其他可编程序器件。

电力电子器件都以PN结为基本结构，但是按器件结构可分为分立器件、模块、组件三种。模块是由两个或两个以上管芯组合而成的不可拆卸的器件组合件，管芯是几百至上千个相同参数的“胞”(器件单元)并联在一块硅片上构成，每个“胞”可通过2~3 A电流。组件由分立器件按功能组合而成，已考虑了元件的匹配和吸收关断高频噪声的RC吸收回路，使用和更换很方便。常见的有各种可控或不可控的整流桥。安装方式有螺栓、平板、平底和镶嵌四类。各主要厂商的产品可互相对照。

几种主要的电力电子器件适用的容量-频率范围如图4-160所示。

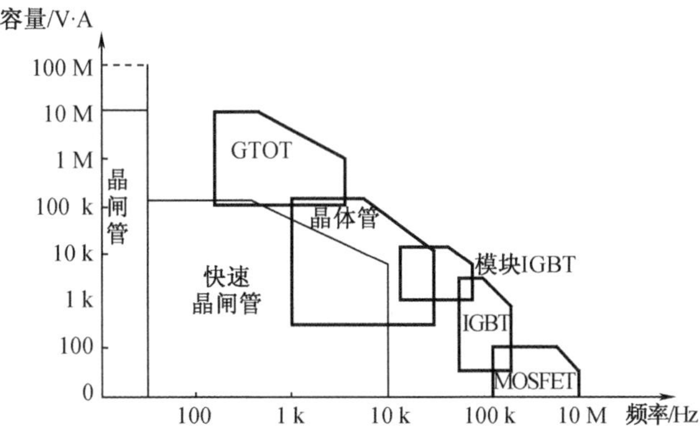

图4-160　各种电力电子器件的适用范围

第5章 核测仪表

5.1 电 离 室

1. 概述

电离室是利用电离辐射的电离效应测量电离辐射的探测器，是一种最早用于输出电信号的电离辐射探测器，具有悠久的历史。

每个电离室有3根引出电缆:1根信号电缆，1根高压电缆，1根高压监测电缆。电离室通过电缆与电离室放大器连接，将电离室的线性电流信号转换成需要的参数。

2. 结构与原理

(1)电离室结构

电离室主要是由高压电极、收集电极、电极之间的气体以及电极之间绝缘支撑构成。如图5-1所示。

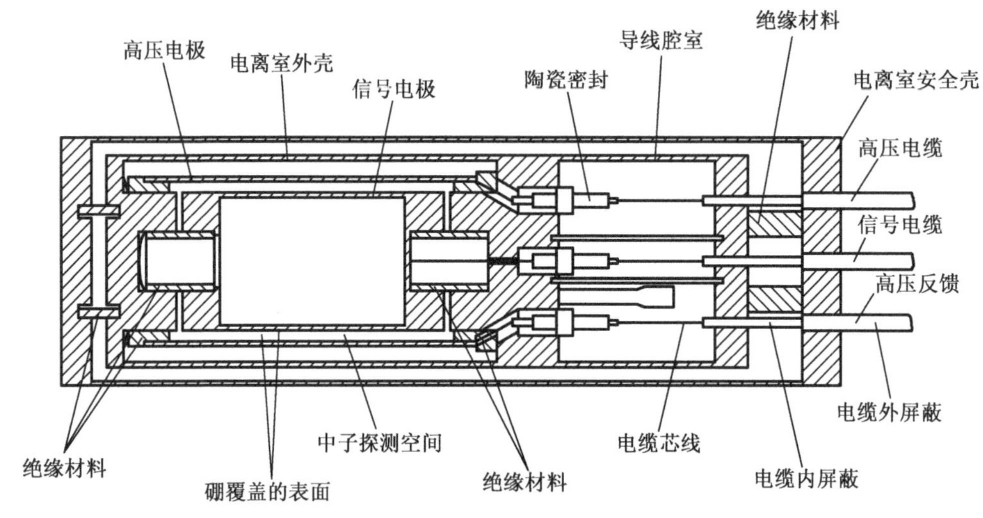

图5-1 电离室结构

(2)电离室工作原理

电离室是基于探测入射粒子进入其内，与所充物质直接或间接相互作用时，使物质的原子或分子电离而产生的正负离子对来测量放射性强度或入射粒子能量的一种探测器。

进入电极之间空间的荷电粒子将引起气体分子电离，从而产生正负离子对，假如忽略正负离子的扩散和复合的话，则离子电流可以表达为

$$I = e\int_A N_0 \mathrm{d}A$$

式中 e——电子电荷；

A——电离室灵敏体积；

N_0——单位体积、单位时间内形式的离子对平均数。

用来探测中子的电离室通常有圆筒式和平行板式两种，其内部电极涂以硼，腔内充以惰性气体（例如氦和氩）、中子使电离室内部气体电离，在外部电场作用下有一个正比于中子通量密度的电流流过电离室，该电流在负载电阻上就产生一个正比于功率水平的电压降。

当硼被中子轰击时，发生下列核反应，产生 α 粒子：

$$\begin{aligned} {}_0^1\mathrm{n} + {}_5^{10}\mathrm{B} &\rightarrow {}_5^7\mathrm{Li} + {}_2^4\mathrm{He} + 2.793\ \mathrm{MeV} \\ &\rightarrow {}_3^7\mathrm{Li} + {}_2^4\mathrm{He} + 2.316\ \mathrm{MeV} \\ &\rightarrow {}_3^7\mathrm{Li} + 0.48\ \mathrm{MeV} \end{aligned}$$

核反应产生的锂离子和 α 粒子使氦气体（或氩气）电离，产生电子和正离子（即正负离子对），电子和正离子在外加电场的作用下分别向阳极和阴极（即收集电极和高压电极）运动，形成电脉冲（α 脉冲），γ 射线也产生电脉冲，但是幅值较小，可用甄别放大器将它和反应堆内其他的 γ 射线产生的小幅度脉冲滤除，只放大 α 脉冲，从而得到只与中子通量成比例的计数。

为了尽量避免 γ 射线的影响，电离室的工作区一般很小，除采用甄别放大器外还可采用其他技术消除 γ 射线的影响。

（3）电离室相关术语

饱和电流：在给定的辐照条件下，当所加电压足够高（但未达到气体放大区），以致所有的离子对几乎都被收集时所获得的电离电流。

饱和电压：在给定的辐照条件下，获得电离室饱和电流所需的最低电压。

坪特性曲线：在其他参数不变的条件下，电离室输出电流与所加电压之间的关系曲线。

坪长：在电离室坪特性曲线上，输出电流基本上不随外加电压变化的那一部分坪区的范围。

坪斜：在电离室坪特性曲线的坪区，电压每改变 100 V 输出电流变化的百分数。

使用寿命：在规定范围内的辐射和环境条件下工作，探测器特性指标超过规定容差时的寿命。

伴生辐射：伴随被测辐射出现但不是测量对象的辐射。应尽量消除这种辐射对测量的影响。

灵敏度：单位热中子注量率照射所产生的输出信号电流。

γ 感应度：电离室在 ^{60}Co γ 源辐照下所产生的输出信号电流，除以 γ 照射量率所得的商。

补偿因子：补偿式电离室伴生辐射的感应度与同一电离室无补偿时对同一伴生辐射感应度的比值。补偿率为补偿因子的倒数。

无扰动的中子注量率：在电离室未装在该位置时，该处的空间平均中子注量率。

受扰动的中子注量率：将电离室置于该位置时，该处的空间平均中子注量率。

（4）性能指标（表 5－1）

表 5－1　电离室的性能指标

类别	推荐外径 mm	工作温度范围[1]℃	信号极对高压极和地的电容 pF	高压极和信号极对外壳的绝缘电阻 Ω	γ 感应度[2] $A \cdot C^{-1} \cdot kg \cdot h$	中子灵敏度[2] $A \cdot n^{-1} \cdot cm^2 \cdot s$	坪长 V	坪斜%/100 V	线性偏差%	测量范围 $n \cdot cm^{-2} \cdot s^{-1}$	使用寿命	工作电压范围 V
γ 补偿电离室	32	0～90	由各管型确定	$\geqslant 1.0 \times 10^{12}$	$\leqslant 4.0 \times 10^{-9}$	$\geqslant 5.0 \times 10^{-16}$	⩾400	⩽1.5	⩽ ±10	10^3 ～ 5.0×10^{10}	$\geqslant 5 \times 10^{17}$ $(n \cdot cm^2)$ 或 2 a^3	±200～±500
	50			$\geqslant 1.0 \times 10^{12}$	$\leqslant 5.0 \times 10^{-9}$	$\geqslant 2.0 \times 10^{-14}$	⩾500					
	80			$\geqslant 5.0 \times 10^{11}$	$\leqslant 8.0 \times 10^{-9}$	$\geqslant 5.0 \times 10^{-14}$	⩾600					±300～±700
无 γ 补偿电离室	8	0～90		$\geqslant 5.0 \times 10^{11}$	$\leqslant 2.0 \times 10^{-9}$	$\geqslant 1.0 \times 10^{-17}$	⩾200	⩽5		10^9 ～ 10^{13}		50～150
	32			$\geqslant 1.0 \times 10^{12}$	$\leqslant 8.0 \times 10^{-8}$	$\geqslant 5.0 \times 10^{-15}$	⩾400	⩽1.5		10^7 ～ 5.0×10^{10}		200～500
	50			$\geqslant 1.0 \times 10^{12}$	$\leqslant 1.0 \times 10^{-7}$	$\geqslant 2.0 \times 10^{-14}$	⩾500					300～800
	80			$\geqslant 5.0 \times 10^{11}$	$\leqslant 2.0 \times 10^{-7}$	$\geqslant 5.0 \times 10^{-14}$	⩾600					
	80 多节电离室			$\geqslant 5.0 \times 10^{11}$	由节长确定	中子灵敏度由各节长确定；各节中子灵敏度一致性偏差⩽7%	⩾500	⩽1.5	⩽ ±5	10^7 ～ 2.5×10^{10}	1.0×10^{18} $(n \cdot cm^2)$ 或 2 a^3	400～800

注：1. 根据需要工作温度可扩展为 0～400 ℃，这时表 5－1 中所列的绝缘电阻、中子灵敏度和使用寿命三项指标允许有一定变化。

2. 除外径为 φ8、φ32 两种电离室的中子灵敏区长度为 100～150 mm 以外，其余尺寸的电离室的中子灵敏区长度为 350～370 mm。

3. 在 2 a 之内，虽然电离室的累积热中子注量小于 5.0×10^{17} $n \cdot cm^2$，仍认为使用寿命终止。

3. 标准规范

《中子电离室》(EJ/T 677—1992)

4. 典型案例分析

经验反馈:秦三厂2号机组1号停堆系统D通道电离室故障

状态简述:2004年12月7日晚21:15，当时的反应堆功率为6.0×10^{-7},2号机组主控室出现“SDS#1 Channel D Log N signal irrational”的CI报警。

原因分析及评价:经过检查人员的检查后,发现电离室放大器的LOG N输出信号只有0.1 V,而当前对数功率输出电压的理论值应当在0.5~1.0 V之间,初步怀疑电离室有问题,随后做了电离室Shutter试验,电离室没有响应,最终确认电离室本体损坏。

5. 课后思考

(1)电离室的分类

答:电离室分γ补偿电离室和无γ补偿电离室两类。

(2)电离室的寿命指标

答:电离室在辐照使用过程中,出现中子灵敏度下降10%、线性偏差大于10%或绝缘电阻下降到1.0×10^{9} Ω以下之一情况时,即为寿命终止。

5.2 裂 变 室

1. 概述

裂变室包括硼电离室和涂硼正比计数管。硼电离室是利用带电粒子在气体中所引起的电离作用来观察放射性,用于核反应堆的控制和防护系统中以测量慢中子流的强度。涂硼正比计数管是指工作电压在正比区的充气计数器。

2. 结构与原理

(1)硼电离室的结构与原理

硼电离室的基本工作原理是完全地收集由带电粒子所产生的全部离子。在电离室工作区既不存在正负离子的复合过程,也没有气体放大。这段基本不存在正负离子复合与气体放大的工作电压区间,称作电荷收集的饱和区。常见的电离室有两种:平行板式与圆筒式。圆筒式涂硼电离室由高压电极、收集电极、绝缘体、外壳和保护环等组成。它是一个密封的圆形容器,容器内充有以氩气为主的混合气体,电极表面涂有硼(^{10}B),工作时两极之间加直流电压,涂硼电离室结构原理如图5-2所示。

入射热中子与^{10}B发生(n,α)反应如下:

$$^{10}_{5}B+^{1}_{0}n\rightarrow^{4}_{2}He+^{7}_{3}Li+2.79\ MeV$$

放出的元素$^{4}_{2}$He就是α粒子,它和$^{7}_{3}$Li在穿过气体时使其电离产生离子对。离子在外电场作用下运动形成电离室信号。通过测量这个电流的大小即可知道该电离室所处位置中子注量率的强弱。当中子注量率足够大时,可以忽略γ射线的影响。保护环把两个电极隔开,其电位接近收集电极电压,它的作用是减小两极之间的漏电流。

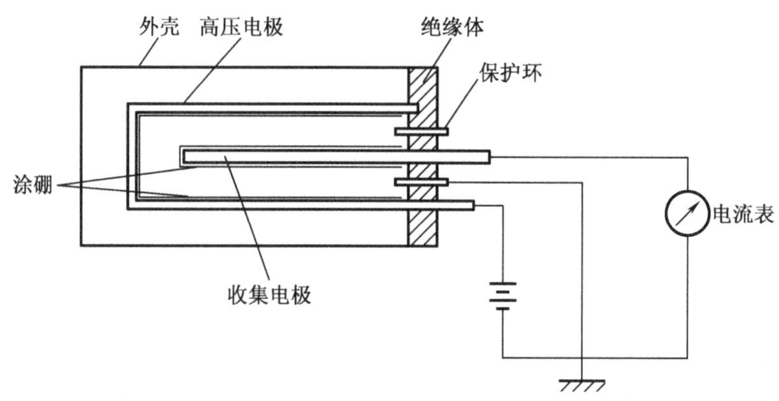

图 5－2　涂硼电离室结构原理

涂硼电离室的主要性能指标有以下几个：

①热中子灵敏度：此项指标用单位中子注量率（1 中子/cm^2 · s = nV）照射时电离室给出电流的大小来度量。典型的数值为(2.0～3.0)×10^{-14} A/nV。

②γ 灵敏度：此项指标以强度为 1 rad/h 的 γ 射线照射下，电离室产生的 γ 电流的大小来度量。典型的数值为 10^{-11} A/rad · h。

③坪斜：中子注量率一定时，电离室的输出电流随外加电压的增大有小幅的变化，这个电流缓慢变化的电压区域称为饱和区，也称坪。如图 5－3 所示，涂硼电离室的伏－安特性"中 U_1 到 U_2 之间区域 $\Delta U = U_2 - U_1$ 称为坪长，中子注量率越高，坪长约窄。显然，在饱和区内电离变化越小越好，用坪斜表示这个特性。定义饱和区内输出电流变化的百分比与坪长的比称为坪斜，即

$$坪斜 = \left[\frac{I_2 - I_1}{(I_2 + I_1)/2} \times 100\%\right] / (U_2 - U_1)$$

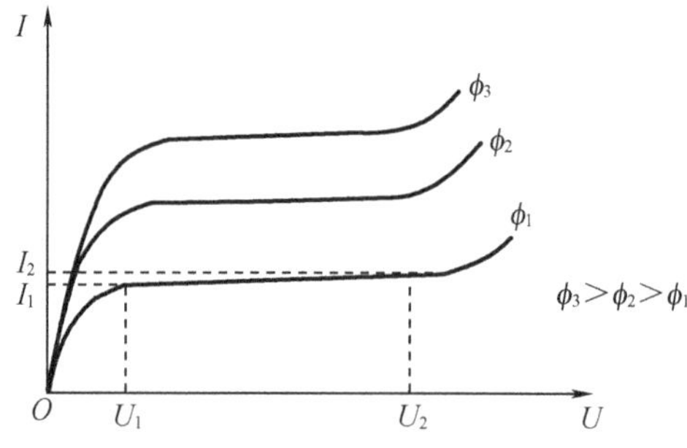

图 5－3　涂硼电离室的伏－安特性

(2)硼正比计数管的结构与原理

这种探测器的结构大多采用圆柱形，中心是阳极细丝，圆柱筒外壳是阴极，工作气体一般是惰性气体和少量负电性气体的混合物。入射粒子与筒内气体原子碰撞使原子电离，产生电子和正离子。在电场作用下，电子向中心阳极丝运动，正离子以比电子慢得多的速度向阴极漂移。电子在阳极丝附近受强电场作用加速获得能量可使原子再电离。从阳极丝

引出的输出脉冲幅度较大，且与初始电离成正比。正比计数器具有较好的能量分辨率和能量线性响应，探测效率高，寿命长。

当中子注量率小时，$^{10}B(n,\alpha)$反应产生的带电粒子也少，电离产生的离子对也少。这时如果电离室还输出电流，其数值很低，很难测量，误差也大，这时可以设法测量单个带电粒子，探测器输出是脉冲信号，信号频率正比于带电粒子数量，即正比于中子注量率。为了获得幅度高的脉冲，工作电压选在正比区，正比计数管就是这种气体探测器。它与电离室的区别在于测量线路的时间常数和粒子到达频率的关系。用作输出脉冲时，由于收集单个粒子，产生离子对引发电压脉冲所需的时间必须比相继两个粒子到达的平均时间小得多。因此，正比计数管测量线路必须具有相当短的时间常数。

如果一个带电粒子产生 N_0 个离子对，在收集极上产生的电荷量为 N_0e，计数管输出脉冲幅度为

$$U = \frac{N_0 e}{C} e^{\frac{t}{RC}}$$

式中，e 是基本电荷量，R 是输出端等效电阻，C 是输出端等效电容。不同时间常数 $T(=RC)$ 输出脉冲电压波形如图5-4所示。为保证有足够高的计数率，要求 RC 越小越好。

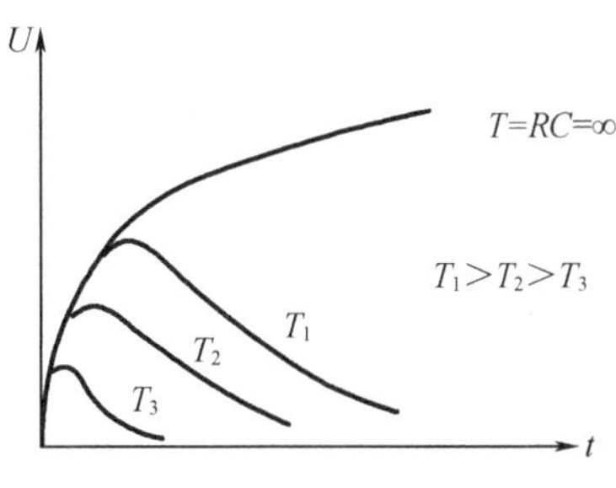

图5-4 输出脉冲电压波形

压水堆上常用涂硼正比计数管，是由一个圆筒形阴极和中心金属丝阳极构成。阴极内壁涂有^{10}B，两极之间相互绝缘，筒内充有氩气和少量的二氧化碳气体，工作时两极之间加直流高压，如图5-5所示。入射中子与^{10}B发生(n,α)反应，产生α粒子和锂核使气体电离，产生离子对。离子在外电场作用下分别向两极运动形成输出脉冲信号（称α脉冲）。正比计数管的工作电压选在正比区，有气体放大作用，产生的电脉冲幅度高。γ射线产生的电脉冲幅度低，可以通过甄别放大器把γ射线产生的低幅度脉冲滤除，只输出α脉冲。这样就可以得到只和中子注量率成正比的计数。

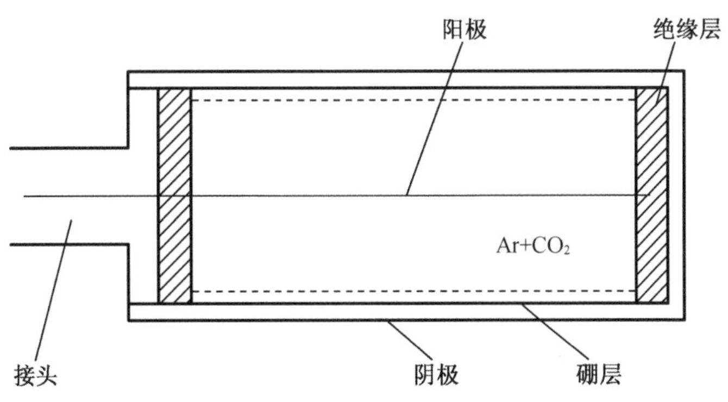

图5-5 涂硼正比计数管结果原理

秦三厂所用的BF_3正比计数器是通过俘获核子的过程来探测反应堆堆芯内产生的中子：中子俘获产生的带电粒子会在探测器气体中运动生成电子轨迹，随后电子轨迹被电子

放大器识别为脉冲信号。由于脉冲信号的频率正比于电子轨迹的生成次数,而中子俘获生成的电子轨迹的次数又同反应堆内产生的中子个数成正比,这样放大器检测到的脉冲信号即同反应堆功率成正比,从而实现了探测反应堆功率的目的,其反应过程如下:

$$\left.\begin{array}{l} {}^{10}_{5}\mathrm{B}+{}^{1}_{0}\mathrm{n}_{th} \xrightarrow{6\%} {}^{7}_{3}\mathrm{Li}(1\ 015\ \mathrm{keV})+{}^{4}_{2}\alpha(1\ 777\ \mathrm{keV}) \\ \xrightarrow{94\%} {}^{7}_{3}\mathrm{Li}^{*}(840\ \mathrm{keV})+{}^{4}_{2}\alpha(1\ 470\ \mathrm{keV}) \end{array}\right\} \propto \text{脉冲信号频率} \propto \text{反应堆功率}$$

$$\hookrightarrow {}^{7}_{3}\mathrm{Li}+\gamma(447.6\ \mathrm{keV})$$

为了收集中子与 BF_3 气体反应而产生的电子,BF_3 正比计数器需要工作在高电压下。两套启动仪表的工作点电压稍有不同:通过利用 10 mCi 的中子源、在 1 m 处对两套启动仪表的 BF_3 正比计数器分别进行照射,实现对其坪特性的验证。根据多次试验结果,它们的 BF_3 正比计数器坪特性曲线如图 5-6 所示:进口启动仪表的工作电压是从 1 600 V 到 2 400 V,工作电压最终选择设定在 1 800 V;国产启动仪表的工作电压是从 1 400 V 到 1 800 V,工作电压最终选择设定在 1 600 V。

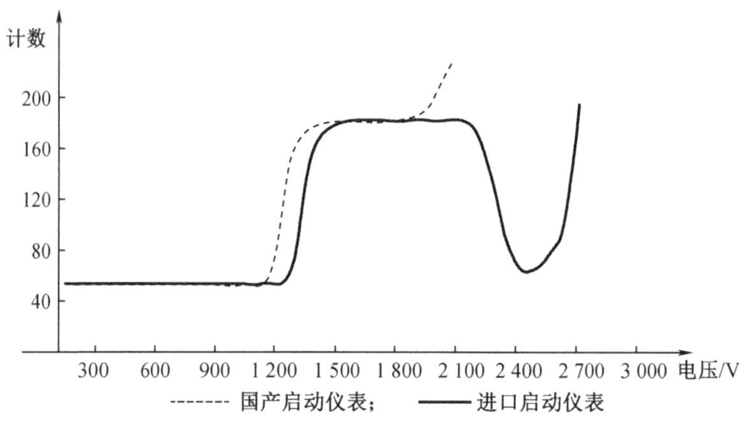

图 5-6 BF_3 正比计数器坪特性曲线

3. 标准规范

《核仪器和核辐射探测器质量检验规则》(GB/T 10257—2001)

《核反应堆中子注量率测量堆芯仪表》(GB/T 8995—2008)

4. 运维项目(表 5-2)

表 5-2 裂变室运维项目

序号	检修项目	检修内容	校验周期
1	核测量信号检查维护	测量绝缘; 测量分布电容	每个大修循环
2	核测量探测器更换	检查探测器支架; 更换核测量探测器	10 个大修循环

表 5-2(续)

序号	检修项目	检修内容	校验周期
3	计数器标定	标定计数器	每个大修循环
4	检查裂变室及电缆的性能	测量探测器及驱动电缆的绝缘电阻; 测量探测器及驱动电缆的分布电容	每个大修循环

5. 典型案例分析

状态简述:检查发现,F 通道启动仪表计数为 7 800 左右,而 D 和 E 通道的计数都在 9 500左右,请评估处理。

原因分析及评价:F 通道启动仪表计数偏低,更换启动仪表探头后,计数恢复正常。分析可能原因是正比计数管性能下降。

6. 课后思考

问 涂硼电离室的主要性能指标有哪 3 个? 请具体说明。

答 热中子灵敏度——此项指标用单位中子注量率(1 中子/(cm^2 · s) = nV)照射时,电离室给出电流的大小来度量。

γ 灵敏度——此项指标以强度为 1 rad/h 的 γ 射线照射下,电离室产生的 γ 电流的大小来度量。

坪斜——在中子注量率一定时,电离室的输出电流随外加电压的增大有小的变化,这个电流缓慢变化的电压区域称为饱和区,也称坪斜。

5.3 自给能探测器

1. 概述

自给能探测器在中子或 γ 辐射场中能够产生电流,主要根据的反应原理:β 衰变反应、中子俘获反应、康普顿效应、光电效应。第一种属于缓发反应,后面三种属于瞬发反应。

应用在秦山第三核电厂(CANDU 型核电厂)(简称"秦三厂")调节系统中的堆芯探测器是加拿大 IST 公司生产的自给能型探测器,具体地讲,包括铂通量探测器和钒通量探测器。铂探测器属于瞬发反应中子探测器,钒探测器属于缓发反应中子探测器。下面介绍这两种自给能型探测器的结构和工作原理。

自给能型探测器基本上是由包含一个内部发射电极和一个外部收集极的同轴电缆组成,如图 5-7 所示,两极是由环形绝缘体来分离的。之所以称为"自给能",是因为这种探测器不需要另置一个工作电压来分离和收集电离电子以产生电流信号。当探测器工作在辐射场中时,发射极中发生中子反应,产生的一些电子会脱离发射极穿过固体绝缘到达收集极,并且不再返回发射极。在发射极上电子不足从而形成中间电极上的正电势。在满功率,当探测器与外回路甩开时,发射极上的积累电压可达 100 V。当连接到放大器上时,收集极上的电子会通过放大器流向发射极,这样电子流维持发射极作为"地"。因此,探测器实际上是作为一个仅仅取决于辐射场密度的电流源。

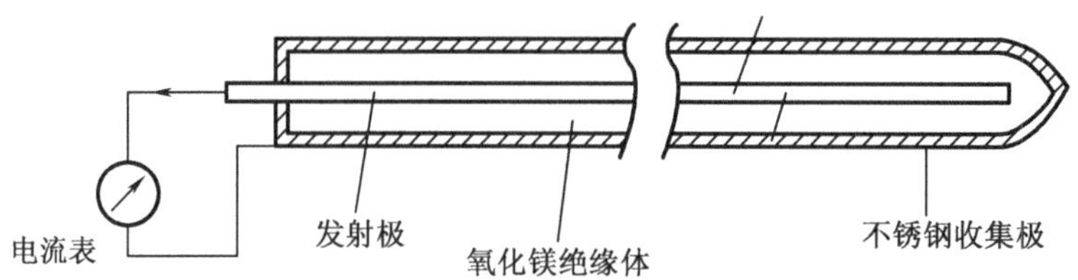

图 5-7　自给能中子探测器结构示意图

根据国内外自给能探测器的运行经验及北京核仪器厂对售后自给能探测器的追踪，一般认为自给能探测器的使用寿命不仅仅取决于发射体的燃耗，电缆系统绝缘电阻也是决定探测器使用寿命的一个重要参数，这个参数受温度、湿度、辐射核压力影响。从国外的自给能探测器的运行经验来看，其工作寿命比燃耗寿命要低 1/5 到 1/6。

2. 结构与原理

(1)铂包壳因科镍探测器结构与原理

这种探测器电缆的外屏蔽由核级的 Inconel－600(Ni－Cr－Fe 合金)制成，作为探测器工作的收集极。绝缘体是压紧的氧化镁，氧化镁的纯度可达到 99.4%，其在辐射场中具有很好的绝缘性和低噪性。探测器的中子敏感部分——发射极，是由包裹很薄的铂涂层的因科镍芯线组成。

铂包壳因科镍探测器对于本地的 γ 辐射和中子通量是很敏感的。在一个几何形状固定的堆芯内，中子和 γ 辐射通量是相互成比例的，它们都与裂变的速率和反应堆功率有关。探测器对于辐射的反应总的来讲是迅速的。但实际情况并非如此，因为有部分的 γ 射线(接近 30%)是延迟的。这部分延迟信号来自裂变产物的 β 射线。这样就导致自给能探测器对 γ 射线的响应包括 70% 的快速成分和 30% 的慢速成分。总的来讲，探测器对于功率变化有 89% 的响应速率。通过对动态信号响应的测量可知探测器探测到的中子俘获只是探测器产生电流的 66%，但远高于在先前核电站中应用其他种类探测器的效率。通过上述的测量可知可以应用以下的条件来计算探测器产生信号中的快速部分：

①探测器对于 γ 射线的快速响应；

②30% 的反应堆 γ 射线存在延迟；

③在探测器中活化产物 β 衰变产生的电流可以忽略不计。

应用上述条件，对于铂包壳通量探测器而言，可以得出快速响应部分的比例为 0.89，并且 73% 的快速信号是由中子俘获产生的。基于计算的推断，预期敏感度的降低大约为五年后 15%，十五年后 30%。计算结果可以得出快速响应部分的比例为 0.8，并且敏感度降到最初的 60%。

在满功率时，铂包壳探测器提供的信号大约是 1.1 μA。选择的电缆也尽可能地减少了寄生电流。通常因为电缆的含量不纯而产生的影响少于总信号的 3%。探测器本身大约会抑制 2% 本地的热中子通量。

此外，在应用中由于下列因素的影响，通量探测器产生的信号在使用一段时间后会发生变化：

①灵敏度衰退；

②因燃耗和换料引起的堆芯内放射特性的变化；

③仪表漂移。

出于这些原因，铂通量探测器信号需要根据反应堆平均功率的精确数据进行连续再标定。探测器放大器增益也需要定期调整，以补偿不断衰减的灵敏度。

(2)钒自给能探测器结构与原理

钒自给能探测器的感应部分(发射极)由钒芯线构成。它的长度只有一个栅格间距(286 mm)，小于铂探测器的三个栅格间距，这样可以为通量图程序提供精确到“点”的测量。这种探测器电缆的外屏蔽也是由核级的 Inconel－600 制成，作为探测器工作的收集极。绝缘体是压紧的氧化镁。

因为钒探测器的半衰期时间常数为 325 s。当反应堆功率阶跃增加时，钒探测器信号需要 25 min 才能显示出 99% 的功率增加，所以钒探测器不适合于直接用于安全和控制系统。但它适合于 CANDU 核电站中的通量图绘制，因为钒探测器本质上讲对中子的敏感度为 100%。

探测器工作原理反应式如下：

$$^{51}V + n \xrightarrow{^{52}V* + \gamma} {}^{52}Cr + \beta^-$$

探测器捕获中子，探测器运行基于直接测量 β^- 衰变电流，这个电流应该是正比于探测器捕获中子的速率。由于 β^- 衰变电流可以直接测量，所以不需要再加载偏移电压。中子俘获产物 $^{52}V^*$ 的半衰期为 3.75 min。99% 的 β^- 衰变转化为基态的 ^{52}Cr，这样最大的 β 粒子能量为 2.545 MeV。在满功率时，钒探测器提供的信号大约是 2.7 μA。但钒经过反应后转化为铬，发射极物质就不再会因为反应产生输出信号。因此，暴露于中子场中的钒探测器的敏感度会有所下降。根据模型统计，五年后会下降 21%，十五年后会下降 50%。

调节系统通量探测器信号必须传送给两台电厂计算机：钒探测器信号用于通量绘图程序(FLX)，而铂探测器信号用于多种控制程序(RRS、BPC、HTC、BLC)。同样由于下列因素的影响，钒通量探测器产生的信号在使用一段时间后会发生变化：

- 灵敏度衰退；
- 因燃耗和换料引起的堆芯内放射特性的变化；
- 仪表漂移。

为了满足以上各种程序的需要，所有钒通量探测器放大器的增益值都预先设置为同一个值，不需要调整，也不需要补偿放大器的漂移。钒通量探测器灵敏度的变化可根据储存在计算机中的灵敏度因子来修正。

(3)探测器组件(图 5－8)

上述两种探测器被安装在 26 个探测器组件中。

①26 个组件覆盖 14 个区；

②每个组件包括至少 3 个探测器，最多可包括 9 个，包括双探测器；

③每个组件包括至少 3 个钒通量探测器。

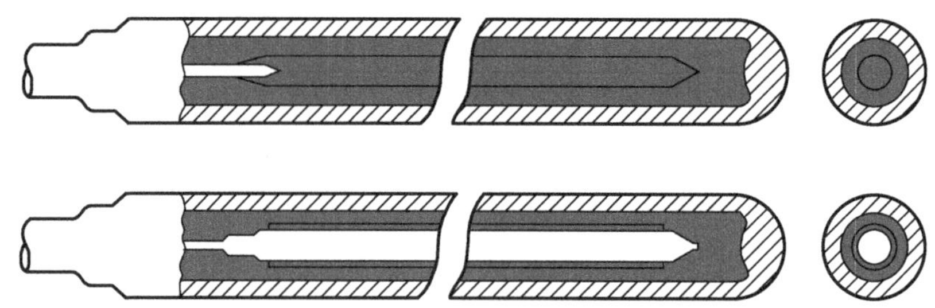

图 5-8 秦三厂使用的钒探测器与铂探测器的结构示意图

探测器组件为探测器的正常工作提供良好的条件，为探测器在堆内各个“点”上的布置提供载体。它本身的性能能有效地抵御堆芯的各种温度、压力条件突变。

3. 标准规范

《核仪器和核辐射探测器质量检验规则》(GB/T 10257—2001)

《核反应堆中子注量率测量堆芯仪表》(GB/T 8995—2008)

《核电厂自给能中子探测器特性和测试方法》(NB/T 20150—2012)

4. 运维项目(表 5-3)

表 5-3 自给能探测器运维项目

序号	检修项目	检修内容	校验周期
1	铂探测器常规检查	(1)检查铂探测器阻抗及电容，绝缘检查。	每 2 个大修循环
2	更换铂探测器	(1)更换铂探测器； (2)检查探测器阻抗、连通性； (3)完成氦气充装后进行压力检查； (4)检查探测器的输出信号	每 12 个大修循环
3	探测器更换	(1)更换探测器； (2)检查探测器的阻抗和电容	每 5 个大修循环
4	探测器阻抗检查	(1)检查探测器阻抗	每个大修循环

5. 典型案例分析

状态简述 在秦三厂的一号重水堆大修期间，打开其中一个探测器组件的端盖后，发现在探测器组件内部，探测器插头与组件插座之间出现绿色棉絮状的结晶物，致使插头无法拔出。同时同一个探测器组件内的其他插头也出现了类似的结晶物。

原因分析及评价 对绿色结晶物分析，发现其为铜的氧化物。由于探测器组件充有 100 kPa 的高纯氦气，理论上不可能出现氧气，因此组件内出现氧气应该是探测器组件内部的氦气丧失，导致在机组运行及停堆的循环过程中氧气进入组件。当反应堆停堆时，随着温度的降低，探测器组件内部气体收缩，在探测器组件内部形成了个负压，把探测器组件外部的湿气吸入到探测器组件内部，反应堆正常运行后，在辐射的作用下，产生了接头的腐蚀。

6. 课后思考

自给能探测器在中子或γ辐射场中能够产生电流，其主要反应有哪些，哪些反应属于缓发反应，哪些属于瞬发反应？

答 β衰变反应、中子俘获反应、康普顿效应、光电效应。第一种属于缓发反应，后面三种属于瞬发反应。

5.4 辐射仪表

1. 概述

核电厂现有的辐射仪表包括半导体探测器和计数管。半导体探测器主要有HPGE探测器，主要用于总放射性活度监测系统，监测是否存在破损燃料。计数管主要有GM计数管和正比计数器。正比计数器又分流气式正比计数器和密闭式正比计数器。GM计数管主要用于区域伽马监测，测量伽马放射性。正比计数器主要用于氚监测、表面污染监测；也可以用于中子探测，如BF_3探测器。

2. 结构与原理

(1) 计数管

GM计数管和正比计数器都属于气体探测器。气体探测器是内部充有气体，两极加有一定电压的小室。入射粒子通过探头内气体时，使气体分子电离或激发，在通过的路径上生成大量离子对——电子和正离子。入射粒子直接产生的电离叫作初电离或直接电离。电离后产生的电子和离子叫作次级粒子。如果它们具有的能量较大，足以使气体产生电离，这种电离叫作次电离。电子只要具有很小的能量就能产生电离，所以引起次电离的主要是电子。

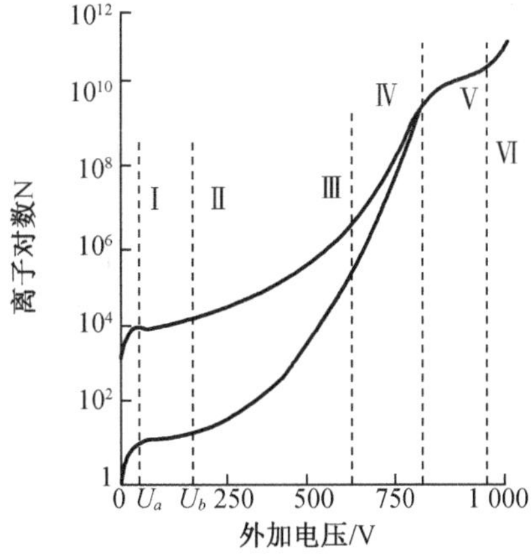

图5-9 离子对数随外加电压的变化

气体探测器电极上收集到的离子对数据与外加直流电压的关系曲线分为五个区。正负离子对在外加电场的作用下作定向运动，但是，正负极收集到的离子对数据并不正好等于入射粒子在气体中产生的总的离子对数据，而是随着外加电压的变化而变化。图5-9中：

Ⅰ. 复合区。

Ⅱ. 饱和区，$N=N_0$，电极收集到的离子对数目N正好等于带电粒子产生的总的离子对数据N_0，即电极收集到的离子对数目达到饱和。电离室工作在这个区域，可以测量能量和强度。

Ⅲ. 正比区，N与N_0成正比，M不受N_0影响，M由探测器结构和高压决定。正比计数管工作在这个区域，可以测量能量和强度。

Ⅳ. 有限正比区，N与N_0不成正比，M受N_0影响，N_0大M小，N_0小M大。

Ⅴ. G-M区，N保持定值，仅由计数器的结构和外加电压的数值决定，与N_0无关。G-M计数管工作在这个区域，只能测量强度，不能测量能量。

Ⅵ. 连续放电区。

①GM 计数管结构

以 67873 区域伽马监测系统低量程 GM 计数管为例，其结构如图 5－10 所示。计数管中心电极加 250 V 直流电压，外部电极加 －250 V 直流电压，内部充有猝灭气体。通过中心电极收集电子产生电信号，输出脉冲信号传送至放大电路和处理单元显示剂量率。

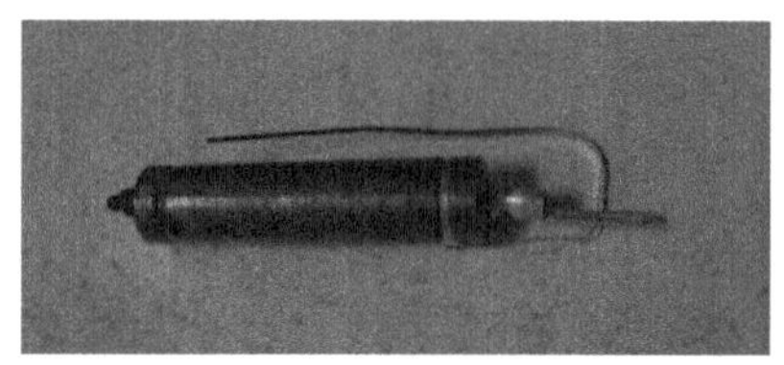

图 5－10　低量程 GM 计数管

②正比计数管结构

正比计数管大多是阴极半径与阳极半径之比比较大的圆柱形结构，因为在一般电压下（约 1 kV），圆柱形电极比平行板形电极容易获得强电场，从而引起气体放大。但也有一些为满足测量的需要，电极被做成特殊的形状。例如中间是阳极细丝，周围是矩形阴极或球形、半球形阴极、圆盘式阴极，等等。

表面沾污仪所用正比计数管的结构就是中间是阳极细丝，周围是矩形阴极。这是为了保证待测物体与探头有最大接触面积，以保证测量的准确性。67874 固定式污染监测系统探测器就是正比计数管（图 5－11）。

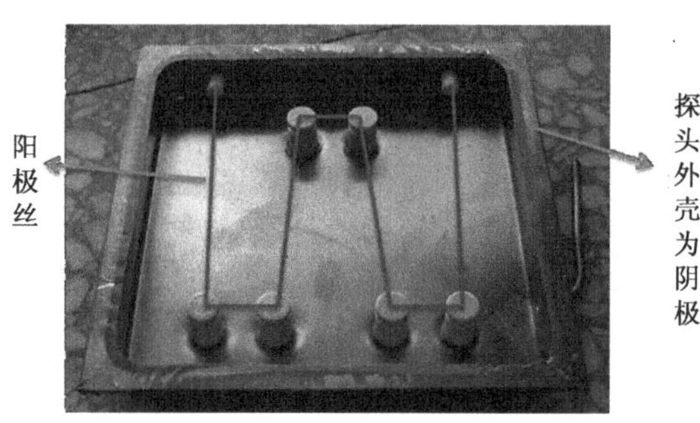

图 5－11　正比计算管外形图

（2）半导体探测器结构和原理

通常半导体探测器是 P 型半导体与 N 型半导体直接接触组成的一种元件。在接触的交界处由于剩余电子与剩余空穴互相补充，故在交界处电子和空穴的密度特别小。在工作时加上反向电压，电子和空穴背向运动，形成耗尽层，该区域就叫半导体探测器的灵敏区域。当带电粒子进入此灵敏区域后，由于电离产生电子－空穴对，电子和空穴受电场作用，分别向正极、负极运动，并被电极收集，从而产生脉冲信号。此脉冲信号被低噪声的电荷灵敏放大器和主放大器放大后，由多道分析器或计数器记录。

以高纯褚探测器为例，结构示意图如图 5－12 所示，液氮罐内充液氮对高纯锗探测器进行冷却，前放对探测器信号进行放大，放大后的信号送谱仪进行数据收集和管理，最后送计算机终端进行数据处理、分析和显示。

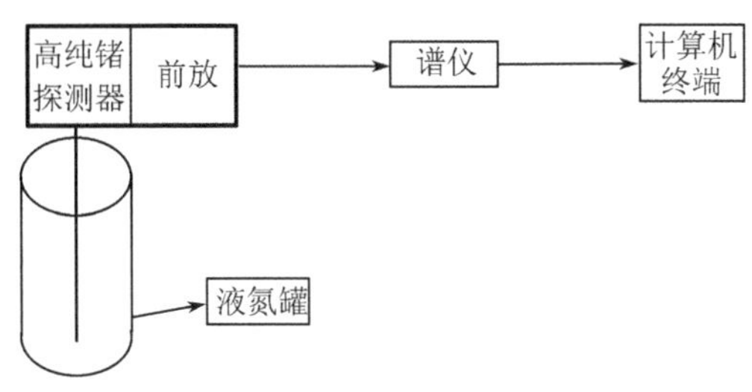

图 5－12 高纯锗探测器外形图

3. 标准规范

(1)《流气正比计数器 总 α、总 β 测量仪》(JJG 1100—2014)

(2)《核检测仪表 α/β 流气式正比计数器的标定和使用》(IEC 62089—2001)

(3)《盖革－弥勒计数管总规范》(EJ/T 610—1999)

(4)《固定式环境 γ 辐射空气比释动能(率)仪现场校准规范》(JJF 1733—2018)

(5)《α、β 表面污染测量仪与监测仪的校准》(GB/T 8997—2008)

4. 运维项目

对于计数管探测器,需要定期标定,确保效率和计数率稳定。通常 GM 计数管和正比计数器的标定周期为 1 年。

对于半导体探测器,需要定期检查能量峰位,调节放大倍数,确保探测器性能无漂移。标定周期没有参考标准,按经验执行。

5. 典型案例分析

(1)区域伽马监测系统显示满量程高计数率报警。

区域伽马监测系统主要使用 GM 计数管探测器,由于内部气体耗尽,产生高计数报警。

(2)污染监测系统计数率偏低

污染监测系统使用了密闭式正比计数器探测器,由于内部工作气体耗尽,导致坪特性变差或无坪,计数效率偏低,造成探测器报警。

(3)半导体探测器 AM241 定期检查中触发报警。

主要是能量漂移,需要定期调整放大倍数,确保能量和效率满足要求。

6. 课后思考

(1)常用气体探测器有哪几种?

(2)什么叫探头的坪曲线?

(3)正比计数管工作在气体探测器哪个区域?

(4)GM 计数管工作在气体探测器的哪个区域?

(5)半导体探测器是由什么组成的?

5.5 测氚仪表

1. 氚的产生

重水堆核电站由于使用重水作为冷却剂和慢化剂，重水的分子式是 D_2O，在反应堆芯内，重水分子中的氘原子（即D）与中子发生撞击反应而产生了氚，化学式为：$D + n \rightarrow {}^3H + \gamma$。当系统发生重水泄露，氚将随之释放到空气中，大部分以氚的氧化物形式存在，如 HTO、DTO、T_2O。由于氚与氢是同位素，因此氚的氧化物与水的性质相同，当通过呼吸或皮肤进入人体体内，将均匀分布在人体体液中。

氚是纯 β 放射源，半衰期为 12.43 a，最大衰变能为 18.6 keV，平均衰变能为 5.7 keV。由于其衰变能很低，氚 β 辐射在空气中的最大射程是 5 mm，平均射程大约是 0.5 mm，因此一般来说氚不存在外照射危害，但如果通过呼吸或皮肤进入体内，则会对人体造成内照射。

随着运行功率和时间的增加，重水中的氚放射性浓度逐渐增长。由于重水泄露，重水回路检修、压力管的换料等，都有可能使氚释放到空气中，而造成空气中氚污染，因此必须重视对空气中氚的监测。

2. 氚测量方法

氚是纯 β 辐射体，氚的测量就是测量氚衰变放出的低能 β 射线。因为氚发射的 β 射线能量很低，不能用有探测窗的探测器进行测量，必须将氚直接引入探测器的灵敏体积中。常用的探测器有流气式电离室、流气式正比计数器和闪烁计数器。秦三厂现有的测量空气中氚的仪器是电离室。

电离室由内外两个同轴电离室组成，采样气体流过外电离室，内电离室完全密封，其结构如图 5－13 所示。取样气体流过电离室，产生电离，在电场作用下正负离子移动，在中间极产生电流。由于 β 射线不能穿透内电离室外壁，因此内电离室测量的只是 γ 辐射，而外电离室可以测量 γ 和 β 辐射，这样在中间极由 γ 辐射引起的电离电流相互抵消，结果只输出由 β 辐射引起的电离电流，从而消除了外界 γ 辐射的影响。

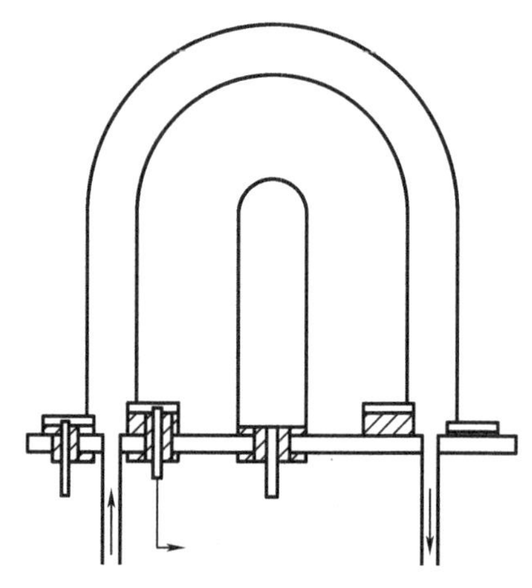

图 5－13 电离室

当含氚气体通过外电离室，氚 β 粒子电离产生离子对，假设 β 粒子的能量全部损失在电离室内，且所产生的所有的离子对都被收集，则收集到的离子电流为

$$I = \frac{E_{av} A e}{W}$$

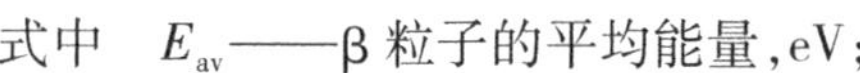

式中 E_{av}——β 粒子的平均能量，eV；

A——总活度，Bq；

e——电子电荷，1.6×10^{-19} C；

W——每产生一对离子对所需要的平均电离能，eV。

由于氚 β 粒子的平均能量为 5.65 keV，平均电离能为 34 eV，故所得到的电离电流与射入电离室内的粒子数（即活度）成比例。根据计算，如果活度为 1 μCi（37 kBq），则可以得到电离电流为 1 pA。在一定的工作电压下,电离室输出的电离电流与辐射剂量率保持线性关系,其曲线如图 5 - 14 所示。

只要保证电离室的最大输出电流在电离室的线性范围,就能保证电离室工作在饱和区,即才能保证输出电流和辐射注量率成正比。这样根据测量得到的离子电流就可以得到实际的放射性浓度。

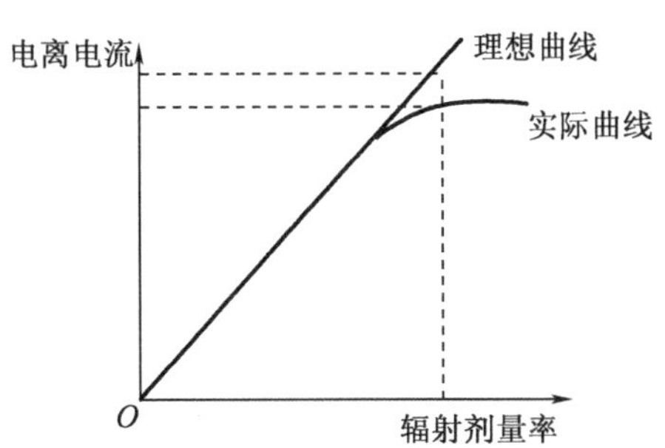

图 5 - 14 电离电流与辐射剂量率的关系

3. 秦三厂空气中氚监测系统介绍

(1)系统要求

①用途。空气中氚监测系统主要用于对秦三厂厂房内空气中氚化水蒸气的放射性进行连续监测。

②功能。空气中氚监测系统的作用如下:

a. 通过氚放射性水平指示重水泄漏;

b. 降低氚对工作人员健康产生的危害。

(2)环境条件

空气中氚监测系统设备不要求在严酷环境下使用,其正常运行工况下的环境条件如下:

环境温度: +5 ~ +45 ℃。

环境相对湿度:≤95%。

环境本底辐射:≤2.5 mR/h。

(3)安全等级

空气中氚监测系统设备的安全等级为非 1E 级。

(4)质量保证等级

空气中氚监测系统设备的质量保证等级为 Q2 级。

(5)抗震要求

空气中氚监测系统设备无抗震要求。

(6)系统介绍

①系统描述

空气中氚监测系统由氚监测仪、取样装置(含取样回路组合装置、固定安装的取样管道)与专用计算机组成。

当系统工作时,取样装置从存在潜在氚危害的房间中抽取空气样品,并将其送到氚监测仪进行测量。测量后的废气送入蒸汽回收系统进行处理。测量结果由专用计算机汇总送入秦三厂的 PI 系统。

空气中氚监测系统在反应堆厂房、辅助厂房、D_2O 处理厂房(1#机组适用)的关键区域内共设置 78 个取样点(2#机组 73 个取样点,不含 D_2O 处理厂房),并对这些取样点进行分组,以使就近的取样点接入同一套取样装置和氚监测仪。

反应堆厂房内共设置 9 套取样装置和 9 套氚监测仪,每套取样装置含 6 ~ 8 根取样管。

辅助厂房 S - 022 房间和 D_2O 处理厂房 D - 235 房间(仅 1#机组适用)各设置 1 套取样装置和 1 套氚监测仪,其取样装置各含 5 根取样管。

空气中氚监测系统的取样点见表 5 - 2。空气中氚监测系统框图见图 5 - 15。

表 5 - 2 空气中氚监测系统取样点布置位置

取样点编号	房间号	取样点描述	备注
1	R - 002	走道中央	接入设备:SM1(R - 003)
2	R - 006	房间后部	接入设备:SM2(R - 004)
3	R - 007	房间内走道中央	接入设备:SM1(R - 003)
4	R - 007	3831 出风口	接入设备:SM1(R - 003)
5	R - 008	房间内走道中央	接入设备:SM2(R - 004)
6	R - 009	重水储存罐区域	接入设备:SM1(R - 003)
7	R - 012	房间中央	接入设备:SM2(R - 004)
8	R - 012	门口靠 A 侧	接入设备:SM2(R - 004)
	R - 012	门口靠 C 侧	
9	R - 013	平台中央	接入设备:SM1(R - 003)
10	R - 014	平台中央	接入设备:SM2(R - 004)
11	R - 018	液体注射混合室	接入设备:SM2(R - 004)
12	R - 103	房间中央靠墙	接入设备:SM1(R - 003)
13	R - 104	房间中央靠墙	接入设备:SM2(R - 004)
14	R - 106	高压釜环路	接入设备:SM2(R - 004)
15	R - 107 - 1	靠近端面下方中央	接入设备:SM6(R - 011C)
16	R - 107 - 2	靠近端面上方中央	接入设备:SM6(R - 011C)
17	R - 107 - 3	顶部保温棉靠近 D 侧	接入设备:SM6(R - 011C)
18	R - 107 - 4	顶部保温棉中央	接入设备:SM6(R - 011C)
19	R - 107 - 5	顶部保温棉靠近 B 侧	接入设备:SM6(R - 011C)
20	R - 108 - 1	靠近端面下方中央	接入设备:SM3(R - 011A)
21	R - 108 - 2	靠近端面上方中央	接入设备:SM3(R - 011A)
22	R - 108 - 3	顶部保温棉靠近 D 侧	接入设备:SM3(R - 011A)
23	R - 108 - 4	顶部保温棉中央	接入设备:SM3(R - 011A)
24	R - 108 - 5	顶部保温棉靠近 B 侧	接入设备:SM3(R - 011A)
25	R - 108 - 6	3831 出风口	接入设备:SM3(R - 011A)

表 5 -2(续 1)

取样点编号	房间号	取样点描述	备注
26	R-111-1	慢化剂泵中间	接入设备:SM4(R-011A)
27	R-111-2	D 侧靠墙	接入设备:SM6(R-011C)
28	R-112-1	A 侧	接入设备:SM4(R-011A)
29	R-112-2	C 侧	接入设备:SM5(R-011C)
30	R-303	C 侧放射性监测室	接入设备:SM7(R-307)
31	R-304	A 侧放射性监测室	接入设备:SM8(R-302)
32	R-305	C 侧 HTS 辅助室	接入设备:SM7(R-307)
33	R-306	A 侧 HTS 辅助室	接入设备:SM8(R-302)
34	R-401 和 402 之间	走廊中央	接入设备:SM8(R-302)
35	R402	3231CP 压缩机	接入设备:SM8(R-302)
36	R403	房间中央	接入设备:SM8(R-302)
37	R-405	房间内	接入设备:SM7(R-307)
38	R-406	房间中央	接入设备:SM8(R-302)
39	R-405B	平台中央	接入设备:SM7(R-307)
40	R-405B	平台 B 侧	接入设备:SM7(R-307)
41	R-406B	平台中央	接入设备:SM8(R-302)
42	R-406B	平台 B 侧	接入设备:SM8(R-302)
43	R-501-1	3831-DR11 出风口	接入设备:SM9(R-502)
44	R-501-2	A 侧	接入设备:SM9(R-502)
45	R-501-3	C 侧	接入设备:SM7(R-307)
46	R-501-4	D 侧	接入设备:SM7(R-307)
47	R-501-5	C 侧除气冷凝器房间	接入设备:SM7(R-307)
48	R-501-6	3335-HX1/HX2 间	接入设备:SM9(R-502)
49	R-501-7	3231-DR1	接入设备:SM9(R-502)
50	R-501-8	3231-DR2	接入设备:SM9(R-502)
51	R-501-9	3231-DR3	接入设备:SM9(R-502)
52	R-501-10	3231-DR4	接入设备:SM9(R-502)
53	1 号保温仓	蒸发器底部人孔附近	接入设备:SM3(R-011A)
54	2 号保温仓	蒸发器底部人孔附近	接入设备:SM6(R-011C)
55	3 号保温仓	蒸发器底部人孔附近	接入设备:SM3(R-011A)
56	4 号保温仓	蒸发器底部人孔附近	接入设备:SM6(R-011C)
57	A 侧集管走道-1	靠近 D 侧	接入设备:SM4(R-011A)
58	A 侧集管走道-2	中央	接入设备:SM4(R-011A)

表 5-2(续 2)

取样点编号	房间号	取样点描述	备注
59	A 侧集管走道-3	靠近 B 侧	接入设备:SM4(R-011A)
60	C 侧集管走道-1	靠近 D 侧	接入设备:SM5(R-011C)
61	C 侧集管走道-2	中央	接入设备:SM5(R-011C)
62	C 侧集管走道-3	靠近 B 侧	接入设备:SM5(R-011C)
63	A 侧 RTD 平台-1	靠近 D 侧	接入设备:SM4(R-011A)
64	A 侧 RTD 平台-2	中央	接入设备:SM4(R-011A)
65	A 侧 RTD 平台-3	靠近 B 侧	接入设备:SM4(R-011A)
66	C 侧 RTD 平台-1	靠近 D 侧	接入设备:SM5(R-011C)
67	C 侧 RTD 平台-2	中央	接入设备:SM5(R-011C)
68	C 侧 RTD 平台-3	靠近 B 侧	接入设备:SM5(R-011C)
69	S-004	快接头区域	接入设备:SM10(S-022)
70	S-005	慢化剂净化房间	接入设备:SM10(S-022)
71	S-015	房间中央	接入设备:SM10(S-022)
72	S-018	重水供给箱	接入设备:SM10(S-022)
73	S-147	取样柜附近	接入设备:SM10(S-022)
74	D-157	房间内靠墙	该取样点仅适用于 1#机组 接入设备:SM11(D-235)
75	D-158	房间中央	该取样点仅适用于 1#机组 接入设备:SM11(D-235)
76	D-235	取样柜旁边	该取样点仅适用于 1#机组 接入设备:SM11(D-235)
77	D-320	房间中央	该取样点仅适用于 1#机组 接入设备:SM11(D-235)
78	D-324	分析仪旁边	该取样点仅适用于 1#机组 接入设备:SM11(D-235)

②系统性能

a. 总体性能

空气中氚监测系统支持三种工作模式:按序测量、按组测量与手动测量。

按序测量:通过控制取样回路组合装置,使取样组内各取样点所属取样管道上的电磁阀依次打开/关闭。当某取样点所对应取样管道上的电磁阀打开时,取样回路组合装置只对该取样点上的空气进行取样。取样后,空气被送入氚监测仪进行测量。测量完成后,该电磁阀被关闭,并打开下一个取样点所属取样管道上的电磁阀,以实现对下一个取样点的取样测量。循环上述操作,当最后一个取样点完成取样测量,取样回路组合装置会重新对第一个取样点进行测量,以实现对取样组内各取样点进行按序测量。

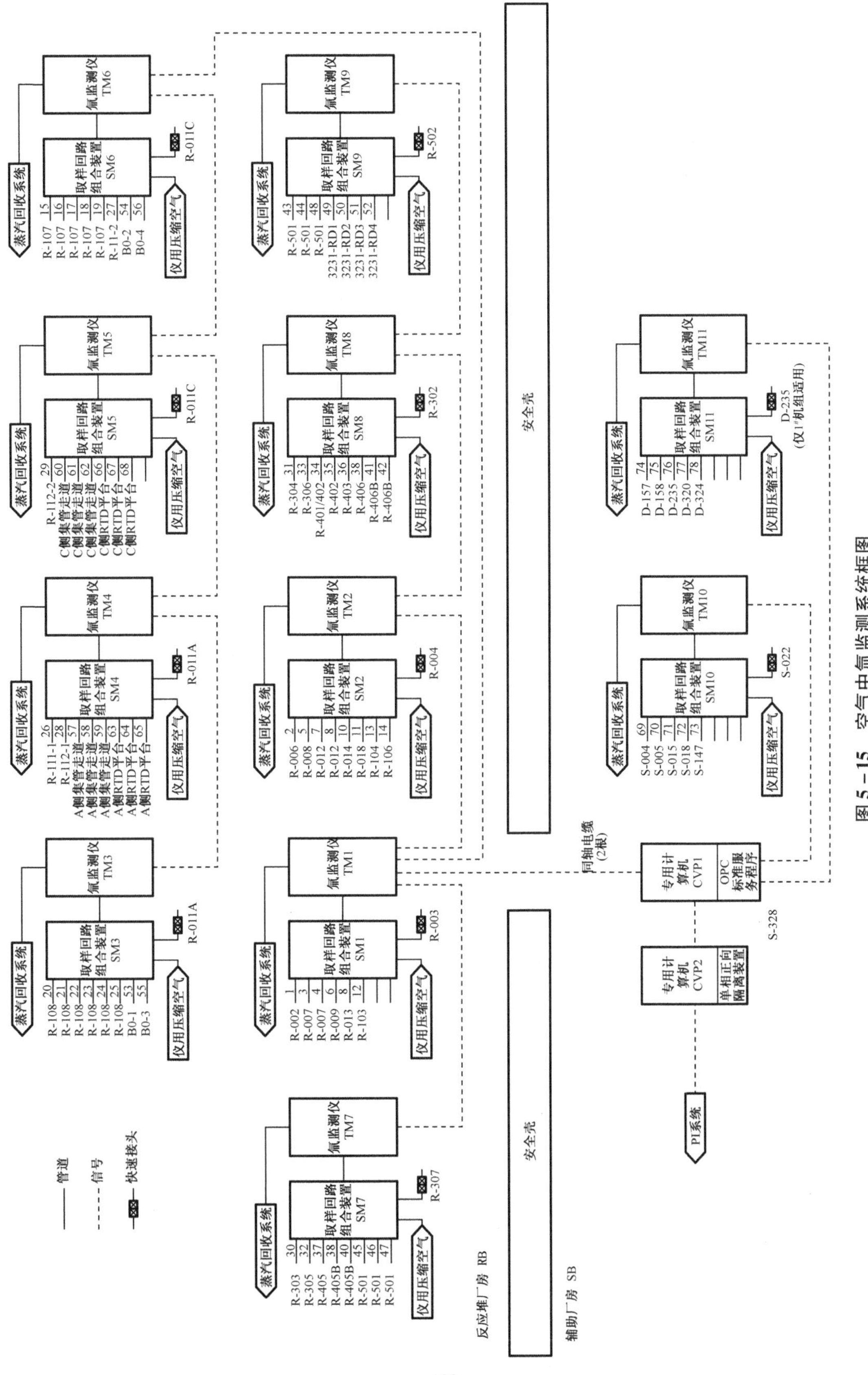

图5-15 空气中氚监测系统框图

按组测量:每套氚监测仪和取样装置所包含的取样点视为一组。通过控制取样回路组合装置,将取样组内各取样点对应取样管道上的电磁阀一同打开,使取样回路组合装置和氚监测仪对取样组内各取样点上的空气进行同时取样和测量。当测量发现某取样组的氚放射性水平偏高,系统可自动将工作模式调整为“按序测量”,以甄别出氚放射性水平偏高的取样点位,实现对重水泄漏位置的精确定位。

手动测量:通过控制取样回路组合装置,操作人员可指定打开或关闭某取样管道上的电磁阀,以使该取样组的取样回路组合装置和氚监测仪只针对某个特定取样点进行取样测量。在手动测量的工作模式下,操作人员还可将取样回路组合装置切换到手动取样状态,以通过取样容器收集空气样品。

b. 氚监测仪

氚监测仪是空气中氚监测系统的核心部件,须满足以下要求:

- 测量方法:连续在线监测。
- 测量对象:空气中的氚化水蒸气。
- 测量范围:3.7×10^{3} Bq/m^{3} ~ 3.7×10^{9} Bq/m^{3}。
- 分辨率:1%。
- 响应时间:≤30 s。
- 精度:±20%。
- 具备对 γ 和惰性气体的补偿功能。
- 含显示、控制和报警单元,能就地实时显示每个取样点的测量数据,并且当发生放射性水平超过阈值或设备出现故障时,可就地报警和发出信号。
- 氚监测仪有仪用压缩空气冲洗功能,当测量到某个取样点的放射性水平超过阈值可自动运行冲洗程序,并在冲洗后对该取样点再次测量。
- 具有通信及远程显示和控制功能,通过串联可接入专用计算机。
- 氚监测仪的数据通信使用同轴电缆。
- 报警阈值就地、远程设置。
- 含源检装置。
- 具有电子测试功能,用于对处理电路进行自检。

c. 取样回路组合装置

取样回路组合装置是空气中氚监测系统取样装置的一部分。其通过固定安装的取样管道,将被测区域的空气样品送入氚监测仪内进行测量。取样管道一端设置在被测区域,另一端连接到取样回路组合装置上,取样管道的公称直径为 3/8",取样回路组合装置需兼容其管径。每个取样回路组合装置所对应的取样管道参见表 5-3。

表 5-3 取样回路组合装置与取样管道对应表

取样回路组合装置	取样点编号	房间号	估测管道长度/m
SM1(R-003)	1	R-002	18
	3	R-007	18
	4	R-007	8
	6	R-009	34
	9	R-013	21
	12	R-103	27
SM2(R-004)	2	R-006	24
	5	R-008	20
	7	R-012	27
	8	R-012	23
	10	R-014	25
	11	R-018	23
	13	R-104	27
	14	R-106	25
SM3(R-011A)	20	R-108-1	45
	21	R-108-2	55
	22	R-108-3	80
	23	R-108-4	73
	24	R-108-5	66
	25	R-108-6	48
	53	1 号保温仓	60
	55	3 号保温仓	76
SM4(R-011A)	26	R-111-1	50
	28	R-112-1	14
	57	A 侧集管走道-1	67
	58	A 侧集管走道-2	60
	59	A 侧集管走道-3	55
	63	A 侧 RTD 平台-1	78
	64	A 侧 RTD 平台-2	72
	65	A 侧 RTD 平台-3	65
SM5(R-011C)	29	R-112-2	15
	60	C 侧集管走道-1	64

表 5－3(续 1)

取样回路组合装置	取样点编号	房间号	估测管道长度/m
SM5(R－011C)	61	C 侧集管走道－2	57
	62	C 侧集管走道－3	52
	66	C 侧 RTD 平台－1	75
	67	C 侧 RTD 平台－2	69
	68	C 侧 RTD 平台－3	62
SM6(R－011C)	15	R－107－1	42
	16	R－107－2	52
	17	R－107－3	77
	18	R－107－4	70
	19	R－107－5	63
	27	R－111－2	46
	54	2 号保温仓	57
	56	4 号保温仓	73
SM7(R－307)	30	R－303	16
	32	R－305	18
	37	R－405	32
	39	R－405B	55
	40	R－405B	50
	45	R－501－3	57
	46	R－501－4	35
	47	R－501－5	23
SM8(R－302)	31	R－304	10
	33	R－306	14
	34	R－401 和 402 之间	30
	35	R402	34
	36	R403	55
	38	R－406	35
	41	R－406B	52
	42	R－406B	46
SM9(R－502)	43	R－501－1	15
	44	R－501－2	48
	48	R－501－6	25
	49	R－501－7	38
	50	R－501－8	46

表5-3(续2)

取样回路组合装置	取样点编号	房间号	估测管道长度/m
SM9(R-502)	51	R-501-9	52
	52	R-501-10	60
SM10(S-022)	69	S-004	45
	70	S-005	32
	71	S-015	37
	72	S-018	50
	73	S-147	16
SM11(D-235) 仅1#机组适用	74	D-157	15
	75	D-158	18
	76	D-235	10
	77	D-320	17
	78	D-324	20

取样回路组合装置内设置电磁阀、取样泵、控制器等部件。电磁阀安装于取样管道的末端,可通过控制其开关实现指定取样管道的打开与关闭;取样泵设置于电磁阀下游,通过取样泵可将已打开取样管内的待测空气送入氚监测仪进行测量;控制器用于对电磁阀和取样泵的工作状态进行控制,以实现取样组内各取样点间的切换与整个氚监测系统工作模式的切换。

取样回路组合装置的性能满足以下要求:

- 工作介质:气体。
- 取样管公称直径:3/8″。
- 取样管材料:不锈钢。
- 取样泵有足够的真空度,使整个空气中氚监测系统的响应时间≤2 min。
- 取样回路组合装置具有真空度自检功能。
- 每个取样回路组合装置配置10个取样接口,未使用的接口则留作备用,供用户自行扩容。
- 取样装置配置就地和远程的指示与操作模块,并具备相应的通信接口,方便电厂运行人员对取样装置进行监控。该指示与操作模块可单独设置,亦可与氚监测仪的显示、控制与报警模块集成。如指示与操作模块单独设置,则其必须能够通过串联的方式相连接,且支持同轴电缆进行信号传输。
- 经过氚监测仪测量的废气最终排入蒸汽回收系统进行处理排放,废气可通过取样回路组合装置排放,亦可直接通过氚监测仪排放。供货商在提案中应对废气排放的接口做出说明,并提供接口信息。
- 取样回路组合装置设有一个外部取样接口。该接口采用快速接头的形式,用于手动取样。取样回路组合装置上应设一个切换开关,控制取样空气送入氚监测仪进行测量或由取样容器收集进行手动取样。

d. 专用计算机

系统配置 2 台专用计算机(CMP1、CMP2),设置于辅助厂房 S-328 房间内。

CMP1 用于接收、显示和储存反应堆厂房和辅助厂房中所有氚监测仪和取样装置的状态指示、测量数据及报警信号,并配置 OPC(OLE for Process Control)标准服务程序,使上述信号可被秦三厂的 PI 系统读取。

CMP2 配置单向正向隔离装置,用于控制数据流向,确保网络安全。

除上述功能外,CMP1 还须满足以下要求:

- 专用计算机须包含控制软件,以对空气中氚监测系统进行管理。
- 可在线对空气中氚监测系统的运行状态进行监测,可实时显示氚监测仪的测量数据。
- 可在远程对氚监测仪和取样回路组合装置发出控制信号,以对空气中氚监测系统的取样点和工作模式进行切换调整。
- 专用计算机支持将氚监测仪的测量数据实时传输至 PI 系统,其通信协议和接口满足现有 PI 系统要求。
- 专用计算机至少包含 2 个同轴电缆的端口,用以与反应堆厂房内的氚监测仪和取样回路组合装置进行通信。

e. 输出信号

空气中氚监测系统设备提供以下报警、状态指示和显示:

- 监测数据。
- 高值报警。
- 通信失效。
- 设备故障(该报警说明设备失去电源、低电压供电或设备失效等)。
- 设备工作状态(工作模式、停止工作状态、就地或远程控制状态或故障状态)。
- 检查源已经驱动或监测仪正在试验。

f. 系统接口

供电接口如下:

- 电源电压:220 VAC。
- 电源频率:50 Hz。
- 电源等级:Ⅲ级。
- 支持两路供电,当一路电源断电后可自动切换到第二路电源,切换时间小于 10 ms。

通信接口要求如下:

- 空气中氚监测系统设备就地提供用于调试的通信接口。
- 专用计算机与 PI 系统之间的数据传输标准和协议满足秦三厂信息技术科要求。

g. 仪用压空系统

- 空气中氚监测系统设备与秦三厂仪用压缩空气系统存在接口,用于对氚监测仪进行冲洗。
- 接口管道公称直径 3/8″。

h. 蒸汽回收系统

- 空气中氚监测系统设备与三厂蒸汽回收系统存在接口,用于处理和排放氚监测仪测量后的废气。

- 接口管道公称直径 1/2″。

5.6 硼 表

5.6.1 概述

1. 引言

核电站反应堆在一个燃耗寿期内释放出连续稳定的核功率,其堆芯所装载的核燃料远大于其最小临界质量,其剩余反应性较大。故反应堆反应性控制的主要任务是:采取各种有效控制措施,在确保安全的前提下,控制反应堆的剩余反应性及释放速度,以满足反应堆长期运行的需要;通过控制毒物的空间布置与计算所得到的最佳提棒程序,使反应堆在整个堆芯寿期内保持较平坦的功率分布,使功率因子尽可能小;在外界负荷变化时,能调节堆功率,使之适应外界负荷变化;在堆出现事故时,能快速安全停堆并保持适当的停堆深度。

根据如上所述,反应堆的控制分成以下三类:

(1)紧急控制。反应堆需紧急停堆时,迅速引入一个大的负反应性,快速停闭反应堆,并保持适当的停堆深度。如反应堆的控制棒(Ag - In - Ge)。

(2)功率调节。当芯温变化或外界负荷变化时,控制系统需引入一个适当的反应性,以满足功率调节的需求。如功率自动调节微调棒或调硼等。

(3)补偿控制。堆芯初始剩余反应性较大,在燃耗初期,必须引入较多的控制毒物,以控制剩余反应性的释放。随着堆的运行,燃料不断消耗,剩余反应性不断减小,为保持堆的临界(额定满功率的临界),就必须逐渐从堆芯中抽出可燃毒物,如分布于堆芯的冲硼水等。

2. 反应堆一回路硼的实时监测设备——硼表

现有压水堆核电站运行,通常利用在一次冷却水中加硼来实现对堆芯过剩反应性的补偿控制,并展平堆芯功率分布,增加燃耗深度,提高核电站运行的经济性与安全性;另外核电站在停堆、换料期间或大修期间,也要加硼使活性区长时间保持在次临界状态。因此载硼运行的核电站需要一个完整的、独立的硼在线测量系统,以长期监测反应堆及一回路系统冷却剂中的硼浓度,防止反应堆及一回路系统中的硼被意外稀释而引起反应堆功率的意外增长,确保运行安全。

硼表系统是针对核电站反应堆及一回路系统中硼浓度的在线监测而研制的专用设备,它除精确测量反应堆及一回路系统中的硼浓度外,还能及时对硼稀释事故发出报警。采用标定装置,以化学滴定分析法为基准对测量装置进行定期刻度,以确保硼表系统测量值的准确性与可信度。

5.6.2 硼表构成、功能及工作原理

1. 硼表系统组成概述

硼表系统组成见图 5 - 16。它包括探测装置、标定装置、机柜、就地显示箱及温度变送器箱。探测装置包括测量容器、中子源、中子探测器、温度探测器、聚乙烯屏蔽体及不锈钢箱体;标定装置包括循环水泵、标定水箱、温度控制器、标定控制箱以及带紧锁装置的移动

轮;机柜包括工控机及相关功能模块、NIM 机箱及相关 NIM 插件功能模块、显示器、键盘鼠标、电源分配盘等;就地显示箱内含 RS-485 通信接收模块及前放模块。温度变送器箱内含温度变送器模块。

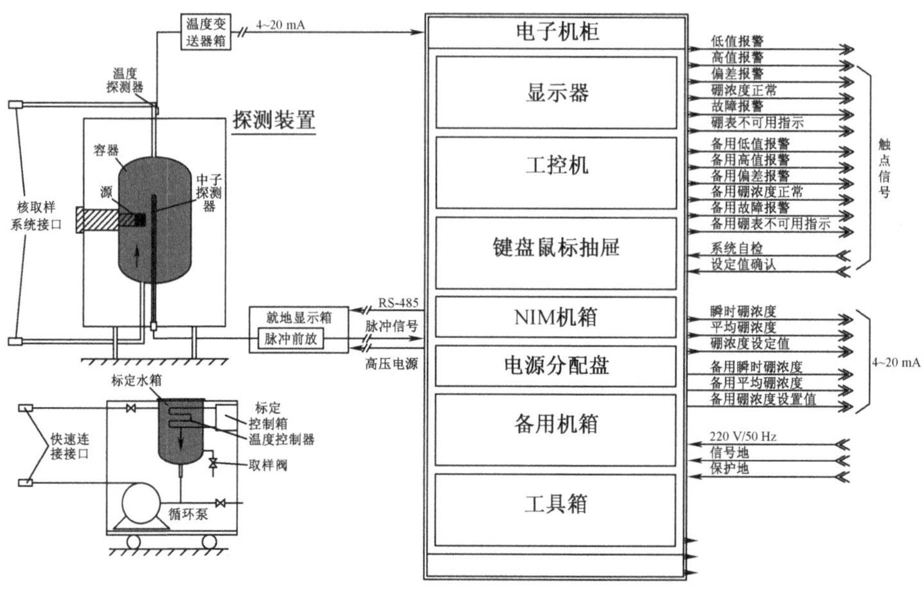

图 5-16　硼表系统组成框图

2. 硼表构成及功能描述

(1)探测装置

①探测装置几何参数

a. 总体尺寸:525 mm(宽)×525 mm(深)×1 340 mm(高),高度尺寸是装置顶盖板到支架底部的距离。

b. 箱体高度:740 mm。

c. 颜色:交通黑(RAL9017)。

探测装置结构见图 5-17,由中子源组件、取样容器、中子探测器、聚乙烯屏蔽体、包覆屏蔽体的不锈钢覆面和上下盖板、连接覆面和屏蔽体的螺杆及螺母、支撑架以及接入取样回路的循环管道组成。探测装置说明见表 5-4。

表 5-4　探测装置说明

序号	名称	说明
1	装置外壳	覆面材料为 304
2	支架	支架是由 5 号角钢组焊而成。支架顶面起支承、连接和固定探测装置本体的作用,支架底面和地面之间用膨胀螺栓进行连接。表面刷防锈漆。
3	回路连接管	材料为 304L,和核电站的取样回路焊接
4	聚乙烯屏蔽体	在屏蔽体内部放置取样容器和中子源组件

表 5-4(续)

序号	名称	说明
5	取样容器	平盖容器,内部焊有中子探测器承放管、中子源组件承放管。容器外径为 ϕ140,容积为 4.2L,材料 304L。
6	中子探测器组件	包括引导管和探测器固定组件
7	温度探测器	贴片式安装方式,安装在出口管的外部

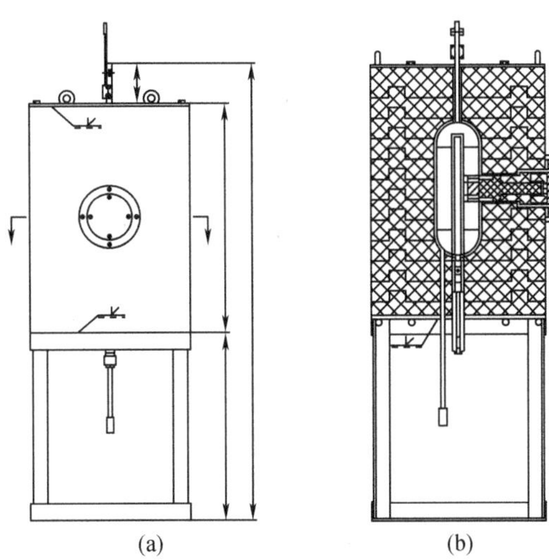

图 5-17 探测装置结构示意图

②探测装置主要功能

a. 对 REN 取样回路水中的硼进行探测并输出表示回路硼浓度的中子脉冲信号。

b. 利用安装在探测装置中的温度探测器监测回路硼溶液温度。

c. 中子探测器安装与固定。

d. 中子源屏蔽、安装与固定。

(2)标定装置

①标定装置构成

标定装置包括循环水泵、标定水箱、电源控制箱、两组电加热元件、取样阀、调节阀、排水阀以及带紧锁装置的移动轮。通过快速接头与手套箱连接,通过电气控制箱控制循环泵和温度控制器,可设置温度恒温,具有温度显示。标定装置的构成见图 5-18。

②标定装置技术参数

a. 材料:304 不锈钢。

b. 装置总体尺寸:650 mm(长)×500 mm(宽)×600 mm(高)。

c. 颜色:信号蓝(RAL5005)。

d. 标定水箱尺寸:φ304 mm×300 mm(21 L 左右)。

e. 温度范围:室温~100 ℃。

f. 标定液体流量:2~4 L/min。

g. 工作电源:220 V/50 Hz,最大功耗 2 500 W。

h. 与取样回路的连接:聚乙烯软管(3/8 英寸软管)和快速接头连接(快速接头型号:SS-QC6-B-600)。

i. 循环水泵:扬程 8 m。

j. 标定回路压力:常压。

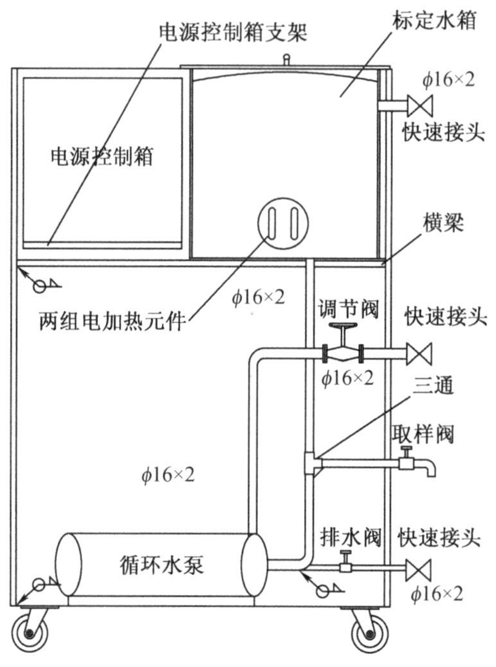

图 5-18　标定装置构成图

③标定装置的主要功能

a. 与探测装置连接,形成循环回路,对硼表的测量精度定期进行标定。

b. 标定回路温度控制。

c. 取样、标准液添加。

(3)机柜

①机柜设备主要功能

a. 对中子探测器送出的代表硼浓度的中子信号进行处理,实时显示硼浓度。

b. 测量结果的本地显示与储存。

c. 工作参数的本地显示与修改。

d. 瞬时硼浓度、平均硼浓度和硼浓度设定值模拟输出(4~20 mA);

e. 报警输出(输出到 DCS 的报警信号包括硼浓度低值报警、硼浓度高值报警、偏差报警和系统故障报警及硼浓度正常和硼表不可用)。

f. 远程控制输入(DCS 控制输入,为“自检”和“设定值确认”)。

g. 就地显示输出(RS-485 通信,显示内容包括硼浓度和回路温度)。

h. 标定试验数据获取与处理。

②机柜设备布置

机柜设备布置见图 5-19,机柜中从上到下安装的设备包括显示器、工控机、键盘鼠标、

NIM 机箱设备、电源分配盘及工具箱等。

在机柜内部的两侧纵向安装走线槽和机柜设备接地母线铜排(保护地和信号地),接线端子排横向安装在显示器后部,并在工控机和 NIM 机箱的后部横向安装走线板(固定工控机和 NIM 机箱的信号线)。

保护地是裸铜排,与机柜电气连接,并在铜排上安装非焊接连接装置,在铜排的最上端安装连接端子,便于与电厂接地母线连接。信号地需要与机柜和设备机箱绝缘,信号连接方式与保护地相同。

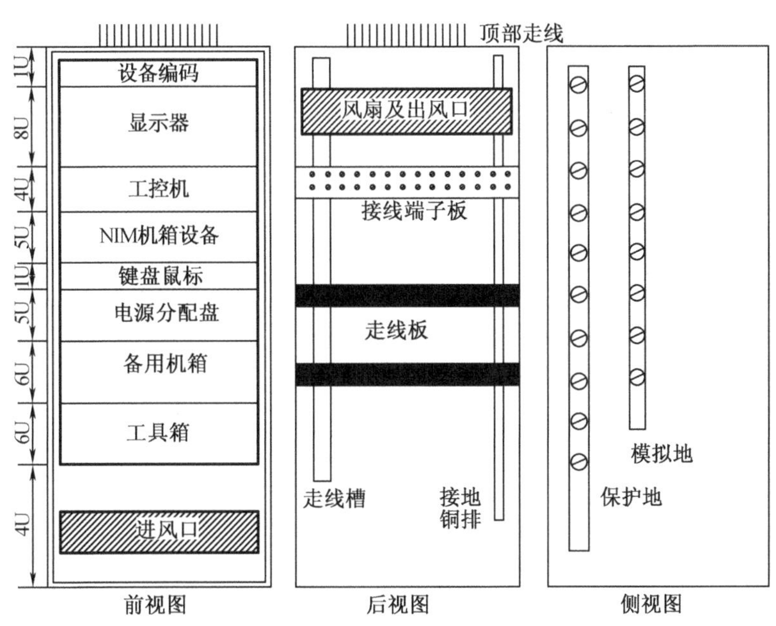

图 5-19 机柜设备布置图

③机柜技术参数

a. 类型:19 英寸标准机柜。

b. 尺寸:800 mm×800 mm×1 800 mm。

c. 颜色:编码 RAL5024。

d. 安装方式:悬浮安装。

e. 开门方式:前后双开门。

f. 密封要求:机柜的门及走线孔都采取密封措施,目的是不影响机柜设备的散热风路。

④机柜接地方法

a. 保护地接地方法。机柜通过机柜内的保护地连接到电厂保护地母线系统,机柜内的机箱设备及前后门通过其保护地接线端子与机柜内的保护地(铜排)连接。

b. 信号地接地方法。

硼表系统接地要求如表 5-5 所示。

表 5-5 硼表系统接地要求

序号	信号名称	电缆屏蔽层		连接位置
		信号地(B)	信号低端(L)	
1	自检(有源触点)	不连接	不连接	接线端子排
2	设定值确认(有源触点)	不连接	不连接	接线端子排
3	6 路报警信号(干触点)	不连接	不连接	接线端子排
4	Pt100 输出信号(三线制)	连接	不连接	模拟输入模块
5	中子脉冲信号	不连接	连接	脉冲放大模块
6	3 路模拟输出(4~20 mA)	连接	不连接	接线端子板
7	远程显示信号(RS-485)	连接	连接	RS-485 通信卡

⑤机柜通风措施

在机柜后门的上部安装通风风扇和出风口,在前门的下部开进风口。为保证机柜设备正常的通风风路,机柜的门和机柜走线孔应都具有密封措施(在安装完后进行封堵)。在通风口处安装防尘网和不锈钢网(防电磁干扰),通风风扇的型号和技术参数如下:

a. 型号:W2E143-AA09-01。

b. 工作电源:220 V/50 Hz。

c. 流量:375×2(m^3/h)。

d. 功率:24 W。

⑥工控机设备

工控机设备包括工控机和基于工控机计算机总线的功能模块。工控机内的功能模块除脉冲采集模块外,其他都采用标准模块,设备清单见表 5-6,后面板布局见图 5-20。

表 5-6 工控机设备清单

序号	名称	型号	厂家	数量
1	工控机机箱	ACP-4000	研华	1 个
2	工控机底板	PCA-6113P4R	研华	1 块
3	工控机主板	PCA-6194VG	研华	1 块
4	模拟输入模块	PCI-1713	研华	1 块
5	模拟输出模块	PCL-728	研华	2 块
6	继电器输出模块	PCL-735	研华	1 块
7	I/O 控制模块	PCI-1730	研华	1 块
8	RS-485 通信模块	PCI-1602	研华	1 块
9	脉冲信号采集模块	NPIC-AM-004	NPIC	1 块

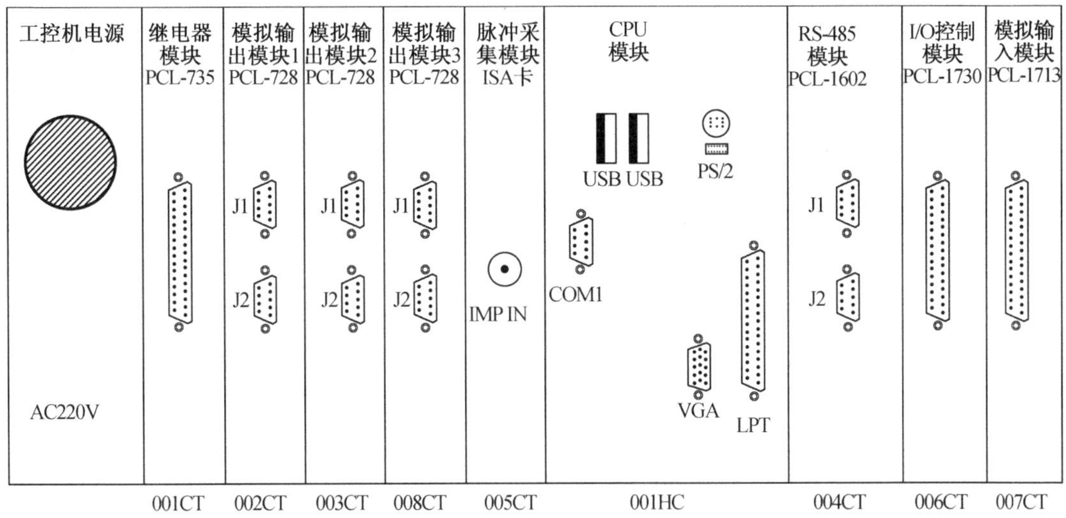

图 5-20 工控机后面板布局

a. 模拟输入模块。工控机模拟输入模块完成对温度信号、高压镜像信号和甄别阈信号的采集。模块主要技术参数及工作方式如下：

- 型号：PCI-1713。
- 总线类型：PCI。
- 模数转换：12 位，100 kHz。
- 隔离：数字隔离。
- 模拟输入范围：0 ~ 10 V。
- 增益：1。
- 采集方式：软件触发。
- 信号连接方式：通过 D37 与模拟预处理模块（NIM 机箱设备）相连。

b. 模拟输出模块。模拟输出模块将硼浓度、平均硼浓度和偏差报警设定值转换为 4 ~ 20 mA 的电流信号，并输出到 DCS 系统。模块主要参数及工作方式如下：

- 型号：PCL-728。
- 总线类型：ISA。
- 数模转换：12 位，建立时间 60 us。
- 隔离：500 V，数字隔离。
- 模拟输出：4 ~ 20 mA，板载 +15 V 激励电源或外部 +24 V 电源。
- 信号连接方式：3 个 D9 连接到接线端子板。

c. 继电器输出模块。继电器输出模块输出 6 路干触点信号，分别表示高值报警、低值报警、偏差报警、系统故障报警、硼浓度正常和硼表不可用。模块主要技术参数和工作模式设置如下：

- 型号：PCL-735。
- 总线类型：ISA。
- 触点：最大切换功率 60 W，最高工作电压 60 VDC/125 VAC。
- 切换建立时间：5 ms。

• 寿命:60 W 时大于 500 万次。

• 隔离电压:1 000 V。

• 信号连接方式:通过 D37 连接到接线端子板。

d. I/O 控制模块。I/O 控制模块接收并响应“自检”和“设定值确认”远程命令,输出系统状态指示控制信号。模块主要技术参数及工作模式设置如下:

• 型号:PCI－1730。

• 总线类型:PCI。

• 隔离:输入输出数字隔离,隔离电压 2 000 VDC。

• 中断源设置:软件设置,使能 IDI0EN 和 IDI1EN,禁止 DI0EN 和 DI1EN,上升沿触发。

• 信号连接版本设置:B2。

• 信号连接方式:通过 D37 与多功能模块连接(NIM 机箱设备,D37 连接器)。

e. RS－485 通信模块。RS－485 通信模块将硼浓度和回路温度值通过 RS－485 输出到就地显示箱。技术参数及工作模式设置如下:

• 型号:PCI－1602BE。

• 总线类型:PCI。

• 最大传输速度:921.6 kb/s。

• 波特率:支持任何波特率设置。

• 端口:2 端口 RS－422/485 接口。

f. 脉冲信号采集模块。脉冲信号采集模块对中子脉冲信号进行采集,技术参数如下:

• 总线类型:ISA。

• 采集方式:定时计数或定数计时,软件设置。

• 触发方式:硬件中断,中断源包括“定时到”“定数到”和模块“看门狗”,软件可读取中断触发状态。

• 基本功能:通过软件可进行模块参数设置,具有“停止采集”和“开始采集”控制位,具有中断使能、清除控制位。

• 脉冲信号输入:BNC 连接器,悬浮安装,标识为“IMP IN”。

⑦NIM 机箱设备

NIM 机箱设备是基于 NIM 机箱及其模块插件的设备,包括 NIM 机箱、低压电源、高压电源、脉冲放大模块、多功能模块和模拟预处理模块,见表 5－7。

表 5－7　NIM 机箱设备清单

序号	名称	型号	厂家	数量
1	NIM 机箱	NIM130	北京核仪器厂	1 个
2	低压电源	NPIC－PM－001	NPIC	1 块
3	高压电源	NPIC－PM－002	NPIC	1 块
4	脉冲放大	NPIC－AM－001	NPIC	1 块
5	多功能模块	NPIC－AM－003	NPIC	1 块
6	模拟预处理模块	NPIC－AM－002	NPIC	1 块

a. NIM 机箱设备布局。NIM 机箱采用 12 槽的标准机箱，NIM 机箱设备安装前面板布局见图 5－21，NIM 机箱后面板布局见图 5－22。除低压电源面板占 4 个插槽宽度（单槽宽度为 33.4 mm）外，其他模块面板宽度为 2 个插槽宽度。要求各模块面板连接器、开关及指示灯，除“保护地”外，其他都采用悬浮安装。NIM 机箱设备模块间的连接信号，除高压电源外，其他都通过 NIM 插座连接，NIM 插座的定义见图 5－23。

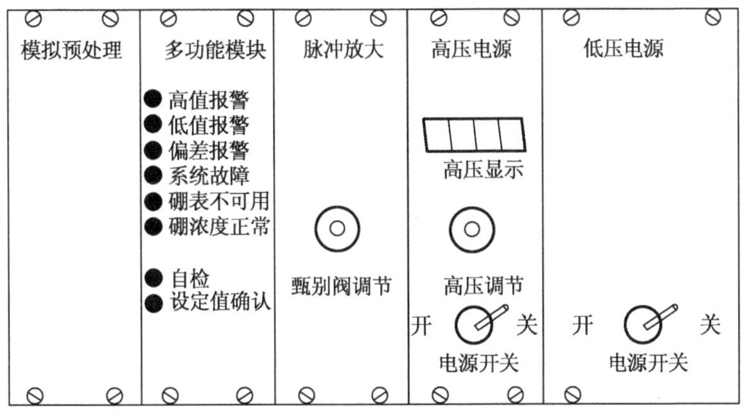

图 5－21 NIM 机箱设备前面板布局

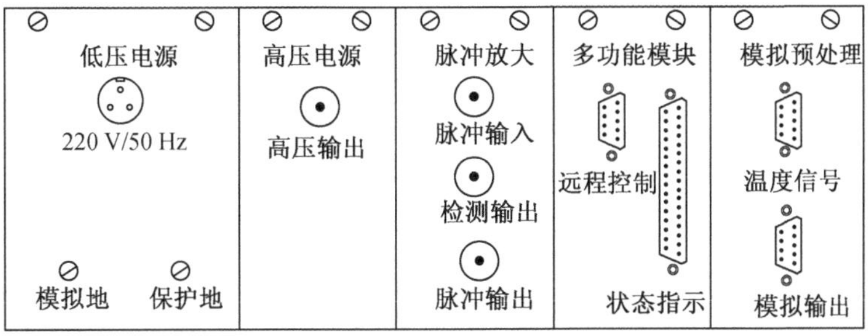

低压电源
220 V/50 Hz
模拟地
保护地
高压电源
高压输出
脉冲放大
脉冲输入
检测输出
脉冲输出
多功能模块
远程控制
状态指示
模拟预处理
温度信号
模拟输出

插座接线盒

图 5－22 NIM 机箱后面板布局

b. 低压电源模块。低压电源模块为 NIM 机箱设备提供工作电源，包括 4 组电气隔离的模拟电源，所有电源具有稳压输出功能。技术要求如下：

ⅰ. 类型：线性电源。

ⅱ. 使用环境：220 V，－10% ~ ＋5%，50 Hz ±1%。

ⅲ. 精确度：≤1%@ ±24 V，±15 V，≤0.2 V@ ±5 V。

ⅳ. ±24 V－1：±500 mA，纹波≤20 mVpeak。

ⅴ. ±15 V：±500 mA，纹波≤15 mVpeak。

ⅵ. ＋24 V－2：1A，纹波≤20 mVpeak。

ⅶ. 5 V：2 A，纹波≤10 mVpeak。

ⅷ. 模块宽度：4 个标准 NIM 插槽宽度。

ⅸ. 电源输出方式：NIM 插座。

x. 前面板:模块标识和电源开关,见图 5-21。

xi. 后面板:220 V/50 Hz 电源输入插座(航空插座)、信号地接线端子(与 NIM 机箱悬浮安装)和保护地接线端子(与 NIM 机箱电气连接),见图 5-22。

c. 多功能模块。多功能模块实现远程(DCS)控制信号的输出输入隔离和硼表系统的运行状态,技术参数如下:

- 模块宽度:2 个标准 NIM 插槽宽度。
- 远程输入信号:"自检"和"设定值确认",光电隔离,隔离能力 500 V(直流),回路电流控制在 10 mA。
- 自检控制信号:由工控机 I/O 模块输出,将远程控制输入信号转换为确定状态(控制有效),驱动能力为 48 V/120 mA。

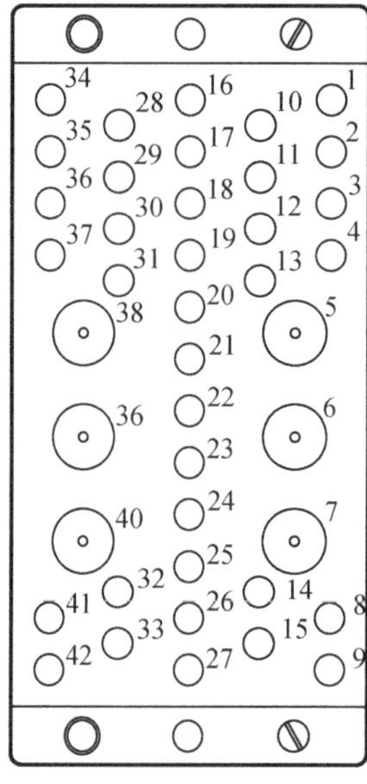

图 5-23 NIM 插座引脚定义

- 前面板:模块标识和 7 个发光二极管进行状态指示,见图 5-20,指示内容及发光二极管颜色见表 5-8。

表 5-8 NIM 机箱多功能模块前面状态指示定义

序号	状态名称	发光二极管颜色	定义
1	低值报警	红色	当硼浓度低于某预设值时点亮
2	高值报警	红色	当硼浓度高于某预设值时点亮
3	偏差报警	红色	当硼浓度低于"设定值" - Δ mg/L 时点亮
4	系统故障报警	红色	高压异常 甄别阈异常 就地显示通信异常

表 5－8(续)

序号	状态名称	发光二极管颜色	定义
5	硼表不可用	红色	设备故障 系统失电 标定状态 参数设置
6	硼浓度正常	绿色	偏差报警逻辑非,与偏差报警同步指示
7	自检	黄色	远程或本机自检时点亮,完成后熄灭
8	设定值确认	黄色	远程控制请求时点亮 1 s 后熄灭

• 后面板:标识及其 D9 和 D37 连接器,D9 连接器用于远程控制输入,D37 与工控机 I/O控制模块连接见图 5－22。

d. 模拟预处理模块。模拟预处理模块为温度变送器提供工作电源,对温度信号、高压镜像信号和甄别阈信号进行隔离缓冲,并输出到工控机模拟采集模块,技术参数如下:

• 模块宽度:2 个标准 NIM 插槽宽度。

• 隔离方式:三端隔离,即输入、输出及其电源隔离。

• 隔离能力:≥500 V(直流)。

• 温度信号输入连接器:D9,位于 NIM 机箱后面板,屏蔽双绞线。

• 模拟信号输出连接器:D9,位于 NIM 机箱后面板,多股屏蔽双绞线。

• 自检控制继电器:24 V/10 mA,缺省状态与输入信号连接。

• 温度变送器隔离电源:24 V/100 mA,稳压输出。

• 温度信号输入负载电阻:250 Ω。

• 前面板:模块标识。

• 后面板:标识及两个 D9 连接器。

e. 脉冲放大模块。脉冲放大模块对脉冲前放输出的中子脉冲信号进行微积分放大、甄别、成形及缓冲输出,技术参数如下:

• 模块宽度:2 个标准 NIM 插槽宽度。

• 主放放大倍数:10,20,50,跳线选择。

• 甄别阈调节范围:0～10 V。

• 脉冲输出驱动能力:10 V/10 mA。

• 检测输出:通过缓冲后输出,检测基线恢复前的脉冲信号。

• 前面板:标识、模块编码及甄别阈调节电位器(具有紧锁装置的钟表电位器)。

• 后面板:模块标识和编码、中子脉冲信号输入连接器(HN－KF,悬浮安装)、检测输出(BNC,安装在模块后面板,悬浮安装)和脉冲输出连接器(BNC,安装在模块后面板,悬浮安装)。

• 自检:板载调线选择频率为 10k 的自检信号,通过自检信号使信号发生器工作,并将输入切换为自检信号,控制继电器缺省状态连接到外部信号输入。

f. 高压电源模块。高压电源模块为中子探测器提供工作高压,并将高压除以 200、缓冲后输出高压镜像信号(通过 NIM 插座输出到模拟预处理模块),技术参数如下:

- 模块宽度:2 个标准 NIM 插槽宽度。
- 最大输出电流:0.5 mA。
- 输出电压:0 ~ 1 500 V(直流)。
- 输出纹波电压:≤6 mVpeak。
- 平均温度系数:≤0.01%/℃。
- 长期稳定性:≤0.1%/24 h。
- 高压镜像:高压模块缓冲输出,与高压电源线性关系,0 ~ 10 V。
- 模块前面板:模块标识、模块编码和高压调节(具有紧锁装置的钟表电位器)。
- 模块后面板:模块标识、模块编码和高压输出连接器(悬浮安装)。

⑧电源分配盘

a. 硼表供电系统。硼表电源系统见图 5 - 24。

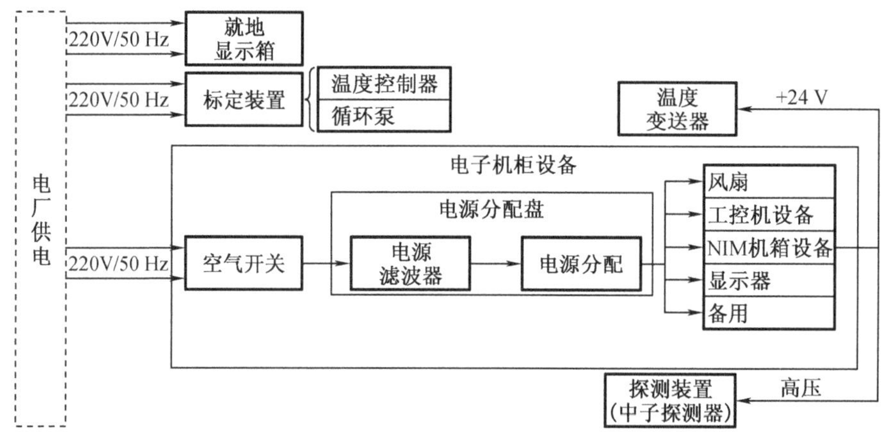

图 5 - 24 硼表电源系统

硼表系统机柜电源系统技术参数如下:

- 机柜设备功率:600 W。
- 空气开关:EA9AN - 2P10A。
- 电源分配盘技术参数:见表 5 - 9。

表 5 - 9 电源分配盘技术参数

序号	设备名称	技术参数及要求	数量
1	机箱	高:2U,深:350 mm	1
2	面板电源开关	防误操作开关,触点 10 A/250 V(AC),悬浮安装	6
3	电源滤波器	型号:MS10 - 10ES,单相滤波器,螺栓安装	1
4	AC/DC 转换	开关电源,60 W,12 V(DC)输出	1
5	电源保险管	面板悬浮安装,显示器、NIM 机箱、工控机为 2 A/250 V,其余为 1 A/250 V	5

b. 电源分配盘。电源分配盘为电子机柜设备提供工作电源,内含 1 个滤波器,1 个 12 V 低压电源模块和 1 块电源转换模块。电源分配盘为 2U 高度的 19 英寸机柜上架机箱,

输入输出电缆通过葛兰(PG16)进入电源分配盘,并连接到内部电源转换模块。每个电源在电源分配盘后面板都安装电源保险管(6 个,悬浮安装),前面板包括带指示的总电源开关(1 个,悬浮安装),6 个电源状态指示发光二极管,电源分配盘后面板见图 5 - 25,前面板见图5 - 26。

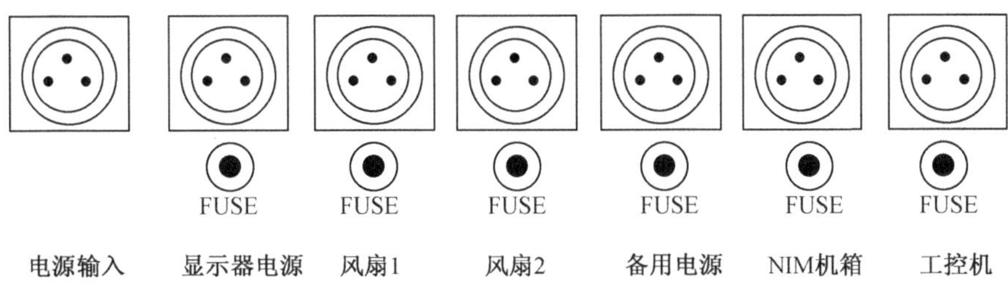

图 5 - 25　电源后面板布局

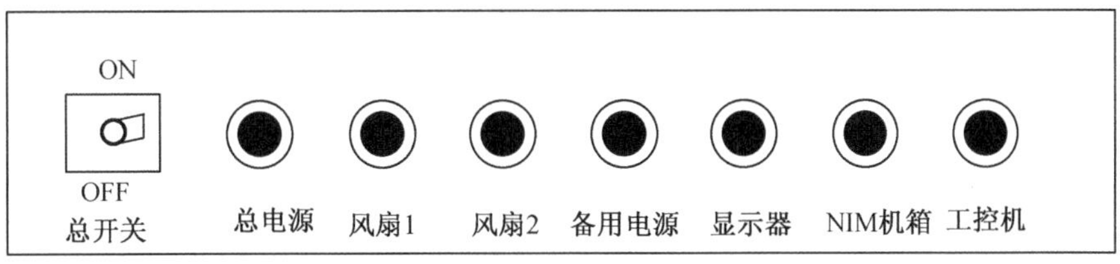

图 5 - 26　电源前面板布局

⑨显示器

硼表系统机柜显示器采用标准的 19 英寸机柜液晶显示器,技术参数如下:

a. 产品型号:YT170CS,17 英寸 LCD 平板显示器,屏幕安装抗电磁干扰罩。

b. 分辨率:600 ×480 ~1 280 ×1 024。

c. 工作电源:12 V(DC),由电源分配盘提供。

d. 安装方式:19 英寸上架悬浮安装。

e. 颜色:黑色。

⑩键盘鼠标

机柜设备中的键盘鼠标位于 1U 高度的上架抽屉,采用威达标准产品,型号为 MK - KB1D。

⑪工具箱

工具箱为一个 6U 高度 19 英寸上架机箱,卡扣固定,上部敞口,工具箱深度为 300 mm。

(4)就地显示箱

就地显示箱通过 RS - 485 与机柜通信,显示硼浓度和回路温度。其尺寸及内部布局见图 5 - 27,面板布局见图 5 - 28。就地显示箱内安装有脉冲前放屏蔽盒,屏蔽盒与就地显示箱电气隔离,脉冲前放的输入输出在机箱的底部连接器,连接器与就地显示箱通过密封圈密封。

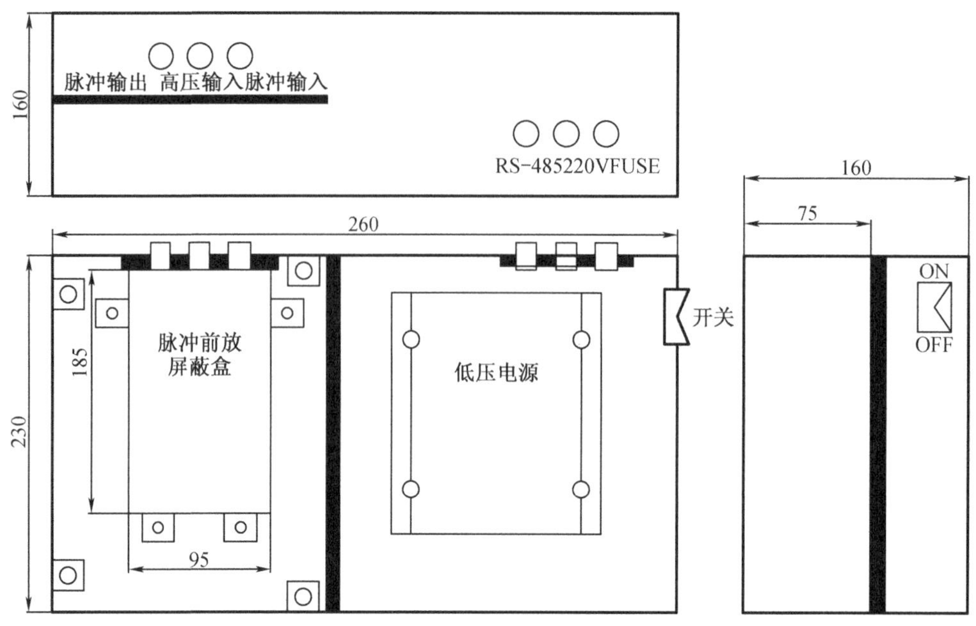

图 5-27　就地显示箱尺寸及布局

其技术参数如下：

a. 显示内容：硼浓度和温度。

b. 硼浓度值由 4 个数码管显示，显示范围为 0 ~ 9 999 mg/L，具有单位标识。

c. 回路温度由 4 个数码管显示，显示范围为 0 ~ 150 ℃，具有单位标识，1 位小数。

d. 命令按钮："Test"（对就地显示箱进行复位测试）。

e. 总体几何尺寸：230 mm × 260 mm × 160 mm（高 × 宽 × 深）。

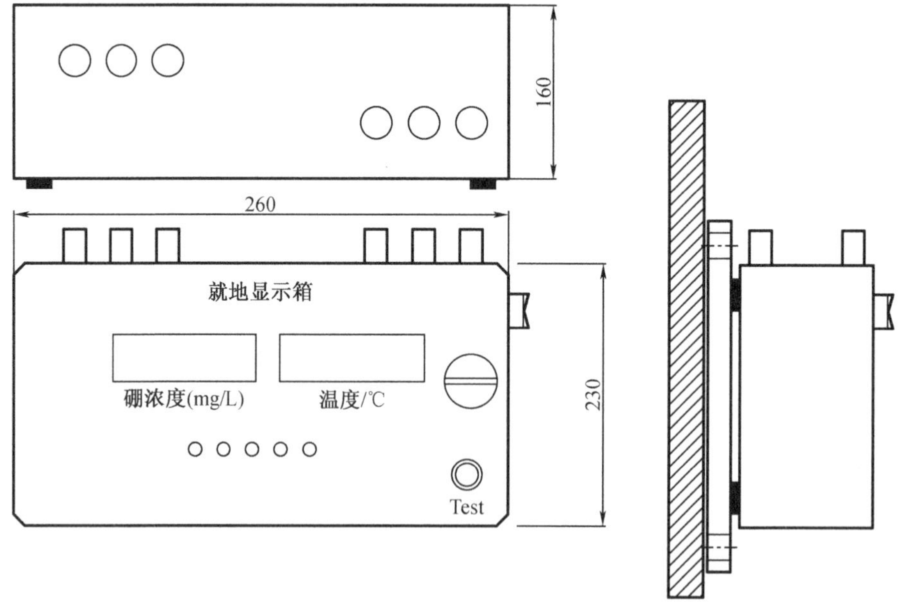

图 5-28　就地显示箱面板布局示意图

f. 电源保险管:标识为 FUSE,1 A。

g. 电源开关:机箱面板,带绿色指示灯。

h. 安装方式:悬挂式仪表架安装(REN012RK 位置,将安装托架固定在箱子后部的固定孔,再将托架安装在仪表架)。

i. 信号连接:机箱内部接线端子,通过钥匙打开机箱盖进行连接,高压输入采用非标定制,脉冲输入采用 HN 连接器,脉冲输出采用 N 型连接器,RS485 输入采用葛兰。

j. 低压电源:3 组电气隔离的低压电源,分别给脉冲前放和就地显示通信模块提供工作电源。

k. 屏蔽盒:物理尺寸为 165 mm×95 mm×55 mm,高压输入、脉冲输入和脉冲输出连接器安装在屏蔽上,并与就地显示箱悬浮,连接器开孔处采用密封圈密封。

l. 颜色:信号蓝(RAL5005)。

m. 报警指示:发光二极管报警显示,分别为:高值报警、低值报警、偏差报警、系统故障报警、硼表不可用报警。

脉冲前放对中子探测器输出的中子信号进行前置放大,放大后的信号缓冲后经 250 m 同轴屏蔽电缆输出到机柜的脉冲放大模块进行后续处理。

脉冲前放位于屏蔽盒内,并安装在就地显示箱内(见就地显示箱的描述),脉冲前放技术参数如下:

①脉冲信号输入:中子探测器输出的脉冲信号,HN 连接器,屏蔽同轴电缆,连接器和电缆耐压大于 3 000 V(DC)。

②脉冲信号输出:N 型连接器,悬浮安装,通过同轴电缆输出到机柜。

③高压输入:非标定制连接器,接收来自机柜的高压电源。

④隔离要求:脉冲信号输入、输出连接器屏蔽层与屏蔽盒、信号地电气连接,与机箱(就地显示箱)电气隔离。

⑤密封要求:屏蔽盒连接器与就地显示箱通过密封圈密封(满足隔离要求)。

(5)温度变送器箱

温度变送器箱将位于探测装置中温度探测器的输出信号转换为 4～20 mA 的电流信号,温度变送器箱的物理尺寸和布局见图 5-29。

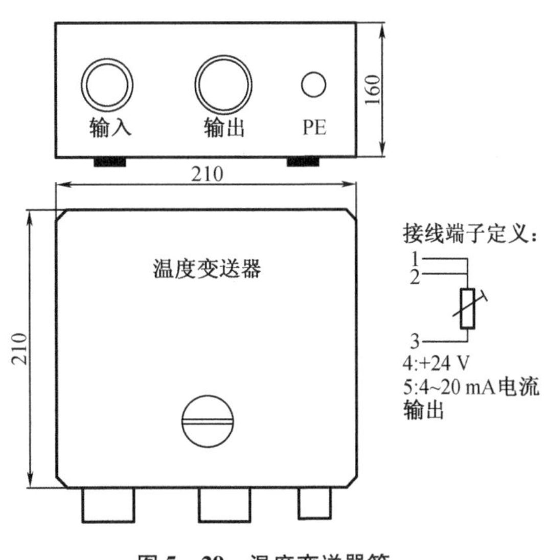

图 5-29 温度变送器箱

①输入信号:24 V(DC),通过葛兰连接。

②物理尺寸:210 mm × 210 mm × 160 mm(长×宽×高)。

③安装方式:仪表架安装(REN312RK 位置,将安装托架固定在箱子后部的固定孔,再将托架安装在仪表架)。

④输出信号:4～20 mA,屏蔽双绞线输出,通过葛兰(PG16)连接。

⑤温度测量范围:0～100 ℃。

⑥负载能力:≤250 Ω。

⑦温度探测器测量方式:3 线制。

⑧温度变送器:德国 JUMO T03 温度变送器。

⑨信号连接方式:内部接线端子,通过钥匙打开机箱盖进行连接。

⑩信号蓝(RAL5005)。

3. 硼表技术参数

①硼浓度测量范围:0 ~ 2 500 mg/L(天然硼)。

②测量误差:0 ~ 1 000 mg/L:≤ ±15 mg/L;1 000 ~ 2 500 mg/L:≤ ±1.5%。

③温度测量修正范围:室温 ~ 70 ℃。

④168 h 长期稳定性:在 168 h 内,硼表显示的硼浓度值和化学滴定值偏差小于 3%。

⑤工作电源:220 V(−10% ~ +5%),50 Hz ±1%。

⑥报警阈值调节范围:测量范围内调节;

⑦报警功能:偏差报警、故障报警、高值报警、低值报警、硼表不可用。

(1)探测装置技术参数

①材料:304 L 不锈钢。

②容积:约 4.2 L。

③试验压力:6.98 MPa。

④设计压力:4.65 MPa。

⑤与回路的连接:用 ϕ16 × 2 mm 的光面管连接。

⑥探测装置尺寸:约 525 mm × 525 mm × 740 mm 的尺寸要求。

⑦探测装置外表面最大剂量率:γ < 0.04 mGy/h,n < 0.5 mGy/h。

⑧探测装置表面采用不锈钢。屏蔽材料采用聚四氟乙烯,对中子有良好的屏蔽效果,可减少工作人员的受照剂量。

(2)中子源

①类型:钚铍中子源。

②包壳材料:1Cr18Ni9Ti。

③活度:3.5Ci。

④外形尺寸:ϕ30 mm × 38 mm。

⑤中子产额:6.6×10^6 n/s。

⑥产额误差:≤ ±10%。

(3)中子探测器

选用北京核仪器厂的涂硼计数管,此涂硼计数管的制造技术非常成熟,产品可靠性高,已应用于巴基斯坦恰希玛 1 期和国内核电站。

①型号:ZJ1521。

②外形尺寸:ϕ25.4 mm × 394 mm。

③最高运行温度:150 ℃。

④测量热中子范围:$0.5 \sim 3.0 \times 10^5$ n/cm^2 · s。

⑤对热中子的灵敏度:4.3 c · s^{-1}/(n · cm^{-2} · s^{-1})。

⑥允许的最高 γ 剂量率:10 Gy/h。

⑦与电子机柜的连接:50 Ω 五层屏蔽同轴电缆。

⑧允许的最高 γ 剂量率:10^4 Gy/h。

⑨最高工作电压:1 500 V(DC)(高压电源 0 ~ 1 500 V 内可调)。

(4)机柜

①19″标准机柜:800 mm×800 mm×1 800 mm。

②模拟量信号输出:4~20 mA,6 路。

③模拟量输入:4~20 mA,3 路。

④开关量输入:2 路。

⑤开关量输出:12 路。

⑥机柜布置:机柜采用上进线方式,输出信号采用端子排连接。

(5)标定装置

①容积:约 20 L。

②恒温范围:室温~100 ℃(可调)。

③标定液体流量:2~4 L/min(可调)。

④标定回路压力:常压。

⑤与手套箱的连接:采用快速接头。

4. 硼表测量原理

(1)测量原理简述

通过探测装置与核取样回路连接,构成一个完整和独立的反应堆及一回路系统硼浓度测量系统;探测装置内部安装有中子探测器和中子源,核电站主回路中的硼对热中子具有很大的吸收截面。探测器输出的脉冲信号计数率与探测器接收到的热中子数成正比。硼表通过对脉冲信号进行采集,数据处理单元通过中子计数率计算出回路中的硼浓度。通过长期在线监测反应堆及一回路系统内循环水中的硼浓度,当一回路中的硼浓度稀释时,当硼浓度偏差(相对于“设定值”)大于预设值(Δ mg/L)时产生硼浓度偏差报警,防止堆功率的意外增长,确保运行安全;当硼浓度值大于高值报警预设值时,产生高值报警;当硼浓度小于低值报警预设值时,产生低值报警。

回路中的温度将影响回路中硼水的密度和热中子能量,导致硼的有效微观截面的变化,从而影响硼浓度的测量结果。为提高硼浓度测量精度,探测装置中增加温度测量,在硼浓度计算转换时通过测量回路中的温度值进行温度修正。

(2)硼浓度计算物理模型

天然硼中^{10}B 占 19.8%,其中子俘获截面为 3 813 b,^{11}B 占 80.2%,其中子俘获截面很小,为 5.5×10^{-3} b;其在水中的溶解度大物理化学性能稳定,不受辐射和温度影响,无一回路材料腐蚀问题。一回路中的^{10}B 与中子源发射出的经慢化的热中子发生(n,α)反应,即 ${}^{10}_{5}B+{}^{1}_{0}n\rightarrow{}^{7}_{3}Li+{}^{4}_{2}He$ 反应,电离的 α 离子与回路中的硼的浓度有关,硼浓度越大,反应越多,α 离子的产生量就越多;反之亦然。α 离子与硼计数管中的气体产生二次电离,二次电离产生的脉冲信号经后续电路收集与处理从而计算出硼浓度。

中子在硼水中的衰减特性关系式:

$$n=n_0 e^{-\beta P} \tag{1}$$

(1)式可变换为

$$n_0=n e^{\beta P} \tag{2}$$

式中 n_0——无硼时中子探测器探测的中子计数率;

n——硼浓度为 P 时中子探测器探测的中子计数率;

β——与一次探测装置结构和^{10}B 吸收截面有关的常数;

P——冷却剂中的硼浓度。

(2)式可变换为：$\ln n = -\beta P + \ln n_0$

设序列 $Y = \ln n$，系数 $c = \ln n_0$，则有

$$Y = -\beta P + c \tag{3}$$

(3)式为一次方程，采用线性拟合法可拟合出系数 β、c。

一般情况下，$\beta P \ll 1$，(2)式可按泰勒级数二次展开为

$$\frac{1}{n_0} + \frac{\beta}{n_0}P + \frac{\beta^2}{2n_0}P^2 = \frac{1}{n} \tag{4}$$

设 $c = \frac{1}{n_0}$，$b = \frac{\beta}{n_0}$，$a = \frac{\beta^2}{2n_0}$，序列 $Y = \frac{1}{n}$，则(4)式变为

$$Y = aP^2 + bP + c \tag{5}$$

(5)式为硼浓度计采用的计算公式。(5)式为二次方程，采用二次拟合法可拟合出系数 a、b、c。

3. 系数的实验数据拟合

不考虑温度系数的二次形式硼浓度计算表达式为

$$\frac{1}{n} = aP^2 + bP + c \tag{6}$$

式中　a、b、c——二次拟合系数；

n——硼浓度为 P 时的中子计数率；

P——硼浓度。

在标定回路中，通过在标定装置中调试出不同浓度的硼溶液，在某一恒定温度（温度修正范围内的平均温度，如 30 ~ 70 ℃的温度修正范围，温度设置为 30 ℃）下，利用硼浓度计测量各浓度下的计数率，利用化学滴定的方法测量硼浓度，得到测量范围内的计数率 - 硼浓度序列，通过最小二乘法拟合得到公式中的系数 a、b 和 c。

4. 温度系数修正

测量回路中的温度变化导致硼吸收截面的变化，从而导致增加测量误差，所以要根据不同的温度对测量的计数率进行温度修正，从而尽量减小因温度而带来的硼浓度测量误差。

5. 硼浓度的计算

硼表系统完成一次“基本测量循环”（循环次数为可修改参数 NA，表示对某一测量点对计数率测量的重复次数）后计算出测量的总时间（N）和计数值（T），得到计数率 $n = \frac{N}{T}$，则浓度 P 为

$$P = \frac{-b + \sqrt{b^2 - 4a\left(c - \frac{1}{n}\right)}}{2a} \tag{7}$$

在硼浓度计算时，首先应判断二次方程的判别式 $b^2 - 4a\left(c - \frac{1}{n}\right) \geqslant 0$，如果判别式小于零，将给出“判别式”错误。

6. 钚铍源的修正

^{238}Pu - Be 中子源和 ^{241}Am - Be 中子源除半衰期（87.7 a、433 a）不同外，中子平均能量

(4 MeV)和中子产额($2.2 \times 10^6 n/(Ci \cdot s)$)都相同。如果以 24 个月为时间间隔，则 $^{238}Pu-Be$ 中子源衰变 1.57%，$^{241}Am-Be$ 中子源衰变 0.32%，所以利用 $^{238}Pu-Be$ 中子源进行硼浓度测量时应对中子源对硼浓度测量的影响进行修正。

5.6.3 硼表系统接线

表 5-10 为硼表系统内各分设备的型号和编码总表。

表 5-10 设备编码总表

序号		名称	型号	机组编码
探测装置设备	1	中子探测器	ZJ1521	001MA
	2	温度探测器	WZPK-113	001MT
	3	探测装置及支架	NPIC-DD-001	REN012MG
工控机设备	1	显示器	YT-170CS	001HV
	2	工控机	PCA-6194VG	001HC
	3	继电器输出模块	PCL-735	001CT
	4	模拟输出模块 1~2	PCL-728	002CT 003CT
	5	RS-485 通信模块	PCI-1602	004CT
	6	脉冲采集模块	NPIC-AM-004	005CT
	7	I/O 控制模块	PCI-1730	006CT
	8	模拟输入模块	PCI-1713	007CT
	9	模拟输出模块 3	PCL-728	008CT
	10	键盘鼠标	MK-KB1D	001HK
NIM 机箱设备	1	脉冲放大模块	NPIC-AM-001	001AM
	2	NIM 机箱	NIM130	001CR
	3	模拟预处理模块	NPIC-AM-002	002AM
	4	多功能模块	NPIC-AM-003	003AM
	5	低压电源模块	NPIC-PM-001	001AN
	6	高压电源模块	NPIC-PM-002	002AN
就地显示箱设备	1	就地显示箱	210260160 NPIC-JD-001	REN012RK
	2	前放模块	NPIC-AM-005	004AM
温度变送器箱设备	1	温度变送器箱	210210160 NPIC-WB-001	REN312RK
	2	温度变送器	德国 JUMO T03	001LT
	3	接线端子排	魏德米勒	002BN

表 5－10(续)

序号		名称	型号	机组编码
标定装置	1	标定装置车	NPIC－BD－001	7REN012MG
	2	电气控制箱	非标	
19 英寸机柜	1	机柜	8008001800	REN112AR
	2	门左风扇	W2E143－AA09－01	001ZV
	3	门右风扇	W2E143－AA09－01	002ZV
	4	电源分配盘	非标	001TB
19 英寸机柜	5	电源总空气开关	梅兰日兰 EA9AN－2P10A	001JS
	6	门左风扇空气开关	梅兰日兰 EA9AN－2P10A	002JS
	7	门右风扇空气开关	梅兰日兰 EA9AN－2P10A	003JS
	8	接线端子排	魏德米勒	001BN
	9	工具箱		非标
1		中子源运输箱	NPIC－TD－001	
2		中子源屏蔽箱	NPIC－ST－001	
3		中子源装卸工具	NPIC－AT－001	

硼表系统的电缆每一端装有标签，标签上给出电缆另一端设备的功能标识和电缆的功能标识。

两端标记符号基本形式为

远端设备码(模块编码)(/J＋接插件编号)＋电缆功能编码

设备码(模块编码)为电缆的标注端所连接的设备，见设备编码表，如电源分配盘为 001TB。电缆功能编码为 B 代表电源电缆和接地电缆，C 代表信号电缆。同类型的电缆从 001 起开始编号。

当一个设备或一个模块只有一个接插件位置时，省略接插件编号，如有多个插座时用“/J＋接插件编号”表示。

5.6.4 硼表机柜

1. 机柜内部接线

电缆使用情况见表 5－11，机柜电源及接地电缆编码见表 5－12，机柜信号电缆编码见表 5－13。

表 5－11 系统机柜电缆使用总汇

接线类型	使用电缆编码	备注
220 V(AC)及低压电源电缆以及接地电缆	B001～B014	220 V 交流及 24 V 直流及接地电缆
信号电缆	C001～C015	模拟、数字信号

表 5-12 机柜电源及接地电缆编码

序号	电缆名称	电缆编码	电缆前端设备及编码	电缆后端设备及编码	两个电缆标牌上的代码	
1	空气开关接入电源电缆	B001	空气开关 001JS	电源分配盘 001TB/J1	001TB/J1B001	001JSB001
2	机柜左风扇电源电缆	B002	左后门风扇空气开关 002JS	电源分配盘 001TB/J3	001TB/J3B002	002JSB002
3	机柜右风扇电源电缆	B003	右后门风扇空气开关 003JS	电源分配盘 001TB/J4	001TB/J4B003	003JSB003
4	备用电源电缆	B004	—	电源分配盘 001TB/J5	—	—
5	显示器电源电缆	B005	显示器 001HV	电源分配盘 001TB/J2	001TB/J2B005	001HVB005
6	NIM 机箱电源电缆	B006	NIM 机箱 001CR	电源分配盘 001TB/J6	001TB/J6B006	001CRB006
7	工控机电源电缆	B007	工控机 001HC	电源分配盘 001TB/J7	001TB/J7B007	001HCB007
8	前左门接地电缆	B008	—	—	—	—
9	前右门接地电缆	B009	—	—	—	—
10	后左门接地电缆	B010	—	—	—	—
11	后右门接地电缆	B011	—	—	—	—
12	低压电源接地电缆	B012	—	—	—	—
13	工控机接地电缆	B013	—	—	—	—
14	电源分配盘接地电缆	B014	—	—	—	—

表 5-13 机柜信号电缆编码

序号	电缆名称	电缆编码	电缆前端设备及编码	前端接插件	电缆后端设备及编码	后端接插件	两个电缆标牌上的代码	
8	远程控制（自检信号/设定值确认）输入电缆	C005	接线端子排自检 001BN/58 接线端子排设定值确认 001BN/61	—	多功能模块 003AM/J1	DB9	003AM/J1C005	001BNC005
9	RS485 就地显示信号电缆	C006	RS485 输出模块 004CT/J1	DB9	机柜接线端子排 001BN/55	—	001BNC006	004CT/J1C006

表 5－13（续）

序号	电缆名称	电缆编码	电缆前端设备及编码	前端接插件	电缆后端设备及编码	后端接插件	两个电缆标牌上的代码	
10	显示器信号线	C007	显示器 001HV	—	工控机 001HC	VGA	001HCC007	001HVC007
11	键盘鼠标线	C008	键盘鼠标 001HK	—	工控机 001HC	PS/2	001HCC008	001HKC008
12	模拟输入电缆	C009	模拟预处理模块 002AM/J2	DB9	模拟输入模块 007CT	DB9	007CTC009	002AM/J2C009
13	获取远程控制输入/自检控制信号/系统状态指示电缆	C010	多功能模块 003AM/J2	DB37	IO 控制模块 006CT	DB37	006CTC010	003AM/J2C010
14	脉冲采集数据电缆	C011	脉冲放大模块 001AM/J2	BNC	脉冲采集模块 005CT	BNC	005CTC011	001AM/J2C011
15	温度信号电缆	C012	机柜接线端子排 001BN/64	—	模拟预处理模块 002AM/J1	DB9	002AM/J1C012	001BNC012

其中继电器输出模块 DB37 引脚与端子排连接定义见表 5－14，模拟输出模块 1 的 DB9/J1 管脚与端子排连接定义见表 5－15，模拟输出模块 1 的 DB9/J2 管脚与端子排连接定义见表 5－16，模拟输出模块 2 的 DB9/J1 管脚与端子排连接定义见表 5－17，多功能模块远程控制输入 DB9 引脚与端子排连接定义见表 5－18，RS－485 通信 DB9 引脚与端子排连接定义见表 5－19，模拟预处理模块输入 DB9 引脚与端子排连接定义见表 5－20，I/O 控制模块 D37 管脚定义见表 5－21，模拟预处理模块输出 DB9 引脚定义见表 5－22。

表 5－14　继电器输出模块 DB37 引脚与端子排连接定义

序号	信号名称		DB37 定义	对应机柜接线端子排号
1	硼浓度高值报警	高 H	3	1
		低 L	2	2
2	硼浓度低值报警	高 H	6	4
		低 L	5	5
3	硼浓度偏差报警	高 H	9	7
		低 L	8	8
4	系统故障报警	高 H	12	10
		低 L	11	11
5	硼表不可用	高 H	15	13
		低 L	14	14

表 5－14(续)

序号	信号名称		DB37 定义	对应机柜接线端子排号
6	硼浓度正常	高 H	16	16
		低 L	17	17

表 5－15 模拟输出模块 1 的 DB9/J1 管脚与端子排连接定义

序号	信号名称		DB9 引脚	备注	对应机柜接线端子排号
1	硼浓度	高	9	H	37
		低	7	L	38
		屏蔽层	6,8	B	39

表 5－16 模拟输出模块 1 的 DB9/J2 管脚与端子排连接定义

序号	信号名称		DB9 引脚	备注	对应机柜接线端子排号
1	平均硼浓度	高	9	H	40
		低	7	L	41
		屏蔽层	6,8	B	42

表 5－17 模拟输出模块 2 的 DB9/J1 管脚与端子排连接定义

序号	信号名称		DB9 引脚	备注	对应机柜接线端子排号
1	设定硼浓度值	高	9	H	43
		低	7	L	44
		屏蔽层	6,8	B	45

表 5－18 多功能模块远程控制输入 DB9 引脚与端子排连接定义

序号	信号名称		DB9 引脚	备注	对应机柜接线端子排号
1	自检	低	1	L	58
		高	2	H	59
2	设定值确认	低	3	L	61
		高	4	H	62

表 5－19 RS－485 通信 DB9 引脚与端子排连接定义

序号	信号名称	DB9 引脚	备注	对应机柜接线端子排号
1	DATA +	2	A	55
2	DATA −	1	B	56
3	GND	5	GND	57

表 5-20　模拟预处理模块输入 DB9 引脚与端子排连接定义

<table>
<tr><th>序号</th><th colspan="2">信号名称</th><th>DB9 引脚</th><th>对应机柜接线端子排号</th></tr>
<tr><td rowspan="3">1</td><td rowspan="3">温度信号</td><td>4 ~ 20 mA 电流输入</td><td>1</td><td>65</td></tr>
<tr><td>温度变送器电源 +24 V</td><td>2</td><td>64</td></tr>
<tr><td>电缆屏蔽层</td><td>3</td><td>63</td></tr>
</table>

注:H 为高电平,L 为低电平,B 为屏蔽层。

表 5-21　I/O 控制模块 D37 管脚定义

<table>
<tr><th>序号</th><th colspan="2">信号名称</th><th>DB37 引脚</th><th>信号通道号</th><th colspan="2">与多功能模块 DB37 引脚定义一致</th></tr>
<tr><td rowspan="2">1</td><td rowspan="2">自检命令输入</td><td>高</td><td>1</td><td rowspan="2">IDI0</td><td>高</td><td>1</td></tr>
<tr><td>低</td><td>9</td><td>低</td><td>9</td></tr>
<tr><td rowspan="2">2</td><td rowspan="2">设定值确认</td><td>高</td><td>20</td><td rowspan="2">IDI1</td><td>高</td><td>20</td></tr>
<tr><td>低</td><td>9</td><td>低</td><td>9</td></tr>
<tr><td rowspan="2">3</td><td rowspan="2">硼浓度高值报警指示</td><td>高</td><td>11</td><td rowspan="2">IDO0</td><td>高</td><td>11</td></tr>
<tr><td>低</td><td>10</td><td>低</td><td>10</td></tr>
<tr><td rowspan="2">4</td><td rowspan="2">硼浓度低值报警指示</td><td>高</td><td>30</td><td rowspan="2">IDO1</td><td>高</td><td>30</td></tr>
<tr><td>低</td><td>10</td><td>低</td><td>10</td></tr>
<tr><td rowspan="2">5</td><td rowspan="2">硼浓度偏差报警指示</td><td>高</td><td>12</td><td rowspan="2">IDO2</td><td>高</td><td>12</td></tr>
<tr><td>低</td><td>10</td><td>低</td><td>10</td></tr>
<tr><td rowspan="2">6</td><td rowspan="2">系统故障指示</td><td>高</td><td>31</td><td rowspan="2">IDO3</td><td>高</td><td>31</td></tr>
<tr><td>低</td><td>10</td><td>低</td><td>10</td></tr>
<tr><td rowspan="2">7</td><td rowspan="2">硼表不可用指示</td><td>高</td><td>13</td><td rowspan="2">IDO4</td><td>高</td><td>13</td></tr>
<tr><td>低</td><td>10</td><td>低</td><td>10</td></tr>
<tr><td rowspan="2">8</td><td rowspan="2">自检指示</td><td>高</td><td>32</td><td rowspan="2">IDO5</td><td>高</td><td>32</td></tr>
<tr><td>低</td><td>10</td><td>低</td><td>10</td></tr>
<tr><td rowspan="2">9</td><td rowspan="2">设定值确认命令指示</td><td>高</td><td>14</td><td rowspan="2">IDO6</td><td>高</td><td>14</td></tr>
<tr><td>低</td><td>10</td><td>低</td><td>10</td></tr>
<tr><td rowspan="2">10</td><td rowspan="2">自检控制</td><td>高</td><td>15</td><td rowspan="2">IDO8</td><td>高</td><td>15</td></tr>
<tr><td>低</td><td>19</td><td>低</td><td>19</td></tr>
</table>

表 5-22　模拟预处理模块输出 DB9 引脚定义

序号	信号名称	DB9 引脚	备注	与模拟输入模块 DB37 引脚定义
1	温度信号 DATA +	1	H	2
2	温度信号 DATA -	6	L	9
3	高压信号 DATA +	2	H	20
4	高压信号 DATA -	7	L	10

表 5 - 22(续)

序号	信号名称	DB9 引脚	备注	与模拟输入模块 DB37 引脚定义
5	甄别阈 DATA +	3	H	1
6	甄别阈 DATA -	8	L	28

机柜内部接线图,如图 5 - 29 所示。

2. 硼表系统厂房接线

硼表系统厂房用设备信号流程图如图 5 - 31 所示,其中虚线框表示硼表外部其他系统;厂房接线图如图 5 - 37 所示。厂房连接电缆使用情况见表 5 - 23,5#机组设备厂房位置见表 5 - 24,6#机组设备厂房位置见表 5 - 25,厂房所用电缆编码见表 5 - 26,硼表系统同其他系统连接电缆表见表 5 - 27,就地显示箱插件管脚定义表见表 5 - 28,温度变送箱接插件管脚定义表见表 5 - 29。

表 5 - 23 厂房连接电缆使用总汇

接线类型	使用电缆编码	备注
供货电缆	RENM667	
供货电缆	RENM604	
供货电缆	RENM666	
供货电缆	RENM668	
供货电缆	RENM600	
供货电缆	RENM628	
DCS 自带电缆	RENM601	
DCS 自带电缆	RENC121	
DCS 自带电缆	RENC120	
厂房机柜电源电缆		220 V
就地显示箱电源电缆		220 V

表 5 - 24 5#机组设备厂房位置表

序号	硼表系统设备	所在厂房位置
	5#机组	
1	机柜	L609 房
2	探测装置	NA298 房
3	就地显示箱	NA293 房
4	温度变送器箱	NA293 房
5	标定装置	NA293 房

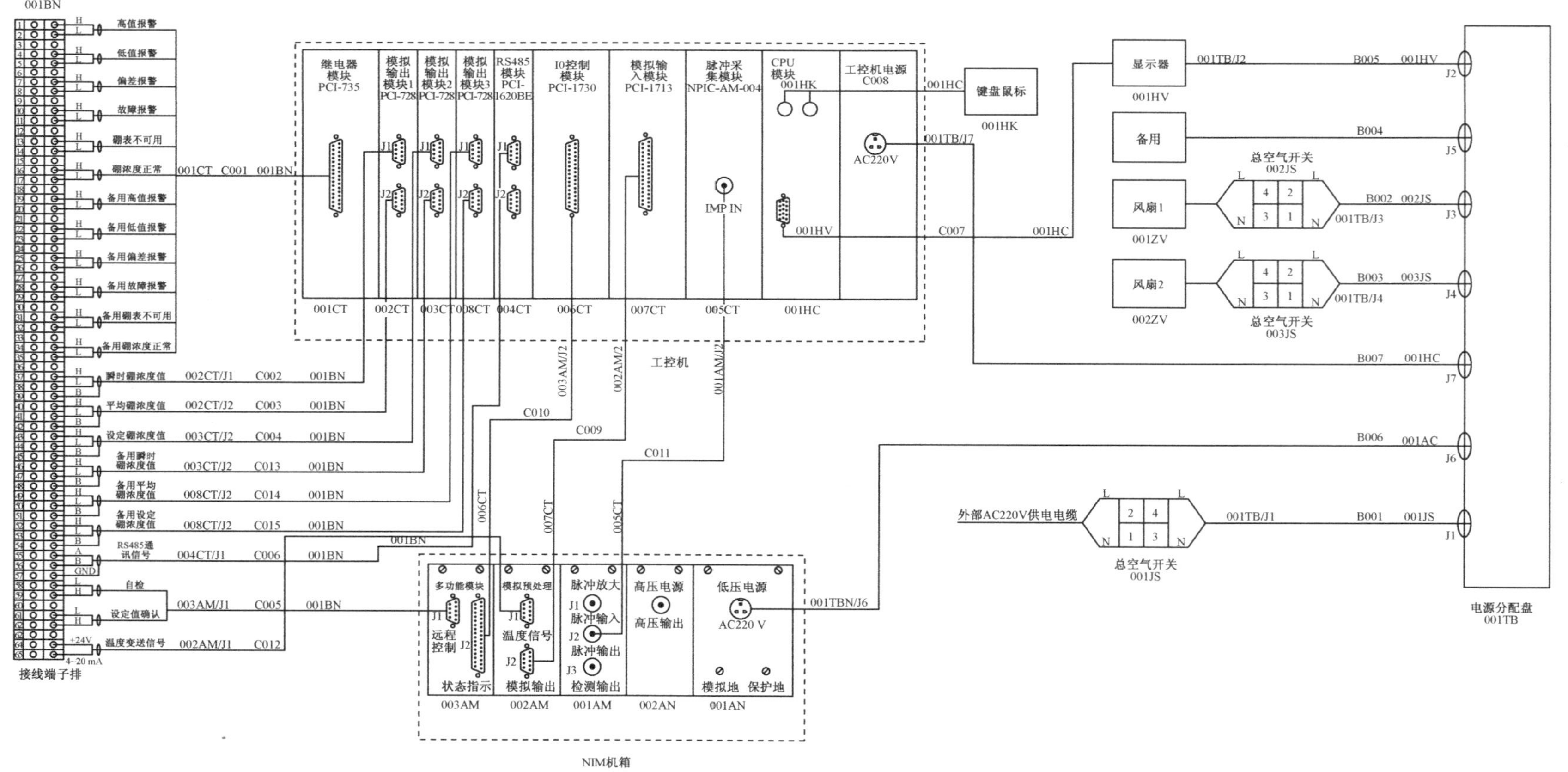

图 5-30　机柜内部接线图

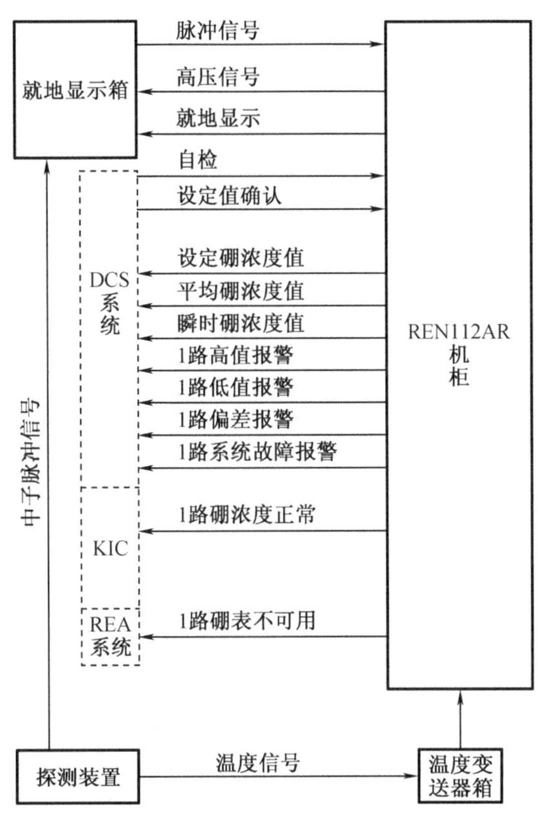

图 5-31 硼表系统厂房用设备信号流程图

表 5-25 6#机组设备厂房位置表

序号	硼表系统设备	所在厂房位置
1	机柜	L649 房
2	探测装置	NA299 房
3	就地显示箱	NA293 房
4	温度变送器箱	NA293 房
5	标定装置	NA293 房

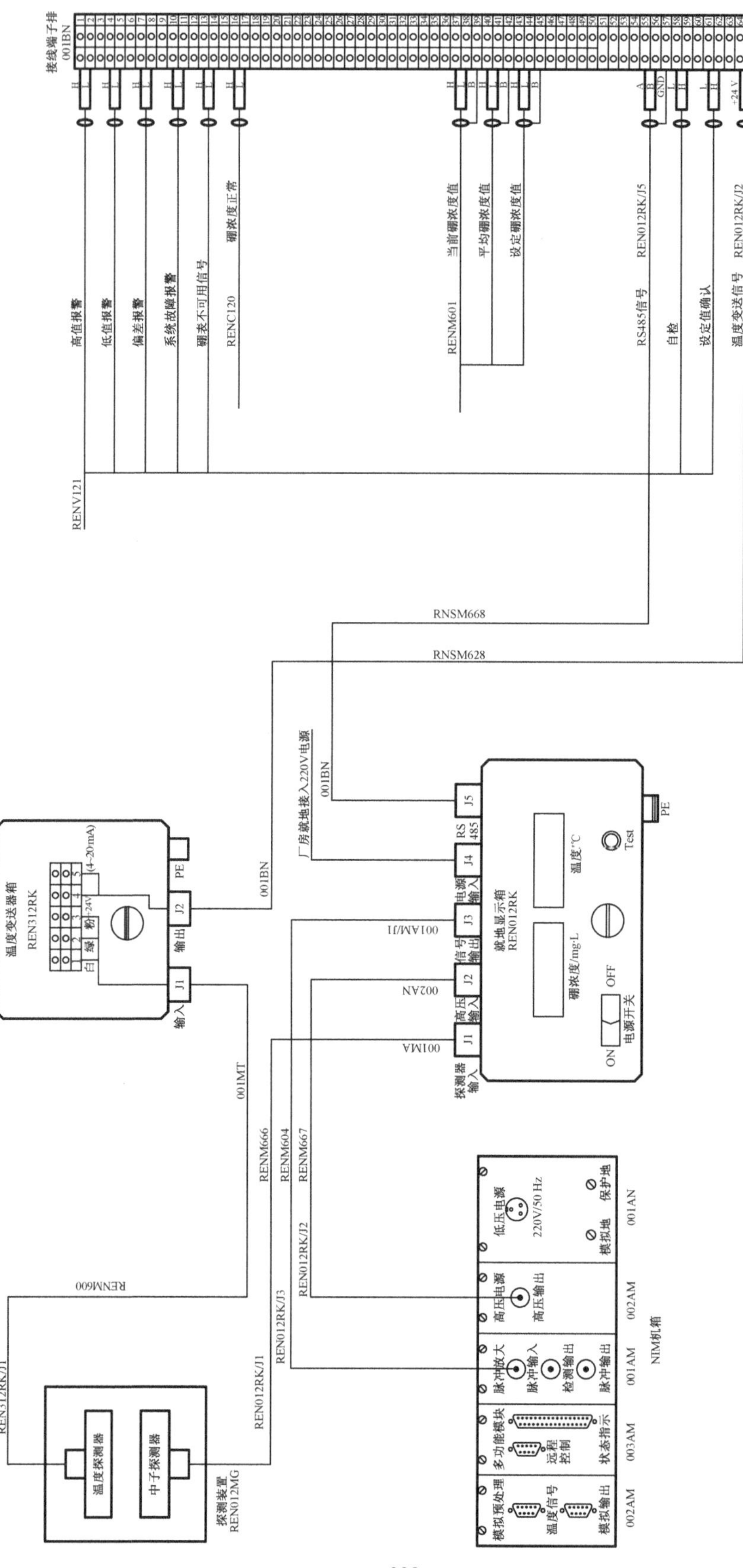
接线端子排
001BN
高值报警
低值报警
偏差报警
系统故障报警
硼表不可用信号
RENC120
硼浓度正常
REENV121
REMN601
当前硼浓度值
平均硼浓度值
设定硼浓度值
RS485信号
REN012RK/J5
自检
设定值确认
温度变送信号
REN012RK/J2
RNSM668
RNSM628
温度变送器箱
REN312RK
输入
输出
PE
厂房就地接入220V电源
001BN
就地显示箱
REN012RK
探测器输入
高压输入
信号输出
电源输入
RS 485
硼浓度/mg·L
温度/℃
Test
电源开关
001MA
002AN
001AM/J1
001MT
RENM666
RENM604
RENM667
RENM600
REN312RK/J1
REN012RK/J1
REN012RK/J3
REN012RK/J2
探测装置
REN012MG
温度探测器
中子探测器
低压电源
220V/50 Hz
模拟地
保护地
001AN
高压电源
高压输出
002AM
脉冲放大
脉冲输入
检测输出
脉冲输出
001AM
多功能模块
远程控制
状态指示
003AM
模拟处理
温度信号
模拟输出
002AM
NIM机箱

图 5-32 厂房接线图

表 5－26 厂房所用电缆编码

电缆名称	电缆型号	电缆长度	电缆编码	电缆前端设备及编码	前端接插件	电缆后端设备及编码	后端接插件	两个电缆标牌上的代码	
前放到脉冲放大的信号电缆	屏蔽阻燃电缆 RG214	250 m	RENM604	就地显示单元 REN012RK/J3	HN 连接器	脉冲放大模块 001AM/J1	N 型连接器	001AM/ J1RENM604	REN012RK/ J3RENM604
高压输出电缆	屏蔽阻燃电缆 RG214	250 m	RENM667	高压模块 002AN	非标定制	就地显示单元 REN012RK/J2	非标定制	REN012RK/ J2RENM667	002ANRENM667
中子探测器信号电缆	同轴屏蔽阻燃电缆 CZ24	30 m	RENM666	中子探测器 001MA	HN－14JF	就地显示单元 REN012RK/J1	HN－14JF	REN012RK/ J1RENM666	001MARENM666
就地显示硼浓度和温度 RS485 电缆	屏蔽阻燃电缆 1P0010TBF	250 m	RENM668	机柜接线端子排 001BN/（55、56、57）	—	就地显示单元 REN012RK/J5	葛兰	REN012RK/ J5RENM668	001BNRENM668
就地显示单元电源输入	—	—	—	厂房就地提供	—	就地显示单元 REN012RK/J4	葛兰	—	—
温度探测器信号电缆	屏蔽阻燃电缆 1Q0010TBF	30 m	RENM600	温度探测器 001MT	—	温度测量单元 REN312RK/J1	葛兰	REN312RK/ J1RENM600	001MTRENM600
温度测量单元的变送信号/电源电缆	屏蔽阻燃电缆 1P0010TBF	250 m	RENM628	温度测量单元 REN312RK/J2	葛兰	机柜接线端子排 001BN/（64、65）	—	001BNRENM628	REN312RK/ J2RENM628

表 5－27　硼表系统同其他系统连接电缆表

序号	电缆名称	电缆型号	电缆编码	数量	目的/来源 I/O 类型	硼表系统机柜接线端子排
1	模拟信号电缆	6P0010TBF	RENM601	1	瞬时硼浓度模拟输入从硼表机柜到 DCS	001BN/(37、38、39)
				1	瞬时硼浓度模拟输入从硼表机柜到 DCS(备用)	001BN/(46、47、48)
				1	平均硼浓度模拟输入从硼表机柜到 DCS	001BN/(40、41、42)
				1	平均硼浓度模拟输入从硼表机柜到 DCS(备用)	001BN/(49、50、51)
				1	设定硼浓度模拟输入从硼表机柜到 DCS	001BN/(43、44、45)
				1	设定硼浓度模拟输入从硼表机柜到 DCS(备用)	001BN/(52、53、54)
2	开关量信号电缆	190010SCUF	RENC121	1	硼表不可用信号从硼表机柜到 DCS 系统	001BN/(13、14)
				1	硼表不可用信号从硼表机柜到 DCS 系统(备用)	001BN/(31、32)
				1	高值报警开关量输入从硼表机柜到 DCS	001BN/(1、2)
				1	高值报警开关量输入从硼表机柜到 DCS(备用)	001BN/(19、20)
				1	低值报警开关量输入从硼表机柜到 DCS	001BN/(4、5)
				1	低值报警开关量输入从硼表机柜到 DCS(备用)	001BN/(22、23)
				1	偏差报警开关量输入从硼表机柜到 DCS	001BN/(7、8)
				1	偏差报警开关量输入从硼表机柜到 DCS(备用)	001BN/(25、26)
				1	系统故障报警开关量输入从硼表机柜到 DCS	001BN/(10、11)
				1	系统故障报警开关量输入从硼表机柜到 DCS(备用)	001BN/(28、29)
				1	自检开关量输出从 DCS 到硼表机柜	001BN/(58、59)
				1	设定值确认开关量输出从 DCS 到硼表机柜	001BN/(61、62)
3	硼浓度正常信号电缆	030010SCUF	RENC120	1	硼浓度正常信号从硼表机柜到 DCS	001BN/(16、17)
				1	硼浓度正常信号从硼表机柜到 DCS(备用)	001BN/(34、35)

表 5-28 就地显示箱接插件管脚定义表

<table>
<tr><th>序号</th><th>接插件名称</th><th>接插件型号</th><th colspan="2">管脚定义</th></tr>
<tr><td>1</td><td>J1 探测器输入</td><td>HN 接插件</td><td colspan="2">单芯,中子信号</td></tr>
<tr><td>2</td><td>J2 高压输入</td><td>非标定制</td><td colspan="2">单芯,高压信号</td></tr>
<tr><td>3</td><td>J3 信号输出</td><td>N 型接插件</td><td colspan="2">单芯,脉冲信号</td></tr>
<tr><td rowspan="2">4</td><td rowspan="2">J4 电源输入</td><td rowspan="2">葛兰 PG16</td><td>220V 符号</td><td>220V</td></tr>
<tr><td>接地符号</td><td>接地</td></tr>
<tr><td rowspan="3">5</td><td rowspan="3">J5 RS485</td><td rowspan="3">葛兰 PG16</td><td>接线端子 A</td><td>001BN/55</td></tr>
<tr><td>接线端子 B</td><td>001BN/56</td></tr>
<tr><td>接线端子 GND5</td><td>001BN/57</td></tr>
</table>

表 5-29 温度变送器箱接插件管脚定义表

<table>
<tr><th>序号</th><th>接插件名称</th><th>接插件型号</th><th colspan="2">接线端子排定义</th></tr>
<tr><td rowspan="3">1</td><td rowspan="3">J1 输入</td><td rowspan="3">葛兰 PG16</td><td>002BN/1</td><td>白色引线</td></tr>
<tr><td>002BN/2</td><td>绿色引线</td></tr>
<tr><td>002BN/3</td><td>粉红色引线</td></tr>
<tr><td rowspan="2">2</td><td rowspan="2">J2 输出</td><td rowspan="2">葛兰 PG16</td><td>002BN/4</td><td>001BN/64</td></tr>
<tr><td>002BN/5</td><td>001BN/65</td></tr>
</table>

5.6.5 硼表系统使用和操作指南

5.6.5.1 软件介绍

硼表软件系统主要包括操作系统、应用程序及驱动程序。

1. 操作系统

硼表操作系统为 Windows XP,安装操作系统时将计算机名定义为 BM204。出厂安装为 Windows XP Professional SP3。

2. 数据库管理软件

硼表系统数据库管理软件采用 Access 桌面数据库,便于查看历史数据,且不影响硼表系统的运行。采用 Office 安装盘,选中 Access 安装选项进行安装。

3. 研华测量模块管理平台

硼表系统采用了由研华生产的测量模块,当驱动程序安装后,由该管理平台对测量模块进行管理。该软件由研华随测量模块一起提供,安装时通过选中安装“Advantech Device Manager”选项进行安装。

4. 研华测量模块驱动程序

研华测量模块驱动程序提供底层接口程序,硼表应用软件通过接口程序对测量模块进行操作。包括模拟采集测量模块、模拟输出模块、数字 I/O(输入/输出)控制模块及报警输出模块等。

5. 应用程序

应用程序包括主程序、人机界面、动态库、运行参数文件、历史数据保存数据库、脉冲信号采集接口等，由打包后的“setup. exe”程序自动安装。

(1)主程序

a. 程序名称：BM204. exe。

b. 运行方式：系统开机自动运行或进入安装路径执行。

c. 功能：实时监测、测量结果实时显示、保存和输出。

(2)人机交互界面

①主界面

a. 文件名称：panBM204. uir。

b. 实时监测及结果显示：硼浓度、平均硼浓度、回路温度、工作高压、甄别阈、运行状态。

c. 运行控制：“开始测量”、“停止测量”、“标定试验”、“系统自检”、“数据查询”、“退出”。

d. 报警参数显示：偏差报警设定值、偏差报警、高值报警、低值报警。

e. 报警逻辑分析与报警输出：根据测量结果和报警定义进行报警逻辑分析与报警输出。

f. 监测结果保存：定时保存监测结果，如有报警，保存报警状态。

②参数设置界面

a. 文件名：panParamSet. uir。

b. 功能：修改运行参数，包括采样时间、标定时间、是否禁止报警等。显示不可修改参数，包括标定系数等。

③标定试验

a. 文件名：panCalibration. uir。

b. 主要功能：进行标定试验，标定试验数据处理结果、显示及保存。

④系统自检界面

a. 文件名：panSelfTest. uir。

b. 主要功能：对硼表系统的高压、甄别阈、脉冲信号等信号采集和运行参数进行检测，对高压和温度测量通道进行校准。

⑤历史数据查询界面

a. 文件名：panQuery. uir。

b. 主要功能：对历史数据进行查询。

(3)数据库

a. 数据库文件名：LOT104D. mdb。

b. 功能：定时保存测量结果，当有报警时，立即保存报警状态参数，保存参数包括中子脉冲计数率、硼浓度、主要报警参数、日期和时间等。

(4)运行参数文件

a. 文件名：RunParam. dat。

b. 功能：保存硼表系统的运行参数和硼浓度数据处理物理参数，包括采样时间、报警参数、标定试样结果等，在参数设置界面中的参数都保存在该文件中。

(5)脉冲信号采集驱动接口文件

a. 文件名：ISA104D. sys，ISA104D. inf。

b. 功能:系统启动后通过添加硬件的方式添加脉冲信号采集驱动程序,通过 ISA104D. inf 文件自动安装,提供脉冲信号采集接口函数,该脉冲信号采集模块是硼表系统的关键模块,控制硼表系统所有的信号采集和数据处理。

(6)动态链接库

①运行平台动态库

硼表应用程序是运行在 Windows 操作系统下的图形化接口程序,开发硼表系统应用程序需要 MicroSoft Visual C ++ 、LabWindows/CVI 等开发工具,硼表系统应用程序运行时需要这些开发工具程序的库函数,包括 MFC42. dll、CVIlib32. dll 等。这些库已打包在安装程序中。

②硼表数据处理动态库

硼表应用程序数据处理与控制程序都包含在 BM204lib. dll 中,由安装程序自动安装。

5.6.5.2 软件安装

(1)安装时通过选中安装板卡驱动程序软件里的“Advantech Device Manager”选项进行安装,分别安装 PCL-735、PCL-728、PCI-1713、PCI-1730 各板卡的驱动。

(2)利用研华的管理工具将卡都添加进去,并设置 ISA 卡(PCL - × × ×)的基地址(PCL-728:200,PCL-728:2c0, PCL-735:300,都是十六进制),同时 PCL-735 板卡上的 SW1 的 pin1 ~ pin2 为“OFF”, pin3 ~ pin8 为“ON”时,基地址为 300,PCL-728 板卡上的 SW1 的 pin1 =“OFF”, pin2 ~ pin8 =“ON” 时,基地址为 200,PCL-728 板卡上的 SW1 的 pin1、pin3、pin4 为“OFF”, 其余为“ON”时,基地址为 2C0;将模拟输入卡(PCI-1713)所有通道设置为单端输入,输入范围为 0 ~ 10 V。

(3)添加串口 COM3 和 COM5,COM3 的中断为 10,COM5 为 11,参考地址分别是 3e8 和 2e8,不要和 COM1,COM2 冲突。

(4)安装脉冲信号采集卡驱动,安装该驱动程序(ISA104D. sys,ISA104D. inf),并手动设置基地址为 0x6f0(将脉冲信号采集卡的 4 位地址开关都置于 OFF 时为 0x6f0)和中断,重新启动后应处于正常状态。

(5)安装 BM204 程序,由打包后的“Setup. exe”程序自动安装。

(6)在控制面板的管理工具中,利用 ODBC 添加系统数据库源,名称为 Bm204Db,并将数据库 Lot104D. mdb(在安装盘的安装路径下)配置给该 Bm204Db。

5.6.5.3 软件系统维护

硼表软件系统维护主要包括以下方面。

(1)安装完成后不要移动在安装路径下的文件。

(2)在每个标定周期内(电厂检修周期)备份历史数据库,并将数据库表中的数据清空。数据库在安装路径下。

(3)定期升级杀毒软件升级包,防止病毒影响系统运行的稳定性。

(4)不用带有病毒的存储设备插入硼表计算机系统进行数据拷贝和其他操作。

5.6.5.4 软件使用

硼表系统主界面如图 5-33 所示,软件功能具体如下。

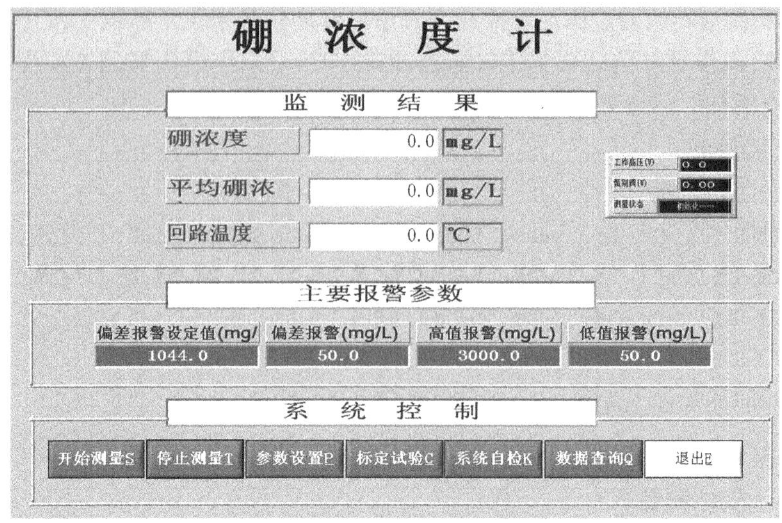

图 5－33　硼表系统主界面

“开始测量”，快捷键为 Alt 键和 S 键组合，按下此键硼表系统就开始进行实时监测。

“停止测量”，快捷键为 Alt 键和 T 键组合，按下此键硼表系统就停止测量，并给出“硼表不可用”状态。

“参数设置”，快捷键为 Alt 键和 P 键组合，按下此键出现参数设置界面，见图 5－34，并给出“硼表不可用”状态。

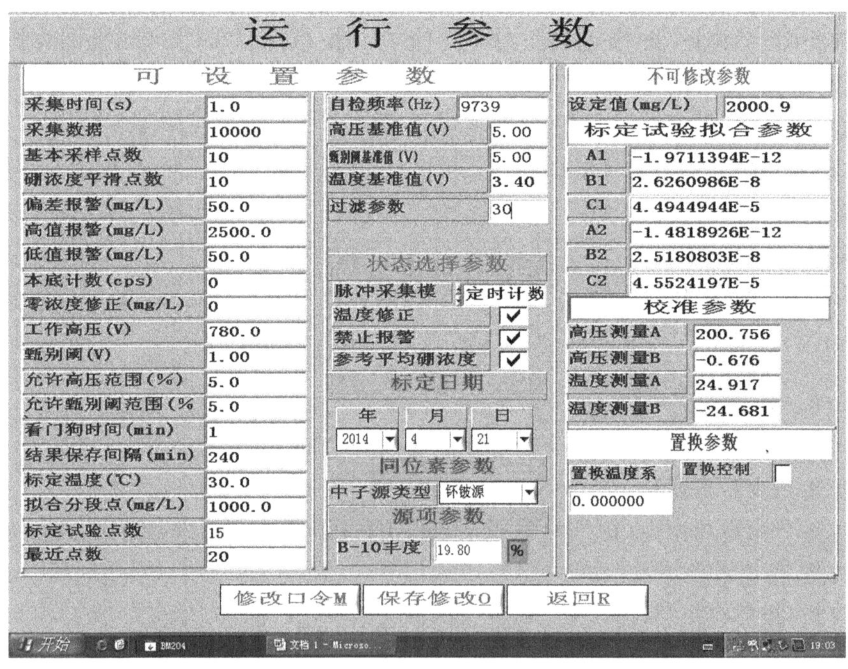

图 5－34　参数设置界面

“标定试验”，快捷键为 Alt 键和 C 键组合，按下此键出现标定试验界面，见图 5－35，并给出“硼表不可用”状态。

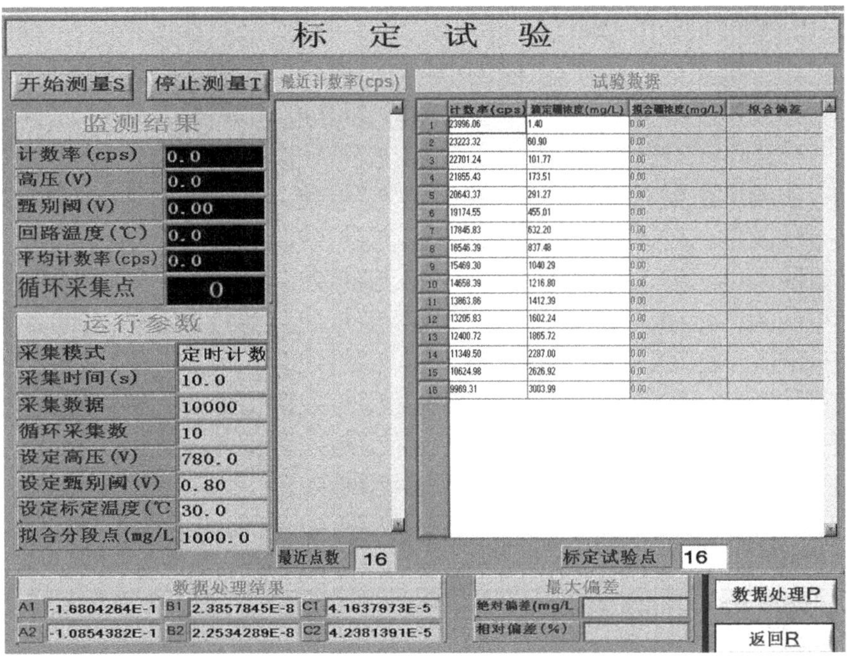

图 5-35 标定试验界面

“系统自检”，快捷键为 Alt 键和 K 键组合，按下此键出现系统自检界面，见图 5-36，并给出“硼表不可用”状态。

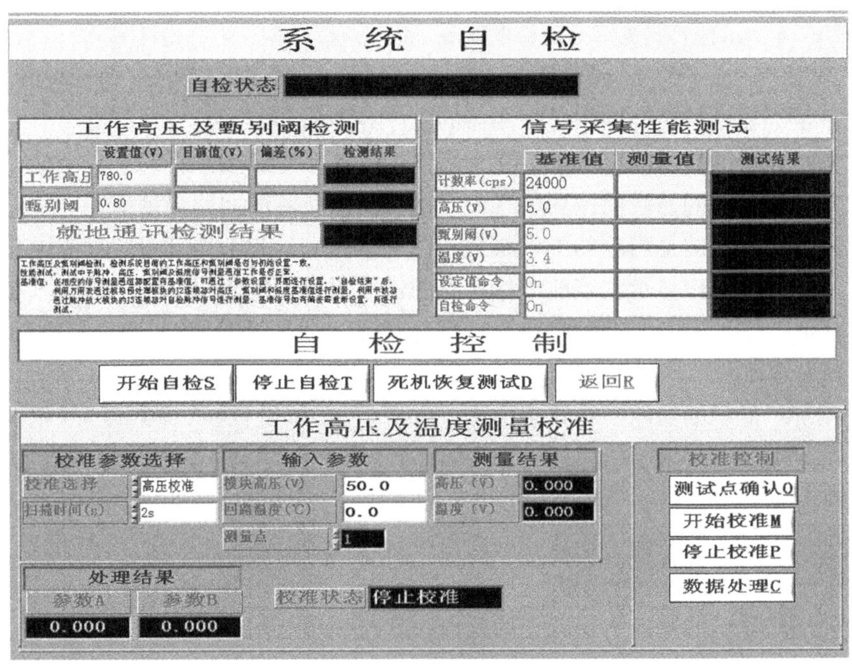

图 5-36 系统自检的界面

“历史数据查询”，快捷键为 Alt 键和 Q 键组合，按下此键出现历史数据查询界面，见图 5－37，并给出“硼表不可用”状态。

图 5－37　历史数据查询的界面

“硼浓度”显示的是“计数率”对应的瞬时硼浓度值。

“平均硼浓度”显示的是“浓度平滑点数”（参数设置）个硼浓度的滚动平均值。

“工作高压”显示的是当前中子探测器的工作高压值。

“甄别阈”显示的是当前放大器的甄别阈值。

“回路温度”显示的是当前探测装置内温度探测器所测的回路温度值。

“测量状态”显示的是当前的工作状态，有“监测……”和“停止监测”两种状态。

“偏差报警设定值”显示的当前工作状态的偏差报警设定值，具体设置在“参数设置”里的“设定值(mg/L)”，只能由远程控制的“设定值确认”命令设置（将目前的平均硼浓度设置为偏差报警设定值）。

“偏差报警”显示的当前工作状态的偏差报警值，具体设置在“参数设置”里的“偏差报警(mg/L)”，表示目前的硼浓度如果低于“偏差报警设定值”与“偏差报警”值的差，则产生偏差报警输出。

“高值报警”显示的当前工作状态的高值报警设定值，具体设置在“参数设置”里的“高值报警”。

“低值报警”显示的当前工作状态的低值报警设定值，具体设置在“参数设置”里的“低值报警”。

“采集时间”是定时采集模式时，每次脉冲信号采集的时间。

“采集数据”是定数采集模式时，每次脉冲信号采集的数据。

“基本采样点数”是指计算平均计数率的个数。

“硼浓度平滑点数”是指以该值对硼浓度进行平均计算，可手动进行设置修改。

“偏差报警”是指设置偏差报警值，如果硼浓度低于偏差报警设定值与偏差报警的差，则进行偏差报警，此值可手动进行设置修改。

“高值报警”是指设置高值报警值，如果硼浓度高于此值，则进行高值报警，此值可手动进行设置修改。

“低值报警”是指设置低值报警值，如果硼浓度低于此值，则进行低值报警，此值可手动进行设置修改。

“本底计数”是指对本底计数率进行修正，可手动进行设置修改。

“零浓度修正”是指对零硼浓度进行修正，可手动进行设置修改。

“工作高压”是指设置中子探测器工作高压值，可手动进行设置修改。

“甄别阈”是指设置放大器甄别阈值，可手动进行设置修改。

“允许高压范围”是指设置中子探测器工作高压值允许误差，如果高压变化范围超过此值，则进行系统故障报警，此值可手动进行设置修改。

“允许甄别阈范围”是指设置放大器甄别阈值允许误差，如果甄别阈值变化范围超过此值，则进行系统故障报警，此值可手动进行设置修改。

“看门狗时间”是指系统停止工作的重新自动启动时间。

“结果保存间隔”是指对数据（指平均硼浓度值、高压值、甄别阈值、回路温度值、低值报警事件、高值报警事件、偏差报警事件、系统故障报警事件）进行周期保存，此值可手动进行设置修改。

“标定温度”是指对进行标定试验的温度值进行设置，即在此温度设置值下进行标定试验操作，此值可手动进行设置修改。

“拟合分段点”是指对进行标定试验时，硼浓度范围进行分段（即在0ppm 到2 500ppm之间分为两段）进行拟合处理，具体分段数值通过此值进行设置，此值可手动进行设置修改。

“标定试验点数”是指在进行标定试验时，需要多少试验点来进行数据处理，通过此值进行设置，此值可手动进行设置修改。

“自检频率”是指在进行自检时，设置此值范围，此值可手动进行设置修改。

“高压基准值”是指在进行自检时，检测高压镜像采集通道的基准值，此值可手动进行设置修改，自检结束后通过电压表进行测试。

“甄别阈基准值”是指在进行自检时，检测甄别阈信号采集通道此值可手动进行设置修改，自检结束后通过电压表进行测试。

“温度基准值”是指在进行自检时，检测温度信号采集通道，此值可手动进行设置修改，自检结束后通过电压表进行测试。

过滤参数为中子计数采样的统计涨落系数，用于对偶发干扰引起的计数波动的过滤，推荐值为30，输入为0时不进行过滤。

“脉冲采集模式”分为“定时计数”“定数计时”和“自动控制”三种方式，根据需要进行选择。

“温度修正”是指在计数率转换硼浓度时是否需要进行温度系数修正，如果选中打“√”，则需要进行修正。

“禁止报警”是指禁止主界面的低值、高值、偏差报警及系统故障发生，如果选中打

"√",则禁止。

"参考平均浓度"是指在进行报警逻辑分析时以平均硼浓度进行分析,如果打"√"选中,则以平均硼浓度进行报警逻辑分析,并且就地显示的硼浓度为平均硼浓度。

"标定日期"是指标定试验完成日期。

"源项参数"是指钚铍源和镅铍源的源项修正。

"设定值"是指偏差报警设定值,只能通过远程控制进行设置,并将目前的平均硼浓度设置为该值。

"A1"是指第一段硼浓度数据处理模型二项式的第一项,此值由标定试验而来,一旦标定试验数据处理产生,此值就设定了,不能进行修改。

"B1"是指第一段硼浓度数据处理模型二项式的第二项,此值由标定试验而来,一旦标定试验数据处理产生,此值就设定了,不能进行修改。

"C1"是指第一段硼浓度数据处理模型二项式的第三项,此值由标定试验而来,一旦标定试验数据处理产生,此值就设定了,不能进行修改。

"A2"是指第二段硼浓度数据处理模型二项式的第一项,此值由标定试验而来,一旦标定试验数据处理产生,此值就设定了,不能进行修改。

"B2"是指第二段硼浓度数据处理模型二项式的第二项,此值由标定试验而来,一旦标定试验数据处理产生,此值就设定了,不能进行修改。

"C2"是指第二段硼浓度数据处理模型二项式的第三项,此值由标定试验而来,一旦标定试验数据处理产生,此值就设定了,不能进行修改。

"F0、F1、F2、F3"是指在某温度值下的温度修正因子不能进行修改。

"高压测量 A"是指高压校准因子 A 不能进行修改。

"高压测量 B"是指高压校准因子 B 不能进行修改。

"温度测量 A"是指温度校准因子 A 不能进行修改。

"温度测量 B"是指温度校准因子 B 不能进行修改。

"中子源类型"是指选择钚铍源还是镅铍源。

"标定日期"是指以该设置日期为起始时间进行中子源源项修正。

"开始测量"的快捷键为 Alt 键和 S 键组合,按下此键硼表系统就开始进行标定试验数据测量。

"停止测量"的快捷键为 Alt 键和 T 键组合,按下此键硼表系统就停止标定试验数据测量。

"计数率"显示进行标定试验时的中子计数率值。

"高压"显示进行标定试验时的中子探测器工作高压值。

"甄别阈"显示进行标定试验时的放大器甄别阈值。

"回路温度"显示进行标定试验时的回路温度值。

"平均计数率"显示进行标定试验时的平均计数率值。

"循环采集点"显示"循环采集数"(参数设置中的"基本采集点数")的第几个数,当达到"循环采集数"时,自动进行平均计数率计算。

"采集模式"显示"参数设置"里的"脉冲采集模式"选项。

"采集时间"显示"参数设置"里的"采集时间"值。

"采集数据"显示"参数设置"里的"采集数据"值。

“循环采集数”显示“参数设置”里的“基本采集点数”值。

“设定高压”显示“参数设置”里的“工作高压”值。

“设定甄别阈”显示“参数设置”里的“甄别阈”值。

“设定标定温度”显示“参数设置”里的“标定温度”值。

“拟合分段点”显示“参数设置”里的“拟合分段点”值。

“最近计数率”显示进行标定试验时的最近平均计数率值,最近计数率一直在进行滚动更新,通过最近的中子脉冲计数率初步判断硼浓度是否均匀。

“最近点数”显示进行标定试验时的最近计数率点数,由“参数设置”里的“标定列表点数”设置修改,最新的数据将覆盖旧的数据。

“试验数据”显示进行标定试验时的平均计数率、滴定硼浓度、拟合硼浓度、拟合偏差值。

“数据处理”按钮,当按下该按钮时,“试验数据”显示相应各试验点的拟合硼浓度、拟合偏差值,同时在“绝对偏差”显示相应的最大绝对偏差值对应试验点,在“相对偏差”显示相应的最大相对偏差值对应试验点,绝对偏差不大于 15ppm 并且相对偏差不大于 1.5% 标定结果有效,同时在“数据处理结果”显示得出第一段二次多项式硼浓度数据处理模型的 A1、B1、C1 参数值和第二段二次多项式硼浓度数据处理模型的 A2、B2、C2 参数值,且将此值自动设定到“参数设置”里的“A1”“B1”“C1”“A2”“B2”“C2”。

“开始自检”,快捷键为 Alt 键和 S 键组合,按下此键硼表系统就开始进行自检。

“停止自检”,快捷键为 Alt 键和 T 键组合,按下此键硼表系统就停止自检。

“死机恢复测试”, 快捷键为 Alt 键和 D 键组合,此键功能是为了测试系统死机时,看门狗是否重新启动电脑并自动运行软件。

“返回” 按钮,按下此按钮,就返回了测量主界面。

“自检状态”,指示当前自检的状态值,分为“自检进行”“自检结束”和“死机恢复测试”三种状态。

“工作高压设置值”由“参数设置”里的“工作高压”给出。

“甄别阈设置值”由“参数设置”里的“甄别阈”给出。

“就地通信检测结果”显示与就地显示箱的通信检测结果,分为“正常”和“故障”两种状态。

“计数率基准值”由“参数设置”里的“自检频率”给出。

“高压基准值”由“参数设置”里的“高压基准值”给出。

“甄别阈基准值”由“参数设置”里的“甄别阈基准值”给出。

“温度基准值”由“参数设置”里的“温度基准值”给出。

“设定值命令基准值”由电路设置为“On”。

“自检命令基准值”由电路设置为“On”。当按下“开始自检”按钮后(此按钮在硼表系统测量状态下不可用)。

“工作高压目前值”由主界面的“工作高压”给出,同时和“设置值”进行比较,得出“偏差”值和“检测结果”(即“高压正常”或“高压偏移”)。

“甄别阈目前值”由主界面的“甄别阈”给出,同时和“设置值”进行比较,得出“偏差”值和“检测结果”(即“甄别阈正常”或“甄别阈偏移”)。

“计数率测量值”由主界面的“计数率”给出,同时和“基准值”进行比较,得出“测试结果”(即偏差具体数值和“偏大”“正常”等状态结果)。

“高压测量值”由模拟量数据卡采集的电压值给出,同时和“基准值”进行比较,得出“测试结果”(即偏差具体数值和“偏大”“偏小”“正常”等状态结果)。

“甄别阈测量值”由模拟量数据卡采集的电压值给出,同时和“基准值”进行比较,得出“测试结果”(即偏差具体数值和“偏大”“偏小”“正常”等状态结果)。

“温度测量值”由模拟量数据卡采集的电压值给出,同时和“基准值”进行比较,得出“测试结果”(即偏差具体数值和“偏大”“偏小”“正常”等状态结果)。

“设定值命令测量值”由测量电路的实际状态给出。

“自检命令测量值”由测量电路的实际状态给出。

“校准选择”是指选择高压校准还是温度校准。

“扫描时间”是指自动测量间隔时间(s)。

“模块高压”是指从高压模块读出的高压值。

“回路温度”是指校对仪器实际测量的温度。

“测量点”是指第几个校准点。

“高压”是指对高压镜像信号的测量值(V)。

“温度”是指对温度信号的测量值(V)。

“参数 A”是指通过数据处理后的结果参数 A。

“参数 B”是指通过数据处理后的结果参数 B。

“校准状态”是指正在校准或停止校准。

“测试点确认”是指按下该按钮时,对目前测量数据的认可。

“开始校准”是指按下该按钮时,开始校准测量。

“停止校准”是指按下该按钮时,停止校准。

“数据处理”是指按下该按钮时,对测量结果进行自动处理,自动保存并显示处理结果。

测量历史数据查询结果包括“日期”“时间”“硼浓度”“平均硼浓度”“高压”“甄别阈”“温度”等参数。

在数据查询条件下,可以根据“起始日期”“起始时间”和“结束日期”“结束时间”来进行查询。

“查询类型”是指查询数据的几种方式。

“查询结果数据”是指符合查询条件的数据量。

“查询状态”是指是否在进行查询。

“历史数据查询”是指按下该按钮时,就进行数据查询工作。

“返回”是指按下该按钮时,返回软件主界面。

“报警数据查询结果”根据“查询类型”里的选择,显示各报警数据。

5.6.5.5 系统使用

系统使用,是在按照标定试验和功能试验都进行后,各参数已经取得,且系统经过测试本身工作正常后进行的。

(1)如图 5-37 所示,首先按下电源分配盘的电源开关,电源开关灯亮为绿色,同时各电源指示灯也应点亮,为绿色。

(2)然后打开 NIM 机箱的绿色低压电源开关,这时 NIM 机箱边上的电源开关灯亮。

(3)然后打开 NIM 机箱的高压电源开关,这时高压电源数字显示表应有数字显示,为红色。

(4)然后打开工控机的电源开关,这时工控机的电源指示灯和硬盘指示灯应亮,电源指示灯为绿色,硬盘指示灯为绿色。进行系统后,软件自动启动。

(5)待软件系统启动后慢慢顺时针调节高压电源的高压调节旋钮,升高压值至780 V左右,具体工作值根据坪曲线试验来定。

(6)慢慢顺时针调节脉冲放大模块的甄别阈调节旋钮,调节1圈左右,即1 V,具体值根据阈曲线试验来定。

(7)在软件系统主界面,如图5-32,点击"参数设置",进入参数设置界面,如图5-33所示,设置好各参数,一般参照图5-33(某些值可能有变化,根据试验结果来定),不可修改参数除外,这个值得根据试验结果确定。

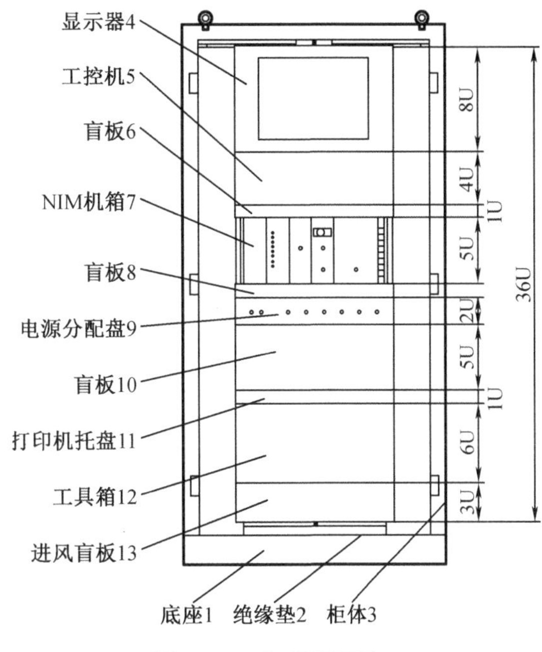

图5-38 机柜正面图

(8)然后返回软件系统主界面,点击"系统自检",进入系统自检界面,点击"进行自检"按钮,如果自检结束后检测结果都为正常,则系统正常。

(9)然后返回软件系统主界面,通过"开始测量"命令则可以监督硼浓度和是否有报警事件发生。

1.正常运行的先决条件

(1)按要求正确安装和信号连接。

(2)标定试验已完成,标定结果满足技术要求:小于1 000 mg/L的标定误差不大于±15 mg/L,大于1 000 mg/L的标定误差不大于±1.5%。

(3)在"参数设置"界面中设置工作高压和甄别阈值,并保存。

(4)在参数设置界面中设置报警阈值并保存。

(5)通过DCS系统设置偏差报警的"设定值"。

(6)使能报警功能正常。

2.启动顺序

总电源空气开关接通→电源分配盘加电→NIM机箱低压电源加电→高压电源加电→显示器加电→工控机设备加电→应用软件自动进入→进入参数设置界面设置禁止报警→返回主界面→预热1 h→调节高压到要求值→调节甄别阈到要求值→进入参数设置界面使能报警。

3.停机顺序

进入参数设置界面设置禁止报警→返回主界面→缓慢降高压电源→退出应用程序→关工控机设备电源→关显示器电源→关高压模块电源→关NIM机箱低压电源→关电源分配盘电源→关总电源空气开关。

5.6.6 标定试验

标定试验内容包括:坪曲线绘制、阈压曲线的绘制、等温标定试验。其流程图如图 5－39 所示。

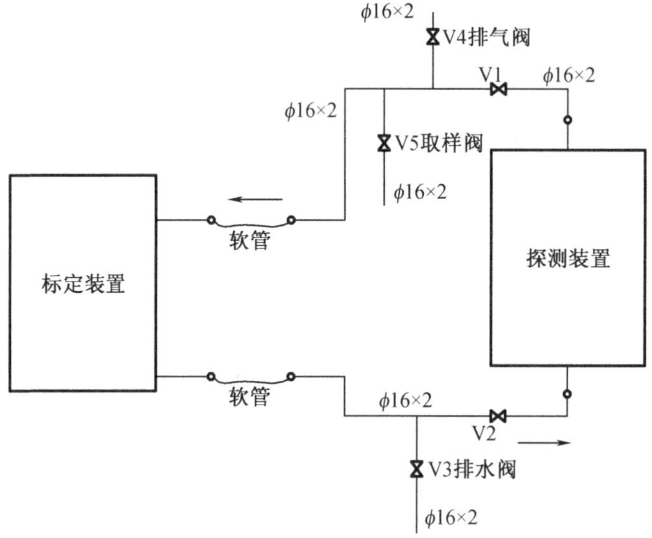

图 5－39 标定试验流程图

5.6.6.1 坪曲线绘制

1. 条件准备

(1)系统各组成部分连接好,中子探测器、温度探测器及中子源已安装固定好。

(2)回路充满去离子水。

(3)测量装置通电并预热 2 h 以上;

2. 操作步骤

(1)从低到高逐步改变高压值,待计数率稳定后记录 10 个数据并求平均计数率,数据记录在表 5－30 中。

表 5－30 坪曲线测试试验记录表

高压/V	测量时间/s	平均计数率/(c/s)	10 s 平均计数率/(c/s)									
			1	2	3	4	5	6	7	8	9	10

(2)计数率经过平缓过渡后出现大幅度增加时停止升高压。

(3)根据表5-30中的测量数据结果,以高压值为横坐标,平均计数率为纵坐标描绘坪曲线。

(4)根据坪曲线特性,选择较平缓区的某点对应高压作为探测器的工作高压。

5.6.6.2 阈压曲线的绘制

1. 条件准备

坪曲线绘制完成,将高压电源调节至根据坪曲线确定的工作高压,其余状态保持不变。

2. 操作步骤

(1)从低到高逐步改变甄别阈压值,待计数率稳定后记录10个数据并求平均计数率,数据记录在表5-31中。

(2)计数率经过一段平缓过渡后停止测量。

(3)根据表5-31中的测量数据,以甄别阈压值为横坐标,平均计数率为纵坐标描绘阈压曲线。

(4)根据阈压曲线特性,选择较平缓区的某点对应电压作为对输入信号的甄别阈压。

表5-31 甄别阈测试试验记录表

高压(V):

甄别阈/V	测量时间/s	10 s平均计数率/(c/s)

5.6.6.3 等温标定试验

等温标定试验是指在30±1 ℃的回路硼溶液温度下,通过不断改变回路中的硼溶液浓度获取相应的中子计数率,通过二次拟合数学关系获取等温标定系数。

采用等量置换方法将硼溶液浓度从高到低改变,根据硼浓度测量范围0~2 500 mg/L,将量程分成两段并分段拟合,第一段为0~1 000 mg/L,另一段为1 000~2 500 mg/L。

等量置换是指通过用一定体积的去离子水置换相同体积的硼溶液以达到将硼溶液稀释到预计硼浓度的目的。等量置换公式为$X_n = P_0(U_0 - U_d)^n/U_0^n$,$P_0$为初始硼浓度,$U_0$为回路内初始硼溶液体积,$n$为置换次数,$X_n$为对应置换次数下的理论硼浓度。

1. 条件准备

(1)回路充满去离子水,泵运行,水流量控制在2.5~4.0 L/min左右,回路温度控制在30±1 ℃。

(2)分段硼浓度选取1 000 mg/L。

(3)采集时间:10 s。

(4)采集点数:10 个。

2. 操作步骤

试验步骤以表 5－32 的数据为例。

(1)回路充满去离子水时,理论硼浓度为 0 mg/L,待计数率稳定后作记录,求得平均计数率,得到“0 mg/L－计数率”数据对。

(2)配制回路硼浓度至理论值 2 500 mg/L。

(3)待计数率稳定后作记录,求得平均计数率,得到“2 500 mg/L－计数率”数据对。

(4)取出 3.5 L 体积的硼溶液。

(5)加入 3.5 L 体积的去离子水,此时回路硼浓度理论值为 2 686.6 mg/L。

(6)待计数率稳定后作记录,求得平均计数率,得到“2 686.6 mg/L－计数率”数据对。

(7)参照步骤(4)～(6),完成 14 组“硼浓度－计数率”数据对的获取,数据结果记录在表 5－33 中。

(8)根据 1 000 mg/L 拟合分段点,对表 5－33 中的数据对拟合,得到等温标定系数 A1、B1、C1 和 A2、B2、C2。

表 5－32　标定试验置换体积参考表

序号	置换体积/L	理论硼浓度/mg·L^{-1}
1	0	2 500
2	3.5	2 294.80
3	3.5	1 960.14
4	3.5	1 674.29
5	4	1 395.24
6	4	1 162.70
7	5	920.47
8	5.5	709.53
9	7	502.58
10	8	335.06
11	9	209.41
12	12	104.70
13	12	52.35
14	12	26.18
15	全部置换	0

表 5－33 标定试验结果记录表

名义	滴定	定时计数											
硼浓度/mg·L^{-1}	硼浓度/mg·L^{-1}	平均计数率/c·s^{-1}	计数时间/s	计数率/c·s^{-1}									
				1	2	3	4	5	6	7	8	9	10

5.6.6.4 化学滴定使用

用 T70 滴定仪进行化学分析时，需要先在 T70 滴定仪上编辑滴定方法。

1. 准备

(1)安装好电极 DGi111－SC，将电极盖打开，观察电极内部填充液，尽量保持电极内部填充液的液面在电极盖下方 1 cm 左右；

(2)确保电源连接，打开仪器开关(位于仪器正面的右上方)，等仪器自检完毕，将滴定管安装在相应的驱动器上。

2. 方法编辑

滴定管安装好后，仪器界面会自动弹出识别到滴定管的对话框，如果是新滴定管则选择分配或者修改进入滴定剂设置界面，如果是已经使用过的滴定管则可根据需要选择修改或者确定定义滴定管内的滴定剂。如果要改变滴定剂，点击修改进入滴定剂修改界面后，点击滴定剂名称栏，手动输入滴定剂名称或者点击屏幕下方的建议来选择滴定剂名称，在滴定剂浓度栏输入滴定剂的理论浓度，在滴定度栏内输入滴定剂的浓度系数。

注：$c_{实际} = c_{理论} \times$ 滴定度。

(1)在主界面点击“方法”按键，进入到“方法”菜单。

(2)点击屏幕下方的“新建”进入“方法”模板，其中模板 00001 是通过等当点终止方式滴定样品的方法模板，00007 是通过等当点终止方式标定滴定剂浓度的模板，00011 是通过等当点终止方式做样品空白的模板，返滴定的空白也用此模板。

(3)在已有的样本中选择一个与想创建的方法最相近的方法。

(4)在方法功能“标题”中给方法一个新方法标识，然后用这一方法标识、存储新方法。

(5)给新方法一个标题。

(6)选择已有的方法功能，改变其参数，以满足要求。

(7)选择“插入”，以便在样本中插入另外的方法功能。

(8)使用“插入”按键在方法中选择插入新方法功能的位置。

(9)从表中选出一个应添加的方法功能。

(10)根据资源来调整方法功能的每个参数。

(11)如果想删除一个方法功能,先选择它,然后选择删除。

(12)修改好方法后点击“保存”,然后再点击一下“开始”,在出现的方法开始菜单上点击“创建快捷键”,此时界面切换到创建快捷键界面,在描述栏内给快捷键输入标识符,然后点击“保存”,仪器界面上出现快捷键。

3. 试剂准备

(1)配制

按标准《化学试剂 标准滴定溶液的制备》(GB/T 601—2016)配制 0.1 mol/L NaOH 标准溶液。先将 110 g NaOH 溶于100 mL 不含 CO_2 的水,注入塑料瓶中,密闭放置至溶液清亮。取 5.4 mL NaOH 清液,注入1 000 mL 不含 CO_2 的水中,混匀。

(2)标定

①将配好的 NaOH 溶液注入滴定瓶中。

②用 10 mL 大肚移液管量取 10 mL 1 000 mg/L 的硼溶液注入去皮的滴定杯中,用天平称取并记录其质量。

③加入 6 g 甘露醇,加去离子水至总体积 40 ~60 mL。

④将滴定杯安装到滴定台上,点击屏幕桌面的快捷键“NaOH(B)”, 进入启动方法界面,在样品数量内输入样品数量 1,在样品大小栏内输入样品大小,点击开始键,仪器开始滴定操作。如果操作仪器设置或者滴定剂错误,仪器会出现错误提示,查看相应提示后改正即可。滴定完成后,记录测量结果。

⑤再重复步骤① ~ ④两次。

⑥取三次测量结果的平均值为 NaOH 溶液滴定度。

NaOH 浓度按下式计算:

$$C = ct$$

式中 C——NaOH 实际浓度,mol/L;

c——NaOH 理论浓度,mol/L;

t——NaOH 滴定度。

4. 滴定步骤

(1)准备工作

将电极从电极套管中取出,放到滴定台上,打开电极橡胶盖,补充电解液至孔下 1 cm 左右,观察电极内部缓冲液是否覆盖整个玻璃膜内壁,若玻璃膜内壁有气泡,可在垂直方向轻轻摇动电极消除气泡。用大量去离子水冲洗电极、搅拌器和滴定头,直至冲洗干净,并用滤纸轻轻吸干电极、搅拌器和滴定头上残留液体。

(2)清洗滴定管

使用中的滴定管每天使用前均需打循环滴定剂以除去气泡,具体操作如下。

①开启电位滴定仪电源开关。

②单击终端设备桌面快捷键“Rinse”,点“开始”键进行冲洗。

③如果滴定剂无须排掉，则将带防扩散头的馈液管插入滴定瓶内，循环滴定剂，同时观察吸液管和馈液管内是否有气泡，如果有则用指头弹动管壁以去除气泡。

④如果滴定管是长期未使用的，则先排掉一管废液后再进行循环操作。

(3)滴定步骤

①取样：为减小滴定误差，按滴定液 NaOH 耗量在 1 ~9 mL 估算取样量。准确取样，转移到去皮的滴定杯，称取并记录样品质量。

②加甘露醇：加入 6 g 甘露醇，加去离子水至总体积约 40 ~60 mL。

③滴定：将滴定杯安装到滴定台上，点击屏幕桌面的快捷键“B”，进入启动方法界面，在样品数量内输入样品数量 1，在样品大小栏内输入样品大小，点击“开始”键，仪器开始滴定操作。如果操作仪器设置或者滴定剂错误，仪器会出现错误提示，查看相应提示后改正即可。滴定完成后，记录测量结果。

④重复步骤① ~③，两次测量结果取平均值。

⑤滴定结束后，如果不再使用则关闭滴定仪，并取下电极，盖好电极橡胶盖，将电极浸泡在电极保护液内；再用去离子水清洗滴定杯，并将滴定杯倒置放于通风处，以便反复使用滴定杯。

5.6.7 硼表系统功能试验

5.6.7.1 电气性能试验

1. 信号电缆绝缘性能测试

(1)断开与被测电缆连接的设备。

(2)接通绝缘电阻测试仪工作电源，绝缘电阻测试仪两接线钳分别夹住 RS－485 信号电缆或温度信号电缆的两根信号线的导体部分，输入 500 V 直流测试电压，进行电阻测量；放大器信号输出电缆则绝缘电阻测试仪测量信号线与屏蔽层之间的电阻值，测量结果记录在表 5－34 中。

(3)参照步骤(2)，绝缘电阻测试仪两接线钳分别夹住高压信号电缆的信号线与屏蔽层，输入 1 000 V 直流测试电压，进行电阻测量，测量结果记录在表 5－34 中。

(4)参照步骤(3)，完成中子探测器信号电缆绝缘电阻测量，测量结果记录在表 5－34 中。

表 5－34 信号电缆绝缘性能测试记录表

电缆名称	电阻值/Ω	测试结果
机柜外部信号电缆	就地显示箱 RS－485 信号电缆	
	放大器信号输出同轴电缆	
	温度变送信号电缆	
	中子探测器信号电缆	
高压信号电缆	高压信号同轴电缆	

2. 保护地性能测试

(1)断开电气机柜各设备的工作电源。

(2)利用接地导通电阻测试仪输出 5 A 的直流电源，持续时间 5 s。接地导通电阻测试仪一端接触保护地铜排，另一端分别接触电气机柜前后门、低压电源保护地接线柱、工控机保护地，测量与保护地之间的电阻，测量结果记录在表 5－35 中。

表 5－35　保护地性能测试记录表

测试点	测试点与保护地铜排之间电阻/Ω
电气机柜左前门	
电气机柜右前门	
电气机柜左后门	
电气机柜右后门	
低压电源保护地接线柱	
工控机保护地	

5.6.7.2　综合功能试验

1. 自检功能测试试验

系统自检主要检验系统对脉冲计数率、高压基准值、甄别阈基准值和代表温度的电压基准值（以下简称“温度基准值”）采集的稳定性和可靠性。系统自检包括外部自检和内部自检，外部自检不影响系统的正常测量状态，内部自检需要停止系统当前的测量状态并进入自检界面。自检功能测试试验步骤如下。

(1)进入参数设置界面，输入自检频率、高压基准值、甄别阈基准值和温度基准值，保存后退出参数设置界面。

(2)进入系统自检界面，点击“开始自检”按键，观察 NIM 机箱多功能模块面板上对应的自检指示灯是否点亮，将自检结果记录在表 5－36 中。

(3)返回硼表系统主界面，使系统处于正常测量状态（加高压后的信号采集测量状态）；

(4)通过测量装置（电气机柜）后部接线端子板输入自检控制信号，观察 NIM 机箱多功能模块面板上对应的自检指示灯是否点亮，进入自检界面将自检结果记录在表 5－36 中。

表 5－36　自检功能测试表

自检类型	输入信号	基准值	测量值	偏差
内部自检	自检频率/s^{-1}			
	高压/V			
	甄别阈/V			
	温度/℃			
	多功能模块自检指示灯	亮□　不亮□		
外部自检	多功能模块自检指示灯	亮□　不亮□		

2. 报警功能测试试验

硼表系统报警功能测试包括:硼浓度低值报警、硼浓度高值报警、硼浓度偏差报警、故障报警和硼表不可用。报警功能测试试验步骤如下。

(1)准备好信号发生器,选择方波信号输出方式,输出信号幅度为3.7 V。

(2)将信号发生器信号输出端接至工控机内的信号采集卡输入端。

(3)进入参数设置界面,将硼浓度低值报警阈值、高值报警阈值设定为1 000 mg/L,退出参数设置界面,使硼表处于正常测量状态(加高压后的信号采集测量状态)。

(4)调节信号发生器的方波输出频率,使测量装置显示的硼浓度为999 mg/L(以实际显示为准,要求显示值小于1 000 mg/L),同时观察NIM机箱多功能模块面板上低值报警指示灯是否点亮,并用数字万用表的通断功能测量电气机柜接线端子排上对应继电器的通或断,将测试结果记录在表5-37中。

(5)调节信号发生器的方波输出频率,使测量装置显示的硼浓度为1 001 mg/L(以实际显示为准,要求显示值大于1 000 mg/L),同时观察NIM机箱多功能模块面板上高值报警指示灯是否点亮,并用数字万用表的通断功能测量电气机柜接线端子排上对应继电器的通或断,将测试结果记录在表5-37中。

(6)调节信号发生器的方波输出频率,使测量装置显示的硼浓度为2 000 mg/L(以实际显示为准,假设为p),触发设定硼浓度开关,设定硼浓度选定,设定硼浓度为2 000 mg/L(以实际显示为准,等于p)。

(7)进入参数设置界面,将偏差报警值设定为50 mg/L,退出参数设置界面,使硼表处于正常测量状态(加高压后的信号采集测量状态)。

(8)调节信号发生器的方波输出频率,使测量装置显示的硼浓度为1 949 mg/L(以实际显示为准,要求显示值小于($p-50$)mg/L),同时观察NIM机箱多功能模块面板上偏差报警指示灯是否点亮,并用数字万用表的通断功能测量电气机柜接线端子排上对应继电器的通或断,将测试结果记录在表5-37中。

(9)硼表处于正常测量状态(加高压后的信号采集测量状态)下的工作高压为H,进入参数设置界面,输入高压值H,将允许高压范围设定为5%,退出参数设置界面,使硼表处于正常测量状态。

(10)调节高压至($0.95\times H-1$)V,同时观察NIM机箱多功能模块面板上故障报警指示灯是否点亮,并用数字万用表的通断功能测量电气机柜接线端子排上对应继电器的通或断,将测试结果记录在表5-37中。

(11)进入标定试验界面,观察NIM机箱多功能模块面板上硼表不可用指示灯是否点亮,同时用数字万用表的通断功能测量电气机柜接线端子排上对应继电器的通或断,将测试结果记录在表5-37中。

表 5－37　报警功能测试记录表

测试结果 测试项	设定阈值/输入参数	测量装置显示值/输出状态	多功能模块面板相应指示灯	继电器状态
硼浓度低值报警	1 000 mg/L		亮□　不亮□	通□　不通□
硼浓度高值报警	1 000 mg/L		亮□　不亮□	通□　不通□
硼浓度偏差报警	偏差量:50 mg/L 设定硼浓度:p =		亮□　不亮□	通□　不通□
故障报警	工作高压:H = 允许偏差范围:5%		亮□　不亮□	通□　不通□
硼表不可用	进入标定界面	显示标定界面	亮□　不亮□	通□　不通□

3. 就地显示箱通信功能测试

(1)准备好信号发生器,选择方波信号输出方式,输出信号幅度为 3.7 V。

(2)将信号发生器信号输出端接至工控机内的信号采集卡输入端。

(3)调节信号发生器的方波输出频率,使测量装置显示的硼浓度为 100 mg/L(以实测为准),同时观察测量装置和就地显示箱显示的温度值和硼浓度值,结果记录在表 5－38 中。

(4)参照步骤(3),通过改变信号发生器的方波输出频率,记录在 500 mg/L、1 000 mg/L、2 000 mg/L、2 500 mg/L(以实测为准)硼浓度时测量装置和就地显示箱对硼浓度和温度显示的一致性。

表 5－38　就地显示箱通信功能测试表

序号	测量装置显示		就地显示箱显示	
	硼浓度/$mg \cdot L^{-1}$	温度/℃	硼浓度/$mg \cdot L^{-1}$	温度/℃
1				
2				
3				
4				
5				
6				

4. 温度变送器箱性能测试

(1)将 Pt100 温度探测器、温度变送箱和测量装置(电气机柜)连接好,温度标定已完成。

(2)准备好一个玻璃杯,Pt100 温度探头插入玻璃杯内。

(3)改变玻璃杯内的自来水温度,同时用检定过的水银温度计测量玻璃杯内水温度作为基准温度,在表 5－39 中记录基准温度和测量装置(电气机柜)显示的测量温度。

(4)参照步骤(3),完成 5 个不同温度下的测量和记录。

表 5 - 39 温度变送器箱功能测试表

序号	基准温度/℃	测量温度/℃	偏差/℃
1			
2			
3			
4			
5			

5. 硼浓度模拟输出性能测试

(1)准备好信号发生器,选择方波信号输出方式,输出信号幅度为 3.7 V;

(2)将信号发生器信号输出端接至工控机内的信号采集卡输入端;

(3)调节信号发生器的方波输出频率,使测量装置(电气机柜)的显示硼浓度为 50 mg/L(以实测为准);

(4)触发设定硼浓度开关,设定硼浓度选定;

(5)利用经检定的数字万用表在测量装置(电气机柜)后面的端子排上测量瞬时硼浓度、平均硼浓度和设定硼浓度对应的输出电流,将显示硼浓度和拟合硼浓度记录在表 5 - 40 中;

(6)参照步骤(3) ~ (5),测量 200 mg/L、1 000 mg/L、2 000 mg/L、2 500 mg/L 硼浓度时的模拟输出并作好记录。

表 5 - 40 硼浓度模拟输出性能测试表

硼浓度类型	测量装置显示硼浓度 /mg · L^{-1}	输出电流 /mA	拟合硼浓度 /mg · L^{-1}	偏差[①]
瞬时硼浓度(接线端子排[②]:37 和 38)				
平均硼浓度(接线端子排:40 和 41)				

表 5-40(续)

硼浓度类型	测量装置显示硼浓度/mg·L^{-1}	输出电流/mA	拟合硼浓度/mg·L^{-1}	偏差[①]
设定硼浓度(接线端子排:43 和 44)				

注:①偏差:拟合硼浓度对显示硼浓度的偏差。

②端子排号见表 5-27。

5.6.8 系统维护

1. 维护项目及需求

维护项目包括高压电源、甄别阈、温度测量、脉冲信号采集、模拟信号采集、报警功能、模拟输出。

维护需求:当相应项目的测量值或工作状态出现异常时按要求进行维护。

2. 高压电源维护

校准:在“系统自检”界面中利用“工作高压和温度测量校准”功能进行校准,通过“开始校准”命令按钮开始校准。“测量点”按 1,2,3……的顺序输入测量点,每个测量点输入高压模块显示的实际高压,待测量值稳定后,按“测试点确认”命令按钮,依此方法测试不少于 3 个点的高压,停止校准后,通过“数据处理”命令按钮自动进行校准测试数据处理,并在处理结果栏中显示处理结果和自动保存。高压校准点按 100 V、300 V、500 V、600 V、700 V、800 V 进行选取。

测试:在系统自检运行状态,通过“系统自检”命令按钮,观察“工作高压和甄别阈检测”中高压的“目前值”是否与高压模块的显示值一致,绝对偏差小于 2 V 为满足要求。在应用程序的主界面和标定试验界面中也可以进行测试。

3. 甄别阈维护

测量值应与设置值一致,要求绝对偏差不能大于 ±0.2 V,否则应在“标定试验”界面中通过脉冲主放模块的甄别阈调节电位器进行调节。

4. 温度测量测量通道维护

校准设备:需要精度至少为 0.1 ℃、测量范围不小于 70 ℃的温度测量设备,可改变温度的装水容器。

校准:在“系统自检”界面中,利用“工作高压和温度测量校准”功能进行校准,界面操作与高压校准方法相同,输入的温度值是温度校准设备的读取值,校准测试点包括 30 ℃、35 ℃、40 ℃、45 ℃、50 ℃、60 ℃。

测试:在“标定试验”界面通过“开始测量”观察回路温度测量值是否与校准设备测量值

一致，绝对偏差小于 ±1 ℃为满足要求。

5. 脉冲信号采集性能维护

进入“系统自检”运行状态，开始自检，观察“信号采集性能测试”中的计数率“测量值”是否与基准值一致，相对偏差小于 ±1%，满足要求。

6. 模拟信号采集维护

进入“系统自检”运行状态，开始自检，观察“信号采集性能测试”中的高压、甄别阈和温度的“测量值”是否与基准值一致，相对偏差小于5%满足要求。

7. 报警功能维护

测试准备：从信号接线端子断开报警输出信号电缆，准备一根两端具有 BNC(Q9)连接器的同轴信号电缆、信号发生器及数字万用表。

信号发生器要求：具有偏置值调节(OFFSET)、方波信号输出功能，且输出信号频率不小于1 MHz，具有频率调节功能且频率精度不大于1 Hz。

报警值设置：对测试的报警阈值进行设置。

测试方法：将信号发生器的输出信号幅度调节到3.7 V(输出幅度不能大于该值，否则有损坏设备的可能)，偏置值0.8 V，通过准备的同轴电缆将信号发生器输出信号输出到工控机中的脉冲信号采集卡输入端，改变信号发生器的输出频率，产生不同的报警状态，通过NIM 机箱设备中的多功能模块的报警指示灯观察报警状态。利用数字万用表测试接线端子对应报警输出的通断状态。

测试内容：硼浓度低值报警、硼浓度高值报警、偏差报警、偏差报警、信号故障、硼表不可用(有备用通道时应同时测试备用通道)。

要求：硼浓度高值报警、硼浓度低值报警、偏差报警、系统故障、硼表不可用等信号正常时输出处于断开状态，报警时处于接通状态；“/偏差报警”正常时处于接通状态，报警时处于断开状态。报警状态应满足要求并与 NIM 机箱设备中的报警指示一致。

8. 模拟输出维护

测试准备：断开接线端子中硼浓度模拟输出、平均硼浓度模拟输出和设定值模拟输出信号电缆、信号发生器及数字万用表。

测试设备要求：信号发生器具有偏置值调节(OFFSET)，方波信号输出功能，且输出信号频率不小于1 MHz，具有频率调节功能且频率精度不大于1 Hz。数字万用表具有0.01 mA的测量精度，测量范围为0～30 mA。

测试信号要求：信号发生器的输出信号幅度调节到3.7 V(输出幅度不能大于该值，否则有损坏设备的可能)，偏置值0.8 V，输出信号频率在标定试验的计数率范围，将信号发生器的输出信号连接到工控机设备的脉冲信号采集卡输入端。

测试方法：记录硼表的测量硼浓度，用数字万用表测量模拟输出电流，利用公式 $P = P_{满量程} \cdot (I-4)/16$ 计算出拟合硼浓度，其中 P 为拟合硼硼浓度(mg/L)，I 为数字万用表测量电流(mA)，$P_{满量程}$ 为硼表测量量程。

要求：拟合硼浓度和测量硼浓度之间偏差小于1 000 mg/L，硼浓度偏差小于 ±15 mg/L，大于 1 000 mg/L 相对偏差小于 ±1.5%，视为合格。

测试点：0 mg/L、500 mg/L、1 000 mg/L、2 000 mg/L、2 500 mg/L。

5.6.9 故障分析

目前已知的常见故障及处理方法见表 5－41。

表 5－41 常见故障及处理方法

<table>
<tr><th>序号</th><th>故障症状</th><th>可能的故障原因</th><th>故障排除的操作步骤</th><th>备注</th></tr>
<tr><td rowspan="14">1</td><td rowspan="14">a. 硼浓度异常
b. 没有中子脉冲信号</td><td>脉冲信号测量通道故障</td><td>利用“系统自检”测试</td><td rowspan="3">观察自检状态</td></tr>
<tr><td>高压漂移</td><td>利用“系统自检”测试</td></tr>
<tr><td>甄别阈漂移</td><td>利用“系统自检”测试</td></tr>
<tr><td>信号连接故障</td><td>利用欧姆表测试主放大器到脉冲信号采集单元信号电缆通断状态</td><td></td></tr>
<tr><td rowspan="4">高压电缆绝缘下降</td><td>a. 缓慢下降高压电源</td><td rowspan="8">绝缘电阻大于 500 MΩ 为合格，否则应烘烤或更换电缆，使绝缘电阻达到要求</td></tr>
<tr><td>b. 切断高压电源</td></tr>
<tr><td>c. 断开就地显示箱与电子机箱间的高压电缆</td></tr>
<tr><td>d. 利用 1 000 V 兆欧表测量电缆芯线与屏蔽层的电阻</td></tr>
<tr><td rowspan="4">中子探测器输出信号电缆绝缘下降</td><td>a. 缓慢下降高压电源</td></tr>
<tr><td>b. 切断高压电源</td></tr>
<tr><td>c. 断开探测器与就地显示箱间的电缆</td></tr>
<tr><td>d. 利用 1 000 V 兆欧表测量电缆芯线与屏蔽层的电阻</td></tr>
<tr><td rowspan="2">中子脉冲信号电缆绝缘下降</td><td>a. 断开就地显示箱与电子机柜间的中子脉冲信号电缆</td><td rowspan="2">绝缘电阻不小于 100 MΩ 为合格，否则应烘烤或更换电缆，使绝缘电阻达到要求</td></tr>
<tr><td>b. 用 500 V 兆欧表测量中子脉冲信号电缆的绝缘电阻。</td></tr>
</table>

表5－41(续1)

序号	故障症状	可能的故障原因	故障排除的操作步骤	备注
2	a. 高压异常 b. 没有高压输出	模拟信号采集故障	a. 进入“系统自检”界面	观察性能测试结果
			b. 用鼠标执行“开始自检”命令	
			c. 利用“信号采集性能测试”功能进行测试。	
		模拟信号连接电缆故障	a. 断开模拟预处理模块与工控机间的信号电缆	
			b. 利用万用表测试电缆的通断状态	
		高压模块故障	a. 利用高压调节电位器缓慢下降高压电源到0 V	如果高压模块没有输出,应更换高压电源模块
			b. 关闭高压电源	
			c. 断开高压输出电缆	
			d. 开启高压电源	
			e. 重新调节高压到要求值	
			f. 利用高压表测量高压输出	
		高压测量故障	a. 进入“系统自检”界面	
			b. 利用“工作高压及温度测量”功能进行校准	
3	温度测量异常	模拟采集故障	a. 进入“系统自检”界面	观察性能测试结果
			b. 用鼠标执行“开始自检”命令	
			c. 利用“信号采集性能测试”功能进行测试。	
		模拟信号连接电缆故障	a. 断开模拟预处理模块与工控机间的信号电缆	
			b. 利用万用表测试电缆的通断状态	
		温度探测器故障	更换温度探测器	现象表现为测量值超过0～100 ℃的范围
		温度变送器故障	更换就地温度变送器	
		温度测量故障	a. 进入“系统自检”界面	表现为测量偏差超过±1 ℃
			b. 利用“工作高压及温度测量”功能进行校准	

表 5－41（续 2）

序号	故障症状	可能的故障原因	故障排除的操作步骤	备注
4	就地显示异常	通信故障	a. 进入“系统自检”界面	
			b. 执行“开始自检”	
			c. 观察“就地通信检测结果”的状态	
		就地显示箱故障	a. 执行就地显示箱的“Test”按钮命令	仍然不能解决，更换就地显示箱中的显示电路板
			b. 执行该命令后显示“Hello”为正常	
			c. 待电子机柜设备发送数据后能显示正确值为正确	
		通信电缆故障	a. 关闭就地显示箱电源	仍然不能解决，更换就地显示箱中的显示电路板
			b. 断开就地通信与电子机柜间的就地通信电缆	
			c. 用万用表测量通信电缆通断状态	
			d. 检查就地显示箱内部信号连接状态	
			e. 连接恢复	
			f. 重新加电测试	
5	电源分配盘没有电源（电源指示灯全没）	空气开关故障	a. 用电压表测量控制开关的输出端相线与零线间的电压	
			b. 如果没有电压则更换控制开关	
		电源滤波器故障	a. 按要求关闭所有设备电源	
			b. 断开电源分配的电源输出电缆	
			c. 接通电源分配盘 220 V 交流电源	
			d. 打开电源分配电源	
			e. 测量电源滤波器的输出电压	
			f. 如果没有输出，应更换电源滤波器	

表 5 -41(续 3)

序号	故障症状	可能的故障原因	故障排除的操作步骤	备注
6	a. 电源分配盘指示灯部分故障 b. 设备没有工作电源	电源熔断器故障	a. 按要求关闭所有设备的工作电源	
			b. 空气开关置“0”状态	
			c. 取下对应的电源熔断器	
			d. 用万用表测量熔断器通断状态,如损坏则更换电源熔断器	
		指示灯故障	a. 按要求关闭所有设备的工作电源	
			b. 空气开关置“0”状态	
			c. 取下电源指示灯	
			d. 用万用表测量指示灯电阻,损坏状态为无穷并更换指示灯	
7	工控机故障	电源保险管烧坏	打开工控机	
			用万用表测量工控机电源的保险管,如果电阻为无穷大则为损坏状态	
			进行更换电源	
		模拟输入采集板卡工作不正常	进行重启电脑	
			如果重启后发现温度信号、高压信号正常则故障解除	
			如果仍然发现温度信号、高压信号采集不正常,则更换模拟输入采集板卡 PCI -1713	
8	软件故障	温度信号为高压值信号	重启电脑	
		高压值信号为温度信号	如果还是串信号,与厂家联系	
		即两路模拟采集信号相串		

表 5－41(续 4)

<table>
<tr><th>序号</th><th>故障症状</th><th>可能的故障原因</th><th>故障排除的操作步骤</th><th>备注</th></tr>
<tr><td rowspan="3">9</td><td rowspan="3">系统故障</td><td rowspan="3">系统运行长时间后,测量硼浓度会发生漂移,测量误差大于要求值</td><td>如果是同向有规律漂移,可在软件参数设置里进行零硼浓度修正,这属于系统正常的漂移</td><td rowspan="3"></td></tr>
<tr><td>如果是不规律的漂移,则要查询高压值、甄别阈值、温度值信号是否发生波动,查询历史数据库,进行报警查询</td></tr>
<tr><td>把历史数据库发给厂家,由厂家进行数据分析</td></tr>
<tr><td rowspan="4">10</td><td rowspan="4">前放故障</td><td rowspan="4">测量硼浓度无规则的波动,或有很大的计数率</td><td>由外部设备对前放的干扰造成的</td><td rowspan="4"></td></tr>
<tr><td>如果是短时间波动或偶发性,则为外部干扰,应检查参数设置中过滤因子设置,建议值为 30</td></tr>
<tr><td>如果是频发性波动,则前放三极管性能失效,需更换前放</td></tr>
<tr><td>具体情况具体分析,与厂家联系,由厂家做最后判断</td></tr>
</table>

5.7 堆芯测量

5.7.1 概述

堆芯中子通量由可移动的微型裂变室探测器测量,获得的中子通量数据信息分以下两种方式提供。

(1)将在被测通道中测得的曲线输送到控制柜图形显示器。

(2)通量数据与从 KIT 系统接收到的电厂其他数据相结合,经过 RIC 计算机处理后给出功率分布图。以上信息用于启堆期间和正常运行期间。

1. 启堆期间的功能

(1)检查寿期初堆芯功率分布是否与设计期望的功率分布相符。

(2)检查用于事故工况设计的热点因子是不是保守的。

(3)校准堆外核测量仪表系统 RPN。

(4)探测反应堆在装料中可能出现的差错。

2. 正常运行时的功能

(1)检查与燃耗对应的功率分布是否与设计所期望的功率分布相符。

(2)监测各燃料组件的燃耗。

(3)校准堆外核测量仪表系统 RPN。

(4)探测堆芯是否偏离正常运行状态。

5.7.2 结构与原理

5.7.2.1 系统结构

1. 系统组成(图 5-40)

堆内中子通量测量系统在堆芯共有 38 个测量通路,分为 4 个通道,1、2、3 通道各 10 个通路,4 通道 8 个通路。每个通道连接一只微型裂变室探测器,通过机电设备驱动探测器进行测量。每个通道的机电设备放置在堆芯仪表间,包括:1 台驱动单元、1 台组选择器、1 台路选择器、10 只电动隔离阀(第 4 通道为 8 只)。对机电设备进行操作的控制设备是读出控制柜,控制设备和机电设备之间的接口是通过分配柜实现的。

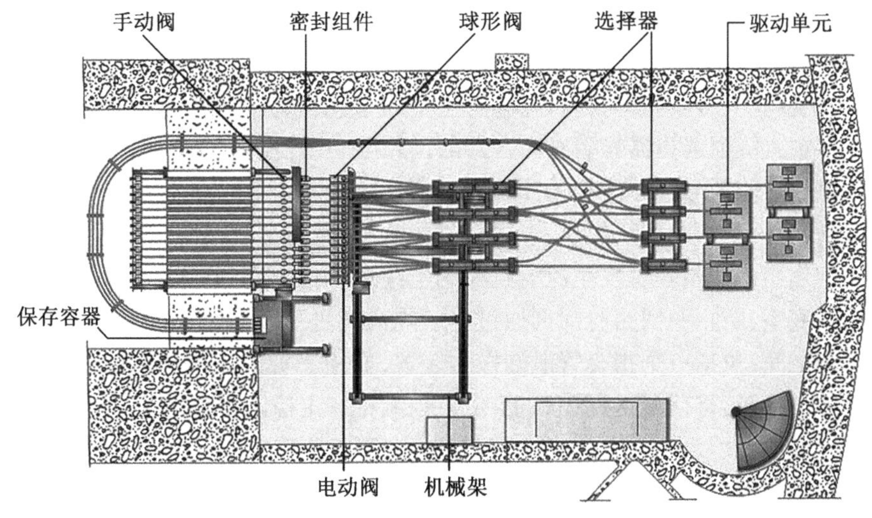

图 5-40 系统组成

2. 驱动单元

驱动单元能推动连接中子通量探测器的驱动电缆进出堆芯和密封管路。它的组成部分包括齿轮电动机、驱动轮、存储卷盘、位置发送器、安全微动开关等。

齿轮电动机是一个装配内置式制动器的二速异步电动机,低速为 3 m/min,高速为 18 m/min。它通过变换相位以电的方式改变电机的转动方向。

驱动轮将螺旋形驱动电缆推入堆芯。它由齿轮电动机通过一个力矩限制器驱动,在驱动轮上用一根导向链条沿该轮导向。驱动轮转动一周,驱动电缆行进 1 m。

存储卷盘用来存储驱动电缆。该卷盘具有足够的由电机产生的拉紧转矩,防止在最大速度时、高低速切换时,以及启动或停止时超出范围。卷盘装备滑环组件,旋转时可供读出电信号。

位置发送器固定在驱动轮上，它能指示探测器在其所能到达的整个通路上的位置，并与预先设置的位置进行比较。当探测器在组选择器的入口处，指示初始位置信号(1010)。位置测量是通过同步发送器与控制柜上的同步接收器以电的方式连接而实现的。当位于驱动单元外侧的安全装置失效，探测器继续回抽会触发安全微动开关，切断电机电源，并制动该系统，防止探测器与驱动轮相接触。

3. 组选择器

具有 4 个或 3 个出口和 1 个入口，能将中子通量探测器从驱动单元分别送到下列任何通路。

(1) 正常通道。

(2) 救援通道。

(3) 公用校准通路(26 号通路)。

(4) 保存通道。

组选择器的进口都装有微动开关，当中子通量探测器通过时，微动开关通电，并用于系统控制。当通道 N 的探测器、驱动单元或组选择器控制失效时，它可将通道 $N-1$ 的设备作为备用，即通道 1 可为通道 2 备用，通道 2 可为通道 3 备用，通道 3 可为通道 4 备用，通道 4 可为通道 1 备用。

4. 路选择器

具有 10 个或 8 个出口和 1 个入口，能将中子通量探测器分别送到与之相连接的 10 根或 8 根指套管中。每个选择器靠装有离合器的齿轮电动机控制。位置的选择和停止控制是由微动开关将相应的信号经分配柜送回控制柜实现的。

5. 球形阀

球形阀的作用是在指套管发生泄漏且驱动电缆还未抽出时，在上游压力的作用下使球体进入球形阀底座，防止一回路冷却剂通过电动隔离阀进一步泄漏。球形阀安装在密封段和自动隔离阀之间，包括一个指套管泄漏探测装置，当指套管中发生泄漏时，泄漏探测器的两个电极间发生接触，将信号送到控制柜，引发控制柜和主控制室报警。

6. 密封组件

密封组件主要用来密封指套管外壁和导向管内壁之间的一回路冷却剂，即用来保证导向管和指套管之间的静态和动态密封。密封组件可以提供高达 27 MPa 的静态密封和 0.6 MPa 的动态密封。

密封组件共分两段，用于将密封段泄漏探测器的敏感元件安装在两道串联的密封的耐压套上。当密封组件中发生泄漏时，泄漏探测器将报警信号送到控制机柜和主控室。

7. 导向管、隔离阀

导向管主要是为指套管的插入提供安全通道。导向管一端焊在压力容器下封头的套筒上，另一端焊在手动隔离阀上。指套管外壁和导向管内壁为一回路压力边界。

手动隔离阀采用能自动减小间隙以达到完全气密的球形阀，阀体焊在密封段的上游端。手动隔离阀在指套管插入前起到隔离的作用。手动阀在正常工况下是打开的。

密封段及其相关的手动隔离阀在一个靠近堆坑贯穿件的支架上以平行的三层排列并固定。

8. 指套管

指套管为空心圆管,为中子通量探测器提供安全的测量路径,并与一回路介质隔离。端部由一锥形焊塞封闭,沿导向管插入测量通路;另一端焊接到用于限位和密封的连接柄上。指套管从密封段组件延伸,经由电动隔离阀,通到路选择器的连接管,并且相互之间通过不锈钢接头连接。指套管和导向管、密封段一起构成了裂变产物的一道控制屏障,这些设备用来保证一回路冷却剂不致泄漏。

9. 分配柜

分配柜位于反应堆厂房环廊,提供机电设备与电气厂房内读出控制柜的接口,主要功能如下。

(1)为机电设备供电。

(2)翻译和处理读出控制柜的信号。

(3)采集来自驱动单元、组选器、路选器、电动阀等设备的开关信号,并送往读出控制柜。

(4)分配柜由四套相同的装置组成,每套装置专用于一个仪表通道,并由位于读出控制柜内的一个通道控制器进行控制。

10. 读出控制柜

读出控制柜是堆芯核测系统的控制和监测设备,用于向分配柜发送操作指令、监测执行机构的工作状态和采集堆芯测量数据,位于计算机房,包括以下组成部分。

(1)一台 RIC 监控计算机。

(2)一个 LCD - TFT 屏幕。

(3)两个 RIC 控制器,用于通道 1 和 3(RIC 010HC);通道 2 和 4(RIC 020HC)。

(4)一个直接命令设备。

11. 微型裂变室

微型裂变室的内部结构如图 5 - 42 所示,它由焊接端塞、同芯包壳及测量体(即灵敏体)三部分组成。微型裂变室与导电及驱动两用的同轴电缆相连接。它的外壳、外电极以及与之相连电缆的材料均为不锈钢,绝缘材料为氧化铝。微型裂变室的灵敏体内充有氩气。电极表面涂有一层厚度为 0.3 mg/cm^2 的二氧化铀,其中^{235}U 的丰度为 90%。

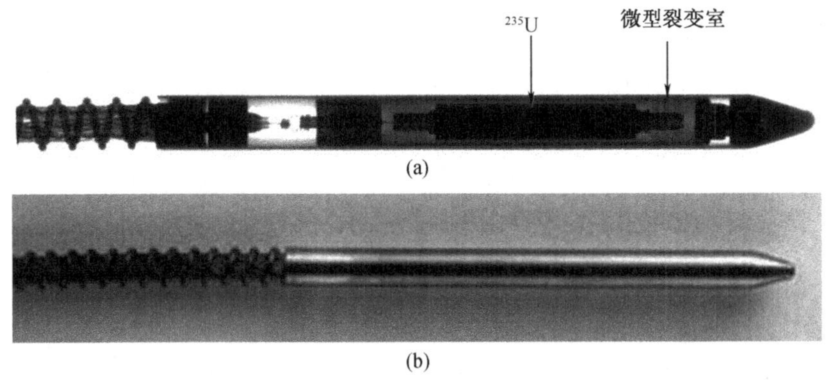

图 5 - 42 微型裂变室外形

5.7.2.2 原理及运行方式

1. 测量原理

在进行堆芯中子通量测量过程中，热中子射入微型裂变室灵敏体内，打在涂有二氧化铀的电极上，使^{235}U核发生裂变。裂变产生的重的带正电的裂变碎片使氩气电离，产生电子－正离子对。电子和正离子在外加电磁场作用下向两极漂移而形成脉冲，电子－正离子向两极漂移形成的电脉冲叠加起来，形成电流。微型裂变室的输出平均电流为

$$I_0 = S_N \cdot \Phi$$

其中　S_N——微型裂变室灵敏性系数；

Φ——堆芯中子通量水平。

每个微型裂变室有一个独立电源，提供可调的直流电压，可设置 50～200 V 的工作电压，在正常运行时工作电压设定为 120 V。微型裂变室满足其坪特性的坪斜不大于 0.2%/V 才可用。

每个探测器的电流测量在对应的中子通量测量系统中完成，可以用三种量程进行测量：

(1)高量程为 0～2 mA，此时灵敏度低。

(2)中量程为 0～200 μA，此时灵敏度中等。

(3)低量程为 0～20 μA，此时灵敏度高。

在反应堆正常运行期间，中子通量测量系统是间断工作的，至少每 30 个等效满功率天启用一次，设计上最多每周使用一次，但是在启堆物理试验期间，使用比较频繁；读出控制柜通过分配柜控制所有的机电设备(驱动单元、选择器和电动阀)。操作软件在系统上电时自动载入。

探测器插入的限值存储在系统中，它决定了堆芯内的通量测量区域：

(1)限值 A 对应于堆芯底部位置，探测器在此位置正好处于燃料组件的下方。

(2)限值 B 对应于堆芯内的测量区域，该限值对所有通路都是相同的。

(3)限值 A＋B 对应于堆芯顶部位置，探测器到达此限值则被反向抽出。

(4)起始位置限值(1010)对应于探测器从堆芯全部抽出所处的长度，该限值由位于组选择器入口处的限位开关探测到。

(5)对所有探测器的校准阶段。

(6)在每个通道的所有通路中以连锁方法或顺序方式进行的测量阶段。

通常，一次通量图测绘包括 11 次测量操作：1 次循环互校准，10 次正常测量操作。实时的通量曲线在图形显示器上显示，并向工作人员提供对通量测量过程的监视。

2. 运行方式

(1)互校准：互校准用于确定每个探测器的相对灵敏度。将 4 个探测器同时插入其相邻通道的第 1 条通路进行测量，通过将互校准阶段由某一探测器测得一条通路的测量结果和正常测量期间由另一探测器测得的该通路的测量结果相比较，可以确定这两个探测器的相对灵敏度。如果知道了各探测器两两之间的相对灵敏度，即可确定所有探测器的相对灵敏度。这种方法称为循环互校准。校准也能够通过将 4 个探测器依次送入公用校准通路中测量中子通量(26 号通路)来完成，这种方法称为参考互校准。与循环互校准相比，参考互校准需要花费更长的时间。当某一通道探测器、驱动单元或组选择器失效，只能使用参考互校准。

(2)全自动同步测量:这是最常用的测量方式,操作人员只用最少的操作即可完成全部测量。在这种操作模式下,操作人员只需按下启动按钮,4组探测器同时出发,分别插入各组十路测量通道中的某一个通道,4个探测器完成一次测量后回到起点,各组测量程序均自动前进一步,各组驱动机构再次自动启动,将各自的探测器送入本组下一路通道进行测量。以此类推,完成全部通道的数据测量。

(3)应急后备测量:各测量组间还可以互相备用,当某一组故障时,用另外一组作为后备测量组探测器去完成测量任务。它们是1组为2组、2组为3组、3组为4组、4组为1组做备用测量。

(4)局部中子通量测量:当需要研究堆芯局部中子通量分布时,只选取处于该区域的几个通道进行测量,此时对在每个运行通道上的各路通道作图程序进行修改。

(5)日常运行方式——泄漏监测。系统在不用的时候处于监督运行方式,连续监视来自密封段和指套管泄漏探测器的信息。如果探测到泄漏,可在主控室获得泄漏报警信号,在显示器上指示出泄漏发生的通路。

5.7.3 标准规范

运行技术规格书的要求具体如下。

(1)每次燃料重新装载后,证明组件排列是正确的;在异常运行工况(象限功率倾斜或棒组失步故障)用于确定故障和事故工况下的过冷裕度。

(2)如果超过40%的中子测量通道是不可运行,则认为堆芯中子注量率测量系统不可运行,则要求24 h降到50%功率以下。

5.7.4 运维项目

运维项目如表5-42所示。

表 5-42 运维项目

序号	预防性工作项目	监测周期	PM 类别
1	(QSR 定期试验)RIC000××× 零功率物理试验	R1	TSSR
2	RIC000××× RIC 指套管涡流检查(ET)	R1	PM
3	(QSR 定期试验)RIC000××× 堆外通量测量电离室的刻度	D90	TSSR
4	(QSR 定期试验)RIC000××× 功率分布测量	D30	TSSR
5	RIC001AR 性能试验	R1	PM
6	RIC001AR 机柜检查	R1	PMSR
7	RIC001AR 堆芯中子通量图绘制	R1	PMSR
8	RIC001AR 探测器坪特性测试(100% 功率平台)	R1	PMSR
9	RIC001AR 探测器坪特性测试(0% 功率平台)	R1	PMSR
10	RIC001AR 机柜清洁	R4	PM
11	(QSR 定期试验)RIC123WL 50% FP 功率分布测量及热平衡测量试验	R1	TSSR
12	(QSR 定期试验)RIC123WL 100% FP 功率分布测量及热平衡测量试验	R1	TSSR
13	(QSR 定期试验)RIC123WL 停堆前堆芯功率分布测量	R1	TSSR
14	(QSR 定期试验)RIC123WL 75% FP 功率分布测量及热平衡测量试验	R1	TSSR
15	RIC038LJG 现场设备检查	R1	PM
16	RIC004DL 探测器驱动电缆及相关设备解体	R6	PM
17	RIC004DL 探测器驱动电缆及相关设备恢复	R6	PM
18	RIC181LJG 堆芯仪表间连接管的恢复	R1	PM
19	RIC002AR 机柜检查	R1	PMSR
20	RIC002AR 性能试验	R3	PMSR
21	RIC141LJG 堆芯仪表间连接管的解体(在抽出指套管之前进行)	R1	PM
22	RIC601SN 现场设备检查:密封组件的泄漏探测器检查(合包)	R1	PMSR
23	RIC181SN 现场设备检查:指套管泄漏探测器检查(合包)	R1	PMSR
24	RIC210ZL 性能试验:组选器的响应时间及工作电流测试(合包)	R1	PMSR
25	RIC838VP 性能试验:电动阀的响应时间及工作电流测试(合包)	R1	PMSR
26	RIC801VP 现场设备检查:电动阀检查(合包)	R1	PMSR
27	RIC100UC 现场设备检查:驱动单元检查(合包)	R1	PMSR
28	RIC110ZL 现场设备检查:路组选择器检查(合包)	R1	PMSR
29	RIC004MA 性能试验:探测器及电缆的性能检查(卸料前和装料后各执行一次)(合包)	R1	PMSR
30	RIC310ZL 现场设备检查:探测器驱动电缆清洁(合包)	R3	PMSR
31	RIC002AR 安全壳打压堆芯核测设备的保护及状态恢复(合包)	R6	PM
32	RIC126SX 现场设备检查:保存通道检查(合包)	R1	PMSR
33	RIC130ZL 性能试验:路选器的响应时间及工作电流测试(合包)	R1	PMSR

5.7.5 典型案例分析——力矩限制器脱开故障(图5-43)

正常的工作扭矩通过两个C型定位销连接在一起的内盘进行传递,内盘与限制器板用三个螺栓固定在一起,这样限制器板就可以通过刹车皮(摩擦片)继续传递扭矩,带动链条驱动探测器电缆移动,如图5-44所示。

(a)力矩限制器脱开图

(b)力矩限制器现场照片

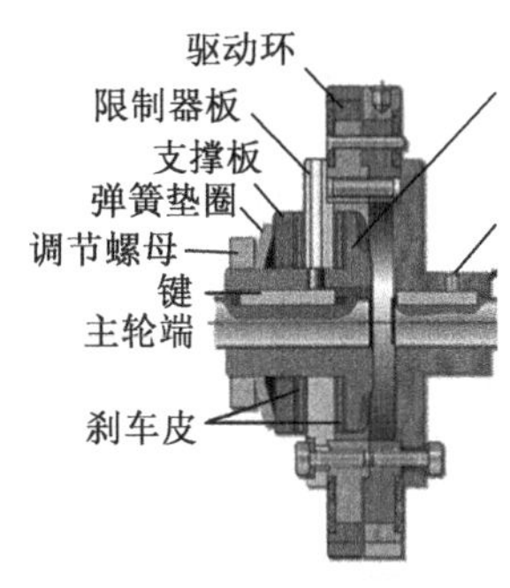

(c)力矩限值器示意图

图5-43 力限制器脱开故障

(a)

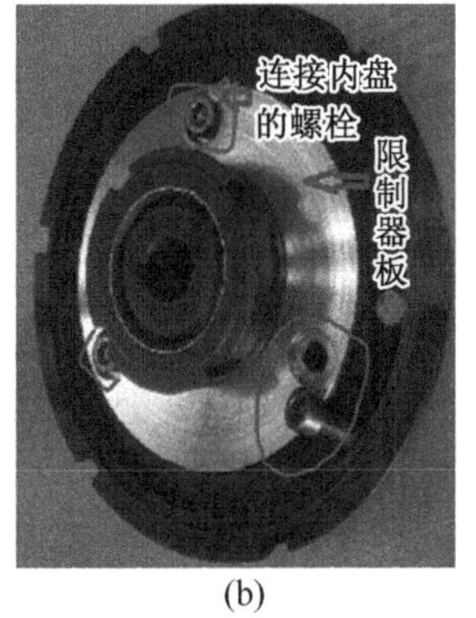

(b)

图5-44 内盘与限制器板通过螺栓固定

现场查看脱开后连接内盘的两个C型定位销,没有变形也没有折断,所以内盘脱开的直接原因是连接两个内盘的C型定位销松脱。内盘经过长时间正反方向运转(9年左右)的扭力作用后,定位销与内盘连接松动,最终导致两个内盘脱开。

咨询了法国厂家,认为设计没有问题,也没有遇到过类似故障。咨询了福清核电、大亚湾等国内电站,都没有类似故障现象发生。

在大修期间驱动单元检查的PM工作中无法检查C型定位销是否松动,在外面盖板上的锁紧螺栓(图5-45)对于固定力矩限制器的两个内盘有一定的辅助作用,这个锁紧螺栓(M2 * 25)螺杆上螺丝较长,却只有2 mm厚度的压紧盘内部的3圈左右的螺丝起连接作用;对压紧盘螺栓松紧进行检查来判断力矩限制器是否有松脱倾向,如果有松脱倾向,建议更换力矩限制器。

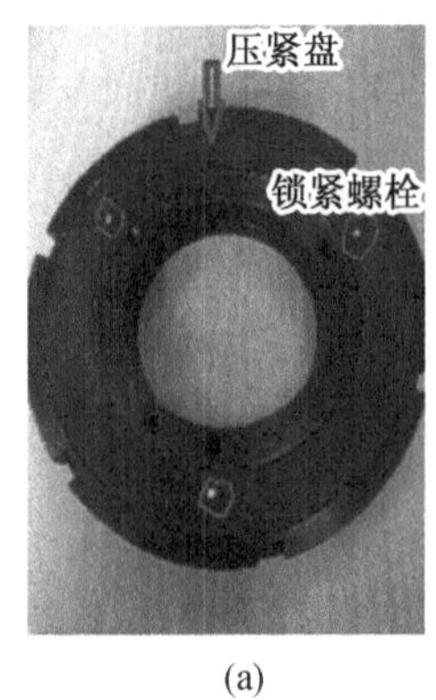

(a)

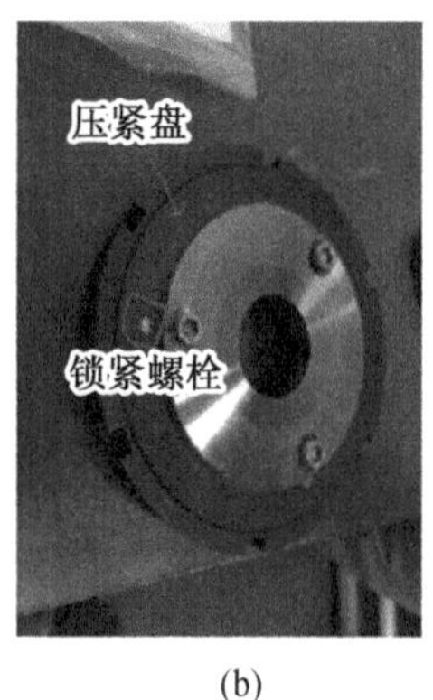

(b)

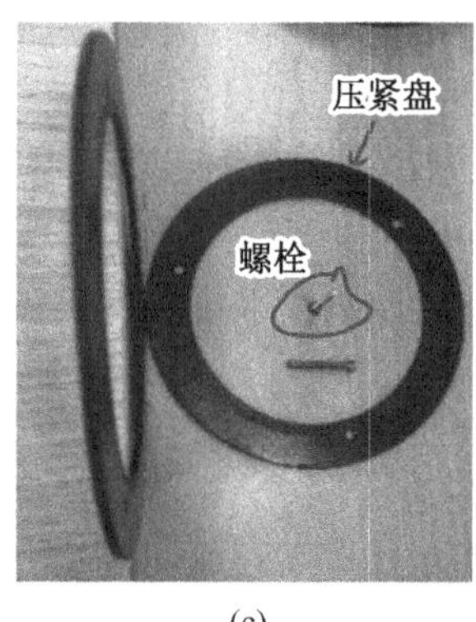

(c)

图 5－45　锁紧螺栓

5.7.6　课后思考

1. 电动隔离阀的作用是什么？密封组件的主要作用是什么？

答　电动隔离阀的作用是能在指套管破裂的情况下，防止从堆芯来的蒸汽或水的泄漏。密封组件主要用来密封指套管外壁和导向管内壁之间的一回路冷却剂，即用来保证导向管和指套管之间的静态和动态密封。

2. 指套管泄漏探测器的功能是什么？

答　指套管泄漏时报警并阻止自动阀打开。

3. 自动阀的作用是什么？

答　防止指套管泄漏时主冷却剂漏出，探测器抽出时自动关闭，指套管泄漏时不能开启。

4. 堆芯中子通量系统功能是什么？

答　(1)启堆期间的功能：

①检查寿期初堆芯功率分布是否与设计期望的功率分布相符。

②检查用于事故工况设计的热点因子是不是保守的。

③校准堆外核测量仪表系统 RPN。

④探测反应堆在装料中可能出现的差错。

(2)正常运行时的功能：

①检查与燃耗对应的功率分布是否与设计所期望的功率分布相符。

②监测各燃料组件的燃耗。

③校准堆外核测量仪表系统 RPN。

④探测堆芯是否偏离正常运行。

5.8 堆外测量

5.8.1 概述

堆外中子通量测量由核仪表系统 RPN 完成。RPN 系统由源量程、中间量程和功率量程组成,具备测量超过 11 个量级中子通量的能力($10^{-1}\sim5.0\times10^{10}\ cm^{-2}\cdot s^{-1}$),用于监测和记录反应堆功率、功率水平的变化和轴向、径向功率分布。

核仪表系统主要具有两方面的功能:运行功能和安全功能。

安全功能是指向反应堆保护系统 RPR 提供多个紧急停堆信号和允许信号。RPN 系统不仅能在中子注量率高及中子注量率变化高时向保护系统发出停堆信号,而且能在中子注量率高时发出控制棒闭锁信号以及允许信号。

运行功能是指向操作员提供反应堆在装料、启动、功率提升和停堆等状态下,在主控室给出相应的信号,以便操作员随时了解反应堆的状态和状态变化。还产生代表中子计数率的音响信号分别送到反应堆厂房、主控室和就地机柜,其频率的变化提醒人员堆芯中子注量率的变化。

在功率运行期间 RPN 系统的反应堆功率分布监测(RPDM)功能监测反应堆功率的分布,使其运行在安全状态,并且在超过预极限、极限时产生报警信号和保护动作。

RPN 系统还对松动部件和振动监测系统 KIR 提供中子噪声信号,送振动测量系统频谱分析,以便研究反应堆的振动行为。

RPN 系统在反应堆连续的启动运行或功率提升过程中设置了一系列的停堆、允许、闭锁信号,如表 5-43 所示。

表 5-43

量程	信号	符合	功能
源量程	源量程中子注量率高紧急停堆(10^5 c/s)	1/2	反应堆启动过程中防止堆功率意外升高,在计数率达到 10^5 c/s 时发出反应堆停堆信号
中间量程	P6(10^{-10} A)	1/2	允许手动闭锁源量程停堆功能,并切断源量程高压,禁止高压丢失报警
	C1(20% FP)	1/2	闭锁控制棒手动和自动提升
	中间量程中子注量率高紧急停堆(25% FP)	1/2	反应堆低功率状态下防止弹棒事故下堆功率意外升高
	ATWT(30% FP)	2/2	解除 ATWT 闭锁,与主给水流量低符合触发 ATWT 动作

表 5－43(续)

量程	信号	符合	功能
功率量程	P10(10% FP)	2/4	①允许手动闭锁功率量程(低定值)停堆。 ②允许手动闭锁中间量程停堆、C1 信号。 ③自动闭锁源量程停堆,并关闭高压。 ④形成 P7 信号。 ⑤允许校正中子变化率信号
	功率量程中子注量率低定值停堆(25% FP)	2/4	功率超过 25% FP 阈值时产生停堆信号,由 P10 闭锁
	P16(30% FP)	2/4	允许汽机刹车引起停堆
	C2(103% FP)	1/4	闭锁控制棒手动和自动提升
	功率量程中子注量率高定值停堆(109% FP)	2/4	功率超过 109% FP 阈值时产生停堆信号,不能被闭锁
	功率量程中子变化率高停堆信号(±5% FP/2s)	2/4	防止过快升功率和降功率

三个量程测量上有 1～2 个量级的重叠,功能上相互制约,P6 以上源量程高压被切除而退出运行,P10 以上中间量程停堆、停棒 C1 和功率量程低定值停堆被闭锁,中间量程 ATWT、功率量程低,定值停堆、停棒,C2、P16、中子变化率高,停堆信号继续发挥作用。反应堆正常运行中,主要是功率量程(四个通道)测量堆功率的变化,由于 RPN 系统保护逻辑的特性,如对一测量通道进行故障检查,RPN 停堆逻辑由 2/4 变为 1/3。作为在线连续监测核功率的唯一系统,功率量程的准确性、可靠性关系到反应堆的安全、稳定运行,功率的测量、校验和调整显得尤为重要。

5.8.2 结构与原理

5.8.2.1 RPN 系统的组成

RPN 系统由探测器、测量仪表和显示设备三部分组成(图 5－46)。

1. 探测器

包括源量程、中间量程和功率量程在内共有 8 个探测器:2 个源量程探测器,2 个中间量程探测器同装一个容器内,容器外径为 160 mm,高度为 193 mm。4 个功率量程探测器分别装在外径为 180 mm,高度为 3 200 mm 的容器内。探测器容器置于反应堆压力容器外的仪表井内。探测器的轴向布置和径向布置分别示于图 5－47 和 5－48。

源量程探测器位于堆芯下部 1/4 线的高度上,大约是中子源组件棒所在的高度;中间量程探测器位于堆芯中线的高度上。每个功率量程探测器含有 6 个敏感段,其中 3 个位于堆芯上部,另外 3 个位于堆芯下部。在径向看,源量程和中间量程探测器分为两对,分别位于 90°和 270°方位上。4 个功率量程探测器布置在 4 个象限上。功率量程探测器的布置保证了可以探测轴向功率不平衡和径向功率下平衡的情况。

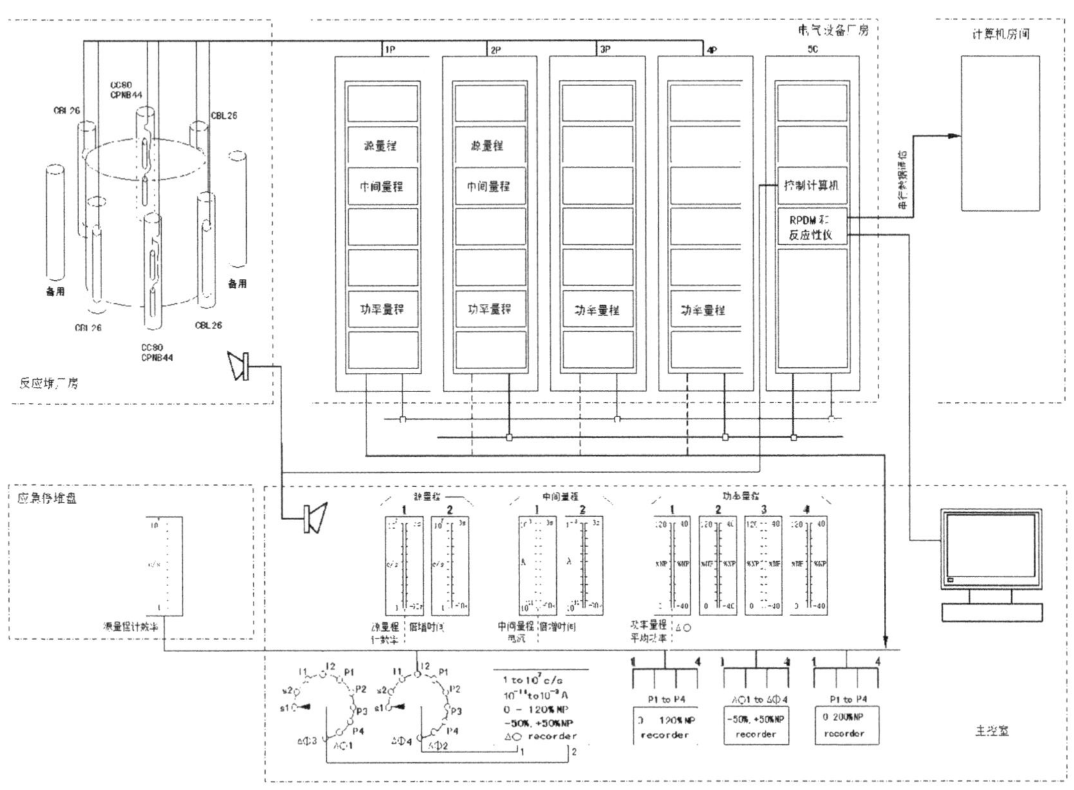

图 5－46　堆外核测量系统(RPN)概图

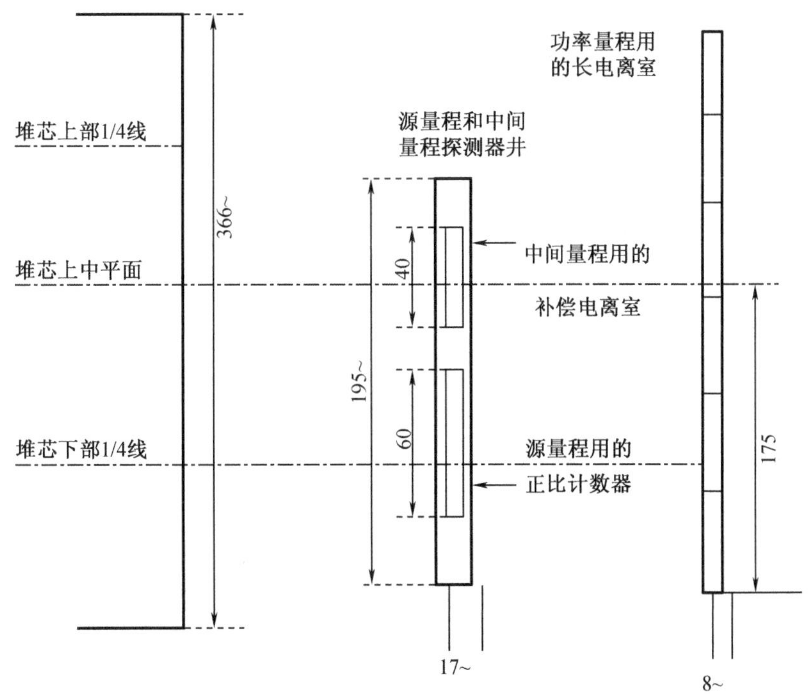

图 5－47　探测器轴向布置

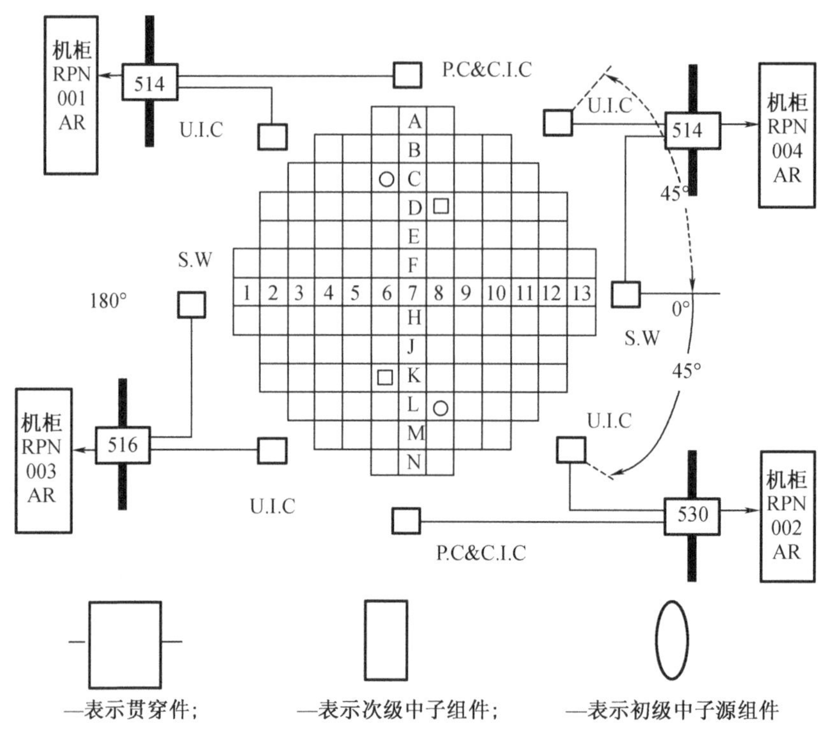

图 5-48　探测器径向布置

2. 测量仪表

仪表柜接收来自探测器的信号,经过放大和处理后输往显示设备和其他有关系统。每个功率量程探测器设一台仪表柜,源量程和中间量程探测器各有两只,对应电子设备置于1号和2号柜内。这4台仪表柜置于不同房间,以实现实体隔离。另外还有1台公用仪表柜。仪表柜为机箱结构,各种功能的电子线路分放在自身的机箱内。

3. 显示设备

显示设备位于主控室内和应急停堆盘上,见图5-42堆外核测量系统(RPN)概图,操作员赖以进行反应堆的监控和各项操作。

显示设备主要有各种量程的指示表,记录仪,视、听报警设备,以及RPDM功率分布监测系统的显示设备(两台数字显示表和一台显示终端)。

5.8.2.2　RPN 系统的原理

1. 仪表量程

RPN系统测量的中子通量最小为 $1.0\times10^{-1}\ cm^{-2}\cdot s^{-1}$,最大为 $5.0\times10^{10}\ cm^{-2}\cdot s^{-1}$。为了覆盖这11个数量级的测量范围(图5-49),采用了3种量程的探测器:

①源量程探测器。测量中子通量的范围是 $1.0\times10^{-1}\sim2.0\times10^{5}\ cm^{-2}\cdot s^{-1}$。

②中间量程探测器。测量中子通量的范围是 $2.0\times10^{2}\sim5.0\times10^{10}\ cm^{-2}\cdot s^{-1}$。

③功率量程探测器。测量中子通量的范围是 $5.0\times10^{2}\sim5.0\times10^{10}\ cm^{-2}\cdot s^{-1}$。

三种探测器的量程有一定范围的重叠,这是为了保证反应堆从源水平的功率水平的整个范围内控制和保护的连续性,读数互相校核,信号互相连锁。

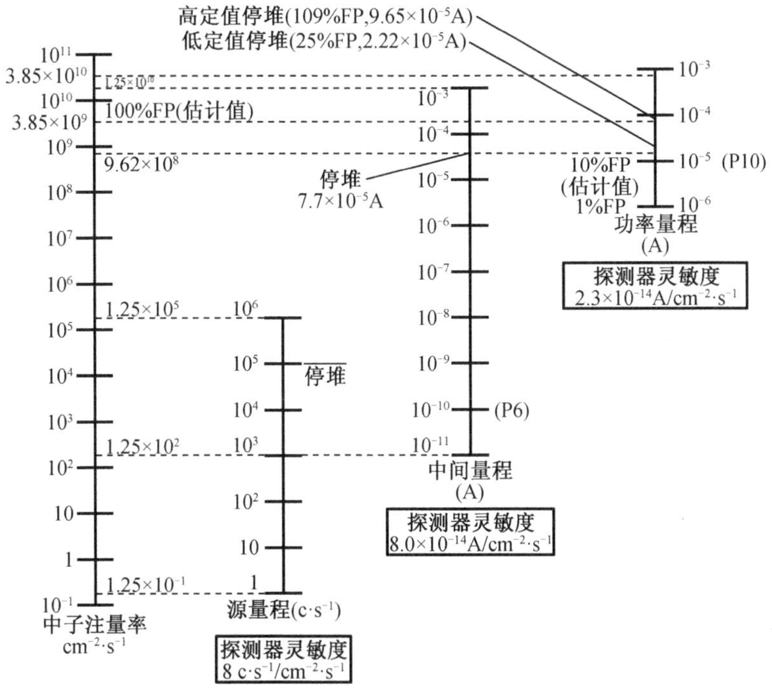

图 5－49　堆外核测量系统探测器的量程重叠关系和灵敏度

显示仪表的量程与探测器的量程和计量单位有所不同。在主控制室 ID 指示仪的左侧刻度中，源量程显示仪表的量程为 $1.0 \sim 10^7$ c/s（中子计数/秒），即 $10^{-9} \sim 10^{-3}$%（满功率）；中间量程显示仪表的量程为 $10^{-11} \sim 10^{-3}$ A（安培），即 $10^{-6} \sim 100$%（满功率）；功率量程显示仪表的量程为 $0 \sim 120$% FP（满功率的百分数），即 $10^{-6} \sim 100$%（满功率）。

主控制室 ID 指示仪都有两种刻度。源量程和中间量程指示仪的右边刻度为中子通量的倍增时间，量程为 $-30 \sim +3$s。功率量程的右边刻度为轴向功率偏差，量程为 -40% FP ~ $+40$% FP。

记录仪的量程可参照图 5－49。2 台 6 通道功率记录仪 RPN 409 EN 和 RPN 411 EN，量程分别为 0 ~ 120% FP 和 0 ~ 200% FP。1 台 6 通道轴向功率偏差量程为 $\Delta\phi$，记录仪 RPN 410 EN 量程为 -50% ~ $+50$% FP。1 台 12 通道记录仪 RPN 401 EN，记录源量程（$1 \sim 10^7$ c/s）、中间量程（$10^{-11} \sim 10^{-3}$ A）、功率量程（0 ~ 120% FP）和轴向功率偏差（-50% ~ $+50$% FP）。

2. 源量程探测器——涂硼正比计数管（CPNB44）

源量程探测器的结构示意图见图 5－50。中心阳极是直径为 25 μm 的不锈钢丝，圆筒形阴极是由高纯铝制成的。阴极内表面涂以丰度为 92% 的 ^{10}B，两电极之间相互绝缘。计数管内充以氩气（Ar）和少量的二氧化碳（CO_2）。

入射中子与硼发生核反应：

$$ {}_0^1n + {}_5^{10}B \rightarrow {}_3^7Li + {}_2^4He + 2.793\ \text{MeV} \rightarrow {}_3^7Li^* + {}_2^4He + 2.316\ \text{MeV} \rightarrow {}_3^7Li^* + \gamma + 0.48\ \text{MeV} \tag{4.10} $$

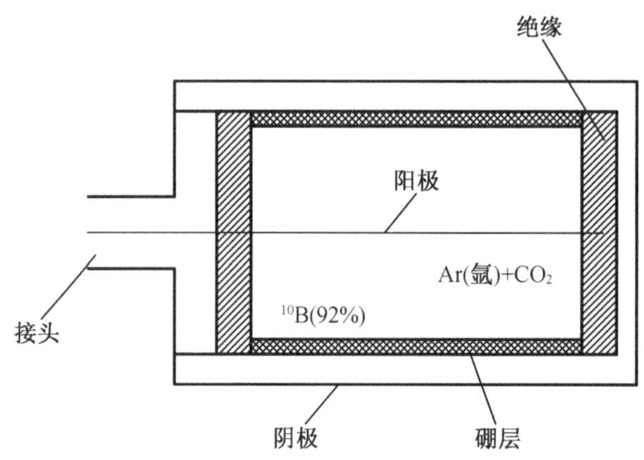

图 5-50　源量程探测器——涂硼正比计数管结构示意图

核反应产生的锂离子和α粒子使氩气电离，产生电子的正离子。在外电场的作用下，电子和正离子分别向阳极和阴极运动，形成电脉冲（称α脉冲）。γ射线也产生电脉冲，但其幅值较小，可用甄别放大器将它和反应堆内其他射线产生的小幅度脉冲滤除，只放大α脉冲，从而得到只与中子通量成比例的计数。

3. 中间量程探测器——γ补偿电离室（CC80）

中间量程探测器的结构示于图 5-51。由图可见，所谓γ补偿电离室是由两个电离室组成的。外环电离室的内壁涂硼，称涂硼电离室。内环电离室不涂硼，称补偿电离室。两电离室充有相同的气体：氮气和10%的氦气。

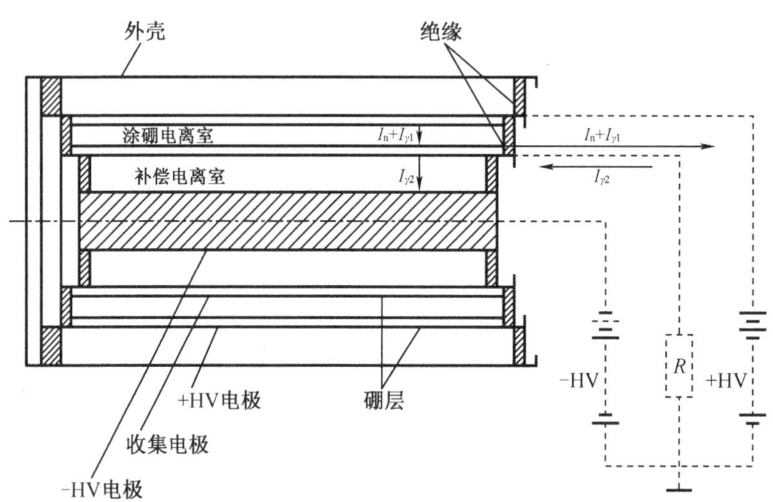

图 5-51　中间量程探测器—γ补偿电离室结构示意图

γ补偿电离室有 3 个电极：与高压正极相连的称正高压电极，与补偿电压的负极相连的称负高压电极，两电离室之间的极板通过负载电阻 R 接地，称为收集电极。各电极之间是绝缘的。

涂硼电离室对中子和γ均敏感，在高压作用下产生中子电流 I_n 和γ电流 $I_{\gamma 1}$，其原理与源量程探测器相同,不过当中子通量较高时,脉冲较多无法计数,只能监测电流。

补偿电离室由于不涂硼,故仅对 γ 敏感,在补偿电压作用下只产生 γ 电流 $I_{\gamma2}$。流经负载电阻上的电流 I 为涂硼电离室电流 $I_n + I_{\gamma1}$ 与补偿电离室电流 $I_{\gamma2}$ 之差:

$$I = I_n + I_{\gamma1} - I_{\gamma2}$$

如果两电离室对 γ 的灵敏度相同,则 $I_{\gamma2} = I_{\gamma1}$,即 $I = I_n$。但如果补偿性能不好可能产生欠补偿与过补偿现象。欠补偿是指对 γ 补偿得不够,仪表指示数据存在着 γ 的影响,即指示电流值大于堆芯实际的中子通量水平。在停堆过程中的影响是中间量程不能及时下降到 10^{-10} A 以下(不能消去 P6),延迟源量程的自动投入工作,影响到电厂的运行。而过补偿现象则是对 γ 补偿过头了,以致中间量程电流信号中部分中子的贡献也补偿掉了,指示电流值小于堆芯实际的中子通量水平。

4. 功率量程探测器——长电离室(CBL26)

功率量程探测器有 6 个敏感段,即探测器由六段硼衬基非补偿长中子探测器 CBL26 和包括信号调理单元、信号处理单元的仪表机箱组成。图 5-52 所示为六段硼衬基非补偿长中子探测器中的一段。探测器安装在铝包壳的环绕物中,金属镉包住探测器后面灵敏区,提供 120°扇形正对堆芯环绕物,其他部分填充聚乙烯。探测器在整体上是一个筒形容器,并在内部充以混合气体:1% 氦 +6% 氮 +93% 氩,图 5-53 为功率量程探测器和环绕物的俯视图。

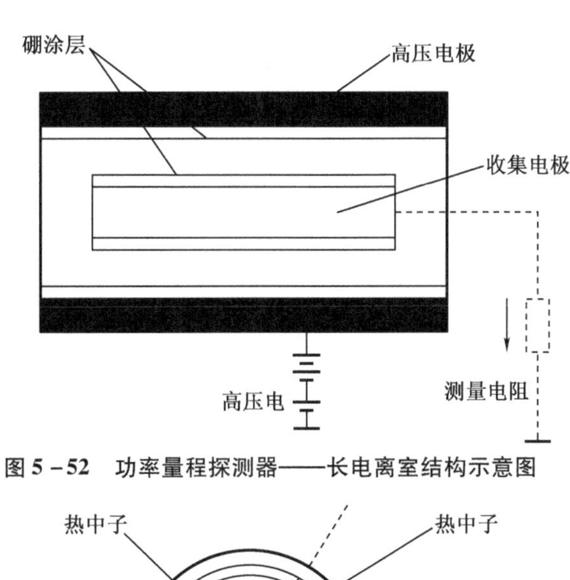

图 5-52 功率量程探测器——长电离室结构示意图

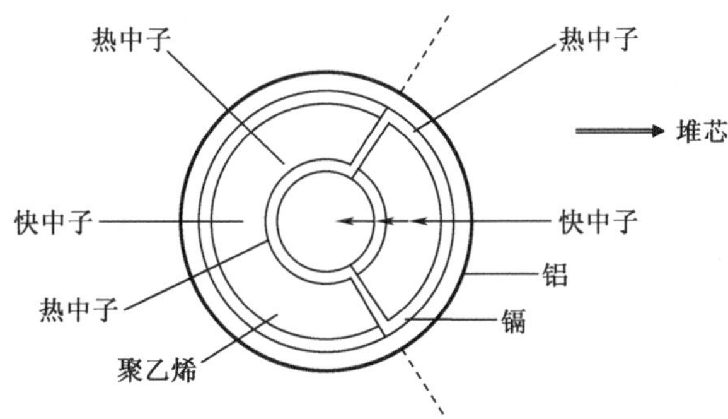

图 5-53 功率量程探测器和环绕物的俯视图

CBL26 探测器只计算堆芯直接发出的快中子,金属镉阻断热中子,对快中子的通过无影响,聚乙烯将快中子慢化为热中子。在同时供给六段电离室的600 V高压作用下,锂离子在气体中被电极收集,形成功率量程电流信号。CBL26 探测器应用在中子通量较高阶段,γ射线电离产生电流的贡献相对较小,可以忽略不计,可以认为测量电阻上只流过中子电流 I_n。

5. 气体探测器的坪特性

堆内堆外核测量仪表的探测器内部都充有某种气体,借气体电离的原理测量中子通量水平,所以统称为气体探测器。对于气体探测器,一定中子通量下的输出计数或电流随电极间所施电压而变,如图 5-54 所示。

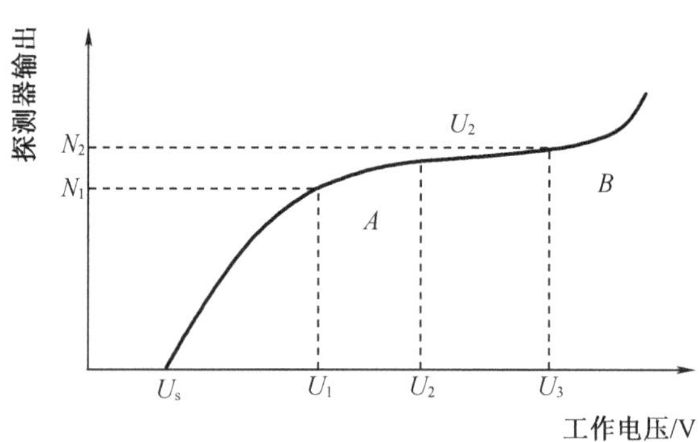

图 5-54　气体探测器的特性

当电极电压(工作电压)U 超过 U_s 时,探测器开始有输出,U_s 称起始电压。U 大于 U_s 以后,随 U 的增加,探测器输出也迅速增加。当 $U_1 < U < U_2$ 时,随着 U 的增加,输出变化不大,在特性曲线上输出变化很小的这一区间 AB 称为坪区,坪区的工作电压范围 $\Delta U = U_2 - U_1$ 称为坪长。坪区输出变化的百分数与坪长的比称为坪斜 K:

$$K = [2(N_2 - N_1)/(N_2 + N_1)]/(U_2 - U_1) \times 100\%$$

探测器应工作在坪区,工作电压 U_0 应选在坪区内靠近 U_1 的范围处。

6. 源量程通道测量原理

源量程测量通道由 CPNB44 型探测器和一个包含调理单元与处理单元的电气机箱组成。调理单元包括探测器工作的高压,脉冲放大滤波、甄别以消除 γ 射线的影响,脉冲整形,监视调理单元运行的功能。处理单元具有计算计数率与倍增周期,比较计数率测量值与保护定值,输出模拟信号,系统自检,定值调整时管理连接的终端(VDU)以及 NERVIA 网络上的信息传送等功能。

探测器的前置放大器将正比计数管的 α 脉冲和 γ 脉冲同时放大。甄别放大器和脉冲形成电路滤除 γ 脉冲,放大 α 脉冲并将其整形,输出标准的与中子通量水平呈正比的脉冲信号。该信号一路经选择开关(选出两个源量程信号之一)和分频器输入低频放大器,以驱动装在主控室的扬声器 RPN402HP 和反应堆厂房的扬声器 RPN403HP;另一路经过对数放大器放大以扩展测量范围,对数放大器输出的模拟信号用于显示和记录。如图 5-55 所示为源量程测量通道的原理框图。

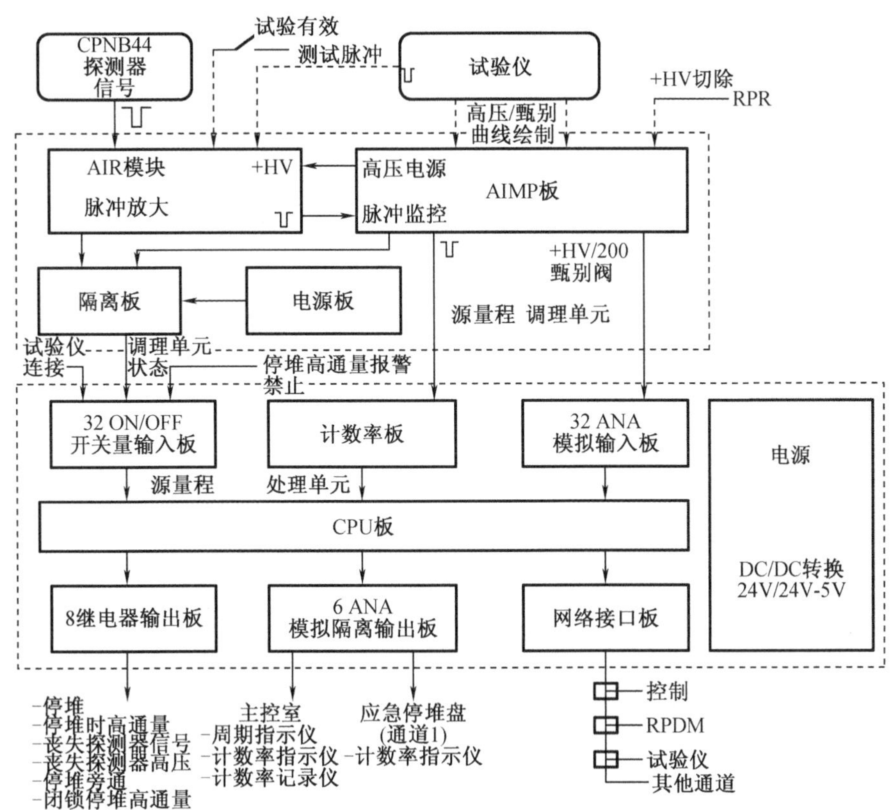

图5-55 源量程测量通道原理框图

周期表用于产生倍增时间信号。倍增时间 T_d 定义为功率变化一倍的时间。反应堆功率 P 的变化循环指数规律为

$$P = P_0 \cdot 2^{(T/T_d)}$$

其中 P_0 为 $t=0$ 时的功率。

对上式取对数,则有

$$\lg P = \lg P_0 + (T/T_d)\lg 2$$

对上式求导数,则有

$$\mathrm{d}(\lg P)/\mathrm{d}T = (1/T_d)\lg 2$$

由此得

$$T_d = \lg 2/(\frac{\mathrm{d}(\lg P)}{\mathrm{d}t})$$

可见,倍增时间和功率对数的导数成反比。功率的对数信号由对数放大器输入,周期表只需将此信号求导,所以周期计实质上是一个微分单元,其输出信号与倍增时间成反比。

倍增时间反映了反应堆所处状态。例如,如果 $t_d = -30$ s,表示反应堆的功率 P 每30 s降低至原来的$\frac{1}{2}$,因此反应堆处于次临界状态;如果 $t_d = \infty$,表示功率 P 为常量,反应堆处于稳定状态;如果 $t_d = 3$ s,表示功率 P 每3 s增加一倍,反应堆处于超临界状态。

所有的模拟信号均经隔离后输出,源量程通道测量信号输出范围见表5-43。

表 5－43　源量程通道测量信号输出范围

信号目的地	信号名称	物理范围	电气范围
紧急停堆屏	ⅠP 计数率	$1\sim10^6$ c/s	0～＋10 V
主控制室指示器、记录仪	ⅠP、ⅡP 计数率	$1\sim10^6$ c/s	0～＋10 V
主控制室指示器	倍增时间	－30 s，＋ω，＋3 s	0～＋10 V

源量程电路产生的逻辑信号如下。

(1)“停堆通量高”报警信号。其阈值为 $2\phi_0\sim3\phi_0$（ϕ_0 为停堆时用于按照要求设定停堆高通量报警，当时时刻的正常通量水平）。可在就地 RPN 机柜上用 416CC 手动闭锁该信号。

(2)“源量程紧急停堆”信号。由探测器 RPN 014 MA 和 RPN 024 MA 的测量通道产生。阈值为 10^5 c/s。该信号供给反应堆保护系统 RPR，当 P6 信号出现（中间量程读数为 10^{-10} A）时可以手动闭锁该信号。

(3)通道旁通所产生的逻辑信号。当一个通道旁通时，自动闭锁该通道的紧急停堆信号，当两个通道旁通时，发出一个紧急停堆信号。此信号在 P6 出现时也可手动闭锁。

(4)“高压丢失”和“高压异常”报警信号，阈值为 850 V。正常运行时两个源量程探测器高压电源的电压中只要有一个降至“高压丢失”阈值以下，就产生“高压丢失”报警信号；当升功率进行源量程探测器闭锁时，按照系统逻辑设置闭锁信号发出延时 10 s 切除源量程高压，如果任意一列或两列闭锁信号发出 12 s 后，源量程探测器高压“高压丢失”阈值以下并切除时，则产生“高压异常”报警信号。探测器的高压电源在源量程紧急停堆手动闭锁被切除。

(5)“源量程信号丢失”报警信号。任何一个源量程计数率低于 1 c/s 时产生（回差为 2 c/s）。源量程紧急停堆手动闭锁的，此信号也被闭锁。

(6)“报警闭锁”报警信号。用 416 CC 闭锁“停堆通量高”报警信号时产生。

(7)“通道试验或故障”报警信号。模拟电路出现故障时或试验时产生。

7. 中间量程通道测量原理

中间量程电路与源量程的相同或相似，由 CC80 补偿型探测器和一个包含调理部分与处理部分的电气机箱构成。调理部分产生探测器正高压与补偿高压，并将从补偿电离室送来的信号转换计算成处理单元可用的测量电流信号。处理单元将采集的电流信号转换成数字量，计算倍增周期，测量值与定值比较，超越定值时触发相应的输出继电器动作，输出控制室所需的模拟信号。图 5－56 为中间量程测量通道原理框图。所有的模拟信号均经隔离后输出，如表 5－44 所示。

表 5－44　中间量程通道测量信号输出

信号目的地	信号名称	物理范围	电气范围
主控制室指示器、记录仪	ⅠP、ⅡP 计数率	$10^{-11}\sim10^{-3}$ A	0～＋10 V
主控制室指示器	ⅠP、ⅡP 计数率	－30 s，＋ω，＋3 s	0～＋10 V

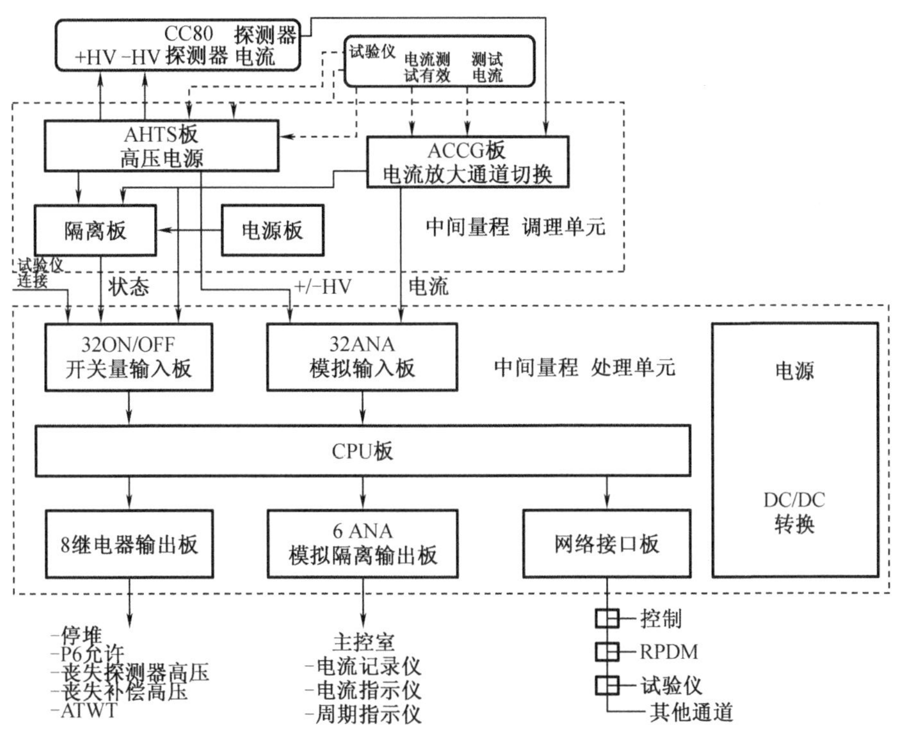

图 5-56 中间量程测量通道原理框图

中间量程逻辑信号输出电路向相关系统输送的逻辑信号如下。

(1)中间量程紧急停堆信号。由探测器 RPN 013 MA 和 RPN 023 MA 测量通道产生,阈值为 25% P_n。该信号可手动闭锁。

(2)源量程紧急停堆手动闭锁允许信号 P6,阈值为 10^{-10} A。当反应堆功率达到 P6 阈值时,允许手动闭锁源量程紧急停堆信号,允许功率继续提升到高于源量程紧急停堆阈值。

(3)手动和自动提棒闭锁信号 C1。阈值为 20% P_n。当功率升到 10% P_n 以上,即产生 P10 信号后,操纵员如果忘记闭锁中间量程紧急停堆信号时,则产生 C1,闭锁控制棒提升电路,防止功率增加而引起紧急停堆。

(4)ATWT 的中间量程阈值信号,阈值为 30% P_n。ATWT 为未能紧急停堆的预期瞬态。当中间量程通道发出的功率信号在 30% P_n 时上时,它允许在主给水流量低于 6% 时产生 ATWT 紧急停堆信号。

(5)“探测器高压丢失”和“探测器补偿电压丢失”报警信号。当探测器正电压低于 400 V 时产生“探测器高压丢失”报警,当探测器补偿负电压(绝对值)低于 -80 V 时产生“探测器补偿电压丢失”报警。

8. 功率量程通道测量原理

功率量程探测器包括 6 个敏感段,每个敏感段均施加约 600 V 的电压,图 5-57 为功率量程测量通道原理框图。上部中间敏感段和下部中间敏感段的信号输出至松动部件和振动监测系统 KIR,该系统对 8 个中子噪声信号进行频谱分析,从而确定反应堆压力壳内构件的松动情况。

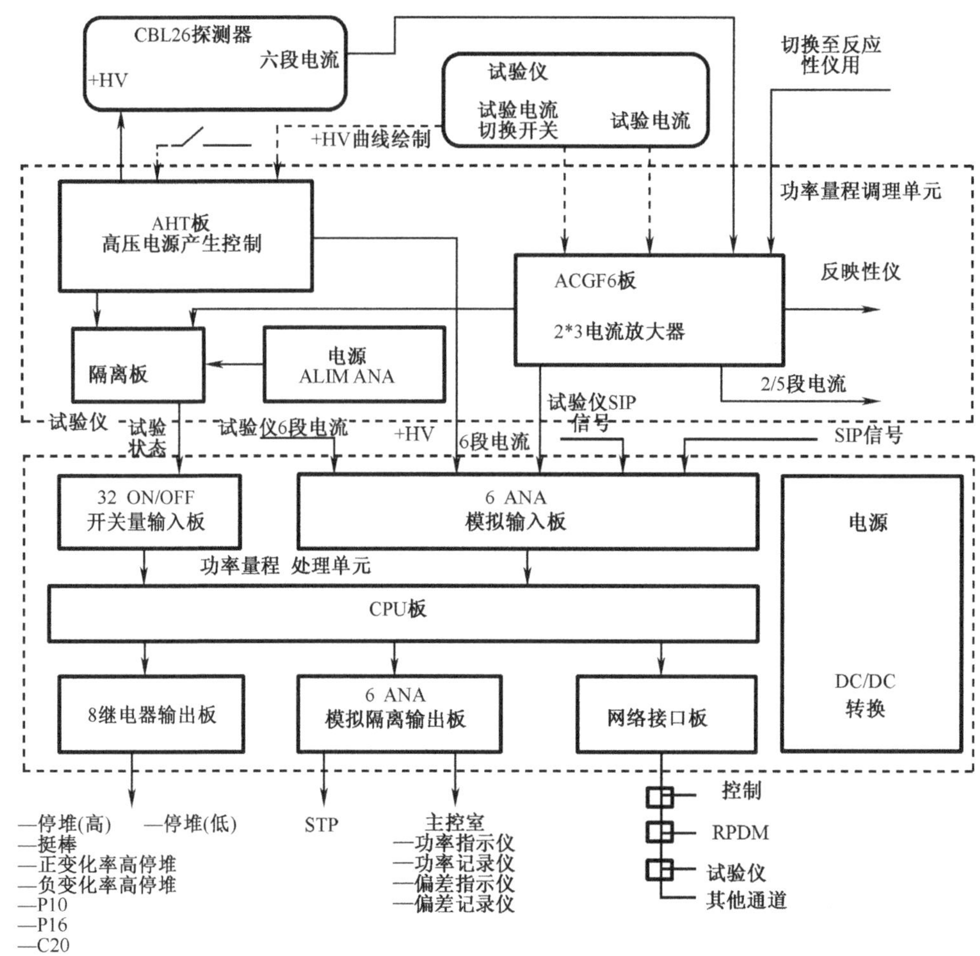

图 5－57　功率量程测量通道原理框图

堆芯上、下部敏感段的信号分别由本身的平均放大器相加并平均，再经各自的可变增益放大器放大，即代表堆芯上、下部的功率水平。放大器增益可变是为了能用堆内核仪表进行校准。

堆芯上部通量减堆芯下部通量，即为轴向通量偏差 $\Delta\Phi$，该信号一路输出至显示、记录设备、计算机以及 RPDM(反应堆功率分布监测系统)，另一路输出至 KRG 用以计算超温 ΔT 保护和超功率 ΔT 保护的整定值。

堆芯上部通量与堆芯下部通量之和代表反应堆功率，这个信号用于显示、记录，并输出至 RPDM。四个功率量程通道的功率最大值由 RPN005AR 内的控制计算机输出至棒控系统 RGL，用于平均温度开环控制。

所有的模拟信号均经隔离后输出，功率量程通道测量信号输出见表 5－45。

表 5－45　功率量程通道测量信号输出

信号目的地	信号名称	物理范围	电气范围
SIP	$\Delta\Phi$	－100% FP ~ ＋100% FP	－10 V ~ ＋10 V

表 5 -45(续)

信号目的地	信号名称	物理范围	电气范围
主控室指示器、记录仪	ⅠP、ⅡP、ⅢP、ⅣP 功率水平	0 ~ 120% FP	0 ~ +10 V
主控室记录仪	ⅠP、ⅡP、ⅢP、ⅣP 超功率水平	0 ~ 200% FP	0 ~ +10 V
主控室指示器、记录仪	$\Delta\Phi$	-50% FP ~ +50% FP	-10 ~ +10 V

功率量程通道产生的逻辑信号如下。

(1)“功率量程紧急停堆(低阈)”信号,阈值为 25% FP。当反应堆功率达到 10% FP(P10)以后,它可以手动闭锁。

(2)“功率量程紧急停堆(高阈)”信号,阈值为 109% FP。它不可以闭锁。

(3)允许信号 P10,阈值为 10% FP。P10 有下列功能:

①允许手动闭锁中间量程高中子通量紧急停堆;

②允许手动闭锁功率量程低阈值高中子通量紧急停堆;

③闭锁源量程高中子通量紧急停堆;

④产生允许信号 P7;

⑤允许校正核中子通量变化率紧急停堆整定值。

(4)允许信号 P16,阈值为 30% FP。它允许汽轮机脱扣紧急停堆。

(5)闭锁信号 C20,阈值为 15% FP。当堆功率小于它的阈值时,它闭锁控制棒的自动提升方式。

(6)闭锁信号 C2,阈值为 103% FP。它闭锁全部控制棒的提升。

(7)“中子通量增加过快紧急停堆”信号(阈值为 5% FP/2s),用来限制弹棒事故后果。

(8)“中子通量减少过快紧急停堆”信号(阈值为 -5% FP/2s),用来限制掉棒事故后果。

“中子通量增加过快紧急停堆”和“中子通量减少过快紧急停堆”信号统称为“中子通量变化率高紧急停堆”信号。

前中子通量水平与延迟环节输出的过去的中子通量水平相减,再加上校正信号,当超过正、负阈值时,产生“中子通量变化率高紧急停堆”信号。为了防止甩负荷时该保护信号误动作,需要加上主泵转速校正信号和平均温度校正信号。校正信号的极性、大小和延时加入的时间,都是根据机组甩负荷时实际的中子通量过渡过程曲线经过试验所决定的。堆功率低于 10% P_n 时,校正自动闭锁。

9. 反应堆功率分布监测(RPDM)原理

RPDM(反应堆功率分布监测系统)位于 RPN 控制柜中,接收 NERVIA 网络传送的每个功率量程的上部三段电流、下部三段电流、功率、轴向偏差,采集 KRG 系统送来的冷、热段温度,主泵泵速,稳压器压力信号,以及通过串行通信口送来的 RGL 系统 A、B、C、D 棒给定棒位信号。根据上述信号,RPDM 软件计算出平均核功率、平均热功率、平均功率轴向偏差、最大象限倾斜、相对象限倾斜、各通道象限倾斜等值。通过运行梯形图、象限倾斜的实时显示,给运行人员提供直观的反应堆功率分布状态信息,并给出了相应的报警驱动。

(1)当 $P<87\%$ FP 时,如果四个通道中有两个 DPax(k)(轴向偏差 $\Delta\Phi$)信号超出 Dpax (rel) ±2% FP,则产生轴向偏差预报警。

(2)当 $P<87\%$ FP 时,如果四个通道中有两个 DPax(k)信号超出 Dpax(rel) ±5% FP 运行带,而未超出 C21 预报警线(LPL、RPL),则产生轴向偏差报警,同时记录超出运行带的时间,在 12 h 内超过运行带累计时间不能超过 1 h,否则不仅不能提升功率,还必须降功率使运行点回到运行带内。

(3)Dpax(rel) ±5% FP($P\geqslant 87\%$ FP)和 LL、RL($P<87\%$ FP)为 C21 动作线,如果四个通道中有两个 DPax(k)信号超出上述报警线,则产生 C21 信号(汽机降负荷,旁路远距离调频,汽机调节过渡到“直接方式”,以 200% FP/min 速率每 14.4 s 降 0.4 s 汽机负荷,直到信号解除)。

(4)功率低于 15% FP 时,禁止产生报警和 C21 信号。

调整功率系数前,要根据新系数计算当前功率状态下的轴向偏差,分析运行点在梯形图中的分布,为防止轴向偏差报警和 C21 信号出现影响机组状态,调整前应先闭锁 C21 信号。

最大象限倾斜 DPazn(max) = Pr(max) − Pr(min),报警阈值设为 3% FP。如果调整功率值 P 与当前功率值偏差 >3% FP,将会触发 Dpazn(max)报警(RPN430AA)。

轴向偏差之差 DDPax = |DPax(i) − DPax(avg)|,报警阈值为 2% FP。如果单通道调整后轴向偏差值 Dpax(i)与其他三个通道轴向偏差平均值 >2.67% FP,将会触发 DDPax 报警(RPN433AA)。

长循环下的运行梯形图如图 5 −58 所示。

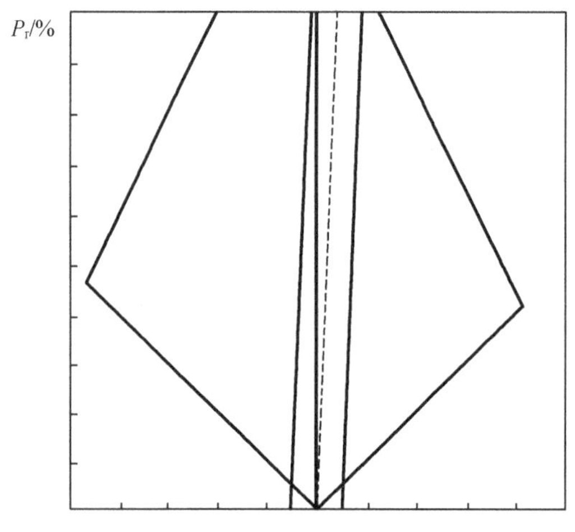

图 5 −58　长循环下的运行梯形图

10. 功率系数的校验原理

反应堆核功率测量是在一定的中子通量分布状态下由设置的电流 − 功率转换系数完成的,但是随着燃耗的增长,中子通量分布状态在不断地变化,从而导致电流 − 功率转换系数也在变化。RPN 电流 − 功率转换系数“1129000”是根据理论推导而来,为不变量,因此我们就必须要定期调整功率系数 K、KH、KB,以使测量值时刻反映反应堆的功率水平。

(1)三系统校验

秦山二期 RPN 功率系数采用三个相关系统进行对比校验：

- 堆内核测量系统(RIC)；
- 一回路热平衡(KIT)；
- 二回路热平衡(KME)。

①RIC 系统校验原理

RIC 系统通过堆内可移动的微裂变室直接测量反应堆功率,该系统直接测量 38 个燃料组件的实际活性,然后和理论数据比较得出一系列的比例系数,用这个比例系数对原有的理论计算值进行修正,最后获得全堆的活性分布,再通过三个中子通量测量处理程序得出功率分布值及功率转换系数值。该系统测量精度较高,但测量过程比较复杂,完成一次测量时间较长,因此测量频率较低(大约每 90 满功率天完成一次校验)。

秦山二期 RIC 系统处理软件沿用大亚湾核电站 RPN 核功率计算公式：

$$P = K_u \cdot I_u + K_l \cdot I_l$$

$$\Delta\varphi = \alpha \cdot (K_u \cdot I_u - K_l \cdot I_l)$$

式中,K_u、K_l 为上、下部功率系数,单位为% FP/μA；I_u、I_l 为上、下部电流平均值,单位为 μA；α 为轴向偏差修正因子。

②KIT 热平衡校验原理

KIT 热平衡通过安装在一回路系统上的压力、温度、流量仪表采集热工参数,然后通过热平衡计算公式求出反应堆热功率。该系统测量环境条件较差(温度高、压力高、有放射性),所使用的仪表精度不高,因此 KIT 热平衡计算出的功率精度略差一些,但 KIT 系统为在线功率计算系统,测量和使用相当方便,使用频率较高,常作日常校验用。我们使用 KME 热平衡值导出一回路系统流量,用修改流量方法校准 KIT 热平衡精度。

③KME 热平衡校验原理

KME 热平衡通过安装在二回路系统上的专用高精度压力、温度、流量仪表进行测量。由于工作环境较好,仪表精度较高,因此 KME 热平衡被认为是反应堆热功率测量是否准确的依据,该系统操作较 RIC 系统简单,使用频率较高。

(2)三系统校验过程的相互关系

反应堆正常运行时,当 KIT 热功率与 RPN 核功率误差 >1.5% FP 时,我们要用 KME 热平衡与 KIT 热平衡进行比对。如果 KME 热平衡与 KIT 热平衡误差 >0.25% FP,说明 KIT 热平衡测量值有误差,应对 KIT 热平衡加以修正；如果 KIT 热平衡测量准确,说明 RPN 核功率测量值与当前热功率测量值存在误差,即需要对功率系数 K、K_H、K_B 加以校刻。

①校刻系数 α、K_u、K_l 计算

RPN 系统将每个功率量程的六段电流信号传到 KIT 系统,RIC 系统和 KME 系统通过 KIT 采集所需电流信号。

KME 热平衡与 RPN 电流之间有关系式：

$$I_u + I_l = K^1 \cdot W' \quad ①$$

此外有下列关系式：

$$\frac{I_u - I_l}{I_u + I_l} \times 100 = A + B \cdot AOin \quad ②$$

$$\Delta\varphi = AOin\,\frac{W}{100} \qquad ③$$

式中，$\frac{I_u - I_l}{I_u + I_l} \times 100$ 为 RPN 系统轴向偏移值；$AOin$ 为 RIC 系统测得的轴向偏移值；$\Delta\varphi$ 为 RPN 系统轴向功率偏差。

从②式提取，得

$$AOin = \frac{100 \cdot \frac{I_u - I_l}{I_u + I_l} - A}{B} \qquad ④$$

从①式提取，得

$$W = \frac{1}{K^1}(I_u - I_l) \qquad ⑤$$

将④⑤式代入 ③式得

$$\Delta\varphi = \frac{(1 - \frac{A}{100})(1 + \frac{A}{100})}{B}\left[\frac{I_u}{K^1(1 + \frac{A}{100})} - \frac{I_l}{K^1(1 - \frac{A}{100})}\right]$$

$$= \alpha \cdot (K_u \cdot I_u - K_l \cdot I_l)$$

推导得

$$\alpha = \frac{1 - (\frac{A}{100})^2}{B}, K_u = \frac{1}{K^1(1 + \frac{A}{100})}, K_l = \frac{1}{K^1(1 - \frac{A}{100})}$$

要确定 K_u、K_l、α 就必须求得 A、B，物理组做此计算时要求轴向功率有一个振荡，从振荡中获得不同的 AO 值，以确定两条直线。轴向功率的振荡由插棒和提棒完成，但插棒和提棒势必造成反应堆功率的不稳定，破坏了试验条件，因此在插棒中伴随着稀硼操作、提棒中伴随着加硼操作，以保持反应堆功率的稳定。

物理组校刻 K_u、K_l、α 采用了大亚湾功率计算公式：

$$P = K_u \cdot I_u + K_l \cdot I_l$$

$$\Delta\varphi = \alpha \cdot (K_u \cdot I_u - K_l \cdot I_l)$$

秦山二期功率计算公式为

$$P = \frac{K \cdot (K_H \cdot I_H + K_B \cdot I_B)}{2} \times 11\ 563\ 000$$

$$\Delta\varphi = (K_H \cdot I_H - K_B \cdot I_B) \times 11\ 563\ 000$$

由于 I_H、I_B 单位为 A，I_u、I_l 单位为 μA，两方面公式归一后，有

$$K = \frac{2}{\alpha}, \quad K_H = \frac{\alpha \cdot K_u}{11.563}, K_B = \frac{\alpha \cdot K_l}{11.563}$$

③功率系数调整方法

在反应堆当前功率水平下完成 RPN 功率系数 K、KH、KB 校刻试验后，就需要调整功率系数，以使 RPN 功率 P 和轴向偏差符合当前的中子通量分布状态。调整系数通过参数修改终端（VDU）与功率量程网络接口相连后一次输入完成。与模拟式 RPN 系统调整电位器方

法不同，VDU 输入参数后，RPN 功率量程处理单元随即根据此新系数与当前电流值计算得出功率值 P 和轴向偏差，CPU 采样时间为 20 ms，对功率和轴向偏差而言相对有瞬间的阶跃，因此调整功率系数前要仔细分析调整工作可能给机组运行带来的风险和影响，并采取相应的安全措施。

④中子变化率高停堆信号

RPN 系统中子变化率高停堆信号设定阈值为 ±5% FP/2s，如果根据新系数计算得出的功率 P 与当前功率差值大于或接近 5% FP，调整时可能会触发单通道中子变化率高停堆信号。调整系数前在 RPN 控制计算机中确认功率量程每个通道都处于正常工作状态，无任何报警信号产生。逐个通道调整功率系数，如果出现中子变化率高停堆信号，立即就地复位，调整过程中应始终注意其他三个通道的状态。

⑤RPDM 可能触发报警

调整功率系数前，要根据新系数计算当前功率状态下的轴向偏差，分析运行点在梯形图中的分布，为防止轴向偏差报警和 C21 信号出现影响机组状态，调整前应先闭锁 C21 信号。

最大象限倾斜 DPazn(max) = Pr(max) - Pr(min)，报警阈值设为 3% FP。如果调整功率值 P 与当前功率值偏差 >3% FP，将会触发 Dpazn(max)报警(RPN430AA)。

轴向偏差之差 DDPax = |DPax(i) - DPax(avg)|，报警阈值为 2% FP。如果单通道调整后轴向偏差值 Dpax(i)与其他三个通道轴向偏差平均值 >2.67% FP，将会触发 DDPax 报警(RPN433AA)。

⑥功率调节系统

RPN 控制计算机通过功率高选单元甄别出最大功率信号传送到 RGL 系统参与功率调节计算。如果调整后功率相对变化较大，控制棒将自动提升以跟随功率的增长，造成反应堆状态的扰动。调整功率系数前应将控制棒投入手动控制，手动控制平均温度以保证反应堆状态的稳定。

⑦超温、超功率 ΔT 整定值

RPN 功率量程各通道将轴向偏差值传送至过程仪表 KRG 系统参与超温、超功率 ΔT 整定值运算。调整系数前应仔细分析新轴向偏差值在整定值运算中的区间范围，防止区间切换引起超温、超功率 ΔT 整定值变化。

5.8.3 标准规范

《秦山第二核电厂一、二号机组运行技术规格书》

《秦山第二核电厂三、四号机组运行技术规范》

5.8.4 运维项目

运维项目如表 5-46 所示。

表 5-46 运维项目

PMID	机组	PM 标题	专业	监测周期
00157159	1/2	RPN 工控机的清洁及检查	MI	R1
00162736	1/2	配合物理零功率试验(连接反应性仪器),调整源量程、中间量程、功率量程整定值	MI	R1
00163768	1/2	卸料后装料前源量程高压与甄别阈值调整及定值检查(合包)	MI	R1
00163770	1/2	卸料后装料前功率量程高压调整及定值检查(合包)	MI	R1
00146398	1/2	停堆后,RPDM 定期试验	MI	R1
00157156	1/2	卸料后至装料前继电器 24V、48V 电源检查(合包)	MI	R1
00157157	1/2	卸料后至装料前,机柜清洁(RPN001/002/003/004/005AR)	MI	R1
00157158	1/2	卸料后至装料前 RPN 系统电缆、分布电容及连续性检查	MI	R1
00157159	1/2	功能校验,卸料后至装料前 功率量程电子卡件校验及调整	MI	R1
00157159	1/2	功能校核,卸料后至装料前 中间量程电子卡件校验及调整	MI	R1
00157159	1/2	功能校核,卸料后至装料前 源量程电子卡件校验及调整	MI	R1
00157159	1/2	参数调整,整个大修期间源量程的高通量定值多次调整	MI	R1
00157177	1/2	停堆后 P6 消失后源量程甄别曲线、高压坪特性曲线绘制	MI	R1
00157178	1/2	TCA001RPN TCA 安装(RPR 系统停运前,源量程高压上 TCA 的安装)	MI	R1
00157179	1/2	停堆后至卸料前 RX 厂房 RPN014/024MA 源量程声响报警试验	MI	R1
00166837	1/2	停堆后装料前中间量程高压调整及定值检查	MI	R1
00166839	1/2	停堆后一小时中间量程补偿高压特性曲线绘制	MI	R1
00157178	1/2	TCA001RPN 拆除 TCA001RPN 恢复源量程高压切除功能	MI	R1
00162736	1/2	TCA002RPN 拆除 TCA002RPN 拆除临时安装的反应性监测设备恢复源量程中间量程功率量程整定值到正常值。	MI	R1
00169707	1/2	RPN002AR RPN 系统单一故障设备定期更换	MI	R10
00173666	1/2	TCA003RPN 调整中间量程功率量程整定值	MI	R1
00173666	1/2	TCA003RPN 拆除 TCA003RPN 恢复中间量程功率量程整定值到正常值	MI	R1
00157175	1/2	停堆前满功率状态下功率量程高压坪曲线绘制(合包)	MI	R1
00157176	1/2	停堆前满功率状态下中间量程高压坪曲线绘制(合包)	MI	R1
00167198	1/2	大修前调整中间量程电流—功率转换系数	MI	R1
00146398	1/2	正常运行时 RPDM 的双月定期试验	MI	M2
00146399	1/2	RPN010MA 功率量程通道试验	MI	M2
00146400	1/2	RPN013MA 中间量程通道试验	MI	M2
00146401	1/2	RPN014MA 源量程通道试验	MI	M2
00146402	1/2	RPN020MA 功率量程通道试验	MI	M2

表 5 - 46(续 1)

PMID	机组	PM 标题	专业	监测周期
00146403	1/2	RPN023MA 中间量程通道试验	MI	M2
00146404	1/2	RPN024MA 源量程通道试验	MI	M2
00146405	1/2	RPN030MA 功率量程通道试验	MI	M2
00169705	1/2	RPN001AR RPN 系统单一故障设备定期更换	MI	R10
00146406	1/2	RPN040MA 功率量程通道试验	MI	M2

5.8.5 典型案例分析

2019 年、2020 年 1,2 号机组发生 3 起卡件故障。

1. 1RPN010MA 故障

报告编号:Q2 - 01 - IER - 19 - 07 - 003

事件名称:1RPN010MA 故障

机组号:秦二厂 1#机组

发生/发现日期:2019 - 07 - 26

事件描述:2019 年 7 月 26 日 23 时 24 分,反应堆满功率运行期间,1#主控触发 1RPN407AA(功率区高压丢失)、1RPN401AA(RPN 通道试验或故障)和 1RGL506AA(环路 1,2 超功率 $\triangle T$),同时 T16/17 触发 1RPA/B715AA、1RPA/B707AA、1RPA/B709AA,KIT 中出现功率区高压丢失报警。主控立即查看相关参数,发现 1RPN010MA 显示值超过最大量程 120% P_n,其他功率量程通道功率无变化。

2019 年 7 月 27 日 1 时 05 分,维修人员现场核实 1RPN001AR 内 1RPN010MA 通道 UC25 板显示 代码“45”。

2019 年 7 月 27 日 1 时 22 分,维修人员将 1RPN010MA 通道 UC25 板进行软件复位操作,UC25 板显示“00”,1RPN010MA 通道恢复正常。

2019 年 7 月 27 日 4 时 20 分,维修人员仓库中领取 UC25 板备件,将 1RPN010MA 通道 UC25 板进行更换,大约 15 分钟更换完成。

2019 年 7 月 27 日 4 时 34 分,维修人员对 1RPN010MA 通道执行定期试验检查,结果合格。

事件分析与评价:2019 年 7 月 26 日,1RPN010MA UC25 板出现故障代码“45”,复位后故障消失,随后对 1RPN010MA 的 UC25 板进行更换。本次 UC25 板出现故障代码“45”现象与 10 余年前出现的几次现象一致。环境温度和机柜通风良好。复位后“45”代码未再现,说明本次为瞬态偶发故障。

原因分析:1RPN010MA 通道 UC25 板 RAM 内部存储定位时发生校验和错误,出现“45”代码。

2. 1RPN030MA 故障

报告编号:Q2 - 01 - IER - 19 - 11 - 006

事件名称:功率量程探测器 1RPN030MA 故障

机组号:秦二厂 1#机组

发生/发现日期:2019 - 11 - 10

事件描述:2019 年 11 月 10 日 3 时 31 分,1#机组大修后启动零功率物理试验期间,1#主控触发 1RPN401AA(RPN 通道试验或故障),T16/17 触发 1RPA/B707AA 和 1RPA/B709AA。

2019 年 11 月 10 日 8 时 15 分,维修人员仓库中领取 6EANA 板备件,将 1RPN030MA 通道 6EANA 板(POS12 位置)更换。

2019 年 11 月 10 日 8 时 23 分,维修人员对 1RPN030MA 通道执行定期试验检查,结果合格。

事件分析与评价:2019 年 11 月 10 日 4 时 05 分,现场核实,1RPN003AR 内 1RPN030MA 通道 POS20 位置 8SRELAIS 板卡 5,6 灯灭,1,2 灯亮且有闪动;POS21 位置 8SRELAIS 板卡 1,6 灯亮且闪动;POS19 位置 UC25 板“00”灯亮且闪动;上述灯亮且闪动现象基本在同一频率下进行,并伴随着继电器触点动作的“哒哒”声。

在 1RPN005AR 查阅 1RPN030MA 的状态信息,发现“RCP Temperature”值显示为 10% FP,正常情况下应为 0,遂判断负责“RCP Temperature”计算处理 P0S12 位置的模拟量输入卡 6EANA 工作异常,决定领取备件进行更换。

2019 年 11 月 10 日 8 时 15 分,维修人员仓库中领取 6EANA 板备件,将 1RPN030MA 通道 6EANA 板(POS12 位置)进行更换。1RPN030MA 通道上电后系统自检正常,UC25 板显示“00”,通道恢复正常。

原因分析:模拟量输入卡 6EANA 板卡上 KT2 号 SIEMENS 封装继电器故障。

3. 1RPN010MA 通道 B4 故障

报告编号:Q2 - 01 - IER - 20 - 01 - 001

事件名称:1RPN010MA 通道 B4 故障

机组号:秦二厂 1#机组

发生/发现日期:2020 - 01 - 18

事件描述:2020 年 1 月 18 日 14 时 39 分,反应堆满功率运行期间,1#主控触发 1RPN407AA(功率区高压丢失),1RPN401AA(RPN 通道试验或故障)和 1RGL506AA(环路 1、2 超功率$\triangle T$),同时 T16/17 触发 1RPA/B715AA、1RPA/B707AA、1RPA/B709AA,KIT 中出现功率区高压丢失报警。主控立即查看相关参数,发现 1RPN010MA 显示值超过最大量程 120% P_n,其他功率量程通道功率无变化。

2020 年 1 月 18 日 15 时 05 分,维修人员现场核实 1RPN001AR 内 1RPN010MA 通道 UC25 板显示“B4”代码。

2020 年 1 月 18 日 16 时 30 分开始,维修人员检查“B4”代码引发原因,最终定位到 ALIM ANA5 电源卡件接触问题。

2020 年 1 月 18 日 20 时 20 分,维修人员仓库中领取 ALIM ANA5 电源卡备件,将 1RPN010MA 通道 ALIM ANA5 电源卡更换,大约 15 分钟更换完成。

2019 年 1 月 18 日 21 时 07 分,维修人员对 1RPN010MA 通道执行定期试验检查,结果合格。

事件分析与评价:1RPN010MA 通道 UC25 板显示“B4”代码,检查处理期间“B4”代码在通道上电自检完成后即出现,故障不能消除。检查 ALIM ANA5(电源卡)在通道机箱内安装情况,发现 ALIM ANA5(电源卡)表面有不太明显地稍稍突出相邻卡件面板现象。重新插拔 ALIM ANA5(电源卡)一次,安装后 ALIM ANA5(电源卡)表面与相邻卡件保持同一平面,未见明显突出。通道上电后,“B4”代码未再出现,UC25 板显示“00”,通道恢复正常。结合故障排查过程现象和图纸分析,定位故障原因为 ALIM ANA5(电源卡)与机箱背板存在偶发接触不良现象,重新插拔卡件后接触不良现象未再复现。具体接触位置为 ALIM ANA5(电源卡)内监测电源状态的继电器的输出触点 a6、c6。保守决策,仓库中领取 ALIM ANA5(电源卡)备件进行更换。上电后,“B4”代码未再出现,UC25 板显示“00”。

目视检查更换下的 ALIM ANA5(电源卡),未见异常;目视检查卡件插槽,重点查看 a6、c6 输出位置,未见异常。

原因分析:ALIM ANA5(电源卡)输出点 a6、c6 与机箱底板接触不良。

5.8.6 课后思考

1. 堆外核测量系统分哪几个量程,划分量程的理由是什么?
2. 分别阐述 P6、P10 的意义。
3. 核仪表系统完成反应堆的物理启动及功率运行,一般来讲,哪些量程属于启动通道?

第6章 分析仪表

6.1 电导仪表

6.1.1 概述

电导的定义及测量意义:水的导电能力的强弱程度,就称为导电度S(或称电导)。溶液中是通过离子的定向迁移进行导电的,因此溶液的导电能力和溶液中离子的浓度有关,反映了水中含盐量的多少,是水的纯净程度的一个重要指标。水越纯净,含盐量越少,电阻越大,电导度越小。超纯水几乎不能导电。

发电厂通过测量水样电导率(指直接电导率)反映水汽系统中总溶解物含量。核电厂对水汽系统各水样的电导率有严格、明确的规定,将电导率控制在一定范围内,从而达到系统防垢、防积盐的目的。

电导率测量的分类:电导率是电厂水汽系统严格控制的水汽指标之一,它可以直接反映水样中的杂质含量和水汽品质的好坏。在核电厂实际测量中,电导率一般有两种:

(1)直接电导率(specific conductivity,SC)。指直接测定的水样电导率,它是反映水汽系统中总溶解物含量的电导率。

(2)氢电导率(cation conductivity,CC)。指水样先流经氢型阳离子交换柱,去除碱化剂对电导率的影响,然后测量氢离子交换后水样的电导率。它直接反映水样中杂质阴离子的总量。

6.1.2 结构与原理

1.电导率的测量原理(图6-1)

由于水中含有各种溶解盐类,并以离子的形态存在。将相互平行且距离是固定值L的两块极板(或圆柱电极)放到被测溶液中,在极板的两端加一定的电势(为了避免溶液电解,通常为正弦波电压,频率1~3 kHz),在电场的作用下,带电的离子就产生一定方向的移动,水中阴离子移向阳极,阳离子移向阴极,使水溶液起导电作用,然后测量极板间流过的电流,并计算出电导率。

电导的测量:

$$G = 1/R = I/U$$

标准单位:S西门子(水的导电性能与水的电阻值大小有关,电阻值大,导电性能差,电阻值小,导电性能就良好。)

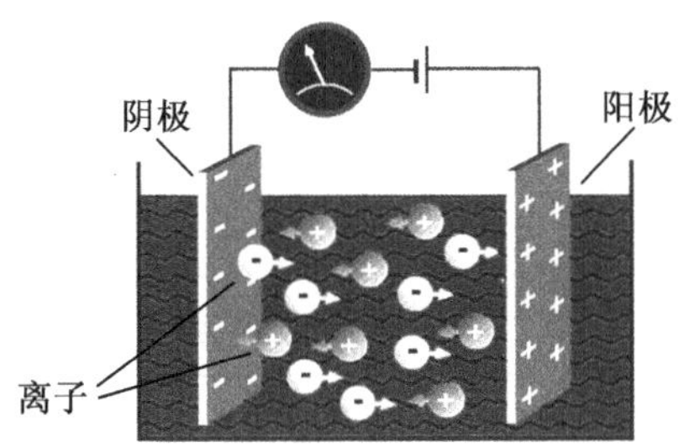

图6-1 电导率的测量原理图

电导率的测量：

$$\gamma = K \cdot G = K \cdot 1/R = K \cdot I/U$$

而

$$K = L/A$$

式中 A——测量电极的有效极板面积；

L——两极板的距离；

K——称为电极常数(单位为 cm^{-1})。

在电极间存在均匀电场的情况下，电极常数可以通过几何尺寸算出。一般情况下，电极常形成部分非均匀电场。此时，电极常数必须用标准溶液进行确定。标准溶液一般都使用 KCl 溶液，这是因为 KCl 的电导率在不同的温度和浓度情况下非常稳定。0.1 mol/L 的 KCl 溶液在 25 ℃时电导率为 12.88 mS/cm。

2. 电导率表结构(图 6-2)

电导率表由电导率变送器和电导率传感器两部分组成。电导率传感器是将电导电极、温度测量传感器安装在一个流动密封的流通池中。

3. 变送器

变送器能够测量纯水，具有合适的交流电压、波形、频率、相位校正和信号处理技术，以克服电极极化、微分电容及分布电容产生的误差。

图6-2 电导率表

4. 电导电极和流通池

流通池建议采用不锈钢材质，应彻底密封，防止空气漏入而影响测量结果。测量纯水时，可选用钛、镍、不锈钢等材质的电导电极，但不能选用带镀层的电导电极，因为带微孔的镀层会存留杂质离子，影响测量结果及响应时间。电导电极还应带有精确的温度测量传感器，能灵敏测量水样温度的变化，以确保准确的温度补偿。电导电极不能安装在 pH 电极的下游，以免 pH 电极的内充液渗出，影响氢电导率测量值。

6.1.3 标准规范

《发电厂在线化学仪表检验规程》(DL/T 677—2018)

《纯水电导率在线测量方法》(DL/T 1207—2013)

6.1.4 运维项目

运维项目如表 6 – 1 所示。

表 6 – 1 运维项目

序号	维护项目	验收标准	周期
1	整机工作误差检验(δG)/%	$-10<\delta G<10$	每月
2	整机引用误差检验(δZ)/%	$-1<\delta Z<1$	每月
3	清洗电极	N/A	每个大修周期

对于连续 3 个检验周期检验合格的在线电导率表，检验周期可以延长到 3 个月。

6.1.5 典型案例分析

在线氢电导率表主要由在线电导率表和氢型阳离子树脂交换柱构成，因此所有影响在线电导率表的因素都会影响在线氢电导率表的测量，例如温度补偿、电极常数（电极常数设置值不准确，电极水位过低、电极污染，导致实际电极常数改变、电极常数标定错误）、水样中气体、温度测量等因素的影响。除上述因素外，由于水样要先经过氢型阳离子树脂交换柱，所以交换树脂的状态及交换柱会对在线氢电导率表测量结果造成显著影响。

1. 氢型交换柱设计不合理

在线氢电导率表配套的树脂交换柱设计不合理，更换树脂时只能将不带水的树脂装入交换柱。如果水样是按照上进下出的顺序进入交换柱，投入运行后，水样从上部流进交换柱的树脂层中，树脂之间的空气由于浮力的作用向上升，水流的作用力将气泡向下压，造成大量气泡滞留在树脂层中。

空气泡使水样发生偏流和短路，使部分树脂得不到冲洗，这些树脂再生时残留的酸会缓慢扩散释放，空气中的二氧化碳也会缓慢溶解到水样中，使测量结果偏高，影响氢电导率测量的准确性。

2. 阳离子交换树脂再生度

通过对阳离子交换树脂再生度对氢电导率测量影响进行大量试验研究，结果显示，水样经过再生完全的阳离子交换树脂，其中的阳离子全部被树脂交换，产生与阴离子数量相对应的氢离子，由于氢离子的极限摩尔电导率比其他阳离子的极限摩尔电导率大 4 ~6 倍，因此它与阴离子组成的酸性物质的电导率比中性盐大得多。当水样经过未完全再生的阳离子交换树脂时，其中的阳离子未能全部被树脂交换，只有部分阳离子（如铵离子）经过交换柱，取代了氢离子；而另外一部分阳离子经过交换柱后还是原来的阳离子，因此水样成为酸类和中性盐类的混合物，这就使测量的氢电导率值大大降低（表 6 –2）。

表 6 –2 25 ℃时一些离子的极限摩尔电导率

离子类型	H^+	Na^+	K^+	NH^{4+}	$1/2Ca^{2+}$
极限摩尔电导率	349.65	50.08	73.48	73.5	59.47

另外，研究结果表明，同一水样，氢电导率测量值随着阳离子交换树脂再生度的降低而降低；不同水样，在同一树脂再生度下，随着氢电导率越高，氢电导率测量值偏低程度越明显。对于水汽品质监督而言，这种偏低是一种误差，当水汽品质真正恶化时，会掩盖水质的真实变化。实际水样氢电导率越大，这种影响造成的偏低就越明显，其危害也越大。

3. 阳离子交换树脂裂纹

氢交换柱中填装的树脂一般为强酸性阳离子交换树脂，这类树脂在保存过程中失水或使用过程中处理不当，有产生裂纹的趋势。对有裂纹的树脂进行再生处理时，盐酸再生液会扩散到树脂裂纹中，再生后的水冲洗很难将裂纹中的盐酸冲洗干净。当这种有裂纹的树脂装入交换柱中投入运行时，树脂裂纹中残余的盐酸会缓慢地扩散出来，造成氢电导率测量结果偏高。

4. 交换柱水样流向

测量氢电导率时，交换柱内的水样流向一般有顺流和逆流两种形式。

采用顺流方式时，水样从交换柱上部进入交换柱树脂层中，会造成大量空气气泡滞留在树脂层中，空气泡使水样发生偏流和短路。水样从局部树脂层通过，造成部分树脂未得到冲洗，这些树脂再生时残留的酸液将缓慢扩散到水样中，同时空气泡中的二氧化碳也会缓慢溶解到水样中，使氢电导率测量结果偏高。因此，采用顺流方式测量电导率，应在安装交换柱前，尽可能让交换柱充满树脂和水，尽量避免空气漏入。运行过程中，如果树脂层混有气泡，可将水样流量调大，待冲走气泡后再恢复水样的正常测量流量。

采用逆流方式时，由于水从交换柱底部进入交换柱，再加上气泡本身在水中上浮的特性，所以可以自动消除交换柱内的气泡。但是，采用逆流方式时，水样流速过低，树脂再生时残留的酸液将缓慢扩散到水样中，使氢电导率测量结果偏高；水样流速过高，将会引起树脂层的乱层和偏流，影响树脂交换能力，使离子交换的程度不彻底，对测量结果造成影响。因此，采用逆流方式时，为了避免树脂乱层和偏流，交换柱必须填满阳离子交换树脂，使水样在通过交换柱时树脂处于层流状态。

5. 其他影响因素

若被测水样中漏入空气，空气中的 CO_2 溶解在水中形成碳酸后会引起氢电导率增加。因此，应确保氢电导率测量管路系统，如交换柱、流量计、各类阀门等处密封，防止空气中的 CO_2 漏入。

再生好的阳离子交换树脂如果冲洗不充分，在投运初期可能会释放痕量杂质离子，导致氢电导率测量值偏高。

填装阳离子交换树脂的交换柱出水应装有滤网，防止树脂颗粒被冲走，带入电导率表测量池中，对氢电导率测量造成影响。

6.1.6 课后思考

1. 发电厂在线电导率表的温度补偿应该怎样选？

答：发电厂在线电导率表温度补偿应根据所测量的水样进行选取，具体如下：

(1) 所有氢电导率表选择酸性、HCL/Cation 的非线性补偿；

(2) 对于测量给水和凝结水的电导率表，选择含氨溶液的非线性补偿方式；

(3) 测量工业水、冷却水等水样的电导率表，选择 2% 线性补偿。

2. 为什么在电导率为 146.9 μS/cm 的标准溶液中标定电极常数为 0.01 的电极时,会产生较大误差?

答:因为在电导率为 146.9 μS/cm 的标准溶液中标定电极常数为 0.01 的电极时,电极表面极化电阻的影响,会使电导的测量值偏小,电极常数 = 电导率/电导,电导测量不准确,必然导致电极常数标定误差。

3. 如何判断氢电导率测量用氢型阳离子交换树脂的再生度是否达标?应怎样确保再生度符合标准要求?

答:为了检验在线氢电导率测量用的阳离子交换树脂再生度是否达标,应采用移动式在线化学检验装置按照《发电厂在线化学仪表检验规程》(DL/T 677—2018)对交换柱附件误差进行检验。如果检验树脂再生度不足,应采用逆流动态再生的方法或采用专门的动态再生装置进行再生,以确保树脂再生度能够满足氢电导率测量要求。

6.2 pH 表

6.2.1 概述

1. pH 的定义

$pH = -\log(aH^+) = -\log(cH^+)$,即氢离子活度的负对数(注:由于常态下水的活度系数接近于 1,故常用浓度 $[H^+]$ 代替活度 $a(H^+)$ 用来量度物质中氢离子的活性。这一活性直接关系到水溶液的 pH 值。

水中的化学平衡:$H_2O <=> H^+ + OH$

中性:$[H^+]=[OH^-]=1.0\times10^{-7}$ mol/L　　pH = 7

酸性:$[H^+]>[OH^-]$　　pH < 7

碱性:$[H^+]<[OH^-]$　　pH > 7

2. pH 值测量的意义

核电发电机组水汽系统的水质纯度很高,一般不允许添加一般的缓蚀剂,主要靠加碱(氨)调节水的 pH 值,辅助加少量的除氧剂(如联胺)或氧(加氧处理),以达到防止水汽系统金属腐蚀的目的。为了同时防止水汽系统钢和铜的腐蚀,一般要求将水的 pH 值控制在严格的范围内,否则将发生腐蚀。而严格控制 pH 值的前提是准确测量水样的 pH 值。

6.2.2 结构与原理

1. pH 值测量原理(图 6-3)

一个氢离子选择性电极和一个参比电极同时浸入在某一溶液中组成原电池(参比电极电位恒定,且已知),在一定的温度下产生一个电动势,这个电动势与溶液的氢离子活度有关,而与其他离子的存在关系很小。符合能斯特方程:

$$E = E_0 + 2.303(RT/nF)\cdot\log(cH^+)$$

式中　E_0——标准电极电位;

R——理想气体常数,8.314 $J^{-1}\cdot k\cdot mol^{-1}$;

T——样水的绝对温度,K;

n——被测离子的价态,氢离子为 +1 价;

F——法拉第常数,96 490 $C \cdot mol^{-1}$。

2. pH 表组成

pH 表主要由变送器和测量系统两部分组成。测量系统是由测量电极(指示电极)、参比电极和装有被测溶液的流通池构成的原电池。

3. 参比电极

参比电极会生成一个恒定的电位,不随被测溶液浓度的变化而变化。

4. 测量电极

测量电极顶部是一个特殊的对 H^+ 有敏感响应的球形玻璃膜,H^+ 可透过玻璃膜进入电极,但其他离子无法进入。由于玻璃膜两侧溶液中 H^+ 离子浓度的差异,以及玻璃膜水化凝胶层内离子扩散的影响,就逐渐在膜外侧和膜内侧两个相界面之间建立起一个相对稳定的电势差,称为膜电势。其电极电位是 H^+ 活度的函数,所以原电池的电动势与 H^+ 的活度有一一对应的关系。因此,原电池的作用是把难以直接测量的化学量(离子活度)转换成容易测量的电能,即测量电池的电动势。

5. 变送器

变送器的作用是监测测量电池的电动势,并能直接显示被测溶液的 pH 值。(高阻毫伏计)

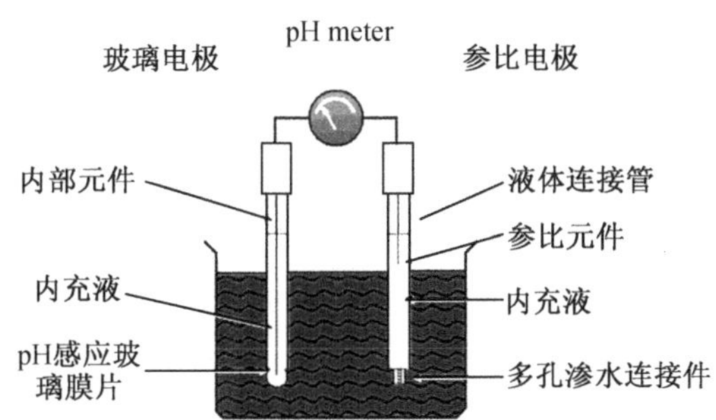

图 6-3　基本的 pH 值测量系统

6.2.3　标准规范

《发电厂在线化学仪表检验规程》(DL/T 677—2018)

《低电导率水 pH 在线测量方法》(DL/T 1201—2013)

6.2.4　运维项目

运维项目如表 6-3 所示。

表 6-3　运维项目

序号	维护项目	验收标准	周期
1	参比电极内充液添加	N/A	每月或根据需要

表 6-3(续)

序号	维护项目	验收标准	周期
2	仪表检查、标定	斜率≥90%； 零点符合仪表厂家要求	每月
3	工作误差检验(样水电导率值≤100 μS/cm)	±0.05pH	每月
4	示值误差检验(样水电导率值>100 μS/cm)	±0.05pH	每月
5	定期更换(测量电极、参比电极)	更换后,仪表标定参数要求: 斜率≥90%； 零点符合仪表厂家要求	每年

6.2.5 典型案例分析

1. 新更换的 pH 电极测量不稳定,使用前需要浸泡

pH 膜电极的敏感膜是在 SiO_2基质中加入 Na_2O、Li_2O 和 CaO 烧结而成的特殊玻璃膜,厚度约为 0.05 mm。敏感膜浸泡在水中时,才能在表面形成水合硅胶层,而水合硅胶层只有在充分湿润的条件下才能与溶液中的 H^+有良好的响应。故玻璃电极使用前,必须在水溶液中浸泡。同时,玻璃电极经过浸泡,可以使不对称电势大大下降并趋于稳定。pH 玻璃电极一般可以用蒸馏水或 pH 4.00 缓冲溶液浸泡。通常使用 pH 4.00 缓冲液更好一些,浸泡时间 8~24 h 或更长,浸泡时间因玻璃膜厚度、电极老化程度而不同。

参比电极的液接界也需要浸泡。因为如果液接界干涸会使液接界电势增大或不稳定,参比电极的浸泡液必须和参比电极的外参比溶液一致,即 3.3 mol/L KCL 溶液、3.5 mol/L KCL 或饱和 KCL 溶液,浸泡时间一般几小时即可。

对 pH 复合电极而言,就必须浸泡在含 KCL 的 pH 4.00 缓冲溶液中,这样才能对玻璃球泡和液接界同时起作用。

2. 在线 pH 表测量凝结水 pH 值为 9.7,此时取样回去用实验室 pH 表测量 pH 值为9.5。根据上述结果,是否能判断在线 pH 表测量值肯定偏高 0.2?

答案是不能判断。因为手工取样测量过程中,空气中的二氧化碳会溶解到水样中,降低水样的 pH 值,所以手工取样测量的 pH 值一般比实际水样 pH 值低,不能用手工取样测量值作为准确值判定在线表的准确性。

6.2.6 课后思考

1. 电解液使用 KCl 溶液,而不是 NaCl 溶液的原因是什么?

答:氯离子和钾离子的离子淌度(单位场强下离子迁移的速率)相近,可消除正负离子反向移动时存在的液接电位。(K^+、Cl^-在溶液中移动时的速度相同,它们"搬运电荷"的方向相反,数量、速率完全相等,正负极的净电荷为零)。

2. 在线 pH 测量仪表的水样温度偏离 25 ℃,温度对 pH 值测量结果造成的影响主要有哪几方面? 哪些影响因素是可以消除的,如何消除?

答:温度对 pH 值测量结果造成的影响主要有三方面:

①温度变化改变能斯特斜率;

②参比电极与玻璃电极内参比电极的温度系数不同造成两电极的电位差；

③水溶液中物质的电离平衡常数随温度变化造成 pH 值的变化。

消除方法：

①可以通过仪表的自动温度补偿加以消除；

②可以通过选择与玻璃电极内参比电极相同的参比电极消除。

由于所被测水样所含离子种类未知，所以此项影响消除难度较大。在准确确定溶液成分的前提下，带有可设定溶液温度补偿系数或选定具有不同溶液种类温度补偿的 pH 仪表，消除此项影响。不同溶液对应的温度补偿系数见表 6－4。

表 6－4

溶液种类	温度系数
H_2O(Pure Water) 纯水	-0.016pH/℃
NH_3(Ammonia) 氨水	-0.032pH/℃
PO_4(Phosphate) 磷酸液	-0.032pH/℃
C_4H_9NO(Morpholine) 吗啉	-0.032pH/℃

3. 样水流速和压力的变化对 pH 值的影响是什么？

答：正常情况下应控制流经 pH 值测量流通池的水样流速在一定的范围内，才能使测量结果稳定准确，水样流速对 pH 值测量的影响如下。

所有的 pH 玻璃电极和参比电极均受水样流速的影响。这种影响表现为：当水样 pH 值恒定时，水样流速变化会导致电位输出信号发生变化，这种变化不代表水样的真实 pH 变化。电位输出信号随水样流速变化，使 pH 测量的重现性变差。水样流速变化导致电位输出信号的变化是不稳定和不可预测的。低电导率水 pH 测量的电位输出会随水样流速的变化而发生变化。然而给定流速下，电位输出是稳定的和可重现的。因此，在低电导率水中在线测量 pH 值时，应保持水样流速恒定。

水样压力变化对 pH 值测量的影响常被误认为是流速的影响。研究表明，水样压力变化影响参比电极的液接电位。这种影响在进行低电导率水在线 pH 值测量时更加明显。因此，在低电导率水中在线测量 pH 值时，应保持水样压力恒定，测量池排放口对空排放（常压）。

6.3 钠　表

6.3.1 概述

在线钠表主要用于监测发电厂凝结水和蒸汽的品质，与氢电导率表相比，钠表具有响应速度快、信号反应灵敏的优点。

当高纯水或超高纯水中的钠离子浓度升高时，表明水中存在对工艺不利的溶解性杂质。在电厂中，这些杂质如果沉积在叶轮叶片或锅炉换热片表面，可能引起灾难性的事故。钠离子进入系统的直接方式有 2 种：一种情况是树脂失效钠离子泄漏，另一种情况是凝汽器泄漏。

6.3.2 结构与原理

1. 钠表测量原理

与所有其他离子选择性电极一样，钠离子电极通过离子浓度差引起的电势差来反映待测离子浓度大小。电势差是相对于参比电极来确定的，参比电极一般使用甘汞电极或氯化银电极。钠离子电极与 pH 电极一样，都是一种玻璃电极。pH 电极的玻璃泡表面的硅胶层对氢离子浓度变化比较敏感，而钠离子电极的硅胶层对于钠离子的微小变化也非常敏感。玻璃泡的化学溶液由一些特殊的化学物质组成，其中也包括钠离子。玻璃泡一般被置于含有已知浓度的钠离子缓冲液中。在电极玻璃泡两侧的钠离子浓度差异会引起一个电势差。电势差与离子浓度的变化呈对数关系。这种关系可由如下的能斯特方程来描述：

$$E = E_0 + 2.303\ (RT/nF) \times \log(c_{\mathrm{Na}}/c_{\mathrm{ISO}})$$

式中 E_0——钠离子浓度等于 c_{ISO}时的标准电压；

R——理想气体常数(8.314 $\mathrm{J^{-1} \cdot kmol^{-1}}$)；

T——样水的绝对温度，K；

n——被测离子的价态(钠离子为 +1 价)；

F——法拉第常数(96 490 $\mathrm{C \cdot mol^{-1}}$)。

电极的斜率(S)：25 ℃时钠离子选择电极对十倍离子浓度变化的理论响应值为 59.16 mV。然而大多数的电极并不显示出理论的斜率值。因此，需要对仪表进行标定以确定电极的实际斜率值。

2. 钠表组成

在线钠表主要由变送器(二次仪表)、测量系统、水样碱化系统等组成。

3. 变送器

变送器的作用是监测测量电池的电动势并能直接显示被测溶液的钠含量。在线钠表中有隔离放大器，使输入端与输出端、电源和接地隔绝，还具有自动温度测量和补偿功能。

4. 测量系统(图 6-4)

①钠电极(图 6-5)

由于不同厂家生产的钠电极的选择性差别很大，应优选选择性好的钠电极，并且要满足钠电极制造商对碱化剂、水样 pH 值的要求。

②参比电极(图 6-6)

参比电极会生成一个恒定的电位，不随被测溶液浓度的变化而变化。如果钠电极的内参比电极为 Ag/AgCl 电极，应选择 Ag/AgCl 参比电极；如果钠电极的内参比电极为甘汞电极，应选择甘汞参比电极。如果选择不配套的参比电极，钠表必须具备足够的补偿能力。参比电极的内充液会对测量产生干扰，应将参比电极安装在钠电极的下游。

参比电极的内充液和维护方法要符合生产厂家的要求。参比电极的扩散孔应保证电极内充液按一定的速度流出，因此，应保持电极内充液的水位高于扩散孔处水样的压力。

③流通池

应将钠电极和参比电极安装在流通池中，在线流动测量钠浓度时，应使用生产厂家推荐的流通池。如果自己设计制作流通池，应将参比电极设计安装在钠电极的下游，用塑料或不锈钢制作流通池。应保证流通池密封，避免空气漏入流通池。流通池不能使用普通玻璃或铜材料。

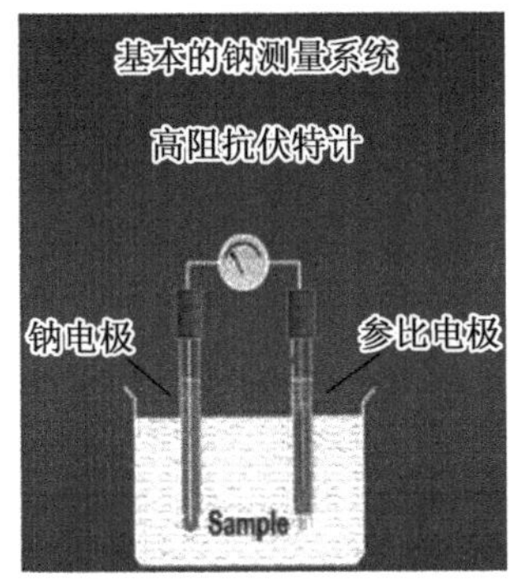

图6-4　测量系统

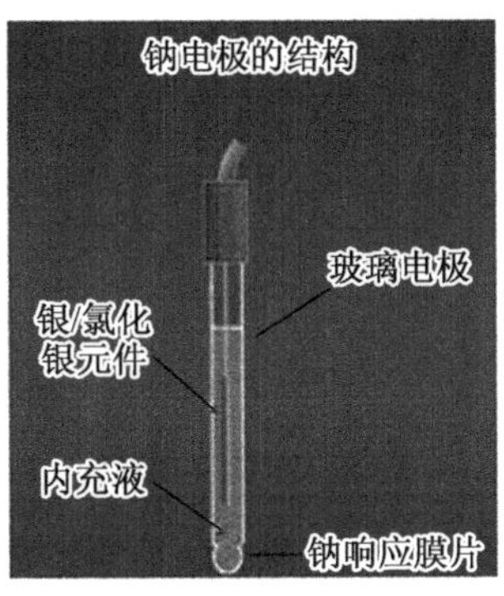

图6-5　钠电极

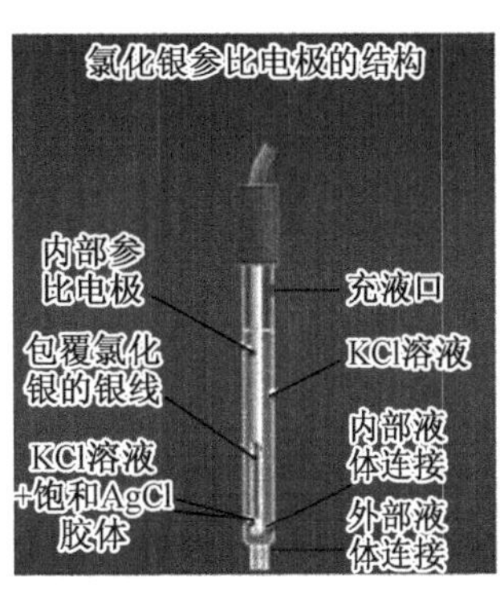

图6-6　参比电极

④水样碱化系统

水样碱化系统的作用是将被测水样的pH值提高,防止氢离子对钠测量的影响。不同厂家生产的在线钠表所采用的碱化剂和碱化原理不同。常见的碱化方法有扩散法、文丘里法等。

4. 钠表(ORION 2111LL)结构(图6-7)

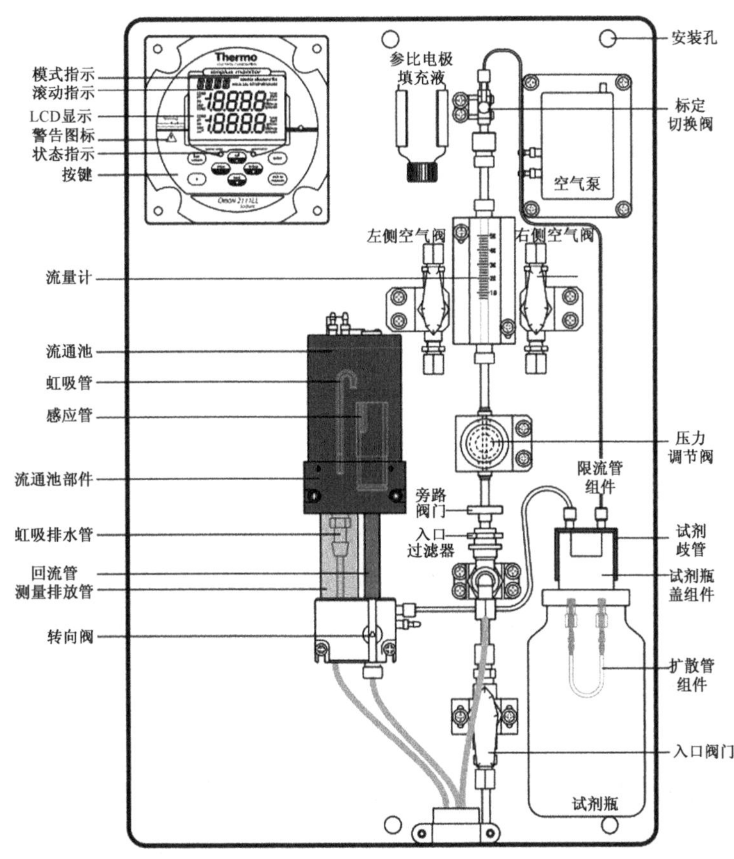

图6-7　钠表结构图

6.3.3 标准规范

《发电厂在线化学仪表检验规程》(DL/T 677—2018)

6.3.4 运维项目

运维项目如表6－5所示。

表6－5 运维项目

序号	维护项目	验收标准	周期
1	参比电极内充液、碱化剂添加	N/A	每月或根据需要
2	仪表检查、标定	斜率/零点符合仪表厂家要求	每月
3	工作误差检验(样水钠含量≤10 μg/L)	－10%～＋10%	每3个月
4	示值误差检验(样水钠含量＞10 μg/L)	－10%～＋10%	每3个月
5	定期更换(测量电极、参比电极)	更换后,仪表标定参数由仪表厂家要求	每年

6.3.5 典型案例分析

1. 钠电极测量不准确,使用前需要活化

在一个正常的电厂水汽循环中,钠离子浓度是长时间维持在非常低的水平上的。仪器长时间与低钠浓度水样接触,会造成电极的灵敏度降低(钝化),从而对钠离子浓度变化的响应能力降低。钠离子电极是一种玻璃电极,在玻璃电极末端的玻璃泡表面有一层含有钠离子的硅胶层。如果硅胶层长期与含钠离子浓度低于0.5～1 μg/L的液体接触,其中的钠离子就会逐渐从硅胶中渗出损失。硅胶中的钠离子浓度降低后,电极对样品中钠离子浓度变化的响应能力就会随之下降。响应能力下降的一个直接表现就是响应时间延长。

一个传统的电极灵敏度再生方法是刻蚀法:将电极放入腐蚀性的化学溶液中,可以将硅胶层表面的部分低钠硅胶物质除去,从而露出含有正常钠离子浓度的硅胶层。但是这样的操作会使电极容易干裂并减少电极的寿命。此外,刻蚀法使用的腐蚀性溶液当中含有有害的氟化物,危险性大,必须对其进行妥善处置。

电极再生的另外一种方法是将电极定期放入含有特殊化学物质的溶液中,溶液中的化学物质可以补充硅胶层中的钠离子从而使硅胶层对钠离子变化的灵敏性恢复,这样就不需要除去表面的老化硅胶层。

2. 电厂测量痕量级别的钠应采用在线钠表,而不能取样静态测量

取样静态测量是将水样放入烧杯中,采用实验室钠表测量钠的方式。这种测钠方式由于电极响应需要一定的时间,所以受参比电极中渗出的钾离子干扰、空气中杂质的影响以及钠电极在高pH值测量条件下的溶解等干扰,使μg/L数量级钠离子的测量准确性很差。在线钠表克服了上述干扰,因此对于μg/L数量级钠的测量应使用在线钠表。

6.3.6 课后思考

钠表 pH 值对测量值的影响是什么?

答:钠离子选择性电极本身也是一种 pH 电极,只不过这种 pH 电极对于碱性离子非常敏感。因此,钠离子选择性电极对于氢离子同样也是非常敏感的,其对钠离子的最低检出限也取决于 pH 值的大小。一般电极的选择性系数是 150 或更低,这意味着电极对质子(氢离子)的敏感程度是对钠离子敏感程度的 150 倍,当 pH 值为 11.0 的时候,选择性系数为 150 的电极测定钠离子的偏差是 0.035 μg/L。由于这个原因,在测定亚 μg/L 级钠离子浓度时,样品的 pH 值越高越好。

为了保证测定的精确度和重现性,测定的 pH 条件必须前后保持一致,并且 pH 值最好维持在 11.0 以上。为了达到这样的 pH 值,需要使用一些碱性药剂。调节样品 pH 值的最有效办法是注入二异丙胺(Diisopropylamine,DIPA,二异丙胺对样水 pH 值的调节始终保持恒定,并且不会产生危险的废物)蒸汽,这样既可以有效调节 pH 值,又不会引入钠离子干扰。(当钠离子的检测极限为 0.1 μg/L 时,样水 pH 值必须大于 10)

6.4 硅　　表

6.4.1 概述

在线硅酸根分析仪(硅表)是国内外电力系统、化工系统等领域广泛应用的化学仪表。在电力系统,主要适用于测量阴床出水、混床出水、凝结水精处理系统出水中的硅含量,以确保水汽中硅酸根含量符合《火力发电机组及蒸汽动力设备水汽质量》(GB/T 12145—2016),避免蒸汽中硅含量超标,导致汽轮机积盐、汽轮机效率降低,为热力设备的安全、可靠、经济运行提供保障。

在线硅酸根分析仪是目前电厂使用较多的光学式分析仪器。

6.4.2 结构与原理

1. 硅酸根测量原理

硅酸根在测量时采用硅钼蓝比色法,具体原理如下。

水样中的硅酸根在 pH 值为 1.1 ~ 1.3 的条件下,与钼酸铵生成黄色硅钼黄,用硫酸亚铁铵还原剂或 1 - 氨基 - 2 - 萘芬 - 4 - 磺酸(简称 1 - 2 - 4 酸),把硅钼黄还原成硅钼蓝,其颜色的深浅与被分析的水样硅酸根含量成正比。其化学反应式为

$$MoO_4^{2-} + H^+ \rightarrow Mo_4O_{13}^{2-} + H_2O$$

$$H_4SiO_4 + Mo_4O_{13}^{2-} + H^+ \rightarrow H_4[Si(Mo_3O_{10})_4] + H_2O \text{(形成硅钼黄)}$$

$$H_4[Si(Mo_3O_{10})_4] + Fe^{2+} + H^+ \rightarrow H_6[H_2SiMo_{12}O_{40}] + Fe^{3+} \text{(形成硅钼蓝)}$$

根据硅钼蓝的最大吸收波长,通过光电比色法测量硅酸根的含量,硅钼蓝的最大吸收波长为 815 nm。在仪器的测量范围内,吸光度与浓度关系符合比尔定律,即

$$A = KC + A_0$$

式中 A——仪器测得水样的吸光度；

A_0——基底吸光度值；

K——吸光系数；

C——水样硅含量。

在硅酸根测量过程中，常常会受到磷酸盐的干扰。磷酸盐与钼酸铵发生化学反应，产生磷钼黄，但改变酸度和反应时间可使磷酸盐的干扰降到最低，同时加入如草酸或柠檬酸等作为掩蔽剂，可破坏磷酸根络合物，减小磷酸根对测量的影响。一般情况下，当磷酸根含量为 100 μg/L 时，产生的干扰应小于 1 μg/L。

在硅酸根测量中常用的试剂如下。

(1)显色剂：钼酸铵；

(2)掩蔽剂：草酸(或柠檬酸、酒石酸)；

(3)调节酸度剂：浓硫酸；

(4)还原剂：硫酸亚铁铵(或 1-2-4 酸还原剂、抗坏血酸-甲酸)。

2. 仪表具体测量过程(图 6-8)

(1)在测量状态下，水样进入样品池，其中含有液位检测器，水样须保持溢流排放；

(2)通过水样和标准液泵以及水样和标准液夹管阀的配合作用，样水加入反应池组件；

(3)反应池组件中预装加热器(样水温度恒定，排除水样温度对测量的影响)，并带有磁性搅拌功能，使水样和试剂充分混合反应；

(4)通过 1 号试剂泵加入试剂 1，在酸性介质中，样水中的硅酸盐和磷酸盐与钼酸盐反应生成黄色的硅钼酸盐络合物和磷钼酸盐络合物(硅钼黄和磷钼黄)；

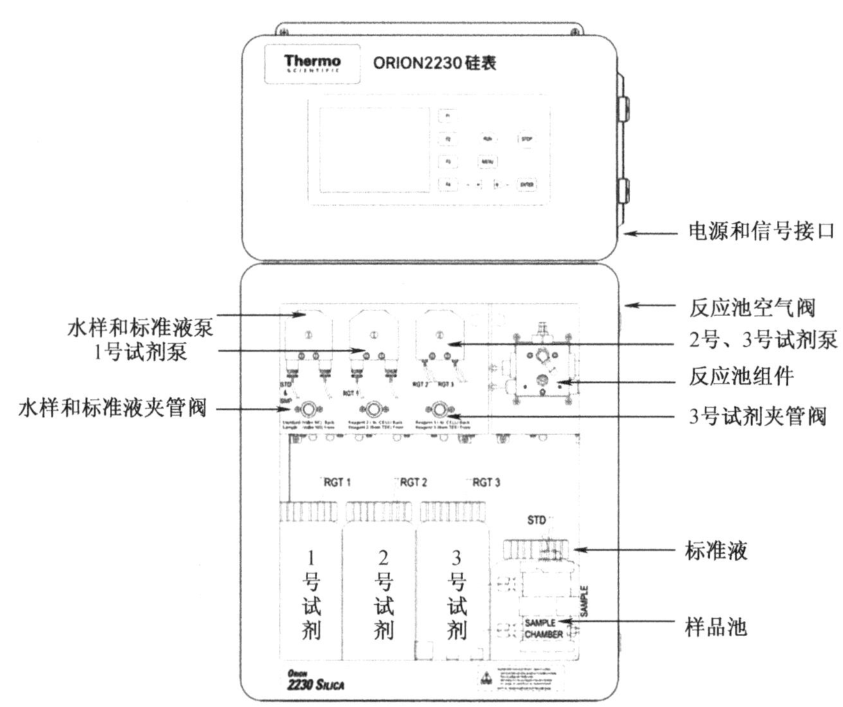

图 6-8 硅表结构(以现场常见的 ORION 2230 硅表为例)

(5)通过2,3号试剂泵以及2号试剂夹管阀的配合作用,加入试剂2,破坏样水中的磷钼酸盐络合物,排除磷酸盐的干扰;

(6)用波长为810 nm的光照射水样,测出本底吸光度;

(7)通过2,3号试剂泵以及3号试剂夹管阀的配合作用,加入试剂3,使黄色的硅钼酸盐络合物被还原成蓝色的硅钼蓝络合物;

(8)用波长为810 nm的光照射水样,测出最终的吸光度,通过标准曲线计算得出硅酸根的浓度。

6.4.3 标准规范

《发电厂在线化学仪表检验规程》(DL/T 677—2018)

6.4.4 运维项目

运维项目如表6-6所示。

表6-6 运维项目

序号	维护项目	验收标准	周期
1	硅表试剂添加	N/A	每月或根据需要
2	仪表检查、校验	校验斜率和零点符合厂家规定要求	每月
3	整机工作误差检验	<1% FS	每月
4	定期更换(蠕动泵管、试剂管路等)	更换后,仪表标定参数符合厂家规定要求	每年

6.4.5 典型案例分析

硅表的标准溶液我们通常选用100 μg/L或者200 μg/L的浓度,不选用与样水值浓度相接近的溶液。

硅表标液的选择,原则是能使硅表正常运行时测量准确,特别是保证仪表在水质超标的控制点附近测量准确。因此,硅表标液通常尽量选择接近于水质超标控制点的浓度。但是,如果因此配制的标液浓度过低则会带来标液配制误差,其误差原因分析如下。

配制标液时,两个因素的误差无法避免:配制标液的除盐水本身的含硅量、配制过程中无法避免的器皿及空气灰尘污染,例如,除盐水本底含硅5 μg/L,配制过程中的污染因素5 μg/L,配制200 μg/L标液实际值为210 μg/L,配制100 μg/L标液实际值为110 μg/L,配制50 μg/L标液实际值为60 μg/L,分别以三种标液校验仪表带来的误差分别为-5%、-10%及-20%。

以上分析结果表明,200 μg/L标液的误差小于50 μg/L标液的误差。故实际标液浓度的选择,须综合考虑失效点的控制及仪表的线性,对于在量程范围内线性良好的仪表,应尽量用浓度较高的溶液。

另外,配制标液时,部分电厂采取配制较低的浓度,但用实验室仪表测定其准确浓度的方式。这实际上也是不可取的,一则实验室仪表本身也有误差;二则实验室仪表也是用标准溶液校验的,在线仪表标液选择的困惑,实验室仪表也同样存在。因而实验室仪表测定的数据,通常也不能作为标液的真实值。《发电厂在线化学仪表检验规程》(DL/T 677—2018)中规定,标准溶液的浓度为按稀释倍率计算的值,非实验室测定的值。

6.4.6 课后思考

1. 在线硅酸根分析仪长期停机时应注意什么?

(1)关闭进样阀,防止启动时脏水进入;

(2)将未用完的试剂全部倒掉,防止过期试剂进入仪表;

(3)将仪表试剂管中残留的试剂全部排干;

(4)将测量槽冲洗干净后排空所有残留水样进行干置处理;

(5)断电停机。

2. 在线硅酸根分析仪常见故障及处理方法

在线硅酸根分析仪属于高精密度化学分析仪器,为了达到实现自动在线监测的目的,采用现代微机控制手段,使之能够具有与手工分析方法样的分析结果。一般情况下,化学流路部分出现故障的概率较电气部分出现故障的概率要高,原因是人为操作干预较多,如果出现问题,可首先从检查试剂配制方法到流路清洗来判断并排除故障。电气部分工作因受内、外影响因素较多,故障的处理相对要复杂些,但只要严格按照要求安装仪器,并注重仪器的使用与维护,发生故障的概率是很小的。下面仅就在实际运行操作过程中常遇到并有可能发生的故障,提供一些简单的处理方法,详见表6-7。

表6-7

故障分类	现象	可能原因	处理建议
仪器无显示	1. 打开电源后,仪器无任何反应 2. 显示器有背光但无显示	1. 仪器供电系统有问题	1. 检查电源接线 2. 检查电源及表头内部保险丝
		2. 电路故障	检查各连线接头是否插接良好
		3. 显示对比度太小	调节显示对比度
测量值不稳定	测量显示值忽大忽小	1. 流通池有气泡或异物	清洗流通池,必要时拆卸检查
		2. 流通池光窗有泄漏	拆卸检查
		3. 水样流量不稳(或时断时通)	检查水样流量:调节至正常溢流状态
		4. 试剂管中有气泡	排除气泡
		5. 电源电压波动太大	加装稳压器或改装仪器电源
测量值不准确	测量值不准确	1. 标样污染	重新配制标样或试剂后,重新进行标定
		2. 试剂过期或变质	
		3. 标样或试剂配制有误	
		4. 标样或试剂加药阀开关不灵,或加药蠕动泵加药量不准	检修加药阀门、加药蠕动泵

表 6 –7(续)

故障分类	现象	可能原因	处理建议
校准无法进行	校准无法进行	1. 校准溶液浓度配制错误	重新编制校准溶液的浓度
		2. 标准溶液浓度错误	重新配制标准溶准
		3. 试剂过期或被污染	重新配制标准溶液,清洗试剂瓶、试剂管路

6.5 氧　　表

6.5.1 概述

环隙气体在线氧浓度监测系统在核电站正常工况下提供环隙气体中的氧气浓度信息,为压力管延迟氢化裂纹管理提供参考信息。环隙气体氧浓度监测装置对从环隙内抽取的样气进行处理分析后,将氧气浓度信号送往主控制室和电站计算机显示和报警,取样分析处理后的样气再返回环隙。

6.5.2 结构与原理

氧分析仪采用电化学传感器,将两个反应电极(工作电极和对电极)及一个参比电极放置在特定电解液中,然后在反应电极上加上电压,使透过毛细管扩散栅的待测气体进行氧化还原反应。再通过仪器中的电路系统测量气体电解时产生的电流,然后由其中的微处理器计算出气体浓度。

电化学法是利用氧化还原电池的原理进行微量氧分析,它的传感器(检测器)是化学原电池。因实现方式不同,主要产品是原电池和燃料电池。原电池法微氧仪可算此类方法的早期产品。氧分析仪结构简单,电解池是开放式的,方便更换电极,成本较低,适用于高纯气体氮、氢、氦、氩和工业用乙烯、丙烯以及其他不与碱性电解液和电极发生反应的气体中微量氧的测定。但作为定型产品,用户须自配碱液补充、更换,维护问题是其主要缺陷。

燃料电池法氧量分析仪是如今工业用的主流,该类仪器是原电池的集成化、微型化。传感器即微型燃料电池,被测气体中的氧通过传感器一面的扩散膜进入电池,而内部的电解液却不能渗出,电池产生的电子通过电极引出检测,得到被测气体中的氧含量。由于传感器体积小巧,国内外大多数便携式氧量分析仪都采用此类传感器,良好的气体选择性保证了气体浓度的线性范围,除了测氧外,还有专门针对 H_2、NH_3、CO_2、CO、CL_2、H_2S 等含量测定的传感器,用途广泛。目前无论是国外仪器还是国内产品,用于工业级检测的电化学传感器多是国外进口,国内还没有可靠的产品。此类仪器的主要缺点就是需要定期更换传感器,无法再生,也不能长期储存,同时传感器不能应用在酸性或腐蚀性的气体中。

6.5.3 标准规范

《爆炸性环境用气体探测器 第 2 部分:可燃气体和氧气探测器的选型、安装、使用和维

护》(GB/T 20936.2—2017)

《气体分析器性能表示 第2部分:气体中氧(采用高温电化学传感器)》(GB/T 18403.2—2013)

6.5.4 运维项目

运维项目如表6-8所示。

表6-8

序号	维护项目	验收标准	周期
1	检查添加试剂(比色法)	N/A	每月
2	更换余氯膜,添加电解液(电极法)	N/A	3个月/次
3	校验(电极法)	斜率等参数满足仪表厂家要求	3个月/次

6.5.5 典型案例分析

经验反馈:主系统溶解氢异常报警缺陷处理工作已完成,但氢浓度异常报警仍然在。

状态简述:

4月9日在执行工作票13040087进行溶解氢氧分析仪1-63371-ATI-800预防性检查,工作内容是对分析仪探头进行检查标定。检查过程中出现"主系统溶解氢高"(3371ATI800 PHT DISOLVD H2 HI C2018)主控室报警,由于现场分析仪表没有出现报警指示,也没有确认主控室报警存在,4月12日在现场工作完成后,确认仪表工作正常,终结工作票。

原因分析及评价:

由于在巡检时发现溶解氢氧分析仪1-63371-ATI-800有性能下降趋势,发预防性工单对溶解氢氧分析仪1-63371-ATI-800和探头进行预防性检查标定,工作内容是对分析仪及探头进行检查标定。检查前并没有出现主控报警故障,检查过程中出现CI-2018"主系统溶解氢高"主控室报警,是由于现场盘柜内端子排接线松动(端子在紧固状态,接线顶在接线端子片上,但已在端子外),在端子虚接的状态时,开关柜门振动导致报警端子接线摇晃,进而导致开报CI-2018报警。报警时现场分析仪表及逻辑回路没有出现报警,工作正常,只有主控的CI报警存在,工作结束后现场仪表工作正常,现场无法发现主控报警信息。

6.5.6 课后思考

【环隙气体系统充氧的目的】

答:氧气添加回路在系统正常运行情况下处于隔离状态,在系统扫气后添加氧气,使氧浓度维持在0.5%~5%体积浓度范围内,维持压力管外表面的保护性氧化层、防止管道的腐蚀,并且可以降低氘气的浓度。

6.6 氢 表

6.6.1 概述

重水核电厂发电机采用“水氢氢”冷却方式冷却发电机腔室，发电机定子线圈采用水冷却方式，氢气则用于冷却定子铁芯及转子，以防止发电机内部产生热应力及局部过热。发电机氢气冷却系统正常运行时由供氢站经压力调节阀向发电机腔室提供氢气，经再循环冷却水冷却后再冷却发电机定子铁芯和转子。氢气在发电机内部由发电机轴上的叶片强迫循环并通过氢气冷却器进行散热。

发电机须长时间停运检修时，必须用 CO_2 将发电机内的 H_2 置换出来，再用压缩空气将 CO_2 置换出来。在发电机维修结束重新投运前，用 CO_2 置换发电机腔室内的空气，再用 H_2 置换发电机腔室内的 CO_2，当 H_2 的纯度达90%以上时，可以对发电机进行充氢升压。

就地 H_2 控制盘台位于汽机厂房87.5 m层压空房间门口，在盘台上有一块发电机内气体压力指示表、H_2 纯度指示表、H_2 温度表、CO_2 纯度指示表、H_2 干燥器电加热器的控制开关，以及 H_2 和 CO_2 纯度取样回路及相关仪表。

发电机正常运行时，通过取样回路连续不断地从发电机内抽出气体进行 H_2 纯度的监测，即可以时刻反映出发电机内 H_2 的纯度，当 H_2 纯度异常下降时，在主控室有相应的光字牌报警和CI报警，从而提示运行人员及时采取纠正措施，避免 H_2 引起爆炸事故的发生。

6.6.2 结构与原理（图6-9）

热导式氢气纯度分析仪的基本工作原理：氢气是根据气体的热导率而确定含量的，在气体中氢的热导率最高，因此当背景气热导率基本保持恒定时，混合气体的热导率取决于氢气含量的多少，据此测定氢气浓度。

热导传感器在测量气室和参考气室中各插有一个完全相同的热电阻，热电阻上缠绕着同样的电阻丝。参考气室密闭或为开放式，而测量气室有一个进口和一个出口。通入气体时，它会缓慢地扩散到每个孔中。气体导热系数的不同导致电阻温度变化的不同，从而使阻值存在差别，引起电桥电路电压差 ΔV 的存在。

气体浓度 c 和电压差 ΔV 之间有一一对应关系（图6-10）。我们可以在特定的环境下进行一系列的实验，得到大量的 c 与 ΔV 的对应数据，将这些数据保存在存储器中。在测量过程中，可根据由热敏传感器和相应电路测量到的由于气体浓度不同而引起的电压差，再由控制部分对比存储器中的数据，就可以得到相应的气体浓度含量值。

6.6.3 标准规范

《氢气使用安全技术规程》（GB 4962—2008）

《大型发电机氢油水控制系统技术条件》（JB/T 6517—2018）

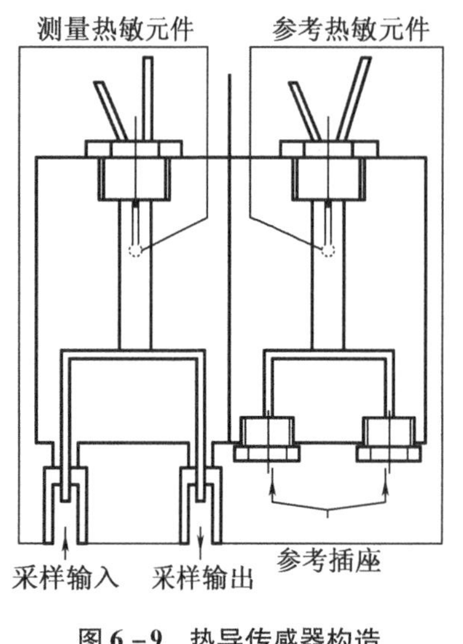

图 6-9 热导传感器构造

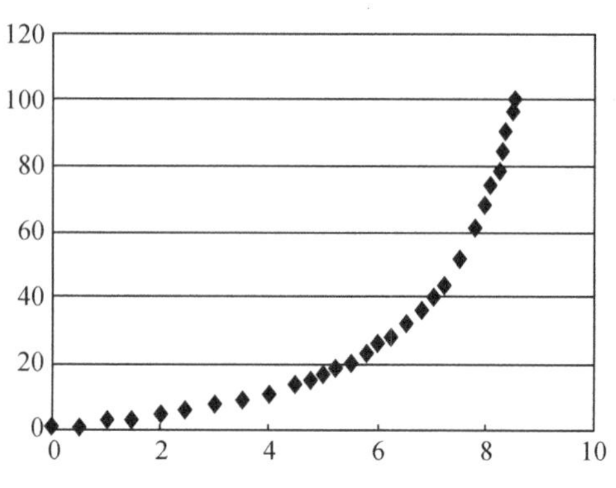

图 6-10 c 与 ΔV 非线性关系曲线

6.6.4 运维项目

运维项目如表 6-9 所示。

表 6-9

序号	维护项目	验收标准	周期
1	流通池清洗	N/A	根据需要
2	仪表检查、标定	斜率/零点符合仪表厂家要求	每年

6.6.5 典型案例分析

经验反馈:秦三厂 1 号机组发电机氢气湿度超标。

1. 事件描述

2015 年 5 月 31 日 6:47,1 号机 108 大修后汽机冲转到额定转速,当班值按规程投运发电机氢气湿度监测仪,14:00 出现发电机氢气湿度高而报警(报警值 15% RH)(此时机组功率 449.4 MW),对 1#机组氢气湿度取样分析结果为 17.2% RH,现场氢气干燥器显示已失效。

取样分析制氢站来氢(露点 -53 ℃,无异常)。

19:01 完成氢气干燥器 4123-DR5301 再生,后将干燥器服役。

23:05 化学取样发现发电机氢气湿度已升高至 35% RH。

就地检查发电机漏液开关 64123-LS5338,未发现液体或水汽。

6 月 1 日中午,三分厂主管领导组织技术、运行、化学、维修等多部门人员讨论,初步认定发电机本体、氢冷器、定冷水等系统设备完整无泄漏,湿度监测仪表完好,在线干燥器工作正常,确定供氢品质没有问题,氢冷器、定子线圈、定冷水分配环及支管等都该完好无损,会上讨论紧急除水降湿方案并安排人员分头实施。

因制氢站氢气储备量不足,6 月 1 日 13:16 停止发电机氢气在线置换,保持在线干燥器投运。

6 月 2 日 10:50 开始用外购氢气进行在线置换操作,在发电机氢气置换暂停期间,每2 h记录在线氢气湿度仪读数以跟踪趋势,判断是否上升。

6 月 1 日 14 时:停止扫汽,湿度缓升,2 日 10 时升高至 38% RH 并稳定。

6 月 3 日下午 ~6 月 5 日早,机组 80% 功率台阶,接连做了 12 次大量排氢(降压至 300 kPa)操作,发电机湿度快速降低了 15%。

6 月 5 日,根据 GOP003 升反应堆功率至 85% FP,继续执行扫汽置换操作。

6 月 11 日,氢气湿度 8.7% RH,停止扫气置换。

6 月 12 日,停止扫气 24 h 后,氢气湿度上升至 13% RH,恢复扫气置换。

6 月 18 日,氢气湿度 6.6% RH,停止扫气置换。

6 月 29 日,氢气湿度回升至 11.3% RH(6 月 27 日后氢气湿度每 24 h 仅上升约 0.2% RH)恢复扫气置换。

2. 事件分析

发电机体内湿气几种可能性来源的排查及结果评价。

(1)排除了氢冷器泄漏可能

发现氢气湿度超标后,随即检查了发电机下方漏液观察窗(64123 - LS5338),确认没有积液;如若管束有漏,漏水会积聚在发电机定子膛下部积水并存留(64123 - LS5338 会有水滴或积水出现)。

4 台氢冷器 107 大修刚检修完,本次大修未做任何工作,依氢冷器管束所处位置断定其没有受到外力、外物等磕碰至漏。

再经扫排气、充新气等手段,湿度上升势头能很快得以抑制并持续下降,其间停了几天扫排气置换操作观察,氢气湿度回升很缓慢。

(2)排除了定子冷却水线圈及分配支管等渗漏可能

大修期间对发电机定子线棒、端部弯管、汇水管均做了检查,没发现异常。

对定冷水管线做了充氮耐压测试(217 kPa 下保持 16 h),确认无漏。定冷水系统在端盖回装前投运,对 60 根线棒进行流量检测,无异常。

发电机整体气密性试验(定冷水系统停运)合格。

定冷水压 200 kPa 左右,氢压 400 kPa 左右,即使定冷水管线出现破口也只会导致氢气反充到定冷水管线而不是定冷水进入氢气。

定冷水箱内氢气含量未超常。

(3)排除了从密封油中进水可能

经查,油中水不超标,密封油箱内始终高真空,密封油箱内泡沫状况如从前,无异常变化。

(4)水分主要源自氢冷器管束外侧翅片等处积存的结露水

发电机本体四角各竖直安置 1 台氢冷器,换热管式为直管外套翅片,管数 113 根,管长 3 420 mm,所有管束外漏翅片总面积约 330 m^2,4 台近 1 000 m^2;

本次大修后期,氢冷器在发电机本体检修未结束(两端处于开口)前,便通冷水冷却了。冷却水温比厂房内温度低很多,厂房内湿度又很高,换热管外壁接触的湿空气遇冷结露并积存在翅片间缝中,时间越长,积存在管外壁翅片缝隙中水量越大。

3. 事件评价

经查确认:氢冷器、定子冷却水分配环及接管、定子线圈、氢油密封环等都不存在裂纹、破损等缺陷;事件未导致膛内部件受损、电气绝缘等级下降(经日立和国内方专家认同)。

因问题发现早,处理及时,短时间内将湿度控制至较低水平,后经间断性小量排氢扫汽、持续投用在线干燥器等手段联用,到 7 月 14 日,氢气湿度已降至安全值区间(7.10% RH,小于高报警值 15% RH;露点 -5.9 ℃,小于国标的 0 ℃)。

转子、定子线圈体表、膛内结构架、支撑板、端盖内体面等已积存的水分,随着膛内温度升高、氢气流动,很快被蒸发掉了。

转子体内(如匝间绝缘条)等积存的湿气,量不大但需要较长时间方能被蒸干、释放完毕。氢冷器换热管束为翅片管,积存在外翅片间缝内水滴(水膜)也需要较长时间才能被吹走、烘干,这也是停止扫汽置换一段时间,氢气湿度会小幅回升的主要原因。

要恢复到缺陷前正常情况(1.35% RH,或露点 -30 ℃),仅使用在线干燥器反复再生除湿,预估需要 2 个月左右的时间。

4. 事件原因描述

(1)直接原因描述

发电机腔室未全部封盖前,定冷水、氢冷器先期投运。通冷水温度低于环境温度,氢冷器管外壁面、定子线圈外体面等处会集湿、结露。

说明:发电机氢冷器于 5 月 11 日通冷却水,水温度 19 ℃左右,此时发电机两侧端盖尚未封盖,定子腔膛两端为敞口状态。5 月 11 日后检修场地,环境气温在 23 ~ 27 ℃,这些天常为阴雨天气。

(2)根本原因描述

对氢冷器先期投运可能导致机组启动后氢气湿度升高的认知不足。

(3)促成原因描述

发电机多数部件外露时间偏长(本次因有转子解体工作,发电机定子腔膛开口时间超 30 天,有史以来最长),恰遇持续多日阴雨、湿闷天,汽机厂房大门通开、墙壁风机直吹送风,无除湿去潮设施,检修场区湿度较历次大修比都要大许多。

因必须要执行扒装护环、拆装槽楔、绝缘层清检、各部件无损检测等操作,无法对各外露部件时时采取防潮措施,转子外围的篷罩帘布、定子腔膛两端封盖的帆布都要间断性被掀起、敞开,使得转子、定子等结构件体表吸潮、积湿。

6.6.6 课后思考

1. 简述填充氢气过程及排除氢气过程。

答:填充氢气过程,二氧化碳置换空气:二氧化碳必须从发电机底部进入,空气则从发电机上部排出;氢气置换二氧化碳:氢气必须从发电机上部进入,二氧化碳则从发电机下部排出。

排除氢气过程,二氧化碳置换氢气:二氧化碳必须从发电机底部进入,氢气则从发电机上部排出;空气置换二氧化碳:空气必须从发电机上部进入,二氧化碳则从发电机底部排出。

2. 简述设置氢气纯度仪表的作用。

答:对发电机内氢气纯度进行监测,正常情况下发电机内氢气纯度大于98%,当纯度下降到90%时,触发发电机氢气纯度低报警。

6.7 氯　表

6.7.1 概述

1. 余氯基本概念

余氯是指水经过加氯消毒,反应一定时间后,水中所余留的有效氯。其作用是保证持续杀菌,以防止水受到再污染。余氯有以下三种形式。

(1)余氯(总氯):以游离氯、化合氯或两者并存的形式存在的氯,包括 HOCl、OCl^- 和 $NHCl_2$ 等;

(2)化合性余氯:余氯中以氯胺及有机氯胺形式存在的氯,包括 NH_2Cl、$NHCl_2$ 及其他氯胺类化合物;

(3)游离氯:以次氯酸、次氯酸根或溶解性单质氯形式存在,包括 HOCl、ClO^-、Cl_2 等。

我国生活饮用水标准中规定,集中式供水出厂水的游离氯含量不低于0.3 mg/L,管网末梢的游离氯含量不低于0.05 mg/L。

2. 在线余氯表在电厂的应用

(1)循环水系统

余氯表用于监测循环水中余氯含量,主要是要保证细菌含量小于每毫升 1×10^5 个,降低循环水系统滋生黏泥及微生物的风险。

(2)制水系统反渗透入口

余氯指标主要是考察反渗透进水中的氧化性物质,因为在反渗透进水前投加次氯酸钠作杀菌剂,这样会在反渗透进水处形成余氯。氧化性物质会对反渗透膜产生不可逆的损伤,故要在反渗透进水管上加余氯表,一般控制反渗透入口余氯小于0.1 mg/L,根据测量值确定还原剂(一般是亚硫酸钠)的投加量。

6.7.2 结构与原理

1. 余氯表的测量原理

余氯的测定方法有2种,一种是比色法,如N,N二乙基1,4苯二胺(DPD)分光度法和四甲基联苯胺比色法;另一种是电极法。

(1)比色法

当pH值在特定条件下时,水样与专门的试剂反应后,通过分光光度法计算出余氯/总氯值。

(2)电极法

渗透膜把电解池的电解液和水样隔开,渗透膜可以选择性地让 ClO^- 穿透;在两个电极之间有一个固定电位差,产生的电流强度可以换算成 ClO^- 浓度。

余氯传感器的阳极是一根银棒构成的银阳极，阴极是圆柱形金电极。两电极同时浸在传感器探头内的电解液中。金电极外是一片带选择性的聚四氟乙烯渗透膜，该渗透膜只能选择性地透过次氯酸，而次氯酸根离子和水中其他离子不能透过该膜。测量时，在阳极和阴极之间加上 50 mV 的极化电压，选择性渗透膜透过次氯酸分子，次氯酸分子在金阴极发生还原反应，形成与次氯酸浓度成比例关系的微弱电流，其化学反应方程式如下：

在阴极上为 $OCl^- + H^+ + e^- \rightarrow Cl^- + H_2O$

在阳极上为 $Cl^- + Ag \rightarrow AgCl + e^-$

2. 余氯表的组成

比色法在线余氯表（ORION　CXP71）基本结构（图 6－11）如下。

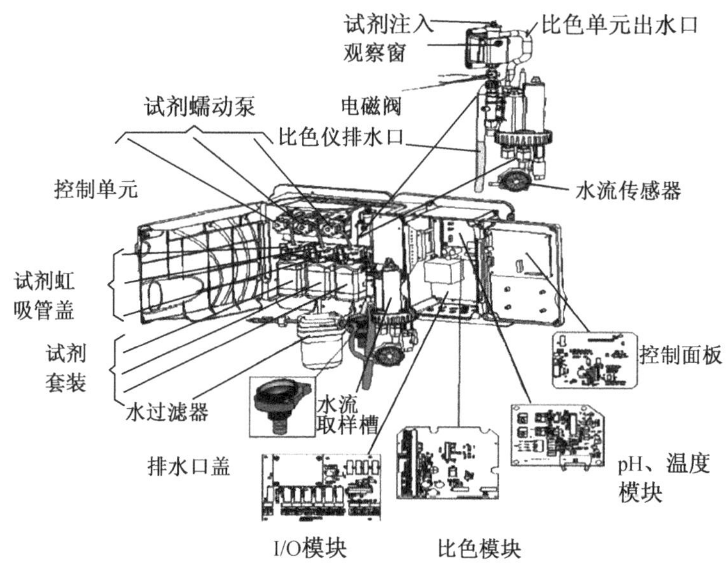

图 6－11

电极法在线余氯表由传感器和二次表组成。

6.7.3　标准规范

《工业循环冷却水中余氯的测定》（GB/T 14424—2008）

6.7.4　运维项目

运维项目见表 6－10。

表 6－10　运维项目

序号	维护项目	验收标准	周期
1	检查添加试剂（比色法）	N/A	每月
2	更换余氯膜，添加电解液（电极法）	N/A	3 个月/次
3	校验（电极法）	斜率等参数满足仪表厂家要求	3 个月/次

6.7.5 典型案例分析

影响余氯测量准确性的因素如下。

1. DPD 法

(1)水样颜色和浊度的影响

比色法测试精度容易受样品的颜色和浑浊度的影响,因此,需要水样无色透明。

(2)pH 值的影响

余氯由溶解氯气、次氯酸和次氯酸根三部分组成,其中的三个组成部分含量依据水中pH 值的变化而变化。根据测量原理,测量余氯浓度就是测量次氯酸的浓度,然后换算成余氯浓度检测水中的次氯酸的重要条件是样品的 pH 值在 5 ~7 之间。因为在这个 pH 值范围里,水中的次氯酸浓度相对很高(大于 80%);仪器检测信号可以达到最大,干扰相对较低。因此,样品预酸化是余氯检测是否准确的最重要条件。某些余氯分析仪采用了缓冲液,通常把测量样品的 pH 值保持在 6.3 ~6.6 之间,饮用水的 pH 值范围在 7.3 ~8.5 之间;在这个 pH 值范围里,次氯酸根浓度很高,甚至大于次氯酸的浓度。因此,样品的 pH 值保持稳定,适当把样品预酸化,pH 值保持在 5 ~7 范围之间,是余氯仪准确监测的重要保证。否则,即使分析系统有 pH 值自动补偿的功能,仪器测量的准确度也会出问题。

(3)校正方法的影响

某些在线余氯分析仪在校正和测试过程中分别设计了两次扣除本底,校正零点时扣除本底是去除系统偏差,在测试时扣除本底是去除电子漂移和污染引起的偶然偏差。这样可以大大提高测量的准确性。

2. 电极法

(1)流量、压力的干扰

运用电极法在测量余氯的过程中,样品不停地流过探头表面,样品的流量、压力的变化会给余氯测量值带来偏差。为此,电极法余氯分析仪设计了多种形式的流通池,但也不能完全克服流量变化对电极引起的干扰效果。如常见的电极表面覆盖了一层膜,样品压力变化会改变电极表面和膜之间的电解液的厚度,也会给覆盖膜的张力和膜的空隙度带来微小变化,这些变化足以导致余氯监测探头的错误响应。

(2)校正方法对测量结果的影响

比色法和电极法的校正原理是完全不同的。DPD 比色法是采用《工业循环冷却水中余氯的测定》(GB/T 14424—2008)中的方法,其他的非国标方法只是把实际的应用点选在校正点附近。通常电极法余氯探头的准确应用是在校正点附近 ±10% 。

(3)其他影响

在线余氯分析在连续使用情况下,不可避免地要遇到零点漂移、系统污染、样品流速、pH 值、温度等变化造成的干扰因素,此外,由于余氯的标准样品配置不容易,所以很难验证校正曲线的线性程度和引起的偏差,这也会对测量产生干扰。

6.7.6 课后思考

简述测量反渗透进水余氯的目的。

答:余氯指标主要是考察反渗透进水中的氧化性物质,因为在反渗透进水前投加次氯酸钠作杀菌剂,会在反渗透的进水处形成余氯,氧化性物质会对反渗透膜产生不可逆损伤,故要在反渗透进水管上加余氯表。一般控制反渗透入口余氯小于0.1 mg/L,根据测量结果确定还原剂(一般是亚硫酸钠)的投加量。

6.8 浊度仪表

6.8.1 概述

1. 浊度测量意义

浊度是反应水中悬浮颗粒及胶体浓度的指标,既能反映水中悬浮物的含量,又是人的感官对水质的最直接的评价。浊度降低,同时降低的也有水中的细菌、大肠菌、病毒、两虫及铁锰等,这些是给水处理中至关重要的水质指标。

2. 浊度定义

浊度,即光线通过样品时,水体中的悬浮颗粒物会阻碍光线直线透射透过水层,部分光线会被吸收或散射的光学特性现象。由悬浮性颗粒物对光线引起的阻碍程度,可用浊度表示。浊度是一种光学特性,是光线与水中的悬浮颗粒相互作用的结果,测量单位为 NTU。

6.8.2 结构与原理

浊度仪中光线发射元件发出光线,使之穿过一段样品,如果遇到悬浮颗粒会改变传播方向形成散射,光线接收元件检测与入射光呈 90°方向上被水中的颗粒物所散射的光。对检测到的散射光,通过计算即可得出浊度值。这种散射光测量方法称作散射法。散射的程度和悬浮颗粒的数量成正比。

与入射光成 90°方向的散射光强度符合雷莱公式:

$$I_S = KNV^2/\lambda \times I_0$$

式中 I_S——散射光强度;

I_0——入射光强度;

N——单位溶液微粒数;

V——微粒体积;

λ——入射光波长;

K——常数。

可见,在入射光强度 I_0 和波长 λ 恒定的条件下,散射光强度与悬浮颗粒物的总量(NV^2)成比例,即与浊度成比例。因此可由散射浊度仪测定水样浊度。根据这一公式,可以通过测量水样中微粒的散射光强度来测量水样的浊度。

浊度表组成:浊度表一般由二次表和光学传感器组成,如图 6-12 所示。

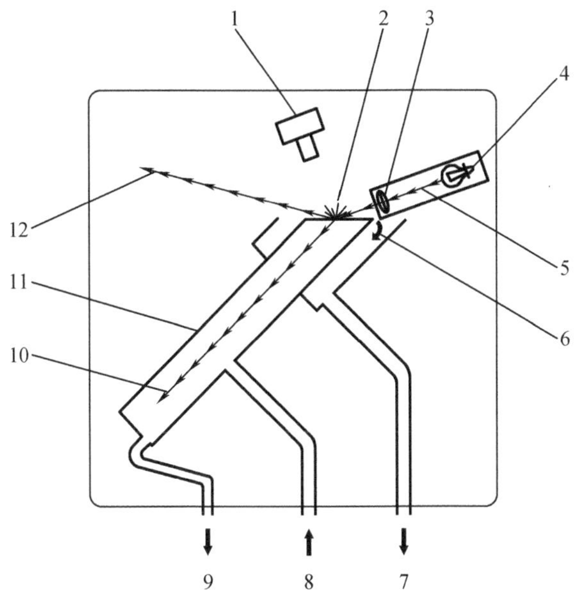

1—探测器总成;2—散射光;3—镜片;4—灯;5—光束;6—溢流试样;7—溢流排水口;8—试样入口;9—仪器排水口;10—折射光;11—浊度仪主体;12—反射光。

图6-12 浊度仪表光学原理图

6.8.3 标准规范

《发电厂在线化学仪表检验规程》(DL/T 677—2018)

6.8.4 运维项目

运维项目如表6-11所示。

表6-11 运维项目

序号	维护项目	验收标准	周期
1	流通池清洗	N/A	根据需要
2	仪表检查、标定	斜率/零点符合仪表厂家要求	每年

6.8.5 典型案例分析

1. 样水有气泡导致仪表测量结果波动

浊度表的测量原理为光线发射元件发出光线,使之穿过一段样品,如果遇到悬浮颗粒会改变传播方向形成散射,光线接收元件检测与入射光呈90°方向上被水中的颗粒物所散射的光。对检测到的散射光,通过计算即可得出浊度值。而样水中存在气泡,光线透过气泡使散射的光被传感器接收,导致仪表测量波动不能准确反映水样真实浊度值。

2. 光源灯不亮导致仪表无正常测量功能

浊度计的电源灯不亮可能是因为和电源的接触不良。这个问题只要检查插头、插座后,重新安装电源即可解决。浊度计电源灯不亮的另一个原因是浊度计内部的保险丝熔断,这就需要使用者为浊度计更换新的保险丝。

6.8.6 课后思考

1. 浊度仪读数不稳定的原因是什么?

答:浊度仪的读数不稳定并不一定是浊度仪本身的质量原因造成的,操作上的失当也会导致浊度仪的读数不稳定。浊度仪所测量的液体中有较多气泡时,浊度仪的测量数值就会受到影响,因此浊度仪必须等待水溶液样品中气泡散去后才能进行测量。浊度仪读数不稳定的另一个原因则是水溶液在倒入样杯时出现了挂杯,也就是在样杯的杯室内有液滴或样杯的外壁有水珠,这样光线的散射受到了干扰,浊度仪就无法获得准确的测量结果,避免的方法是在测量前将浊度仪的样杯用滤纸擦干。

2. 浊度仪误差大的原因是什么?

答:浊度仪的误差大可能是因为之前所标定的曲线出现了较大的误差,这就要使用者对浊度仪进行重新校准和标定。另外,浊度仪测量的溶液温度较高,在样杯上产生了水雾,也会使得浊度仪的测量结果出现较大误差。

3. 浊度仪重现性低的原因是什么?

答:浊度仪的重现性低除了样杯本身的故障原因之外,还存在其他两种可能性,一种是浊度仪所使用的样杯放置位置变化,另一个是样杯中液体取量差异过大。浊度仪在测量时,使用者可以通过准确放置样杯和保持样杯内液量水平来避免这一问题。

第 7 章　数字化控制系统

7.1　自动控制原理

7.1.1　自动控制的基本原理与方式

1. 自动控制技术及其应用

在现代科学技术的众多领域中，自动控制技术起着越来越重要的作用，所谓自动控制，是指在没有人直接参与的情况下，利用外加的设备或装置（称控制装置或控制器），使机器、设备或生产过程（统称被控对象）的某个工作状态或参数（即被控量）自动地按照预定的规律运行。例如，数控车床按照预定程序自动地切削工件；化学反应炉的温度或压力自动地维持恒定；雷达和计算机组成的导弹发射和制导系统，自动地将导弹引导到敌方目标；无人驾驶飞机按照预定航迹自动升降和飞行；人造卫星准确地进入预定轨道运行并回收等，这一切都是以应用高水平的自动控制技术为前提的。

近几十年来，随着电子计算机技术的应用和发展，在宇宙航行、机器人控制、导弹制导以及核动力等高新技术领域中，自动控制技术更具有特别重要的作用。不仅如此，自动控制技术的应用范围现已扩展到生物、医学、环境、经济管理和其他许多社会生活领域中，自动控制已成为现代社会活动中不可缺少的重要组成部分。

2. 自动控制科学

自动控制科学是研究自动控制共同规律的技术科学。它的诞生与发展源于自动控制技术的应用。

最早的自动控制技术的应用，可以追溯到公元前我国古代的自动计时器和漏壶指南车，而自动控制技术的广泛应用则开始于欧洲工业革命时期，英国人瓦特在发明蒸汽机的同时，应用反馈原理，于 1788 年发明了离心式调速器。当负载或蒸汽供给量发生变化时，离心式调速器能够自动调节进汽阀门的开度，从而控制蒸汽机的转速。1868 年，以离心式调速器为背景，物理学家麦克斯韦尔研究了反馈系统的稳定性问题，发表了“论调速器”的论文。随后，源于物理学和数学的自动控制原理开始逐步形成，1892 年，俄国学者李雅普诺夫发表了“论运动稳定性的一般问题”的博士论文，提出了李雅普诺夫稳定性理论。20 世纪 10 年代，PID 控制器出现，并获得广泛应用。1927 年，为了使广泛应用的电子管在其性能发生较大变化的情况下仍能正常工作，反馈放大器正式诞生，从而确立了“反馈”在自动控制技术中的核心地位，并且有关系统稳定性和性能品质分析的大量研究成果也应运而生。

20 世纪 40 年代，是系统和控制思想空前活跃的年代，1945 年，贝塔朗菲提出了“系统论”，1948 年维纳提出了著名的“控制论”，至此形成了完整的控制理论体系——以传递函数为基础的经典控制理论，主要研究单输入单输出、线性定常系统的分析和设计问题。

20 世纪 50 ~60 年代，人类开始征服太空，1957 年，苏联成功发射了第一颗人造地球卫星，1968 年，美国阿波罗飞船成功登上月球。在这些举世瞩目的成功中，自动控制技术起着不可磨灭的作用，也因此催生了 20 世纪 60 年代第二代控制理论——现代控制理论的问世，其中包括以状态为基础的状态空间法、贝尔曼的动态规划法和庞特里亚金的极小值原理，以及卡尔曼滤波器。现代控制理论主要研究具有高性能、高精度和多耦合回路的多变量系统的分析和设计问题。

从 20 世纪 70 年代开始，随着计算机技术的不断发展，出现了许多以计算机控制为代表的自动化技术，如可编程控制器和工业机器人，自动化技术发生了根本性的变化，其相应的自动控制科学研究也出现了许多分支，如自适应控制、混杂控制、模糊控制以及神经网络控制等。此外，控制论的概念、原理和方法还被用来处理社会、经济、人口和环境等复杂系统的分析与控制，形成了经济控制论和人口控制论等学科分支。目前，控制理论还在继续发展，正朝向以控制论、信息论和仿生学为基础的智能控制理论深入。

然而，纵观百余年自动控制科学与技术的发展，反馈控制理论与技术占据了极其重要的地位。

3. 反馈控制原理

为了实现各种复杂的控制任务，首先要将被控对象和控制装置按照一定的方式连接起来，组成一个有机总体，这就是自动控制系统。在自动控制系统中，被控对象的输出量即被控量是要求严格加以控制的物理量，它可以要求保持为某一恒定值，如温度、压力、液位等，也可以要求按照某个给定规律运行，如飞行航迹、记录曲线等；而控制装置则是对被控对象施加控制作用的机构的总体，它可以采用不同的原理和方式对被控对象进行控制，但最基本的一种是基于反馈控制原理组成的反馈控制系统。

在反馈控制系统中，控制装置对被控对象施加的控制作用，是取自被控量的反馈信息，用来不断修正被控量与输入量之间的偏差，从而实现对被控对象进行控制的任务，这就是反馈控制的原理。

其实，人的一切活动都体现出反馈控制的原理，人本身就是一个具有高度复杂控制能力的反馈控制系统。例如，人用手拿取桌上的书，汽车司机操纵方向盘驾驶汽车沿公路平稳行驶等，这些日常生活中习以为常的平凡动作都渗透着反馈控制的深奥原理。下面通过解剖手从桌上取书的动作过程，透视一下它所包含的反馈控制机理，在这里，书的位置是手运动的指令信息，一般称为输入信号。取书时，首先人要用眼睛连续目测手相对于书的位置，并将这个信息送入大脑（称为位置反馈信息）；然后由大脑判断手与书之间的距离，产生偏差信号，并根据其大小发出控制手臂移动的命令（称为控制作用或操纵量），逐渐使手与书之间的距离（即偏差）减小，显然，只要这个偏差存在，上述过程就要反复进行，直到偏差减小为零，手便取到了书。可以看出，大脑控制手取书的过程，是一个利用偏差（手与书之间距离）产生控制作用，并不断使偏差减小直至清除的运动过程；同时，为了取得偏差信号，必须要有手位置的反馈信息，两者结合起来，就构成了反馈控制。显然，反馈控制实质上是一个按偏差进行控制的过程，因此，它也称为按偏差的控制，反馈控制原理就是按偏差控制的原理。

将人取书视为一个反馈控制系统时，手是被控对象，手位置是被控量（即系统的输出量），产生控制作用的机构是眼睛、大脑和手臂，统称为控制装置。我们可以用图 7 - 1 的系统方块图来展示这个反馈控制系统的基本组成及工作原理。

通常，我们把输出量送回到输入端，并与输入信号相比较产生偏差信号的过程，称为反馈，若反馈的信号是与输入信号相减，使产生的偏差越来越小，则称为负反馈；反之，则称为正反馈，反馈控制就是采用负反馈并利用偏差进行控制的过程，而且，由于引入了被控量的反馈信息，整个控制过程成为闭合过程，因此反馈控制也称闭环控制。

在工程实践中，为了实现对被控对象的反馈控制，系统中必须配置具有人的眼睛、大脑和手臂功能的设备，以便用来对被控量进行连续地测量、反馈和比较，并按偏差进行控制。这些设备依其功能分别称为测量元件、比较元件和执行元件，并统称为控制装置。

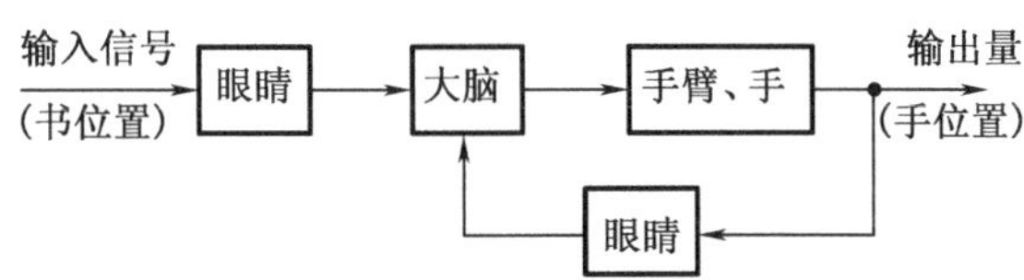

图7-1　人取书的反馈控制系统方块图

4. 反馈控制系统的基本组成

反馈控制系统是由各种结构不同的元部件组成的。从完成“自动控制”这一职能来看，一个系统必然包含被控对象和控制装置两大部分，而控制装置是由具有一定职能的各种基本元件组成的。在不同系统中，结构完全不同的元部件却可以具有相同的职能，因此，将组成系统的元部件按职能分类主要有以下几种。

测量元件的职能是检测被控制的物理量，如果这个物理量是非电量，一般要再转换为电量，例如，测速发电机用于检测电动机轴的速度并转换为电压；电位器、旋转变压器或自整角机用于检测角度并转换为电压；热电偶用于检测温度并转换为电压等，给定元件的职能是给出与期望的被控量相对应的系统输入量(即参据量)。

比较元件的职能是把测量元件检测的被控量实际值与给定元件给出的参据量进行比较，求出它们之间的偏差，常用的比较元件有差动放大器、机械差动装置、电桥电路等。

放大元件的职能是将比较元件给出的偏差信号进行放大，用来推动执行元件去控制被控对象，电压偏差信号可用集成电路、晶闸管等组成的电压放大级和功率放大级加以放大。

执行元件的职能是直接推动被控对象，使其被控量发生变化，用来作为执行元件的有阀、电动机、液压马达等。

校正元件也叫补偿元件，它是结构或参数便于调整的元部件，用串联或反馈的方式连接在系统中，以改善系统的性能。最简单的校正元件是由电阻、电容组成的无源或有源网络，复杂的则用电子计算机。

一个典型的反馈控制系统基本组成可用图7-2所示的方块图表示，图中，用“○”代表比较元件，它将测量元件检测到的被控量与参据量进行比较，“-”号表示两者符号相反，即负反馈；“+”号表示两者符号相同，即正反馈。信号从输入端沿箭头方向到达输出端的传输通路称前向通路；系统输出量经测量元件反馈到输入端的传输通路称主反馈通路，前向通路与主反馈通路共同构成主回路，此外，还有局部反馈通路以及由它构成的内回路。只包含一个主反馈通路的系统称单回路系统；有两个或两个以上反馈通路的系统称多回路系统。

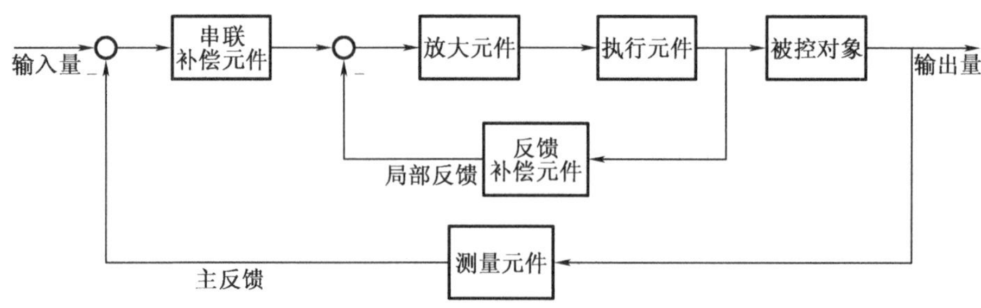

图7－2　反馈控制系统基本组成

一般地,加到反馈控制系统上的外作用有两种类型,一种是有用输入,一种是扰动,有用输入决定系统被控量的变化规律,如参据量;而扰动是系统不希望有的外作用,它破坏有用输入对系统的控制。在实际系统中,动总是不可避免的,而且它可以作用于系统中的任何元部件上,也可能一个系统同时受到几种扰动作用。电源电压的波动,环境温度、压力以及负载的变化,飞行中气流的冲击,航海中的波浪等,都是现实中存在的扰动。在图7－2所示的速度控制系统中,切削工件外形及切削量的变化就是一种扰动,它直接影响电动机的负载转矩,并进而引起刨床速度的变化。

5. 自动控制系统的基本控制方式

反馈控制是自动控制系统最基本的控制方式,也是应用最广泛的一种控制方式,除此之外,还有开环控制方式和复合控制方式,它们都有其各自的特点和不同的适用场合,近几十年来,以现代数学为基础,引入电子计算机的新的控制方式也有了很大发展,如最优控制、自适应控制、模糊控制等。

(1)反馈控制方式

如前所述,反馈控制方式是按偏差进行控制的,其特点是不论什么原因使被控量偏离期望值而出现偏差时,必定会产生一个相应的控制作用去减小或消除这个偏差,使被控量与期整值趋于一致,可以说,按反馈控制方式组成的反馈控制系统,具有抑制任何内、外扰动对被控量产生影响的能力,有较高的控制精度。但这种系统使用的元件多,结构复杂,特别是系统的性能分析和设计也较麻烦。尽管如此,它仍是一种重要的并被广泛应用的控制方式,自动控制理论主要的研究对象就是用这种控制方式组成的系统。

(2)开环控制方式

开环控制方式是指控制装置与被控对象之间只有顺向作用而没有反向联系的控制过程,按这种方式组成的系统称为开环控制系统,其特点是系统的输出量不会对系统的控制作用产生影响。开环控制系统可以按给定量控制方式组成,也可以按扰动控制方式组成,

按给定量控制的开环控制系统,其控制作用直接由系统的输入量产生,给定一个输入量,就有一个输出量与之相对应,控制精度完全取决于所用的元件及校准的精度。

开环控制方式没有自动修正偏差的能力,抗扰动性较差,但由于其结构简单、调整方便、成本低,在精度要求不高或扰动影响较小的情况下,这种控制方式还有一定的实用价值,目前,用于国民经济各部门的一些自动化装置,如自动售货机、自动洗衣机、产品生产自

动线、数控车床以及指挥交通的红绿灯的转换等,一般都是开环控制系统。

按扰动控制的开环控制系统,是利用可测量的扰动量,产生一种补偿作用,以减小或抵消扰动对输出量的影响,这种控制方式也称顺馈控制。例如,在一般的直流速度控制系统中,转速常常随负载的增加而下降,且其转速的下降是由于电枢回路的电压降引起的,如果我们设法将负载引起的电流变化测量出来,并按其大小产生一个附加的控制作用,用以补偿由它引起的转速下降,就可以构成按扰动控制的开环控制系统,如图7-3所示。可见,这种按扰动控制的开环控制方式是直接从扰动取得信息,并据以改变被控量,因此,其抗扰动性好,控制精度也较高,但它只适用于扰动是可测量的场合。

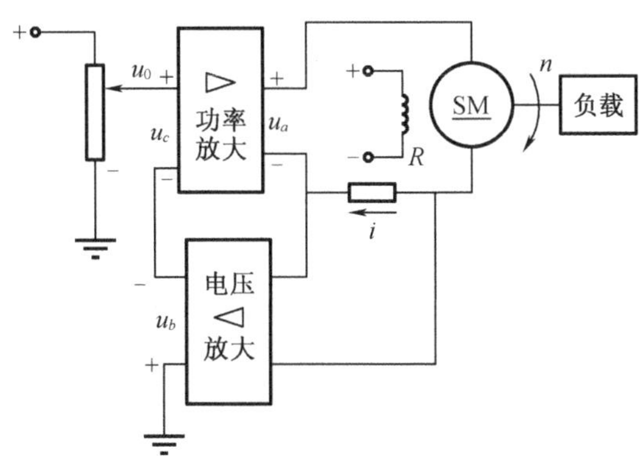

图7-3 按扰动控制的速度控制系统

(3)复合控制方式

按扰动控制方式在技术上较按偏差控制方式简单,但它只适用于扰动是可测量的场合,而且一个补偿装置只能补偿一种扰动因素,对其余扰动均不起补偿作用。因此,比较合理的一种控制方式是把按偏差控制与按扰动控制结合起来,对于主要扰动采用适当的补偿装置实现扰动控制,同时,再组成反馈控制系统实现按偏差控制,以消除其余扰动产生的偏差,这样,系统的主要扰动已被补偿,反馈控制系统就比较容易设计,控制效果也会更好。这种按偏差控制和按扰动控制相结合的控制方式称为复合控制方式。图7-4(a)(b)分别表示一种同时按偏差和扰动控制电动机速度的复合控制系统原理线路图和方块图。

7.1.2 自动控制系统

首先研究水位控制系统,实现水位控制有两种方法:人工控制和自动控制,如图7-5所示。

对于水位人工控制,可用图7-5(a)的方式实现。当水位偏离期望值(期望水位)时,人通过眼睛对液面高度(实际水位)进行观测,及时做出决定,操动进水阀门,对进水量进行相应的修正,从而使液面恢复到希望的高度,这即是人工控制过程。

对于水位自动控制,可用图7-5(b)的方式实现。当进水与出水的平衡被破坏时,水箱水位下降(或上升),出现偏差。浮子检测出偏差送到控制器,控制器在偏差的作用下,控制气动阀门开大(或关小),对偏差进行修正,从而保持液面高度不变,这即是自动控制过程。

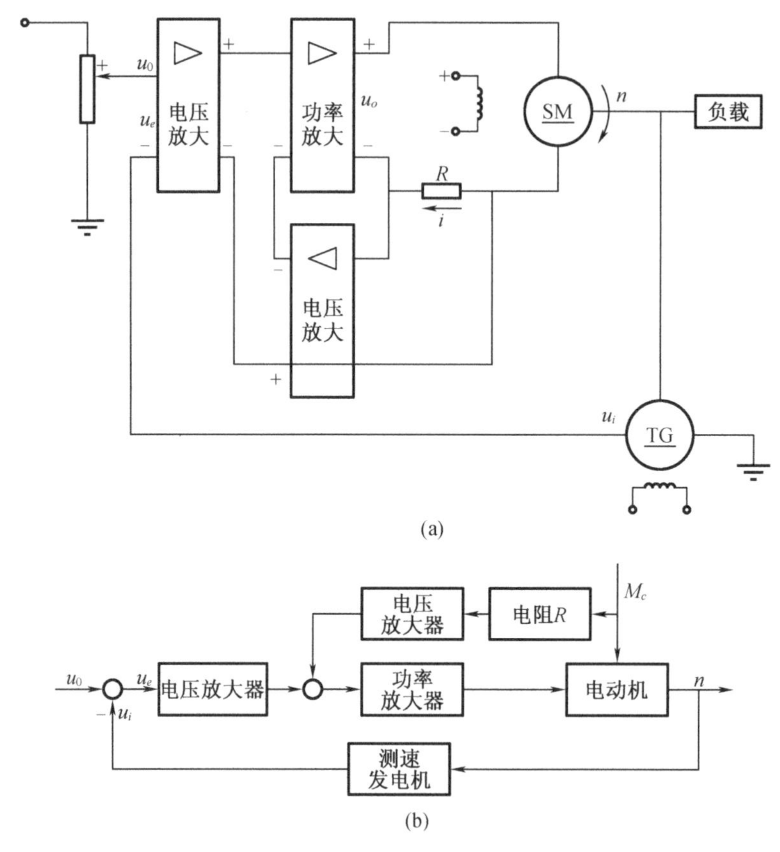

图 7－4　电动机速度复合控制系统

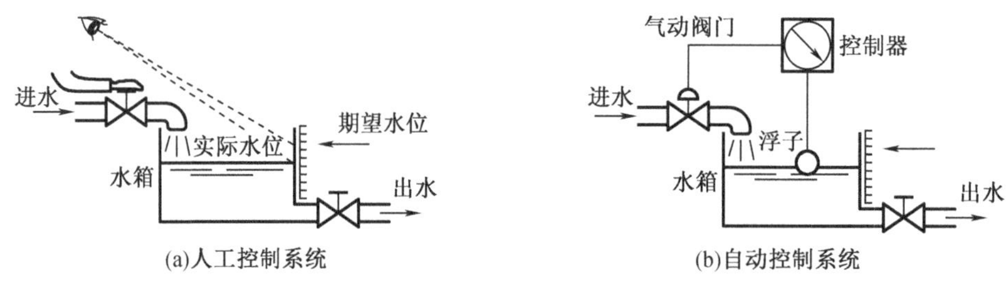

图 7－5　水位控制系统

画出以上水位人工控制系统与水位,与自动控制系统的功能方框图进行对照,如图 7－6 所示。

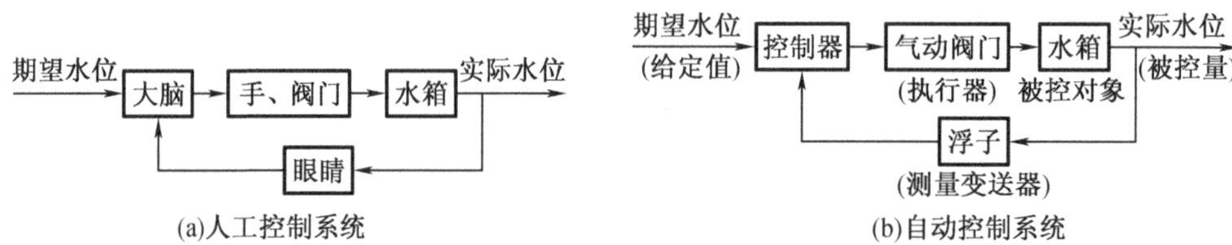

图 7－6　水位控制系统功能方框图

7.1.3　自动控制系统的分类

自动控制系统有多种分类方法，例如，按控制方式可分为开环控制、反馈控制、复合控制等；按元件类型可分为机械系统、电气系统、机电系统、液压系统、气动系统、生物系统等；按系统功用可分为温度控制系统、压力控制系统、位置控制系统等；按系统性能可分为线性系统和非线性系统、连续系统和离散系统、定常系统和时变系统、确定性系统和不确定性系统等；按参据量变化规律又可分为恒值控制系统、随动系统和程序控制系统等。一般地，为了全面反映自动控制系统的特点，常常将上述各种分类方法组合应用。

1. 线性连续控制系统

这类系统可以用线性微分方程式描述，其一般形式为

$$a_0 \frac{\mathrm{d}^n}{\mathrm{d}t^n}c(t) + a_1 \frac{\mathrm{d}^{n-1}}{\mathrm{d}t^{n-1}}c(t) + \cdots + a_{n-1}\frac{\mathrm{d}}{\mathrm{d}t}c(t) + a_n c(t)$$

$$= b_0 \frac{\mathrm{d}^m}{\mathrm{d}t^m}r(t) + b_1 \frac{\mathrm{d}^{m-1}}{\mathrm{d}t^{m-1}}r(t) + \cdots + b_{m-1}\frac{\mathrm{d}}{\mathrm{d}t}r(t) + b_m r(t)$$

式中，$c(t)$是被控量；$r(t)$是系统输入量。系数$a_0, a_1, \cdots, a_n, b_0, b_1, \cdots, b_m$是常数时，称为定常系统；系数$a_0, a_1, \cdots, a_n, b_0, b_1, \cdots, b_m$随时间变化时，称为时变系统，线性定常连续系统按其输入量的变化规律不同又可分为恒值控制系统、随动系统和程序控制系统。

(1)恒值控制系统

这类控制系统的参据量是一个常值，要求被控量亦等于一个常值，故又称为调节器。但由于扰动的影响，被控量会偏离参据量而出现偏差，控制系统便根据偏差产生控制作用，以克服扰动的影响，使被控量恢复到给定的常值。因此，恒值控制系统分析、设计的重点是研究各种扰动对被控对象的影响以及抗扰动的措施。在恒值控制系统中，参据量可以随生产条件的变化而改变，但是，经调整后，被控量就应与调整好的参据量保持一致，图 1－2 刨床速度控制系统就是一种恒值控制系统，其参据量u_0是常值。此外，还有温度控制系统、压力控制系统、液位控制系统等，在工业控制中，如果被控量是温度、流量、压力、液位等生产过程参量，这种控制系统就称为过程控制系统，它们大多数都属于恒值控制系统。

(2)随动系统

这类控制系统的参据量是预先未知的随时间任意变化的函数，要求被控量以尽可能小的误差跟随参据量的变化，故又称为跟踪系统。在随动系统中，扰动的影响是次要的，系统分析、设计的重点是研究被控量跟随的快速性和准确性。示例中的函数记录仪便是典型的随动系统。

在随动系统中，如果被控量是机械位置或其导数时，这类系统称为伺服系统。

(3)程序控制系统

这类控制系统的参据量是按预定规律随时间变化的函数，要求被控量迅速、准确地加以复现。机械加工使用的数字程序控制机床便是一例，程序控制系统和随动系统的参据量都是时间函数，不同之处在于前者是已知的时间函数，后者则是未知的任意时间函数，而恒值控制系统也可视为程序控制系统的特例。

2. 线性定常离散控制系统

离散系统是指系统的某处或多处的信号为脉冲序列或数码形式，因而信号在时间上是离散的。连续信号经过采样开关的采样就可以转换成离散信号，一般，在离散系统中既有

连续的模拟信号,也有离散的数字信号,因此离散系统要用差分方程描述,线性差分方程的一般形式为

$$a_0c(k+n)+a_1c(k+n-1)+\cdots+a_{n-1}c(k+1)+a_nc(k)$$
$$=b_0r(k+m)+b_1r(k+m-1)+\cdots+b_{m-1}r(k+1)+b_mr(k)$$

式中,$m\leq n$,n 为差分方程的次数;$a_0,a_1,\cdots,a_n$ 和 $b_0,b_1,\cdots b_m$ 为常系统;$r(k)$,$c(k)$ 分别为输入和输出采样序列。

工业计算机控制系统就是典型的离散系统,如示例中的炉浊微机控制系统等。

3. 非线性控制系统

系统中只要有一个元部件的输入 - 输出特性是非线性的,这类系统就称为非线性控制系统,这时,要用非线性微分(或差分)方程描述其特性。非线性方程的特点是系数与变量有关,或者方程中含有变量及其导数的高次幂或乘积项,例如:

$$y(t)+y(t)j(r)+y(r)=r(t)$$

严格地说,实际物理系统中都含有程度不同的非线性元部件,如放大器和电磁元件的饱和特性,运动部件的死区、间和摩擦特性等。由于非线性方程在数学处理上较困难,目前对不同类型的非线性控制系统的研究还没有统一的方法,但对于非线性程度不太严重的元部件,可采用在一定范围内线性化的方法,从而将非线性控制系统近似为线性控制系统。

7.1.4 对自动控制系统的基本要求

1. 基本要求的提法

自动控制理论是研究自动控制共同规律的一门学科。尽管自动控制系统有不同的类型,对每个系统也都有不同的特殊要求,但对于各类系统来说,在已知系统的结构和参数时,我们感兴趣的都是系统在某种典型输入信号下,其被控量变化的全过程。例如,对恒值控制系统是研究扰动作用引起被控量变化的全过程,对随动系统是研究被控量如何克服扰动影响并跟随参据量的变化全过程,但是,对每一类系统被控量变化全过程提出的共同基本要求都是一样的,且可以归结为稳定性、快速性和准确性,即稳、准、快的要求。

(1)稳定性

稳定性是保证控制系统正常工作的先决条件。一个稳定的控制系统,其被控量偏离期望值的初始偏差应随时间的增长逐渐减小并趋于零。具体来说,对于稳定的恒值控制系统,被控量因扰动而偏离期望值后,经过一个过渡时间,被控量应恢复到原来的期望值状态;对于稳定的随动系统,被控量应能始终跟踪参据量的变化。反之,不稳定的控制系统,其被控量偏离期望值的初始偏差将随时间的增长而发散,因此,不稳定的控制系统无法实现预定的控制任务。

线性自动控制系统的稳定性是由系统结构所决定的,与外界因素无关。这是因为控制系统中一般含有储能元件或惯性元件,如绕组的电感、电枢转动惯量、电炉热容量、物体质量等,储能元件的能量不可能突变,因此,当系统受到扰动或有输入量时,控制过程不会立即完成,而是有一定的延缓,这就使得被控量恢复期望值或跟踪参据量有一个时间过程,这称为过渡过程。例如,在反馈控制系统中,由于被控对象的惯性,会使控制动作不能瞬时纠正被控量的偏差;控制装置的惯性则会使偏差信号不能及时完全转化为控制动作,这样,在控制过程中,当被控量已经回到期望值而使偏差为零时,执行机构本应立即停止工作,但由于控制装置的惯性,控制动作仍继续向原来的方向进行,致使被控量超过期望值又产生符

号相反的偏差,导致执行机构向相反方向动作,以减小这个新的偏差。另一方面,当控制动作已经到位时,又由于被控对象的惯性,偏差并未减小为零,因而执行机构继续向原来的方向运动,使被控量又产生符号相反的偏差;如此反复进行,致使被控量在期望值附近来回摆动,过渡过程呈现振荡形式。如果这个振荡过程是逐渐减弱的,系统最后可以达到平衡状态,控制目的得以实现,我们称为稳定系统;反之,如果振荡过程逐步增强,系统被控量将失控,则称为不稳定系统。

(2)快速性

为了很好完成控制任务,控制系统仅仅满足稳定性要求是不够的,还必须对其过渡过程的形式和快慢提出要求,一般称为动态性能。例如,对于稳定的高射炮射角随动系统,虽然炮身最终能跟踪目标,但如果目标变动迅速,而炮身跟踪目标所需过渡时间过长,就不可能击中目标;对用于稳定的自动驾驶仪系统,当飞机受阵风扰动而偏离预定航线时,具有自动使飞机恢复预定航线的能力,但在恢复过程中,如果机身摇晃幅度过大,或恢复速度过快,就会使乘员感到不适;函数记录仪记录输入电压时,如果记录笔移动很慢或摆动幅度过大,不仅使记录曲线失真,而且还会损坏记录笔,或使电器元件承受过电压,因此,对控制系统过渡过程的时间(即快速性)和最大振荡幅度(即超调量)一般都有具体要求。

(3)准确性

理想情况下,当过渡过程结束后,被控量达到的稳态值(即平衡状态)应与期望值一致。但实际上,由于系统结构、外作用形式以及摩擦等非线性因素的影响,被控量的稳态值与期望值之间会有误差存在,这称为稳态误差。稳态误差是衡量控制系统控制精度的重要标志,在技术指标中一般都有具体要求。

2. 典型外作用

在工程实践中,自动控制系统承受的外作用形式多种多样,既有确定性外作用,又有随机性外作用。对不同形式的外作用,系统被控量的变化情况(即响应)各不相同,为了便于用统一的方法研究和比较控制系统的性能,通常选用几种确定性函数作为典型外作用。可选作典型外作用的函数应具备以下条件。

①这种函数在现场或实验室中容易得到。

②控制系统在这种函数作用下的性能应代表在实际工作条件下的性能。

③这种函数的数学表达式简单,便于理论计算。

目前,在控制工程设计中常用的典型外作用函数有阶跃函数、斜坡函数、脉冲函数以及正弦函数等确定性函数,此外,还有伪随机函数。

(1)阶跃函数

阶跃函数的数学表达式为

$$f(t)=\begin{cases}0, & t<0\\ R, & t\geqslant 0\end{cases} \tag{7-1}$$

式(7-1)表示一个在 $z\to 0$ 时出现的幅值为 R 的阶跃变化函数,如图 7-7 所示,在实际系统中,这意味着 $t=0$ 时突然加到系统上的一个幅值不变的外作用。幅值 $R=1$ 的阶跃函数,称单位阶跃函数,用 $1(0)$ 表示,幅值为 R 的阶跃函数便可表示为 $f(r)=R\cdot 1(0)$,在任意时刻,出现的阶跃函数可表示为 $f(t-t_o)=-R\cdot 1(t-t_o)$。

阶跃函数是自动控制系统在实际工作条件下经常遇到的一种外作用形式。例如,电源电压突然跳动;负载突然增大或减小;飞机飞行中遇到的常值阵风扰动等,都可视为阶跃函数形式的外作用。在控制系统的分析设计工作中,一般将阶跃函数作用下系统的响应特性作为评价系统动态性能指标的依据。

(2)斜坡函数

斜坡函数的数学表达式为

$$f(t)=\begin{cases}0, & t<0\\ Rt, & t\geqslant 0\end{cases} \tag{7-2}$$

式(7-2)表示 t 在0时刻开始,以恒定速率 R 随时间面变化的函数,如图7-8所示,在工程实践中,某些随动系统就常常工作于这种外作用下,如雷达-高射炮防空系统,当雷达跟踪的目标以恒定速率飞行时,便可视为该系统工作于斜坡函数作用之下。

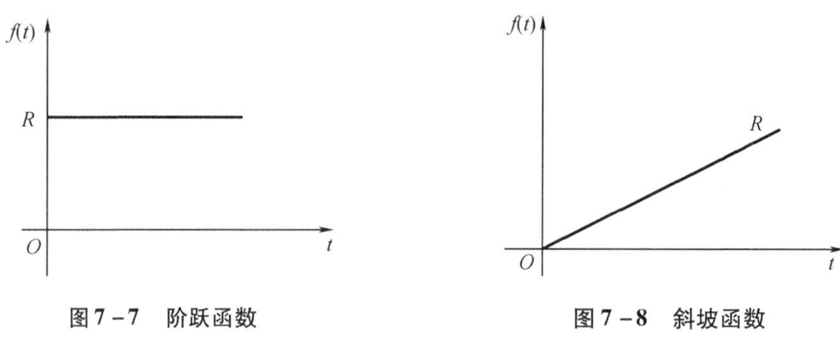

图7-7 阶跃函数　　图7-8 斜坡函数

(3)脉冲函数

脉冲函数定义为

$$f(t)=\lim_{t_0\to 0}\frac{A}{t_0}[\delta(t)-\delta(t-t_0)] \tag{7-3}$$

式中,$(A/t_0)[\delta(t)-\delta(t-t_0)]$是由两个阶跃函数合成的脉动函数,其面积 $A=(A/t_0)t_0$,如图7-9(a)所示。当宽度 t_0 趋于零时,脉动函数的极限便是脉冲函数,它是一个宽度为零、幅值为无穷大、面积为 A 的极限脉冲,如图7-9(b)所示。脉冲函数的强度通常用其面积表示。面积 $A=1$ 的脉冲函数称为单位脉冲函数或 a 函数;强度为 A 的脉冲函数可表示为 $f(t)=A\delta(t)$。在 t_0 时刻出现的单位脉冲函数则表示为 $\delta(t-t_0)$。

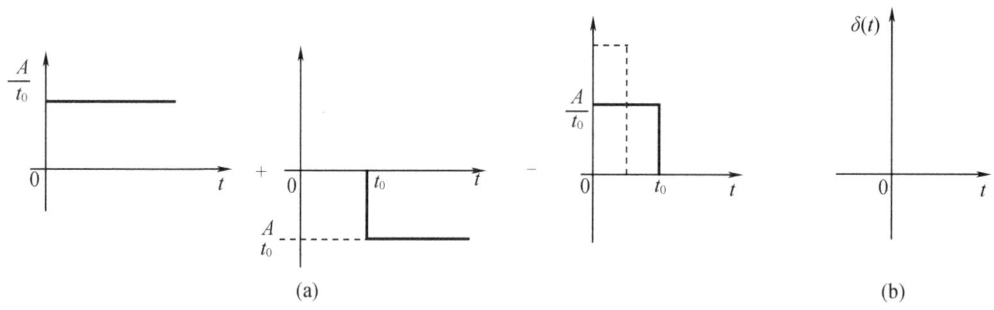

图7-9 脉动函数和脉冲函数

必须指出,脉冲函数在现实中是不存在的,只有数学上的定义,但它却是一个重要而有效的数学工具,在自动控制理论研究中,它也具有重要作用。例如,一个任意形式的外作用,可以分解成不同时刻的一系列脉冲函数之和,这样,通过研究控制系统在脉冲函数作用下的响应特性,便可以了解在任意形式外作用下的响应特性。

(4)正弦函数

正弦函数的数学表达式为

$$f(t)=A\sin(\omega t-\varphi) \tag{7-4}$$

式中,A 为正弦函数的振幅;ω 为正弦函数角频率,$\omega=2\pi f$;φ 为初始相角。

正弦函数是控制系统常用的一种典型外作用,很多实际的随动系统就是经常在这种正弦函数外作用下工作的。更为重要的是系统在正弦函数作用下的响应,即频率响应,是自动控制理论中研究控制系统性能的重要依据。

3. 自动控制系统的时域性能指标

通常情况下,控制系统的性能指标以系统对阶跃输入信号的瞬态响应形式给出。一般认为,阶跃输入信号对系统来说是最严峻的工作状态,如果系统在阶跃函数作用下的动态性能满足要求,那么在其他形式的函数作用下,其动态性能也能令人满意。控制系统的动态过程如图 7-10 所示。

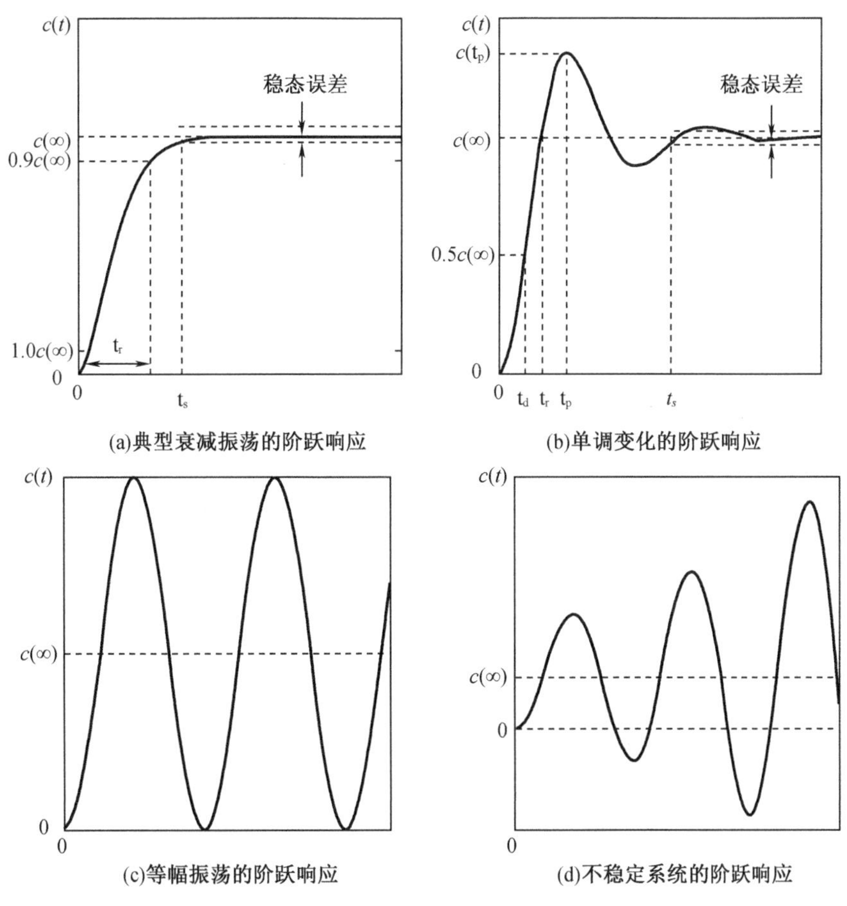

图 7-10 控制系统的动态过程(MATLAB)

(1)稳定性指标

稳定性是保证控制系统正常工作的先决条件。图 7－10 中,阶跃响应为衰减振荡(图 7－10(a))及无振荡单调变化的(图 7－10(b)),该控制系统是稳定的;阶跃响应为等幅振荡(图 7－10(c))及发散的(图 7－10(d)),该控制系统是不稳定的。

7.2 PLC

7.2.1 概述

1. 定义

可编程序逻辑控制器(programmable logic controller,PLC),是计算机技术与继电器逻辑控制概念相结合的一种新型控制器,它是以微处理机为核心、用作数字控制的专用计算机。1980 年可编程序控制器被美国电器制造商协会正式命名,简称 PC,为避免与个人计算机 PC(personal computer)混淆,仍沿用以前的简称 PLC。为了规范 PLC 的生产和发展,统一 PLC 的标准,国际电工委员会(IEC)在 1987 年 2 月颁布的第三稿中给 PLC 做了如下定义:"PLC 是一种数字运算操作的电子系统,专为在工业环境下应用而设计。它采用可编程序的存储器,用来在其内部存储执行逻辑运算、顺序控制、定时、计数和算术运算操作等面向用户的指令,并通过数字式、模拟式的输入和输出,控制各种类型机械的生产过程。PLC 及其有关设备,都应按易于与工业控制系统联成一个整体、易于扩充其功能的原则设计。"从上述定义可以看出,PLC 可与工控机、可编程计算机控制器、集散控制系统等组成各种自动控制系统和装置,具有功能强、通用性强、编程简单、使用灵活、方便、高可靠性、抗干扰能力强等一系列优点。

2. 发展历程

PLC 的发展和控制技术、计算机技术、半导体技术、通信技术等高新技术的发展是紧密相关的;每次相关技术的革新,都会给 PLC 带来功能和特性上的新变化和发展,大致可以将 PLC 的发展分为以下几个阶段。

(1)数字电路构成的初创 PLC 阶段(20 世纪 60 年代末期第一台 PLC 问世到 20 世纪 70 年代中期)。

1969 年研制的世界上第一台 PLC 时,主要由分立元件和中小规模集成电路组成,仅可完成简单的逻辑控制、定时和计数控制等,控制功能比较简单。此后,日本从美国引进这项技术研制了日本第一台 PLC;西欧国家和我国也相继开始研制 PLC。这一时期,主要有日本的三菱(MITSUBISHI)、欧姆龙(OMRON)、日立(HITACHI)、富士(FUJI)、东芝(TOSHIBA),德国的西门子(SIEMENS)和美国的艾伦－布拉特利(ALLEN－BRADLY,以下简称为 A－B)、莫迪康(MODICON)等 PLC 产品。

(2)微处理器构成的实用产品扩展阶段(20 世纪 70 年代中后期到 80 年代初期)。

20 世纪 70 年代初出现了微处理器,将大规模集成电路引入 PLC,增加了数值运算、数据传送、处理和闭环控制等功能,提高了运算速度,扩大了输入/输出规模,开始发展与其他控制系统相连的接口,构成了以 PLC 为主要部件的初级分布式(集散)控制系统(distributed

control system)，PLC 进入了实用化发展阶段，计算机技术的全面引入，使 PLC 技术产生大飞跃，奠定了它在现代工业中的地位，使其成为真正具有计算机特征的工业控制装置。这个时期，各 PLC 生产厂家纷纷推出新产品且呈系列化发展。

(3)大规模应用的成熟产品阶段(20 世纪 80 年代初到 80 年代末)。

20 世纪 80 年代初，PLC 进入成熟发展阶段并获得了广泛的应用。这个时期 PLC 发展的特点是大规模、高速度、高性能和网络化，形成了多种系列化产品，出现了结构紧凑、功能强大、性能价格比高的新一代产品。20 世纪末期的 PLC 发展，从控制规模上，发展了大型机及超小型机；从控制能力上，诞生了各种各样的特殊功能单元，用于压力、温度、转速、位移等控制场合；从产品的配套能力上，产生了各种人机界面单元、通信单元，使应用 PLC 更加容易；从编程语言上，借鉴计算机高级语言，形成了面向工程技术人员、极易为工程技术人员掌握的图形语言。PLC 已成为自动控制系统的主要设备和自动化技术的重要标志之一。

(4)通用的网络产品开放阶段(20 世纪 80 年代末到现在)。

近年来 PLC 在网络系统、热备冗余等方面都有了长足的进步；其通信功能逐步向开放、统一和通用的标准网络结构发展，如控制层的控制网络(control net)、设备网络(device net)、现场总线(field bus)和管理层的以太网(ethernet)等。通用的网络接口、卓越的通信能力使 PLC 在工业以太网及各种工业总线系统中获得了广泛的应用。

目前，世界上生产 PLC 的厂家比较著名的有美国的 A－B、通用(GE)、莫迪康(MODICON)，日本的三菱(MITSUBLSHI)、欧姆龙(OMRON)、富士电机(FUJI)、松下电工，德国的西门子(SIEMENS)，法国的 TE 与施耐德(SCHNEIDER)，韩国的三星(SUMSUNG)与 LG 公司等。我国从 20 世纪 90 年代也开始生产 PLC。

7.2.2 结构与原理

1. PLC 的主要功能

从 PLC 的发展历程可以看出，随着技术的发展，PLC 功能越来越强。它不仅可以代替继电器控制系统，使硬件软化，提高系统的可靠性和柔性，而且还具有运算、计数、计时、调节、联网等许多功能。PLC 具有很强的逻辑运算和控制功能，其中包括步进顺序控制、限时控制、条件控制、计数控制等，其程序结构简单直观，配有可靠的 I/O 接口电路，能够直接用于控制对象及外围设备。下面简单介绍 PLC 的主要几项功能。

(1)逻辑控制

PLC 具有逻辑运算功能，它设置有“与”“或”“非”等逻辑运算指令，能够描述继电器触点的串联、并联、串/并联、并/串联等各种连接。因此，它可以代替继电器进行组合逻辑和顺序逻辑控制。

(2)定时控制

PLC 具有定时控制功能。它为用户提供若干个定时器并设置了定时指令。定时时间可由用户在编程时设定，并能在运行中被读出与修改，其最小单位可在一定范围内进行选择，因此，使用灵活，操作方便。

(3)计数控制

PLC 具有计数控制功能，可为用户提供若干个计数器并设置了计数指令。计数值可由用户在编程时设置，并在运行中被读出与修改。

(4)A/D、D/A 转换

大多数 PLC 还具有模/数(A/D)和数/模(D/A)转换功能,能完成对模拟量的检测与控制。

(5)定位控制

有些 PLC 具有步进电动机和伺服电动机的控制功能,能组成开环系统或闭环系统,实现定位控制。

(6)通信与联网

有些 PLC 具有联网和通信功能,可以进行远程 I/O 控制,多台 PLC 之间可以进行同位链接,还可以与计算机进行上位链接。由一台计算机和多台 PLC 可以组成"集中管理、分散控制"的分布式控制网络,以完成较大规模的复杂控制。

(7)数据处理功能

大多数 PLC 都具有数据处理功能,能进行数据并行传送、比较运算,BCD 码的加、减、乘、除等运算;还能进行字的按位"与"、"或"、"异或"、求反、逻辑移位、算术移位、数据检索、比较、数制转换等操作。

2. PLC 的主要性能指标

相对于传统模拟控制设备,PLC 功能十分强大,衡量 PLC 的主要性能指标通常可用以下几种。

(1)I/O 点数

I/O 点数指 PLC 的外部输入端子数和输出端子数,是一项重要技术指标。通常小型机有几十个点,中型机有几百个点,大型机超过千点,最新型的可达数万点。

(2)用户程序存储容量

用户程序存储容量用于衡量 PLC 所能存储用户程序的多少。在 PLC 中,程序指令是按"步"存储的,一"步"占用一个地址单元,一条指令有的往往不止一"步"。一个地址单元一般占两个字节(约定 16 位二进制数为一个字,即两个 8 位的字节)。例如,一个内存容量为 1 000 步的 PLC,其内存为 2 KB。

(3)扫描速度

扫描速度指扫描 1 000 步用户程序所需的时间,以 ms/千步为单位。有时也可用扫描一步指令的时间计算,如 μs/步。

(4)指令系统条数

PLC 具有基本指令和高级指令,指令的种类和数量越多,其软件功能越强。

(5)编程元件的种类和数量

编程元件是指输入继电器、输出继电器、辅助继电器、定时器、计数器、通用"字"寄存器、数据寄存器及特殊功能继电器等,其种类和数量的多少关系到编程是否方便灵活,也是衡量 PLC 硬件功能强弱的一个指标。PLC 内部继电器的作用和继电器 - 接触器控制系统中的继电器十分相似,也有"线圈"和"触点"。但它们不是"硬"继电器,而是 PLC 存储器的存储单元。当写入该单位的逻辑状态为"1"时,则表示相应继电器的线圈接通,其常开触点闭合、常闭触点断开。所以,PLC 内部的继电器称为"软"继电器。

3. PLC 的工作原理

PLC 采用"顺序扫描,不断循环"的工作方式。PLC 由一个专用微处理器来管理程序,将事先已编好的监控程序固化在 EPROM 中。微处理器对用户程序做周期性循环扫描。运行时,逐条地解释用户程序,并加以执行。程序中的数据并不直接来自输入或输出模块的接口,而是来自数据寄存器区，该区中的数据在输入采样和输出锁存时周期性地不断刷新。PLC 的扫描可按固定的顺序进行,也可按用户程序指定的可变顺序进行。而顺序扫描的工作方式简单直观,既可简化程序的设计,又可提高 PLC 运行的可靠性。通常对用户程序的循环扫描过程,分为三个阶段：即输入采样阶段、程序执行阶段和输出刷新阶段,如图 7 – 11 所示。

(1)输入采样阶段。当 PLC 开始工作时,微处理器首先按顺序读入所有输入端的信号状态,并逐一存入输入状态寄存器中,在输入采样阶段才被读入。在下一步程序执行阶段,即使输入状态变化,输入状态寄存器的内容也不会改变。

(2)程序执行阶段。采样阶段输入信号被刷新后,送入程序执行阶段。组成程序的每条指令都有顺序号,指令按顺序号依次存入储存单元。程序执行期间,微处理器将指令顺序调出并执行,并对输入和输出状态进行“处理”,即按程序进行逻辑、算术运算,再将结果存入输出状态寄存器中。

(3)输出刷新阶段。在所有的指令执行完毕后,输出状态寄存器中的状态通过输出锁存电路转换成被控设备所能接收的电压或电流信号,以驱动被控设备。

PLC 完成这三个阶段工作过程所需用的时间就是一个扫描周期。可见全部输入、输出状态的改变需一个扫描周期,也就是输入、输出状态的保持为一个扫描周期。PLC 执行程序就是一个扫描周期接着一个扫描周期,直到程序停止执行为止。

图 7 – 11　PLC 程序执行过程原理框图

4. PLC 的基本组成

PLC 基本组成如图 7 – 12 所示,一般可分为两大部分:硬件系统和软件系统。

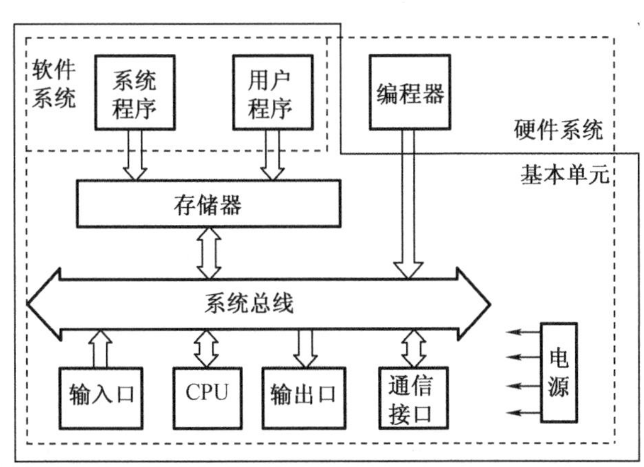

图 7 – 12　PLC 基本组成框图

(1)硬件系统

硬件系统是指组成PLC的所有具体连接的设备，一般都采用典型的计算机结构，其中主要有中央处理器CPU、存储器、输入/输出(I/O)口、通信接口、编程器和电源等部分。此外，还有扩展设备、EPROM读写板和打印机等选配设备。为了维护、修理方便，许多PLC采用模块结构，由中央处理器、存储器组成主控模块，输入单元组成输入模块，输出单元组成输出模块，三者通过专用总线构成主机，并由电源模块对其供电。编程器可采用袖珍式编程器，也可采用带有PLC编程软件的计算机，通过通信口对PLC进行编程。

一般小型机结构的简化框图(图7－13)由输入变量、PLC、输出变量三部分组成，其各部分作用如下。

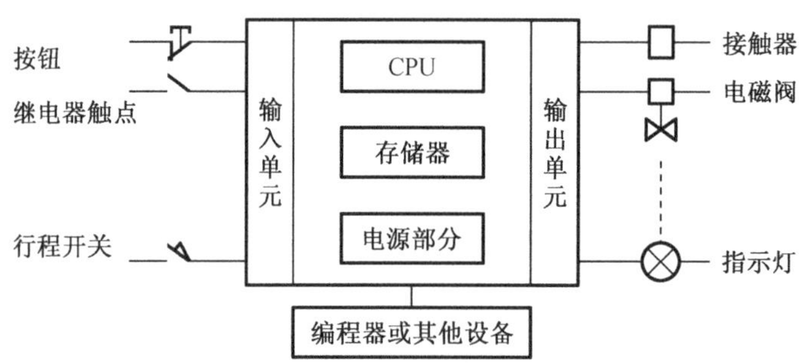

图7－13　PLC硬件系统构成框图

输入部分，收集并保存被控对象的数据和信息。如收集外部来的各种开关信号、模拟信号、传感器检测信号或操作命令等。

PLC逻辑运算部分，将输入信息存入内部寄存器，经逻辑运算，对被控对象的实际动作要求做出反应。

输出部分，对输入信息做出处理后，送出输出变量，控制设备动作。

PLC各组成部分作用如下。

①中央处理器CPU(centre processing unit)

CPU是PLC的核心，按系统程序指挥PLC有条不紊地工作。CPU一般由控制电路、运算器和寄存器组成，通过地址总线、数据总线和控制总线与存储单元、输入输出接口电路相连接。

PLC进入运行状态后，从存储器逐条读取用户指令，解释并按指令规定的任务进行数据传递、逻辑或算术运算以及处理中断等，并能根据运算处理结果，更新有关标志位的状态和输出映像存储器的内容，再经输出部件实现输出控制。

②存储器

存储器主要用于存放系统程序、用户程序以及工作数据。PLC中配有系统程序存储器和用户程序存储器。

系统程序存储器主要用于系统软件的管理和监控，对用户程序做编译处理，以及寄存内部的各种状态参数。用户程序存储区主要用来存放用户编制的应用程序，可通过编程器输入。用户数据存储区用来存放用户程序中使用的ON/OFF状态、数值、数据等，即存放运行中的各种工作数据，这种存储器必须可读写，称为PLC的编程“软”元件，是用户涉及最频繁的存储区。因此，可以说系统程序决定了PLC的基本功能，而用户程序则规定了PLC的具体工作。一般 PLC 产品资料中所指存储器的容量是对用户程序存储器而言的。

PLC 中常用的存储器类型有四种。

a. 随机存取存储器(RAM – Random access memory),又叫读/写存储器。由 CPU 进行读出和写入,在关断 PLC 的外部电源后,可以用锂电池保存 RAM 中的用户程序。RAM 一般作为数据存储器。

b. 只读存储器(ROM – Read only memory),其中的内容只能读出,不能写入,一般不能修改。电源切断后,仍能保存储存的内容。ROM 用来存放 PLC 的系统程序。

c. 可擦除的只读存储器(EPROM – Erasable programmable read only memory),在断电情况下,存储器内的内容保持不变,所以系统程序及用户程序可以保存在这类存储器中。

d. 电可擦除的只读存储器(EEPROM – Electrical erasable programmable read only memory),是非易失性的,可以用编程器对它编程,兼有 ROM 的非易失性和 RAM 的随机存取优点,EEPROM 用来存放用户程序和需长期保存的重要数据。

③输入/输出(I/O)接口单元

输入/输出接口单元是 PLC 接收和发送各类信号接点的总称,起着 PLC 与外围设备之间传递信息的作用。各 I/O 点的通、断状态用发光二极管(LED)显示,外部接线一般接在模块面板的接线端子上。某些模块使用可拆卸的插座型端子板,无须断开端子板上的外部连线,就可以迅速地更换模块。

a. 输入接口单元

输入电路中的一次电路与二次电路之间用光电耦合器隔离,在电路中设有 RC 滤波电路,以消除输入触点抖动或沿输入线引入的外部干扰脉冲,分开关量输入和模拟量输入(DI 和 AI)。

Ⅰ. 开关量输入接口

用于把现场的按钮、开关、触点等输入信号转换为内部处理的标准信号。开关量输入接口按输入电源类型不同,有交流、直流和交直流输入几种形式,图 7 – 14 所示是开关量输入电路。图中虚线框内的部分为 PLC 内部电路,输入模块电路一般由光电耦合电路和微机输入接口电路组成。

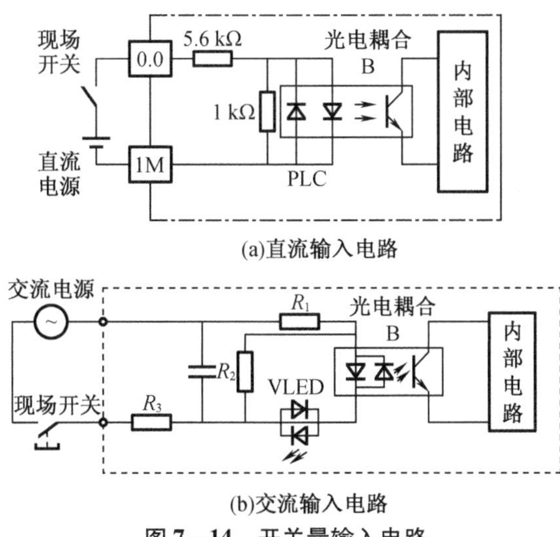

(a)直流输入电路

(b)交流输入电路

图 7 – 14 开关量输入电路

图 7－14(a)为直流输入电路图,图中只画出了一路输入电路,输入电流为数毫安。1 M 是输入电路的公共点。当现场开关接通时,光电耦合器中两个反并联的发光二极管发亮,光敏三极管导通;现场开关断开时,发光二极管熄灭,光敏三极管截止,信号经内部电路传送给 CPU 模块。显然,可以改变输入回路电源的极性。

交流输入方式适合于在有油雾、粉尘的恶劣环境中使用。输入电压有 110 V、220 V 两种。

Ⅱ. 模拟量输入接口。模拟量输入接口的作用是把现场连续变化的模拟量转换成为内部处理的数字信号。一般由信号变换、模/数转换(A/D)、光电隔离等部分组成,图 7－15 所示为模拟量输入接口单元的原理框图。

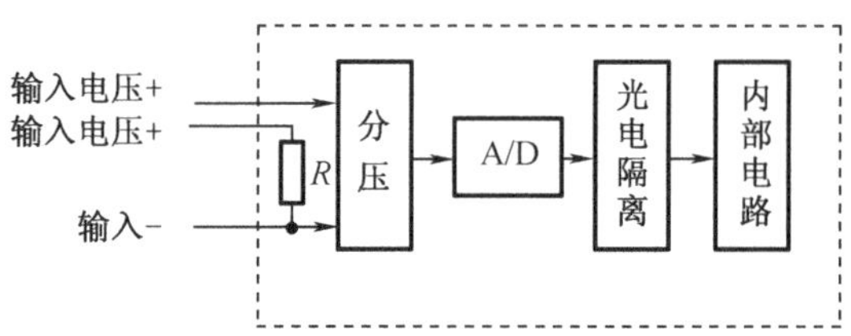

图 7－15　模拟量输入接口的原理框图

b. 输出接口单元

PLC 通过输出接口电路控制现场的执行部件。输出接口电路有共点式、分组式、隔离式之别。输出只有一个公共端子的称为共点式;将输出端子分成若干组,每组共用一个公共端子的叫分组式;隔离式是具有公共端子的各输出点之间互相隔离,且各自使用独立的电源。输出接口电路还可根据所采用输出器件的不同分为继电器输出、双向晶闸管输出、晶体管输出等。

输出接口有开关量输出和模拟量输出(DO 和 AO)两种。下面重点介绍开关量输出接口。

开关量输出接口中 PLC 开关量有三种输出电路,如图 7－16 所示。开关量输出接口是把 PLC 的内部输出信号通过隔离电路转换成现场执行机构的各种信号的电路。

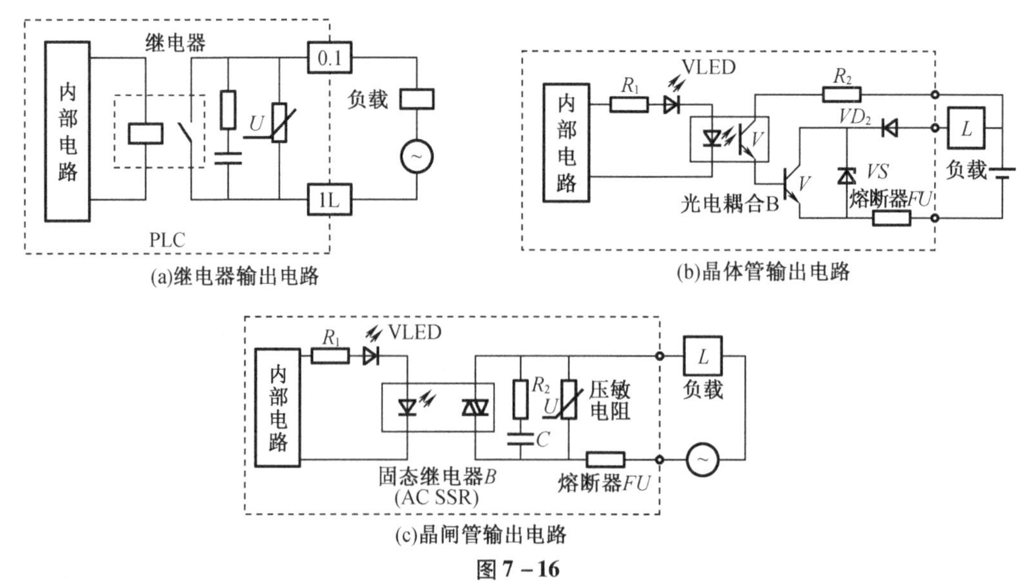

图 7－16

从上述可以看出，为防止外界强电、磁干扰进入主机而引发误动作，在 PLC 的主机 I/O 接口与现场的输入、输出信号之间加入了由光电耦合电路组成的输入、输出模块，以保证主机与外界强电电路可靠隔离。

(2)软件系统

软件系统是指管理、控制、使用 PLC，确保 PLC 正常工作的一整套程序。这些程序有来自 PLC 生产厂家的，也有来自用户的。一般称前者为系统程序，称后者为用户程序。其中，系统程序侧重于管理 PLC 的各种资源，控制各硬件的正常动作，协调各硬件组成之间的关系，以便充分发挥整个可编程序控制器的使用效率，方便广大用户的直接使用。用户程序侧重于使用，侧重于输入、输出之间的控制关系。

PLC 编程软件一般有以下几类。

①梯形图

梯形图是按照继电控制设计思路开发的一种编程语言，它与继电器控制电路图相类似，易于被电气技术人员使用，是 PLC 的主要编程语言。PLC 执行梯形图程序的顺序，一般为先上后下，先左后右。梯形图的设计应注意到以下三点。

a. 梯形图按从左到右、自上而下的顺序排列。每一逻辑行(或称梯级)起始于左母线，然后是触点的串、并连接，最后是线圈。

b. 梯形图中每个梯级流过的不是物理电流，而是“概念电流”，称为“能流”，从左流向右，其两端没有电源。

c. 输入寄存器用于接收外部输入信号，而不能由 PLC 内部其他继电器的触点来驱动。输出寄存器则输出程序执行结果给外部输出设备，当梯形图中的输出寄存器线圈得电时，就有信号输出，但不是直接驱动输出设备，而要通过输出接口的继电器、晶体管或晶闸管才能实现。输出寄存器的触点也可供内部编程使用。

②指令表

指令表是一种类似于计算机中汇编语言的助记符指令的编程语言，由地址、助记符、数据三部分组成。

③功能块

功能块语言是对应于逻辑电路的图形语言。它逻辑功能清晰，输入输出关系明确，适用于熟悉数字电路系统的设计人员。

④结构化文本语言

结构化文本语言是基于文本的高级程序设计语言。它采用一些描述语句描述系统中各种变量之间的关系，执行所需的操作，与 BASIC 语言、PASCAL 语言或 C 语言等高级语言类似。

⑤顺序功能图语言

顺序功能图语言采用顺序功能图描述程序结构，把程序分成若干步，每个步可执行若干动作。而步间的转换靠其间的转移条件实现，至于在步中要做什么，在转移中有哪些逻辑条件，则可使用其他任何一种计算机语言实现。

7.2.3 标准规范

PLC 涉及的主要相关标准规范罗列如下：

《核动力厂设计安全规定》(HAF 102—2004)

《核电厂的抗震设计与鉴定》(HAD 102/02—1996)

《核电厂安全有关仪表和控制系统》(HAD102/14—88)

《核电厂物项制造中的质量保证》(HAD003/08—86)

《核电厂质量保证安全规定》(HAF 003—1991)

《工业自动化仪表盘、柜、台、箱》(GB/T 7353—1999)

《计算机软件文档编制规范》(GB/T 8567—2006)

《计算机软件需求规格说明规范》(GB/T 9385—2008)

《计算机软件测试文件编制规范》(GB/T 9386—2008)

《微型计算机通用规范》(GB/T 9813—2000)

《信息技术　软件生存周期过程》(GB/T 8566—2007)

《计算机软件产品开发文件编制指南》(GB/T 8567—2006)

《外壳防护等级(IP 代码)》(GB/T 4208—2017)

《机电产品包装通用技术条件》(GB/T 13384—2008)

《防潮包装》(GB/T 5048—1999)

《电工电子产品环境试验 第 2 部分:试验方法 试验 A:低温》(GB/T 2423.1—2008)

《电工电子产品环境试验 第 2 部分:试验方法 试验 B:高温》(GB/T 2423.2—2008)

《电工电子产品环境试验 第 2 部分:试验方法 试验 Cab:恒定湿热方法》(GB/T 2423.3—2006)

《电工电子产品环境试验 第 2 部分:试验方法 试验 Db:交变湿热(12h + 12h 循环)》(GB/T 2423.4—2008)

《核电厂控制室屏幕显示的应用》(NB/T 20058—2012)

《核电厂安全级仪表和控制设备电子元器件老化筛选和降额使用规定》(NB/T 20019—2010)

《核电厂仪表和控制设备的接地和屏蔽设计准则》(EJ/T 1065—1998)

《可编程控制器　第 3 部分:编程语言》(GB/T 15969.3—2017)

《电磁兼容　测试与测量技术　静电放电抗扰度试验》(GB/T 17626.2—2006)

《电磁兼容性　测试和测量技术　射频电磁场辐射抗扰度试验》(GB/T 17626.3 - 2006)

《核电厂物项包装、运输、装卸、接收、贮存和维护要求》(EJ/T 564 - 2006)

7.2.4　运维项目

参考公司内部技术文件《PLC 预防性维修模板》(QS - 4DCS - TGEQPT - 0001)中的规定, PLC 控制系统中 PLC 部件的预维工作的主要内容包括 PLC 的常规检查、PLC 卡件更换、通道检查、功能检查等。

1. 维修内容主要定义

盘柜清洁:包括控制站机柜本体、柜内机架、非封装式卡件(可以按照 10% ~15% 的比例分类型、分机柜抽检,根据抽检结果决定是否对所有卡件进行清洁)、风扇等设备的清灰除尘和空气过滤网的更换;

盘柜通风状态检查:包括确认各风扇正常运转,风扇供电电压稳定,回路无异常接地;

紧固接线端子:包括 PLC 卡件的线排,盘柜中回路接线端子;

PLC 系统电源检查:包括电源状态指示灯、输出电压、输入电压;

通信信号(状态)检查:包括 CPU 卡件上的通信指示灯、各通信卡件上的状态指示灯;

PLC 状态检查:包括 PLC 各卡件、部件、槽架通信线,以及卡件和线缆插头的状态检查;

通道检查:包括 PLC 各类输入/输出通道的检查,通道状态指示灯;

PLC 的功能测试:包括 PLC 内的主要控制逻辑试验或确认以及外部回路的正常响应;

比较和备份:包括 PLC 数据、设置、内部逻辑的比较和备份。

2. 更换项目主要内容

PLC 电池更换;

PLC 盘柜内熔丝更换;

PLC 电源模块更换;

PLC 系统的 CPU 单元更换;

PLC 系统的底板(槽架)更换;

PLC 系统的 DI/DO 卡件更换;

PLC 系统的 AI/AO 卡件更换;

PLC 系统的通信模块更换;

PLC 系统的专用数据卡件更换;包括专用输入/输出卡件,如:温度输入卡、计数卡等;

PLC 系统的通信线、线缆插头更换;

PLC 控制盘柜内通风风机更换。

3. PLC 预维任务安排及说明(表 7-1)

表 7-1

修订版本	000	PLC 预防性维修模板(PMT)							PMT 编码
修订日期	2018.06.19								
适用范围:在线 PLC 控制系统的 PLC 控制盘柜内,直接构成 PLC 本体的卡件、部件和附件									大分类
关键度	关键(C)				非关键(N)				设备类型代码
工作频度	高(H)	低(L)	高(H)	低(L)	高(H)	低(L)	高(H)	低(L)	设备类型
工作环境	严酷(S)		良好(M)		严酷(S)		良好(M)		
预防维修任务	CHS	CLS	CHM	CLM	NHS	NLS	NHM	NLM	参考文件
定期维修任务									
盘柜清洁	1C	N/A	1C	N/A	AR	AR	AR	AR	
通风检查	1C	N/A	1C	N/A	AR	AR	AR	AR	
紧固端子	1C	N/A	2C	N/A	AR	AR	AR	AR	
电源检查	1C	N/A	1C	N/A	AR	AR	AR	AR	

表 7－1(续)

定期维修任务									
通信检查	1C	N/A	1C	N/A	AR	AR	AR	AR	
PLC 状态检查	1C	N/A	1C	N/A	AR	AR	AR	AR	
通道检查	1C	N/A	2C	N/A	AR	AR	AR	AR	
功能测试	1C	N/A	2C	N/A	AR	AR	AR	AR	
比较和备份	1C	N/A	2C	N/A	AR	AR	AR	AR	
定期更换任务									
电池更换	1C	N/A	3C	N/A	6Y	N/A	6Y	N/A	
熔丝更换	6Y	N/A	9Y	N/A	15Y	N/A	15Y	N/A	
电源模块更换	6Y	N/A	9Y	N/A	12Y	N/A	15Y	N/A	
CPU 更换	10Y	N/A	12Y	N/A	12Y	N/A	15Y	N/A	
底板更换	10Y	N/A	12Y	N/A	12Y	N/A	15Y	N/A	
DI/DO 卡更换	10Y	N/A	12Y	N/A	12Y	N/A	15Y	N/A	
AI/AO 卡更换	10Y	N/A	12Y	N/A	12Y	N/A	15Y	N/A	
通信模块更换	10Y	N/A	12Y	N/A	12Y	N/A	15Y	N/A	
专用卡更换	10Y	N/A	12Y	N/A	12Y	N/A	15Y	N/A	
通信线和插头更换	10Y	N/A	12Y	N/A	12Y	N/A	15Y	N/A	
盘柜冷却风扇更换	2C	N/A	9Y	N/A	9Y	N/A	9Y	N/A	

备注:《Digital Control Systems: Survey of Current Preventive Maintenance Practices and Experience(1022713)》中 SECTION 4.1 对部分数字控制系统的检查内容和周期给出了建议,SECTION 8.1 部分对目前数字控制系统的问题进行了描述。

《Power Supply Maintenance and Application Guide (1003096)》中对电源故障模式进行分析,PLC 的电源模块更换可以借鉴使用。

本表中,部分项目的周期时间填写 AR,但是建议这个周期时间小于等于 15 年。根据《Digital Control Systems: Survey of Current Preventive Maintenance Practices and Experience(1022713)》的 SECTON 8.1 中收集的问题,运行超过 15 年的 PLC 部件需要考虑升级或改造。

7.2.5 课后思考

1. 什么是可编程序控制器?
2. 可编程序控制器有哪些主要功能和特点?
3. PLC 控制系统组成一般包含哪些内容?
4. PLC 一般采取哪些维修内容?

7.3 集散控制系统

7.3.1 概述

1. 概念

DCS 是以微型计算机为基础，将分散型控制装置、通信系统、集中操作与信息管理系统综合在一起的新型过程控制系统。

它是一个由过程控制级和过程监控级组成的以通信网络为纽带的多级计算机系统，综合了计算机(computer)、通信(communication)、显示(CRT)和控制(control)等4C技术，其基本思想是分散控制、集中操作、分级管理、配置灵活、组态方便。采用了多层分级的结构，可满足现代化生产的控制与管理需求，目前已成为工业过程控制的主流系统。

集散控制系统把计算机、仪表和电控技术融合在一起，结合相应的软件，可以实现数据自动采集、处理、工艺画面显示、参数超限报警、设备故障报警和报表打印等功能，并对主要工艺参数形成了历史趋势记录，随时查看，并设置了安全操作级别，既方便了管理，又使系统运行更加安全可靠。其特点如下。

(1)基于现场总线思想的I/O总线技术；

(2)先进的冗余技术、带电插拔技术；

(3)完备的I/O信号处理；

(4)基于客户/服务器应用结构；

(5)WindowsNT 平台，以太网，TCP/IP 协议；

(6)OPC 服务器提供互连；

(7)Web 浏览器风格，ActiveX 控件支持；

(8)ODBC、OLE 技术，实现信息、资源共享；

(9)高性能的过程控制单元；

(10)支持标准现场总线；

(11)Internet/Intranet 应用支持。

DCS 可以解释为在模拟量回路控制较多的行业中广泛使用的，尽量将控制所造成的危险性分散，而将管理和显示功能集中的一种自动化高技术产品。

DCS 一般由五部分组成：控制器；I/O 板；操作站；通信网络；图形及编程软件。

2. DCS 集散控制系统特性

(1)高可靠性

由于 DCS 将系统控制功能分散在各台计算机上实现，系统结构采用容错设计，因此某一台计算机出现的故障不会导致系统其他功能的丧失。此外，由于系统中各台计算机所承担的任务比较单一，可以针对需要实现的功能采用具有特定结构和软件的专用计算机，从而使系统中每台计算机的可靠性也得到提高。

(2)开放性

DCS 采用开放式、标准化、模块化和系列化设计，系统中各台计算机采用局域网方式通信，实现信息传输，当需要改变或扩充系统功能时，可将新增计算机方便地连入系统通信网络或从网络中卸下,几乎不影响系统其他计算机的工作。

(3)灵活性

通过组态软件根据不同的流程应用对象进行软硬件组态,即确定测量与控制信号及相互间连接关系,从控制算法库选择适用的控制规律以及从图形库调用基本图形组成所需的各种监控和报警画面,从而方便地构成所需的控制系统。

(4)易于维护

功能单一的小型或微型专用计算机,具有维护简单、方便的特点,当某一局部或某个计算机出现故障时,可以在不影响整个系统运行的情况下在线更换,迅速排除故障。

(5)协调性

各工作站之间通过通信网络传送各种数据,整个系统信息共享,协调工作,以完成控制系统的总体功能和优化处理。

(6)控制功能齐全

控制算法丰富,集连续控制、顺序控制和批处理控制于一体,可实现串级、前馈、解耦、自适应和预测控制等先进控制,并可方便地加入所需的特殊控制算法。DCS 的构成方式十分灵活,可由专用的管理计算机站、操作员站、工程师站、记录站、现场控制站和数据采集站等组成,也可由通用的服务器、工业控制计算机和可编程控制器组成。处于底层的过程控制级一般由分散的现场控制站、数据采集站等就地实现数据采集和控制,并通过数据通信网络传送到生产监控级计算机。生产监控级对来自过程控制级的数据进行集中操作管理,如各种优化计算、统计报表、故障诊断、显示报警等。随着计算机技术的发展,DCS 可以按照需要与更高性能的计算机设备通过网络连接来实现更高级的集中管理功能,如计划调度、仓储管理、能源管理等。

3. DCS 的系统网络(DCS 的基础和核心)

网络对于 DCS 整个系统的实时性、可靠性和扩充性起着决定性的作用。

(1)实时性

对于 DCS 的系统网络来说,它必须满足实时性的要求,即在确定的时间限度内完成信息的传送。这里所说的“确定”的时间限度,是指在无论何种情况下,信息传送都能在这个时间限度内完成,而这个时间限度则是根据被控制过程的实时性要求确定的。因此,衡量系统网络性能的指标并不是网络的速率,即通常所说的每秒比特数(bps),而是系统网络的实时性,即能在多长的时间内确保所需信息的传输完成。

(2)可靠性

系统网络还必须非常可靠,无论在任何情况下,网络通信都不能中断,因此多数厂家的 DCS 均采用双总线、环形或双重星形的网络拓扑结构。

(3)扩充性

为了满足系统扩充性的要求,系统网络上可接入的最大节点数量应比实际使用的节点数量大若干倍。这样,一方面可以随时增加新的节点,另一方面也可以使系统网络运行于较轻的通信负荷状态,以确保系统的实时性和可靠性。在系统实际运行过程中,各个节点的上网和下网是随时可能发生的,特别是操作员站,这样,网络重构会经常进行,而这种操作绝对不能影响系统的正常运行,因此,系统网络应该具有很强在线网络重构功能。

DCS 的系统网络是一种完全对现场 I/O 处理并实现直接数字控制(DOS)功能的网络节点。

(1)现场 I/O 控制站

一般一套 DCS 中要设置现场 I/O 控制站,用以分担整个系统的 I/O 和控制功能。这样既可以避免由于一个站点失效造成整个系统的失效,提高系统可靠性,也可以使各站点分担数据采集和控制功能,有利于提高整个系统的性能。

(2)DCS 的操作员站

DCS 的操作员站是处理一切与运行操作有关的人机界面(HMI - human machine interface 或 operator interface)功能的网络节点。

(3)DCS 的工程师站

它是对 DCS 进行离线的配置、组态工作和在线的系统监督、控制、维护的网络节点,其主要功能是提供对 DCS 进行组态,配置工作的工具软件(即组态软件),并在 DCS 在线运行时实时地监视 DCS 网络上各个节点的运行情况,使系统工程师可以通过工程师站及时调整系统配置及一些系统参数的设定,使 DCS 随时处在最佳的工作状态之下。

与集中式控制系统不同,所有的 DCS 都要求有系统组态功能,可以说,没有系统组态功能的系统就不能称为 DCS。

7.3.2 结构与原理

在方家山 100 MW 机组中,DCS 采用的是 ATOS DCS 系统。在方家山 DCS 中,我们将其结构定义了四层,level 0 指的是就地的传感器、执行器等,Level 1 指的是自动控制层,level 2 即 KIC 也就是 ATOS 开发的 DCS。Level 3 为电厂管理系统,包括长期数据存档服务功能电站计算机系统(系统三字码 KIC)不仅仅用来监视电厂工作状态,也已成为电厂正常工况时的主要控制方式。KIC 系统不同于常规的控制方式,它是一种计算机化的控制方式。此系统(KIC)是基于 ADACS 平台由 atos world grid 公司开发的应用程序,接下来将基于 ATOS DCS 来介绍。

ATOS DCS 系统即 LEVEL 2 是基于 ADACS_N 平台的一种计算机化控制系统,有别于常规的控制方式。主要包含的功能:实现主控室(MCR),远程停堆站(RSS),技支中心(TSC),服务器中心(I&C EQUIPMENT ROOM),挂牌中心(tagging center),应急控制中心(ECC)的计算机化监视和控制功能;数据库的处理,运算功能和存档功能;组态工程师站;与 Invensys I/A 系统(L1)接口;与管理系统(L3)的接口。

1. KIC 在整个网络中的位置及工作原理

KIC 在 L1 与 L3 的中间,通过网络连接 L1,与 L1 进行数据的接收和传输。通过网络与 L3 连接,将数据储存到 L3,并同时满足 L3 提供实时数据请求,根据图 7 - 17 所示结构,网络组成如下。

Level 0:此层指的是传感器(sensors)和执行器(actuators)层。

Level 1:此层指的是自动控制层(automation level),采集来自 level 0 的信号,并与 level 2 通信,并将控制层的命令或 level 2 命令发往 level 0,执行 IC 自动控制功能。

Level 2:此层为电厂监视控制系统,与 level 1 和 level 3 层交换信息。

Level 3:此层为电厂管理层,包含各种应用程序,以及长期存档服务功能。长期存档服务器为 2 个机组公用。

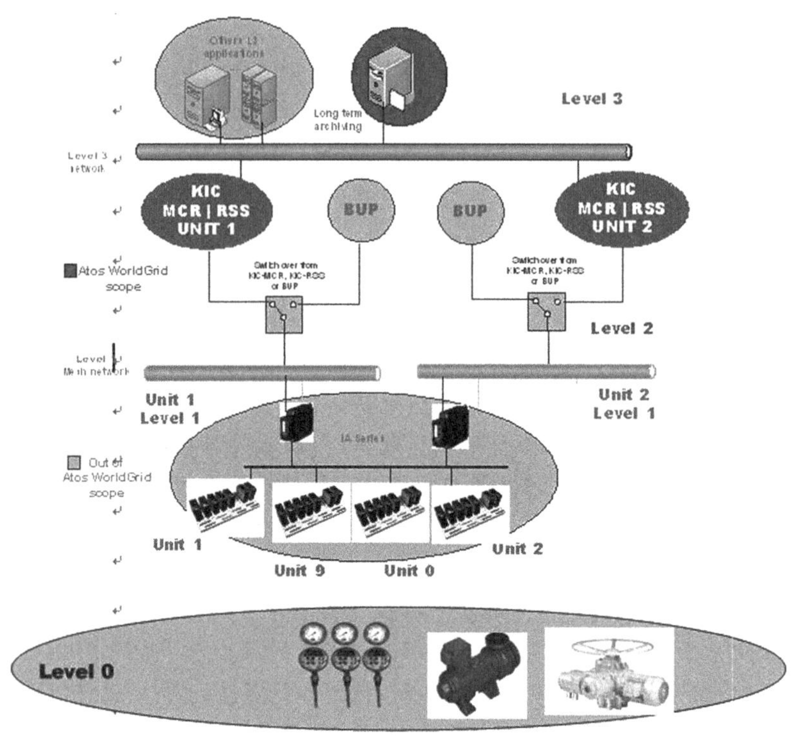

图 7－17

2. KIC 的硬件构成

KIC 的硬件主要由网络、供电、设备组成(图 7－18)。

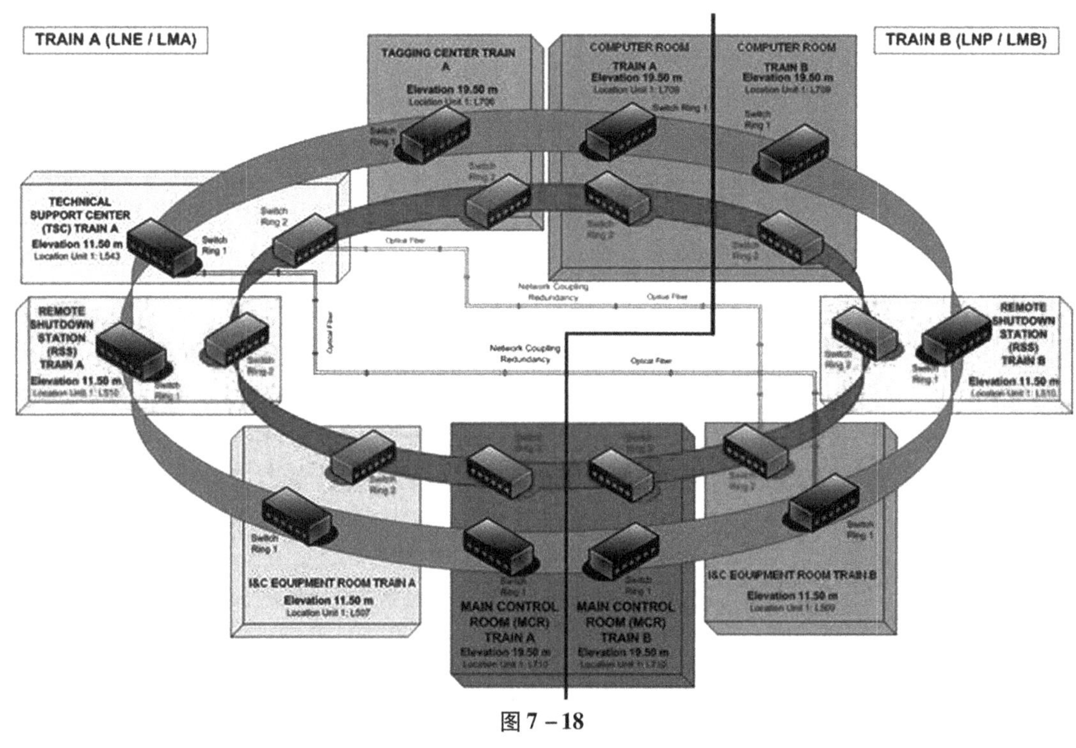

图 7－18

网络:2 个冗余的环网(100,1 000 MB/s),采用的双环网结构,如图 7-19 所示。

供电:分 A 列和 B 列的冗余结构,值得注意的是:TSC 和 TAGGING CENTER 共用一个房间,ECC 一二号机组公用,分布图如图 7-20 所示。

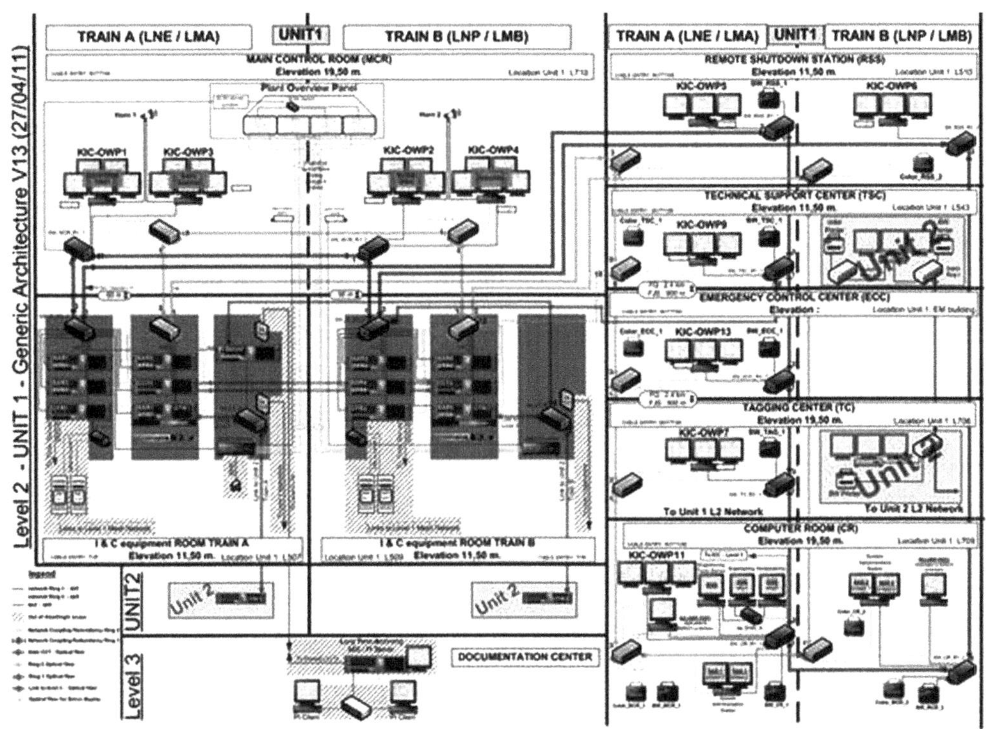

图 7-19

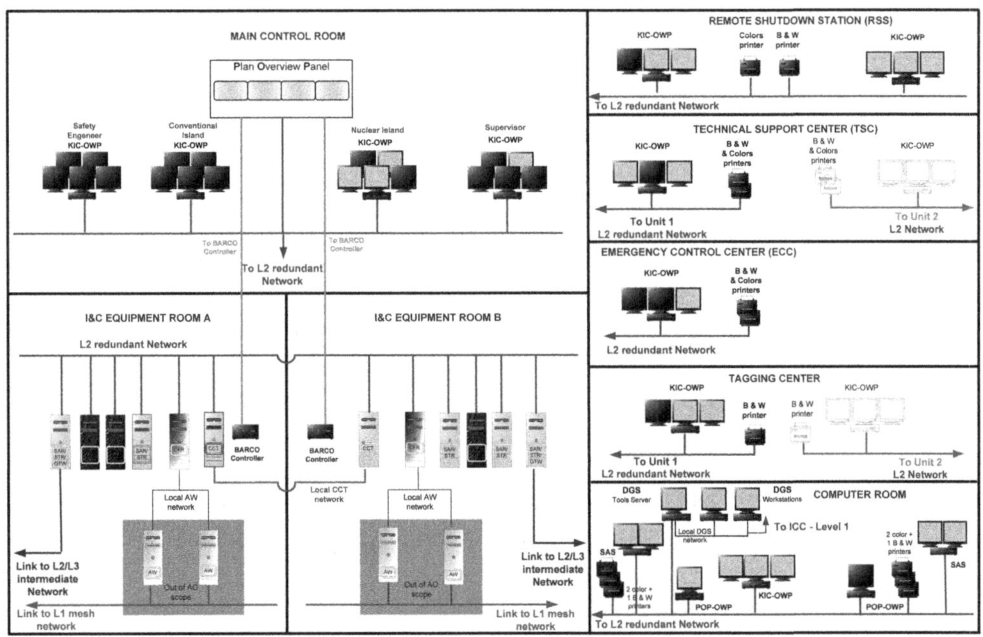

图 7-20

设备:工控机、键鼠套装、轨迹球鼠标、打印机、交换机、服务器、大屏幕、大屏幕控制器和分屏器、KVM、发声装置。设备主要在主控室中:4 台 OWP 工作站,分别有 5 个分屏;1 个大屏幕(POP)和 4 个分屏。这些设备都是用来让操纵员监视和远程控制工艺设备。此外还包含了几台打印设备,便于操纵员打印报表或趋势图线。

3. 工业以太网(高速网络)

(1)概述

工业以太网是基于 IEEE 802.3 (Ethernet)的强大的区域和单元网络,具有交换功能。继 10 M 波特率以太网成功运行之后,全双工和自适应的 100 M 波特率快速以太网(Fast Ethernet,符合 IEEE 802.3u 的标准)也已成功运行多年。采用何种性能的以太网取决于用户的需要。通用的兼容性允许用户无缝升级到新技术。

要从以太网通信协议、电源、通信速率、工业环境认证考虑、安装方式、外壳对散热的影响、简单通信功能和通信管理功能、电口或光口考虑。这些都是最基本的需要了解的产品选择因素。如果对工业以太网的网络管理有更高要求,则需要考虑所选择产品的高级功能,如:信号强弱、端口设置、出错报警、串口使用、主干(TrunkingTM)冗余、环网冗余、服务质量(QoS)、虚拟局域网(VLAN)、简单网络管理协议(SNMP)、端口镜像等其他工业以太网管理交换机中可以提供的功能。不同的控制系统对网络的管理功能要求不同,自然对管理型交换机的使用也有不同要求。控制工程师们应该根据其系统的设计要求,挑选适合自己系统的工业以太网产品。

由于工业环境对工业控制网络可靠性能的超高要求,工业以太网的冗余功能应运而生。从快速生成树冗余(RSTP)、环网冗余(RapidRingTM)到主干冗余(TrunkingTM),都有各自不同的优势和特点,控制工程师们可以根据自己的要求进行选择。

(2)工业以太网网络协议

当以太网用于信息技术时,应用层包括 HT - TP、FTP、SNMP 等常用协议,但当它用于工业控制时,体现在应用层的是实时通信、用于系统组态的对象以及工程模型的应用协议,至 21 世纪,还没有统一的应用层协议,但受到广泛支持并已经开发出相应产品的有 4 种主要协议:HSE、Modbus TCP/IP、ProfiNet、Ethernet/IP。

①HSE

基金会现场总线 FF 于 2000 年发布 Ethernet 规范,称 HSE(High Speed Ethernet)。HSE 是以太网协议 IEEE802.3、TCP/IP 协议族与 FFIl 的结合体。FF 现场总线基金会明确将 HSE 定位于实现控制网络与 Internet 的集成。

HSE 技术的一个核心部分就是链接设备,它是 HSE 体系结构将 Hl(31.25 kb/s)设备连接 100 Mb/s 的 HSE 主干网的关键组成部分,同时也具有网桥和网关的功能。网桥功能能够用于连接多个 H1 总线网段,使同 H1 网段上的 H1 设备之间能够进行对等通信而无须主机系统的干涉。

网关功能允许将 HSE 网络连接到其他的工厂控制网络和信息网络,HSE 链接设备不需要为 H1 子系统做报文解释,而是将来自 H1 总线网段的报文数据集合起来并且将 Hl 地址转化为 IP 地址。

②Modbus

Modbus TCP/IP 协议由施耐德公司推出,以一种非常简单的方式将 Modbus 帧嵌入到

TCP 帧中,使 Modbus 与以太网和 TCP/IP 结合,成为 Modbus TCP/IP。这是一种面向连接的方式,每一个呼叫都要求一个应答,这种呼叫/应答的机制与 Modbus 的主/从机制相互配合,使交换式以太网具有很高的确定性,利用 TCP/IP 协议,通过网页的形式可以使用户界面更加友好。

利用网络浏览器可查看企业网内部设备运行情况。施耐德公司已经为 Mod - bus 注册了 502 端口,这样就可以将实时数据嵌入到网页中,通过在设备中嵌入 Web 服务器,就可以将 Web 浏览器作为设备的操作终端。

③ProfiNet

针对工业应用需求,德国西门子于 2001 年发布了该协议,它是将原有的 Profibus 与互联网技术结合,形成了 ProfiNet 的网络方案,主要包括:

基于组件对象模型(COM)的分布式自动化系统;

规定了 ProfiNet 现场总线和标准以太网之间的开放、透明通信;

提供了一个独立于制造商,包括设备层和系统层的系统模型。

ProfiNet 采用标准 TCP/IP 以太网作为连接介质,采用标准 TCP/IP 协议加上应用层的 RPC/DCOM 来完成节点间的通信和网络寻址。它可以同时挂接传统 Profibus 系统和新型的智能现场设备。

现有的 Profibus 网段可以通过一个代理设备(proxy)连接到 ProfiNet 网络当中,使 Profibus 设备和协议能够原封不动地在 Pet 中使用。传统的 Profibus 设备可通过代理 proxy 与 ProFiNET 上面的 COM 对象进行通信,并通过 OLE 自动化接口实现 COM 对象间的调用。

④Ethernet/IP

Ethernet/IP 是适合工业环境应用的协议体系。它是由 ODVA(Open Devicenet Vendors Asso - cation)和 Control Net International 两大工业组织推出的最新成员,与 Device Net 和 Control Net 一样,它们都是基于 CIP(Controland Information Proto - Col)协议的网络。它是一种面向对象的协议,能够保证网络上隐式(控制)的实时 I/O 信息和显式信息(包括用于组态、参数设置、诊断等)的有效传输。

Ethernet/IP 采用和 Devicenet 以及 ControlNet 相同的应用层协议 CIP。因此,它们使用相同的对象库和一致的行业规范,具有较好的一致性。Ethernet/IP 采用标准的 Ethernet 和 TCP/IP 技术传送 CIP 通信包,这样通用且开放的应用层协议 CIP 加上已经被广泛使用的 Ethernet 和 TCP/IP 协议,就构成 Ethernet/IP 协议的体系结构。

(3)工业以太网的优势

工业以太网是应用于工业控制领域的以太网技术,在技术上与商用以太网(即 IEEE 802.3 标准)兼容,但是实际产品和应用却又完全不同。这主要表现为普通商用以太网的产品设计时,在材质的选用、产品的强度、适用性以及实时性、可互操作性、可靠性、抗干扰性、本质安全性等方面不能满足工业现场的需要。故在工业现场控制应用的是与商用以太网不同的工业以太网。然而工业以太网的优势在哪里呢?

①应用广泛

以太网是应用最广泛的计算机网络技术,几乎所有的编程语言如 Visual C ++、Java、VisualBasic 等都支持以太网的应用开发。

②通信速率高

10 100 Mb/s 的快速以太网已开始广泛应用,1Gb/s 以太网技术也逐渐成熟,而传统的现场总线最高速率只有 12 Mb/s(如西门子 Profibus - DP)。显然,以太网的速率比传统现场总线要快得多,完全可以满足工业控制网络不断增长的带宽要求。

③资源共享能力强

随着 Internet/Intranet 的发展,以太网已渗透到各个角落,网络上的用户已解除了资源地理位置上的束缚,在连入互联网的任何一台计算机上都能浏览工业控制现场的数据,实现“控管一体化”,这是其他任何一种现场总线都无法比拟的。

④可持续发展潜力大

以太网的引入将为控制系统的后续发展提供可能性,用户在技术升级方面无须独自研究投入,对于这一点,任何现有的现场总线技术都是无法比拟的。同时,机器人技术、智能技术的发展都要求通信网络具有更高的带宽和性能,通信协议有更高的灵活性,这些要求以太网都能很好地满足。

(4)工业以太网技术特点

工业以太网技术具有价格低廉、稳定可靠、通信速率高、软硬件产品丰富、应用广泛以及支持技术成熟等优点,已成为最受欢迎的通信网络之一。近些年来,随着网络技术的发展,以太网进入了控制领域,形成了新型的以太网控制网络技术。这主要是由于工业自动化系统向分布化、智能化控制方面发展,开放的、透明的通信协议是必然的要求。以太网技术引入工业控制领域,其技术优势非常明显。

Ethernet 是全开放、全数字化的网络,遵照网络协议不同厂商的设备可以很容易实现互联。

以太网能实现工业控制网络与企业信息网络的无缝连接,形成企业级管控一体化的全开放网络。

软硬件成本低廉,由于以太网技术已经非常成熟,支持以太网的软硬件受到厂商的高度重视和广泛支持,有多种软件开发环境和硬件设备供用户选择。

通信速率高,随着企业信息系统规模的扩大和复杂程度的提高,对信息量的需求也越来越大,有时甚至需要音频、视频数据的传输,当前通信速率为 10 M、100 M 的快速以太网开始广泛应用,千兆以太网技术也逐渐成熟,10 G 以太网也正在研究,其速率比现场总线快很多。

可持续发展潜力大,在这信息瞬息万变的时代,企业的生存与发展将很大程度上依赖于一个快速而有效的通信管理网络,信息技术与通信技术的发展将更加迅速,也更加成熟,由此保证了以太网技术不断地持续向前发展。

7.4 核电厂典型数字化控制架构

核电厂典型的数字化网络架构如图 7－21 所示。

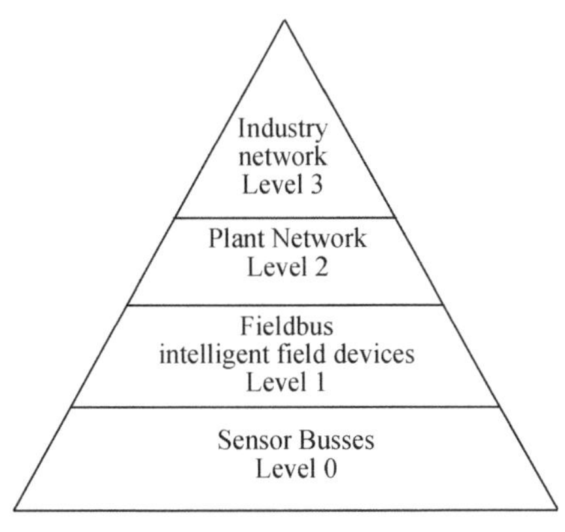

图 7－21

方家山的 DCS 系统在设计阶段是指由 IOM 供货的 Level 1 层，主要是 KCO 系统，按安全等级可分为 KCP 和 KCS，还包括 DAS/ATWT、CCS、KDO/KME/KSN 等。

level 2 是由 ATOS 供货，主要包括 KIC、KPR、TSC 系统等。

除此之外还包括第三方 DCS，即别的厂家供货的融入 KCO 系统中来的仪控系统，通过通信的方式连接。

下面主要介绍一下这三个方面的网络架构。

1. KCO 系统范围及组成（图 7－22）

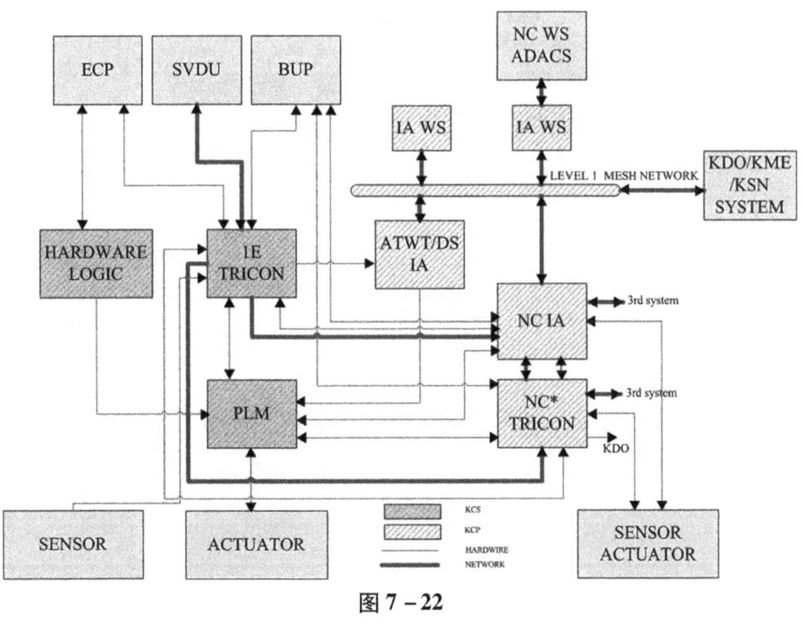

图 7－22

2. KIC 系统的网络架构(图 7－23)

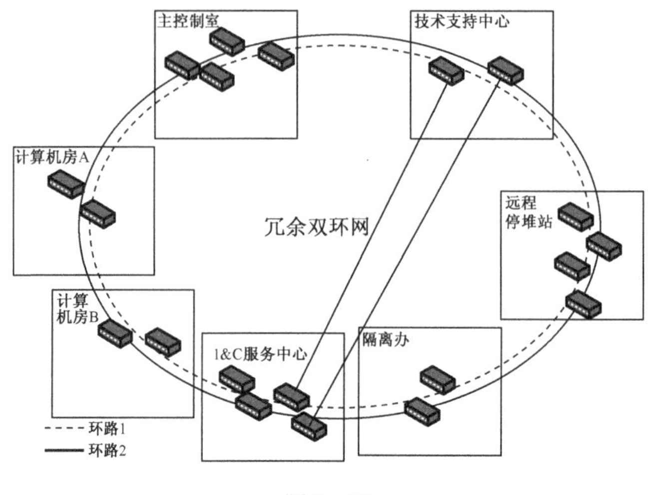

图 7－23

3. DCS 第三层接口(图 7－24)

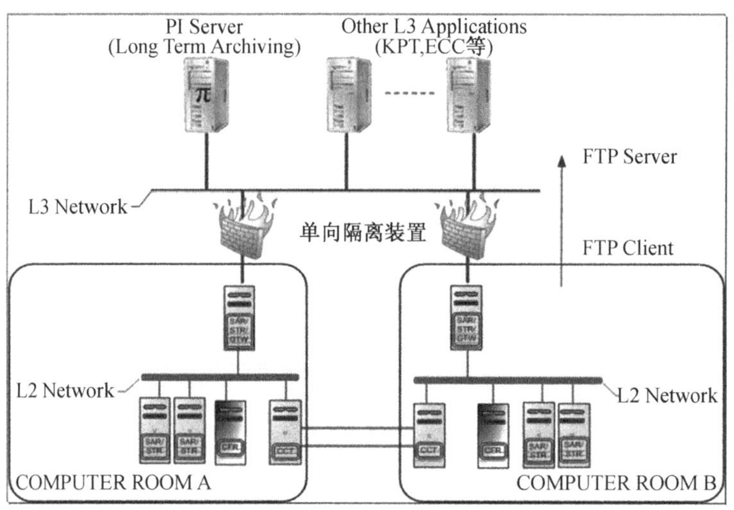

图 7－24

第8章　核电厂控制保护系统

8.1　反应堆功率控制系统

8.1.1　概述

1. 反应堆控制的目的

反应堆控制的基本目的是使一回路所产生的功率与二回路所吸收的功率相等,同时保证一、二回路的温度、压力等热工参数及堆芯功率分布等参数能满足各方面要求。

(1)一回路平均温度变化 T_{avg} 不能过大,以免由此引起的一回路冷却剂容积的过大变化,而需要比较大的稳压器来补偿这样的容积变化。

(2)避免上述 T_{avg} 变化过大引起的一回路冷却剂容积的过大变化的同样原因,使一回路排出的待处理的液体容积增加。

(3)蒸汽发生器出口压力(饱和状态水蒸气)不能过低,以免汽机效率降低和汽机末级叶片处蒸汽湿度过大而引发的叶片损坏问题。

(4)反应堆功率变化的速率必须满足一定范围内的跟踪电网负荷变化的要求。

为了满足上述要求,需要确定控制方案。

2. 控制方案的选择

二回路功率 P_2 可由下式表示:

$$P_2 = h * S * (T_{avg} - T_s)$$

式中　h——蒸汽发生器的传热系数;

S——蒸汽发生器传热面积;

T_{avg}——回路反应堆冷却剂的平均温度;

T_s——蒸汽发生器出口的蒸汽温度。

假设蒸汽发生器传热系数 h 和传热面积 S 恒定不变,则二回路功率仅是$(T_{avg} - T_s)$的函数。当负荷增加时,可用两种方法来满足二回路的功率需求:①降低蒸汽发生器出口的蒸汽温度;②提高一回路平均温度。根据这个关系,可以考虑三种控制方案。

(1)一回路平均温度不变的方案

维持一回路平均温度 T_{avg} 不变,T_s 降低,蒸汽发生器出口的蒸汽温度 T_s 可以满足二回路的功率增加的需求。这对一回路有利,因为对于稳压器等设备尺寸和一回路排出的待处理的液体能力的要求降低了。但这个方案受到汽机效率和尺寸的限制。

根据卡诺循环原理,汽轮机组的效率 η 为

$$\eta = 1 - T_c / T_H$$

式中　T_c——热阱温度(冷凝器凝结水的温度);

T_H——热源温度(蒸汽发生器出口的蒸汽温度 T_s)。

当蒸汽发生器出口的蒸汽温度 T_s 降低时，相当于 T_H 降低，汽机效率会降低。因此 T_s 的降低受到汽机效率的限制。

换句话说，为了使汽机达到设计的满功率，必须有一个足够大的进汽压力，而汽机尺寸就是按这个最低进汽压力设计的。蒸汽发生器出口的蒸汽温度 T_s 降低，也就是蒸汽发生器压力降低，由于后者不能低于汽机设计要求的最低进汽压力限值，因此，T_s 的降低范围受到汽机尺寸的限制。

(2)蒸汽发生器压力不变的方案

蒸汽发生器压力不变，也就是蒸汽发生器出口的蒸汽温度不变，这对二回路有利。但这个方案必须提高一回路平均温度来跟踪二回路功率的增加，受到一回路的各种限制。

①一回路平均温度变化过大，使一回路冷却剂容积变化过大。在温度降低或升高的变化过程需要比较大的稳压器体积来补偿容积变化。

②基于上述同样原因，一回路排出液体容积也将增加，对于接收、处理这部分废液的三废处理系统的设计参数也将提高。

③一回路平均温度变化过大，会使控制棒组的移动范围增大。如果二回路的功率迅速下降，由于主冷却剂的温度系数是负的，会释放出大量的反应性，在短时间内必须靠快速插入控制棒加以补偿。控制棒的过深插入会引起严重的堆芯通量分布畸变，甚至会导致堆芯燃料元件产生热点，有烧毁包壳的风险。

(3)折中方案

为了克服上面两种控制方案的缺点，大多数核电厂采用漂移一回路平均温度的折中方案。即随着机组功率上升，一回路平均温度逐渐增加，同时蒸汽发生器出口的蒸汽温度逐渐下降。

图 8－1 为秦山第二核电厂采用的漂移一回路平均温度的折中控制方案下各主要参数变化曲线。

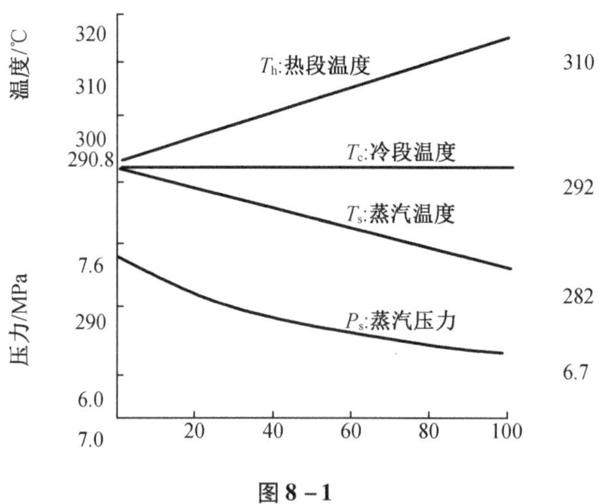

图 8－1

一回路平均温度 T_{avg} 随负荷增加，在 290.8～310 ℃之间变化。蒸汽发生器出口的蒸汽压力 P_s 和蒸汽温度 T_s 随负荷增加而逐渐降低。图中还给出了堆进、出口温度随负荷增加而变化的曲线。负荷在 0～100% P_n 的范围内，堆进口温度只变化 2 ℃，所以又称这种方案为堆进口温度不变方案。

这种方案的优点是兼顾了一、二回路。

确定了一回路平均温度控制方案后,设计出的反应堆控制系统将维持一、二回路功率的匹配,即使一回路平均温度等于控制方案中的平均温度整定值。

3. 反应性的控制作用

反应堆功率的变化实际上是通过反应性的变化来实现的。二回路功率升高时,反应性发生扰动,反应堆能自动稳定在新的功率水平(自稳性),图 8-2 反应性的控制作用,显示出在不进行任何调节情况下,反应性如何使一回路功率升高。

(1)$t=0$ 时,$P_1=P_2$,$T_{avg}=T_{avg0}$;

(2)$t=0+\Delta t$ 时,二回路功率升高:$P_1<P_2$, T_{avg}将逐渐下降,这是因为反应堆产生的功率小于需求功率,差额表现为摄取一回路热量。因为主冷却剂的反应性温度系数是负的,T_{avg}降低时导致反应堆超临界 $\rho>0$,使 P_1 上升;

(3)$t=t_1$ 时,多普勒效应产生负反应性,抵消慢化剂的温度效应,总反应性将下降;

(4)$t=t_2$ 时,P_1 增加,将使 T_{avg}回升;

(5)$t=t_3$ 时,P_1 的数值超过 P_2 的新值,反应性 ρ 趋于零。由于多普勒效应产生的负反应性继续增大,将使 ρ 变为负值,P_1 下降;

(6)$t\to\propto$时,达到新的稳态,$P_1=P_2$,但此时 T_{avg}低于原来数值。

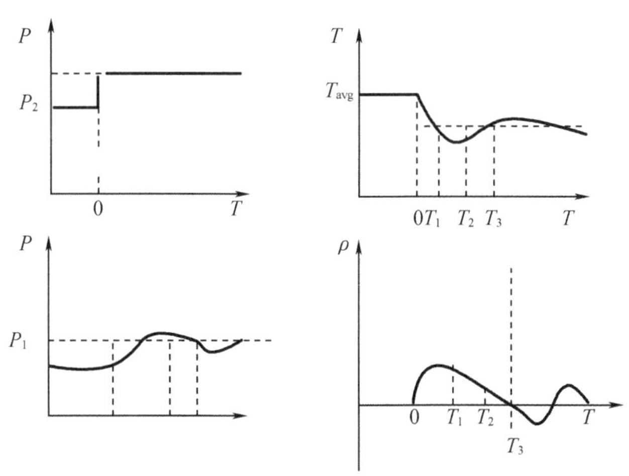

图 8-2 反应性的控制作用

由以上分析可以得出这样的结论。

(1)一回路功率是靠反应性改变的。若想增加一回路功率,必须先引入正反应性,然后使其恢复为零。若想降低一回路功率,必须先引入负反应性,然后恢复为零。这也是反应堆的自稳自调特性,即当反应堆引入一个正反应性时,堆芯中子通量增加,燃料和冷却剂平均温度均要增加,由于反应堆的负温度特性产生一个负的反应性反馈,直到反应堆冷却剂平均温度达到新的平衡点,使负反应性反馈和引入的正反应性量平衡为止,反应堆达到一个更高的水平。

(2)无须借助于任何外加的调节作用,反应堆本身具有在二回路功率变化后达到新的稳定状态的性能,这种性能称为反应堆的自稳性或自调性。这种自稳性对反应堆安全是绝对必要的,它是靠慢化剂的负温度效应来保证的。

(3)借助反应堆自稳性可以使一回路功率等于二回路功率,但不能保证使一回路平均温度等于控制方案中的平均温度整定值,因此还需要设置其他调节反应性的系统。

4. 控制模式 A

秦山二期核电厂选用一回路平均温度的折中方案后,反应堆控制系统选用 A 模式。A 模式要求反应堆在满功率或接近满功率水平下稳定运行,反应堆功率调节主要靠调节硼浓度来实现。但是,考虑到可能出现的引起反应堆突然升高或降功率的运行方式,此时,如果只靠调节硼浓度来改变功率水平,从速率上是不够的,这是由于慢化剂中硼浓度的变化受到硼化或稀释能力、速率的限制。因此 A 模式又要求具有一定的控制棒快速调节功率的能力。

一般说来,A 模式的核电厂不进行负荷跟踪,但是,为了满足功率变化机动性的要求,核电厂应具有一定的负荷跟踪能力。按照技术规格书要求,在 80% 循环长度内能进行功率变化形式为 12—3—6—3 的负荷跟踪能力,即在 12 小时满功率运行以后,在 3 小时内功率以线性变化降到 50% FP,在 50% FP 下稳定运行 6 小时后,又在 3 小时内以线性变化增长到满功率水平,以适应电网的日负荷变化的要求。同时,反应堆在设计上,应具有跟踪负荷 5% FP/分钟线性变化及 10% FP 阶跃功率变化的调节能力。

负荷跟踪是通过改变功率调节棒束的位置和可溶硼浓度来实现的,其棒位由二回路输出的电功率来确定,即不同功率水平时的棒位依据控制棒刻度曲线来实现。刻度曲线是随燃耗的变化而变化的。

A 模式情况下,控制棒所处的位置必须保证控制 ΔI 在 ΔI_{ref} 附近,ΔI_{ref} 以及控制棒位限制随燃耗的加深而变化。

在寿期初,下半部功率大,下半部功率小。随燃耗的增加,堆下半部中子峰值有减小,上半部中子通量增加。堆中子通量峰随燃耗的变化逐渐上移。为防止热点出现,ΔI_{ref} 逐渐由负向正方向转移,定期对 ΔI_{ref} 运行梯形图进行校正。同理,用于限制控制棒位的低低限和咬量的定值也随着燃耗的增加而上移。

(1)A 模式主要优点:①运行简便,相对 G 模式而言只有一个棒控系统调节回路,在正常运行不进行负荷跟踪时,运行人员主要靠改变硼浓度维持反应堆正常运行。②控制棒数量少,径向和轴向燃耗相当均匀,通过标准的管理可极方便地保证停堆深度。

(2)A 模式主要缺点:因为只进行较少控制棒的插入,在较大的负荷变化时,只能通过硼化或稀释来改变,受 RCV 化容系统的限制,无法快速跟踪负荷的变化,这一点尤其是在寿期末更为突出。

A 模式下通过调节调节棒组 A、B、C、D(其中 D 棒组为主调节棒组)和可溶硼浓度来补偿反应性的变化。调节棒的提升和下插顺序为重叠方式进行。提升时以 A、B、C、D 的顺序提升,其中 B—A、C—B、D—C 之间的重叠步数为 95,95,95,如图 8 - 3 调节棒组重叠运行程序简图。插入顺序为 D、C、B、A,重叠步数亦各为 95 步。

叠步的目的是减少堆芯轴向功率分布扰动,提高微分价值。为了使控制棒获得更均匀的微分价值,保持相对恒定的反应性和功率引入速率。A 模式下,调节棒的移动范围有如下的限制。

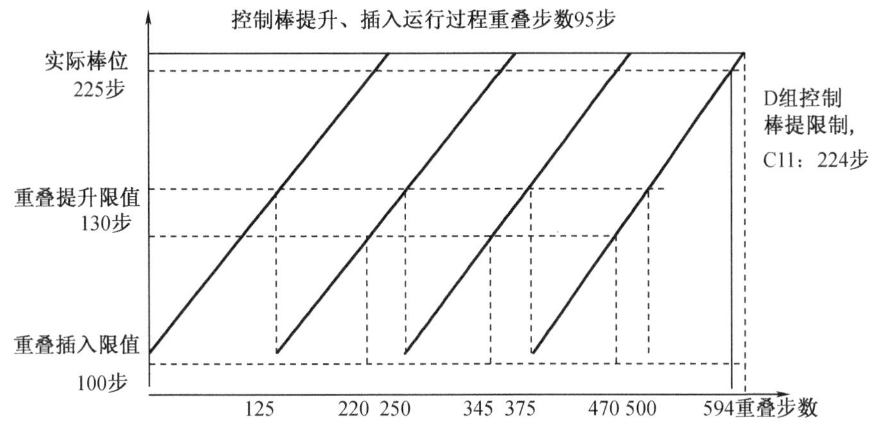

图 8-3　调节控制棒组重叠运行简

(1)控制棒低低限制。低低限的目的是：

①熔升因子不得超过设计限值,避免轴向功率过分扭曲,即避免 ΔI 偏离 ΔI_{ref} 过大,防止热点的出现(插入限值随功率水平和燃耗的变化而变化)。

②保证足够的停堆裕度在 HZP 状态下,满足卡棒准则的同时,在 BOL、EOL 的停堆裕度分别不得小于 1 000 pcm 和 2 000 pcm。

③限制弹棒事故的后果,即避免控制棒发生弹棒事故后,向堆内引入过大的反应性。

(2)控制棒低限报警。提醒操纵员及时干预,采用正常硼化手段。当出现低低限报警时,要求直接硼化等手段,使控制棒尽快提升至低低限以上。

(3)咬量高报警。当控制棒达到上限位置时,禁止控制棒自动或手动提升,要求启动稀释,使控制棒下插。

所谓咬量,是指为了确保主调节棒组(D 棒组)具有足够的反应性引入能力,以满足 5% NP/分钟线性变化,及 10% FP 阶跃变化的机动性要求,并尽可能使轴向功率分布平坦,需要限制主调节棒组的最小插入深度。这个插入位置,称为咬量,计算得到 D 棒组在设计咬量位置处具有 2.5PCM/步的微分价值,对应的积分价值为 100 pcm 左右。调节棒咬量位置是随着反应堆运行寿期燃耗的变化而不断变化的,需要适时地进行调整。

(4)C11(D 棒提升限制,224 步)

防止控制棒提出燃料组件而导致控制棒无法准确插入燃料组件内。

8.1.2　结构与原理

1. 反应堆功率调节系统的工作原理

A 模式反应堆功率调节系统的基本原理由两个通道组成：

①平均温度调节通道,即闭环调节通道,其作用是完成平均温度的精确调节,在当汽机负荷(参考平均温度 T_{ref})变化时,按稳态运行特性调节反应堆功率(一回路平均温度 T_{avg}),使功率自动跟踪汽机负荷的变化。

②功率偏差失配补偿通道,即开环调节通道,其作用是完成平均温度的快速控制,它是一个前馈通道,在一、二回路功率失配变化时提供超前调节作用,改善动态品质和抑制暂态。这两个通道的输出经过棒速程序单元控制系统,以驱动控制棒。

其方框图如图 8-4 所示。

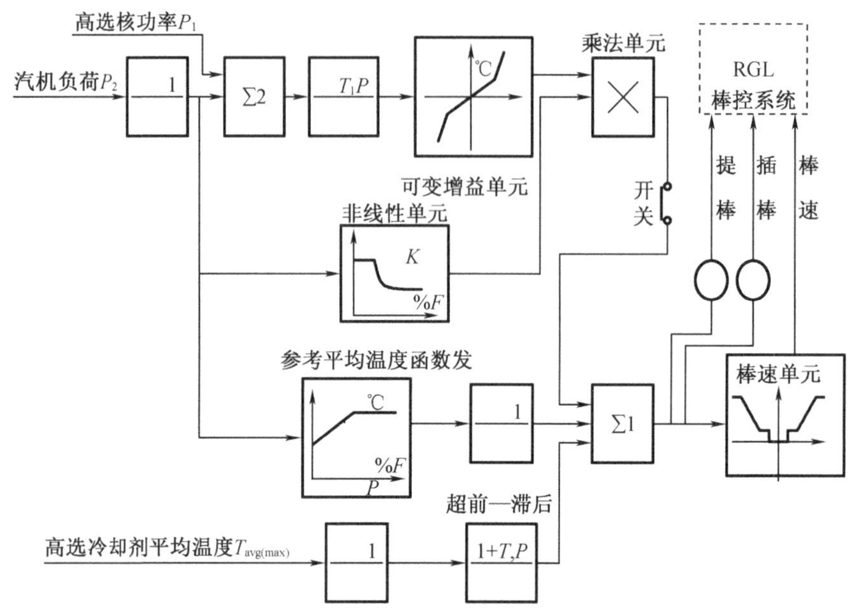

图 8－4　平均温度控制系统原理简图

(1)平均温度调节通道

平均温度调节通道的信号有两个：

①汽机压力信号(GRE 023/024MP)，它代表汽机的负荷。此信号经滤波并经函数发生器产生参考温度，并经惯性环节校正后得到。

②高选平均温度 $T_{avg(max)}$ 信号，由反应堆冷却剂系统的两个环路的测温旁路共 4 个平均温度 T_{avg} 信号经过高选器得到，高选平均温度 $T_{avg(max)}$ 信号的输出送到超前/滞后单元(该环节用来补偿测量通道的热惯性引起的响应滞后，提供一个超前信号)之后再经过第二级滤波器，除掉信号噪声，输出信号送往加法单元。

该高选平均温度信号还用于稳压器液位和蒸汽旁路排放控制系统。

经处理后的参考平均温度 T_{ref} 信号和高选平均温度 $T_{avg(max)}$ 信号送往温度失配电路，这个电路将对实际测量温度与参考平均温度 T_{ref} 进行比较。两个输入信号同时送到平均温度控制系统加法器 RGL403ZO，如果其数值不一致就产生了偏差信号 ΔT，用于控制棒调节系统。

(2)功率失配通道。

平均温度调节通道的信号有两个：

①核功率信号采用核测的功率区段的四个功率量程探测器测量信号的高选值。

②汽机压力信号(GRE 023/024MP)，它代表汽机的负荷。

功率失配通道采用高选核功率与汽机负荷的失配信号作为棒速单元的辅助信号，差值 ΔP 经过一个微分环节，其作用是使信号在暂态过程中起作用，而在稳态时不起作用，从而保证了此通道的稳态误差不会影响主通道的稳态控制精度。从微分环节输出的信号进入可变增益单元，其作用是在较大功率失配时通道有较强的补偿作用，以便于调节系统快速响应。又为了保证高功率运行状态下的调节系统的稳定性，信号还经过非线性单元和乘法单元处理。

也就是说,功率失配通道加快了系统对负荷改变的跟踪速度,这种电路在负荷变化引起平均温度 T_{avg} 变化以前,就能动作,使棒开始向适当的方向运动。同时,该通道能对负荷的变化提供迅速稳定的响应,也改善了系统的稳定性和动态品质。

功率失配通道选择开关 RGL401CC,可将失配通道从功控系统中隔离。

2. 各个环节的作用分析

(1)可变增益单元(图8-5)

功率失配通道监测两个输入信号,只有当两个输入信号之间存在变化速率时,才会提供输出,变化速率越大,由微分环节产生的输出也越大,再经可变增益,将功率失配信号转换成等效温度信号,并将这个信号放大。也就是说,较大的负荷变化,就会对应较大的输出。

调节系统在功率失配信号大时,应快点调节,失配信号小时可以慢点调节,所以,设置两种增益系数,使它适用与不同范围的在功率失配信号。

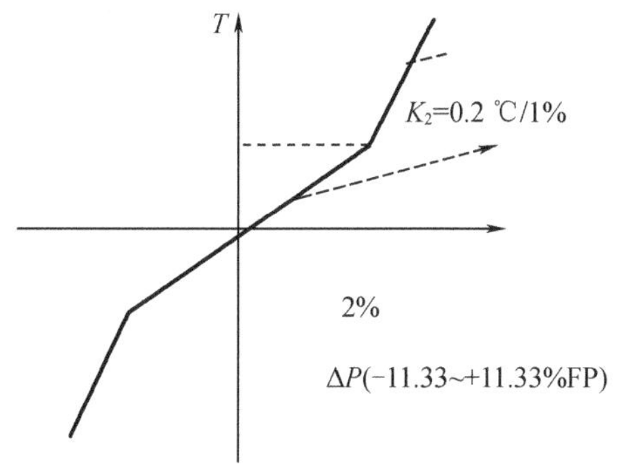

图8-5 可变增益单元

(2)非线性单元(图8-6)

经可变增益单元处理的信号可作为失配信号,但还有一点需要考虑,在汽机负荷水平不同时,失配信号的最大增益是不同的,如果最大增益太小,失配通道就起不到有效的迅速调节作用;如果最大增益太大,可能会引起棒的高频动作,使调节过程不稳定。

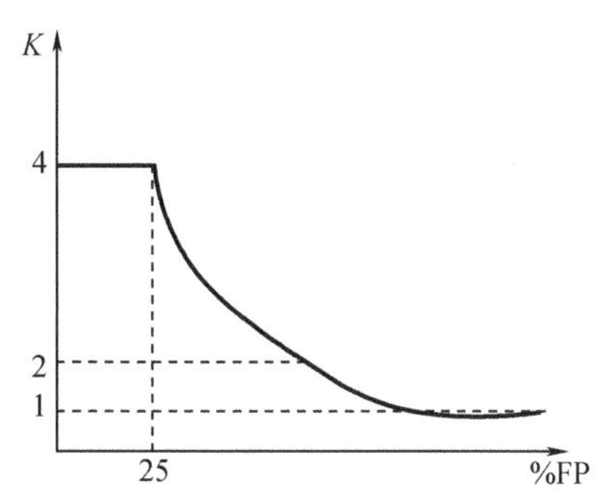

图8-6 非线性增益单元

所以，设置非线性增益单元，并使非线性增益的输出端保证在低功率水平情况下，可对功率失配误差信号提供高增益。而在高功率情况下提供低增益，保证了调节过程的稳定性和快速性。

非线性单元的函数是一个双曲线函数。

(3)控制棒棒速、方向单元

反应堆功率控制系统根据测量温度与参考温度的偏差($T_{ref}-T_{avg}$)形成提棒、插棒和棒速信号，送往棒控系统。阈值继电器产生插棒或提棒信号(棒向信号)，经函数发生器产生棒速信号。当偏差为正时，说明平均温度偏低，当偏差增加到 0.83 ℃时，控制棒开始以 8 步/min 提升，偏差在 1.73 ~2.8 ℃之间，棒速在 8 步/min 至 72 步/min 之内变化。当偏差降到 0.56 ℃时，控制棒停止提升。

相反，($T_{ref}-T_{avg}$)为负时，说明平均温度偏高，控制棒按照上述原理开始插棒。图 8 -7 所示为棒速、方向单元原理图。

为防止棒束频繁动作，棒速单元中设置了棒速死区。在棒速单元中 ±0.83 ℃的($T_{ref}-T_{avg}$)偏差范围称为死区(盲区)。

另外，($T_{ref}-T_{avg}$)在 -0.83 ~ -0.56℃及 0.56 ~0.83 ℃的温度偏差范围均称为回环。

死区和回环有助于防止控制棒的频繁移动。棒速信号和棒间信号均输出至控制棒逻辑电路，产生控制棒的驱动命令，使控制棒移动，将平均温度控制为参考平均温度。

(4)棒速和棒速转折点

增大最小棒速，能加快系统的响应速度，但同时不利于系统的稳定性，二期最小棒速选为 8 步/min，受机械设备的限制，最大棒速设定为 72 步/min。控制系统中尽量延长棒速坪(8 步/min)的目的是增加系统的稳定性，但过长对系统响应速度不利，二期棒速转折点设为 1.73 ℃。最大棒速转折点也不能太大，以免和 GCT 系统形成耦合，选 2.8 ℃。

3. 二回路的负荷和最终功率整定值

当机组在正常稳定状态运行时，二回路的负荷是由汽轮机第一级冲动室的压力 GRE023/024MP 来代表的。因为当机功率大于 15% FP 时，第一级冲动室的压力即与机功率成正比。

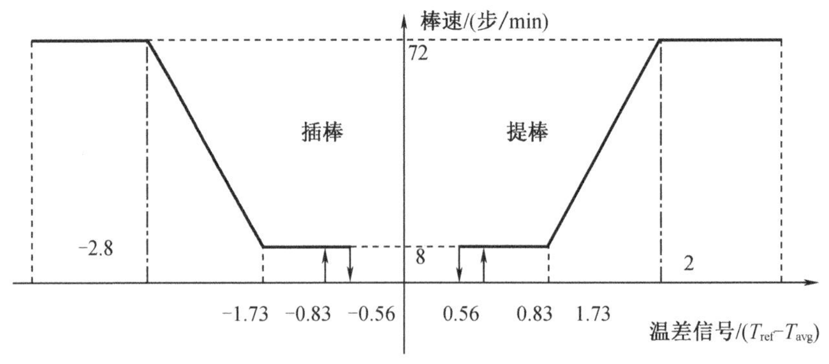

图 8 -7　棒速、方向单元

当汽轮机组在大的瞬态过程中，主蒸汽旁路系统(GCT)运行时，汽机的进汽压力信号就不能代表二回路的总负荷。在这种情况下，人为设置一个功率数值，称为最终功率整定值。设置了最终功率整定值之后，反应堆即产生一个大于汽机负荷的功率，以便汽机负荷增加时快速跟踪。

最终功率整定值的生成原理图见图8－8。

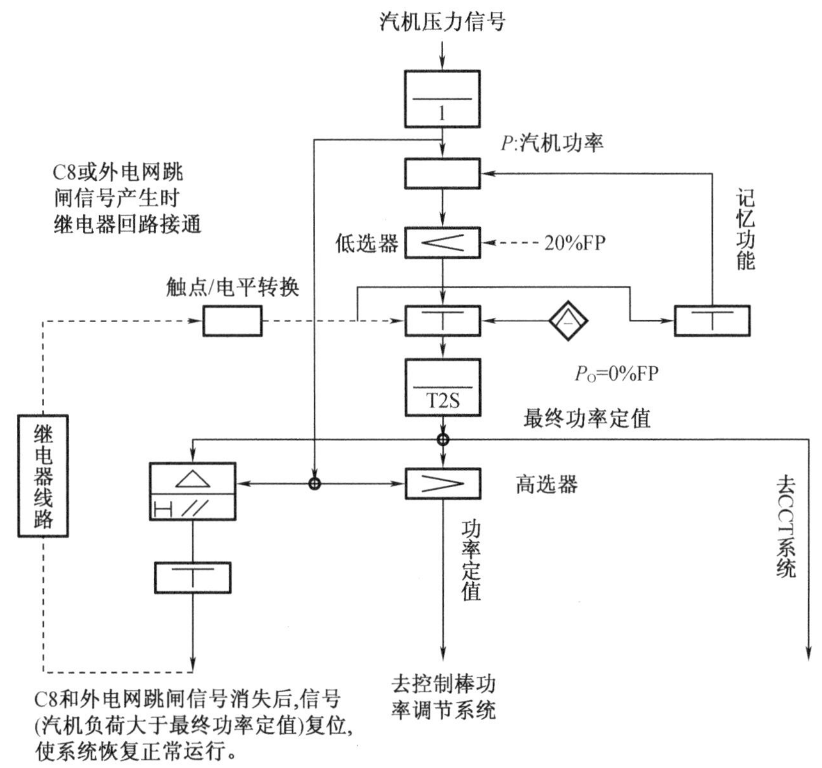

图8－8　最终功率整定值生成原理图

正常运行时，记忆模块ME失电，不记忆。高选器输出的为当前的汽机负荷，用于控制棒调节系统（去GCT系统的最终功率定值信号为零）。

当汽机脱扣（C8）或外电网跳闸时，继电器使记忆回路接通，记录当前汽机功率P，P和P_1（20% FP）经过低选器，再经滤波后形成最终功率定值，送到高选器，与当前的汽机功率比较，产生当前负荷信号，参与反应堆功率控制。

如果500 kV超高压断路器断开或汽机脱扣之前，汽机负荷大于等于20% Pn，最终功率整定值设置为20% Pn。当超高压断路器断开或汽机脱扣之前机负荷小于20% Pn时，最终功率整定值设置为当时的汽机负荷。

C8或外电网信号消失，系统恢复正常运行时的状态，记忆失效时，最终功率定值$=P_1=$ 0% FP。

还应当指出，如果存在GCT－C的"P压力控制模式"信号或反应堆停堆P_4信号，则自动闭锁继电器回路，记忆模块失电，最终功率整定值输出值为$P_0=0\%$ FP。

4. 报警信号介绍

(1) 反应堆过冷闭锁信号C22的生成

闭锁信号C22在功率范围41.7%～90% Pn之间。当平均温度比整定值低10 ℃时就产生，其中41.7%Pn和90%Pn是两点修正：负荷低于41.7%Pn时的修正和负荷高于90%Pn时的修正，其中前者用于防止产生P12信号，后者用于防止主蒸汽品质恶化的运行工况。图8－9表示C22温度曲线和各种功率运行下的平均温度的关系。

反应堆过冷闭锁信号C22的生成方程是：$\Delta T_{C22}=T_{avg,min}+\Delta T-T_{ref}$。其原理是：两环路的一回路平均温度低选值$T_{avg,min}$和由二回路负荷（汽机功率和最终功率整定值的高选值）产生的参考平均温度T_{avg}、平均温度校准ΔT三者之间的差值，在小于设定值（0 ℃）时继电器动作触发C22信号，驱动汽机以200%PN/min快速降负荷和闭所控制棒的下插。（假定在主控室P7台上的C22闭锁开关不闭锁）

如果三者之间的差值ΔT_{C22}小于1 ℃时，另一继电器动作发出低温报警信号RGL405AA，同时送往KIT（RGL405EC）。图8－10表示C22的平均温度校准ΔT函数曲线。

温度/℃
310 ℃
290.8
C22线
20 41.7
90 100，功率/%FP

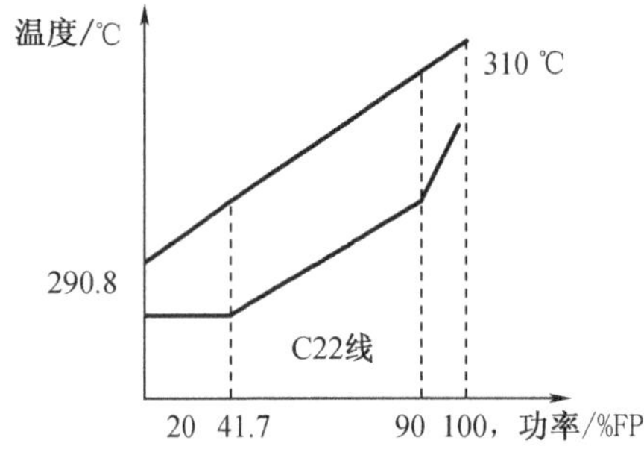

图8－9　温度曲线和平均温度的关系

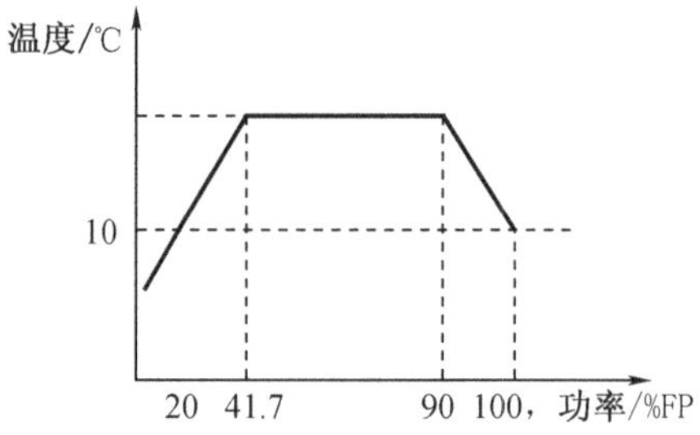

温度/℃
10
20 41.7
90 100，功率/%FP

图8－10　C22的平均温度校准ΔT函数曲

（2）反应堆温度异常RGL 404 AA

RGL 404 AA是监测反应堆温度是否处于正常区间内，监测以下三种情况的异常。

①$T_{avg(max)}-T_{ref}$低报警（RGL 406 EC）。报警阈值为－2 ℃。

②$T_{avg(max)}-T_{ref}$高报警（RGL 407 EC）。报警阈值为＋2 ℃。

③$T_{avg(max)}$高报警（RGL 408 EC）。报警阈值为312 ℃。

5. 棒组的插入限制（图8－11）

对于D棒组，考虑到电站的调节能力、停堆能力、恢复功率能力，发生弹棒事故时可能引入的正反应性大小以及运行时对堆芯功率分布的影响，它在堆芯内移动的范围有一定的限制。这个范围叫调节带，调节带的上限称为咬量，咬量是按微分价值为2.5PCM/步确定。

此外，对于调节棒组还有插入限值的限定。

（1）低插入限值，它提醒操纵员控制棒已接近插入极限，要求启动正常加硼操作，制止控制棒进一步下插。

（2）低－低插入限值，它要求操纵员紧急加硼，使控制棒离开插入极限。

对应于A、B、C、D各棒组，分别为：A棒组设有低位限制；B棒组设有低位、低低位限制；C棒组设有低位、低低位、低低低位限制；D棒组设有低位、低低位限制。

限制主调节棒的插入限值是为了满足下列要求。

（1）停堆裕度的要求，在HZP时，满足卡棒准则的同时，在BOL和EOL的停堆裕度分别不得小于1 000 Pcm和2 000 Pcm。

（2）弹棒事故安全准则。

（3）焓升因子不得超过设定限值。

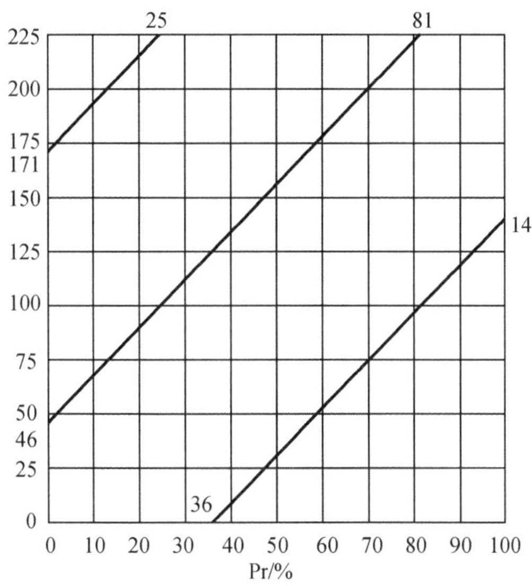

图8－11 调节棒插入限值随功率水平变化，EOL

8.1.3 标准规范

秦山第二核电厂一、二号机组运行技术规格书。
秦山第二核电厂三、四号机组运行技术规范。

8.1.4 运维项目

运维项目如表8－1所示。

表8－1

PMID	机组	PM标题	专业	监测周期
00171514	2	反应堆功率调节通道报警定值及报警通道	MI	R1
00171515	1	反应堆功率调节通道报警定值及报警通道	MI	R1
00179202	3	反应堆功率调节通道报警定值及报警通道	MI	R1
00178677	4	反应堆功率调节通道报警定值及报警通道	MI	R1
00182796	1	1RGL411CE 控制棒位通道卡件校验	MI	R2
00182797	2	2RGL411CE 控制棒位通道卡件校验	MI	R2
00179203	3	3RGL411IS RGL 控制棒位通道卡件校验	MI	R2
00179204	4	4RGL411IS RGL 控制棒位通道卡件校验	MI	R2
00157159	1/2	功能校验，卸料后至装料前，功率量程电子卡件校验及调整	MI	R1
00157159	1/2	功能校核，卸料后至装料前，中间量程电子卡件校验及调整	MI	R1
00157159	1/2	功能校核，卸料后至装料前，源量程电子卡件校验及调整	MI	R1

8.1.5 典型案例分析

1. 主控触发 C 棒组低、低低、低低低报警

报告编号:CAP201805439

事件名称:主控触发 C 棒组低、低低、低低低报警

机 组 号:秦二厂 2#机组

发生/发现日期:2018 - 01 - 30

状态简述:1 月 30 日上午 11 点 07 分,2#机组 C 棒组低、低低、低低低报警闪发。根据图纸,班组人员至主控查看 KDO 发现:C 棒组给定棒位有 0.2 s 波动至报警阈值(222.5)以下,导致报警闪发。同时,棒位工控机、棒控工控机均未发现报警信息。

检查处理:判断为 413CE 卡件输出波动或回路端子接触不良引起。班组人员现场检查时,未发现端子松动,对 413CE 卡件输出端进行测量并放电,然后紧固了 KRG 机柜内回路所有端子。后续未再次出现该报警。

2. 主控闪发 1RGL672AA(B 棒组低 - 低)和 1RGL673AA(B 棒组低)

报告编号:CR201922574

事件名称:主控闪发 1RGL672AA(B 棒组低 - 低)和 1RGL67 3AA(B 棒组低)

机 组 号:秦二厂 1#机组

发生/发现日期:2019 - 04 - 18

状态简述:2019 年 4 月 18 日 7 时 27 分,主控触发 1RGL672AA(B 棒组低 - 低)和 1RGL67 3AA(B 棒组低),随后立即消失。

检查处理:B 棒组低 - 低和 B 棒组低是 PLC 输出的模拟量信号,只参与报警,不影响控制和实际棒位监测;信号回路由 PLC 模拟量输出卡 - 机柜端子排 - CE 卡件构成,卡件和线路原因都可能导致输出瞬时波动;1RGL411CE 卡件输出有瞬时波动现象,触发 1RGL672AA(B 棒组低 - 低)和 1RGL67 3AA(B 棒组低)报警。现场检查 KDO 发现 B 棒组给定位置在 0.1 s 内波动到 186 步,之后恢复,检查未发现其他异常。后续未再次出现该报警。

8.1.6 课后思考

1. 最终功率定值信号的触发条件是什么?

2. 堆外核测控制柜(RPN 005AR)的控制计算机电源故障对棒速驱动单元的影响是什么?

8.2 稳压器压力水位控制系统

8.2.1 稳压器压力控制系统

1. 概述

核电厂正常运行时,稳压器内液相与汽相处于平衡状态。因而,稳压器中的压力等于该时刻温度下水的饱和蒸汽压力。

运行时,为避免冷却水在一回路内产生沸腾,冷却水温度应低于稳压器饱和蒸汽温度,

因而，稳压器内的水用加热器加热时，水的汽化将会使压力增加；而当冷管段引来的冷水向蒸汽喷淋时，水的降温（冷凝）使压力降低。

当稳压器的蒸汽空间存在时，由稳压器压力控制系统控制反应堆冷却剂系统压力。外负荷的变化会引起反应堆功率和汽轮机负荷之间失配，从而引起水容积膨胀或收缩。

如果反应堆功率超过汽轮机负荷，则水容积膨胀并压缩蒸汽，引起的波动将由冷管段引来的喷淋水通过喷淋而使蒸汽凝结。

当超压时，由稳压器安全阀组、卸压箱和反应堆高压停堆提供超压保护。

如果汽轮机负荷超过反应堆功率，则容积收缩且稳压器蒸汽空间扩大，引起的降压将由电加热器的投入使水蒸发加以补偿，直至压力整定值的重新建立。如果超过稳压器的低压停堆整定值，就要停堆。在稳态运行过程中，比例式加热器是工作的，以补偿连续喷淋和稳压器的热损失。当稳压器充满水时，由化学和容积控制系统低压下泄阀控制其压力。

2. 功用

稳压器压力控制系统的功能主要是维持稳压器压力为其整定值 15.5 MPa（绝对），使在正常瞬态下不致引起紧急停堆，也不会使稳压器安全阀动作。稳压器下部的波动管与 1 号环路热管段相连，所以控制了稳压器压力也就控制了反应堆和环路中的主冷却剂的压力。广义来说，稳压器压力显示、记录，压力异常产生报警、允许及紧急停堆信号，以及将模拟信号输出到有关系统等也属于稳压器压力控制系统的功用。

3. 物理机理

在机组运行中发生的种种瞬态，将使反应堆产生的功率和蒸发器输出功率之间产生不平衡。主系统的水温因此产生变化，使环路中和反应堆内的水热胀冷缩，通过波动管流向稳压器或稳压器内的水通过波动管流入环路。这样，稳压器内水的体积和温度会产生变化，从而导致稳压器压力变化。

例如，二回路负荷增加→一回路冷却剂平均温度变低→冷却剂密度变小→冷却剂体积收缩→稳压器水位降低→稳压器压力降低。

另外，其他一些因素也会引起稳压器水位变化（如一回路冷却剂泄漏），这亦将导致稳压器压力波动。

当压力升高时，控制系统将增加喷淋阀的开度，使较多的来自冷管段的水喷到稳压器内，使蒸汽冷凝，以降低压力。喷淋阀共有两只，即 RCP 001 VP 和 RCP 002 VP，共用一个喷头。

当压力降低时，控制系统将增加电加热器的功率，加热稳压器内的水，使其更多地汽化，以升高压力。

稳压器相关的系统流程见图 8－12。

4. 控制通道

稳压器压力控制系统原理示于图 8－13。

稳压器压力控制回路包括：

（1）压力变送器 RCP013，014，015MP；

（2）比例－积分－微分压力控制器；

（3）稳压器加热器组 RCP001，002，003，004，005，006RS；

（4）喷淋控制阀 RCP001，002VP。

其基本原理是通过改变稳压器喷淋阀的开度或控制加热器的投入与切除来将稳压器的压力维持在整定值上。

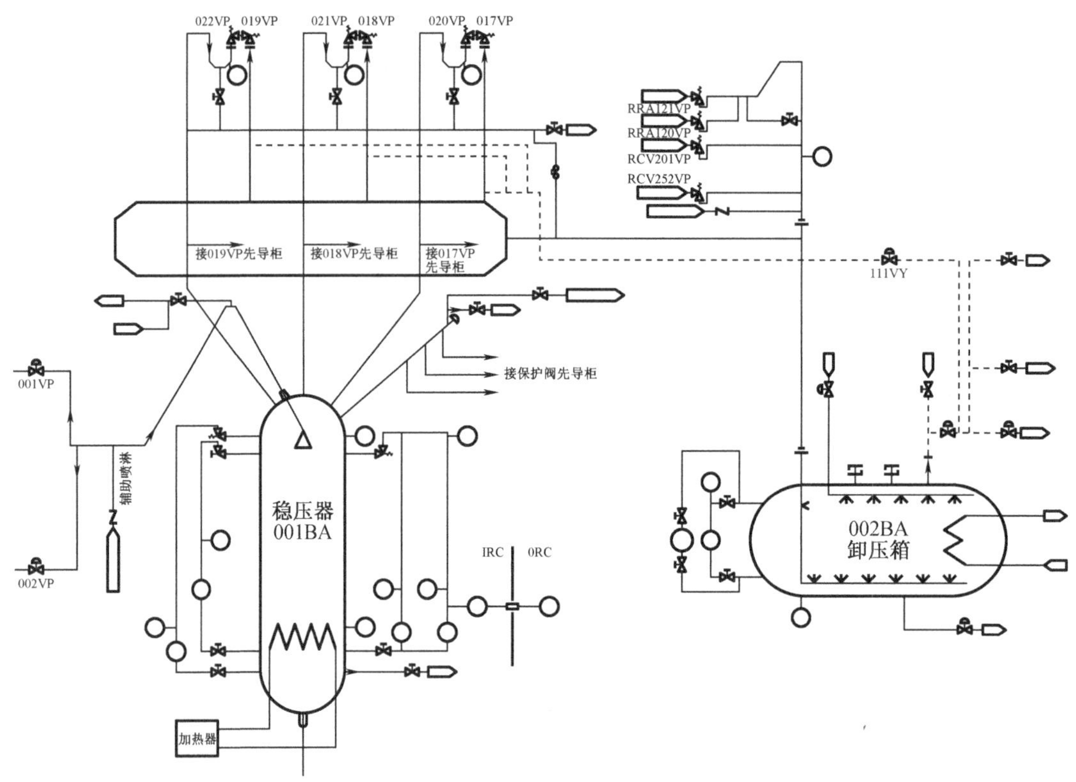

图 8-12 稳压器系统流程图

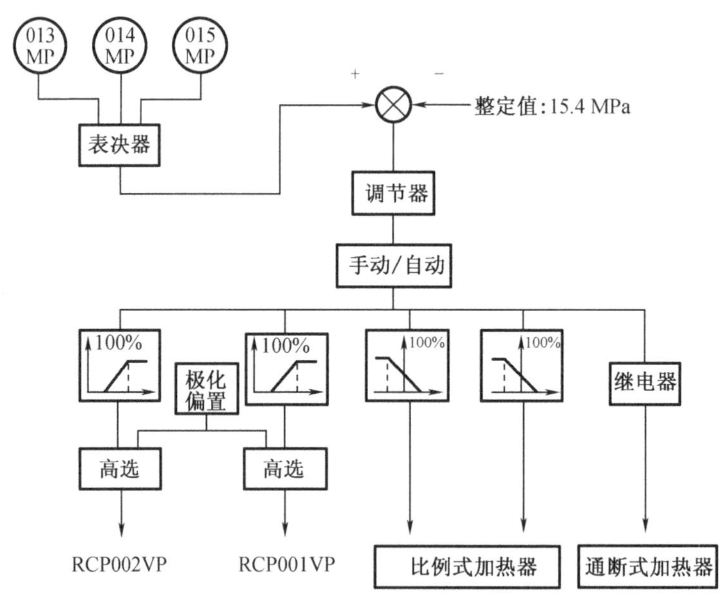

图 8-13 稳压器压力控制原理框图

被调量稳压器压力由三台差压计(RCP013MP,014MP,015MP)测出,经过一个具有两路输出的信号选择器 402VT,输出平均值到比例-积分-微分(PID)调节器,该调节器的转移函数为

$$K_{21}\left(1+\frac{1}{C_{21}P}\right)+\frac{K_{21}\tau_{22}P}{1+\frac{1}{\lambda}\tau_{22}P}$$

调节器将由 402VT 输出的稳压器压力 P 与其本身设置的整定值 P_{ref}（设定为 15.4 MPa（表压））相比较，并将压力偏差 $P-P_{ref}$ 进行 PID 运算。输出信号称补偿压差，记作 $(P-P_{ref})_{补}$，用来对喷淋阀和比例电加热器实施连续控制，对通断电加热器实施断续控制。

比例电加热器 003RS 和 004RS 的功率分别由函数发生器 401GD 和 409GD 控制，0～100% 的功率对应的补偿压差为 +0.1～−0.1 MPa，在此之间随补偿压差不同而线性变化。

喷淋阀 001VP 和 002VP 分别由高选单元 404ZA 和 405ZA 控制。高选单元从正常压力控制信号和极化信号中选一个最大值，以保证喷淋阀极化运行时的最小喷淋流量。正常压力控制信号由控制器 402RG 和 403RG 给出，补偿压差在 0.17～0.52 MPa 内变化时，使阀门开度按线性改变。当补偿压差≥0.52 MPa 时，阀门全开。极化信号可能为 22%，也可能为 0%。22% 信号由特殊模块 401MS 产生，喷淋阀极化运行时输入，否则接入 0% 信号。

通断电加热器 001，002，005，006RS 由阈值继电器 430XU1 控制。补偿压差下降到 −0.17 MPa 时接通，回升到 −0.1 MPa 时断开。另外，阈值继电器 430XU1 还控制喷淋阀的极化运行，目的也是防止稳压器压力过低（压力降低则停止极化运行）。

当补偿压差升高到 0.6 MPa 时，阈值继电器 430XU2 使释放管扫气阀 111VY 关闭。

调节器输出端接一自动/手动控制器（RCI），供操纵员手动操作执行机构（喷淋阀和电加热器）。两个手动/自动控制器（RCM）供操纵员手动改变喷淋阀开度。

电加热器和喷淋阀按图 8－14 所示曲线控制。

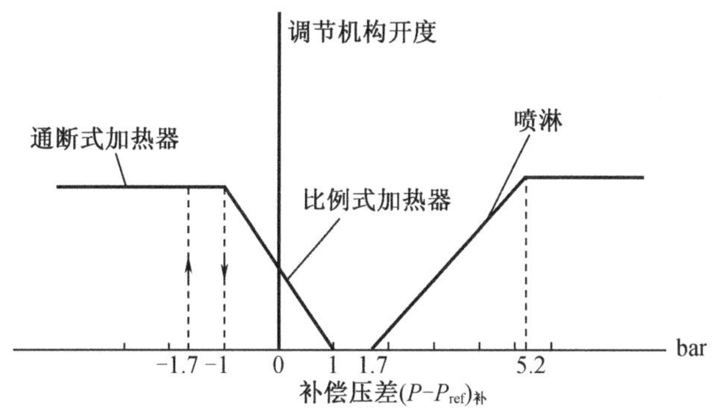

图 8－14 稳压器压力控制程序

压力控制器输出信号——补偿压差低于 −0.17 MPa 时，全部通断加热器自动接通使压力回升，当补偿压差回升到 −0.1 MPa 时，通断加热器自动断开。

当补偿压差在 −0.1 MPa～+0.1 MPa 时，比例加热器按线性函数调节；当补偿压差大于 +0.1 MPa 时，比例加热器自动断开。

压力控制器输出信号——补偿压差通过函数发生器调节喷淋阀的开度。当补偿压差达到 +0.17 MPa 时，喷淋阀自动打开；当补偿压差在 +0.17 MPa～+0.52 MPa 时，阀门开度按线性调节；当补偿压差大于 +0.52 MPa 时，两喷淋阀全开。

402VT 的另一路输出产生报警和停止喷淋用的信号。当压力降到 15.2 MPa（绝对）时产生“稳压器压力低”报警信号；当压力升到 16.1 MPa（绝对）时产生关闭稳压器释放管扫气阀 RCP111VY 的信号,以避免全部蒸汽排到 RPE;当压力降到 14.9 MPa(绝对)时产生关闭喷淋阀 001,002VP 并停止极化运行的信号。由此可见,这个控制通道主要起通断(逻辑)控制作用。

5. 执行机构控制逻辑

稳压器压力控制采用以下执行机构:

6 组电加热器,其中两组功率可调。1 个双回路的喷雾系统,每个回路都有 1 个阀门,共用 1 个喷头。

电加热器的功能是在蒸汽压力趋于下降时,提高其压力;加热稳压器中的水,使之更多的汽化。这使得蒸汽增加,压力升高。

由控制系统操纵的喷雾系统,把取自两个冷段的冷水以滴状喷到稳压器顶部,使蒸汽冷凝,从而降低压力。

(1)比例电加热器控制逻辑

现以 003RS 为例说明(图 8-15)。在 KIC 中将比例电加热器 003RS 置于“启动”位置时,比例控制信号 A 可以决定比例电加热器功率。当稳压器水位低于 -4.63 m 时,与门输出为零,切除比例电加热器电源,以防加热器裸露在蒸汽空间而烧毁。

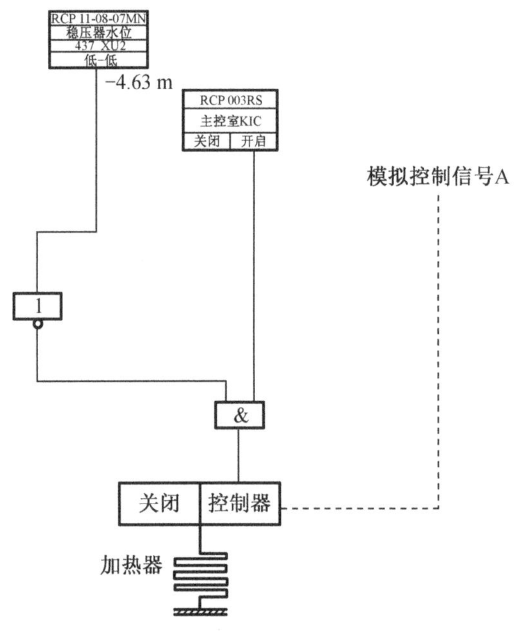

图 8-15 比例式电加热器控制逻辑图(RCP 003RS)

(2)通断电加热器控制逻辑

通断式电加热器可以手动控制,也可以自动控制。现以参与喷淋阀极化运行的 001RS 为例说明(图 8-16)。在 KIC 中设有手自动选择软手操和 001RS 启停开关,用于控制其接通或断开。将 057KG 按钮置“手动”位,即可用手动投入电加热器 001RS。057KG 置“自动”位时,如果稳压器压力降低到使补偿压差小于 -0.17 MPa 时,通断电加热器自动启动。当稳压器水位比整定值高 5%(0.49 m)时,加热器也自动启动。对于 001RS 和 002RS,当喷淋阀极化运行时,它们自动投入。当稳压器水位降低到 -4.63 m 以下时,全部通断电加热器自动切除。

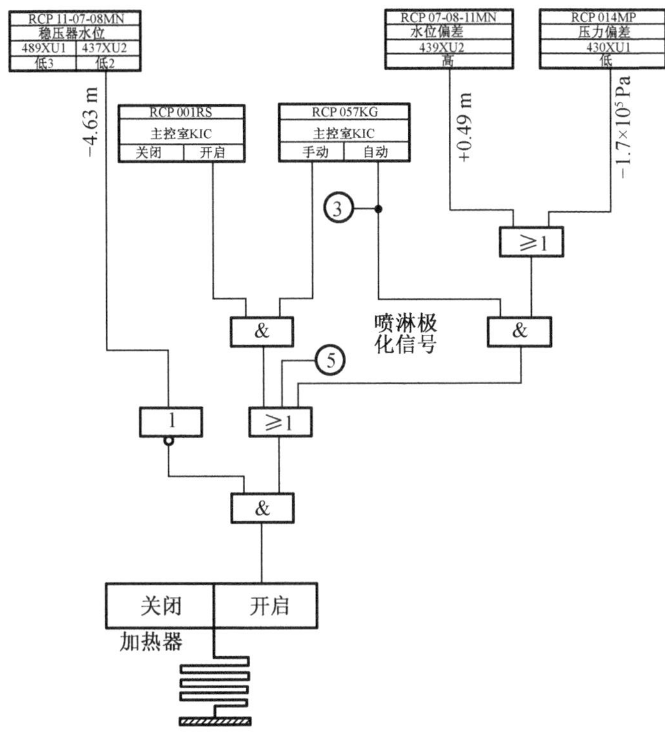

图 8-16 通断式电加热器控制逻辑图(RCP 001RS)

(3)喷淋阀控制逻辑

2 只喷淋阀均为气动阀,控制逻辑相同,如图 8-17 所示。

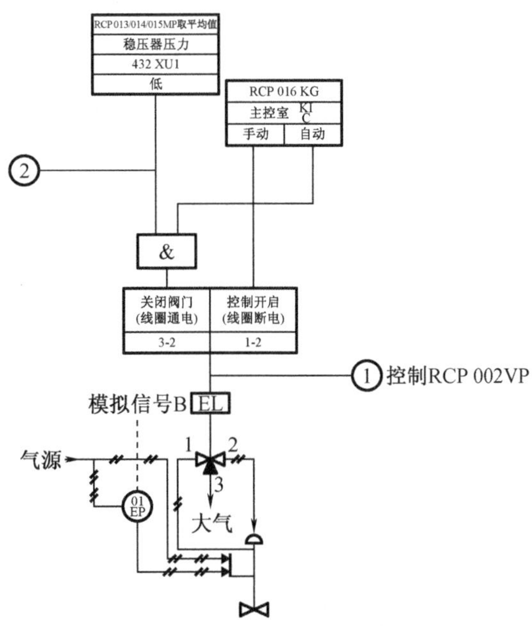

图 8-17 喷淋阀控制逻辑图(RCP 001VP)

电模拟信号经过电气转换器 EP 控制喷淋阀的开大与关小。电磁阀 EL 通电时，喷淋阀关闭。当按钮 016KG 置“自动”位置时，稳压器压力低于 14.9 MPa（绝对）时电磁阀 EL 通电，关闭喷淋阀。机组启、停时，常需在稳压器压力低于上述阈值时操作喷淋阀，为此可将 016KG 置“手动”位，切断电磁阀电源。喷淋阀上设有限位开关。

与稳压器压力有关的控制、保护和报警的定值示于图 8－18。

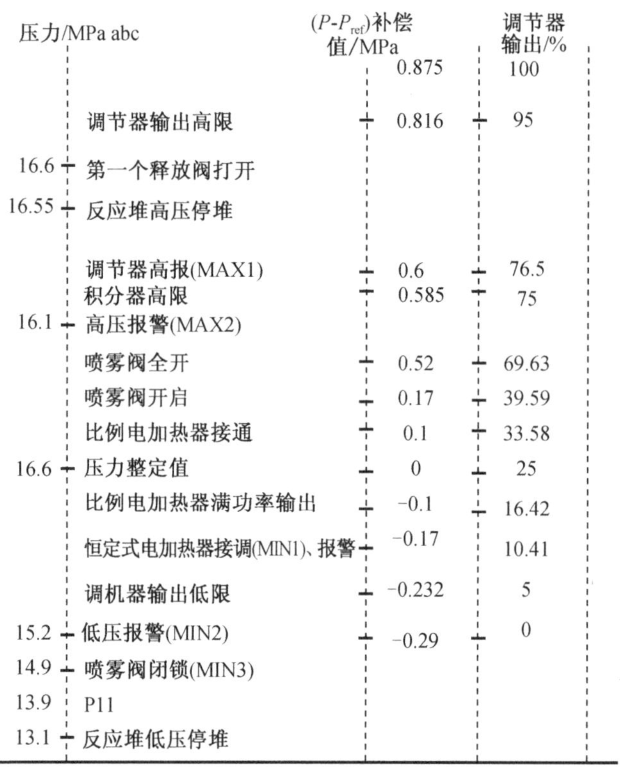

图 8－18　与稳压器压力有关的控制、报警和保护定值

8.2.2　稳压器水位控制系统

1. 概述

核电厂正常运行工况下，一回路平均温度的变化，将引起稳压器水位的变化。而引起一回路平均温度变化的因素很多，如功率运行时二回路系统热功率的变化，蒸汽发生器二次侧给水的突然增加或减少，反应堆功率控制系统的超调；当反应堆启动或者停闭时，一回路水温由 70 ℃升到 291.4 ℃（或由 291.4 ℃降到 70 ℃），就会引起一回路水容积的变化；当反应堆从热备用到功率运行，一回路平均温度从 291.4 ℃提高到 310 ℃，也会引起一回路水容积的变化。

当稳压器内水位过高时，稳压器将失去对一回路系统压力控制的能力，而且安全阀组有进水的危险；如果水位过低，加热器电阻加热元件有裸露于汽相中的危险。为此，必须对稳压器进行水位调节，以保持稳压器的水位在正常的运行范围内。

2. 功能

稳压器水位控制系统使稳压器水位维持在由负荷决定的整定值上，以保证压力调节的良好特性，同时在调节过程中限制上充流量的最大值和最小值，以避免经再生式热交换器的上充流量太小，使经过下泄孔板的下泄流汽化；或上充流量太大，不能满足主泵轴封注水压头，并造成进入 RCP 接管的热冲击。

3. 水位整定值

稳压器水位整定值的设定基础是保持反应堆冷却剂系统中适当的水装量，以便在功率变化时最大限度地减小由反应堆冷却剂系统排放或补给的流体体积，从而减少硼回收系统（TEP）和废液处理系统（TER）的负担。由于功率增加时反应堆冷却剂的平均温度随之增加，而温度增加又引起水的体积膨胀，因而稳压器水位整定值是随堆功率变化的。水位整定值随反应堆冷却剂平均温度变化的函数关系如图 8－19 所示。

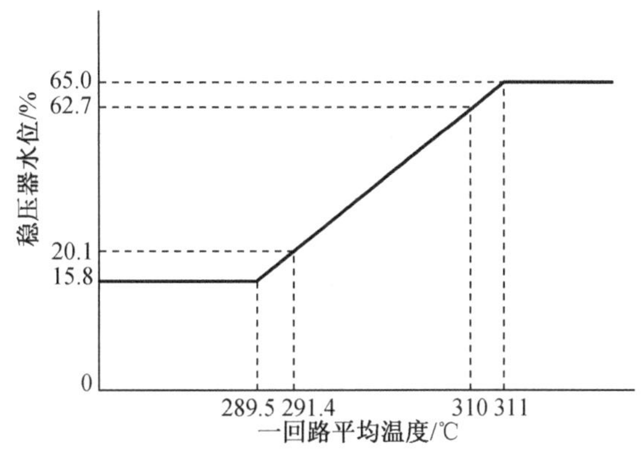

图 8－19　稳压器水位整定值随反应堆冷却剂平均温度变化的函数关系

图 8－19 中 291.4 ℃和 310 ℃分别对应于零负荷和满负荷，在这两端各有一段延伸线，是为了保证在热停堆或满功率时，发生冷却剂过冷或过热瞬态时的调节余量。但由于高选器 403ZA，稳压器水位整定值最小为 17.6%。

由于采用恒定的下泄流量、改变上充流量来实现水位控制，按照这种整定值的函数关系，减少了由于反应堆功率或汽轮机负荷改变对上充流量的影响。然而，快速瞬态负荷变化仍然会造成水位偏离整定值，需要改变上充流量。此时水位控制系统根据稳压器水位偏离值的大小来控制 RCV046VP 上充流量调节阀的开度。

除了由于负荷变化引起反应堆冷却剂平均温度改变而使稳压器水位变化外，实际水位与水位整定值之间的差值也可能是由于上充流量与下泄流量不平衡而产生的（如打开其他下泄孔板、冷却剂泄漏和启动第二台上充泵等）。

水位调节器通过增大或减小上充流量的整定值来对这些差值做出反应，即在下泄流量发生变化时，在调节电路上加入一个前馈信号，直接改变上充流量的整定值，使上充流量适应下泄流量的变化。

4. 水位测量

稳压器的水位测量原理与蒸汽发生器类似。零水位定在距高压腔引出管的 6 m 处（相当于额定功率下水位整定值），测量范围为 －6 ~ 3.8 m，全量程为 9.8 m。水位整定值或保护定值也常以水位的百分数表示，即 -6 m 为 0% 水位，+3.8 m 为 100% 水位。

稳压器水位调节原理见图 8-20。

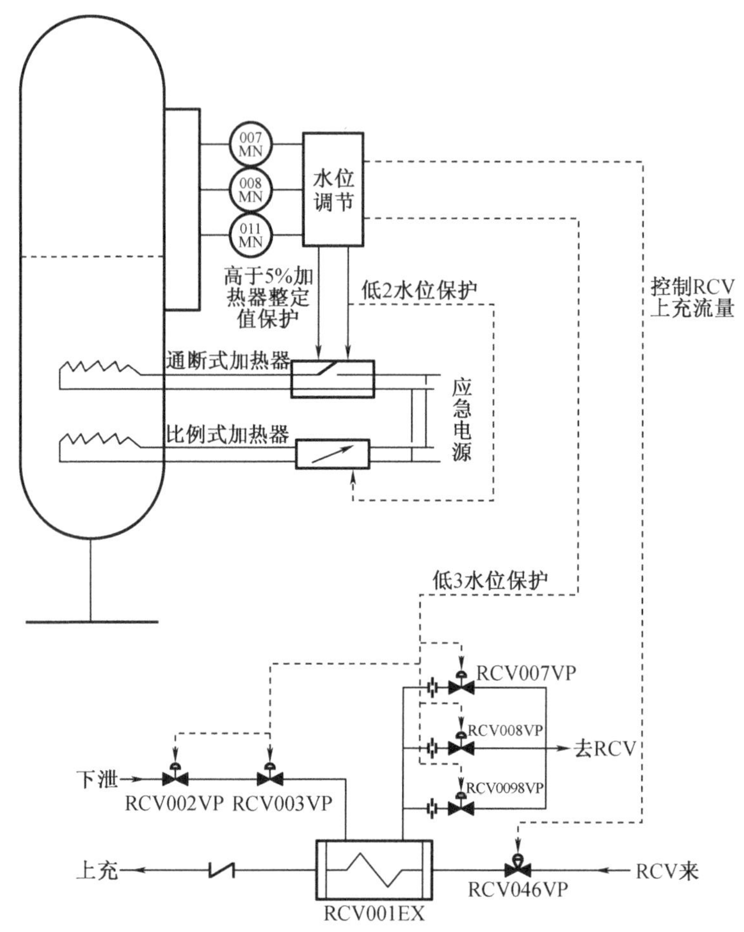

图 8-20　稳压器水位调节原理图

稳压器共有 4 个水位测量通道，其中水位计 RCP12MN 在冷态下标定，用在一回路升温、升压或降温、降压工况监测稳压器水位。

水位计 007MN、008MN 和 011MN 用于水位控制和保护，水位信号按 3 取 2 原则提供给保护系统，见图 8-21。

图中，007MN、008MN 和 011MN 测量值经过信号分配和隔离模块后，一路直接送入阈值比较器，然后按 3 取 2 原则产生稳压器高水位停堆信号 86%（与 P7 符合）和低 2 水位切断 005RS、006RS 信号。另一路送入信号选择器 403VT，对 007MN、008MN 和 011MN 求平均值，得出稳压器水位测量值，用于：

（1）送入阈值继电器 489XU1，当水位低到 10% 时，隔离下泄孔板和关闭下泄管线进口阀 RCV002VP、RCV003VP，并发出水位低 3 报警信号。

（2）送入阈值继电器 437XU2，当水位低到 14% 时，切断 001～004RS，闭锁喷淋阀极化运行并发出水位低 2 报警信号。

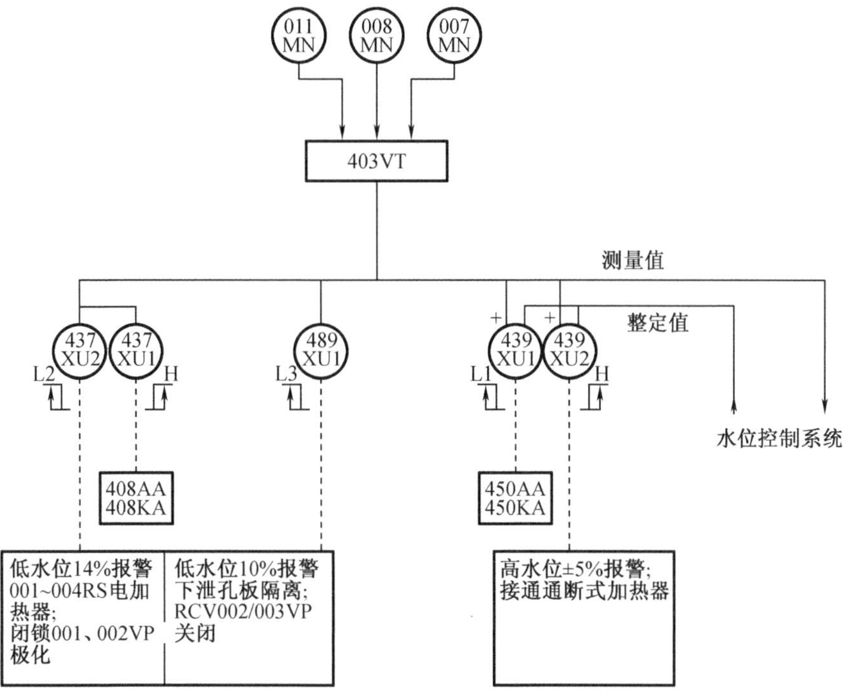

图8－21 稳压器水位控制通道

(3)与水位整定值之差输入阈值继电器439XU1和439XU2。当稳压器水位低于整定值5%时,发出水位低1报警信号;当稳压器水位高于整定值5%时,发出水位高1报警信号并接通通断式加热器。

(4)送入阈值继电器437XU1,当水位高到71%时,发出水位高2报警信号。

(5)将稳压器水位测量值送入431ZO,与稳压器水位参考值进行比较,用于调节上充流量等。

5. 水位控制

水位控制的执行机构是受上充流量调节器控制的上充流量调节阀RCV046VP,图8－22是水位调节系统的原理图,这是一个闭环调节电路。

(1)被调量:稳压器水位。

(2)整定值:随一回路平均温度而变化的水位程序定值。

(3)干扰量:二回路负荷,下泄流量。

(4)调节量:上充流量。

(5)执行机构:上充流量调节阀RCV046VP。

调节电路由串联在一起的两个调节器组成。主调节器是水位调节器,它处理水位误差信号,并根据下泄流量计算出上充流量的设定值。辅调节器是流量调节器,它以主调节器给出的流量设定值为基准,调节上充流量。

6. 水位整定值生成

对于某一个给定的功率负荷(它包括在零到额定功率之间),调节系统计算出水位整定值N_{ref},并且用调节RCV系统上充流量的方法来保持水位在这一整定值。

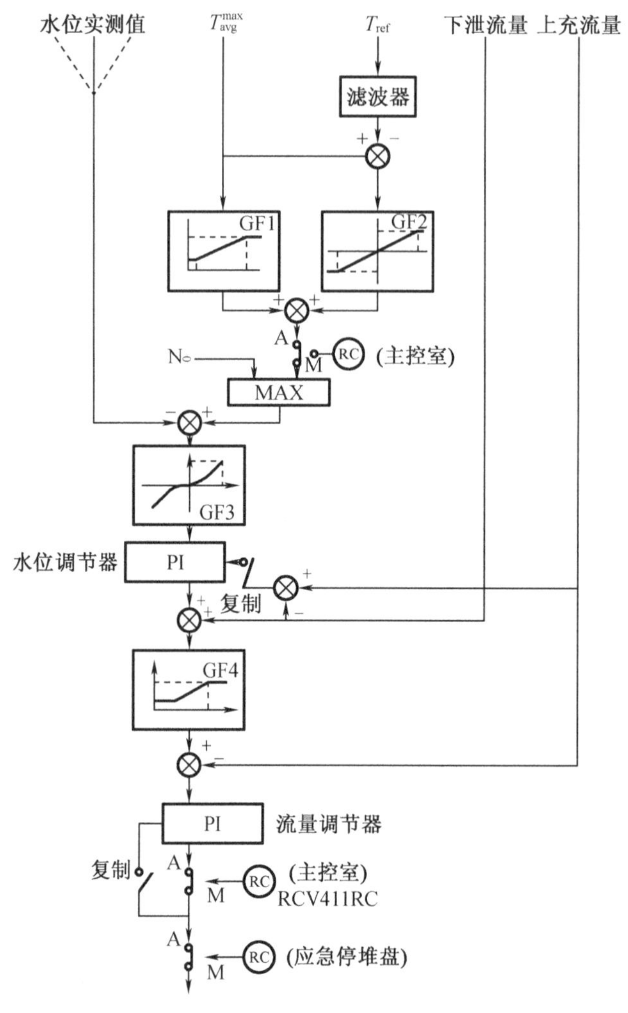

图 8－22　稳压器水位调节系统原理图

一回路平均温度最大值 T_{avg}^{max} 输入函数发生器 GF1，产生水位整定值。另外，一回路平均温度信号还输入加法器，它与根据二回路负荷而定的平均温度基准信号 T_{ref} 在加法器中进行比较，其差值输入函数发生器 GF2，$T_{avg}-T_{ref}$ 的差值作为前馈信号对水位整定值进行修正，该差值反映了水位变化的趋势。当 $T_{avg}>T_{ref}$ 时，说明堆功率大于二回路负荷，因而一回路冷却剂平均温度可能会进一步升高，将导致水位上升，故预先调高水位整定值，使二者趋近，避免上充流量调节阀频繁动作，从而消除了由于测温旁路具有时间延迟而对水位调节系统带来的影响。

函数发生器 GF2 的限幅为 ±2.15%，以限制调节变化的幅度，保证调节的稳定性，如图 8－23 所示。

操纵员可以通过 RCM 人为给定一个水位整定值，以调节上充流量调节阀。经过计算和给定的水位整定值通过一个高选单元，把整定值的下限限制在 17.6% 水位。

7. 水位调节器

水位整定值与水位测量值在另一加法器中进行比较，其偏差信号作为改变上充阀开度的依据，这个偏差信号输入函数发生器 GF3。

GF3 是非线性增益环节，用来增大水位调节器的响应速度，又兼顾调节的稳定性，它在小的偏差信号时降低增益，提高调节稳定性，减少上充阀频繁动作；大的偏差信号时保持增益，使其响应速度加快。当水位偏差 <2% 时，其增益值为 0.2；当水位偏差 >2% 时，其增益值为 1，如图 8－24 所示。

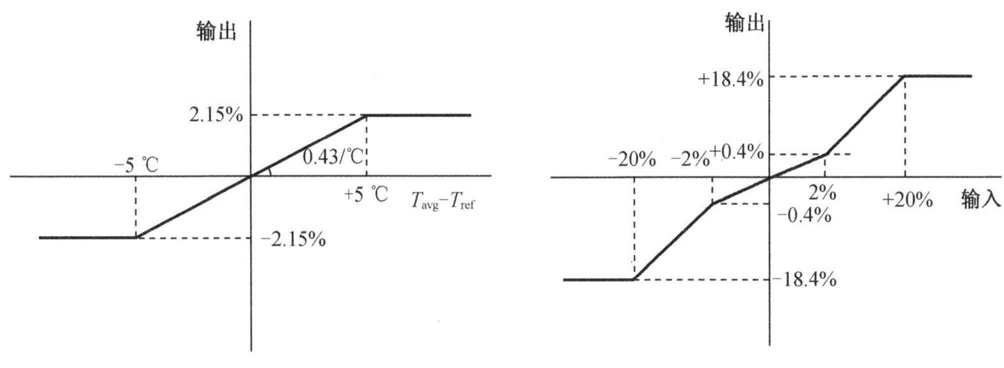

图 8－23 函数发生器 GF2　　图 8－24 函数发生器 GF3

函数发生器 GF3 的输出作为水位调节器（PI）的输入量，经调节器运算后输出对应于水位偏差的流量补偿量，然后与下泄流量实测值相加作为上充流量整定值。这是因为上充流量应与下泄流量相匹配，当后者发生变化时（如开启或关闭某个下泄孔板），应及时相应调整上充流量，以尽量减小上充管线的热冲击。

8. 流量调节器

上充流量的整定值与上充流量实测值比较以前先输入给函数发生器 GF4，在 GF4 中对其做高、低限制，其目的是（图 8－25）：

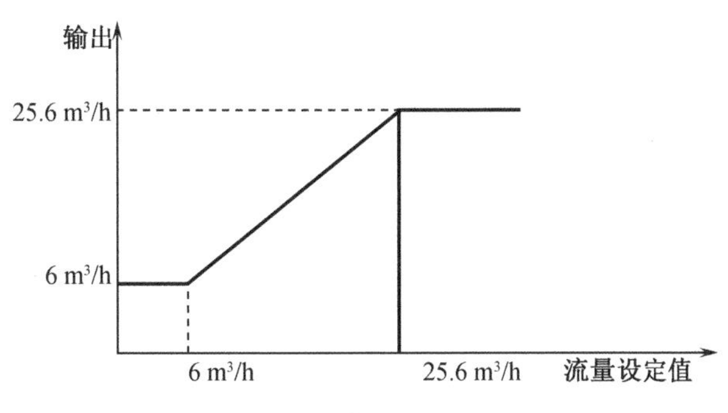

图 8－25 函数发生器 GF4

（1）为了预防下泄流在下泄孔板处汽化，须保证通过再生式热交换器的最小上充流量，故设定上充流量低限值为 6 m^3/h。

（2）为保证上充泵提供的主泵轴封注入水有足够的注入压头，设定上充流量高限值为 25.6 m^3/h。

函数发生器 GF4 的输出作为流量设定值与上充流量实测值进行比较，其偏差输入流量调节器（PI），给出上充流量调节阀 RCV046VP 的调节信号。

通过控制室的一个手动/自动转换开关(RCM),可手动控制 RCV046VP 的开度。当该切换开关处于手动状态时,水位调节器和流量调节器的复制电路生效,水位调节器复制上充流量与下泄流量的差值,输出信号经过其后的两个比较器使流量调节器输入为零,而流量调节器直接复制 RCM 的手动控制信号,以保证由手动切换成自动时的平滑过渡。

9. 与水位有关的保护信号(图 8 – 26)

(1)当水位高 3(相对水位 86%)+ P7 信号时,触发紧急停堆并产生报警信号;

(2)当水位高 2(相对水位 71%)时,发出报警信号;

(3)当水位比水位整定值高 5% 时,发出报警信号,并自动投入通断式加热器。这是因为有大量的一回路欠热水进入了稳压器,若不及时投入加热器将会使压力下降太大,投入加热器将这些欠热水加热到饱和状态,以恢复压力到额定值附近。

(4)当水位比水位整定值低 5% 时,发出报警信号;

(5)当水位低 2 时(相对水位 14%),自动断开全部电加热器电源,以防止它露出水面通电烧毁;

(6)当水位低 3 时(相对水位 10%),自动隔离下泄管线(RCV002VP、003VP)和下泄孔板,并发出报警信号。

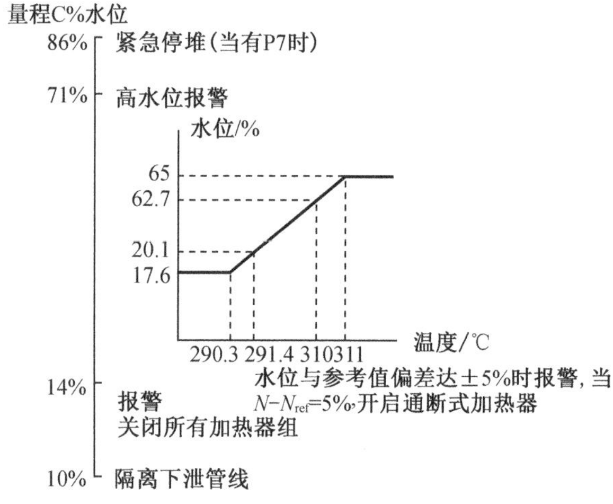

图 8 – 26 与水位有关的保护和控制订值

8.3 蒸汽发生器水位控制系统

8.3.1 控制系统简介

电站蒸汽发生器(SG)的主要作用是将一回路中水的热量传给二回路的水,使其汽化产生蒸汽供给二回路动力装置。以下将以方家山电站为例对蒸汽发生器水位控制系统进行介绍。

蒸汽发生器水位指二次侧下降通道环形空间的水位,蒸汽发生器水位控制的目的是把水位保持在根据负荷而定的水位整定值上，以防止瞬态时水位过高淹没干燥器，使出口蒸汽温度增加损害汽轮机叶片；另一方面，防止水位过低引起一回路冷却剂温度升高，导致堆芯冷却不足以及蒸汽发生器传热管损坏。以上功能的实现由水位调节系统与给水泵转速调节系统共同完成。

8.3.2 水位调节系统

对于每台蒸汽发生器而言，其水位的调节是通过控制进入该蒸汽发生器的给水流量来完成的。每台蒸汽发生器的正常给水回路设置有两条并列的管线：主管线上的主给水调节阀用于高负荷运行工况下的水位调节，旁路管线上的旁路调节阀则应用于低负荷及启、停阶段的运行工况，其调节原理分别如图 8-27、8-28 所示。

1. 给水调节阀

并联安装的主、旁路调节阀提供给水流量调节，以调节蒸汽发生器的水位。流量控制由两个互补的通道来保证。

①一个两参量（蒸汽发生器水位-负荷）控制通道，它在低负荷（小于 15% 满功率）时运行，并使旁路调节阀（ARE242，243，244 VL）动作；启动给水系统运行期间，蒸汽发生器水位通过由操纵员手动控制的旁路调节阀 ARE242，243，244 VL 和启动给水系统调节阀 APD 007 VL 进行控制。

②一个三参量（蒸汽发生器水位-给水流量-蒸汽流量）控制通道，它在高负荷（从 15% 满功率到 100% 满功率）时运行，并使给水主调节阀动作。在这种情况下，旁路调节阀保持开启状态。

注：窄量程测量通道是：ARE052MN～060MN 以及 ARE010MN、020MN 和 030MN。

2. 给水主调节阀和旁路调节阀的控制

在 0～100% 功率范围内，给水流量自动控制。

每个蒸汽发生器上都有用来控制主给水主调节阀和旁路调节阀的两个控制通道。

（1）“高流量”通道，它的应用范围是 15%～100% 满功率。此通道是一个三参量的通道：蒸汽发生器水位、蒸汽流量和给水流量，它控制给水主调节阀，而此时旁路调节阀全开。

一方面，测得的蒸汽发生器窄量程水位与蒸汽总量对应的程序水位相比较，其差值用一个随给水温度变化的增益进行修正；另一方面，给水流量与蒸汽流量相比较（汽/水平衡）。

汽/水平衡和各台蒸汽发生器水位通道产生的信号之间的差形成给水主调节阀的动作信号。

（2）“低流量”通道，它的应用范围是低于 15% 满功率。它是一个一参量的通道即蒸汽发生器水位，它控制旁路调节阀。功率低于 15% 满功率时，主调节阀关闭。

由于低负荷运行时测量的不准确性，汽/水流量信号由一个低负荷下蒸汽总量信号来代替，它是由汽机调节系统（GRE）来的窄量程汽机进口压力、由汽机旁路系统（GCT）来的由第一组的头两个阀门的开启而生效的蒸汽旁路控制信号和由给水除氧器系统（ADG）阀门开启所确认的阀门控制信号组成的。它代表电站的全部负荷。

当发生“紧急停堆和平均温度 T_{avg} 低”信号时，旁阀开度信号由旁阀固定开度信号所代替。

每个主给水调节阀配置有两个电磁阀，一个接收来自 A 列的信号，另一个接收来自 B 列的信号，A、B 列信号的性质是相同的。任一单独信号的出现使得其中一个电磁阀断电，从而将主给水调节阀的仪用压缩空气直接排放大气，因此，调节阀快速关闭。

只有在以下所述的条件完全满足的情况下，主给水调节阀的两个电磁阀才会处于通电状态而使得仪用压缩空气的回路处于正常工作状态 1—2，此时主给水调节阀才受控于水位调节系统的模拟调节信号（原理性示意图见图 8－27）。

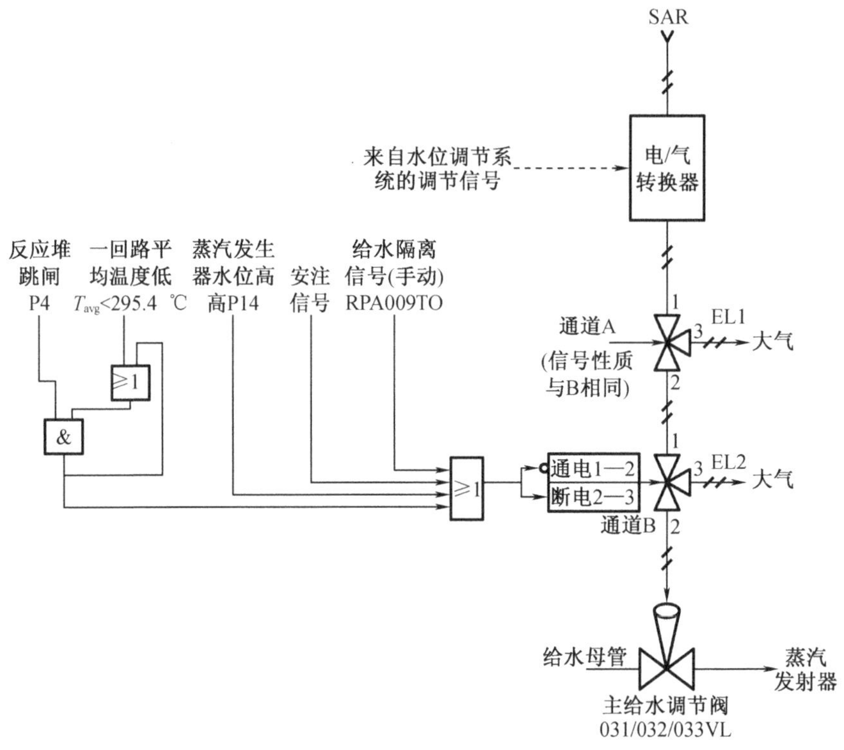

图 8－27　主给水调节阀逻辑控制简图

①反应堆自动停堆信号 P4 或 T_{avg} <295.4 ℃不存在；

②没有安注信号；

③没有蒸汽发生器高高水位信号；

④没有主控室发出的手动给水隔离信号。

同样，每个旁路调节阀配置有两个电磁阀，一个接收来自 A 列的信号，另一个接收来自 B 列的信号，A、B 列信号的性质是相同的。任一单独信号的出现使得其中一个电磁阀断电，从而将旁路调节阀的仪用压缩空气直接排往大气，因此，调节阀快速关闭。

只有在以下所述的条件完全满足的情况下，旁路给水调节阀的两个电磁阀才会处于通电状态，因而使得仪用压缩空气的供给回路处于正常工作状态 1—2，此时，旁路调节阀才受控于水位调节系统的模拟调节信号（原理性示意图见图 8－28）。

①没有安注信号；

②没有蒸发器高高水位信号；

③没有主控室发出的手动给水隔离信号。

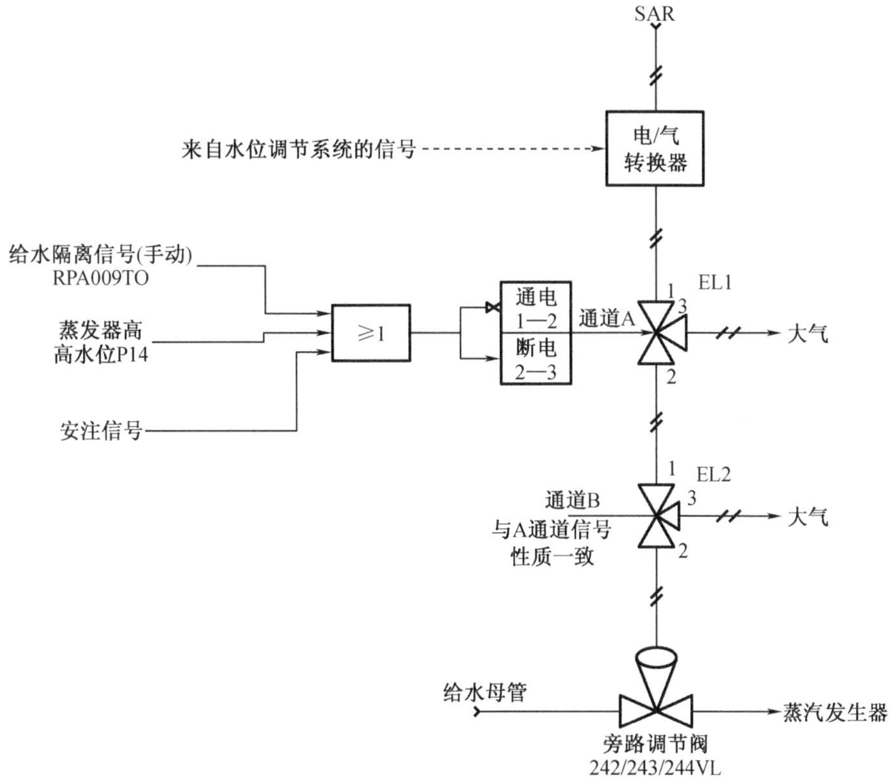

图 8 – 28　旁路调节阀逻辑控制简图

3. 主给水调节回路描述

每台蒸汽发生器装有一个水位控制器，用于使蒸汽发生器保持一个随负荷变化的预定水位。

在负荷小于 20% 满功率时，预定水位线性地从 34%（在零负荷时）变化到 50%（在 20% 满功率时）。

在负荷大于 20% 满功率时，预定水位是恒定的，并设定为窄量程水位的 50%，蒸汽发生器水位定值与负荷的关系如图 8 – 29 所示。

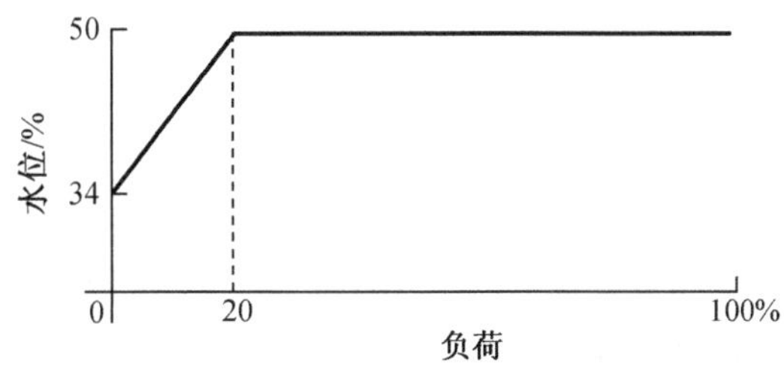

图 8 – 29　蒸汽发生器水位定值与负荷的关系

8.3.3 给水泵转速调节系统

在负荷扰动要求增加蒸汽流量时，为了用较高的给水流量来补偿这个增加，蒸汽发生器水位通道驱使给水调节阀开大。给水调节阀的开大又导致给水母管压力下降，造成实测的汽/水压差 ΔP 减小，而另一方面 ΔP 预定值随负荷的增加而增大，这就引起给水泵的加速并引起蒸汽发生器给水流量的增加。汽－水流量不平衡状况引起了水位的波动，为了避免这种相互间的不良影响，避免给水调节阀的频繁动作，改善水位调节系统的工作环境，引入了给水泵转速调节系统，通过调节给水泵的转速使得给水阀的压降在正常的负荷变化范围内(0～100% FP)维持近似恒定，从而优化给水调节阀的工作条件。蒸汽和给水压差 ΔP 由给水泵转速通道重新恢复其整定值。

事实上，在维持调节阀的压降恒定不变的情况下，给水母管与蒸汽母管之间的压差随负荷变化而呈抛物线变化，可以用一条折线来近似，如图 8－30 所示。

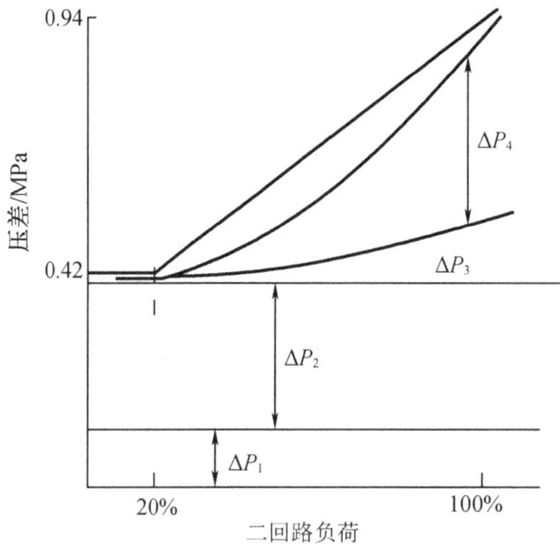

图 8－30 给水母管和蒸汽母管之间的降压

给水母管和蒸汽母管的总压降 ΔP 由四部分组成：

$$\Delta P = \Delta P_1 + \Delta P_2 + \Delta P_3 + \Delta P_4$$

式中 ΔP_1——给水泵出口与蒸汽发生器给水进口之间的位差，是恒定值；

ΔP_2——调节阀压降，应保持恒定；

ΔP_3——蒸汽发生器二次侧的压降，随负荷而变；

ΔP_4——蒸汽管线和给水管线内的压降，随负荷而变。

图 8－31 是给水泵转速调节原理图。该调节系统中用一条折线近似地作为给水母管和蒸汽母管之间的随负荷变化的程序压降定值，即参考定值。给水母管到蒸汽母管的实测压差与该定值相比较，得出一个误差信号，以改变给水泵转速。每台给水泵都配有一台转速调节器。

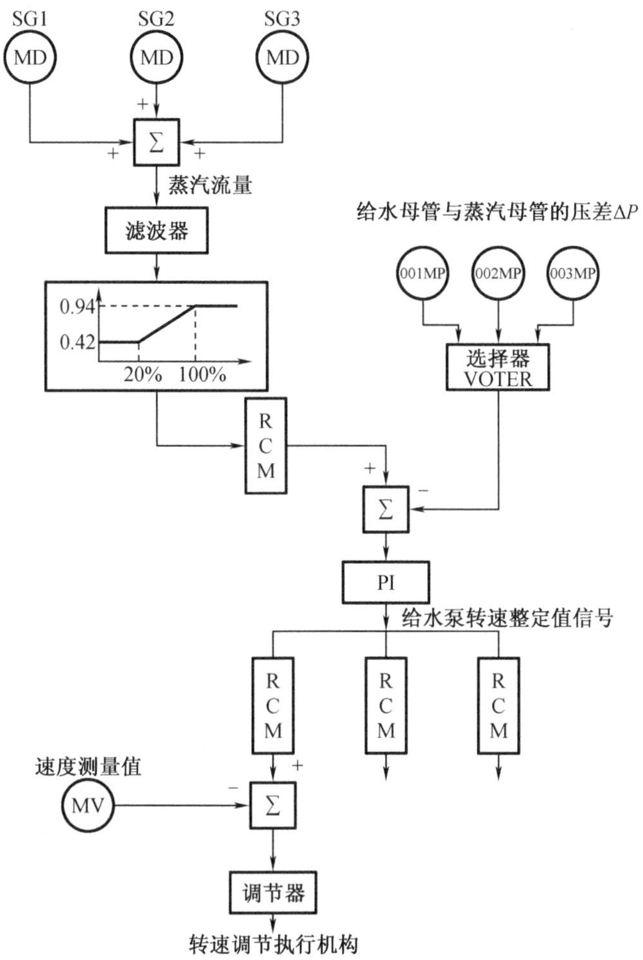

图 8－31　水泵转速调节原理图

8.3.4　与蒸汽发生器水位相关的信号及动作

在正常工况下，水位调节系统自动维持蒸汽发生器的水位在定值范围内，当水位变化无法控制时，测量通道将发生报警，启动相应的保护动作，如图 8－32 所示。

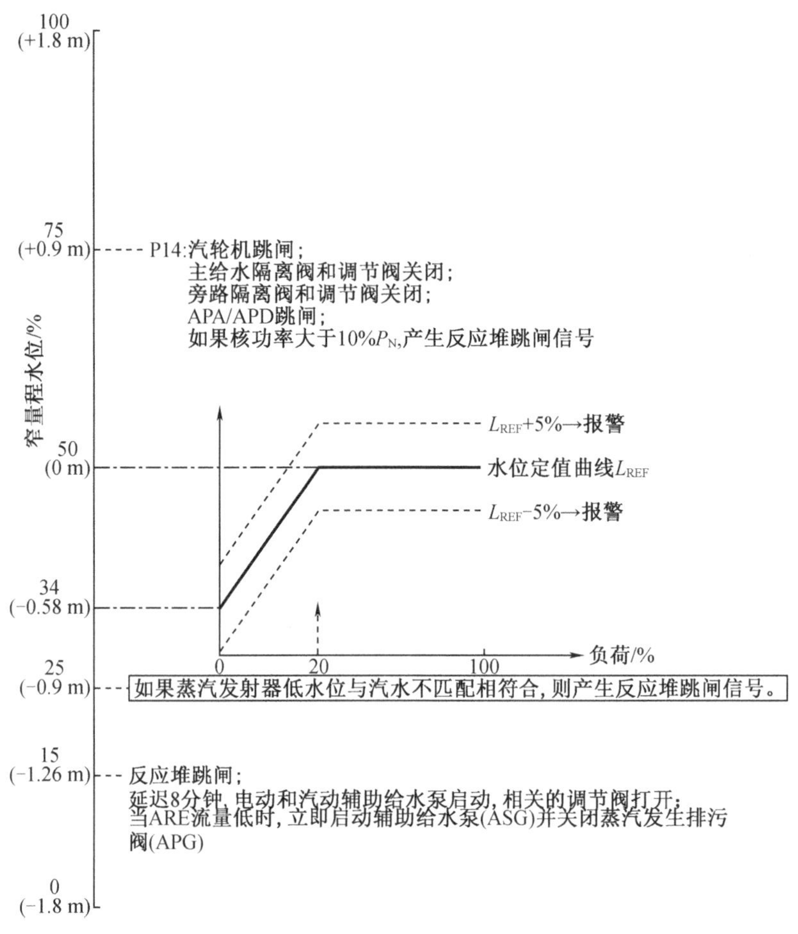

图 8－32　与蒸汽发生器水位相关的信号及动作

8.4　主蒸汽旁路排放控制系统

8.4.1　概述

反应堆功率不能像汽轮发电机负荷那样快速地改变。在汽机负荷发生大幅度下降时，须主蒸汽旁路排放控制系统(GCT)将主蒸汽直接排放到凝汽器和除氧器或者排放到大气中，为反应堆提供一个“人为”的负荷，降低核蒸汽供应系统(NSSS)中温度和压力的瞬态变化幅度。从而避免核蒸汽供应系统(NSSS)中温度和压力超过保护阈值，确保核电站的安全。根据蒸汽去向，GCT又细分为：

(1)GCT_c：蒸汽排向凝汽器。

(2)GCT_d(属于ADG除氧器系统，本章节简单介绍)：蒸汽排向除氧器。

(3)GCT_a：蒸汽排向大气。

系统运行流程简图如图8－33所示。

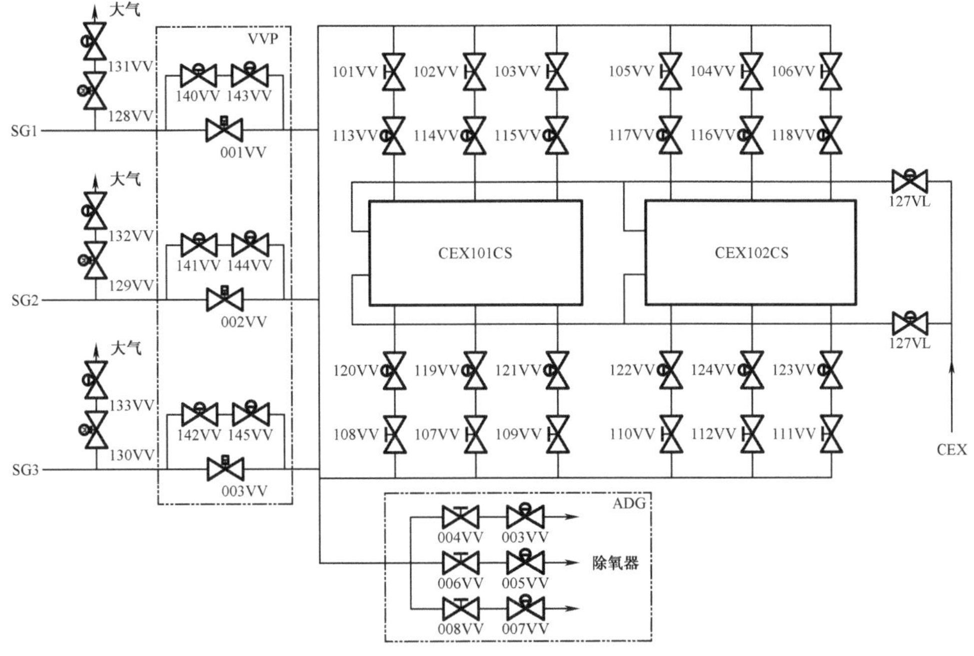

图 8-33 系统运行流程简图

1. 正常运行

电站在稳态带功率运行时，蒸汽旁路排放系统处于备用状态。

2. 汽轮机的甩负荷与带厂用电运行

汽轮机甩负荷时，堆芯提供的功率与汽轮机负荷之间出现暂时的不平衡。由于控制棒的调节能力有限，当甩负荷的幅度大于10%额定负荷或大于每分钟5%额定负荷的线性变化时，旁路排放系统就要投入运行，为反应堆提供一个人为的“负荷”，避免一回路超温和超压。在这种工况下，GCT_c 为平均温度控制模式，它发出一个反映反应堆功率和汽轮机负荷失配大小的温差信号 ΔT。在 $\Delta T > 3$ ℃且允许阀门开启的逻辑信号有效情况下，GCT_c 排放阀逐组部分或全部以调制方式或快开方式开启。

随着旁路排放阀的开启和控制棒的下插，一回路平均温度的实测值逐渐接近整定值，当 $\Delta T < 3$ ℃时，排放阀关闭，最后靠反应堆平均温度控制系统移动 R 棒来达到最终的平衡状态。

当汽轮机甩负荷至厂用电时，反应堆功率为最终功率整定值30% Pn，汽轮机负荷为带厂用电（约为4.5% FP），二者的偏差转为排放阀的开启信号，使旁路排放系统为反应堆提供“人为”负荷，维持一回路和二回路的功率平衡。

3. 稳态运行

在反应堆启动和停运过程中（余热排出系统未投入情况下）及反应堆处于热备用、热停堆状态下，由汽轮机旁路排放系统投入导出一回路的热量。

8.4.2 结构与原理

1. 凝汽器排放系统 GCT_c

蒸汽凝汽器排放系统由从主蒸汽母管上引出的12根管道组成，连接在主蒸汽隔离阀和汽轮机高压缸进汽阀之间的主蒸汽管道上。每个凝汽器有6根进汽管,每边各3根。在每根进汽管线上装有一个手动隔离阀和一个气动的旁路排放控制阀。排放蒸汽经凝汽器颈部的扩压器完成降温和两级降压后排入凝汽器。冷却水为CEX凝结水,取自凝结水泵出口母管,由两根管线引到汽轮机凝汽器的两侧,在每根管线上安装有一个气动控制阀。这两个控制阀正常时保持关闭,在接收到GCT_c排放信号后开启。

2. 向除氧器排放系统GCT_d

蒸汽除氧器排放系统从汽轮机厂房主蒸汽母管上引出一根管道,然后分成三根支管进入ADG除氧器。每根管道上也安装有一个手动隔离阀和一个用气动控制阀。这三根排放管在进除氧器之前与除氧器加热用的抽汽管相连,利用加热蒸汽鼓泡器排入除氧器给水箱下部的水面以下。

GCT_c排放阀共12个,分为三组,GCT_d排放阀有3个,为第四组,在主蒸汽母管压力为6.63 MPa时,最小排放容量为85%的名义蒸汽流量,即1 371.4 kg/s,如表8-2所示。

表8-2

	旁路阀	涉及阀门	排放容量	特性1	特性2
GCT_c	第一组	GCT113/117/121VV	18.2% FP	依次调节开,或快开	阀门快开时间小于2.5 s。调制开启或关闭时间不超过10 s。阀门快关时间不超过5.0 s。旁排阀设计为关安全,因此在失电、失气下阀门关闭
	第二组	GCT115/119/123VV	18.1% FP	同时调节开,或快开	
	第三组	GCT114/116/118/120/122/124VV	36.3% FP	同时调节开,或快开	
GCT_d	第四组	ADG003/005/007VV	12.4% FP	作为GCT_d时,整组快速开启;作为ADG压力调节阀使用时依次调制开启;GCT_d控制信号优先于ADG控制信号	

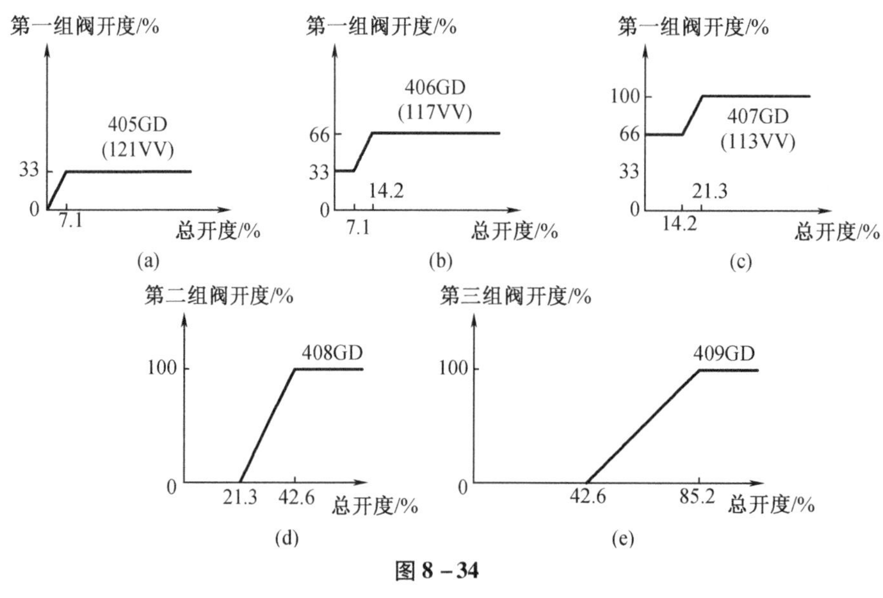

图8-34

3. 旁路阀的控制模式

GCT_c 控制方式分为温度(T_{avg})控制模式和压力(P)控制模式

(1)压力控制模式

用主蒸汽联箱蒸汽压力测量值(VVP024MP、VVP025MP)与代表机组功率的蒸汽压力整定值之差作为控制信号,调节第1组和第2组蒸汽旁路阀开度。该模式用于0~15%额定功率,且反应堆控制棒处于手动控制状态。

(2)温度控制模式

用一回路平均温度实测值与其整定值之差和反应堆功率与汽轮机功率之差作为控制信号,控制各蒸汽旁路阀的开启状态。该控制模式用于机组功率≥15%额定功率,反应堆处于自动控制状态,反应堆的功率控制跟踪汽轮机功率控制。

上述两种控制模式转换是由操作人员在控制室完成的。由压力(P)控制模式转换为温度(T_{avg})控制模式,必须在汽轮机蒸汽旁路系统中所有旁路阀关闭后才能进行。如果由温度(T_{avg})控制模式转换为压力(P)控制模式,当汽轮机蒸汽旁路系统中所有旁路阀均处于关闭状态时可平稳切换,如果蒸汽旁路系统中有旁路阀处于开启状态,必须手动调整压力控制器整定值与实测值一致,并在压力模式允许运行信号灯亮后方可进行切换。

4. 旁路阀气动控制排放阀的控制原理(图8-35)

在气动排放阀的供气管线上有3个电磁阀及一个气动定位器,电气转换器来的调制信号经气动定位器转换为开启排放阀开度的比例的气压,此空气源由压缩空气系统供给,经过3个电磁阀允许后去打开GCT排放阀。在某些瞬态情况下,快开信号直接作用在电磁阀S1上,使压缩空气经S1的2—3路通,再经逻辑允许信号电磁阀S2、S3的1—3路通,将GCT排放阀全打开。

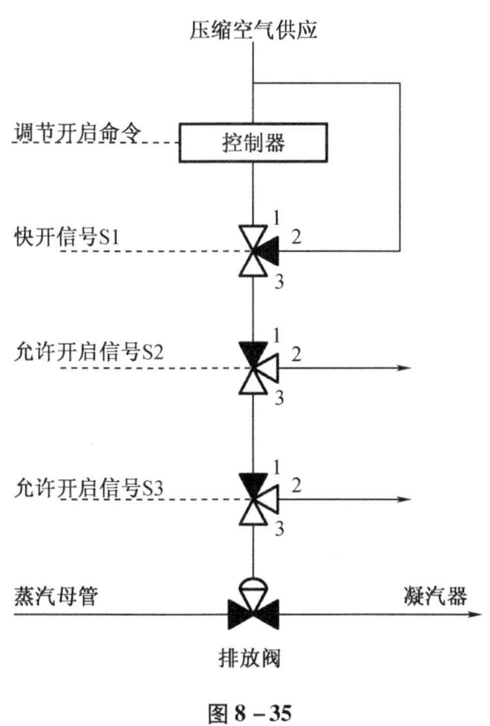

图8-35

考虑安全的因素，使用了一些逻辑允许闭锁信号，此信号具有冗余，分A、B列，任一列信号产生，均导通电磁阀S2、S3的2—3路，使阀门排气后关闭。

由上可见，阀门开启有两个必要的信号：一个逻辑允许信号和一个模拟控制信号。

当S2和S3信号（各种允许开启的逻辑信号）存在时，相应的电磁阀通电，通路1—3开启，调节阀馈有空气并能够开启。

当S1快开信号存在时，相应电磁阀通电，通路2—3开启，此时如果S2和S3信号存在，则阀门开启。

如果S1信号不存在，相应电磁阀断电，通路1—3开启，如果S2和S3存在，阀门受其（模拟控制信号）控制器控制。ADG调节阀的控制原则相同，但ADG005VV除外，它不接受模拟控制。

（1）第一组旁排阀（图8－36）

对于第1组阀，快开信号有两种：

①有紧急停堆信号时，GCT选在温度模式，403XU1给出动作信号而产生GCT第1组阀快开信号。

②没有紧急停堆信号时，GCT选在温度模式，401XU1给出动作信号而产生GCT第1组阀快开信号。此信号受到短时电网故障信号的联锁。

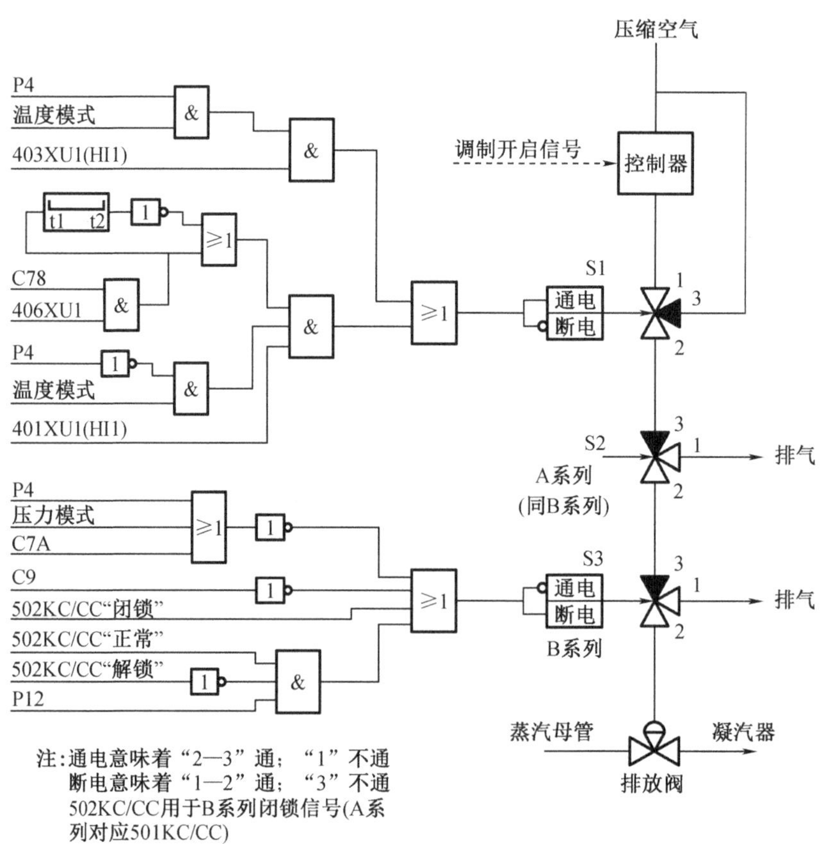

图8－36　第一组旁排阀控制逻辑

(2)第二组旁排阀

GCT 第 2 组阀门的控制信号与第一组相同,但温度动作阈值不同。需要特别说明的是,KC/CC 对排放阀的解锁只对第 1 组阀门有效。

(3)第三组旁排阀(图 8 - 37)

①开允许信号:不存在 ATWT、不存在 P12、反应堆未停堆、凝汽器真空可用 C9、在 Tmode、C7B 存在且汽机功率小于 50%。

②快开允许信号:在 T 模式下反应堆未停堆、温差信号大于 13.1 ℃。

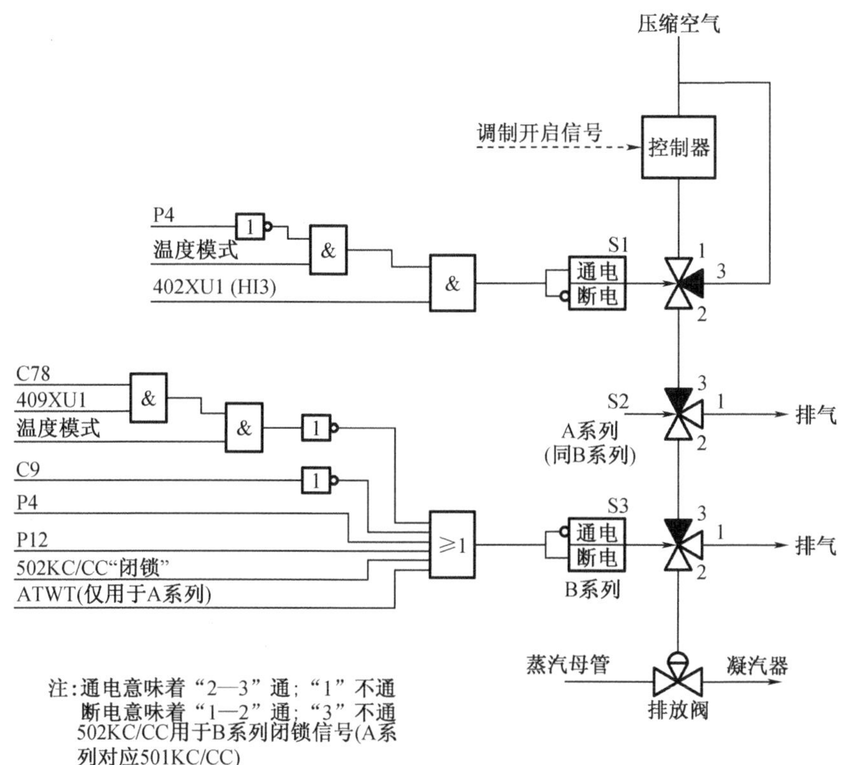

图 8 - 37 第三组旁排阀控制逻辑

(4)第四组旁排阀

①第四组闭锁信号:

反应堆冷却剂平均温度发出低低信号;

反应堆发出跳闸信号后 50 s;

除氧器发出高高水位信号;

除氧器发出断水信号(即除氧器进口凝结水隔离阀 ABP006VL 关闭)。

②第四组阀快开允许信号:停堆时主系统温度大于零功率温度 20 ℃或者未停堆模式下甩大负荷时主系统温度大于参考温度 14.9 ℃。

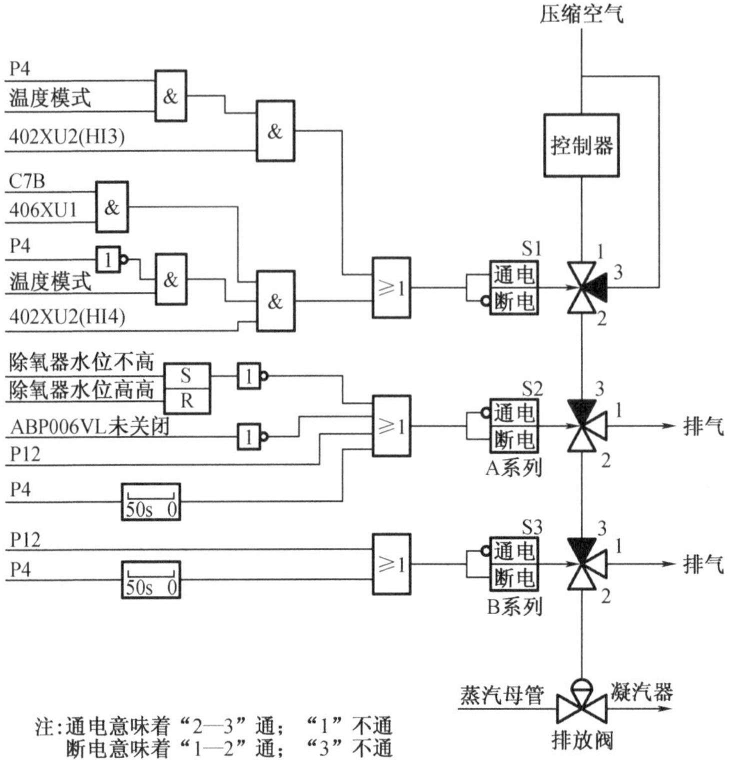

图 8-38　第四组旁排阀控制逻辑

(5)汽机停机与反应堆停堆联锁

①堆功率在 10% FP 以下,停机不停堆。

②堆功率 >10% FP,出现凝汽器故障,或 T_{avg} 低低(P12),或 C9 非,或 GCT 手动闭锁,将停堆。

③ >40% FP,延时 1s 出现下列信号则停堆:

a. 1 个凝汽器排放阀未开;

b. P 模式下,出现第 1 组阀快开信号;

c. 无 $T_{avg} - T_{ref} > 3$ ℃信号(表示快开信号或调制信号没有及时出现)。

(6)凝汽器可用与凝汽器故障信号

排向凝汽器的蒸汽旁路阀开启的必需条件是凝汽器可用,即凝汽器压力小于 50 kPa(a),达到此条件后向核岛控制系统发出“凝汽器可用”信号。凝汽器压力信号来自凝汽器真空系统(CVI)。

当核岛控制系统发出开启排向凝汽器蒸汽旁路阀和喷水减温阀门的信号后,如果在 15 s 内喷水减温阀后水压没有达到 1.4 MPa(g),将向核岛控制系统发出“凝汽器故障”信号,关闭排向凝汽器的蒸汽旁路阀。

(7)喷水减温阀(GCT125VL、127VL)

喷水减温阀的控制来自核岛控制系统的信号,在发出打开喷水减温阀命令后,检测喷水减温阀下游的减温水压力,如果在 15 s 内减温水压力没有达到 1.40 MPa(g),将发出“凝汽器故障”信号。

每个喷水减温阀下游的减温水压力由 3 个独立的压力传感器来监视,经过 3 取 2 表决逻辑向喷水控制阀门控制回路提供信号。

任一只旁路阀开启,两只喷水减温阀均须开启。喷水减温阀为开关型气动阀,失气时阀门全开。喷水减温阀能在就地和控制室开、关,并有阀位指示。

(8)向大气排放系统 GCT_a(表 8 -3)

蒸汽向大气排放系统由三根独立的管线组成,每根管线连接在安全壳外主蒸汽隔离阀上游的主蒸汽管道上。在每根管线上装有一个电动隔离阀和一个气动控制阀。大气排放阀出口装有消音器,以降低系统的噪声水平。每个排放阀配有一个压缩空气罐,以便在失去仪表用压缩空气时仍可保证排放控制阀工作 6 h。

每个大气排放阀都设有手动操作装置,即使失去所有气源,阀门仍可以进行手动操作。

表 8 -3

	涉及阀门	特性
GCT_a	GCT131/132/133VV	大气排放阀不接收逻辑信号,其调节是利用蒸汽发生器出口蒸汽压力和整定压力之间的压力差进行调节的

蒸汽大气排放阀必须确保:如果厂内电源丧失,热停堆 2 h 后,大气排放阀能够保证反应堆以 28 ℃/h 的冷却速率受控冷却,直至余热排出系统可以启动为止。

在一台蒸汽发生器传热管破裂的情况下,为消除这台蒸汽发生器一回路向二回路的泄漏,必须将其隔离,依靠完好的蒸汽发生器的 GCT_a 系统冷却一回路,并且只有一个大气排放阀可用(单一故障)情况下,要求以 56 ℃/h 冷却速率将一回路的热段温度冷却到 250 ℃。

8.4.3 标准规范

由于蒸汽排放功能最终由蒸发器安全阀的排放来保证,因此汽轮机蒸汽旁路系统属于非核安全系统。

尽管如此,蒸汽大气排放系统仍要求有安全鉴定,因为在蒸汽发生器传热管破裂的情况下,它被用来限制放射性物质的排出。

在运行技术规范中,对 GCT 系统的要求如表 8 -4 所示。

表 8 -4 对 GCT 系统的要求

运行模式	对应要求
反应堆功率运行模式(RP)	在每台蒸汽发生器上的 GCT 大气旁路系统必须可用
	功率≥95% Pn 时,GCT_c 的第一组和第二组共 6 个阀必须可用
	功率≥88% Pn 时,GCT_c 的第一组和第二组共 6 个阀中 5 个蒸汽排放阀必须可用

表 8－4（续）

运行模式	对应要求
反应堆功率运行模式（RP）	功率≥81% Pn 时，GCT_c 的第一组和第二组共 6 个阀中 4 个蒸汽排放阀必须可用
	功率≥10% Pn 时，GCT_c 的第一组和第二组共 6 个阀中 3 个蒸汽排放阀必须可用
蒸汽发生器冷却停堆模式（NS/SG）	每台蒸汽发生器上的 GCT_a 大气排放管线必须可用
RRA 冷却正常停堆模式（NS/RRA）	与可用蒸汽发生器相连的 GCT 大气排放回路可用
维修停堆模式（MCS）	与可用蒸汽发生器相关的 GCT_a（蒸汽向大气排放系统）必须可用

具体运行事件及采取措施分别如表 8－5、表 8－6 所示。

1. 反应堆功率运行模式（RP）

（1）系统：GCT_a

表 8－5

事件	所采取措施
GCT_a1	第一组
一条或两条 GCT 大气旁路管线（机械部分）不可用	如果是一条 GCT 大气旁路管线不可用，8 h 内机组开始向 NS/SG 模式后撤； 如果是两条 GCT 大气旁路管线不可用，1 h 内机组开始向 NS/RRA 模式后撤
GCT_a2	第一组
一条或两条 GCT 大气旁路管线控制调节部分不可用	如果是一条 GCT 大气旁路管线受影响，3 d 内机组开始向 NS/SG 模式后撤； 如果是两条 GCT 大气旁路管线受影响，24 h 内机组开始向 NS/RRA 模式后撤

（2）系统：GCT_c

表 8－6

事件	所采取措施
GCT_c1	第一组
功率≥95% Pn 时，前两组 6 个阀门中有 1 个阀门不可用	8 h 内降功率到 95% Pn 以下

表 8－6(续)

事件	所采取措施
GCT_c2	第一组
功率≥88% Pn 时,前两组 6 个阀门中有 2 个阀门不可用	8 h 内降功率到 88% Pn 以下,将高中子通量停堆值设定为 96% Pn
GCT_c3	第一组
功率≥81% Pn 时,前两组 6 个阀门中有 3 个阀门不可用	8 h 内降功率到 81% Pn 以下,将高中子通量停堆值设定为 89% Pn
GCT_c4	第一组
功率≥10% Pn 时,前两组 6 个阀门中有超过 3 个阀门不可用。	8 小时内降功率到 10% Pn 以下。

2. 蒸汽发生器冷却停堆模式(NS/SG)(表 8－7)

系统:GCT_a

表 8－7

事件	所采取措施
GCT_a1	第一组
一条或两条 GCT 大气旁路管线(机械部分)不可用	如果是一条 GCT 大气旁路管线不可用,检修必须在 3 d 内完成; 如果是两条 GCT 大气旁路管线不可用,1 h 内机组开始向 NS/RRA 模式后撤
GCT_a2	第一组
一条或两条 GCT 大气旁路管线控制调节部分不可用	如果是一条 GCT 大气旁路管线受影响,检修必须在 3 d 内完成; 如果是两条 GCT 大气旁路管线受影响,24 h 内机组开始向 NS/RRA 模式后撤

3. RRA 冷却正常停堆模式(NS/RRA)(表 8－8)

系统:GCT_a

表 8－8

事件	所采取措施
GCT_a1	第一组
所需的两台蒸汽发生器中一条 GCT 大气旁路管线(机械部分)不可用	执行 RCP3

表 8-8(续)

事件	所采取措施
GCT_a2 所需的蒸汽发生器排大气旁路管线(机械部分)全部不可用	第一组 执行 RCP4
GCT_a3 所需的一台蒸汽发生器排大气旁路管线的仪控装置不可用	第一组 检修必须在 14 d 内完成

4. 维修停堆模式(MCS)(表 8-9)

系统:GCT_a

表 8-9

事件	所采取措施
GCT_a1 一回路未充分打开时,要求可用的一个蒸汽发生器的排大气管线不可用	第一组 执行 RCP1
GCT_a2 一回路未充分打开时,要求可用的一个蒸汽发生器的排大气管线控制回路不可用	第二组 检修必须在 14 d 内完成

8.4.4 运维项目

以方家山 GCT 系统为例,相关的定期试验内容和频度如表 8-10 所示。

表 8-10

定期试验标题	工作内容	频度
GCT 系统 CVI 和 GCT 传感器校验及冷凝器故障和冷凝器不可用信号试验	1. 冷凝器故障和冷凝器不可用信号(失去喷淋水压力和失去冷凝器真空)—传送到 RPR 系统的信号检查; 2. CVI003MP、004MP、005MP、006MP、007MP、008MP 交叉比较; 3. GCT103MP、104MP、105MP、106MP、107MP、108MP 交叉比较	R1

表 8－10(续)

定期试验标题	工作内容	频度
GCT 系统 汽机降负荷下降速率及高 ΔT 等重要信号检查、验证试验	1. 汽机降负荷下降速率检查 — C7A：GCT404XU2 和 408XU2 检查； — C7B：GCT404XU1 和 408XU1 检查。 2. 高 ΔT 信号检查 — GCT405XU2 检查； —传送到 RPR 系统的信号检查。 3. ΔT 高用于快开信号和压力模式信号检查 — GCT405XU1 定值检查； — GCT401XU1 定值检查； —传送到 RPR 系统的信号检查。 4. GCT401DR、402DR —时间常数	R1
GCT 系统气动调节阀 GCT131VV、132VV、133VV 内部整定值验证试验	气动调节阀 GCT131VV、132VV、133VV — GCT402RG、403RG、404RG 内部整定值验证	R1

仪控相关设备的预防性维修内容如表 8－11 所示。

表 8－11

序号	设备类型	预防性维修内容	频度
1	旁路阀气动控制回路仪控附件	旁路阀气动控制回路校准，包括： (1)检查空气过滤减压阀。 (2)校验定位器。 (3)校验行程位置。 (4)检查电磁阀。 (5)验证快开快关动作。 (6)确认 DCS 输出卡精度	R1
2	大气释放阀气动控制回路仪控附件	大气释放阀气动控制回路校准，包括： (1)检查空气过滤减压阀。 (2)校验定位器。 (3)校验行程位置。 (4)确认 DCS 输出卡精度。 (5)检查调节功能完整	R1

表 8－11（续 1）

序号	设备类型	预防性维修内容	频度
3	旁路减温水调节阀气动控制回路仪控附件	旁路减温水调节阀气动控制回路校验，包括： （1）检查旁路减温水调节阀空气过滤减压阀。 （2）校验行程位置。 （3）检查或调整与行程开关接触的凸轮及紧固螺母的紧固情况。 （4）检查电磁阀。 （5）从 DCS 操作确认功能完整	R1
4	旁路阀管道启动疏水气动调节阀控制回路仪控附件	旁路阀管道启动疏水气动调节阀控制回路校验，包括： （1）检查空气过滤减压阀。 （2）校验行程位置。 （3）校验定位器。 （4）检查电磁阀。 （5）从 DCS 操作确认功能完整	R1
5	凝汽器旁路喷水压力变送器	压力变送器通道校准，包括： （1）检查压力变送器阀组性能。 （2）校验变送器。 （3）清洁管线，紧固接线端子。 （4）确认 DCS 上信号准确性	R1
6	旁路阀前疏水袋液位开关	液位开关信号通道检查，包括： （1）检查液位开关功能。 （2）检查仪表阀。 （3）确认 DCS 信号	R2
7	旁路阀阀位反馈装置及连杆	旁路阀阀位反馈装置及双向连接螺纹连接杆整体更换	R4
8	旁路减温水调节阀空气过滤减压阀	更换空气过滤减压阀	R2
9	大气释放阀仪表用压缩空气缓冲罐压力表	仪表用压缩空气缓冲罐压力表校准	R2
10	旁路阀管道启动疏水气动调节阀空气过滤减压阀	更换空气过滤减压阀	R4
11	阀前疏水袋液位开关微动开关	更换微动开关	R6
12	旁路阀电磁阀	更换电磁阀	R6
13	旁路阀定位器	更换定位器	R6

表 8－11(续 2)

序号	设备类型	预防性维修内容	频度
14	大气释放阀定位器	更换定位器	R6
15	旁路阀空气过滤减压阀	更换空气过滤减压阀	R6
16	大气释放阀空气过滤减压阀	更换空气过滤减压阀	R6
17	旁路阀供气软管	更换供气软管	R6

8.4.5 典型案例分析

B 类状态报告：方家山 1GCT121VV 故障引起 SG 水位异常波动。

1. 事件摘要

2020 年 2 月 16 日晚，方家山 1 号机组处在热备用状态，GCT_c 系统第一组阀的第一个阀 1GCT121VV 故障关闭，随后汽机旁排第一组阀的第二个阀 1GCT117VV 开启，其间导致蒸汽发生器程序水位波动，汽水压差波动较大。更换 1GCT121VV 阀位反馈装置和定位器后，阀门工作恢复正常，蒸发器水位恢复正常水位。针对上述现象，技术、维修、运行相关人员通过原因分析，得出了事件的根本原因是阀位反馈装置的设备选型不适合在高振动环境使用，并制订了相应的应对措施。

2. 外部事件审查

其他使用相同阀位反馈装置的核电厂（广核、福清核电站）也出现过阀位反馈波动大的类似问题，属于共性事件，广核、福清核电站的汽轮机旁排阀定位器及阀位反馈装置的型号和方家山相同，已经出现过多起阀位反馈连杆脱落引起阀门故障关，和阀位反馈装置故障导致阀位漂移的情况，且阳江核电已经将该定位器换型，更换为 Fisher 的 6205 的分体定位器。

3. 故障原因分析（图 8－39）

阀位反馈装置工作原理是：定位器工作时向阀位反馈装置提供 1.25 V 的查询电压，反馈连杆和阀位反馈装置中的电位器相连，通过滑线变阻器的中间点与逻辑地间的电压来反馈阀位。从故障处理过程分析，排除了反馈连杆断裂、脱落的情况，排除了定位器故障的情况，确定为阀位反馈装置的故障。

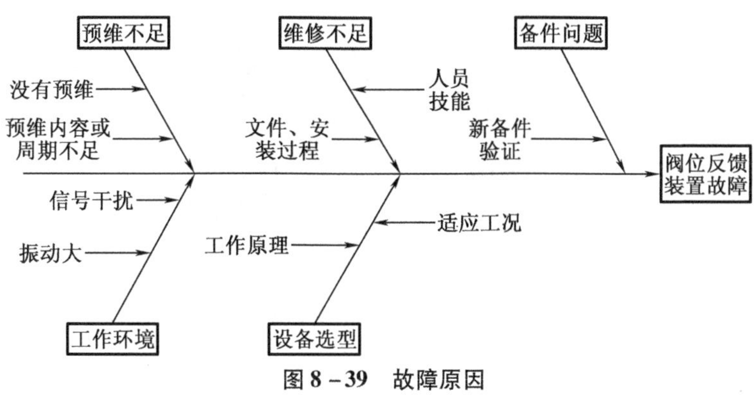

图 8－39 故障原因

阀位反馈故障的原因分析如下。

此次故障发生时,机组状态较为特殊,因春节期间1号机组小修,1号机从1月31日凌晨开始,就处于热备用状态,1GCT121VV投入使用,直到2月16日阀门故障关,该阀门已经连续处于调节状态17天,近400个小时。汽机旁排阀运行的环境温度本身就较高,阀位一直保持在某一个位置进行自动调节,阀杆带动滑线变阻器在某一个固定的区域来回波动,使得阻值开始出现波动,从而阀位反馈发生波动,带动系统整定阀门总开度开始在较大范围波动,进入恶性循环,最终导致定位器坚持fail - safe,阀门故障关。

4. 预防性维修分析

在故障发生前,已制订了1GCT121VV相关的预防性维修计划,其中包括阀门气动控制回路校准,频度为R1;阀位反馈装置的定期更换,频度为R4;阀门反馈连杆的定期更换,频度为R2。且在104大修期间,根据预防性维修内容对1GCT121VV进行了阀门解体检修,对阀位反馈装置和反馈连杆进行了定期更换。

5. 维修过程分析

在设备更换过程中,按照维修规程进行,通过采访维修人员,在更换过程中未发现异常。更换完成后定位器完成自检,阀门行程指示正常。在1号机启机及满功率运行期间,阀位指示正常。

6. 备件分析

该阀门反馈装置更换以后已经运行近一年时间,排除备件质量问题。

7. 工作环境分析

在满功率运行期间,GCT旁排阀的实际开度为0,就出现过三次阀门(1GCT114VV、116VV、124VV)阀位反馈跌出阀位限值(低于-5%),使得KIC上短时显示粉色,分析原因为现场干扰引起,根本原因有两点。

(1)控制电缆与动力电缆间距不足,导致控制回路中始终存在干扰,对现场端进行滤波,即在现场阀门反馈单元内部的地线和屏蔽线之间加装电容滤波(图8-40),可有效降低阀门开度反馈信号干扰,减少波动。

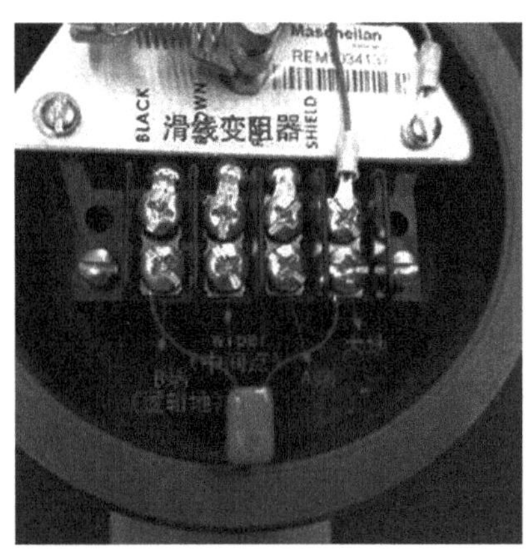

图8-40 阀位反馈装置加装电容示意图

(2)现场振动较大,对阀位反馈装置输出信号有影响。从阳江核电厂GCT_c阀门振动数据情况来看,GCT121VV 阀门所在管线振动大(阀门厂家的建议值是 12 mm/s),其中 2 号机现场已增加阻尼器,阀门开启时振动加剧,因该阀门反馈装置是通过反馈连杆机械连接,其振动会传达到阀位反馈装置,如图 8 -41 所示。

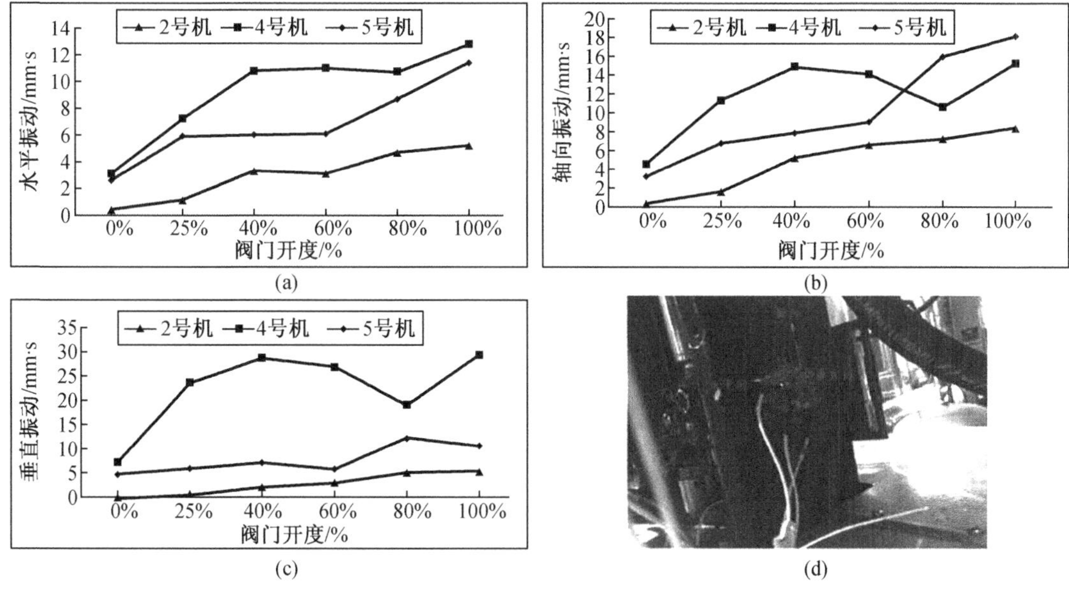

图 8 -41 阳江核电 GCT_c 第一组管线振动

方家山 1 号机组在满功率运行期间,阀门处于关闭状态,现场对阀门进行测振,振动最高值为 5 mm/s(图 8 -42)。但在阀门开启时未进行振动测量,推测阀门振动会随着阀门的开启而增大,并通过反馈连杆加剧反馈装置上电位器的波动。

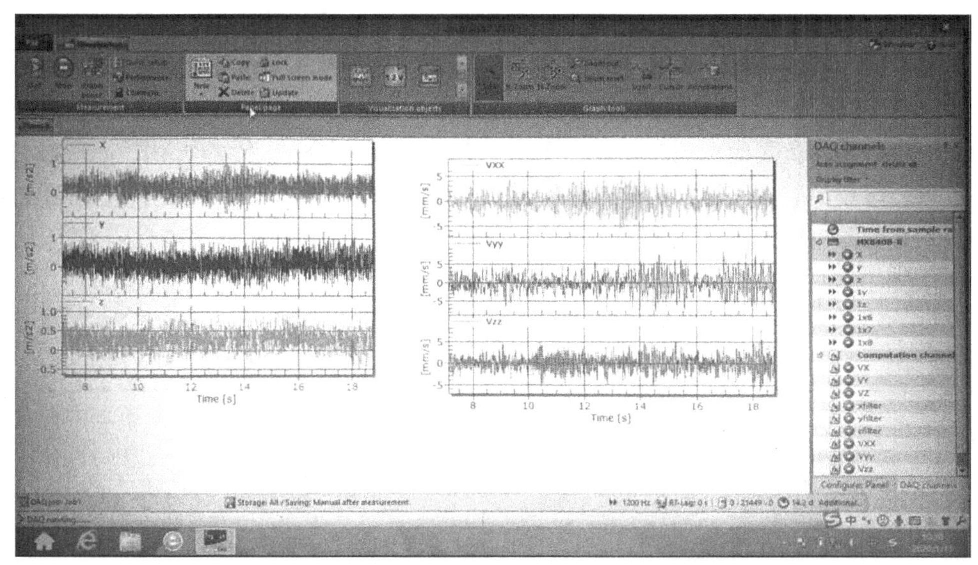

图 8 -42 满功率运行期间 1GCT121VV 阀门振动测量

8. 设备选型分析

(1)使用寿命分析

经咨询厂家以及其他电站的经验反馈,正常运行情况下,阀位反馈装置的使用寿命为3个循环(18个月换料周期),方家山已经制订了定期更换项目计划,周期为R3,并在104大修期间进行了更换。同时,104大修已更换了反馈连杆,并对阀门进行了解体检修。

在正常运行情况下,旁排阀实际开启的时间较短,以方家山102,103,104大修为例,查询历史趋势图,3个循环,1GCT121VV的实际开启时间只有约为130 h,此次故障1GCT121VV的实际开启时间近400 h,是以往所有开启时间的3倍,如表8-12所示。

表8-12　1GCT121VV三个换料周期的开启时间统计

序号	大修	阶段	1GCT121VV开启时间
1	102	停机	约2 h(2016.9.15)
2	102	启机	约10 h(2016.10.14)
3	103	停机	约30 min(2017.9.10)
4	103	启机	约25 h(2017.10.13)
5	104	停机	约3 h(2019.03.15)
6	104	启机	约24 h(2019.4.13)
		每次大修期间的试验+阀门鉴定	约12 h
		合计	130 h

(2)工作方式适用性分析

该阀的阀位反馈是机械式传动,管道和阀体上的振动会通过连杆传递到阀位反馈装置。在阀门打开时,根据外部的经验反馈,管道在加装阻尼以后,阀门正常开启时振动仍会达到60~90 mm/s,详见表8-13。在本次事件中,1GCT121VV从1月31日开始到故障发生时2月16日,基本都处于80%左右的开度,振动值可达到30 mm/s。振动高曾导致方家山1GCT121VV的反馈杆在2017年断裂,也导致福清和广核的反馈杆断裂。同样的,阀门振动高也会传递到负责阀位反馈的电位器上,导致电位器提前失效。CEX025VL曾因为振动高导致阀位反馈装置和连杆失效,后更换为非接触式的分体式阀位反馈解决了问题。由于非接触式的阀位反馈抗电磁干扰能力低于机械式,对其在本阀门的适用性需要进一步调查验证。

表8-13　阳江1号机组停机下行工况GCT管道振动测试结果

测点编号	管道对应旁排阀编号	Y1GCT121VV阀门开度	测试数据编号	振动测量峰值速度 mm/s		
				V_x	V_y	V_z
测点6	Y1GCT121VV	0~8.9%	1159	0.55	0.58	1.15
测点6	Y1GCT121VV	14.3%~17.9%	1160	4.90	13.92	18.30
测点6	Y1GCT121VV	21.4%~25.0%	1161	25.27	56.73	61.59

表 8-13(续)

测点编号	管道对应旁排阀编号	Y1GCT121VV 阀门开度	测试数据编号	振动测量峰值速度 mm/s		
				V_x	V_y	V_z
测点 6	Y1GCT121VV	25.0% ~28.6%	1162	55.13	59.40	94.40
测点 6	Y1GCT121VV	32.1% ~35.7%	1163	17.53	39.22	69.11
测点 6	Y1GCT121VV	46.4% ~99.0%	1164	5.37	24.40	30.45
测点 5	Y1GCT123VV	99.0%(Y1GCT123VV 全关)	1167	1.12	1.12	1.56
测点 4	Y1GCT123VV		1169	1.07	0.65	0.46

结合上述分析,1GCT121VV 阀门故障关的直接原因是阀位反馈装置故障(图 8-43),其受现场干扰容易出现阀位显示波动,没有及时发现阀门反馈波动变大的有效手段为此次阀门故障关的促成因子。根据内外部经验反馈,本阀门在开启时振动高,阀杆位置采用机械连杆方式传递给阀位反馈装置,容易导致连杆及反馈装置故障,不能保证长期可靠运行,因此事件的根本原因是阀位反馈装置的设备选型不适合在高振动环境使用。

图 8-43 DVC6205 定位器反馈装置图

9. 事件原因分析(图 8-44)

(1)直接原因:阀位反馈装置故障导致阀门故障关。

(2)根本原因:阀位反馈装置的设备选型不适合在高振动环境使用。

(3)促成因子:现场振动大;没有及时发现阀门反馈波动变大的有效手段。

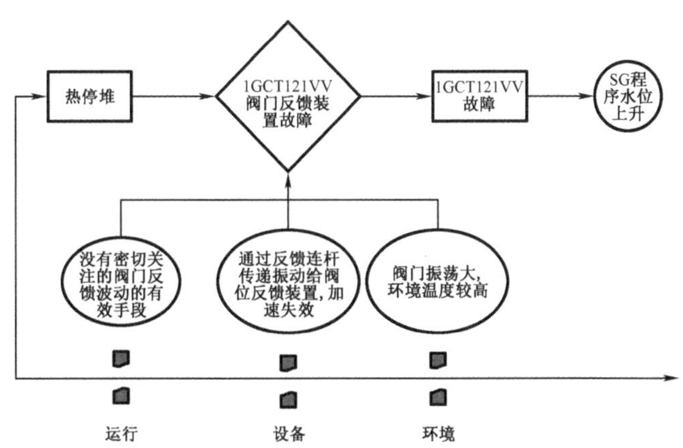

图 8-44 事故原因分析

针对事件原因开发的纠正行动如表 8-14 所示。

表 8－14

<table>
<tr><th>序号</th><th>事件原因</th><th>纠正行动</th></tr>
<tr><td>1</td><td>直接原因:阀位反馈装置故障</td><td>更换阀位反馈装置</td></tr>
<tr><td rowspan="3">2</td><td rowspan="3">根本原因:阀位反馈装置的设备选型不适合在高振动环境使用</td><td>就 1GCT121VV 阀位反馈装置故障设备联系原厂家解体检查,进行确认设备失效原因</td></tr>
<tr><td>根据结果和建议,进一步完善行动</td></tr>
<tr><td>旁排阀阀位反馈装置更换为非接触式,对电磁干扰能力进行分析。根据分析结果提出设备换型变更</td></tr>
<tr><td rowspan="5">3</td><td rowspan="3">促成因子:没有及时发现阀门反馈波动变大的有效手段</td><td>增加该经验反馈,当 GCT 阀门打开时,关注阀门的波动情况,特别是长期处于热备用状态时</td></tr>
<tr><td>修订巡检记录单,在旁排阀开启阶段,开展旁排阀阀门的专业巡检</td></tr>
<tr><td>编制启停阶段监督参数清单,对旁排阀阀门开度进行监视</td></tr>
<tr><td>促成因子:阀门振动较大</td><td>在停机下行工况下,对 1GCT121VV 阀门和其他有开度的阀门的不同开度情况下的管道和阀门本体进行测振。如果振动偏高,分析制订改进方案</td></tr>
<tr><td>促成因子:阀门振动较大</td><td>在停机下行工况下,对 2GCT121VV 阀门和其他有开度的阀门的不同开度情况下的管道和阀门本体进行测振。如果振动偏高,分析制订改进方案</td></tr>
</table>

8.4.6 课后思考

1. GCT_c 的控制模式有哪几种?
2. GCT_c 的三组阀是怎么分配的?

8.5 汽轮机转速控制系统

8.5.1 概述

汽轮发电机的转速和负荷是通过改变调节汽阀的位置来控制的,控制器将要求的位置信号送至伺服油动机,并通过伺服油动机控制阀门的开与关来改变进汽量。

控制器接收来自汽轮发电机的三个主要的反馈信号:转速、调节级压力和功率,获得这些反馈信号的 DEH 系统是一个分散处理系统,这表示控制功能被分配到各功能站,每个站可独立运行,各个站的通信联系是通过系统网络进行的。

当运行人员自动控制时,运行人员控制汽机并从 LCD 和键盘上获得信息,外部系统可以通过 I/O(输入/输出)直接与控制系统进行连接。

先进的 DEH 系统是高可靠性的汽机转速/负荷控制器,此控制器是冗余的,以提高汽轮发电机的可用率。DEH 的先进性是它的分散结构和以微处理器为基础的控制,以上两种特性加上冗余处理特性使其比过去的电子控制器具有更大的能力,这增加了汽机的可靠性,使得在线维修更加容易,并且扩展了控制和监视功能,DEH 基本控制系统有转速控制、超速保护控制(OPC)、负荷控制等。在起动和负荷控制中,DEH 使用比例和积分闭环控制,以达到精确的转速与负荷控制。因此,汽机转速或负荷在稳定状态下,不管蒸汽压力如何,将等于设定的基准点。此系统也可以与自动同步器接口,这个特性使得机组进行同步并网操作更为方便。

8.5.2 结构与原理

DEH 系统中作为与运行人员接口的操作站具有一个人机对话的彩色 LCD 和一块键盘。一个工程师站是用来完成系统维护功能的,分开的冗余 CPU 是用来实现控制功能的。

DEH 的基本部分有手动控制和超速保护控制系统,以及操作员自动系统。

速度的三选二逻辑对三个输入信号中有一个发生故障时实行保护,三个输入信号中的每一个是在分开的 I/O 卡上读入或采用冗余卡件方式输入,以防止 I/O 硬件中的单点故障。三选二逻辑也应用在其他的重要输入信号,像挂闸、油开关状态这样的信号。

对这些重要的输入信号进行扫描,其数据用来完成像超速保护、甩负荷预测(LDA)这些功能。LDA 是一个在负荷控制中检测到油开关打开而造成甩负荷,从而瞬时关闭调阀和再热调阀,以减少最大超速的过程。如果超速被检测到,输出接点使 OPC 总管上的电磁阀动作,从而使得调节汽阀关闭。

在手动方式中,操作员可以手动控制高调门、阀门动作方向(升或降)、阀门动作速率,所有这些功能均在手动操作画面上实现。

操作员自动是此系统运行的常用方式。通过操作画面,DEH 接收一个转速或负荷目标值,以及一个可选的速率,在它们被接收以前,操作员输入的目标值和速率要被检查,以确保它们对机组不会造成任何损坏,这些检查包括检查速度目标值不在已知的叶片共振区,速率没有超过为汽机机械设计所定的最大许可速率和其他一些准则。在速率和目标值被接受之后,操作员起动或者停止转速或负荷的变动,操作员自动部分将算出一个阀位要求值,并把这个设定点送至阀门驱动回路。

控制阀失灵时,保护作用还包括自动保护逻辑。当检测到要求的阀位和实际阀位有较大差异时,它会提示操作员系统注意一个阀门有故障,系统将向操作员报警。

操作员接口,一些典型的控制图见有关图像显示页,通过这种人机对话,菜单驱动的接口,操作员完成下列功能。

(1)转速反馈回路的投/切;

(2)功率反馈回路的投/切;

(3)压力反馈回路的投/切;

(4)选择控制方式(操作员自动、手动、自动同步);

(5)输入转速/负荷目标值;

(6)输入转速/负荷变化率;

(7)对所有的进汽阀门进行试验(SV、GV、IV、RSV);

(8)调整阀位限制。

除了控制画面外,LCD 还有像趋势点、组菜单、系统状态、屏幕打印和报警信息这些标准的功能。

手动画面使操作员了解汽机和系统状态，在操作员自动或手动控制时，操作员可以通过手动画面监视以下功能。

(1)重要的 OPC 传感器失灵(转速、功率、调节级压力)；

(2)机组状态(挂闸或跳闸)；

(3)电源故障；

(4)伺服阀或阀门驱动系统失灵。

操作员也可以完成下列功能。

(1)遥控汽机挂闸；

(2)对超速回路进行试验；

(3)系统切至手动控制；

(4)手动控制 GV。

本控制系统由五个主要部分组成——电子控制器、操作员接口、蒸汽阀油动机、EH 供给系统、危急遮断系统。

下面对 DEH 系统设备进行一般性的介绍及描述。

1. 电子控制器

电子控制器柜包含了系统中所有的电路及存储元件，如逻辑、设定、信号输入卡、放大器、自动控制及手动控制。它根据设定值及汽机反馈信号进行基本的计算，发出输出信号控制蒸汽阀油动机。控制器的硬件以微处理机为基础组成。

控制器能执行汽轮机控制过程中的各个功能(如：超速保护控制器、操作员自动控制器、转子应力及自动汽机控制器)。输入及输出信号由装在机柜里的 I/O 卡处理。控制柜还包含电源及用于接线的端子排。

2. 操作员接口

操作员接口是整个机组的控制中心，通常位于控制室内，接口为一个键盘，它控制一个彩色液晶显示器(LCD)。通过键盘就可得到预先设计好的图像。通过这些图像，操作员可以了解汽机各部分的运行情况，并且通过这些图像，操作员所有的动作都可接受。这些能力包括将汽轮机控制转到像自动调度系统及自动同步器一类的遥控接口。

电子控制器将汽机转速、功率信号与操作者设定的目标值相比较，以确定蒸汽阀门的位置。

3. 蒸汽阀油动机

每个蒸汽阀的位置是由一个油动机控制的，油动机包括一个液压缸，用油压作用开启和弹簧作用关闭。油缸与一控制块相连，控制块上装有截止阀、溢流阀和逆止阀，加上另外的元件形成两种基本类型的油动机组件。

主汽门和再热主汽门、再热调门油动机使阀门仅处于全开或全关位置。高压油通过一节流孔供到油缸活塞下部腔室。此腔室的油压是由一个先导控制的卸载阀控制的。当汽机自动停机机构复置后，卸载阀关闭，在油缸活塞下面建立起油压，开启阀门。一个供试验用的电磁阀可快速开启卸载阀泄油，以便试验时将阀门关闭。

调节汽阀油动机可以将汽阀控制在任意的中间位置上，成比例地调节进汽量以适应需要。油动机装有一个伺服阀和一个线性位移变送器(LVDT)。高压油经过一个 3μ 的滤网供给伺服阀，伺服阀根据来自伺服放大器的信号去控制油动机的位置。LVDT 输出一个正比于阀位的模拟信号，并且反馈到控制器以组成一个闭环控制回路。来自控制器的阀门试验信号使主汽门和调节汽阀动作。

截止阀用于油动机包括液压油缸在内的零部件的在线维修。逆止阀可阻止回油或危急遮断油路倒流。

4. EH 控制系统

EH 控制系统主要实现两大功能：汽轮机组的转速控制和负荷控制。DEH 控制系统的控制对象是 4 只调节阀门、2 只主汽门、4 只再热主汽门、4 只再热调门，如图 8 – 45 所示。

EH 控制系统正常运行并且汽机复位后，汽轮机组的主汽门、再热主汽阀门、再热调节阀门全部处于全开位置，调节阀门处于关闭位置。调节阀门的开度代表汽轮机在转速控制或负荷控制时的参数控制值。

DEH 控制系统通过控制主汽门后的 4 个调节阀门来实现转速和负荷控制，即控制调节阀门的开度控制进入汽轮机的蒸汽流量，使进入汽机的蒸汽正好匹配于实际参数水平。当参数改变时，DEH 控制系统能在不超过限值条件下适应变化的要求。如果有危急情况发生，EH 控制系统通过泄压能直接关闭汽轮机的进汽阀门实现紧急停机。

DEH 控制系统通过输入输出接口和外部系统相连接，如自动同步器、自动调度系统及电站计算机系统。自动调度系统是通过给 DEH 送一个数字信号实现汽机负荷增减控制。

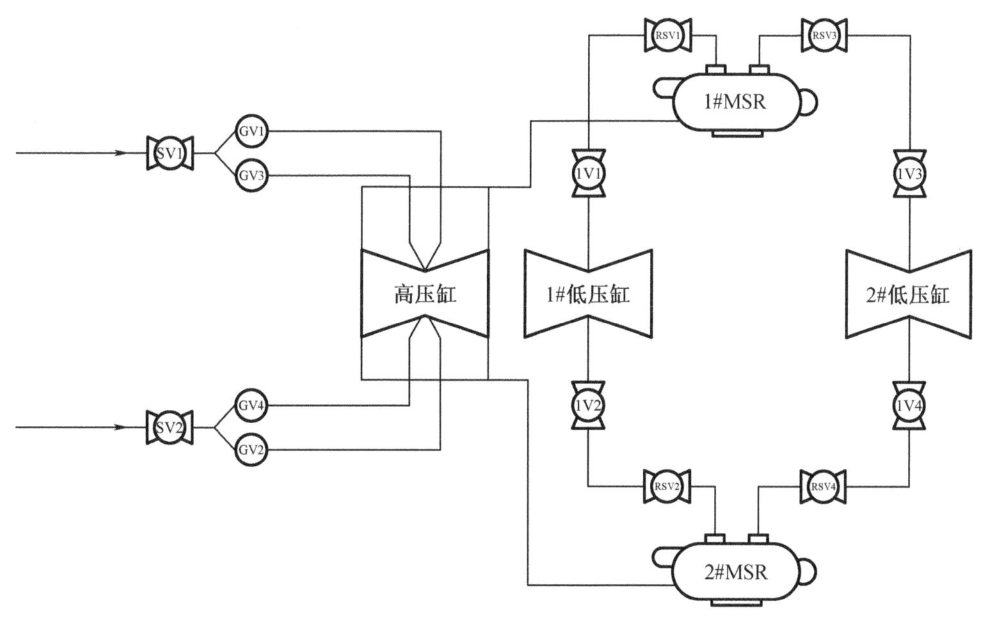

图 8 – 45　EH 供油系统

DEH 控制机柜通过同轴电缆与操作员站连接，应急手操盘通过电缆与机柜连接。机组正常运行时，所有操作都通过操作员站实现，双网络故障时，通过应急手操盘实现对机组的控制。与运行人员操作相关的信息均显示在操作员站上，运行人员从 LED 上的显示信息了解机组当前的运行状态和有关参数。运行人员可以在应急手操盘上选择 DEH 控制系统的运行方式。

5. 危急遮断系统

装在前轴承座上的危急遮断控制块中装有 6 个电磁阀，其中 4 个电磁阀是自动停机遮断电磁阀(20/AST)。在正常运行时它们被励磁关闭,从而封闭了自动停机危急遮断总管中的抗燃油的泄油通道,使所有蒸汽阀油动机活塞下的油压建立起来。当电磁阀打开,则总管泄油,导致所有蒸汽阀关闭而停机。20/AST 电磁阀组成串并联布置,提供了双重的保护性,每个通道中至少必须有一只电磁阀打开,才可导致停机。引起停机的信号有:轴承油压低、EH 油压低、推力轴承磨损过大,冷凝器真空低、超速以及一个用户停机手段。

其余两个电磁阀是超速保护控制器电磁阀(20/OPC)。它们是受 DEH 控制器的 OPC 部分控制的,被布置成并联,在正常运行时关闭。在关闭位置,OPC 电磁阀封闭了 OPC 总管油的泄放通道,使调节汽阀和再热调节汽阀的油动机活塞下建立起油压。一旦 OPC 动作,如转速达 103% 额定转速时,电磁阀打开,使 OPC 母管油泄放,导致快速卸载阀开启,使调节汽阀和再热调节汽阀快速关闭。

在自动停机危急遮断油路和 OPC 油路之间的逆止阀是用来维持前者油路中油压的,它使主汽门和再热主汽门均保持全开。当转速降到额定转速的 103% 以下时,该两电磁阀即关闭,再热调节汽阀将会重新开启。调节汽阀仍保持关闭,因为转速仍大于额定转速。当转速降到额定转速时,调节汽阀将参与汽机控制,使机组保持在额定转速。

DEH 控制系统主要实现两大功能:汽轮机组的转速控制和负荷控制。DEH 控制系统的控制对象是四只调节阀门。DEH 控制系统总貌如图 8-46 所示。

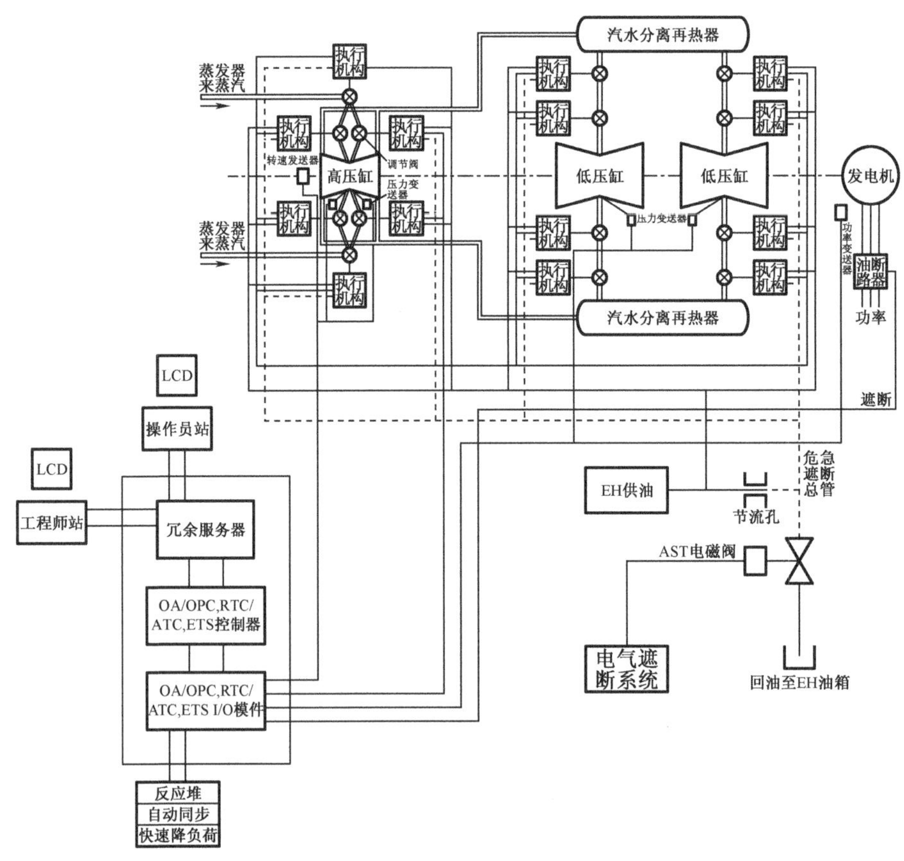

图 8-46　DEH 控制系统总貌

EH 控制系统正常运行并且汽机复位后,汽轮机组的主汽门、再热主汽阀门、再热调节阀门全部处于全开位置,调节阀门处于关闭位置。调节阀门的开度代表汽轮机在转速控制或负荷控制时的参数控制值。

DEH 控制系统通过控制主汽门后的 4 个调节阀门来实现转速和负荷控制,即通过控制调节阀门的开度来控制进入汽轮机的蒸汽流量,使进入汽机的蒸汽正好匹配实际参数水平。当参数改变时,DEH 控制系统能在不超过限值条件下适应变化的要求。如果有危急情况发生,EH 油系统通过泄压能直接关闭汽轮机的进汽阀门实现紧急停机。

DEH 控制系统通过输入/输出接口和外部系统相连接,如自动同步器、自动调度系统及电站计算机系统。自动调度系统是通过给 DEH 送一个数字信号实现汽机负荷增减控制。

DEH 控制系统是通过电缆与操作盘联系的,将与运行人员操作相关的信息送到操作面板上,运行人员从 CRT 上或指示灯的状态了解机组当前的运行状态和有关参数。运行人员可以在操作盘上选择 DEH 控制系统的各种方式,运行人员也可以在操作盘上改变转速和负荷的设定值和设定值的变化速率。DEH 控制系统设有可控打印机,运行人员随时都可以拷贝机组运行的有关参数。

8.6 汽轮机保护系统

8.6.1 概述

危急遮断系统(ETS)用来监视汽轮机的某些参数,当这些参数超过其运行限制值时,系统就立即关闭汽轮机的全部进汽阀门,使汽轮机停机。有关机械部套均安装在前轴承座两侧。被监视的参数有以下几个。

(1)汽轮机超速;

(2)推力轴承磨损;

(3)轴承油压过低;

(4)凝汽器真空过低;

(5)抗燃油压过低。

另外,系统还提供了可接受所有外部遮断信号的遥控遮断接口。系统采用双通道,这就允许进行在线试验,以便在试验时具有连续保护的功能。

该系统由机械部分和电气部分组成,机械部分包括:装有遮断电磁阀的危急遮断控制块,压力变送器(抗燃油压、润滑油压、凝汽器真空),转子位移传感器,转速传感器;电气部分包括 1 个装有电子硬件的危急遮断控制柜。汽轮机上各停机保护信号传递给危急遮断控制柜,由其决定何时遮断自动停机遮断(AST)总管的油路。图 8-47 所示为危急遮断系统方框图。

另外,还有汽轮机监测仪表(TSI)装置用以保护汽轮机的安全运行。

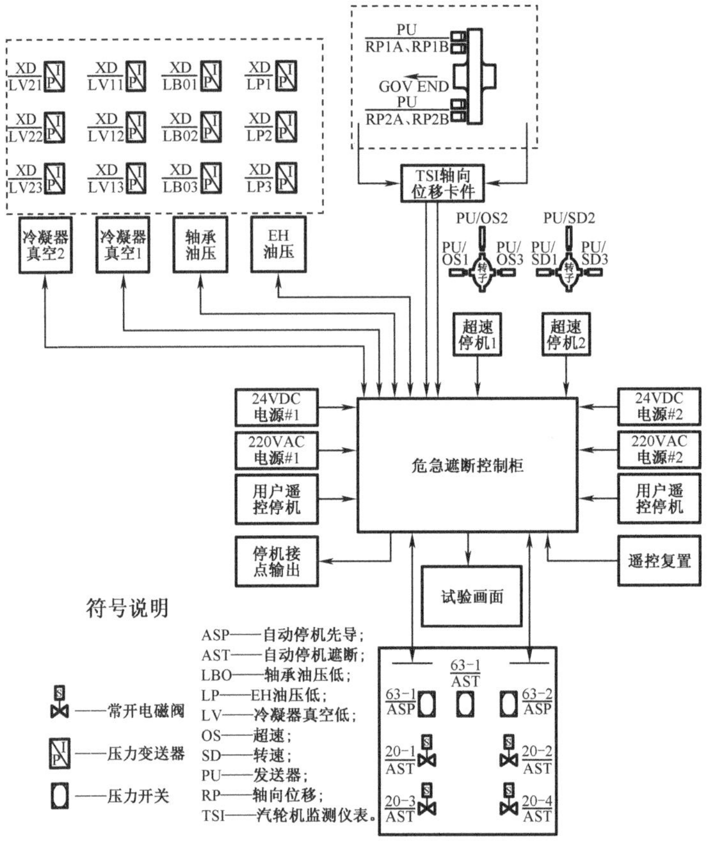

图8-47 危急遮断系统方框图

8.6.2 结构与原理

ETS系统由下列各部分组成：1个安装遮断电磁阀和状态压力开关的危急遮断控制块、3个安装压力开关和试验电磁阀的试验遮断块、3个转速传感器、1个装设电气和电子硬件的控制柜以及1个遥控试验操作盘。

汽轮机上各传感器传递电信号给遮断控制柜，在控制柜中，控制器逻辑决定何时遮断自动停机危急遮断总管的油路。

危急遮断控制块的原理及结构分别如图8-48和8-49所示。当自动停机遮断电磁阀(20/AST)励磁关闭时，自动停机危急遮断总管中的油压就建立。为了进行试验，这些电磁阀被布置成双通道。一个通道中的电磁阀失磁打开将使该通道遮断。若要使自动停机遮断总管压力骤跌以关闭汽机的蒸汽进口阀门，两个通道必须都要遮断。

20/AST电磁阀是外导二级阀。EH抗燃油压力作用于导阀活塞以关闭主阀。每个通道的导阀压力由63/ASP压力开关监测，这个压力开关用来确定每个通道的遮断或复通状态，并作为一个联锁，以防止当一个通道正在试验的同时再试另一个通道。

危急遮断控制块装于汽轮机前轴承座的右侧面，其主要功能是在危急遮断控制柜与自动停机（主汽阀和再热主汽阀）和超速保护控制（调节汽阀和再热调节汽阀）的母管间提供接口。

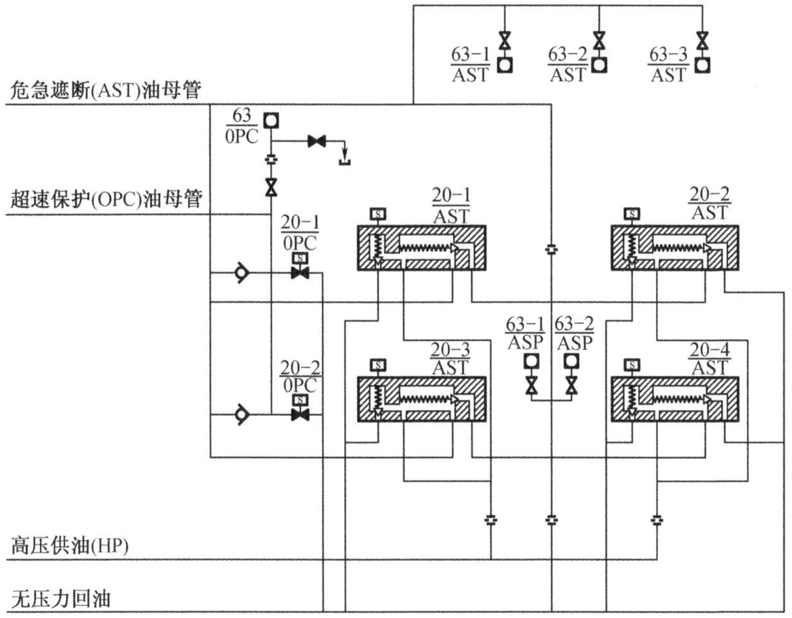

图8-48 危急遮断控制块原理图

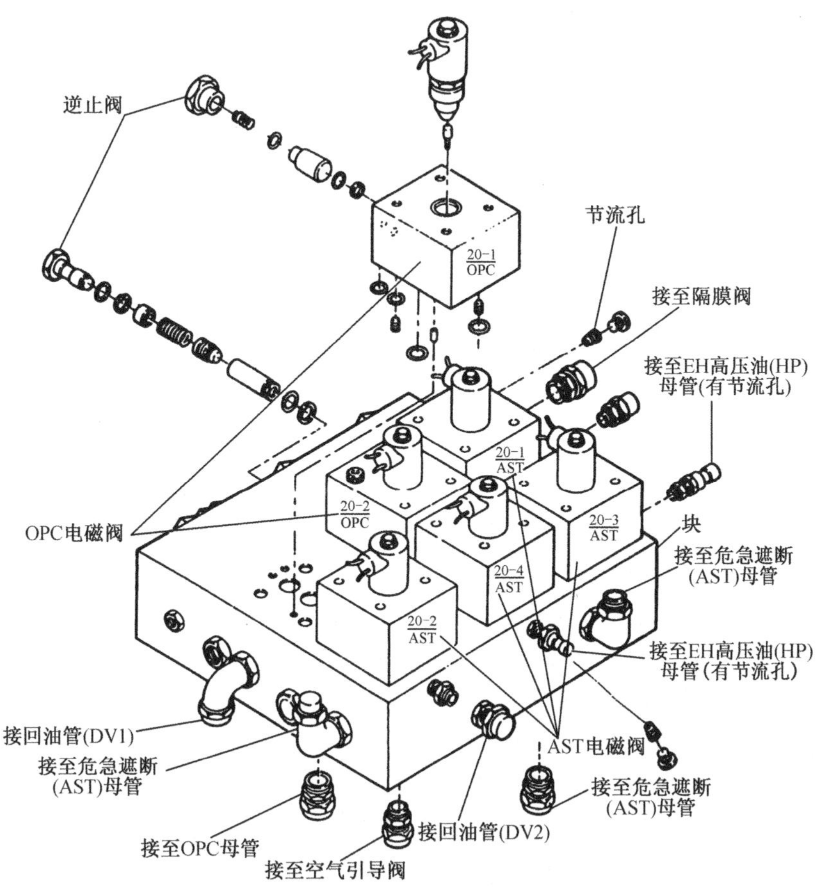

图8-49 危急遮断控制块结构图

它的主要元件为控制块、2 只超速保护控制(OPC)电磁阀、4 只自动停机遮断(AST)电磁阀和 2 只逆止阀。

OPC 电磁阀与 AST 电磁阀均为先导型,其区别是:OPC 电磁阀是由内部供油控制的,而 AST 电磁阀则由高压油路来的外部供油控制;OPC 电磁铁为直流电磁铁,AST 电磁铁为交流电磁铁;OPC 电磁阀与 AST 电磁阀的阀体结构相同,仅需调整内部节流孔的安装位置,将 OPC 电磁阀调整为常闭型,即失电关闭,而将 AST 电磁阀调整为常开型,即失电打开。

当自动停机遮断电磁阀(20/AST)被励磁关闭时,自动停机危急遮断总管中的压力就建立。为了试验目的,这些电磁阀被布置成双通道。以奇数标号的一对相应为通道 1;而以偶数标号的一对相应为通道 2。这个规定适用于整个危急遮断系统中,以标明所有的设备。也就是说,通道 1 的所有设备是以奇数标号的,而通道 2 的所有设备则以偶数标号。1 个通道中的任何 1 只电磁阀打开都将使该通道遮断。由图 8 - 48 所示可知,在自动停机遮断总管压力骤跌以关闭汽轮机的蒸汽进汽阀门前,两个通道一定都要遮断。在线试验时可以仅用"遮断"1 个通道。

两只 OPC 电磁阀对 DEH 来的控制信号起反应,当发生高负荷(超过 30%)时,发电机油开关跳闸,或者当机组转速超速到额定值的 103% 时,则 DEH 将输出 1 个控制信号激励电磁阀,将调节汽阀与再热调节汽阀的危急遮断油总管来的高压遮断油快速泄放到回油管,使调节汽阀与再热调节汽阀迅速关闭。

逆止阀将保持主汽阀和再热主汽阀的自动停机遮断总管中的油压,使这些阀门保持开启状态。系统中提供两只"OPC"电磁阀作为双重保护,以防止 1 只电磁阀失效而产生事故。

4 只自动停机电磁阀(20/AST)均为两级动作阀,其第 1 级动作为正常通电时关闭堵住回油通道,高压油在第 2 级滑阀上产生 1 个不平衡力,该力保持滑阀压在阀座上,这将堵住 AST 危急遮断母管到回油的油路,使机组各阀油动机活塞下能建立油压。由于电磁阀打开,高压油在第 2 级滑阀后提供的不平衡力就随之消失,因此滑阀就开启,将 AST 危急遮断母管的高压油泄去,则汽轮机就停机。

AST 电磁阀分为两个通道:通道 1 包括20 - 1/AST 与 20 - 3/AST,而通道 2 则包括 20 - 2/AST 与 20 - 4/AST。每 1 个通道由在危急遮断系统控制柜中各自的继电器保持供电。危急遮断系统的作用为:在传感器指明汽轮机的任一变量处于遮断水平时,开启所有的 AST 电磁阀,以使机组停机。系统设计成两个相同独立通道的目的是使误动作的可能性降至最低。在汽轮机运行时,每一通道可以单独地进行在线试验,而不会产生遮断或在实际需要遮断时拒动。在试验时,通道的电源是隔离的,所以 1 次只能试验 1 个通道。如通道 1 中阀 20 - 1/AST 动作,允许 AST 母管油经过,但通道 2 中另外两只电磁阀(20 - 2/AST, 20 - 4/AST)仍然堵塞着回油通路。

DEH 的甩负荷信号使 OPC 超速保护动作,OPC 电磁阀得电,调节汽阀及再热调节汽阀关闭,随之,汽轮机转速降低,当汽轮机速度降低到 OPC 恢复转速后(小于 103%),又将切断 OPC 电磁阀电源,电磁阀关闭。OPC 电磁阀动作以避免汽轮机超速,然后 DEH 用调节汽阀来调节汽轮机的转速,使其接近同步转速,最后,将机组同步并网带负荷。

两只压力开关(63 - 1/ASP,63 - 2/ASP)是用来监视供油压力的,因而可监视每一通道的状态,而另三只(63 - 1/AST、63 - 2/AST、63 - 2/AST)是用来监视汽轮机的状态(复置或遮断)的。

危急遮断控制柜采用以PLC为主体的ETS新产品,就其功能而言,既能满足对汽轮机保护的控制要求,更具有结构可靠、性能完善、外形美观等优点,其具有如下优越性。

采用冗余的可编程控制器作为逻辑控制元件,增强了逻辑功能,提高了产品的灵活性和可靠性;增设了第一动作原因的记录;设置多通道外控停机选择。

该套ETS装置有1个控制柜和1块运行人员试验面板,控制柜中有2套可编程逻辑控制器(PLC)组件,1个转速控制箱,其中包括3个有处理和显示功能的转速报警器、1个交流电源箱、1个直流电源箱以及位于控制柜背面的2排输入输出端子(U1-U4)。

PLC组件是由2套独立的PLC组件组成:主PLC(MPLC)和辅助PLC(BPLC),这些PLC组件用智能遮断逻辑,必要时提供准确的汽轮机遮断。每一组PLC均包括中央处理器单元(CPU)和输入/输出(I/O)接口卡,CPU含有遮断逻辑,I/O接口组件提供接口功能。MPLC提供全部遮断、报警和试验功能。BPLC为含有全部遮断和报警功能的冗余的PLC单元;如果主PLC故障,它将允许机组继续运行并起保护作用。

3个转速报警器能够将独立的磁阻发生器的输入信号进行数字处理,并且当转速超过额定转速的10%(3 300 r/min)时,继电器的触点动作。超速保护采用三选二方式,这三只传感器装在同一个齿轮旁。

交流电源板要求2个独立的交流电源,其中1路电源为UPS供电。如果1个电源出故障,机组将继续无扰动运行。两路独立的交流电源由控制柜下部的交流电源盒馈入。

操作员试验面板可安装在控制室作为运行人员的监测及操作。

ETS现场接口有2排端子排,提供了与下面设备相连的接点。

(1)来自3个独立的转速探头的信号;

(2)到遮断电磁阀的电源;

(3)监测遮断状况的压力开关;

(4)对汽机运行时重要的监视参数,如轴承油压、EH油压和冷凝器真空度等进行监测的压力开关;

(5)轴向位移传感器;

(6)对查检运行状况进行控制的试验电磁阀;

(7)当ETS探测到某个故障情况时连接到外部(电厂)声光报警的输出信号;

(8)遥控遮断输入信号:例如手动遮断机组或遥控停机,当信号来时,自动遮断机组。

ETS逻辑框图

危急遮断系统采用T3000控制器进行控制保护,其控制保护逻辑可分为遮断逻辑、试验逻辑、报警输出逻辑和首出逻辑几个部分,逻辑框图分别如图8-50~8-54所示。

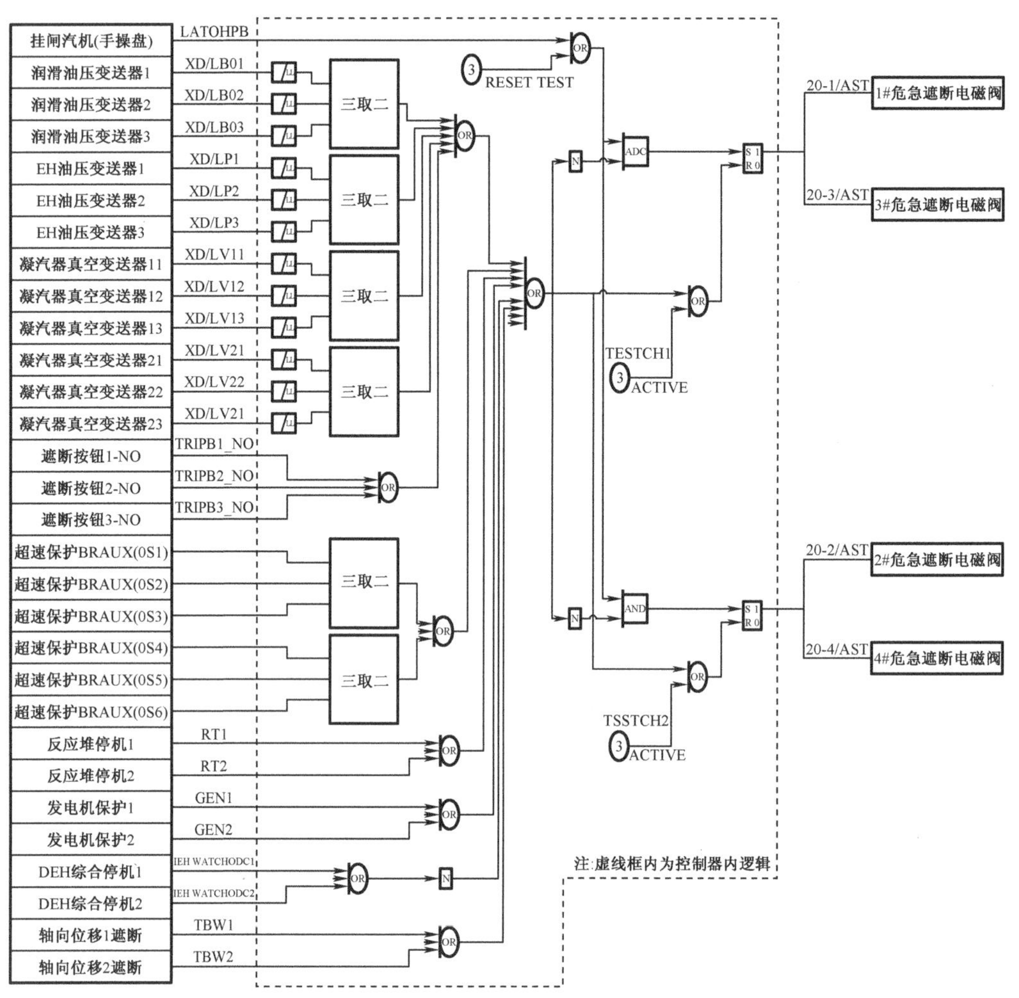

图8-50　ETS遮断逻辑

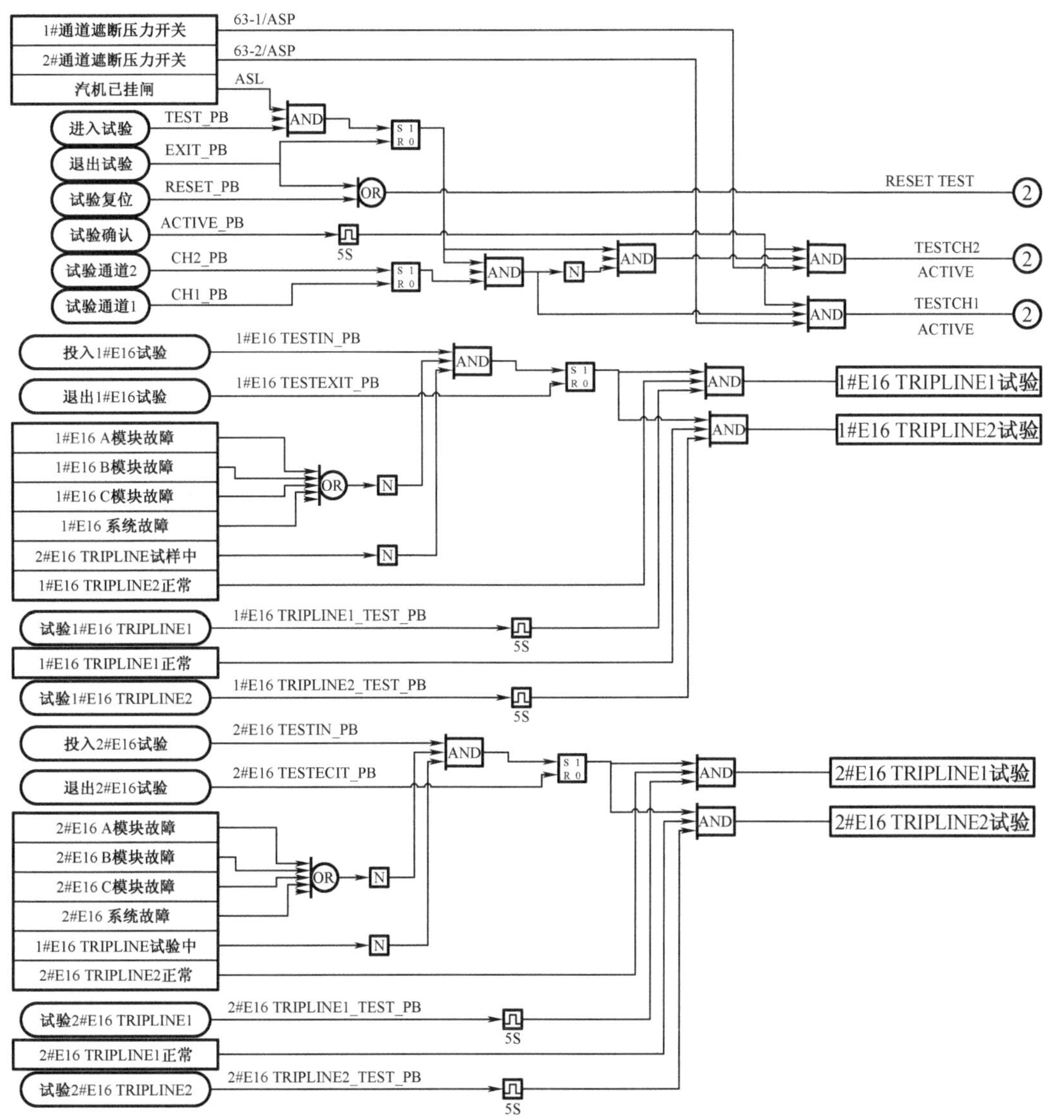

图 8-51 ETS 试验逻辑

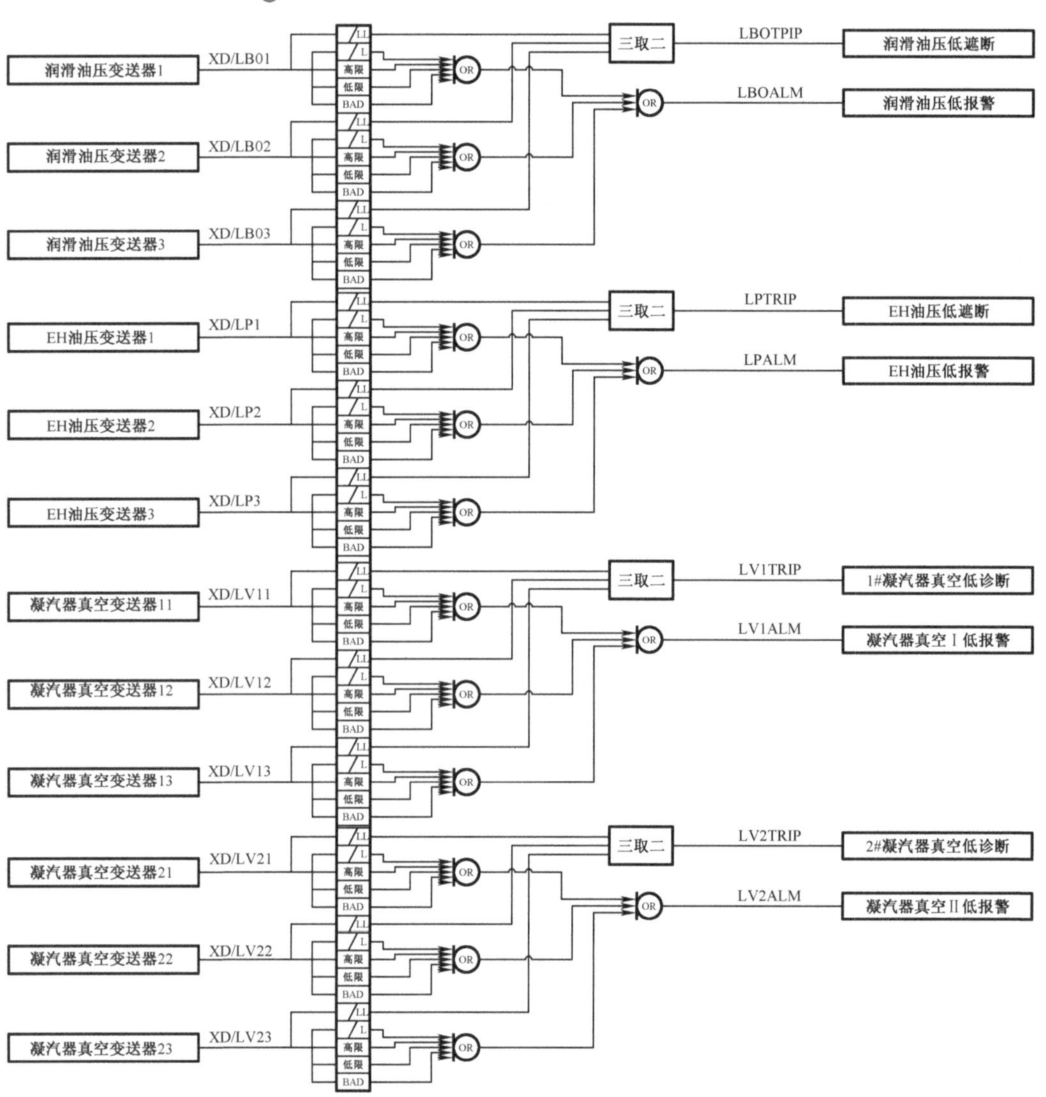

图8-52　ETS报警输出逻辑1

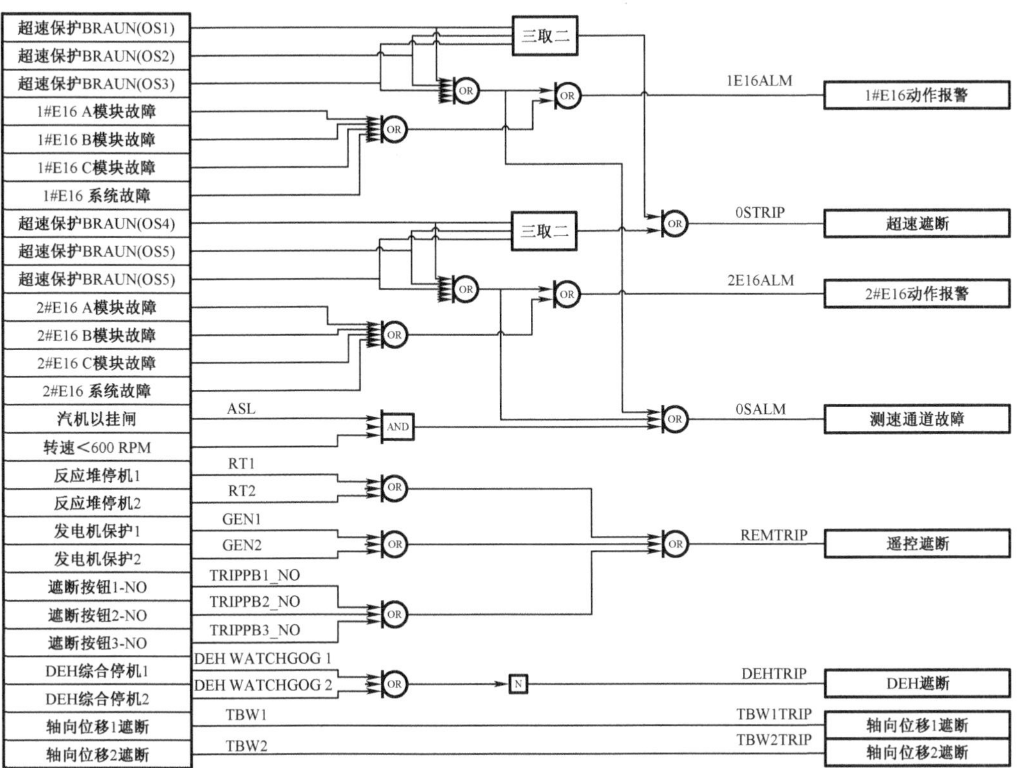

图 8－53 ETS 报警输出逻辑 2

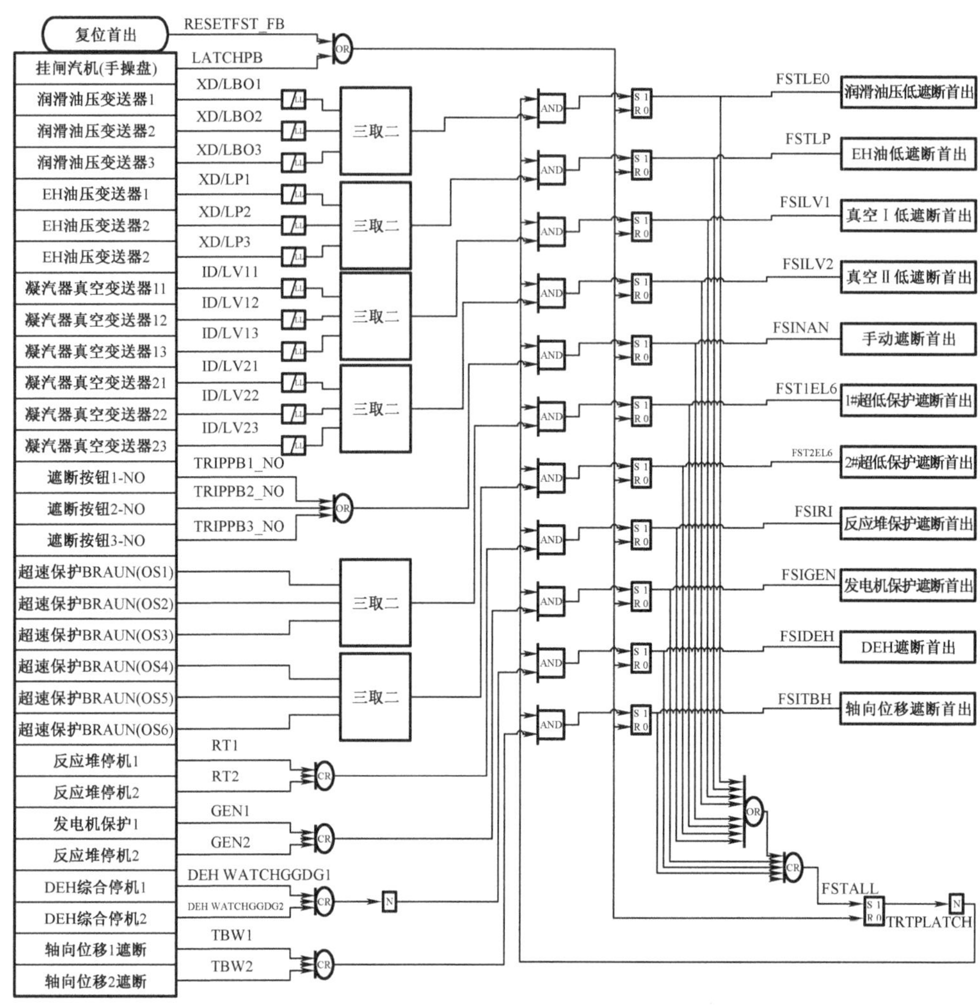

图 8-54 ETS 首出报警逻辑

8.6.3 标准规范

1. ETS 监视的参数(表 8-15)

表 8-15

监视参数	跳机值
EH 油压	9.3 MPa
润滑油压	0.041 MPa
汽轮机超速	3 300 ~ 3 330 rpm
推力轴承磨损	1.25 ± 1 mm
凝汽器真空过低	608 mmHg

2. 其他停机信号

其他系统要求的停机信号还包括：反应堆停堆信号、发电机停机信号、DEH 直流母线失电、手动停机信号。

8.6.4 课后思考

1. 汽轮发电机组发生下列哪些情况时，如未能自动停机，则立即手动停机，并破坏真空？（答出 8 个即可）

答案：汽机转速超过 3 360 RPM；汽机轴向位移指示低于 0.25 mm，高于 2.25 mm；轴承润滑油压低于 0.034 MPa；汽轮发电机组突然发生剧烈振动；清晰地听到汽轮机内部发生金属摩擦声；汽轮机发生水击；汽轮发电机任一轴承冒烟着火；汽轮机轴封冒火；润滑油主油箱和油系统着火；发电机或励磁机冒烟着火；主蒸汽隔离阀关闭。

2. 汽轮机启动、冲转、升降负荷时应监视哪些重要参数及异常情况？

答案：各轴承的温度及振动；润滑油压力及温度；凝汽器热井液位及真空；汽轮机轴封供气压力，汽缸内部及轴封处有无异常噪声；汽缸壁温、转子偏心度、轴向位移及胀差；汽轮机疏水工作情况。

3. 说明汽轮机危急遮断系统的作用和其监视的主要参数。

答案：危急遮断系统，用来监视汽轮机的某些参数，当这些参数超过其运行限制值时，该系统就关闭汽轮机的全部进汽阀门，达到保护汽轮机的目的。被监视的参数主要有：汽轮机超速；推力轴承磨损；轴承油压过低；EH 抗燃油压过低；凝汽器真空过低。

4. 送反应堆保护和控制的一路汽机冲动级压力信号故障后应立即采取的措施有哪些？

答案：因送反应堆的汽机冲动级压力信号同时送功调系统、SG 水位调节系统、旁排控制系统，故须控制棒切换到“手动”控制；SG 水位切换到手动控制；手动闭锁旁排；切换到另一路汽机冲动级压力；通知检修处理。

8.7 反应堆保护系统

8.7.1 概述

反应堆保护系统是探测电厂偏离可接受状态并发出指令维持电厂安全的安全系统。

反应堆保护系统用于监督反应堆的状态，在设备故障、误操作或其他异常工况下，触发执行机构动作，防止反应堆状态超过安全极限或减轻超过安全极限的后果。

在异常工况或事故工况下，反应堆保护系统通过停堆和（或）启动专设安全设施，防止或减轻堆芯和冷却剂系统部件的损坏，保护三大核安全屏障（燃料包壳、一回路压力边界和安全壳）的完整性，避免引起放射性物质大量逸出，保护核电厂周围环境不受污染以及人员的安全。

从纵深防御设计原则出发，保护系统一般要求实现以下三项基本功能。

（1）预保护功能：当反应堆运行参数出现异常，但还不致危及反应堆安全时，为使核电厂继续运行，保护系统发出报警信号或提供必要的校正措施；

（2）保护功能：当运行参数超过了设计极限时自动快速停堆，这是最为基本和重要的功能；

(3)缓解事故后果功能：当出现超出停堆保护能力的事故时，启动相应的专设安全设施，以限制事故的发展、减少设备损坏和防止对环境的放射性污染。

压水堆的反应堆保护系统通常分为两个子系统——反应堆紧急停堆系统和专设安全设施驱动系统，它们相应的安全功能如下。

(1)停堆：

停堆断路器脱扣	汽轮机脱扣

(2)专设：

蒸汽管道隔离	安全注入
安全壳隔离	安全壳喷淋
主给水隔离	辅助给水泵启动

反应堆紧急停堆系统通过反应堆停堆和汽轮机停机来限制中等频率故障(例如失去主给水流量)的后果，在这种情况下，采取校正措施后，电厂能恢复运行。反应堆紧急停堆系统为电厂运行规定了一个限制边界，确保在中等频率故障期间不超出反应堆的安全限值，并确保能承受这些事件而不致使事件发展成为更严重的工况。

专设安全设施驱动系统用来限制稀有事故(例如一回路冷却剂从小破口的泄漏超出上充系统的正常补给能力而要求安注系统动作的事故)的后果，以及减轻极限事故(包括可能有大量放射性物质释放的极限事故)的后果。

在坎杜堆(CANDU－6)中，安全系统包括一号停堆系统、二号停堆系统、应急堆芯冷却系统和安全壳隔离系统。一号停堆系统通过向反应堆插入停堆棒来终止反应堆链式裂变反应。二号停堆系统通过向慢化剂中注入中子毒物溶液(硝酸钆溶液)来终止反应堆链式裂变反应。两个停堆系统互相独立，并采用了多样性的设计和设备，以应对可能的共模故障风险。此外，为了经济原因(电厂在慢化剂被毒物注入后较长期内不可用)，要求一号停堆系统先于二号停堆系统动作。

8.7.2 结构与原理

按照我国核安全导则《核电厂保护系统及有关设施》(HAD 1－2/10)所述，反应堆保护系统包括从过程变量的测量，直至产生保护动作信号的所有有关的电气和机械器件和线路。

反应堆保护系统的范围指的是从一次敏感元件(压力、温度、流量、液位、中子通量等传感器)一直到最终执行机构(泵、阀门、电气开关等)电气控制回路输入端的所有设备。典型的反应堆保护系统的结构框图如图8－55所示。

基于模拟技术的秦二厂650 MWe机组反应堆保护系统的结构框图如图8－56所示。

四套冗余且相互独立的保护仪表组(ⅠP～ⅣP)接受本通道传感器的测量信号，经过模拟量处理后与安全分析确定的整定值比较，当信号越限时，阈值继电器向逻辑处理部分输出“局部脱扣”信号。

逻辑处理部分由基本相同、在实体和电气上相互隔离、功能上冗余的A、B两列组成。在每一列中，来自仪表通道的“局部脱扣”信号经隔离器后输入到两个相同的X、Y逻辑单元，逻辑处理后的信号经功率放大驱动继电器，由继电器常开触点的串联实现X与Y的“与”运算(特别地，以失电动作的停堆继电器采用常开触点并联的形式实现“与”逻辑)，最后经输出继电器扩展后，向安全驱动器输出保护动作信号。

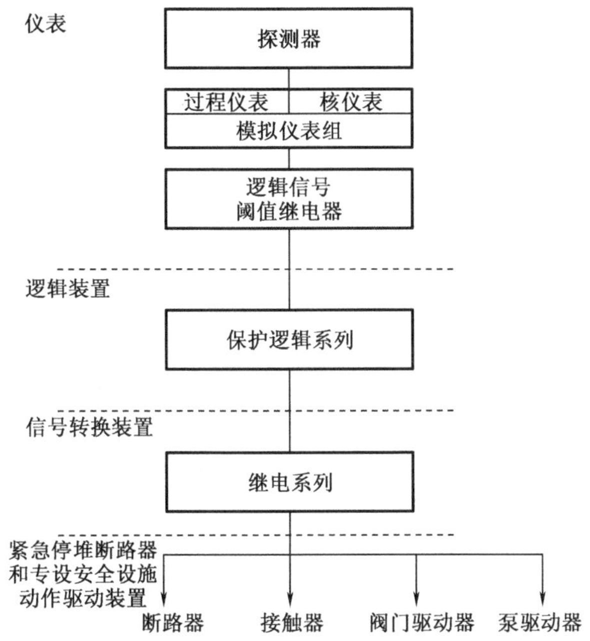

图 8-55 反应堆保护系统的结构框图

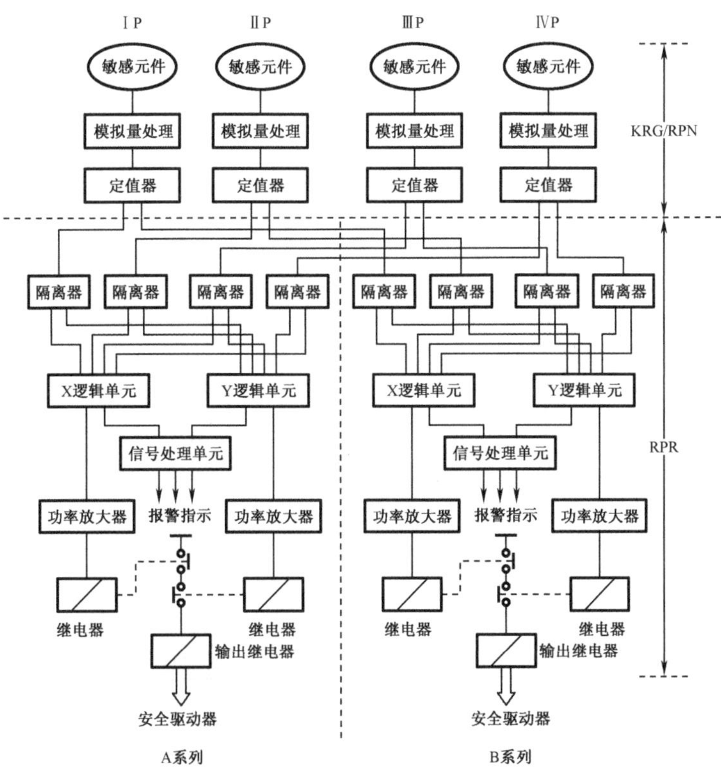

图 8-56 秦二厂反应堆保护系统的结构框图

另外，还设有信号处理电路，用于向主控室及电站计算机系统输出逻辑关键点的状态，同时通过信号比较来检测 X、Y 逻辑运算的一致性，当不一致时发出“不符合报警”。

停堆断路器的连接如图 8 - 57 所示，每列设置一台主断路器和一台与之并联的旁通断路器。正常运行期间，主断路器投入工作，旁通断路器被置于抽出位置（只在其主断路器定期试验时投入）。

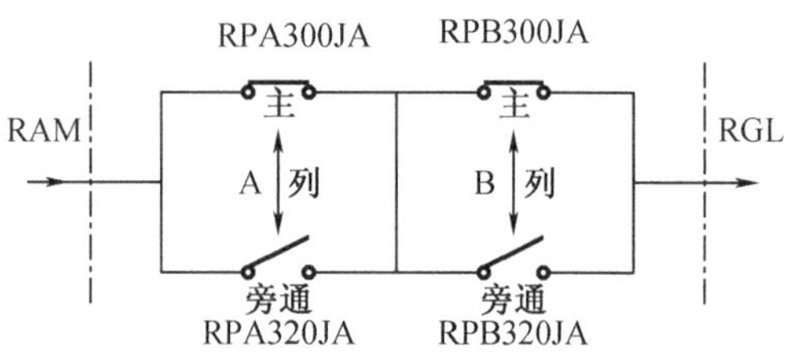

图 8 - 57　停堆断路器

基于数字技术的方家山 1 000 MWe 机组反应堆保护系统的结构框图如图 8 - 58 所示。

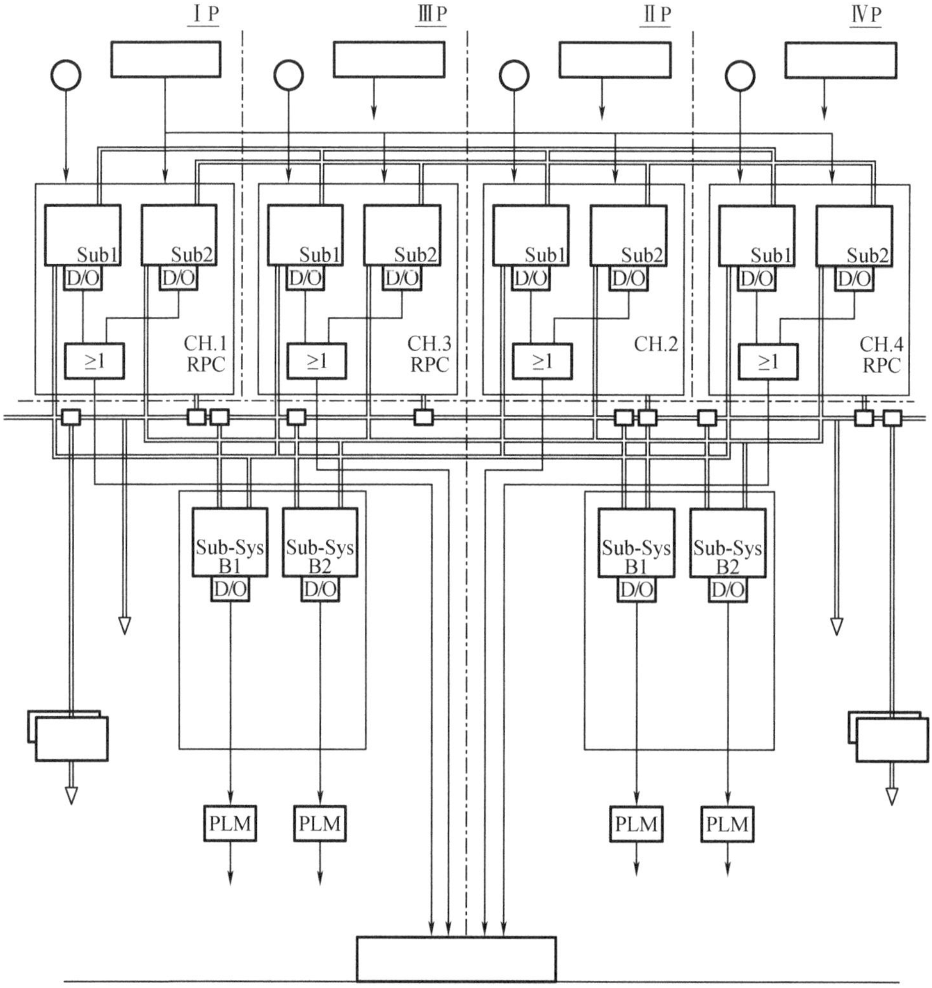

图 8 - 58　方家山反应堆保护系统结构框图

四重冗余结构的保护组(图 8-59),每个保护组包含两个功能多样性的子系统 Sub1 和 Sub2,两者在功能上相互独立。四个保护组的 Sub1 之间相互交换“局部脱扣”信号,四个保护组的 Sub2 之间相互交换“局部脱扣”信号。每个保护组的每个多样性子系统都进行独立的逻辑处理以产生紧急停堆信号。

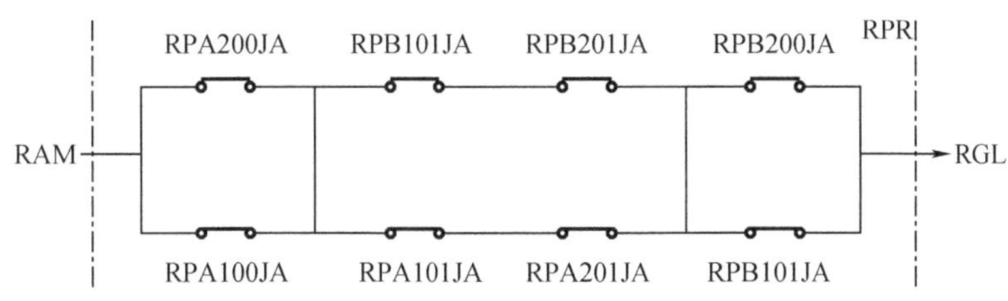

图 8-59 回重冗余结构的保护组

同一个保护组的 Sub1 和 Sub2 的输出通过一个硬逻辑的“或”门控制两个停堆断路器,四个保护组的八个停堆断路器以四取二的方式连接。

专设安全设施驱动系统与紧急停堆系统有所不同,它的逻辑部分分为两个独立系列,每个系列包含两个子系统。每个子系统从保护组对应的子系统中获取“局部脱扣”信号,经过逻辑处理后产生系统级的专设安全设施驱动信号,这些信号被送往优先级处理模块进行优先级处理后再输出到对应的驱动设备。

同样,基于数字技术的秦一厂 310 MWe 机组的紧急停堆系统和专设安全设施驱动系统的结构框图分别见图 8-60 和图 8-61,其停堆断路器的配置数量和连接方式与方家山机组相同。

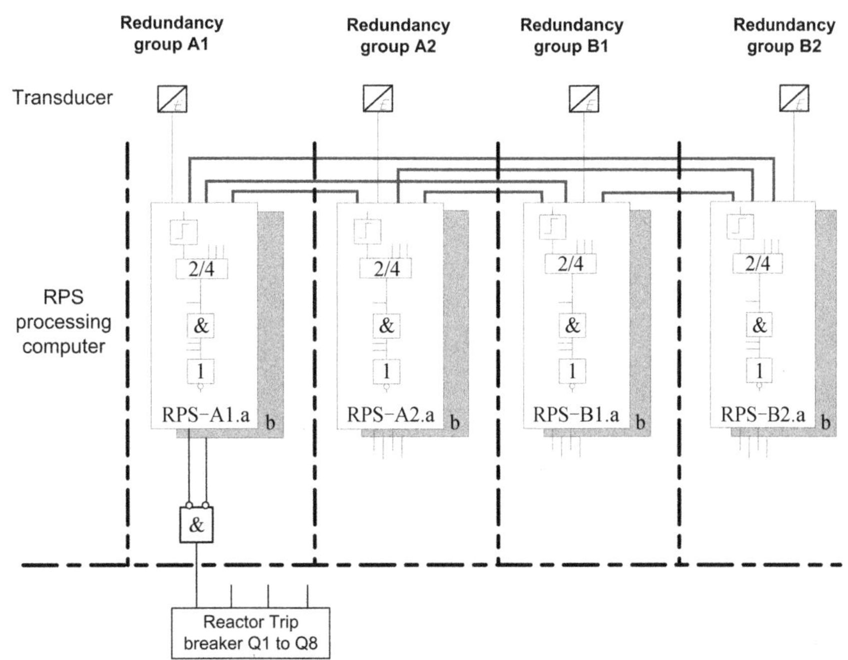

图 8-60 紧急停堆系统结构框图

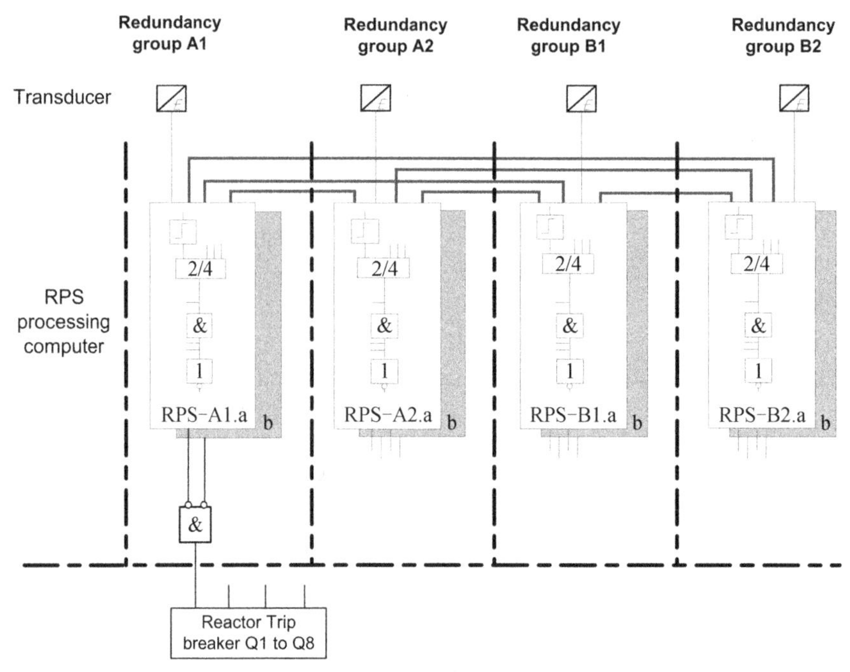

图 8-61　专设安全设施驱动系统结构框图

基于模拟-数字混合技术的秦三厂700 MWe 机组一号停堆系统的结构框图如图8-62所示。一号停堆系统采用三取二总体符合逻辑，在参数测量和执行逻辑上分为独立的D、E、F三个通道。每个通道中的任一参数超过停堆整定值，都会导致该通道处于脱扣状态。当三个通道中有两个通道脱扣，三取二逻辑电路即发出停堆信号，使直流电磁离合器断电，全部停堆棒由弹簧加速并靠重力插入堆芯。28根停堆棒分成奇偶两组，每组分别由独立的三取二符合逻辑触发落棒。

基于模拟-数字混合技术的秦三厂700 MWe 机组二号停堆系统的结构框图如图8-63所示。二号停堆系统采用三取二总体符合逻辑，在参数测量和执行逻辑上分为独立的G、H、J三个通道。每个通道中的任一参数超过停堆整定值都会导致该通道处于脱扣状态，其对应的毒物注入阀的电磁阀失电，使毒物注入阀打开。当三个通道中有两个通道的阀门动作后，液体毒物就会注入慢化剂中。

8.7.3　标准规范

1. 反应堆保护系统设计准则

在反应堆保护系统的设计中需要遵循如下的设计准则。

(1)单一故障准则

单一故障准则是指某设备组合或系统，在其任何部位发生可信的单一随机故障时仍能执行正常功能。即系统内的单一故障不会妨碍系统完成要求的保护功能，也不会给出虚假的保护动作信号(误动作)。由该单一故障引起的所有继发性故障均应视为单一故障不可分割的组成部分。该准则要求保护系统内单一故障或单次事件引起的故障不应有损于系统的保护功能。

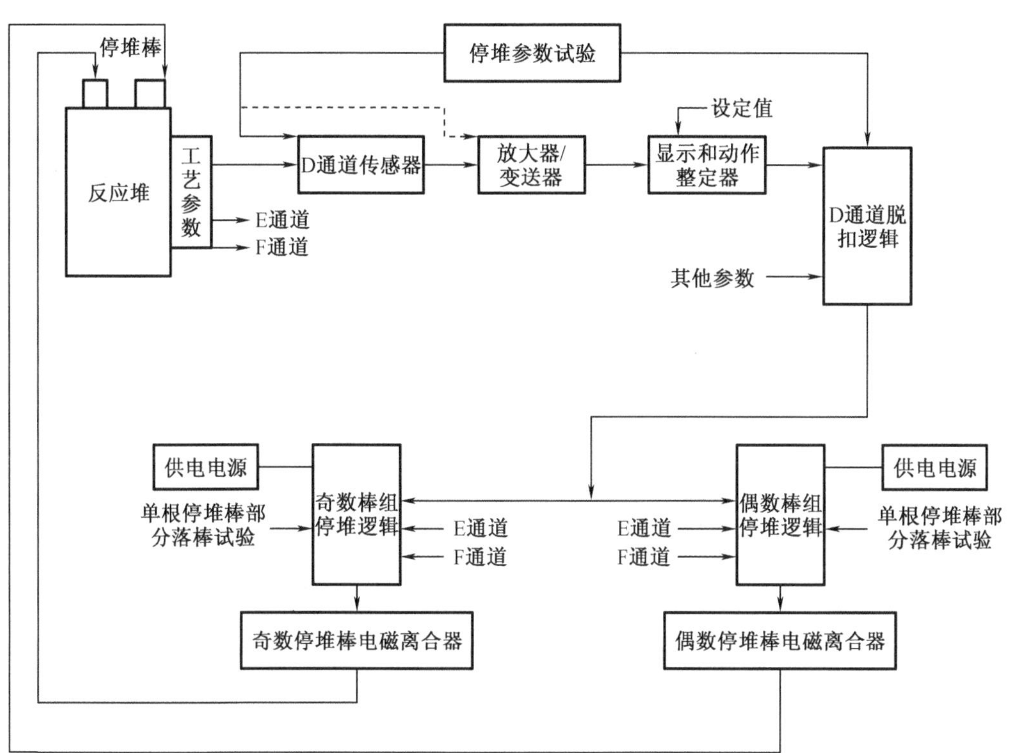

图 8-62 秦三厂 700 MWe 机组一号停堆系统结构框图

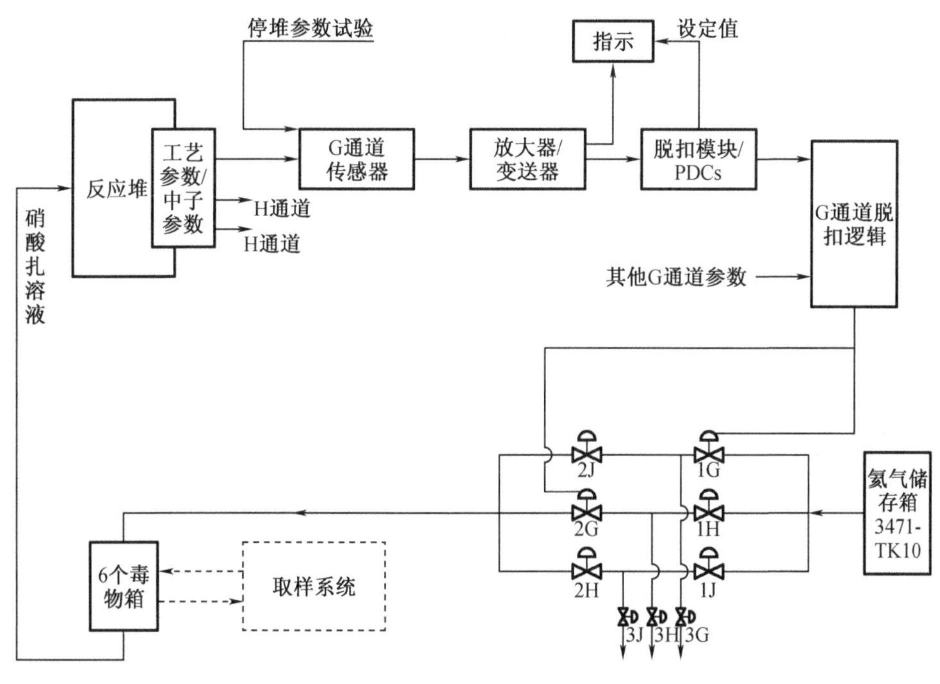

图 8-63 秦三厂 700 MWe 机组二号停堆系统结构框图

(2)冗余性和独立性

为了提高反应堆的安全性,设计中采用冗余技术,使反应堆保护系统具有足够的冗余度,保证不会因为单一故障而失去保护功能。它包括监测通道的冗余、安全逻辑装置的冗余和整个系统的冗余,在保护系统中广泛采用二重、三重和四重通道以及三取二(2/3)、四取二(2/4)等逻辑符合电路等。

独立性包括电气隔离和实体隔离,前者是指信号的传输需要隔离,后者是指不同的列装在两个彼此隔离的房间。独立性是采用冗余技术的前提,是克服由单一故障引起的继发性故障、实现在线检修和维修的重要措施。

(3)多样性

多样性准则针对共模故障,可通过功能多样性和设备多样性来实现。共模故障是指某一事件或条件均能导致同一类(采用同一设计原理或材料)设备产生相同的故障。

多样性包括功能多样性和设备多样性。对要测量的参数尽量采用不同的物理效应或不同的变量来监测。在某些条件下可用不同类型的设备来测量同一物理量,以便克服共模故障。多样性设计在保护系统中得到了充分体现。如为了监测冷却剂流量,采用了监测主泵断路器、冷却剂流量、主泵转速等变量的手段。

(4)符合逻辑

在设计过程中,保护系统必须满足可靠性和安全性的要求,现实的实现方法是采用符合逻辑,在保护动作之前必须有两个或两个以上的冗余信号相符合,以防止误触发保护系统动作。采用符合逻辑也便于保护系统进行在线测试。

(5)故障安全准则

故障安全准则是指在某个系统中发生任何故障时仍能使该系统保持在安全状态的设计准则(此准则不适用于专设安全设施驱动系统)。

(6)可试验性和可维护性

为了能发现和维修有故障的元器件,以防止故障的积累而产生保护系统故障,需要对保护系统进行定期试验。对试验过程中发现的故障元件,及时进行维修或更换,确保保护系统功能的完整性。

(7)高度可靠性

反应堆保护系统对于可靠性方面的要求非常严格,《核反应堆保护系统安全准则》(GB 4083—1983)中明确要求:“每个变量在要求保护动作时,系统因随机故障而不动作的概率不大于 10^{-5}”和“每个变量的系统安全故障率(误停堆率)每年不大于1次”。

2. 反应堆保护系统的标准规范

目前,核电站反应堆保护系统的设计标准很多,主要有国标(GB)和核工业行业标准(EJ)等。GB 和 EJ 主要来自 IEC 以及 IEEE 系列标准的转化或等效采用。

(1)国标系列

《核反应堆保护系统安全准则》(GB/T 4083—2005)

《核反应堆安全逻辑装置 特性和检验方法》(GB/T 5203—2011)

《核电厂安全系统定期试验与监测》(GB 5204—94)

《反应堆保护系统的隔离准则》(GB/T 5963—1995)

《核反应堆保护系统的可靠性分析要求》(GB/T 7163—1999)

《计算机软件文档编制规范》(GB/T 8567—2006)

《核仪器环境条件与试验方法》(GB/T 8993—1998)
《核电厂安全系统可靠性分析一般原则》(GB/T 9225—1999)
《计算机软件需求说明编制指南》(GB 9385—88)
《计算机软件测试文件编制规范》(GB/T 9386—2008)
《计算机软件质量保证计划规范》(GB/T 12504—90)
《核电厂安全系统电气物项质量鉴定》(GB/T 12727—2002)
《核反应堆仪表准则第一部分:一般原则》(GB 12789.1—91)
《核反应堆仪表准则第二部分:压水堆》(GB 12789.2—91)
《核电厂安全级电气设备和系统文件标识方法》(GB 12790—91)
《核电厂安全系统准则》(GB/T 13284—2008)
《核电厂安全重要系统和部件的实体防护》(GB/T 13285—1999)
《核电厂安全级电气设备和电路独立性准则》(GB/T 13286—2001)
《核电厂安全参数显示系统的功能设计准则》(GB 13624—92)
《核电厂安全系统电气设备抗震鉴定》(GB 13625—92)
《单一故障准则用于核电厂安全级电气系统》(GB/T 13626—2001)
《核反应堆保护系统用于非安全目的准则》(GB 13628—92)
《核电厂安全系统中数字计算机的适用准则》(GB/T 13629—1998)
《电磁兼容 试验和测量技术 抗扰度试验总论》(GB/T 17626.1—1998)
《电磁兼容 试验和测量技术 静电放电抗扰度试验》(GB/T 17626.2—1998)
《电磁兼容 试验和测量技术 射频电磁场辐射抗扰度试验》(GB/T 17626.3—1998)
《电磁兼容 试验和测量技术 电快速瞬变脉冲群抗扰度试验》(GB/T 17626.4—1998)
《核电厂仪表和控制系统及其供电设备安全分级》(GB/T 15474—1995)
《核电厂仪表和控制系统及其供电设备质量保证分级》(GB/T 15475—1995)
(2)核工业行业标准系列
《压水堆核电厂电缆敷设和隔离准则》(EJ/T 344—1988)
《核仪器可靠性试验》(EJ/T 436—1989)
《用于核电厂安全重要系统数字计算机》(EJ/T 529—1990)
《核电厂安全级控制仪表盘(屏)和机架的设计与鉴定》(EJ/T 574—1991)
《核工业科学与工程计算机程序验证和确认指南》(EJ/T 617—1991)
《保护动作的手动触发》(EJ/T 627—1992)
《核电厂安全有关通信系统》(EJ/T 637—1992)
《核电厂控制室综合体的设计准则》(EJ/T 638—1992)
《核电厂安全级电缆及现场电缆连接的型式试验》(EJ/T 705—1992)
《核电厂安全重要仪表和控制系统的供电要求》(EJ/T 760—1993)
《核工业计算机软件验收规范》(EJ/T 769—1993)
《人因工程原则在核电厂系统、设备和设施中的应用》(EJ/T 797—1993)
《核电厂安全有关计算机软件质量保证细则》(EJ/T 890—1994)
《核工业计算机软件质量度量规范》(EJ/T 964—1995)

《核电厂安全重要仪表通道响应时间试验》(EJ/T 1019—1996)

《核电厂安全计算机软件》(EJ/T 1058—1998)

《数字计算机在核电厂仪表和控制中的应用》(EJ/T 1060—1998)

《核电厂仪表和控制设备的接地和屏蔽设计准则》(EJ/T 1065—1998)

(3)核安全法规(HAF)和导则(HAD)系列

《核动力厂设计安全规定》(HAF 102—2016)

《核电厂设计安全规定》(HAF 0200)

《核电厂质量保证安全规定》(HAF 003—1991)

《核电厂设计中的质量保证》(HAD 003/06)

《核电厂保护系统及有关设施》(HAD 102/10)

《核动力厂基于计算机的安全重要系统软件》(HAD 102/16)

此外,秦二厂650MWe机组和方家山1000MWe机组的反应堆保护系统还遵守了以下法国核电设计规则。

—RCC－P　900MWe压水堆核电站系统设计与建造规则(第四版);

—RCC－E　压水堆核电站核岛电气设备设计与建造规则(93年版)。

秦三厂650MWe机组停堆系统还遵守了以下加拿大核电设计规则。

—98－03650－SDG－001　Safety Related Systems,

—98－03650－SDG－002　Seismic Qualification,

—98－03650－SDG－003　Environmental Qualification,

—98－03650－SDG－004　Grouping and Separation,

—98－03650－SDG－005　Fire Protection,

—98－03650－SDG－006　Containment Extensions,

—98－03650－SDG－007　Tornado Protection,

—AECB管理文件R－7,对CANDU核电厂安全壳系统的要求,1991年2月21日,

—AECB管理文件R－8,对CANDU核电厂停堆系统的要求,1991年2月21日,

—AECB管理文件R－9,对CANDU核电厂应急堆芯冷却系统的要求,1991年2月21日,

—AECB管理文件R－10,两个停堆系统在反应堆上的应用,1977年1月,

—AECB咨询文件C－6,对CANDU核电厂安全分析的要求,1980年6月。

8.7.4　运维项目

以秦二厂1号机组为例,反应堆保护系统(RPR)的运维项目见表8－16。

表8－16

序号	检修及试验项目	频度
1	主控室开关定期检查(A、B系列)	R2
2	停机停堆单一故障开关定期检查(A、B系列)	R1
3	SPV电源开关定期更换(A、B系列)	R7

表 8-16(续)

序号	检修及试验项目	频度
4	SPV 隔离卡件定期更换(A、B 系列)	R15
5	停堆输出卡件定期更换(A、B 系列)	R10
6	停堆继电器定期更换(A、B 系列)	R10
7	T3 试验指示仪表定期校验(A、B 系列)	R4
8	A 系列 12 V 电源检查	R1
9	A 系列 24 V 电源检查	R1
10	A 系列易老化电容更换	R7
11	A 系列 RPR 机柜清洁及检查	R1
12	B 系列 12 V 电源检查	R1
13	B 系列 24 V 电源检查	R1
14	B 系列易老化电容更换	R7
15	B 系列 RPR 机柜清洁及检查	R1
16	RPR 机柜停电(A、B 系列)	R1
17	RPR 机柜送电(A、B 系列)	R1
18	A 系列 T2 定期试验半年检	M6
18	A 系列 T2 定期试验年检	R1
20	B 系列 T2 定期试验半年检	M6
21	B 系列 T2 定期试验年检	R1
22	热停时,A 系列反应堆停堆信号 T3 定期试验	R1
23	热停时,A 系列专设安全信号 T3 定期试验	R1
24	热停时,B 系列反应堆停堆信号 T3 定期试验	R1
25	热停时,B 系列专设安全信号 T3 定期试验	R1
26	热停时,ATWT 机柜定期试验	R1
27	A 系列反应堆停堆信号 T3 定期试验	M2
28	A 系列专设安全信号 T3 定期试验	M2
29	B 系列反应堆停堆信号 T3 定期试验	M2
30	B 系列专设安全信号 T3 定期试验	M2
31	ATWT 机柜定期试验	M2

8.7.5 典型案例分析(表 8-17)

表 8 -17

序号	报告编号	级别	主题	事件简述	事件起因	经验教训
1	CR201736949	A	执行 T3 试验时发生停堆及 1ASG001BA 溶解氧超标事件	2017 年 6 月 27 日 15 时 02 分 44 秒,1 号机组满功率运行,在进行 PT/MI/X/RPR/XXX/023《RPB 专设安全信号 T3 定期试验(双月检)》时,三台主给水泵同时跳闸。15 时 02 分 58 秒,ATWT 保护信号动作导致机组停堆。主控操纵员执行故障诊断规程(DEC)并根据其诊断结果进入反应堆紧急停堆事故处理规程(I1),稳定机组状态	2017 年 6 月 27 日,1 号机组正常满功率运行,根据计划安排,仪控人员正在执行 PT/MI/X/RPR/XXX/023《RPB 专设安全信号 T3 定期试验(双月检)》程序 6.3.2 节"主给水隔离试验(1ARE031/032/052/056VL)",执行至主给水隔离试验的恢复阶段时,接到主控广播通知,反应堆已经停堆,具体停堆原因不明。仪控人员立即停止试验,保持现场试验状态不变	1. 重要系统定期试验要做好风险分析。 2. 高风险工作中,人员行为要规范。 3. 重要系统定期试验设备要稳定可靠,以降低试验设备原因对系统引入的意外风险
2	CR201704442	A	4 号机组控制棒非预期从 5 步落入堆底	2017 年 1 月 24 日,4 号机组处于正常冷停堆状态,一回路硼浓度 2 231 ppm,一回路温度 57 ℃,压力 2.5 MPa,控制棒组处于 5 步位置。按照规程解除 4TCA001RPR,在主控操纵员操作 4RPB054CC 进行 B 列平均温度低低安注闭锁时,触发 B 列蒸汽管道压力低低安注信号,产生 B 列安注停堆信号,导致 B 列停堆断路器打开,控制棒组从 5 步落入堆底	由于开关内部机构偶发故障,操纵员对 4RPB054CC 进行闭锁操作时,平均温度低低安注闭锁失效,B 列蒸汽管道压力低低安注信号触发,产生 B 列安注停堆信号,导致控制棒组从 5 步落入堆底	无
3	CR201529560	A	3 号机组停堆	2015 年 12 月 18 日,3 号机组单相中间停堆,维修人员正在执行保护系统 A 列 T2 定期试验。19 时 14 分,执行到第 6.9 节对 3RPA600AR 进行自动测试,在将 5 号试验电缆接入机柜上的试验插座时,停堆系统主断路器 X 逻辑、输出频繁动作,A 列停堆断路器打开。将 5 号试验电缆拔出后,停堆系统主断路器 X 逻辑、输出恢复正常,维修人员停止试验	2015 年 12 月 18 日,3 号机组单相中间停堆(余热排出系统 RRA 投运),维修人员正在执行保护系统 A 列 T2 定期试验	保护系统投入运行后引入的信号装置应确保良好接地,以消除静电的干扰

表 8-17(续1)

序号	报告编号	级别	主题	事件简述	事件起因	经验教训
4	CR201316745	A	2号机组T3试验期间反应堆突然停堆	2013年8月21日仪控人员在主控操纵员配合下进行B列反应堆保护系统(RPB)反应堆停堆信号T3定期试验,9时28分执行第6.7步(在ATWT机柜700AR进行主断路器的试验),由于2RPA318CC的一副触点接触不良(电阻值正常10 Ω以下,现场测量30 000 Ω)从而导致闭锁失效,A列主停堆断路器断开,控制棒失电落棒,反应堆紧急停堆	2RPA318CC开关25-025触点接触电阻增大	随着核电站运行时间的增长,核电设备老化问题越来越值得关注,仪控开关作为接触类元件,其可靠性水平相对较低,成为提高系统或设备可靠性的瓶颈,因此应增加预防性维修力度和改变预防维修方法来提高仪控开关的可靠性;并开发开关触点闭合的检测手段,进一步提高开关的可靠性
5		A	3号机组误发跳机信号导致停机停堆	2010年11月12日,3号机组处于满功率运行,核功率维持在97% Pn。12时20分左右,仪控开始按照定期试验要求进行T3试验。12时29分,T3试验过程中因试验转换开关缺陷触发了汽轮机跳闸;由于3GCT 125 VL阀门开启10秒后阀后减温水压力低触发凝汽器故障信号,与反应堆功率大于10%(P10)信号和汽机跳闸信号(C8)符合导致反应堆自动停堆	T3试验转换开关缺陷导致误发停机信号。GCT 125 VL阀后减温水压力低定值不合理触发凝汽器故障信号导致停堆	设计院与厂家的沟通存在问题。对试验开关的真值表设计没有给出明确的要求,厂家在对开关功能理解不明确的情况下按默认做法制造

表 8-17(续 2)

序号	报告编号	级别	主题	事件简述	事件起因	经验教训
6	CROPO20100032	A	虚假 P4 信号导致停机停堆	2010 年 1 月 13 日 4 时 41 分,由于反应堆保护系统发出 B 列 P4 信号导致汽机自动跳闸。5 时 26 分,由于 2ADG 101 VV 工作不正常导致主蒸汽流量增加、一回路平均温度下降,核功率上升到 30% 而产生 P16 信号,与 GCT 不可用信号(由 GCT 非高度温差信号产生,即高选平均温度 T_{avg} 和参考平均温度 T_{ref} 之差小于 1.75 ℃)符合,导致反应堆自动停堆	本次事件是阈值继电器 2RPB 100XU - B 熔丝接触不良误发 B 列 P4 信号导致机组停机,随后由于 2ADG101VV 动作不正常而导致停堆。 直接原因:阈值继电器 2RPB 100XU - B 熔丝接触不良,从而使继电器失去工作电源误发 P4 信号。 根本原因:触发 P4 信号的逻辑设计不完善	为了避免同类问题再次发生,根本的解决途径就是实施技术改造。但在技术改造之前,为了保证机组运行的稳定性,需要相关部门加强有关设备的检查和维护,同时运行人员要吸取经验,积极做好事故预想
7	CR201729513	B	2RPR 保护系统停堆按钮按下后无法自动弹起	2017 年 5 月 22 日,2RPA T3 试验,执行规程反应堆停堆信号 T3 定期试验的 6.3.6 步时,2RPA300TO 按下后无法自动弹起。仪控人员在主控室再次按下,该按钮自动弹起,恢复正常。2017 年 6 月 21 日,2RPB T3 试验,执行规程的 6.3.6 步时,B 列 2RPA300TO 按下后无法自动弹起,经过多次尝试,该按钮自动弹起,恢复正常	开关的质量问题,导致在 T3 试验过程中,按照试验规定按下开关 2RPR300TO 后,开关出现卡涩而无法弹起	注意保证更换的新开关的备件质量
8	CR201801836	B	执行 PT2RPA025 试验时,2ETY003、006、009VA 未按要求关闭	2018 年 1 月 11 日,主控执行 PT2RPA025(安全壳隔离 A 阶段 A 列信号)试验,期间 2ETY003/006/009VA 未按要求关闭,且主控触发 2RPA760AA(X/Y 逻辑不符合报警)。仪控人员经过排查,故障定位在 Y 逻辑卡 2RPA632L 和输出卡 2RPA652L 之间的线路	Y 逻辑卡 2RPA632L 底板引脚制造过程中人工焊接质量有瑕疵,引脚 31 焊锡不够平滑,长时间运行刺穿绝缘套管,导致与相邻引脚 30 短接	机组大修期间对底板引脚进行目视检查,确认有无绝缘套管被焊锡刺穿的现象,如有,则移动绝缘套 1 ~ 2 mm,覆盖住刺穿部分

8.7.6　课后思考

1. 反应堆保护系统的三项基本功能是什么？

答：反应堆保护系统一般要求实现以下三项基本功能。

（1）预保护功能：当反应堆运行参数出现异常，但还不至于危及反应堆安全时，为使核电厂继续运行，保护系统发出报警信号或提供必要的校正措施；

（2）保护功能：当运行参数超过了设计极限时自动快速停堆，这是最为基本和重要的功能；

（3）缓解事故后果功能：当出现超出停堆保护能力的事故时，启动相应的专设安全设施，以限制事故的发展、减少设备损坏和防止对环境的放射性污染。

2. 反应堆保护系统的设计准则有哪些？

答：反应堆保护系统的设计准则主要包括：单一故障准则、冗余性、独立性、多样性、故障安全准则、可试验性和可维护性等。

3. 简述单一故障准则是什么？

答：单一故障准则是指某设备组合或系统，在其任何部位发生可信的单一随机故障时仍能执行正常功能。由该单一故障引起的所有继发性故障均应视为单一故障不可分割的组成部分。